中国纺织标准汇编

丝 纺 织 卷

（第三版）

纺织工业科学技术发展中心　　组编

浙江丝绸科技有限公司

纺织人才交流培训中心　　参编

U0316390

中国标准出版社

北　京

图书在版编目(CIP)数据

中国纺织标准汇编.丝纺织卷/纺织工业科学技术
发展中心组编.—3版.—北京:中国标准出版社,2016.2
ISBN 978-7-5066-8140-7

Ⅰ.①中… Ⅱ.①纺… Ⅲ.①纺织品-标准-汇编-
中国②丝纺织-标准-汇编-中国 Ⅳ.①TS107

中国版本图书馆 CIP 数据核字(2015)第 271927 号

中 国 标 准 出 版 社 出 版 发 行
北京市朝阳区和平里西街甲 2 号(100029)
北京市西城区三里河北街 16 号(100045)

网址:www.spc.net.cn
总编室:(010)68533533 发行中心:(010)51780238
读者服务部:(010)68523946
中国标准出版社秦皇岛印刷厂印刷
各地新华书店经销

*

开本 880×1230 1/16 印张 51.25 字数 1 575 千字
2016 年 2 月第三版 2016 年 2 月第三次印刷

*

定价 261.00 元

编　委　会

主　　任　彭燕丽

副 主 任　张慧琴　　王海平　　冯国平

主　　编　孙锡敏

副 主 编　王国建　　周　颖

编写人员（按姓氏笔划排序）

　　　　　　王　红　　刘文全　　伍冬平　　汤知源　　姜　川

　　　　　　常春城

前　　言

　　《中国纺织标准汇编》是我国纺织工业标准方面的一套大型系列丛书。丛书按行业分类分别立卷,由纺织行业标准主管部门及标准归口单位负责编纂,中国标准出版社陆续出版。

　　"十二五"以来,我国纺织标准化事业快速发展。截至2015年12月,全行业归口标准总数超过2 000项,形成了覆盖服用、家用、产业用三大应用领域和纺织装备全产业链的标准体系。在纺织品生态安全、功能性检测评价、高性能纤维材料以及新型成套装备等重点领域,科技成果加快转化为标准,标准制定与技术创新、产业发展贴合更加紧密。

　　为促进标准的宣贯实施,满足广大用户对纺织标准的需求,解决标准资料收集不便、不全的问题,我们将纺织产品标准重新收集、整理,对2011年出版的《中国纺织标准汇编》(第二版)进行了修订。本次修订对分类进行了局部调整,将原棉纺织卷(二)更名为家用纺织品卷,把印染标准从原棉纺织卷(一)中分离出来独立成卷,共分为10卷13册,包括棉纺织卷(上、下)、印染卷、毛纺织卷、麻纺织卷、丝纺织卷、化纤卷(上、下)、针织卷、服装卷(上、下)、家用纺织品卷和产业用纺织品卷,共收录1 048项标准。

　　本汇编收集的国家标准和行业标准的属性已在本书目录上标明(强制性国家标准代号为GB,推荐性国家标准代号为GB/T,推荐性行业标准代号为FZ/T),年号用四位数表示。鉴于部分国家标准和行业标准是在标准清理整顿前出版的,现尚未修订,故正文部分仍保留原样,读者在使用这些国家标准和行业标准时,其属性及标准编号以本书目录上标明的为准(标准正文"引用标准"中的标准的属性请读者注意查对)。本汇编收集的部分标准是经过复审确认继续有效的标准,在目录中其编号后标有复审确认年代号,如FZ/T 42005—2005(2012),但因标准文本没有重新印刷,故正文部分仍保留原样。

　　本汇编是一部综合性的工具书,可供纺织品服装生产、贸易企业,监督、检验检测机构,大专院校,科研院所,行业协会(学会)、标准管理部门以及从事标准化工作的有关人员使用。

　　本卷共收集截至2015年12月底由国务院标准化行政主管部门和纺织行业主管部门正式批准发布的丝纺织标准78项。

　　本卷汇编得到了全国丝绸标准化技术委员会、中国丝绸协会等单位的大力支持,在此表示感谢!

纺织工业科学技术发展中心

2015 年 12 月

目　录

ICS 59.060.10
W 40

中华人民共和国国家标准

GB/T 1797—2008
代替 GB 1797—2001

生　丝

Raw silk

2008-08-06 发布

2009-06-01 实施

中华人民共和国国家质量监督检验检疫总局
中国国家标准化管理委员会　发布

1

前 言

本标准代替 GB 1797—2001《生丝》。

本标准与 GB 1797—2001 相比主要变化如下：

——标准性质由强制性改为推荐性；

——调整了生丝的等级范围；

——调整了生丝纤度偏差、纤度最大偏差、均匀二度变化、均匀三度变化、切断、断裂强度、断裂伸长率、抱合等品质技术指标水平；

——增加了出现洁净 80 分及以下丝片的丝批，最终定级不得定为 6A 级的规定；

——调整了生丝外观疵点中绞重不匀的标准值；

——增加了"生丝含胶率"选择检验项目；

——调整了生丝包装和标志的相关规定。

本标准由中国纺织工业协会提出。

本标准由全国纺织品标准化技术委员会丝绸分会归口。

本标准负责起草单位：浙江凯喜雅国际股份有限公司、浙江丝绸科技有限公司、浙江出入境检验检疫局、广东省丝绸纺织集团有限公司、日照海通茧丝绸集团有限公司、鑫缘茧丝绸集团股份有限公司、安徽源牌实业（集团）有限责任公司、中国茧丝绸交易市场。

本标准主要起草人：卞幸儿、周颖、徐进、吕幸、陈南生、安霞、钱颖华、汪海涛、陈锦明、韦君玲、徐勤。

本标准所代替标准的历次版本发布情况为：

——GB 1797—1979、GB 1799—1979、GB 1797—1986、GB 1799—1986、GB 1797—2001。

生　　丝

1　范围

本标准规定了绞装和筒装生丝的要求、检验规则、包装和标志。

本标准适用于名义纤度 69 den 及以下的未浸泡生丝。

2　规范性引用文件

下列文件中的条款通过本标准的引用而成为本标准的条款。凡是注日期的引用文件,其随后所有的修改单(不包括勘误的内容)或修订版均不适用于本标准,然而,鼓励根据本标准达成协议的各方研究是否可使用这些文件的最新版本。凡是不注日期的引用文件,其最新版本适用于本标准。

GB/T 1798—2008　生丝试验方法

3　生丝规格的标示

生丝规格以"纤度下限/纤度上限"标示,其纤度中心值为名义纤度。

示例:

a)　20/22 den,表示生丝的名义纤度为 21 den,生丝规格的纤度下限为 20 den,纤度上限为 22 den。

b)　40/44 den,表示生丝的名义纤度为 42 den,生丝规格的纤度下限为 40 den,纤度上限为 44 den。

4　要求

4.1　生丝的品质,根据受检生丝的品质技术指标和外观质量的综合成绩,分为 6A、5A、4A、3A、2A、A 级和级外品。

4.2　生丝的品质技术指标规定见表 1。

表 1　生丝品质技术指标规定

主要检验项目	名义纤度	级　　别					
		6A	5A	4A	3A	2A	A
纤度偏差/ den	12 den(13.3 dtex) 及以下	0.80	0.90	1.00	1.15	1.30	1.50
	13 den～15 den (14.4 dtex～16.7 dtex)	0.90	1.00	1.10	1.25	1.45	1.70
	16 den～18 den (17.8 dtex～20.0 dtex)	0.95	1.10	1.20	1.40	1.65	1.95
	19 den～22 den (21.1 dtex～24.4 dtex)	1.05	1.20	1.35	1.60	1.85	2.15
	23 den～25 den (25.6 dtex～27.8 dtex)	1.15	1.30	1.45	1.70	2.00	2.35
	26 den～29 den (28.9 dtex～32.2 dtex)	1.25	1.40	1.55	1.85	2.15	2.50
	30 den～33 den (33.3 dtex～36.7 dtex)	1.35	1.50	1.65	1.95	2.30	2.70

表 1（续）

主要检验项目	名义纤度	级 别					
		6A	5A	4A	3A	2A	A
纤度偏差/ den	34 den～49 den (37.8 dtex～54.4 dtex)	1.60	1.80	2.00	2.35	2.70	3.05
	50 den～69 den (55.6 dtex～76.7 dtex)	1.95	2.25	2.55	2.90	3.30	3.75
纤度最大偏差/ den	12 den(13.3 dtex) 及以下	2.50	2.70	3.00	3.40	3.80	4.25
	13 den～15 den (14.4 dtex～16.7 dtex)	2.60	2.90	3.30	3.80	4.30	4.95
	16 den～18 den (17.8 dtex～20.0 dtex)	2.75	3.15	3.60	4.20	4.80	5.65
	19 den～22 den (21.1 dtex～24.4 dtex)	3.05	3.45	3.90	4.70	5.50	6.40
	23 den～25 den (25.6 dtex～27.8 dtex)	3.35	3.75	4.20	5.00	5.80	6.80
	26 den～29 den (28.9 dtex～32.2 dtex)	3.65	4.05	4.50	5.35	6.25	7.25
	30 den～33 den (33.3 dtex～36.7 dtex)	3.95	4.35	4.80	5.65	6.65	7.85
	34 den～49 den (37.8 dtex～54.4 dtex)	4.60	5.20	5.80	6.75	7.85	9.05
	50 den～69 den (55.6 dtex～76.7 dtex)	5.70	6.50	7.40	8.40	9.55	10.85
均匀二度变化 条	18 den(20.0 dtex) 及以下	3	6	10	16	24	34
	19 den～33 den (21.1 dtex～36.7 dtex)	2	3	6	10	16	24
	34 den～69 den (37.8 dtex～76.7 dtex)	0	2	3	6	10	16
清洁/分	69 den(76.7 dtex) 及以下	98.0	97.5	96.5	95.0	93.0	90.0
洁净/分	69 den(76.7 dtex) 及以下	95.00	94.00	92.00	90.00	88.00	86.00

表 1（续）

主要检验项目	名义纤度	级 别					
		6A	5A	4A	3A	2A	A
补助检验项目		附 级					
		（一）			（二）	（三）	（四）
均匀三度变化/条		0			1	2	4
补助检验项目		附 级					
		（一）		（二）		（三）	
切断a/次	12 den(13.3 dtex)及以下	8		16		24	
	13 den～18 den(14.4 dtex～20.0 dtex)	6		12		18	
	19 den～33 den(21.1 dtex～36.7 dtex)	4		8		12	
	34 den～69 den(37.8 dtex～76.7 dtex)	2		4		6	
补助检验项目		附 级					
		（一）			（二）		
断裂强度/gf/den(cN/dtex)		3.80(3.35)			3.70(3.26)		
断裂伸长率/%		20.0			19.0		
补助检验项目		附 级					
		（一）		（二）		（三）	
抱合/次	33 den 及以下(36.7 dtex)	100		90		80	
a 筒装丝不考核。							

4.3 生丝的外观疵点分类及批注规定，绞装丝见表2，筒装丝见表3。

表 2 绞装丝的疵点分类及批注规定

疵点名称		疵 点 说 明	批 注 数 量		
			整批/把	拆把/绞	样丝/绞
主要疵点	霉丝	生丝光泽变异，能嗅到霉味或发现灰色或微绿色的霉点。	10 以上		
	丝把硬化	绞把发并，手感糙硬呈僵直状。	10 以上		
	筬角硬胶	筬角部位有胶着硬块，手指直捏后不能松散。		6	2
	粘条	丝条粘固，手指粘揉后，左右横展部分丝条不能拉散者。		6	2
	附着物（黑点）	杂物附着于丝条，块状（粒状）黑点，长度在 1 mm 及以上；散布性黑点，丝条上有断续相连分散而细小的黑点。		12	6
	污染丝	丝条被异物污染。		16	8
	纤度混杂	同一批丝内混有不同规格的丝绞。			1
	水渍	生丝遭受水湿，有渍印，光泽呆滞。	10 以上		
一般疵点	颜色不整齐	把与把、绞与绞之间颜色程度或颜色种类差异较明显。	10 以上		
	夹花	同一丝绞内颜色程度或颜色种类差异较明显。		16	8
	白斑	丝绞表面呈现光泽呆滞的白色斑，长度在 10 mm 及以上者，程度或颜色种类差异较明显。	10 以上		

表 2（续）

疵点名称		疵 点 说 明	批 注 数 量		
			整批/把	拆把/绞	样丝/绞
一般疵点	绞重不匀	丝绞大小重量相差在 20% 以上者。即：$\dfrac{\text{大绞重量}-\text{小绞重量}}{\text{大绞重量}}\times100\%>20\%$			4
	双丝	丝绞中部分丝条卷取两根及以上，长度在 3 m 以上者。			1
	重片丝	两片丝及以上重叠一绞者。			1
	切丝	丝绞存在一根及以上的断丝。		16	
	飞入毛丝	卷入丝绞内的废丝。			8
	凌乱丝	丝片层次不清，络交紊乱，切断检验难以卷取者。			6

注：达不到一般疵点者，为轻微疵点。

表 3　筒装丝的疵点分类及批注规定

疵 点 名 称		疵 点 说 明	整批批注数量/筒		
			小菠萝形	大菠萝形	圆柱形
主要疵点	霉丝	生丝光泽变异，能嗅到霉味，发现灰色或微绿色的霉点。	10 以上		
	丝条绞着	丝筒发并，手感糙硬，光泽差。	20 以上		
	附着物（黑点）	杂物附着于丝条、块状（粒状）黑点，长度在 1 mm 及以上；散布性黑点，丝条上有断续相连分散而细小的黑点。	20 以上		
	污染丝	丝条被异物污染。	15 以上		
	纤度混杂	同一批丝内混有不同规格的丝筒。	1		
	水渍	生丝遭受水湿，有渍印，光泽呆滞。	10 以上		
	成形不良	丝筒两端不平整，高低差 3 mm 者或两端塌边或有松紧丝层。	20 以上		
一般疵点	颜色不整齐	丝筒与丝筒之间颜色程度或颜色种类差异较明显。	10 以上		
	色圈（夹花）	同一丝筒内颜色程度或颜色种类差异较明显。	20 以上		
	丝筒不匀	丝筒重量相差在 15% 以上者。即：$\dfrac{\text{大筒重量}-\text{小筒重量}}{\text{大筒重量}}\times100\%>15\%$	20 以上		
	双丝	丝筒中部分丝条卷取两根及以上，长度在 3 m 以上者。	1		
	切丝	丝筒中存在一根及以上的断丝。	20 以上		
	飞入毛丝	卷入丝筒内的废丝。	8 以上		
	跳丝	丝筒下端丝条跳出。其弦长：大、小菠萝形的为 30 mm；圆柱形的为 15 mm。	10 以上		

注：达不到一般疵点者，为轻微疵点。

4.4 生丝的公定回潮率为 11.0%;生丝的实测平均回潮率根据 GB/T 1798—2008 中 4.1.2.6 规定得出,不得低于 8.0%,不得超过 13.0%。

4.5 分级规定

4.5.1 基本级的评定

4.5.1.1 根据纤度偏差、纤度最大偏差、均匀二度变化、清洁及洁净五项主要检验项目中的最低一项成绩确定基本级。

4.5.1.2 主要检验项目中任何一项低于 A 级时,作级外品。

4.5.1.3 在黑板卷绕过程中,出现有 10 只及以上丝锭不能正常卷取者,一律定为级外品,并在检测报告上注明"丝条脆弱"。

4.5.2 补助检验的降级规定

4.5.2.1 补助检验项目中任何一项低于基本级所属的附级允许范围者,应予降级。

4.5.2.2 按各项补助检验成绩的附级低于基本级所属附级的级差数降级。附级相差一级者,则基本级降一级;相差二级者,降二级;以此类推。

4.5.2.3 补助检验项目中有两项以上低于基本级者,以最低一项降级。

4.5.2.4 切断次数超过表 4 规定,一律降为级外品。

表 4 切断次数的降级规定

名义纤度 den(dtex)	切断/ 次
12(13.3)及以下	30
13~18(14.4~20.0)	25
19~33(21.1~36.7)	20
34~69(37.8~76.7)	10

4.5.3 外观检验的评等及降级规定

4.5.3.1 外观评等 外观评等分为良、普通、稍劣和级外品。

4.5.3.2 外观的降级规定:

a) 外观检验评为"稍劣"者,按 4.5.1、4.5.2 评定的等级再降一级;如 4.5.1、4.5.2 已定为 A 级时,则作级外品。

b) 外观检验评为"级外品"者,一律作级外品。

4.5.4 出现洁净 80 分及以下丝片的丝批,最终定级不得定为 6A 级。

4.6 生丝的实测平均公量纤度超出该批生丝规格的纤度上限或下限时,在检测报告上注明"纤度规格不符"。

5 检验规则

5.1 组批与抽样

组批与抽样按 GB/T 1798—2008 中第 3 章规定进行。

5.2 检验项目

5.2.1 品质检验

5.2.1.1 主要检验项目:纤度偏差、纤度最大偏差、均匀二度变化、清洁、洁净。

5.2.1.2 补助检验项目:均匀三度变化、切断、断裂强度、断裂伸长率、抱合。

5.2.1.3 外观检验项目:疵点和性状。

5.2.1.4 选择检验项目:均匀一度变化、茸毛、单根生丝断裂强度和断裂伸长率、含胶率。

5.2.2 重量检验

毛重、净重、回潮率、公量。

5.3 检验分类

生丝检验分交收检验和型式检验。产品交收或型式检验时,按本标准及 GB/T 1798—2008 进行品质和重量检验。

6 包装和标志

6.1 绞装生丝的包装标志

6.1.1 绞装生丝的整理和重量规定见表5。

表 5 绞装生丝的整理和重量规定

项　目	要　求
绞装形式	长绞丝
丝片周长/m	1.5
丝片宽度/cm	约8
编丝规定	四洞五编五道
每绞重量/g	约180
每把重量/kg	约5
每把绞数/绞	28
箱装每箱重量/kg	约30
袋装每件重量/kg	约60
箱装每箱把数/把	5～6
袋装每件把数/把	11～12

6.1.2 编丝留绪线用 14 tex(42ˢ)双股白色棉纱线,松紧要适当,以能插入二指为宜,留绪结端约 1 cm。

6.1.3 每把生丝外层用 50 根 58 tex(10ˢ)或用 100 根 28 tex(21ˢ)棉纱绳扎五道,并包以韧性好的白衬纸、牛皮纸,再用 9 根三股 28 tex(21ˢ)纱绳捆扎三道。

6.1.4 袋装生丝先用布袋包装,用棉纱绳扎口、专用铅封封识,悬挂票签,注明商品名、检验编号、包件号;再外套防潮纸、蒲包,用麻绳捆紧,防止受潮和破损。

6.1.5 箱装生丝的纸箱质量、装箱规定和包装标志要求见表6。

表 6 箱装生丝的纸箱质量、装箱规定和包装标志要求

项　目		要　求
装箱排列		每箱二层 每层三把 箱内四周六面衬防潮纸
纸箱质量		用双瓦楞纸制成。坚韧、牢固、整洁,并涂防潮剂
纸箱规格 (内壁尺寸)	长/mm	690
	宽/mm	460
	高/mm	290
纸箱标志		装箱后纸箱上应标示商品名、检验编号、包件号。标志应明确、清楚、便于识别
封箱包扎		箱底箱面用胶带封口,贴上封条,外用塑料带捆扎成廿字形

6.2 筒装生丝的包装

6.2.1 筒装生丝的整理和重量规定见表7。

表 7 筒装生丝的整理和重量规定

项 目		要 求		
筒装形式		小菠萝形	大菠萝形	圆柱形
筒子平均直径/mm		$\phi 120 \pm 5$		
丝层斜面长度/mm	起始导程	175 ± 10	200 ± 10	200 ± 10
	终了导程	115 ± 10	150 ± 10	
扣头规定		扣于大头筒管内		
内包装		绪头贴在筒管大头内,外包纱套或衬纸,穿入纸盒孔内,箱内四周六面衬防潮纸		
每筒重量/g		$460 \sim 540$		
每箱净重/kg		约30		
每箱筒数/筒		60		
每批箱数/箱		20		
每批筒数/筒		1 200		

6.2.2 筒装生丝的纸箱质量、装箱规定和包装标志要求见表8。

表 8 筒装生丝的纸箱质量、装箱规定和包装标志要求

项 目		要 求	
筒装形式		小菠萝形	大菠萝形、圆柱形
装箱排列		每箱四层 每层三盒 每盒五筒	每箱三层 每层四盒 每盒五筒
纸箱质量		用双瓦楞纸制成。坚韧、牢固、整洁,并涂防潮剂	
纸箱规格（内壁尺寸）	长/mm	690	725
	宽/mm	445	630
	高/mm	790	720
纸箱标志		装箱后纸箱上应标示商品名、检验编号、包件号。标志应明确、清楚、便于识别	
封箱包扎		箱底箱面用胶带封口,贴上封条,外用塑料带捆扎成廿字形	

6.3 生丝每批净重为 570 kg～630 kg,箱与箱(或件与件)之间重量差异不超过 6 kg。

6.4 包装应牢固,便于仓贮及运输。

6.5 每批生丝应附有品质和重量检测报告。

7 其他

对生丝的规格、品质、包装、标志有特殊要求者,供需双方可另订协议。

ICS 59.060.10
W 40

中华人民共和国国家标准

GB/T 1798—2008
代替 GB/T 1798—2001

生 丝 试 验 方 法

Testing method for raw silk

2008-08-06 发布

2009-06-01 实施

中华人民共和国国家质量监督检验检疫总局
中国国家标准化管理委员会　发布

前　言

本标准代替 GB/T 1798—2001《生丝试验方法》。

本标准与 GB/T 1798—2001 相比主要变化如下：

——修改了重量检验样丝的分组规定；

——修改了全批丝回潮率的计算方法；

——调整了清洁疵点中长结的起点值；

——在洁净疵点中增加了对短节的考核；

——增加了生丝含胶率的试验方法。

本标准的附录 A、附录 B、附录 C 都是规范性附录。

本标准由中国纺织工业协会提出。

本标准由全国纺织品标准化技术委员会丝绸分会归口。

本标准负责起草单位：浙江凯喜雅国际股份有限公司、浙江丝绸科技有限公司、浙江出入境检验检疫局、中国茧丝绸交易市场、安徽源牌实业（集团）有限责任公司、鑫缘茧丝绸集团股份有限公司、日照海通茧丝绸集团有限公司、广东省丝绸纺织集团有限公司。

本标准主要起草人：卞幸儿、周颖、徐进、吕幸、陈锦明、汪海涛、钱颖华、安霞、陈南生、徐勤、韦君玲。

本标准所代替标准的历次版本发布情况为：

——GB 1798—1979、GB 1798—1986、GB/T 1798—2001。

——GBn 72—1979、GBn 72—1986（FZ/T 40004—1999）。

生 丝 试 验 方 法

1 范围

本标准规定了绞装和筒装生丝的重量、品质试验方法。

本标准适用于名义纤度 69den 及以下的生丝。

2 规范性引用文件

下列文件中的条款通过本标准的引用而成为本标准的条款。凡是注日期的引用文件,其随后所有的修改单(不包括勘误的内容)或修订版均不适用于本标准,然而,鼓励根据本标准达成协议的各方研究是否可使用这些文件的最新版本。凡是不注日期的引用文件,其最新版本适用于本标准。

GB/T 3916—1997 纺织品 卷装纱 单根纱线断裂强力和断裂伸长率的测定

GB/T 6529 纺织品 调湿和试验用标准大气

GB/T 8170 数值修约规则

GB/T 9995 纺织材料含水率和回潮率的测定 烘箱干燥法

3 组批与抽样

3.1 组批

生丝以同一庄口、同一工艺、同一机型、同一规格的产品为一批,每批 20 箱,每箱约 30 kg,或者每批 10 件,每件约 60 kg。不足 20 箱或 10 件仍按一批计算。

3.2 抽样方法

受验的生丝应在外观检验的同时,抽取具有代表的重量及品质检验试样。绞装丝每把限抽 1 绞,筒装丝每箱限抽 1 筒。

3.3 抽样数量

3.3.1 重量检验试样

3.3.1.1 绞装丝 16 箱~20 箱(8 件~10 件)为一批者,每批抽 4 份,每份 2 绞,共 8 绞。其中丝把边部抽 3 绞,角部抽 1 绞,中部抽 4 绞。

3.3.1.2 绞装丝 15 箱(7 件)及以下成批的,每批抽 2 份,每份 2 绞,共 4 绞。其中丝把边部抽 2 绞,中部抽 2 绞。

3.3.1.3 筒装丝每批抽 4 份,每份 1 筒,共 4 筒。其中丝筒上、下层各抽 1 筒,中层抽 2 筒。

3.3.2 品质检验试样

3.3.2.1 绞装丝每批从丝把的边、中、角三个部位分别抽 12 绞、9 绞、4 绞,共 25 绞。

3.3.2.2 筒装丝每批从丝箱中随机抽取 20 筒。

4 检验方法

4.1 重量检验

4.1.1 仪器设备

a) 台秤:分度值≤0.05 kg。

b) 天平:分度值≤0.01 g。

c) 带有天平的烘箱。天平:分度值≤0.01 g。

4.1.2 检验规程

4.1.2.1 皮重

袋装丝取布袋2只,箱装丝取纸箱5只(包括箱中的定位纸板、防潮纸)用台秤称其重量,得出外包装重量;绞装丝任择3把,拆下纸、绳(筒装丝任择10只筒管及纱套),用天平称其重量,得出内包装重量;根据内、外包装重量,折算出每箱(件)的皮重。

4.1.2.2 毛重

全批受验丝抽样后,逐箱(件)在台秤上称重核对,得出每箱(件)的毛重和全批丝的毛重。毛重复核时允许差异为0.10 kg,以第一次毛重为准。

4.1.2.3 净重

每箱(件)的毛重减去每箱(件)的皮重即为每箱(件)的净重,以此得出全批丝的净重。

4.1.2.4 湿重(原重)

将按3.3.1规定抽得的试样,以份为单位依次编号,立即在天平上称重核对,得出各份的湿重。筒装丝初次称重后,将丝筒复摇成绞,称得空筒管重量,再由初称重量减去空筒管重量加上编丝线重量,即得湿重。

湿重复核时允许差异为0.20 g,以第一次湿重为准。

试样间的重量允许差异规定:绞装丝在30 g以内,筒装丝在50 g以内。

4.1.2.5 干重

将称过湿重的试样,以份为单位,松散地放置在烘篮内,以(140±2)℃的温度烘至恒重,得出干重。

相邻两次称重的间隔时间和恒重判定按GB/T 9995规定执行。

4.1.2.6 回潮率

按式(1)计算,计算结果取小数点后2位。

$$W = \frac{m - m_0}{m_0} \times 100 \quad\quad\quad\quad\quad\quad\quad (1)$$

式中:

W——回潮率,%;

m——试样的湿重,单位为克(g);

m_0——试样的干重,单位为克(g)。

将同批各份试样的总湿重和总干重代入式(1),计算结果作为该批丝的实测平均回潮率。

同批各份试样之间的回潮率极差超过2.8%或该批丝的实测平均回潮率超过13.0%或低于8.0%时,应退回委托方重新整理平衡。

4.1.2.7 公量

按式(2)计算,计算结果取小数点后2位。

$$m_K = m_J \times \frac{100 + W_K}{100 + W} \quad\quad\quad\quad\quad\quad (2)$$

式中:

m_K——公量,单位为千克(kg);

m_J——净重,单位为千克(kg);

W_K——公定回潮率,%;

W——实测平均回潮率,%。

4.2 品质检验

4.2.1 检验条件

切断、纤度、断裂强度、断裂伸长率、抱合的测定,按GB/T 6529规定的标准大气和容差范围,在温度(20.0±2.0)℃、相对湿度(65.0±4.0)%条件下进行,试样应在上述条件下平衡12 h以上方可进行检验。

4.2.2 外观检验

4.2.2.1 设备

a) 检验台:表面光滑无反光。

b) 标准灯光:内装荧光管的平面组合灯罩或集光灯罩。光线以一定的距离柔和均匀地照射于丝把(丝筒)的端面上,端面的照度为 450 lx~500 lx。

4.2.2.2 检验规程

a) 核对受验丝批的厂代号、规格、包件号,并进行编号,逐批检验。

b) 绞装丝:将全批受验丝逐把拆除包丝纸的一端或者全部,排列在检验台上,以感官检定全批丝的外观质量;同时抽取品质试样,并逐绞检查试样表面、中层、内层有无各种外观疵点,对全批丝作出外观质量评定。

c) 筒装丝:将全批受验丝逐筒拆除包丝纸或纱套,放在检验台上,以感官检定全批丝的外观质量;随机抽取 32 只,大头向上,用手将筒子倾斜 30°~40°转动一周,检查筒子的端面和侧面;同时抽取品质试样,逐筒检查试样的上、下端面和侧面,对全批丝作出外观质量评定。

d) 发现外观疵点的丝绞、丝把或丝筒必须剔除。在一把中疵点丝有 4 绞以上时,则整把剔除。

e) 需拆把检验时,拆 10 把,解开一道纱绳检查。

f) 批注规定:

——主要疵点附着物(黑点)项目中的散布性黑点按一绞作一绞计算,若一绞中普遍存在,则作一绞计算;

——夹花和颜色不整齐,如两项均为批注起点,可批注一项;

——宽紧丝、缩丝、留绪、编丝或绞把不良等疵点普遍存在于整批丝中,应分别加以批注,作一般疵点评定;

——油污、虫伤丝不再检验,退回委托方整理;

——器械检验发现外观疵点,应予确认,并按外观疵点批注规定执行。

4.2.2.3 外观评等的方法

外观评等分为良、普通、稍劣和级外品。

良:整理成形良好,光泽手感略有差异,有 1 项轻微疵点者。

普通:整理成形尚好,光泽手感有差异,有 1 项以上轻微疵点者。

稍劣:主要疵点 1~2 项或一般疵点 1~3 项或主要疵点 1 项和一般疵点 1~2 项。

级外品:超过稍劣范围或颜色极不整齐者。

4.2.2.4 外观性状

颜色种类分白色、乳色、微绿色三种,颜色程度以淡、中、深表示。

光泽程度以明、中、暗表示。

手感程度以软、中、硬表示。

4.2.3 切断检验

4.2.3.1 设备

a) 切断机:具有表 1 规定的卷取速度。

b) 丝络:每只重约 500 g。丝络直径 400 mm~550 mm,丝络宽 100 mm,表面光滑、伸缩灵活。

c) 丝锭:每只重约 100 g。丝锭两端直径 50 mm,中段直径 44 mm,丝锭长度 76 mm,表面光滑、转动平稳。

4.2.3.2 检验规程

a) 适用于绞装丝,筒装丝不检验切断。

b) 切断机的卷取速度及检验时间见表1。

表 1 切断检验的时间和卷取速度规定

名义纤度/den(dtex)	卷取速度/(m/min)	预备时间/min	正式检验时间/min
12(13.3)及以下	110	5	120
13～18(14.4～20.2)	140	5	120
19～33(21.1～36.7)	165	5	120
34～69(37.8～76.7)	165	5	60

c) 每批 25 绞试样,10 绞自面层卷取,10 绞自底层卷取,3 绞自面层的 1/4 处卷取,2 绞自底层的 1/4 处卷取。凡是在丝绞的 1/4 处卷取的丝片不计切断次数。

d) 将受验丝绞平顺地绷于丝络,按丝绞成形的宽度摆正丝片,调节丝络,使其松紧适度地与丝片周长适应。绷丝过程中发现丝绞中篯角硬胶、粘条,可用手指轻轻揉捏,以松散丝条。

e) 卷取时间分为预备时间和正式检验时间。预备时间不计切断次数;正式检验时间内根据切断原因,分别记录切断次数。当正式检验时间开始,如尚有丝绞卷取情况不正常,则适当延长预备时间。

f) 同一丝片由于同一缺点,连续产生切断达 5 次时,经处理后继续检验,如再产生切断的原因仍为同一缺点,则不作切断次数记录,如为不同缺点则继续记录切断次数,该丝片的最高切断次数为 8 次。

g) 切断检验时,每绞丝卷取 4 只丝锭,共卷取 100 只丝锭。

h) 检验完毕,将样余丝打绞,挂上标记,进仓库备查。

4.2.4 纤度检验

4.2.4.1 设备

a) 纤度机:机框周长为 1.125 m,速度 300 r/min 左右,并附有回转计数器,自动停止装置。

b) 纤度仪:分度值≤0.5 den。

c) 天平:分度值≤0.01 g。

d) 带有天平的烘箱。天平:分度值≤0.01 g。

4.2.4.2 检验规程

a) 绞装丝取切断检验卷取的一半丝锭50只(每绞样丝2只丝锭),用纤度机卷取纤度丝,每只丝锭卷取 4 绞,每绞 100 回,共计 200 绞。

b) 筒装丝取品质检验的 20 筒,其中 8 筒面层、6 筒中层(约在 250 g 处)、6 筒内层(约在 120 g 处),每筒卷取 10 绞,每绞 100 回,共计 200 绞。

c) 如遇丝锭无法卷取时,可在已取样的丝锭中补缺,每只丝锭限补纤度丝 2 绞。

d) 将卷取的纤度丝以 50 绞为一组,逐绞在纤度仪上称计,求得"纤度总和",然后分组在天平上称得"纤度总量",把每组"纤度总和"与"纤度总量"进行核对,其允许差异规定见表2,超过规定时,应逐绞复称至每组允差以内为止。

表 2 纤度丝的读数精度及允差规定

名义纤度/den(dtex)	纤度读数精度/den	每组允许差异/den(dtex)
33(36.7)及以下	0.5	3.5(3.89)
34～49(37.7～54.4)	0.5	7(7.78)
50～69(55.6～76.7)	1.0	14(15.6)

e) 将检验完毕的纤度丝松散、均匀地装入烘篮内,烘至恒重得出干重。

f) 平均纤度:按式(3)计算。

$$\overline{d} = \frac{\sum_{i=1}^{N} d_i}{N} \qquad \cdots\cdots\cdots\cdots\cdots\cdots(3)$$

式中：

$\overline{d}$——平均纤度，单位为旦尼尔（den）或分特（dtex）；

d_i——各绞纤度丝的纤度，单位为旦尼尔（den）或分特（dtex）；

N——纤度丝总绞数。

g) 纤度偏差：按式（4）计算。

$$\sigma = \sqrt{\frac{\sum_{i=1}^{N}(d_i - \overline{d})^2}{N}} \qquad \cdots\cdots\cdots\cdots\cdots(4)$$

式中：

σ——纤度偏差，单位为旦尼尔（den）或分特（dtex）；

$\overline{d}$——平均纤度，单位为旦尼尔（den）或分特（dtex）；

d_i——各绞纤度丝的纤度，单位为旦尼尔（den）或分特（dtex）；

N——纤度丝总绞数。

h) 纤度最大偏差：全批纤度丝中最细或最粗纤度，以总绞数的 2%，分别求其纤度平均值，再与平均纤度比较，取其大的差数值即为该丝批的"纤度最大偏差"。

i) 平均公量纤度：按式（5）计算。

$$d_K = \frac{m_0 \times 1.11 \times L}{N \times T \times 1.125} \qquad \cdots\cdots\cdots\cdots\cdots(5)$$

式中：

d_K——平均公量纤度，单位为旦尼尔（den）或分特（dtex）；

m_0——样丝的干重，单位为克（g）；

N——纤度丝总绞数；

T——每绞纤度丝的回数；

L——纤度单位为旦尼尔（den）时，取值为 9 000，纤度单位为分特（dtex）时，取值为 10 000。

j) 平均公量纤度超出该批生丝规格的纤度上限或下限时，应在检测报告中注明"纤度规格不符"。

k) 平均公量纤度与平均纤度的允差规定见表 3，超过规定时，应重新检验。

表 3 平均公量纤度与平均纤度的允差规定

名义纤度/den(dtex)	允许差异/den(dtex)
18(20.0)及以下	0.5(0.56)
19~33(21.1~36.7)	0.7(0.78)
34~69(37.8~76.7)	1.0(1.11)

l) 平均纤度、纤度偏差、纤度最大偏差和平均公量纤度的计算结果，取小数点后 2 位。

4.2.5 均匀检验

4.2.5.1 设备

a) 黑板机：卷绕速度为 100 r/min 左右，能调节排列线数。

b) 黑板：长 1 359 mm，宽 463 mm，厚 37 mm（包括边框），表面黑色无光。

c) 标准物质：均匀度标准样照。

d) 检验室：设有灯光装置的暗室应与外界光线隔绝，其四壁、黑板架应涂黑色无光漆，色泽均匀一致。黑板架左右两侧设置屏风、直立回光灯罩各一排，内装日光荧光管 1 支~3 支或天蓝色内面磨砂灯泡 6 只，光线由屏风反射使黑板接受均匀柔和的光线，光源照到黑板横轴中心线的平均照度为 20 lx，上下、左右允差±2 lx。

4.2.5.2 检验规程

a) 用黑板机卷取黑板丝片，正常情况下卷绕张力约 10 g。

b) 绞装丝取切断检验卷取的另 50 只丝锭，每只丝锭卷取 2 片；筒装丝取品质检验用试样 20 筒，其中 8 筒面层、6 筒中层（约在 250 g 处）、6 筒内层（约在 120 g 处），每筒卷取 5 片。每批丝共卷取 100 片，每块黑板 10 片，每片宽 127 mm，计 10 块黑板。

c) 不同规格生丝在黑板上的排列线数规定见表 4。

表 4 黑板丝条排列线数规定

名义纤度/den(dtex)	每 25.4 mm 的线数/线
9(10.0)及以下	133
10～12(11.1～13.3)	114
13～16(14.4～17.8)	100
17～26(18.9～28.9)	80
27～36(30.0～40.0)	66
37～48(41.1～53.3)	57
49～69(54.5～76.7)	50

d) 如遇丝锭无法卷取时，可在已取样的丝锭中补缺，每只丝锭限补 1 片。

e) 黑板卷绕过程中，出现 10 只及以上的丝锭不能正常卷取，则判定为"丝条脆弱"，并终止均匀、清洁和洁净检验。

f) 将卷取的黑板放置在黑板架上，黑板垂直于地面，检验员位于距离黑板 2.1 m 处，将丝片逐一与均匀标准样照对照，分别记录均匀变化条数。

均匀一度变化:丝条均匀变化程度超过标准样照 V_0，不超过 V_1 者。

均匀二度变化:丝条均匀变化程度超过标准样照 V_1，不超过 V_2 者。

均匀三度变化:丝条均匀变化程度超过标准样照 V_2 者。

g) 评定方法

确定基准浓度，以整块黑板大多数丝片的浓度为基准浓度。

无基准浓度的丝片，可选择接近基准部分作该片基准，如变化程度相等时，可按其幅度宽的作为该片基准，上述基准与整块基准对照，程度超过 V_1 样照，该基准按其变化程度作 1 条记录，其变化部分应与整块基准比较评定。

丝片匀粗匀细，在超过 V_1 样照时，按其变化程度作 1 条记录。

丝片逐渐变化，按其最大变化程度作 1 条记录。

每条变化宽度超过 20 mm 以上者作 2 条记录。

4.2.6 清洁及洁净检验

4.2.6.1 设备

a) 标准物质:清洁标准样照、洁净标准样照。

b) 检验室:按 4.2.5.1d)中规定，黑板架上部安装横式回灯罩一排，内装荧光管 2 支～4 支或天蓝色内面磨砂灯泡 6 只，光源均匀柔和地照到黑板的平均照度为 400 lx，黑板上、下端与横轴中心线的照度允差±150 lx，黑板左、右两端的照度基本一致。

4.2.6.2 检验规程

a) 清洁检验

评定方法:检验员位于距离黑板 0.5 m 处，逐块检验黑板两面，对照清洁标准样照，分辨清洁疵点的类型，分别记录其数量。清洁疵点分类规定见表 5。对黑板跨边的疵点，按疵点分类，作一个计。废丝或粘附糙未达到标准照片限度时，作小糙一个计。

清洁疵点扣分标准:主要疵点每个扣1分,次要疵点每个扣0.4分,普通疵点每个扣0.1分。以100分减去各类清洁疵点扣分的总和,即为该批丝的清洁成绩,以分表示,取小数点后1位。

表5 清洁疵点分类规定

疵点名称		疵点说明	长度/mm
主要疵点(特大糙疵)		长度或直径超过次要疵点的最低限度10倍以上者	
次要疵点	废丝	附于丝条上的松散丝团	
	大糙	丝条部分膨大或长度稍短而特别膨大者	7以上
	粘附糙	茧丝折转,粘附丝条部分变粗呈锥形者	
	大长结	结端长或长度稍短而结法抽劣者	10以上
	重螺旋	有一根或数根茧丝松弛缠绕于丝条周围,形成膨大螺旋形,其直径超过丝条本身一倍以上者	100左右
普通疵点	小糙	丝条部分膨大或2 mm以下而特别膨大者	2~7
	长结	结端稍长	4~10
	螺旋	有一根或数根茧丝松弛缠绕于丝条周围形成螺旋形,其直径未超过丝条本身一倍者	100左右
	环	环形的圈子	20以上
	裂丝	丝条分裂	20以上

b) 洁净检验

评分方法:选择黑板任一面,垂直地面向内倾斜约5°,检验员位于距离黑板0.5 m处,根据洁净疵点的形状大小、数量多少、分布情况对照洁净标准样照,逐片评分。洁净疵点扣分规定见表6。

评分范围:最高为100分,最低为10分。在50分以上者,每5分为1个评分单位,50分以下者,每10分为1个评分单位。计算其平均值,即为该批丝的洁净成绩,以分表示,取小数点后2位。

表6 洁净疵点扣分规定

分数	糙疵数量/个	糙疵类型	说明	分布
100	12	一类型	(1)夹杂有第三类型糙疵以一个折三个计。 a)轻螺旋长度以20 mm以上为起点; b)环裂长度以10 mm以上为起点; c)雪糙长度为2 mm以下者; d)结端长度为2 mm以下者。 (2)夹杂有第二类型糙疵时,个数超过半数扣5分,不到半数不另扣分。	(1)糙疵集中在1/2丝片扣5分。 (2)糙疵集中在1/4丝片扣10分。 (3)小糠分布在1/2丝片扣10分。 (4)小糠分布在1/4丝片扣5分。 (5)小糠不足1/4丝片者,不作扣分规定,但评分时可适当结合。
95	20	(100分样照)		
90	35			
85	50	二类型	(1)形状基本上如第一类型糙疵时加5分。 (2)夹杂有第三类型糙疵时,个数超过半数扣5分,不到半数时不另扣分。	
80	70	(80分样照)		
75	100			
70	130			
60	210			
50	310	三类型	(1)形状如第一类型时加10分。 (2)形状如第二类型时加5分。	
30	450	(50分样照)		
10	640			

4.2.7 断裂强度及断裂伸长率检验

4.2.7.1 设备

a) 等速伸长试验仪(CRE):隔距长度为 100 mm,动夹持器移动的恒定速度为 150 mm/min。强力读数精度≤0.01 kg(0.1 N),伸长率读数精度≤0.1%。

b) 天平:分度值≤0.01 g。

c) 纤度机,同 4.2.4.1a)。

4.2.7.2 检验规程

a) 绞装丝取切断卷取的丝锭 10 只;筒装丝取 10 筒,其中 4 筒面层、3 筒中层(约在 250 g 处)、3 筒内层(约在 120 g 处)。每锭(筒)制取一绞试样,共卷取 10 绞。不同规格的生丝按表 7 规定的卷取回数。

表 7 断裂强度和断裂伸长率检验试样的规定

名义纤度/den(dtex)	每绞试样/回
24(26.7)及以下	400
25~50(27.8~55.6)	200
51~69(56.7~76.7)	100

b) 用天平称计出平衡后的试样总重量并记录,逐绞进行拉伸试验。将试样丝均分、平直、理顺,放入上、下夹持器,夹持松紧适当,防止试样拉伸时在钳口滑移和切断。记录最大强力及最大强力时的伸长率作为试样的断裂强力及断裂伸长率。

c) 断裂强度:按式(6)计算,取小数点后 2 位。

$$P_0 = \frac{\sum\limits_{i=1}^{N} P_i}{m} \times E_f \qquad\qquad\cdots\cdots\cdots\cdots\cdots\cdots(6)$$

式中:

P_0——断裂强度,单位为克力每旦尼尔(gf/den)或厘牛每分特(cN/dtex);

P_i——各绞试样断裂强力,单位为千克力(kgf)或牛顿(N);

m——试样总重量,单位为克(g);

E_f——计算系数(根据表 8 取值)。

表 8 不同单位断裂强度计算系数 E_f 取值表

强 度 单 位	强 力 单 位	
	牛顿 N	千克力 kgf
cN/dtex	0.011 25	0.110 3
gf/den	0.012 75	0.125
注:1 gf/den=0.882 6 cN/dtex。		

d) 断裂伸长率:按式(7)计算平均断裂伸长率,取小数点后 1 位。

$$\delta = \frac{\sum\limits_{i=1}^{N} \delta_i}{N} \qquad\qquad\cdots\cdots\cdots\cdots\cdots\cdots(7)$$

式中:

δ——平均断裂伸长率,%;

δ_i——各绞样丝断裂伸长率,%;

N——试样总绞数。

4.2.8 抱合检验

4.2.8.1 设备

杜泼浪式抱合机。

4.2.8.2 检验规程

a) 抱合检验适用于 33 den 及以下规格的生丝。

b) 绞装丝取切断检验卷取的丝锭 20 只,筒装丝取 20 筒,其中 8 筒面层,6 筒中层(约在 250 g 处),6 筒内层(约在 120 g 处)。每只丝锭(筒)检验抱合 1 次。

c) 将丝条连续往复置于抱合机框架两边的 10 个挂钩之间,在恒定和均匀的张力下,使丝条的不同部位同时受到摩擦,摩擦速度约为 130 次/min。一般在摩擦到 45 次左右时,作第一次观察,以后摩擦一定次数应停机仔细观察丝条分裂程度,直到半数以上丝条中出现 6 mm 及以上的丝条开裂时,记录摩擦次数。以 20 只丝锭(筒)的平均值取整数作为该批丝的抱合次数。

d) 挂丝时发现丝条上有明显糙节、发毛开裂或检验中途丝条发生切断,应废弃该样,在原丝绽(筒)上重新取样检验。

4.2.9 茸毛检验方法

茸毛检验方法按附录 A 执行。

4.2.10 单根生丝断裂强度和断裂伸长率检验方法

单根生丝断裂强度和断裂伸长率检验方法按附录 B 执行。

4.2.11 生丝含胶率的检验方法

生丝含胶率的检验方法按附录 C 执行。

5 数值修约

本标准的各种数值计算,均按 GB/T 8170 数值修约规则取舍。

附　录　A

（规范性附录）

茸毛检验方法

A.1　范围

本附录规定了生丝茸毛的检验方法。

A.2　抽样方法与数量

取切断检验卷取的 20 只丝锭，每只丝锭卷取 1 个丝片。

A.3　检验设备

A.3.1　自动卷取机：能按表 A.1 规定调节丝条排列线数。

A.3.2　金属筬：长 770 mm，宽 225 mm，厚 25 mm。

A.3.3　筬架：长 782 mm，宽 228 mm，高 280 mm，可放置金属筬 5 只。

A.3.4　煮练池、染色池、洗涤池：内长 820 mm，内宽 265 mm，内深 410 mm，具有加温装置。

A.3.5　清水池：内长 1 060 mm，内宽 460 mm，内深 520 mm。

A.3.6　整理架：可搁金属筬。

A.3.7　检验室：长 1 820 mm，宽 1 620 mm，高 2 205 mm，与外界光线隔绝，其四壁及内部物件均漆成无光黑灰色，色泽均匀一致。设有弧形灯罩，内装 60 W 天蓝色内面磨砂灯泡 4 只，照度为 180 lx 左右。

A.3.8　标准物质：茸毛标准样照一套 8 张，分别为 95、90、85、80、75、70、65、60 分，表示各自分数的最低限度。

A.4　检验方法

A.4.1　试样制备

取 20 只丝锭，每只丝锭卷取一片，共卷取 20 个丝片。每筬卷取五个丝片，每丝片幅宽 127 mm。丝片每 25.4 mm 排列线数规定见表 A.1。

表 A.1　茸毛检验卷取线数规定

名义纤度/den(dtex)	每 25.4 mm 排列线数/线	每片丝长度/m
12(13.3)及以下	35	87.5
13～16(14.4～17.7)	30	75.0
17～26(18.8～28.8)	25	62.5
27～48(29.9～53.2)	20	50.0
49～69(54.3～76.7)	15	37.5

A.4.2　脱胶

A.4.2.1　脱胶条件：

脱胶剂	中性工业肥皂
300 g 皂液浓度	0.5%
温度	(95±2)℃
溶液用量	60 L
时间	60 min

A.4.2.2　用 300 g 中性工业皂片或相当定量的皂液，注入盛有 60 L 清水的精练池中，加温并搅拌，使

皂片充分溶解。当液温升至 97 ℃时,将摇好的丝筬连同筬架浸入煮练池内脱胶,60 min 后取出,放入有 40 ℃温水的洗涤池中洗涤,最后再到清水池洗净皂液残留物。

A.4.3 染色

A.4.3.1 染色条件:

染料   甲基蓝(盐基性染料)

染料浓度   0.04%(一次用染料 24 g)

温度   40 ℃~70 ℃

溶液用量   60 L

染色时间   20 min

A.4.3.2 用 24 g 染料,注入盛有 60 L 清水的染色池中,加温并搅拌,使染料充分溶解,当液温升至 40 ℃以上时,将已脱胶的丝筬连同筬架移入染色池内进行染色。保持染液温度 40 ℃~70 ℃,染 20 min,然后将染色后的丝筬连同筬架放入冷水池中进行清洗。

A.4.4 干燥

在室温下或在温度 50 ℃以下进行加热干燥。

A.4.5 整理

用光滑的细玻璃棒或竹针在筬架上逐片进行整理,使丝条分离,恢复原有的排列状态。

A.4.6 检验

A.4.6.1 将受验的丝筬连筬架移置在茸毛检验室内,将丝筬逐只排在灯罩前面托架上,开启灯光,逐片检验评分。

A.4.6.2 检验员视线位置在距离丝筬正前方约 0.5 m 处,取丝筬两面的任何一面,在灯光反射下逐片进行观察。根据各片丝条上所存在的不吸色的白色疵点和白色茸毛的数量多少、形状大小及分布情况,对照标准样照逐片评分,分别记录在工作单上。

A.4.6.3 评分范围:无茸毛者为 100 分,最低为 10 分;从 100 分至 60 分每 5 分为 1 个评分单位,从 60 分至 10 分每 10 分为 1 个评分单位。

A.4.7 计算

A.4.7.1 以受验各丝片所记载的分数相加之和,除以总片数,即为该批丝的平均分数。按式(A.1)计算:

$$茸毛平均分数(分) = \frac{各丝片(20片)分数之和}{总丝片数(20片)} \quad\quad (A.1)$$

A.4.7.2 在受验总丝片中取 1/4 片数(5 片)的最低分数相加,除以所取的低分片数,所得的分数即为该批丝的低分平均分数。按式(A.2)计算:

$$茸毛低分平均分数(分) = \frac{总丝片(20片)中5片最低分数之和}{低分片数(5片)} \quad\quad (A.2)$$

A.4.7.3 以平均分数与低分平均分数相加,两者的平均值即为该批丝茸毛的评级分数。按式(A.3)计算:

$$茸毛评级分数(分) = \frac{平均分数 + 低分平均分数}{2} \quad\quad (A.3)$$

A.4.7.4 茸毛分数计算均取小数点后 2 位。

附　录　B
（规范性附录）
单根生丝断裂强度和断裂伸长率检验方法

B.1　范围

本附录规定了使用等速伸长试验仪（CRE）测定单根生丝断裂强度和断裂伸长率的方法。

B.2　抽样方法与数量

绞装生丝取切断检验卷取的丝锭40只；筒装生丝取20筒，其中8筒面层、6筒中层（约250 g处）、6筒内层（约120 g处）。每个丝绽试验5次，每个丝筒试验10次，共200次。

B.3　检验条件

按GB/T 6529规定的标准大气和容差范围，在温度（20.0±2.0）℃、相对湿度（65.0±4.0）％下进行试验，样品应在上述条件下吸湿平衡12 h以上方可进行。

B.4　设备

等速伸长试验仪（CRE），应符合GB/T 3916—1997中5.1规定。

B.5　试验程序

B.5.1　隔距长度为500 mm，拉伸速度为5 m/min。

B.5.2　按常规方法从卷装上退绕单根生丝。

B.5.3　在夹持试样前，检查钳口准确地对正和平行，以保证施加的力不产生角度偏移。

B.5.4　试样嵌入夹持器时施加的预张力为1/18 gf/den或（0.05±0.01）cN/dtex。

B.5.5　自动或手动夹紧试样。在试验过程中检查钳口之间的试样滑移不能超过2 mm，如果多次出现滑移现象应更换夹持器或钳口衬垫。舍弃出现滑移时的试验数据，并且舍弃纱线断裂点有钳口或闭合器5 mm以内的试验数据。

B.5.6　自动或人工记录断裂强力和断裂伸长率值。

B.6　试验结果计算

断裂强力以gf(cN)表示，断裂伸长率以观察的试样伸长与名义隔距长度的百分数表示，纤度以den(dtex)表示。

B.6.1　平均断裂强力按式（B.1）计算。

$$\text{平均断裂强力}[\text{gf(cN)}] = \frac{\text{各次断裂强力总和}[\text{gf(cN)}]}{\text{试验总次数}} \quad\cdots\cdots\cdots\cdots（B.1）$$

计算结果精确至小数点后3位。

B.6.2　断裂强度按式（B.2）计算。

$$\text{断裂强度}[\text{gf/den(cN/dtex)}] = \frac{\text{平均断裂强力}[\text{gf(cN)}]}{\text{平均纤度}[\text{den(dtex)}]} \quad\cdots\cdots\cdots\cdots（B.2）$$

计算结果精确至小数点后2位。

B.6.3　平均断裂伸长率按式（B.3）计算。

$$\text{平均断裂伸长率}(\%) = \frac{\text{各次断裂伸长总和}(\text{mm})}{\text{试验次数}\times\text{名义隔距长度}(500 \text{ mm})} \times 100 \quad\cdots\cdots\cdots（B.3）$$

计算结果精确至小数点后 2 位。

B.6.4 断裂强力变异系数按式(B.4)计算。

$$断裂强力变异系数\ CV(\%) = \frac{\sqrt{\dfrac{\sum\{各次断裂强力[gf(cN)]-平均断裂强力[gf(cN)]\}^2}{试验总次数}}}{平均断裂强力[gf(cN)]} \times 100$$

$$\cdots\cdots\cdots\cdots\cdots\cdots\cdots(B.4)$$

计算结果精确至小数点后 1 位。

B.6.5 断裂伸长率变异系数按式(B.5)计算。

$$断裂伸长率变异系数\ CV(\%) = \frac{\sqrt{\dfrac{\sum(各次断裂伸长率-平均断裂伸长率)^2}{试验总次数}}}{平均断裂伸长率} \times 100$$

$$\cdots\cdots\cdots\cdots\cdots\cdots\cdots(B.5)$$

计算结果精确至小数点后 1 位。

附 录 C

（规范性附录）

生丝含胶率的检验方法

C.1 范围

本附录规定了生丝含胶率的检验方法。

C.2 抽样方法与数量

分别取切断检验的丝锭 8 只，从每只丝锭上取约 5 g 样丝，分为两份试样，每份试样(20±1)g。

C.3 设备

C.3.1 天平：分度值≤0.01 g。

C.3.2 带有天平的烘箱。天平：分度值≤0.01 g。

C.3.3 容器：容量≥10 L。

C.3.4 加热装置。

C.3.5 定时器。

C.3.6 温度计：分度值≤1 ℃。

C.3.7 pH 计。

C.4 试剂

C.4.1 Na_2CO_3，分析纯。

C.4.2 蒸馏水。

C.5 试验程序

C.5.1 将 2 份试样分别标记，烘至干重，称记脱胶前干量。

C.5.2 将 2 份已称干量的试样，按表 C.1 的试验条件，放入 Na_2CO_3 溶液中进行脱胶。脱胶时不断用玻璃棒搅拌，使脱胶均匀，脱胶后用 50 ℃～60 ℃蒸馏水充分洗涤。脱胶三次后，洗净，烘干，称出脱胶后干量。

C.5.3 生丝含胶量检验试验条件见表 C.1。

表 C.1 生丝含胶量检验试验条件表

项 目	第一次	第二次	第三次
Na_2CO_3	0.5 g/L	0.5 g/L	0.5 g/L
水	蒸馏水	蒸馏水	蒸馏水
浴比	1：100	1：100	1：100
温度	98 ℃±2 ℃	98 ℃±2 ℃	98 ℃±2 ℃
时间	30 min	30 min	30 min

C.6 试验结果计算

含胶率按式(C.1)计算。计算结果精确至小数点后 2 位。

$$含胶率(\%) = \frac{脱胶前干量 - 脱胶后干量}{脱胶前干量} \times 100 \quad \cdots\cdots\cdots\cdots\cdots\cdots\cdots (C.1)$$

将各份试样的脱胶前总干量和脱胶后总干量代入式(C.1),计算结果作为该批丝的实测平均含胶率。

两份试样含胶率相差超过3%时,增抽第三份试样,按上述方法与前两份试样的脱胶前干量和脱胶后干量合并计算出该批丝的实测平均含胶率。

ICS 59.080.30
W 43

中华人民共和国国家标准

GB/T 9127—2007
代替 GB/T 9127—1988

柞 蚕 丝 织 物

Tussah silk fabrics

2007-09-05 发布

2008-02-01 实施

中华人民共和国国家质量监督检验检疫总局
中国国家标准化管理委员会 发布

前　言

本标准代替 GB/T 9127—1988《柞蚕丝织物》。

本标准与 GB/T 9127—1988 相比,主要变化如下:

——增加了柞蚕丝织物应符合国家有关纺织品强制性标准的有关要求(本版的 4.4);

——增加了纤维含量偏差的考核项目(本版的 4.5);

——增加了色差的考核项目(本版的 4.6);

——提高了色牢度的指标水平,增加了耐水色牢度指标项目(1988 年版中的 4.2,本版中的 4.5);

——改变了断裂强力指标的设置方法,采用绝对值法(1988 年版中的 4.1,本版的 4.5);

——将缩水率改为水洗尺寸变化率(1988 年版中的 4.1,本版的 4.5);

——外观疵点评定采用评分制,与相关标准协调;

——规定了成包前绸匹的实测回潮率。

本标准的附录 A 是资料性附录。

本标准由中国纺织工业协会提出。

本标准由全国纺织品标准化技术委员会丝绸分会归口。

本标准起草单位:辽宁丝绸检验所、辽宁出入境检验检疫局。

本标准主要起草人:刘明义、张德聪、姜爽、郭雅琳、崔勇。

本标准所代替标准的历次版本发布情况为:

——GB/T 9127—1988。

柞 蚕 丝 织 物

1 范围

本标准规定了柞蚕丝织物的要求、试验方法、检验规则、包装和标志。

本标准适用于评定各类服用的练白、染色、印花和色织纯柞蚕丝织物及经丝以柞蚕丝为主要原料与其他纱线交织丝织物的品质。

本标准不适用于评定以特种工艺柞蚕丝为原料的柞蚕丝织物的品质。

2 规范性引用文件

下列文件中的条款通过本标准的引用而成为本标准的条款。凡是注日期的引用文件,其随后所有的修改单(不包括勘误的内容)或修订版均不适用于本标准,然而,鼓励根据本标准达成协议的各方研究是否可使用这些文件的最新版本。凡是不注日期的引用文件,其最新版本适用于本标准。

GB 250 评定变色用灰色样卡(GB 250—1995,idt ISO 105-A02:1993)

GB 5296.4 消费品使用说明 纺织品和服装使用说明

GB/T 8170 数值修约规则

GB/T 15552 丝织物试验方法和检验规则

GB 18401 国家纺织产品基本安全技术规范

3 术语和定义

下列术语和定义适用于本标准。

3.1

特种工艺柞蚕丝

由柞蚕茧或柞蚕挽手纺制而成的具有特殊风格的粗纤度柞蚕丝。

3.2

柞蚕疙瘩丝

在缫丝时,人为地在丝条上捻入不规则的粗细条或疙瘩的柞蚕丝。

4 要求

4.1 柞蚕丝织物的要求包括密度偏差率、质量偏差率、断裂强力、纤维含量偏差、水洗尺寸变化率、色牢度等内在质量和色差(与标样对比)、幅宽偏差率、外观疵点等外观质量。

4.2 柞蚕丝织物评等以匹为单位。质量偏差率、断裂强力、纤维含量偏差、水洗尺寸变化率、色牢度按批评等。密度偏差率、外观质量按匹评等。

4.3 柞蚕丝织物的品质由各项技术指标中最低等级评定,分为优等品、一等品、二等品、三等品,低于三等品的为等外品。

4.4 柞蚕丝织物应符合国家有关纺织品强制性标准的有关要求。

4.5 柞蚕丝织物的内在质量分等规定见表1。

表 1　内在质量分等规定

项　目			指　标			
			优等品	一等品	二等品	三等品
密度偏差率/%			−3.0 及以上	−3.1～−5.0	−5.1～−8.0	−8.0 以下
质量偏差率/%	普通织物		−4.0 及以上	−4.1～−5.0	−5.0 以下	
	柞蚕疙瘩丝织物		−5.0 及以上	−5.1～−7.0	−7.0 以下	
断裂强力/N　　　　　　　≥			200			
纤维含量偏差[a] （绝对百分比）/%	纯柞蚕丝织物		0			
	交织织物		±5.0			
水洗尺寸变化率/%	经向		−3.0 及以上	−3.1～−5.0	−5.1～−8.0	−8.0 以下
	纬向		−2.0 及以上	−2.1～−3.0	−3.1～−6.0	−6.0 以下
色牢度/级 ≥	耐水 耐汗渍 耐熨烫	变色	4	3—4		
		沾色	3—4	3		
	耐洗	变色	4	3—4	3	
		沾色	3—4	3	2—3	
	耐干摩擦		4	3—4	3	
	耐光		3—4	3		
[a]　当一种纤维含量明示值不超过 10% 时,其实际含量应不低于明示值的 70%。						

4.6　柞蚕丝织物的外观质量的评定

4.6.1　幅宽偏差率和色差分等规定见表 2。

表 2　幅宽偏差率和色差分等规定

项　目	优等品	一等品	二等品	三等品
幅宽偏差率/%	±2.0	±3.0	超过±3.0	
色差（与标样对比）/级　≥	4	3—4		3

4.6.2　柞蚕丝织物外观疵点评定

4.6.2.1　柞蚕丝织物外观疵点采用有限度的累计评分法。

4.6.2.2　外观疵点的评分限度

　　a)　幅宽 114 cm 及以内：

　　　　优等品　每 7 m 允许 1 分；

　　　　一等品　每 4 m 及以内允许 1 分；

　　　　二等品　每 4 m 及以内允许 1 分以上～2 分；

　　　　三等品　每 4 m 及以内允许 2 分以上～4 分；

　　　　等外品　每 4 m 及以内 4 分以上。

　　b)　幅宽 114 cm 以上：

　　　　优等品　每 6 m 允许 1 分；

　　　　一等品　每 3 m 及以内允许 1 分；

　　　　二等品　每 3 m 及以内允许 1 分以上～2 分；

　　　　三等品　每 3 m 及以内允许 2 分以上～4 分；

　　　　等外品　每 3 m 及以内 4 分以上。

4.6.2.3 外观散布性疵点的评定见表3。

表 3 外观散布性疵点评定表

疵点类别	疵点程度	等级	说明
经 柳	普 通	二 等	程度确定: (1) 对照标样; (2) 对照 GB 250,3—4 级为普通,3 级及以下为明显。
	明 显	三 等	
色泽深浅	普 通	二 等	对照 GB 250,3—4 级及以下为普通,2—3 级及以下为明显。
	明 显	三 等	
	边色深浅距边 1 cm～2 cm 明显	二 等	
纬 斜	3%～4%	二 等	—
	4% 以上	三 等	
撬 小	普 通	二 等	(1) 绸面发麻稍有水花为普通; (2) 绸面起水花且手感疲软为明显。
	明 显	三 等	

4.6.2.4 外观局部性疵点评分见表4。

表 4 外观局部性疵点评分表

疵点类别			疵点长度	评分	限度
经向疵点	线 状		(1) 5 cm～30 cm,连续性每 30 cm (2) 宽急经20 cm～100 cm,连续性每 50 cm～100 cm	1	三等
	条 状		3 cm～20 cm,连续性每 20 cm	1	等外
纬向疵点	线 状		(1) 半幅以上 (2) 坍纬 1 cm 以上	1	三等
	条 状		3 cm 至半幅	1	三等
			半幅以上	2	等外
	纬档	普 通	宽 15 cm 及以内,连续性每 15 cm	1	三等
		明 显	宽 15 cm 及以内,连续性每 15 cm	2	等外
破 损			(1) 1 cm 及以内,连续性每 1 cm (2) 破边每 1 cm～10 cm	1	等外
斑 渍	普 通		1 cm～10 cm,连续性每 10cm	1	三等
	明 显		0.3 cm～4 cm	2	等外
边 不 良			每 100 cm	1	二等
小 疵 点			每 4 只及以内	1	三等
印花疵	普 通		经向每 33 cm 及以内	1	二等
	明 显		经向每 33 cm 及以内	2	三等

4.6.3 疵点类别名称说明

4.6.3.1 线状:疵点沿经向或纬向延伸,宽度不超过 0.2 cm。

4.6.3.2 条状:疵点沿经向或纬向延伸,宽度在 0.2 cm 以上。

4.6.3.3 斑渍:宽度在 0.2 cm 以上的渍。

4.6.3.4 纬档:两梭以上的纬向横档状疵点。

4.6.3.5 小疵点:不足评分起点的局部性疵点。

4.6.4 外观局部性疵点评定说明

4.6.4.1 疵点长度按经向或纬向的最大长度量计,并按程度较重的方向评定。

4.6.4.2 除破损外,距边 1 cm 及以内的疵点按边不良评定。

4.6.4.3 柞蚕疙瘩丝织物中不影响绸面外观的小疵点不计。

4.6.4.4 重叠存在的疵点,按程度较重的一项评定。

4.6.4.5 两条及以上经向或纬向线状疵点,分布宽度在 10 cm 及以内按一条量计,以各疵点起讫点最大长度量计。

4.6.4.6 一项疵点已达到降等限度,而同时存在其他疵点,应以已降等等级的起点分数加其他疵点的评分数作为该匹绸的总评分数。

4.7 开剪拼匹和标疵放尺

4.7.1 柞蚕丝织物中局部性严重疵点允许开剪拼匹或标疵放尺,但在同一批中二者只能采用一种。

4.7.2 优、一等品中不允许存在下列疵点,并应在工厂内剪除:

    a) 破洞和蛛网;

    b) 4 cm 以上明显的斑渍;

    c) 严重的夹梭档、拆毛档、开河档和错纬档;

    d) 其他类似的严重疵点。

4.7.3 开剪拼匹:

    a) 匹长 25 m～40 m 允许二段拼匹,40 m 以上允许三段拼匹,开剪拼匹的最短段长不短于 5 m。

    b) 开剪拼匹各段的幅宽、色泽、花型、等级应一致。

4.7.4 标疵放尺:

    a) 绸匹平均每 10 m 及以内允许标疵一次,每次标疵放尺 20 cm,标疵疵点经向长度在 30 cm 及以内允许标疵一次,超过 30 cm 的连续性疵点允许连续标疵,局部性疵点标疵间距不小于 4 m。

    b) 标疵疵点不再累计评分,超过允许标疵次数的绸匹不允许再标疵,仍累计评定,逐级降等。

5 试验方法

柞蚕丝织物的试验方法按 GB/T 15552 执行。

6 检验规则

柞蚕丝织物的检验规则按 GB/T 15552 执行。

7 包装

7.1 包装分类

柞蚕丝织物包装根据用户要求分为卷筒、卷板及折叠三类。

7.2 包装材料

7.2.1 卷筒用纸管为内径 3.0 cm～3.5 cm 的机制管。纸管要圆整、挺直。

7.2.2 卷板用双瓦楞纸板。卷板的宽度为 15 cm,长度根据柞蚕丝织物的幅宽或对折后的宽度决定。

7.2.3 包装用纸箱采用高强度牛皮纸制成的双瓦楞叠盖式纸箱。要求坚韧、牢固、整洁,并涂防潮剂。

7.3 包装要求

7.3.1 匹与匹之间色差不得低于 GB 250 中 4 级。

7.3.2 卷筒、卷板包装的内外层边的相对位移不大于 2 cm。

7.3.3 绸匹外包装采用纸箱时,纸箱内应加衬塑料内衬袋或拖蜡防潮纸,用胶带封口。纸箱外用塑料打包带和铁皮轧扣箍紧打箱。

7.3.4 包装应牢固、防潮,便于仓贮及运输。

7.3.5 绸匹成包时,每匹实测回潮率不高于 13%。

8 标志

8.1 柞蚕丝织物标志应明确、清晰、耐久、便于识别。

8.2 每匹或每段丝织物两端距绸边 3 cm 以内、幅边 10 cm 以内盖一检验章及等级标记。每匹或每段丝织物应吊标签一张,内容按 GB 5296.4 规定,包括产品名称、主要规格(幅宽,经、纬密度,平方米质量)、长度、原料名称及纤维含量百分率、等级、执行标准编号、检验合格证、生产企业名称和地址。

8.3 每箱(件)应附装箱单。

8.4 纸箱(布包)刷唛要正确、整齐、清晰。纸箱唛头内容包括合同号、箱号、品名、品号、花色号、幅宽、等级、匹数、毛重、净重及运输标志、生产厂名、地址。

8.5 每批产品出厂应附品质检验结果单。

9 其他

对柞蚕丝织物的规格、品质、包装和标志另有特殊要求者,供需双方可另订协议。

附　录　A
（资料性附录）
外观疵点类别说明

A.1　经向疵点

经柳、筘柳、色柳、浆柳、宽经、急经、多少捻、分经路、叉绞路、倒断头、断把吊、错把吊、夹起、煞星、掉股、综穿错、筘穿错、缺经、断通丝、了机宽急经、夹断头、碎糙、直皱印、拖皱印、渍经。

A.2　纬向疵点

松紧档、粗细纬、缩纬、宽急纬、碎明丝、断花档、罗纹档、毛纬、多少捻、拆毛档、开关档、撬小档、通绞档、接头档、脱抱档、撬档、皱档、顺纤档、色纬档、错花、破纸版、带纬、糙纬、断纬、叠纬、坍纬、综框多少起、抛纸版、错纹版、错纬、跳梭、轧梭痕、横折印、渍纬。

A.3　破损

破洞、蛛网、披裂、拔伤、破边、织补痕、杂物织进。

A.4　斑渍

色渍、锈渍、油污渍、霉渍、洗渍、蜡渍、水渍、皂渍、白雾、搭开、溜色、漏浆、反丝、裂开、白皱印。

A.5　边不良

宽急边、木耳边、吐边、卷边、粗细边、边糙、边整修不净。

A.6　印花疵

搭脱、塞煞、叠版印、框子印、刮刀印、色点、绢网印、眼圈、泡、重版、套歪、露白、砂眼、粗细茎、双茎、拖版、回浆印、刷浆印、化开、糊开、色皱印、花痕、涂料脱落、渗进、跳版深浅、台版印、野花、弯曲、雕色不清、涂料复色不清、爆脱。

A.7　其他

撬小、纬斜、松板印、鸡爪印、吊攀印、轧皱印、轧光印、轴皱印、色泽深浅（包括色花、地色深浅、前后深浅、头尾深浅、左右深浅、白花带色、花印花、深度不良）、纤维损伤（包括灰伤、擦毛、擦白、梭打毛、梭打白、经毛纬毛、筘白、自动幅撑轧伤）。

A.8　上述各类疵点中，有些疵点可能是共同的，应根据实际出现的形态决定其所属类别。

A.9　如绸面出现本标准中未列入的疵点，可根据形态按类似疵点评定。

ICS 59.080.30
W 43

中华人民共和国国家标准

GB/T 14014—2008
代替 GB/T 14014—1992

合 成 纤 维 筛 网

Synthetic fiber bolting cloths

2008-12-31 发布

2009-08-01 实施

中华人民共和国国家质量监督检验检疫总局
中国国家标准化管理委员会 发布

前　言

本标准代替 GB/T 14014—1992《蚕丝、合成纤维筛网》。

本标准与 GB/T 14014—1992 相比,主要变化如下:

——将标准名称由《蚕丝、合成纤维筛网》改为《合成纤维筛网》;

——增加了前言;

——在附录 A 中增加了 JPP 、DFP 、DPP 筛网的 62 个产品型号、规格;

——在附录 B 中增加了 JMP、JMG、DMP 面粉筛网的型号、规格;

——在附录 A、附录 B、附录 E 中,增加了丝径的项目。

本标准的附录 A、附录 B、附录 E 为规范性附录。附录 C、附录 D 为资料性附录。

本标准由中国纺织工业协会提出。

本标准由全国纺织品标准化技术委员会丝绸分会归口。

本标准起草单位:上海新铁链筛网制造有限公司、上海丝绸(集团)有限公司。

本标准主要起草人:陆金发、王吉康、钱志明、陈伟良、李健民。

本标准所代替标准的历次版本发布情况为:

——GBn 90～93—1980 、GB 2014—1980、GB/T 14014—1992。

合 成 纤 维 筛 网

1 范围

本标准规定了合成纤维筛网型号、规格的表示方法、要求、试验方法、检验规则、标志、包装与贮存。

本标准适用于评定合成纤维筛网的品质。

2 规范性引用文件

下列文件中的条款通过本标准的引用而成为本标准的条款。凡是注日期的引用文件,其随后所有的修改单(不包括勘误的内容)或修订版均不适用于本标准,然而,鼓励根据本标准达成协议的各方研究是否可使用这些文件的最新版本。凡是不注日期的引用文件,其最新版本适用于本标准。

GB/T 251 纺织品 色牢度试验 评定沾色用灰色样卡(GB/T 251—2008,ISO 105-A03:1993,IDT)

GB/T 2828.1—2003 计数抽样检验程序 第1部分:按接收质量限(AQL)检索的逐批检验抽样计划(ISO 2859-1:1999,IDT)

GB/T 3923.1 纺织品 织物拉伸性能 第1部分:断裂强力和断裂伸长率的测定 条样法

GB/T 4666 机织物长度的测定

GB/T 4667 机织物幅宽的测定

GB/T 4668 机织物密度的测定

GB/T 8170 数值修约规则

3 筛网型号、规格的表示方法

3.1 筛网型号的表示方法

3.1.1 合成纤维筛网型号由原料代号加上织物组织(或用途)代号表示。

3.1.2 筛网型号表示方法见表1。

表 1 筛网型号表示方法

原料类别及代号	织物组织或用途及代号					
	方平组织 F		平纹组织 P		面粉网 M	
	有梭织机	片梭织机	有梭织机	片梭织机	P 系列	G 系列
锦纶丝 J	JF	JFP	JP	JPP	JMP	JMG
涤纶丝 D	DF	DFP	DP	DPP	DMP	—

3.2 筛网规格的表示方法

3.2.1 方平组织、平纹组织筛网的规格由附录 A 中的各种筛网型号加经向或纬向密度表示。例:型号为 JF,经密为 30 根/cm,其规格表示为 JF30。

3.2.2 面粉网规格由附录 B 中的型号加序号表示。例:型号 JMP,序号 6,其规格表示为 JMP6。

3.2.3 各种筛网规格的孔宽参考值和有效筛滤面积参考值见附录 C。

4 要求

4.1 要求

4.1.1 合成纤维筛网的要求包括织物的幅宽、密度、外观疵点、断裂强力、断裂伸长率等五个项目。

4.1.2 幅宽、密度、外观疵点为外观品质,断裂强力、断裂伸长率为内在品质。

4.2 分等规定

4.2.1 合成纤维筛网的等级分为一等品、二等品,低于二等品的为不合格品。

4.2.2 合成纤维筛网的评等以匹为单位。断裂强力、断裂伸长率按批评等,密度、幅宽、外观疵点按匹评等,筛网的等级以内在品质和外观品质中最低一项评定。

4.2.3 合成纤维筛网内在品质的规定见表2。

表 2 内在品质的规定

产品型号	产品等级	幅宽偏差/cm	密度偏差/%		断裂强力/N	断裂伸长率/% 不大于	
			经向	纬向		经向	纬向
JF JFP	一等品	±2.5	±2.0	±5.0	见附录 A	52.0	50.0
JP JPP							
JMP JMG							
DMP							
DF DFP						42.0	40.0
DP DPP							
JF JFP	二等品	±4.0	±3.0	±8.0	附录 A 的 80%	65.0	62.5
JP JPP							
JMP JMG							
DMP							
DF DFP						52.5	50.0
DP DPP							

4.2.4 合成纤维筛网的幅宽偏差、密度偏差、断裂强力、断裂伸长率其中一项不符合表2的规定,依次降等。

4.2.5 合成纤维筛网一等品、二等品外观疵点的评定规定见表3。

表 3 外观疵点的评定规定

序号	疵点名称	一等品允许范围	二等品允许范围
1	缺经	40孔及以下,距边 1 cm 以内,长 3 cm 及以内。	40孔及以下 1) 距边 1 cm 及以内,长 3.1 cm～20 cm。 2) 距边 1 cm 外,长 0.1 cm～10 m。
		40孔以上 1) 距边 1 cm 外,长 0.5 cm 及以内。 2) 距边 1 cm 及以内,长 3 cm 及以内。	40孔以上 1) 距边 1 cm 外,长 0.6 cm～10 cm。 2) 距边 1 cm 及以内,长 3.1 cm～20 cm。

表 3（续）

序号	疵点名称	一等品允许范围	二等品允许范围
2	筘路	标准孔宽(1±30%)mm，长 10 m 以内 1 条。	标准孔宽(1±60%)mm，每匹 1 条。
3	宽急经	1) 轻微的长 2 m 及以内。 2) 明显的长 1 m 及以内。	1) 轻微的长 2.1 m～20 m。 2) 明显的长 1.1 m～10 m。
4	纬密档	规格纬密(1±10%)根/cm。	11 孔～40 孔，规格纬密(1±18%)根/cm。 4 孔～10 孔，41 孔及以上，规格纬密(1±20%)根/cm
5	断纬	距边 2 cm 内(条距为 3 m 及以上)，每匹允许 2 条。 距边 2.1 cm～5 cm，每匹允许 1 条。	距边 2.1 cm～5 cm 内(条距为 3 m 及以上)，每匹允许 2 条。
6	跳梭	距边 2.1 cm～5 cm，每匹允许 1 条。	距边 2.1 cm～5 cm，每匹允许 2 条。
7	叠纬(重梭)	每匹允许 1 梭。	梭距 3 m 及以上，每匹允许 3 梭
8	带纬	距边 5 cm。	距边 5.1 cm～10 cm。
9	纬线糙块、塌纬(塌纤)	1) 纬线粗达 3 倍，长 3 cm 及以内，每 10 米 2 只。 2) 纬线粗达 4 倍～5 倍，长 1 cm 及以内，每 10 米 2 只。	1) 纬线粗达 3 倍，长 3 cm 及以内，每 10 米 3 只～6 只。 2) 纬线粗达 4 倍～5 倍，长 1cm 及以内，每 10 米 3 只～5 只。
10	糙	18 孔及以下：5 孔 19 孔～30 孔：10 孔 31 孔～40 孔：15 孔 41 孔～80 孔：20 孔 81 孔及以上：25 孔	18 孔及以下：6 孔～10 孔 19 孔～30 孔：11 孔～20 孔 31 孔～40 孔：16 孔～30 孔 41 孔～80 孔：21 孔～40 孔 81 孔及以上：26 孔～50 孔
11	错经	不允许。	每匹 1 处～2 处。
12	错纬	每匹 1 处，长 5 cm 及以内。	每匹 2 处～3 处，每处长在 5 cm～10 cm 及以内。
13	经纬缺股	1) 二股及以上经线缺二分之一，长 10 cm 之内。 2) 二股及以上纬线缺二分之一，每匹允许 1 梭。	1) 二股及以上经线缺二分之一，长 10.1 cm～30 cm。 2) 二股及以上纬线缺二分之一，每匹允许 2 梭～3 梭。
14	缩纬	1) 20 cm 以内轻微的 5 梭及以内。 2) 20 cm 内明显的 1 梭。	1) 20 cm 以内轻微的 6 梭～10 梭。 2) 20 cm 内明显的 2 梭～5 梭
15	破边	1) 未破到内幅，长 5 cm 及以内。 2) 破到内幅不允许。	1) 未破到内幅，长 5.1 cm～10 cm。 2) 破到内幅 2 cm，长 5 cm 及以内。
16	污渍	深浅程度按 GB/T 251 中 3 级。	深浅程度按 GB/T 251 中 3 级以下。
17	伤痕	不允许。	每匹允许 2 处。
18	破洞	不允许。	不允许。

注 1：距边均指距内边。
注 2：序号 10"糙"指凡破坏一个组织点作 1 孔。
注 3：凡表 3 按序号每一疵点均按 1 处疵点算。
注 4：外观疵点说明见附录 D。

4.2.6 外观疵点的评等规定

4.2.6.1 每匹产品按表3中外观疵点允许八处评为一等品、二等品,超过八处,依次降等。

4.2.6.2 对于每匹疵点处数超过定等限度规定,则顺降一等。

4.2.7 表3中二等品允许范围的疵点可以标疵,每一标疵,放尺10 cm。

5 试验方法

5.1 长度试验方法

可按经向检验台计数表记录实际长度。仲裁检验按GB/T 4666的规定进行。

5.2 幅宽试验方法

可在每匹样品的中间和距两端至少3 m处以距离相等测量五处的幅宽,求其算术平均值。按GB/T 8170修约至整数。仲裁检验按GB/T 4667的规定进行。

5.3 密度试验方法

按GB/T 4668中的规定进行。

5.4 断裂强力试验方法

按GB/T 3923.1的规定进行。

5.5 断裂伸长率试验方法

按GB/T 3923.1的规定进行。

5.6 外观疵点检验方法

5.6.1 外观疵点检验条件

5.6.1.1 外观疵点检验在经向检验台上进行,检验台台面应黑色、光滑。

5.6.1.2 光源采用天然北光,或采用2支40 W加罩的日光灯,照度为320 lx~500 lx。光源距离检验台面70 cm。应避免阳光。

5.6.2 外观疵点检验方法

5.6.2.1 检验员位于检验台前面,检验视距为40 cm~50 cm。

5.6.2.2 幅宽165 cm及以下一人检验,幅宽165 cm以上两人检验。

5.6.2.3 检验速度:40孔及以下7 m/min,40孔~100孔6 m/min,100孔以上5 m/min。

6 检验规则

6.1 检验分类

检验分为型式检验和出厂检验。型式检验的时机根据生产厂实际情况或合同协议规定,一般在转产、停产后复产、原料或工艺有重大改变时进行。出厂检验在产品生产完毕交货前进行。

6.2 检验项目

出厂检验和型式检验的检验项目为标准的全部项目。

6.3 组批

出厂检验和型式检验均以同一任务单或同一合同号为同一检验批。

6.4 抽样

6.4.1 幅宽、密度、外观疵点的抽样采用GB/T 2828.1—2003中一般检验水平Ⅱ,接收质量限(AQL)为4.0的一次抽样方案,断裂强力、断裂伸长率的抽样采用GB/T 2828.1—2003中特殊检验水平S-2,接收质量限(AQL)为4.0的一次抽样方案,抽样方案见附录E。

6.4.2 样本应从检验合格批中随机抽取。用于测试断裂强力和断裂伸长率的试样应无影响试验结果的外观疵点,试样可以在每匹筛网的任意部位剪取。

6.5 检验结果的判定

6.5.1 幅宽、密度、外观疵点按匹评定等级,其他项目按批评定等级,以所有试验结果中最低评等评定样品的最终等级。

6.5.2 试样内在品质检验结果所有项目符合标准要求时,判定该试样所代表的检验批内在品质合格。幅宽、密度和外观品质的判定按 GB/T 2828.1—2003 中一般检验水平Ⅱ,接收质量限(AQL)为 4.0 的规定。批内在品质和外观品质均合格时判定为合格批;否则判定为不合格批。

6.6 复验

6.6.1 交收双方对检验结果有疑义时,可申请复验,复验以一次为准。

6.6.2 复验按本标准要求和试验方法进行。

6.6.3 复验具体项目,全检或抽样由交收双方议定。

6.6.4 复验的组批与抽样、检验结果的判定按本标准的 6.3、6.4、6.5 执行。

7 标志、包装与贮存

7.1 标志

7.1.1 标志要求明确、清晰,便于识别。

7.1.2 筛网成品出厂每匹应附有品质合格证,内容包括品名、型号、规格、幅宽、匹长、等级、标准编号、生产厂名、厂址、检验员代号。

7.2 包装

7.2.1 筛网成品外套塑料袋,包装应保证成品品质不受损伤,便于贮存和运输。

7.2.2 筛网成品包装有卷装和折叠两种形式,以匹为单位。幅宽在 218 cm 及以下以圆管卷装,幅宽在 218 cm 以上根据用户要求进行包装。

7.2.3 筛网匹长规定:各种规格 10 m～50 m 为整匹,标准匹长 30 m。3 m 以下作零料处理。

7.3 贮存

7.3.1 筛网不宜受潮,也不宜在强烈阳光下暴晒,贮存筛网的仓库应保持干燥,通风良好。

7.3.2 筛网应平放,堆放在垫仓板上面,不能贴墙,以免受潮变质。

8 其他

对标准中要求另有协议或合同者,可按协议或合同执行。

附　录　A

（规范性附录）

方平组织、平纹组织筛网型号、规格及有关物理性能

表 A.1　方平组织、平纹组织筛网型号、规格及有关物理性能

型号	规格/ (孔/cm)	丝径/ mm	密度/ (根/cm)		断裂强力/N 不小于		备　　注
			经向	纬向	经向	纬向	
JF JFP	30	0.06×2	30	30	310	330	常用幅宽:102 cm,127 cm, 145 cm,218 cm,276 cm。
	33	0.06×2	33	33	340	360	
	36	0.06×2	36	36	270	400	
	39	0.06×2	39	39	410	430	
	42	0.06×2	42	42	440	470	
	46	0.05×2	46	46	320	340	
	50	0.05×2	50	50	350	370	
	54	0.043×2	54	54	280	290	
	58	0.043×2	58	58	300	320	
	62	0.043×2	62	62	320	340	
JP JPP	4	0.55	4	4	1 720	1 830	常用幅宽:115 cm,127 cm, 158 cm,165 cm,182 cm, 218 cm,254 cm,316 cm。
	5	0.50	5	5	1 780	1 900	
	6	0.40	6	6	1 370	1 460	
	7	0.35	7	7	1 220	1 300	
	8	0.35	8	8	1 400	1 480	
	9	0.25	9	9	840	900	
	10	0.30	10	10	1 260	1 340	
	12	0.25	12	12	1 120	1 190	
		0.30			1 530	1 630	
	14	0.25	14	14	1 770	1 880	
	16	0.20	16	16	960	1 020	
		0.25			1 430	1 510	
	20	0.15	20	20	670	720	
		0.20			1 130	1 210	
	24	0.15	24	24	760	810	
	28	0.12	28	28	900	950	
	30	0.12	30	30	680	730	
	32	0.10	32	32	450	480	

表 A.1（续）

型号	规格/ (孔/cm)	丝径/ mm	密度/ (根/cm) 经向	纬向	断裂强力/N 不小于 经向	纬向	备 注
JP JPP	36	0.10	36	36	500	530	常用幅宽:115 cm,127 cm, 158 cm,165 cm,182 cm, 218 cm,254 cm,316 cm。
	40	0.10	40	40	560	600	
	43	0.08	43	43	440	460	
	48	0.08	48	48	430	460	
	56	0.06	56	56	290	310	
	59	0.06	59	59	300	320	
	64	0.06	64	64	330	350	
	72	0.05	72	72	240	260	
	80	0.05	80	80	270	290	
	88	0.043	88	88	220	240	
	96	0.043	96	96	240	260	
	100	0.043	100	100	220	240	
	104	0.043	104	104	270	280	
	120	0.043	120	120	310	330	
	130	0.043	130	130	290	310	
	140	0.038	140	140	260	290	
DF DFP	30	0.055×2	30	30	280	290	常用幅宽:127 cm,145 cm, 165 cm,218 cm,254 cm, 276 cm,316 cm。
	33	0.055×2	33	33	310	320	
	36	0.055×2	36	36	330	350	
	39	0.055×2	39	39	360	320	
	42	0.045×2	42	42	260	280	
	46	0.045×2	46	46	280	300	
	54	0.045×2	54	54	330	360	
	58	0.039×2	58	58	270	290	
DP DPP	4	0.55	4	4	1 840	1 960	常用幅宽:115 cm,127 cm, 158 cm,165 cm,182 cm, 218 cm,254 cm,316 cm。
	5	0.50	5	5	1 900	2 020	
	6	0.40	6	6	1 460	1 550	
	7	0.35	7	7	1 300	1 390	
	8	0.35	8	8	1 490	1 580	
	9	0.35	9	9	1 670	1 780	
	10	0.25	10	10	1 010	1 080	
		0.30			1 360	1 240	

表 A.1（续）

型号	规格/（孔/cm）	丝径/mm	密度/（根/cm）		断裂强力/N 不小于		备　注
			经向	纬向	经向	纬向	
DP DPP	12	0.15	12	12	430	460	常用幅宽:115 cm,127 cm, 158 cm, 165 cm, 182 cm, 218 cm,254 cm,316 cm。
		0.25			1 210	1 290	
		0.30			1 640	1 750	
	14	0.20	14	14	900	960	
	15	0.20	15	15	960	1 030	
		0.25			1 510	1 620	
	16	0.20	16	16	1 520	1 620	
	18	0.15	18	18	650	700	
		0.18			920	990	
	19	0.15	19	19	690	740	
	20	0.08	20	20	220	230	
		0.10			340	360	
		0.15			730	780	
	21	0.15	21	21	760	820	
	24	0.12	24	24	590	630	
		0.15			820	810	
	27	0.12	27	27	660	710	
	28	0.08	28	28	300	330	
		0.12			610	650	
	29	0.12	29	29	710	760	
	30	0.12	30	30	730	790	
	32	0.08	32	32	350	370	
		0.10			480	500	
	34	0.08	34	34	370	400	
		0.10			510	540	
	36	0.10	36	36	540	580	
	39	0.055	39	39	180	190	
		0.064			240	250	
	40	0.08	40	40	380	410	
	43	0.08	43	43	390	420	
	47	0.055	47	47	220	230	
		0.064			290	300	

表 A.1（续）

型号	规格/(孔/cm)	丝径/mm	密度/(根/cm) 经向	纬向	断裂强力/N 不小于 经向	纬向	备注
DP DPP	47	0.071	47	47	360	380	
	48	0.08	48	48	470	490	
	49	0.064	49	49	300	310	
		0.071			380	390	
	53	0.055	53	53	250	260	
		0.064			330	340	
	59	0.055	59	59	270	280	
		0.064			360	380	
	64	0.055	64	64	300	310	
		0.064			400	410	
	72	0.045	72	72	170	240	
		0.055			330	360	
	77	0.055	77	77	360	380	常用幅宽:115 cm,127 cm,158 cm,165 cm,182 cm,218 cm,254 cm,316 cm。
	80	0.045	80	80	180	260	
	88	0.045	88	88	270	290	
	90	0.039	90	90	210	220	
		0.045			280	300	
	100	0.039	100	100	230	250	
	110	0.035	110	110	160	170	
		0.039			250	270	
	120	0.035	120	120	180	200	
		0.039			280	300	
	130	0.035	130	130	200	210	
	140	0.035	140	140	220	230	
	150	0.035	150	150	230	250	
	165	0.031	165	165	250	260	

附　录　B

（规范性附录）

面粉网型号、序号及有关物理性能

表 B.1　面粉网型号、序号及有关物理性能

型号	序号	丝径/mm		密度/（根/cm）		断裂强力/N 不小于		备　注
		经向	纬向	经向	纬向	经向	纬向	
JMP	6	0.06＋0.05×2	0.06	35	37	216	206	常用幅宽：103 cm,127 cm。
	7	0.06＋0.05×2	0.06	37	40	226	226	
	8	0.06＋0.05×2	0.06	40	42	245	235	
	9	0.06＋0.05×2	0.06	42	48	255	275	
	10	0.06＋0.05×2	0.06	47	52	284	294	
	11	0.06＋0.05×2	0.06	50	56	314	314	
	12	0.06＋0.05×2	0.06	54	58	284	390	
	13	0.06＋0.043×2	0.06	57	61	304	305	
	14	0.06＋0.043×2	0.05	62	68	275	255	
JMG	12	0.40		4.5	4.5	1 031	1 095	常用幅宽：102 cm,127 cm。
	14	0.40		5	5	1 146	1 217	
	15	0.40		5.5	5.5	1 260	1 339	
	16	0.35		6	6	1 053	1 119	
	18	0.35		6.5	6.5	1 141	1 212	
	19	0.35		7	7	1 228	1 305	
	20	0.30		7.5	7.5	967	1 028	
	22	0.30		8	8	1 031	1 095	
	24	0.30		8.5	8.5	1 095	1 164	
	26	0.30		9	9	1 160	1 232	
	27	0.25		10	10	895	951	
	28	0.25		10.5	10.5	940	998	
	30	0.25		11	11	984	1 046	
	31	0.25		11.5	11.5	1 029	1 093	
	34	0.25		12	12	1 074	1 141	
	36	0.25		12.5	12.5	1 119	1 189	
	38	0.20		14	14	802	852	
	40	0.20		14.5	14.5	831	882	
	42	0.20		15	15	859	913	

表 B.1（续）

型号	序号	丝径/mm		密度/（根/cm）		断裂强力/N 不小于		备　注
		经向	纬向	经向	纬向	经向	纬向	
JMG	44	0.20		16	16	916	974	常用幅宽：102 cm，127 cm。
	45	0.20		16.5	16.5	945	1004	
	46	0.20		17	17	974	1035	
	47	0.20		17.5	17.5	1 002	1 065	
	50	0.20		18	18	1 031	1 095	
	52	0.15		20.5	20.5	660	702	
	54	0.15		21.5	21.5	693	736	
	58	0.15		22	22	709	753	
	60	0.15		23	23	741	787	
	62	0.15		23.5	23.5	757	804	
	64	0.15		24	24	773	822	
	66	0.10		28.5	28.5	408	434	
	68	0.10		29	29	415	441	
	70	0.10		29.5	29.5	422	449	
	72	0.10		30.5	30.5	437	464	
	74	0.10		32	32	458	487	
DMP	6	0.08+0.064×2	0.08	30	34	338	336	常用幅宽：103 cm，127 cm，145 cm，160 cm。
	7	0.08+0.064×2	0.08	33	36	426	356	
	8	0.08+0.064×2	0.07	36	40	466	328	
	9	0.07+0.048×2	0.064	43	48	382	316	
	10	0.064+0.04×2	0.064	49	52	326	342	
	11	0.064+0.04×2	0.048	53	60	352	227	
	12	0.064+0.04×2	0.048	55	63	370	238	
	13	0.064+0.04×2	0.048	58	68	386	257	
	14	0.048+0.04×2	0.048	62	69	315	261	
	15	0.048+0.04×2	0.048	65	74	331	280	

附　录　C

（资料性附录）

筛网孔宽和有效筛滤面积参考值

本附录提供了筛网各种规格的孔宽参考值和有效筛滤面积参考值，为用户在选择筛网规格时参考。
方平组织、平纹组织筛网孔宽和有效筛滤面积参考值见表 C.1。面粉网孔宽和有效筛滤面积参考值见
表 C.2。

表 C.1　筛网孔宽和有效筛滤面积参考值

型号	规格/ （孔/cm）	丝径/ mm	孔宽（参考值）/ mm	有效筛滤面积（参考值）/％
JF JFP	30	0.06×2	0.212	40.32
	33	0.06×2	0.181	35.82
	36	0.06×2	0.156	31.56
	39	0.06×2	0.135	27.62
	42	0.06×2	0.116	23.89
	46	0.05×2	0.118	29.43
	50	0.05×2	0.101	25.25
	54	0.043×2	0.099	28.53
	58	0.043×2	0.086	25.08
	62	0.043×2	0.075	21.74
JP JPP	4	0.55	0.190	60.84
	5	0.50	1.500	56.25
	6	0.40	1.267	57.76
	7	0.35	1.079	57.00
	8	0.35	0.900	51.84
	9	0.25	0.860	60.00
	10	0.30	0.700	49.00
	12	0.25	0.583	49.00
		0.30	0.533	40.96
	14	030	0.414	34.00
	16	0.20	0.425	46.00
		0.25	0.375	36.00
	20	0.15	0.350	49.00
		0.20	0.300	36.00
	24	0.15	0.267	40.96
	28	0.12	0.237	33.64
	30	0.12	0.213	41.00

表 C.1（续）

型号	规格/ （孔/cm）	丝径/ mm	孔宽（参考值）/ mm	有效筛滤面积（参考值）/%
JP JPP	32	0.10	0.213	46.24
	36	0.10	0.178	40.96
	40	0.10	0.150	36.00
	43	0.08	0.152	43.00
	48	0.08	0.130	37.95
	56	0.06	0.120	43.48
	59	0.06	0.110	42.00
	64	0.06	0.100	37.30
	72	0.05	0.090	41.24
	80	0.05	0.075	36.35
	88	0.043	0.071	38.76
	96	0.043	0.061	33.95
	100	0.043	0.060	36.00
	104	0.043	0.053	30.71
	120	0.043	0.040	23.75
	130	0.043	0.037	23.00
	140	0.038	0.033	21.61
DF DFP	30	0.055×2	0.223	45.00
	33	0.055×2	0.192	40.00
	36	0.055×2	0.167	36.00
	39	0.055×2	0.146	32.00
	42	0.045×2	0.148	39.00
	46	0.045×2	0.127	33.93
	54	0.045×2	0.094	25.66
	58	0.039×2	0.094	29.63
DP DPP	4	0.55	1.950	61.00
	5	0.50	1.550	60.00
	6	0.40	1.270	58.00
	7	0.35	1.080	57.00
	8	0.35	0.900	52.00
	9	0.35	0.760	47.00
	10	0.25	0.750	56.00
		0.30	0.700	49.00
	12	0.15	0.680	67.00

表 C.1（续）

型号	规格/ (孔/cm)	丝径/ mm	孔宽(参考值)/ mm	有效筛滤面积(参考值)/%
DP DPP	12	0.25	0.580	48.00
		0.30	0.530	40.00
	14	0.20	0.515	52.00
	15	0.20	0.470	50.00
		0.25	0.420	40.00
	16	0.20	0.425	46.00
	18	0.15	0.405	53.00
		0.18	0.375	46.00
	19	0.15	0.375	51.00
	20	0.08	0.420	71.00
		0.10	0.400	64.00
		0.15	0.350	49.00
	21	0.15	0.325	47.00
	24	0.12	0.340	67.00
		0.15	0.270	42.00
	27	0.12	0.250	46.00
	28	0.08	0.280	62.00
		0.12	0.240	45.00
	29	0.12	0.225	43.00
	30	0.12	0.215	42.00
	32	0.08	0.230	54.00
		0.10	0.210	45.00
	34	0.08	0.215	53.00
		0.10	0.195	44.00
	36	0.10	0.180	42.00
	39	0.055	0.200	61.00
		0.064	0.190	55.00
	40	0.08	0.150	36.00
	43	0.08	0.150	42.00
	47	0.055	0.160	57.00
		0.064	0.150	50.00
		0.071	0.140	43.00
	48	0.08	0.128	38.00
	49	0.064	0.140	47.00

表 C.1（续）

型号	规格/ (孔/cm)	丝径/ mm	孔宽（参考值）/ mm	有效筛滤面积（参考值）/%
DP DPP	49	0.071	0.135	44.00
	53	0.055	0.135	51.00
		0.064	0.125	44.00
	59	0.055	0.115	46.00
		0.064	0.105	38.00
	64	0.055	0.100	41.00
		0.064	0.090	33.00
	72	0.045	0.095	47.00
		0.055	0.085	38.00
	77	0.055	0.075	33.00
	80	0.045	0.080	41.00
	88	0.045	0.075	44.00
	90	0.039	0.070	40.00
		0.045	0.065	34.00
	100	0.039	0.060	36.00
	110	0.035	0.056	38.00
		0.039	0.052	33.00
	120	0.035	0.048	33.00
		0.039	0.044	28.00
	130	0.035	0.042	30.00
	140	0.035	0.036	25.00
	150	0.035	0.032	23.00
	165	0.031	0.029	23.00

表 C.2 面粉网孔宽和有效筛滤面积参考值

型号	序号	丝径/mm		孔宽（参考值）/mm	有效筛滤面积（参考值）/%
		经向	纬向		
JMP	6	0.06+0.05×2	0.06	0.207	55.63
	7	0.06+0.05×2	0.06	0.189	53.03
	8	0.06+0.05×2	0.06	0.173	50.34
	9	0.06+0.05×2	0.06	0.152	46.59
	10	0.06+0.05×2	0.06	0.132	42.44
	11	0.06+0.05×2	0.06	0.119	39.39
	12	0.06+0.05×2	0.06	0.112	38.28
	13	0.06+0.043×2	0.06	0.102	36.56
	14	0.06+0.043×2	0.05	0.095	38.24

表 C.2（续）

型号	序号	丝径/ mm	孔宽（参考值）/ mm	有效筛滤面积（参考值）/ %
JMG	12	0.40	1.822	67.00
	14	0.40	1.600	64.00
	15	0.40	1.418	61.00
	16	0.35	1.317	62.00
	18	0.35	1.180	59.00
	19	0.35	1.079	57.00
	20	0.30	1.023	60.00
	22	0.30	0.950	58.00
	24	0.30	0.876	56.00
	26	0.30	0.811	54.00
	27	0.25	0.750	56.00
	28	0.25	0.702	54.00
	30	0.25	0.659	53.00
	31	0.25	0.619	51.00
	34	0.25	0.583	49.00
	36	0.25	0.550	47.00
	38	0.20	0.514	51.90
	40	0.20	0.489	50.40
	42	0.20	0.466	49.00
	44	0.20	0.425	46.20
	45	0.20	0.406	44.90
	46	0.20	0.388	43.60
	47	0.20	0.371	42.30
	50	0.20	0.355	41.00
	52	0.15	0.338	47.90
	54	0.15	0.315	45.90
	58	0.15	0.304	44.90
	60	0.15	0.285	42.90
	62	0.15	0.275	41.90
	64	0.15	0.267	41.00
	66	0.10	0.251	51.20
	68	0.10	0.245	50.40
	70	0.10	0.239	49.70
	72	0.10	0.227	48.30
	74	0.10	0.213	46.20

表 C.2（续）

型号	序号	丝径/mm		孔宽(参考值)/mm	有效筛滤面积(参考值)/%
		经向	纬向		
DMP	6	0.08＋0.064×2	0.08	0.209	49.00
	7	0.08＋0.064×2	0.08	0.199	47.00
	8	0.08＋0.064×2	0.07	0.174	45.00
	9	0.07＋0.048×2	0.064	0.150	45.00
	10	0.064＋0.04×2	0.064	0.132	43.00
	11	0.064＋0.04×2	0.048	0.117	44.00
	12	0.064＋0.04×2	0.048	0.110	42.00
	13	0.064＋0.04×2	0.048	0.100	39.00
	14	0.048＋0.04×2	0.048	0.097	40.00
	15	0.048＋0.04×2	0.048	0.090	38.00

附　录　D

（资料性附录）

外观疵点说明

D.1　缺经：经丝因外力或某种因素的影响而断裂或缺股，在织物上表现为缺少经丝。

D.2　筘路：沿网面经向呈现一条或几条位置不变，经丝不缺，但向两边挤压的稀密不匀的直条。

D.3　宽急经：网面上显出浮宽状的经丝称宽经，显出陷入或收紧的经丝称急经。

D.4　纬密档：纬丝密度突然减少或增加所造成的横档。

D.5　断纬：网面全幅内缺少一段纬丝。

D.6　跳梭：网面局部出现纬丝脱离组织，不规则地浮在表面的疵点。

D.7　叠纬（重梭）：在同一梭口内，织入两根以上纬线。

D.8　带纬（带纤）：织造中将多余纬丝织入网面造成的疵点。

D.9　纬丝糙块、塌纬（塌纤）：织入的纬丝上有长结、毛丝、扭纬、糙类，称纬丝糙；由于纤子脱圈织入网面，呈现两根以上片断的重叠纬丝。

D.10　糙：织物经丝和纬丝组织点被破坏，网面显示并列经浮点和纬浮点现象。

D.11　错经：经丝原料搞错或条份不符合工艺规定织入成品，造成网面显出经向直条。

D.12　错纬：纬丝原料搞错或条份不符合工艺规定织入成品，造成网面显出纬向横档。

D.13　经纬缺股：多根并捻的经纬丝，在准备工序或在织造时，断了其中一根或一根以上造成网面显出一条较细的经、纬丝。

D.14　缩纬：在织造时，因纤子退卷张力不匀，在网面上纬丝呈卷曲状。

D.15　破边：筛网边幅破裂。

D.16　污渍：网面受到污染而形成的油渍、筘渍、棕丝渍、渍经等。

D.17　伤痕：受到外物摩擦或轧损，使网面起毛或有擦伤的痕迹。

D.18　破洞：经、纬向丝线共断两根及以上。

附　录　E

（规范性附录）

检验抽样方案

E.1　根据 GB/T 2828.1—2003,采用一般检验水平Ⅱ,AQL 为 4.0 的正常一次抽样方案如表 E.1 所示。

表 E.1　AQL 为 4.0 的正常一次抽样方案

样本量字码	批　量	样本量	接收质量限（AQL）为 4.0	
			Ac	Re
A	2～8	2	⇓	
B	9～15	3	0	1
C	16～25	5	⇑	
D	26～50	8	⇓	
E	51～90	13	1	2
F	91～150	20	2	3
G	151～280	32	3	4
H	281～500	50	5	6
J	501～1 200	80	7	8
K	1 201～3 200	125	10	11
L	3 201～10 000	200	14	15
M	10 001～35 000	315	21	22
N	35 001～150 000	500	⇑	
P	150 001～500 000	800		
Q	500 001 及其以上	1 250		

⇓——使用箭头下面的第一个抽样方案。如果样本量等于或超过批量,则执行 100% 检验。

⇑——使用箭头上面的第一个抽样方案。

Ac——接收数。

Re——拒收数。

表 E.2 AQL 为 4.0 的特殊检验水平 S-2 一次抽样方案

样本量字码	批 量	样本量	接收质量限（AQL）为 4.0	
			Ac	Re
A	2～8	2		
A	9～15	2		
A	16～25	2		
D	26～50	3	0 1	
E	51～90	3		
F	91～150	3		
G	151～280	5		
H	281～500	5		
J	501～1 200	5		
K	1 201～3 200	8		
L	3 201～10 000	8		
M	10 001～35 000	8		
N	35 001～150 000	13	1 2	
P	150 001～500 000	13		
Q	500 001 及其以上	13		

⇩——使用箭头下面的第一个抽样方案。如果样本量等于或超过批量，则执行 100% 检验。

⇧——使用箭头上面的第一个抽样方案。

Ac——接收数。

Re——拒收数。

ICS 59.060.10
W 40

中华人民共和国国家标准

GB/T 14033—2008
代替 GB/T 14033—1992

桑 蚕 捻 线 丝

Thrown silk

2008-05-23 发布   2008-12-01 实施

中华人民共和国国家质量监督检验检疫总局
中国国家标准化管理委员会   发布

前　言

本标准代替 GB/T 14033—1992《桑蚕经纬捻线丝》。

本标准与 GB/T 14033—1992 相比主要变化如下：

——将标准名称《桑蚕经纬捻线丝》改为《桑蚕捻线丝》；

——捻度范围扩大至适用于 1 500 捻/m 以下的绞装桑蚕捻线丝；

——纤度范围扩大至适用于 49 den(54.4 dtex)及以下的绞装桑蚕捻线丝；

——适当调整捻线丝规格范围；

——适当加严了 200 捻/m 以下捻度变异系数、捻度偏差率指标；

——适当调整 200 捻/m～500 捻/m、500 捻/m 以上捻度偏差率双特级指标；

——增加了 800 捻/m 及以上桑蚕捻线的捻度变异系数、捻度偏差率指标；

——调整了双特级引用的原料生丝的清洁分数；

——对 100 捻/m 以下捻线丝的捻度变异系数和捻度偏差率不作考核；

——强伸力的试验方法由采用等速牵引试验仪(CRT)改为采用等速伸长试验仪(CRE)试验方法；

——取消了等速牵引试验仪(CRT)的强伸力技术指标，增加了等速伸长试验仪(CRE)的强伸力技术指标；

——增加了桑蚕捻线丝的检验条件；

——对 200 den(222.2 dtex)以上捻线丝不考核强伸力项目；

——增加 200 den(222.2 dtex)以上纤度丝数量、回数、读数精度及纤度总和与纤度总量的允差规定；

——增加了不足 5 件(10 箱)或 6 件～9 件(11 箱～19 箱)时的组批规定；

——增加了绞装桑蚕捻线丝纸箱包装标志；

——修改了部分标志要求。

本标准由中国纺织工业协会提出。

本标准由全国纺织品标准化技术委员会丝绸分技术委员会归口。

本标准起草单位：广东始兴县金兴茧丝绸责任有限公司、中华人民共和国广东出入境检验检疫局技术中心、浙江丝绸科技有限公司(浙江丝绸科学研究院)、中华人民共和国无锡出入境检验检疫局、无锡理想丝线有限公司。

本标准主要起草人：李淳、杨正文、周颖、葛薇薇、邓志光、李慧、孙伟华、冷欣荣。

本标准所代替标准的历次版本发布情况为：

——GB/T 14033—1992 。

桑 蚕 捻 线 丝

1 范围

本标准规定了桑蚕捻线丝的术语和定义、标示、要求、检验方法、检验规则和包装、标志。

本标准适用于 1 500 捻/m 以下,2 根～9 根所用原料生丝,名义纤度在 49 den(54.4 dtex)及以下的绞装桑蚕捻线丝的品质评定。

2 规范性引用文件

下列文件中的条款通过本标准的引用而成为本标准的条款。凡是注日期的引用文件,其随后所有的修改单(不包括勘误的内容)或修改版均不适用本标准,然而,鼓励根据本标准达成协议的各方研究是否可使用这些文件的最新版本。凡是不注日期的引用文件,其最新版本适用于本标准。

GB/T 2543.1　纺织品　纱线捻度的测定　第 1 部分:直接计数法

GB/T 8170　数值修约规则

GB/T 8693　纺织纱线的标示

GB/T 8694　纺织纱线及有关产品捻向的标示

GB/T 9995　纺织材料含水率和回潮率的测定　烘箱干燥法

3 术语和定义

下列术语和定义适用于本标准。

3.1

桑蚕捻线丝　thrown silk

两根或两根以上的无捻或有捻生丝经并合加捻的本色丝。

3.2

捻线丝的名义纤度　nominal denier of thrown silk

以原料生丝的名义纤度乘以根数,作为捻线丝的名义纤度。

4 捻线丝的标示

捻线丝的标示、符号按 GB/T 8693 规定,捻向按 GB/T 8694 规定。

示例 1:20/22 den(23 dtex) f3 S 230

　　　　表示三根 20/22 den(23 dtex)无捻生丝 S 向 230 捻/m。

示例 2:20/22 den(23 dtex) f1 Z 725×2 S 625

　　　　表示单根 20/22 den(23 dtex)Z 向 725 捻/m 生丝,2 股 S 向 625 捻/m。

示例 3:20/22 den(23 dtex) f3 Z 600×3 S 500

　　　　表示三根 20/22 den(23 dtex)Z 向 600 捻/m 生丝,3 股 S 向 500 捻/m。

5 要求

5.1 回潮率

捻线丝的公定回潮率为 11.0%,实测回潮率不得低于 8.0%,不得超过 14.0%,实测回潮率超过 14.0%或低 8.0%时,应退回委托方重新整理平衡。

5.2 品质技术指标

捻线丝的品质技术指标规定见表1。

表 1 捻线丝的品质技术指标规定

检验项目	规格	等级				
		双特级	特级	一级	二级	三级
捻度变异系数[a]/% ≤	200 捻/m 及以下	7.50	8.50	10.00	12.00	14.00
	201 捻/m～500 捻/m	5.50	6.50	8.00	10.00	12.00
	501 捻/m～800 捻/m	4.50	5.50	6.50	8.00	10.00
	801 捻/m～1 250 捻/m	4.00	5.00	6.00	7.00	9.00
	1 251 捻/m～1 499 捻/m	3.50	4.50	5.00	6.00	8.00
捻度偏差率[a]/% ≤	200 捻/m 及以下	5.00	6.00	8.00	10.00	12.00
	201 捻/m～500 捻/m	4.00	4.50	6.50	8.50	10.50
	501 捻/m～800 捻/m	3.50	4.00	5.00	6.50	8.50
	801 捻/m～1 250 捻/m	3.00	3.50	4.50	6.00	8.00
	1 251 捻/m～1 499 捻/m	2.50	3.00	4.00	5.00	7.00
断裂强度[b]/ cN/dtex (gf/den) ≥		3.22 (3.65)		3.13 (3.55)		3.13 以下 (3.55 以下)
断裂伸长率[b]/%　　　　≥		18.5		17.5		17.5 以下
纤度变异系数/% ≤	2 根	6.00	6.50	7.50	9.50	12.50
	3 根	5.50	6.00	6.50	8.50	11.00
	4 根	5.00	5.50	6.00	7.50	9.50
	5～9 根	4.50	5.00	5.50	7.00	8.50
清洁/分　　　　≥		96.5	95.0	90.0	84.0	75.0
洁净/分　　　　≥		92.00	90.00	86.00	82.00	73.00
[a] 100 捻/m 以下捻线丝的捻度变异系数、捻度偏差率不考核。						
[b] 捻线丝名义纤度为 200 den(222.2 dtex)以上时,断裂强度及断裂伸长率项目不作考核。						

5.3 捻线丝的外观疵点分类和批注规定

见表2。

表 2 捻线丝的外观疵点分类和批注规定

疵点名称		疵 点 说 明	批注数量		
			整批/把	拆把/绞	样丝/绞
主要疵点	宽急股	单丝或股丝松紧不一,呈小圈或麻花状	—	8	2
	拉白丝	张力过大,光泽变异,丝条拉白	—	8	2
	多根(股)与缺根(股)	股丝线中比规定出现多根(股)或缺根(股),长度在1.5 m及以上者	—		1
	双线	双线长度在1.5 m及以上者	—		1
	污染丝	丝条被异物污染	—	8	2
	杂物飞入	废丝及杂物带入丝绞内	—	8	2
	长结	结端长度在4 mm以上	—	8	2
一般疵点	缩曲丝	定型后丝条呈卷曲状	—	8	2
	切丝	股丝中存在一根及以上的断丝	—	8	2
	色不齐	绞与绞,把与把之间颜色程度差异较明显	10以上		
	夹花	同一丝绞中颜色差异较明显	10以上		
	整理不良	绞把不匀,编绞留绪不当,定型或成形不良等	10以上		
注:达不到一般疵点者为轻微疵点。					

5.4 分等规定

5.4.1 分级原则

捻线丝品质以批为单位评定等级。依据捻线丝的品质技术指标和外观疵点的综合成绩,分为双特级、特级、一级、二级、三级和级外品。

5.4.2 基本等级的评定

受验捻线丝根据品质技术指标检验结果,清洁、洁净引用原料生丝检验结果,以其最低一项成绩确定该批捻线丝的基本等级,若任何一项低于三级品指标时,作级外品。

5.4.3 外观疵点的降级规定

外观检验评为稍劣者,依5.4.2所确定的等级再降一级。若按5.4.2已评为三级品者,则降为级外品。若外观检验评为级外品,则一律作级外品。

5.4.4 其他

凡发现产品不符合规格要求,原料混批,应作级外品处理,并在检验单上注明。

6 组批

6.1 桑蚕捻线丝根据原料生丝同一品种,同一规格组批,每批为5件型(10箱),约300 kg。也可10件型(20箱)组批,约600 kg。

6.2 不足5件(10箱)的按5件型规定组批,6件至9件(11箱~19箱)的按10件型规定组批。

7 检验方法

7.1 抽样

7.1.1 抽样方法

在外观检验的同时,抽取具有代表性的重量和品质检验用样丝。抽样时应遍及件与件内或箱与箱内的不同部位,并按边、中、角的比例抽取。每把丝限抽取一绞样丝。

7.1.2 抽样数量

重量检验样丝数量:每批抽 2 份,每份 2 绞,分成 2 组;品质检验样丝数量:每批抽 10 绞。若 10 件型(20 箱)组批时,则抽样数量及有关检验项目按比例计算。

7.1.3 丝锭准备

抽取的品质检验样丝,按表 3 规定卷绕丝锭。

表 3 品质检验样丝卷绕速度和卷绕时间规定

捻线丝名义纤度/den(dtex)	丝锭卷绕速度/(m/min)	丝锭卷绕时间/min	丝锭个数	
			面层	底层
33(36.7)及以下	165	20	10	10
34～100(37.8～111.1)	165	10	10	10
100(111.1)以上	165	5	20	20

7.2 重量检验

7.2.1 仪器设备

 a) 电子秤:量程≥150 kg,最小分度值≤0.05 kg;

 b) 电子天平:量程≥500 g,最小分度值≤0.01 g;

 c) 带有天平的烘箱。其中天平:量程≥1 000 g,最小分度值≤0.01 g。

7.2.2 检验规程

7.2.2.1 净重

全批受验丝抽样后,逐件(箱)在电子秤上称量核对,得出"毛重"。"毛重"复核时允许差异为0.10 kg,以第一次"毛重"为准。用电子秤称出五个布袋或五只纸箱(包括箱中的定位纸板、防潮纸等)的重量。任取三把～五把,拆下商标、纸、绳,称其重量,以此推算全批丝的"皮重",将全批丝"毛重"减去全批丝的"皮重",即为全批丝的"净重"。

7.2.2.2 湿重

将抽取的重量检验样丝,以份为单位,立即在电子天平上称量核对,得出各份"湿重"。"湿重"复核时允许差异为 0.20 g,以第一次"湿重"为准。各份"湿重"样丝重量允许差异规定:重量 200 g 以下,20 g 以内;重量 200 g 及以上,30 g 以内。

7.2.2.3 干重

将称过"湿重"的样丝,以份为单位,松散地放置在烘篮内,以不超过(140±2)℃的温度烘至恒重,得出"干重"。相邻两次称量恒重的判定按 GB/T 9995 的规定执行,即当连续两次称见质量的差异小于后一次称见质量的 0.1 %时,后一次的称见质量即为干重。

7.2.3 检验结果计算

7.2.3.1 回潮率按式(1)计算,计算结果精确到小数点后两位。

$$W = \frac{m - m_0}{m_0} \times 100 \qquad\qquad\cdots\cdots\cdots\cdots\cdots(1)$$

式中：

W——实测回潮率，%；

m——样丝的湿重，单位为克(g)；

m_0——样丝的干重，单位为克(g)。

将同批样丝的总湿重减去总干重后除以总干重乘以 100 为该批丝的回潮率。如同批两组样丝之间的回潮率差异超过 1%，则应再抽取一份样丝，按上述方法求出回潮率，再与前两组的湿重和干重合并计算出该批丝的回潮率。

7.2.3.2 公量按式(2)计算，计算结果精确到小数点后两位。

$$m_k = m_j \times \frac{100 + W_k}{100 + W} \qquad \cdots\cdots\cdots\cdots\cdots\cdots\cdots\cdots(2)$$

式中：

m_k——公量，单位为千克(kg)；

m_j——净量，单位为千克(kg)；

W_k——公定回潮率，%；

W——实测回潮率，%。

7.3 品质检验

7.3.1 检验条件

捻度、断裂强度、断裂伸长率、纤度的测定应在温度(20±2)℃，相对湿度(65±5)%的标准大气下进行，样品应在上述条件下平衡 12 h 以上方可进行检验。

7.3.2 外观检验

7.3.2.1 设备

    a) 内装日光荧光灯的平面组合灯罩或集光灯罩。要求光线以一定的距离柔和均匀地照射于丝把的端面上，其照度为 450 lx～500 lx；

    b) 检验台。

7.3.2.2 检验规程

将全批受验丝逐把剥去一端包装纸，排列在检验台上，以感官检验全批丝的外观质量。在整批丝中发现表 2 各项外观疵点的丝绞必须剔除。在一把丝中疵点丝有下列情况之一时，则整把剔除：12绞成把者有 2 绞；24 绞及以上成把者有 4 绞。需要拆把检验时，拆把数量：每批 5 件型 10 把（每批 10 件型 20 把）。拆开一道棉纱绳，进行全面检验，在拆把检验中发现外观疵点，按表 2 规定的批注数量给予批注。

7.3.2.3 外观评等

外观评等分为良、普通、稍劣、级外品：

    ——良：整理法良好，光泽手感良好，有一项轻微缺点者；

    ——普通：整理法一般，光泽手感有差异，有一项以上轻微缺点者；

    ——稍劣：整理法不好，有主要疵点 1 项～2 项或一般疵点 1 项～3 项，或主要疵点 1 项和一般疵点 1 项～2 项者；

    ——级外品：超过稍劣范围者。

7.3.3 捻度检验

7.3.3.1 设备

    a) 捻度试验仪；

    b) 挑针。

7.3.3.2 检验规程

按 GB∕T 2543.1 规定测试捻度,当捻线丝的名义捻度<1 250 捻∕m 时,隔距长度为(500±0.5)mm; 当捻线丝的名义捻度≥1 250 捻∕m 时,隔距长度为(250±0.5)mm,预加张力(0.05±0.01)cN∕dtex (1∕18 gf∕den)。每只丝锭试验一次,共测 20 次。

7.3.3.3 检验结果计算

7.3.3.3.1 平均捻度按式(3)计算,计算结果精确到小数点后一位。

$$\overline{X} = \frac{\sum_{i=1}^{N} Y_i \times 1\,000}{N \times L} \quad\cdots\cdots\cdots\cdots\cdots\cdots\cdots\cdots(3)$$

式中:

$\overline{X}$——平均捻度,单位为捻每米(捻∕m);

Y_i——每个试样捻数测试结果,单位为捻;

N——试验次数;

L——试样长度,单位为毫米(mm)。

7.3.3.3.2 捻度变异系数按式(4)计算,计算结果精确到小数点后两位。

$$CV = \frac{\sqrt{\sum_{i=1}^{N} (X_i - \overline{X})^2 / (N-1)}}{\overline{X}} \times 100 \quad\cdots\cdots\cdots\cdots\cdots(4)$$

式中:

CV——捻度变异系数,%;

$\overline{X}$——平均捻度,单位为捻每米(捻∕m);

X_i——每个试样捻度测试结果,单位为捻每米(捻∕m);

N——试验次数。

7.3.3.3.3 捻度偏差率按式(5)计算,计算结果精确到小数点后两位。

$$S = \frac{|X - \overline{X}|}{X} \times 100 \quad\cdots\cdots\cdots\cdots\cdots\cdots\cdots(5)$$

式中:

S——捻度偏差率,%;

$\overline{X}$——平均捻度,单位为捻每米(捻∕m);

X——名义捻度,单位为捻每米(捻∕m)。

7.3.4 断裂强度及伸长率检验

7.3.4.1 设备

a) 等速伸长试验仪(CRE):量程 0~500 N(0~50 kgf),读数精度为 0.1 N(0.01 kgf),隔距长度 为 100 mm,动夹持器移动的恒定速度为 150 mm∕min;

b) 天平:量程≥1 000 g,最小分度值≤0.01 g。

7.3.4.2 检验规程

取丝锭五个,按表 4 规定卷取样丝五绞。

表 4 断裂强度和断裂伸长率检验样丝规定

名义纤度∕den(dtex)	每绞样丝回数∕回
33(36.7)及以下	300
34~50(37.8~55.6)	200
51~100(56.7~111.1)	100
101~200(112.2~222.2)	50

7.3.4.3 检验结果计算

7.3.4.3.1 断裂强度按式(6)计算,计算结果精确到小数点后两位。

$$P_0 = \frac{\sum\limits_{i=1}^{N} F_i}{\sum\limits_{i=1}^{N} T_{di} \times n} \qquad \cdots\cdots\cdots\cdots\cdots\cdots\cdots (6)$$

式中:

P_0——断裂强度,单位为克力每旦(厘牛每分特)[gf/den(cN/dtex)];

F_i——各绞样丝绝对断裂强力,单位为克力(厘牛)[gf(cN)];

T_{di}——各绞样丝纤度,单位为旦(分特)[den(dtex)];

n——样丝回数,单位为回;

N——样丝总绞数,单位为绞。

注: 1 gf/den≈0.882 6 cN/dtex。

7.3.4.3.2 断裂伸长率按式(7)计算,计算结果精确到小数点后一位。

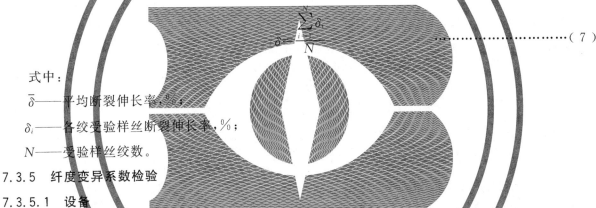

$$\bar{\delta} = \frac{\sum\limits_{i=1}^{N} \delta_i}{N} \qquad \cdots\cdots\cdots\cdots\cdots\cdots\cdots (7)$$

式中:

$\bar{\delta}$——平均断裂伸长率,%;

δ_i——各绞受验样丝断裂伸长率,%;

N——受验样丝绞数。

7.3.5 纤度变异系数检验

7.3.5.1 设备

a) 纤度机:机框周长 1.125 m,速度 270 r/min～300 r/min,附有回转计数及自停装置;

b) 生丝纤度仪:量程 500 den,最小分度值 0.10 den;

c) 天平:量程≥1 000 g,最小分度值≤0.01 g。

7.3.5.2 纤度丝数量、回数、读数精度及纤度总和与纤度总量间的允许差异规定

见表5。

表 5 纤度丝数量、回数、读数精度及纤度总和与纤度总量间的允差规定

捻线丝名义纤度/ den(dtex)	每批纤度丝数量/ 绞	每绞纤度丝回数/ 回	每组纤度总和与纤度 总量间的允许差异/ den(dtex)	读数精度/ den(dtex)
33(36.7)及以下	100	400	3.5(3.89)	0.5(0.56)
34～100(37.8～111.1)	100	100	7.0(7.78)	1(1.11)
101～200(112.2～222.2)	100	100	14.0(15.56)	2(2.22)
200(222.2)以上	100	50	28.0(31.11)	2(2.22)

7.3.5.3 检验规程

将丝锭用纤度机按表 5 规定卷取纤度丝。将卷取的纤度丝以 50 绞为一组,逐绞在生丝纤度仪上称计,求得"纤度总和",然后分组在天平上称得"纤度总量",两者间允许差异见表 5,超过规定时,须逐绞复称至允许差额以内为止。

7.3.5.4 检验结果计算

7.3.5.4.1 平均纤度按式(8)计算,计算结果精确到小数点后两位。

$$\overline{T_d} = \frac{\sum_{i=1}^{n} f_i T_{di}}{N} \qquad \cdots\cdots\cdots\cdots\cdots\cdots\cdots (8)$$

式中:

$\overline{T_d}$——平均纤度,单位为旦(分特)[den(dtex)];

T_{di}——各组纤度丝的纤度,单位为旦(分特)[den(dtex)];

f_i——各组纤度丝的绞数,单位为绞;

n——纤度的组数;

N——纤度丝总绞数,单位为绞。

7.3.5.4.2 纤度变异系数按式(9)计算,计算结果精确到小数点后两位。

$$CV_d = \frac{\sqrt{\sum_{i=1}^{n} f_i (T_{di} - \overline{T_d})^2 / N}}{\overline{T_d}} \times 100 \qquad \cdots\cdots\cdots\cdots\cdots (9)$$

式中:

CV_d——纤度变异系数,%;

$\overline{T_d}$——平均纤度,单位为旦(分特)[den(dtex)];

T_{di}——各绞纤度丝的纤度,单位为旦(分特)[den(dtex)];

f_i——各组纤度丝的绞数,单位为绞;

n——纤度的组数;

N——纤度丝总绞数,单位为绞。

7.4 各检验结果计算数据在所规定的精确程度以外的数字取舍时,按 GB/T 8170 规定修约。

8 检验规则

8.1 交收检验

以批为单位,按照本标准规定进行重量和品质检验,并评定桑蚕捻线丝的等级。

8.2 复验

8.2.1 在交收检验中,若报验方对检验结果提出异议,可以在 15 d 内申请复验。

8.2.2 复验以一次为限,复验项目按本标准规定或双方协议进行,并以复验结果为最后评等依据。

9 包装和标志

9.1 包装

9.1.1 绞装捻线丝的整理和重量规定见表 6。

表 6 绞装捻线丝的整理和重量规定

每绞重量/g	65 ± 5	95 ± 5	200 ± 10
每把绞数/绞	36	24	12
丝片周长/m(in)	1.117 6(44);1.270(50)		
丝片阔度/cm	约 8		
编丝规定	五洞六编四道		
每把重量/kg	约 2.4		
每件重量/kg	约 60		
每件把数/把	25 ± 2		

9.1.2 编绞线用 14 号(42^s)四股或用 28 号(21^s)双股白色棉纱线,松紧要适当。编丝方法采用平扎绞编四道,编丝结头端长不超过 2 cm,编绞线的底面线结头要平齐一致,编绞线的长度一般为 37 cm～46 cm。

9.1.3 每把捻线丝的外层用 58 号(10^s)50 根或 28 号(21^s)100 根棉纱绳扎紧,丝片周长为 1.117 6 m,每把扎三道,丝片周长为 1.270 m,每把扎四道,并包以有韧性的白内衬纸、牛皮纸后放上商标,再用 28 号(21^s)9 根三股棉纱绳捆扎三道。

9.1.4 布袋包装时,每件丝布袋用 28 号(21^s)9 根三股棉纱绳扎口或缝口,布袋外用粗绳或塑料带紧缚。

9.1.5 绞装捻线丝的纸箱质量和装箱规定见表 7。

表 7 绞装捻线丝的纸箱质量和装箱规定

项 目		要 求
装箱排列		每箱四层 每层三把 箱内四周六面衬防潮纸
纸箱质量		用双瓦楞纸制成。坚韧、牢固、整洁,并涂防潮剂
纸箱规格 (内壁尺寸)	长/mm	640
	宽/mm	400
	高/mm	440
纸箱印刷		每个纸箱外按统一规定印字,字迹应清晰
封箱包扎		箱底箱面用胶带封口,外用塑料带捆扎成廿字形

9.1.6 每批净重或公量为 285 kg～315 kg,十件组批为 570 kg～630 kg。件与件(箱与箱)之间重量差异不超过 5 kg。零把重量不少于 1 kg,不大于 3 kg。

9.1.7 包装应牢固,便于仓储及运输。包装用的布袋、纸箱、纸、绳等应清洁、坚韧、整齐一致。

9.2 标志

9.2.1 标志应明确、清楚、便于识别。

9.2.2 每件(箱)捻线丝内应附商标,每件(箱)捻线丝外包装上应标明规格、包件号、企业代号等。

9.2.3 每批捻线丝应附有品质和重量检验证书。

10 其他

对捻线丝的规格、品质、包装、标志有特殊要求者,供需双方可另行协议。

ICS 59.060.10
W 42

中华人民共和国国家标准

GB/T 14578—2003
代替 GB/T 14578—1993

柞 蚕 水 缫 丝

Tussah silk water reeled

2003-11-10 发布

2004-05-01 实施

中 华 人 民 共 和 国
国家质量监督检验检疫总局 发布

前 言

本标准代替 GB/T 14578—1993《柞蚕水缫丝》。

本标准对 GB/T 14578—1993 的主要修改内容如下：

——对组批、抽样数量和抽样部位均作了明确的规定；

——对纤度偏差指标水平进行了调整；

——对均匀指标水平进行了适当加严；

——将洁净检验改为委托检验项目；

——包装形式由布袋包装改为箱装。

本标准的附录 A 为资料性附录。

本标准由中国纺织工业协会提出。

本标准由全国纺织品标准化技术委员会丝绸分会归口。

本标准由辽宁丝绸检验所和辽宁出入境检验检疫局负责起草,辽宁省丹东边境经济合作区宝力实业有限公司、辽宁省凤城市凤山缫丝厂参加起草。

本标准主要起草人:刘明义、姜爽、张德聪、车利光。

柞 蚕 水 缫 丝

1 范围

本标准规定了柞蚕水缫丝的要求、检验方法、检验规则、包装和标志。

本标准适用于74D(82.2 dtex)及以下的柞蚕水缫丝。

2 规范性引用文件

下列文件中的条款通过本标准的引用而成为本标准的条款。凡是注日期的引用文件,其随后所有的修改单(不包括勘误的内容)或修订版均不适用于本标准,然而,鼓励根据本标准达成协议的各方研究是否可使用这些文件的最新版本。凡是不注日期的引用文件,其最新版本适用于本标准。

GB 250 评定变色用灰色样卡

GB 6529 纺织品的调湿和试验用标准大气

GB/T 8170 数值修约规则

3 要求

3.1 柞蚕水缫丝的品质,根据受验丝的外观质量和内在质量的综合成绩,分为4A、3A、2A、A、B、C级和级外品。

3.2 柞蚕水缫丝的品质分级见表1。

表 1 柞蚕水缫丝的品质分级表

检验项目		级 别					
		4A	3A	2A	A	B	C
纤度偏差/ D (dtex) ≤	25D 及以下 (27.8dtex 及以下)	1.40 (1.56)	1.65 (1.83)	1.85 (2.06)	2.25 (2.50)	2.70 (3.00)	3.25 (3.61)
	26D～32D (28.9dtex～35.6dtex)	1.60 (1.78)	1.85 (2.06)	2.10 (2.33)	2.55 (2.83)	3.05 (3.39)	3.70 (4.11)
	33D～39D (36.7dtex～43.3dtex)	1.85 (2.06)	2.15 (2.39)	2.50 (2.78)	3.00 (3.33)	3.65 (4.06)	4.40 (4.89)
	40D～46D (44.4dtex～51.1dtex)	2.10 (2.33)	2.45 (2.72)	2.85 (3.17)	3.45 (3.83)	4.15 (4.61)	5.00 (5.56)
	47D～53D (52.2dtex～58.9dtex)	2.40 (2.67)	2.80 (3.11)	3.25 (3.61)	3.90 (4.33)	4.75 (5.28)	5.70 (6.33)
	54D～60D (60.0dtex～66.7dtex)	2.70 (3.00)	3.15 (3.50)	3.65 (4.06)	4.40 (4.89)	5.30 (5.89)	6.40 (7.11)
	61D～67D (67.8dtex～74.4dtex)	3.05 (3.39)	3.35 (3.72)	4.05 (4.50)	4.90 (5.44)	5.90 (6.56)	7.10 (7.89)
	68D～74D (75.6dtex～82.2dtex)	3.45 (3.83)	3.95 (4.39)	4.50 (5.00)	5.45 (6.06)	6.55 (7.28)	7.90 (8.78)

表 1（续）

检验项目		级　别					
		4A	3A	2A	A	B	C
均匀/分 ≥	32D 及以下 （35.6 dtex 及以下）	87.00	85.00	83.50	81.50	78.00	75.00
	33D～46D （36.7dtex～51.1 dtex）	88.00	87.00	85.50	83.50	80.00	77.00
	47D～74D （52.2dtex～82.2 dtex）	89.00	88.00	86.50	84.50	81.00	78.00
清洁/分 ≥		95.0	92.0	88.0	84.0	80.0	75.0
纤度开差/ D （dtex） ≤	32D 及以下 （35.6dtex 及以下）	0.40 (0.44)	0.70 (0.78)	1.00 (1.11)	1.50 (1.67)	2.50 (2.78)	3.50 (3.89)
	33D～46D （36.7dtex～51.1dtex）	0.50 (0.56)	1.00 (1.11)	1.50 (1.67)	2.00 (2.22)	3.00 (3.33)	4.00 (4.44)
	47D～60D （52.2dtex～66.7dtex）	0.80 (0.89)	1.40 (1.56)	2.00 (2.22)	3.00 (3.33)	5.00 (5.56)	7.00 (7.78)
	61D～74D （67.8dtex～82.2dtex）	1.00 (1.11)	2.00 (2.22)	3.00 (3.33)	4.00 (4.44)	6.00 (6.67)	8.00 (8.89)
切断/次 ≤	32D 及以下 （35.6dtex 及以下）	3	5	7	10		18
	33D～46D （36.7dtex～51.1dtex）	2	4	6	8		12
	47D～74D （52.2dtex～82.2dtex）	1	3	5	7		10
抱合/次 ≥	32D 及以下 （35.6dtex 及以下）	20		16		16 以下	
	33D～46D （36.7dtex～51.1dtex）	22		18		18 以下	
	47D～74D （52.2dtex～82.2dtex）	25		20		20 以下	
断裂强度/ （cN/D）　≥ （cN/dtex）		3.10 (2.79)		3.00 (2.70)		3.00 以下 (2.70 以下)	
断裂伸长率，% ≥		20.0		18.0		18.0 以下	

3.3 柞蚕水缫丝外观疵点及批注规定见表2。

表 2　外观疵点的分类和批注

疵点 分类	疵点 名称	疵　点　定　义	批注起点		
			整批	拆包/ 绞	样丝/ 绞
主要疵点	颜色极 不整齐	包与包或绞与绞之间的颜色差异程度达到或超过色差标样（GB 250 中 3 级）	3 包		
	重夹花	同一绞内颜色差异程度达到或超过色差标样（GB 250 中 3 级）	3 包		
	污染丝	丝绞或丝条被异物污染	2 绞	1	1
	双　丝	丝绞中丝条卷取两根及以上，长度在 3 m 以上			1
	硬角丝	筶角部位有胶着硬块，手指直捏后有一半以上的丝条不易松散			1
	伤　丝	同一丝绞中有严重的硬物刮伤、磨伤或虫蛀、鼠咬等造成 5 个以上的断头	2 绞	1	1

表 2（续）

疵点分类	疵点名称	疵 点 定 义	批注起点		
			整批	拆包/绞	样丝/绞
一般疵点	颜色不整齐	包与包或绞与绞之间的颜色差异程度达到或超过色差标样（GB 250 中3—4级）	2包		
	夹花	同一绞内颜色差异程度达到或超过色差标样（GB 250 中3—4级）	2包		
	断头丝	同一丝绞中丝条有一个及以上的断头		3	2
	松紧丝	丝条松散、层次不清、络绞紊乱		1	1
	绞重不匀	批内丝绞大小重量相差25%以上，即：$\dfrac{大绞重量-小绞重量}{大绞重量}\times100\%>25\%$	3包	5	2
	重片丝	两片及以上的丝重叠成一绞		1	1
	附着物	附着于丝绞或丝条上的杂物	2包	5	2
	直丝	丝条没通过导丝钩、无络绞花纹		2	1
	缩丝	丝条呈卷缩状	2包	2	1
	磨白丝	丝绞表面因擦伤而呈现白色斑	2包		
特殊疵点	霉丝	光泽变异、有霉味、霉斑			
	异质丝	不同原料、不同规格的丝相混淆			
	丝绞硬化	丝绞僵直、手感糙硬			
轻微疵点		程度或数量未达到一般疵点			

3.4 柞蚕水缫丝的公定回潮率为11.0%。实际回潮率不得低于8.0%，不得超过13.0%。

3.5 分级规定

3.5.1 基本级的确定

3.5.1.1 柞蚕水缫丝的基本级，按表1中所列指标的最低一项成绩评定。

3.5.1.2 一个指标跨越两个等级时，按其高的等级评定。

3.5.1.3 任何一项指标低于C级时，定为级外品。

3.5.2 外观检验的评等及降级规定

3.5.2.1 外观评等：柞蚕水缫丝外观评等分为良、普通、稍劣、劣和级外品。

3.5.2.2 外观检验的降级规定：

　　a) 外观评等为"稍劣"时，在基本级的基础上顺降一级。如基本级为C级，仍定为C级；

　　b) 外观评等为"劣"时，在基本级的基础上顺降二级。如基本级为C级，则定为级外品；

　　c) 外观评等为"级外品"时，不进行内在质量检验，该批丝定为级外品。

3.5.3 在黑板卷绕过程中，如出现40%及以上的丝锭不能正常卷取者，则直接定为C级，并在品质检定证上批注"丝条脆弱"。如外观评等为"稍劣"，仍定为C级；如外观评等为"劣"，则定为级外品。

4 组批与抽样

4.1 组批

　　柞蚕水缫丝以同一庄口、同一工艺、同一规格的产品为一批，每批4箱，每箱约30 kg。不足4箱的仍按一批计算。

4.2 抽样方法

4.2.1 在外观检验的同时徒手抽取重量和内在质量检验样丝。

4.2.2 取样应在丝批内的不同部位随机抽取,每包限抽 1 绞。

4.2.3 抽样数量:

    a) 重量检验样丝每批 2 绞;

    b) 内在质量检验样丝每批从不同丝包的边、中、角三个部位分别抽取 2 绞、2 绞、1 绞共 5 绞。

4.2.4 如果经外观检验已确定该批丝为级外品时,则只抽取重量检验样丝,不抽取内在质量检验样丝。

4.2.5 成批箱数不足四箱时,重量和内在质量检验抽样数量不变。

5 检验方法

5.1 重量检验

5.1.1 设备

    a) 台秤:最小分度值≤0.02 kg;

    b) 天平:最小分度值≤0.01 g;

    c) 带有天平的烘箱。

5.1.2 检验规程

5.1.2.1 毛重

将抽样后的全批丝逐箱在台秤上称重,即得出"毛重"。

5.1.2.2 皮重

在受验丝批中任择两包,拆下商标、纸、绳、小标签、编丝线等,称其重量,再称一箱的外包装物,并以此推算出全批丝的包装物重量,即为"皮重"。

5.1.2.3 净重

将全批丝的毛重减去皮重即为"净重"。

5.1.2.4 样丝湿重

将抽取的重量检验样丝立即在天平上称重,即为"样丝湿重"。

5.1.2.5 样丝干重

将称过湿重的重量检验样丝松散地放置于烘箱内,在 140℃～145℃温度下烘至恒重,即得"样丝干重"。

干重允许差异规定:连续两次称重的差异不大于 0.10 g。

5.1.2.6 实际回潮率

按式(1)计算:

$$W = \frac{G - G_0}{G_0} \times 100 \quad \cdots\cdots\cdots\cdots\cdots\cdots\cdots\cdots\cdots\cdots\cdots (1)$$

式中:

W——实际回潮率,%;

G——样丝湿重,单位为克(g);

G_0——样丝干重,单位为克(g)。

计算结果精确到小数点后两位。

5.1.2.7 公量

按式(2)计算:

$$G_k = G_j \times \frac{100 + W_k}{100 + W} \quad \cdots\cdots\cdots\cdots\cdots\cdots\cdots\cdots (2)$$

式中：

G_k——公量，单位为千克（kg）；

G_j——净重，单位为千克（kg）；

W_k——公定回潮率，%；

W——实际回潮率，%。

计算结果精确到小数点后两位。

5.2 品质检验

样丝的调湿按 GB 6529 执行。其中，试验用标准大气采用温带三级标准大气，即温度为 20℃ ±2℃，相对湿度为 65%±5% 的大气。

切断、纤度、抱合、断裂强度和断裂伸长率等指标的检验，应在标准大气下进行，样丝应在上述条件下平衡 12 h 以上方可进行检验。

5.2.1 外观检验

5.2.1.1 设备

5.2.1.1.1 外观检验光源：安装于平面组合灯罩内的日光荧光灯或自然北光。要求光线以一定的距离均匀地照射于丝包的端面上，丝面照度为 500 lx±50 lx；

5.2.1.1.2 GB 250 样卡或色差标样。

5.2.1.2 检验规程

5.2.1.2.1 将整批受验丝逐包拆除包装纸的一端或全部，平整排列于检验台上，丝面正对光源，以感官检验整批丝的外观质量和包装质量。

5.2.1.2.2 外观检验需拆包检验时，应拆除包装纸，并解开纱绳 1 道～2 道，拆包数量不少于两包。

5.2.1.2.3 逐绞检验所抽取的全部样丝，并以整批检验、抽样检验和拆包检验的累计成绩作为该批丝的外观成绩。

5.2.1.2.4 在外观检验中，如果疵点丝的数量未达到批注起点，必须剔除。在一包中的疵点丝有 4 绞及以上时，则整包剔除。如遇数量较多，普遍散布于丝包内，应予以批注。每批丝剔除数量不超过 1 包或 5 绞。

5.2.1.2.5 在内在质量检验中如发现有外观疵点，须对达到批注起点的逐一予以补记。

5.2.1.2.6 外观评等：

外观评等分为良、普通、稍劣、劣和级外品。

良：整理成形良好，色相光泽基本一致，手感柔软光滑，允许有一项轻微疵点。

普通：整理成形一般，色相光泽略有不同，手感稍粗，有一项以上轻微疵点。

稍劣：有 1～2 项一般疵点。

劣：有一项主要疵点，或有两项以上一般疵点。

级外品：有一项以上主要疵点，或有特殊疵点。

5.2.1.2.7 外观性状：

a) 颜色为淡黄，程度以淡、中、深表示；

b) 光泽程度以明、中、暗表示；

c) 手感程度以软、中、硬表示。

5.2.2 切断检验

5.2.2.1 设备

5.2.2.1.1 切断机：具有下列卷取线速度：120 m/min、140 m/min、160 m/min。

5.2.2.1.2 丝络：体质轻便，转动灵活，络臂可伸缩，每只重约 500 g。

5.2.2.1.3 丝锭：光滑平整，转动平稳，每只重约 100 g，锭端直径为 50 mm，中段直径为 44 mm，丝锭长度为 76 mm。

5.2.2.2 检验规程

5.2.2.2.1 切断机的卷取线速度和检验时间的规定见表3。

表 3 切断检验时间和卷取线速度

名义纤度/ D（dtex）	卷取线速度/ （m/min）	预备时间/ min	检验时间/ min
32 及以下 （35.6 及以下）	120	5	65
33～46 （36.7～51.1）	140	5	50
47～74 （52.2～82.2）	160	3	22

5.2.2.2.2 将5绞内在质量检验样丝分别松解，绷在丝络上，其中3绞自面层卷取，2绞自底层卷取，每绞卷取2个丝锭。

5.2.2.2.3 在预备时间内不计切断次数；在检验时间内，根据切断原因，分别记录切断次数，累计后作为切断成绩。如丝绞退卷不正常，可适当延长预备时间。

5.2.2.2.4 同一丝绞因同一疵点连续产生切断达5次时，经处理后继续检验。如仍产生同一疵点的切断时，则不再累计；如为不同疵点时，则继续记录切断次数，该丝绞的最高切断次数计到8次。

5.2.3 纤度检验

5.2.3.1 设备

5.2.3.1.1 测长器：机框周长为1.125 m，转速为200 r/min，并附有回转计数器及自动停止装置。

5.2.3.1.2 纤度仪（秤）：最小分度值为0.5 D（0.5 dtex）。

5.2.3.1.3 天平：最小分度值为0.01 g。

5.2.3.1.4 带有天平的烘箱。

5.2.3.2 检验规程

5.2.3.2.1 将切断检验卷取的10个丝锭用测长器按表4规定卷取纤度丝，每个丝锭卷取5绞。

表 4 纤度丝的回数和绞数

名义纤度/D（dtex）	回 数	绞 数
46 及以下 （51.1 及以下）	400	50
47～74 （52.2～82.2）	200	50

5.2.3.2.2 将纤度丝逐绞在纤度仪（秤）上称计，并求得"纤度总和"。然后将全批纤度丝在天平上称计，得出"纤度总量"。将二者进行比较，其允许差异规定见表5。超过规定时，应逐绞复称至允差以内为止。

表 5 纤度丝的允差

名义纤度/D（dtex）	允许差异/D（dtex）
46 及以下 （51.1 及以下）	6 （6.67）
47～74 （52.2～82.2）	12 （13.33）

5.2.3.2.3 平均纤度按式（3）计算：

$$\overline{S} = \frac{1}{n}\sum_{i=1}^{n}S_i \qquad \cdots\cdots\cdots\cdots\cdots\cdots\cdots（3）$$

式中:

$\overline{S}$——平均纤度,单位为旦(分特)[D(dtex)];

S_i——各绞纤度丝的纤度,单位为旦(分特)[D(dtex)];

n——纤度丝总绞数。

计算结果精确到小数点后两位。

5.2.3.2.4 纤度偏差按式(4)计算:

$$\sigma = \sqrt{\frac{1}{n}\sum_{i=1}^{n}(S_i - \overline{S})^2} \quad\cdots\cdots\cdots\cdots\cdots\cdots\cdots\cdots(4)$$

式中:

σ——纤度偏差,单位为旦(分特)[D(dtex)];

$\overline{S}$——平均纤度,单位为旦(分特)[D(dtex)];

S_i——各绞纤度丝的纤度,单位为旦(分特)[D(dtex)];

n——纤度丝总绞数。

计算结果精确到小数点后两位。

5.2.3.2.5 纤度丝总干重

按5.1.2.5所述方法将全批纤度丝烘至恒重,即得"纤度丝总干重"。

干重允许差异规定:连续二次称重的差异允许0.05 g。

5.2.3.2.6 平均公量纤度

a) 平均公量纤度以 D 为单位时按式(5)计算:

$$\overline{S}_k = \frac{G_p \times (100 + W_k) \times 9\,000}{N \times T \times 1.125 \times 100} \quad\cdots\cdots\cdots\cdots\cdots(5)$$

式中:

$\overline{S}_k$——平均公量纤度,单位为旦(D);

G_p——纤度丝总干重,单位为克(g);

W_k——公定回潮率,%;

T——每绞纤度丝的回数;

N——纤度丝总绞数。

计算结果精确到小数点后两位。

b) 平均公量纤度以 dtex 为单位时按式(6)计算:

$$\overline{S}_k = \frac{G_p \times (100 + W_k) \times 10\,000}{N \times L \times 100} \quad\cdots\cdots\cdots\cdots\cdots(6)$$

式中:

$\overline{S}_k$——平均公量纤度,单位为分特(dtex);

G_p——纤度丝总干重,单位为克(g);

W_k——公定回潮率,%;

L——每绞纤度丝的长度,单位为米(m);

N——纤度丝总绞数。

计算结果精确到小数点后两位。

5.2.3.2.7 纤度开差按式(7)计算:

$$\Delta S = |\overline{S}_k - S_0| \quad\cdots\cdots\cdots\cdots\cdots\cdots\cdots\cdots(7)$$

式中:

ΔS——纤度开差,单位为旦(分特)[D(dtex)];

$\overline{S}_k$——平均公量纤度,单位为旦(分特)[D(dtex)];

S_0——名义纤度,单位为旦(分特)[D(dtex)]。

计算结果精确到小数点后两位。

5.2.4 均匀检验

5.2.4.1 设备

5.2.4.1.1 黑板机:能调节各种规格丝条的排列线数,黑板转速为 100 r/min。

5.2.4.1.2 黑板:黑板用无光黑色漆布包制于木框外,板面平直,布色纯黑、匀净。规格为(长×宽×厚)1 359 mm×463 mm×37 mm。

5.2.4.1.3 均匀标准样照。

5.2.4.1.4 检验室:设有灯光装置的暗室应与外界光线隔绝,其四壁、黑板架应涂黑色无光漆,色泽均匀一致。黑板架左右各安装大小屏风及直立回光灯各一排,内装日光荧光灯 2 支～3 支或天蓝色内面磨砂灯泡 6 只。光线由屏风反射使黑板接受均匀柔和的光线,光源照射于板面横轴中心线的平均照度为 20 lx±2 lx。

5.2.4.2 检验规程

5.2.4.2.1 将切断检验卷取的 10 个丝锭用黑板机卷取黑板丝片。每批丝卷取 2 块黑板,每块黑板卷取 10 片,每片宽度为 127 mm。每个丝锭卷取 2 片。

5.2.4.2.2 如遇丝条卷取不正常,可在已取样的丝锭中补上,每个丝锭限补 1 片。

5.2.4.2.3 如有 40% 的丝锭不能通过正常的操作而卷取时,则不再进行黑板检验,并将该批丝批注为"丝条脆弱"。

5.2.4.2.4 丝条排列密度的规定见表 6。

表 6 黑板丝条排列密度

名义纤度/ D(dtex)	排列密度/ (线数/25.4 mm)
32 及以下 (35.6 及以下)	66
33～46 (36.7～51.1)	57
47～74 (52.2～82.2)	40

5.2.4.2.5 将已卷取丝片的黑板垂直放置在检验室内的黑板架上,检验员于距黑板 2.1 m 处,视线与黑板中心在同一水平线上,观察每个丝片的浓度差异程度。

5.2.4.3 评定方法

5.2.4.3.1 以整块黑板大多数丝片的浓度作为基准浓度。把每个丝片的浓度同基准浓度相比较,对照均匀样照,按其浓度的变化程度和变化宽度进行扣分。

5.2.4.3.2 无基准浓度的丝片可选择接近基准浓度的部分作为该丝片的基准,其余部分仍同整块黑板的基准浓度相比较进行判断。

5.2.4.3.3 如果丝片浓度是逐渐变化的,则按其最大变化程度计算,但宽度折半。

5.2.4.3.4 均匀检验扣分规定见表 7。

表 7 均匀检验扣分规定

变化宽度/mm	变化程度					
	$V_{\frac{1}{2}}$	V_1	$V_{1\frac{1}{2}}$	V_2	$V_{2\frac{1}{2}}$	V_3
4 及以下	3	5	7	10	15	20
12 及以下	5	10	12	15	20	25
25 及以下	7	15	17	20	25	30
25 以上	10	20	22	25	30	35
注:$V_{\frac{1}{2}}$ 是 V_0 与 V_1 之间的变化;$V_{1\frac{1}{2}}$ 是 V_1 与 V_2 之间的变化;$V_{2\frac{1}{2}}$ 是 V_2 与 V_3 之间的变化。						

5.2.4.3.5 匀粗或允细的丝片,其程度在 $V_{1\frac{1}{2}}$ 及以上未满 V_2 时,扣 5 分;在 V_2 及以上时扣 10 分。

5.2.4.3.6 每个丝片的均匀成绩是以 100 减去该丝片所扣分数并以 5 分为一档计算。

5.2.4.3.7 每批丝的均匀成绩是以每个丝片的均匀成绩的平均值计算。计算结果精确到小数点后两位。

5.2.5 清洁检验

5.2.5.1 设备

5.2.5.1.1 黑板机:同 5.2.4.1.1。

5.2.5.1.2 黑板:同 5.2.4.1.2。

5.2.5.1.3 清洁标准样照。

5.2.5.1.4 检验室:按 5.2.4.1.4 规定,黑板架上方装有横式回光灯一排,内装日光荧光灯 3 支~4 支或天蓝色内磨砂灯泡 6 只,板面平均照度为 400 lx,黑板上、下端与横轴中心线的照度允差±150 lx,黑板左、右两端的照度基本一致。

5.2.5.2 检验规程

5.2.5.2.1 检验员于距黑板 0.5 m 处,对均匀检验的黑板逐块检验黑板的两面。

5.2.5.2.2 对照清洁样照分别查记各丝片上的疵点种类和个数,跨边的疵点计整个疵点的分数,并累计其所扣分数。

5.2.5.2.3 以 100 减去两块黑板的扣分总和作为该批丝的清洁成绩。

5.2.5.2.4 清洁疵点的分类和扣分见表 8。

表 8 清洁疵点的分类和扣分

疵点分类	疵 点 定 义	长度/mm	扣 分
长 结	结端过长或结端稍短而结法拙劣	3 以上~10	0.5
		10 以上	1.0
螺 旋	有一根或数根茧丝松弛缠绕于丝条周围,丝条直径未超过正常丝条的一倍	20 以上~100	0.5
		100 以上	1.0
	有一根或数根茧丝松弛缠绕于丝条周围,丝条直径超过正常丝条的一倍	20 以上~100	
		100 以上	3.0
环 节	环形的圈子,直径在 3 mm 及以下	3 以上~20	0.5
		20 以上	1.0
	环形的圈子,直径在 3 mm 以上	3 以上~20	
		20 以上	3.0
粘 附 糙	茧丝转折呈锥形,直径在 2 mm 及以下	5 以上~50	0.5
		50 以上	1.0
	茧丝转折呈锥形,直径在 2 mm 以上	5 以上~50	
		50 以上	3.0

表 8（续）

疵点分类	疵 点 定 义	长度/mm	扣 分
废 丝	附着于丝条上的松散丝团，直径在 1 mm 以上～3 mm		0.5
	附着于丝条上的松散丝团，直径在 3 mm 以上～5 mm		1.0
	附着于丝条上的松散丝团，直径在 5 mm 以上～10 mm		3.0
	附着于丝条上的松散丝团，直径在 10 mm 以上		6.0
糙 类	丝条部分膨大，直径在 2 mm 及以下	5 以上～30	0.5
		30 以上	1.0
	丝条部分膨大，直径在 2 mm 以上	5 及以下	0.5
		5 以上～60	1.0
		60 以上～100	3.0
		100 以上	6.0

5.2.6 抱合检验

5.2.6.1 设备

抱合机：往复速度 130 次/min 左右。

5.2.6.2 检验规程

5.2.6.2.1 将切断检验卷取的 10 个丝锭在抱合机上进行检验，每个丝锭检验一次。如丝条上有疵点，则去掉疵点部分仍取原丝锭进行检验。

5.2.6.2.2 在摩擦 5 次时需停机进行一次观察，而后每摩擦一定次数即停机，仔细观察丝条的破裂程度，间隔次数不超过 5 次。如有半数以上丝条产生 6 mm 及以上的破裂时，记录摩擦次数。

5.2.6.2.3 抱合成绩以 10 次抱合次数的平均值计算，结果取整数。

5.2.7 断裂强度和断裂伸长率检验

5.2.7.1 设备

5.2.7.1.1 复丝强力机：量程 0 N～500 N，附有自动记录器，夹口间距 100 mm，下夹头下降速度为 150 mm/min。

5.2.7.1.2 天平：最小分度值≤0.01 g。

5.2.7.1.3 测长器：同 5.2.3.1.1。

5.2.7.2 检验规程

5.2.7.2.1 取切断检验卷取的不同丝绞的丝锭 5 个，用测长器按表 9 规定卷取 5 条样丝，每个丝锭卷取 1 条。

表 9 断裂强度和断裂伸长率样丝的卷取回数

名义纤度/ D(dtex)	回数/回
32 及以下 （35.6 及以下）	400
33～46 （36.7～51.1）	200
47～74 （52.2～82.2）	100

5.2.7.2.2 将平衡后的 5 条样丝在天平上称计出总纤度,然后在复丝强力机上逐条进行检验。操作时将丝条理直平行,松紧适当地夹于夹头上,调整好自动记录器后开机检验。断裂强力的读数精度为 2 N,断裂伸长率的读数精度为 0.5%。

5.2.7.2.3 平均断裂强度按式(8)计算:

$$\overline{p}_k = \frac{\sum\limits_{i=1}^{n} p_i \times 100}{\sum\limits_{i=1}^{n} S_i} \quad \cdots\cdots\cdots\cdots\cdots\cdots\cdots\cdots\cdots\cdots (8)$$

式中:

$\overline{p}_k$——平均断裂强度,单位为厘牛每旦(厘牛每分特)[cN/D(cN/dtex)];

p_i——各条丝的断裂强力,单位为牛(N);

S_i——各条丝的纤度,单位为旦(分特)[D(dtex)];

n——样丝条数。

计算结果精确到小数点后两位。

5.2.7.2.4 平均断裂伸长率按式(9)计算:

$$\overline{\delta} = \frac{1}{n} \sum\limits_{i=1}^{n} \delta_i \quad \cdots\cdots\cdots\cdots\cdots\cdots\cdots\cdots\cdots\cdots (9)$$

式中:

$\overline{\delta}$——平均断裂伸长率,%;

δ_i——各条丝的断裂伸长率,%;

n——样丝条数。

计算结果精确到小数点后一位。

6 检验规则

6.1 组批与抽样

组批与抽样按本标准第 1 章规定进行。

6.2 检验项目

6.2.1 品质检验

6.2.1.1 内在质量检验项目:纤度偏差、均匀、清洁、纤度开差、切断、抱合、断裂强度和断裂伸长率。

6.2.1.2 外观质量检验项目:外观疵点和外观性状。

6.2.2 重量检验

毛重、净重、回潮率和公量。

6.2.3 委托检验

洁净检验。

6.3 检验分类

柞蚕水缫丝检验分交收检验和型式检验。产品交收时,以批为单位由收方或供方委托检验部门按本标准进行品质和重量检验。型式检验按本标准进行品质和重量检验。

6.4 复验

6.4.1 在交收检验中,若有一方对检验结果提出异议时,可以申请复验。

6.4.2 复验以一次为限。复验项目按本标准规定或双方协议进行,并以复验结果作为最后评等的依据。

7 包装

7.1 柞蚕水缫丝整理和重量的规定见表 10。

表 10 柞蚕水缫丝整理和重量的规定

绞装形式	长绞丝
丝片周长/ m	1.5
丝片宽度/ mm	约70
编丝规定	三洞四编四道
每绞重量/ g	143±15
每包绞数	35
每包重量/ kg	5.00±0.25
每包尺寸(长×宽×高)/ mm	690×155×175
每箱包数	6
每箱净重/ kg	30.00±1.5
每箱尺寸(长×宽×高)/ mm	700×480×360
每批箱数	4
每批重量/ kg	120.00±6.00

7.2 用 14 tex 双股白色棉纱线编丝,松紧要适当,以能插入二指为宜,留绪在丝片右方距篾角 10 cm 处,留绪结端不超过 1 cm,首尾线合扎 1/4 道。

7.3 每包丝外层用 50 根 58 tex 或 100 根 28 tex 白色棉纱绳扎紧五道,并包以商标、28 g/m² 的拷贝纸和 80 g/m² 的牛皮纸,再用 7 根三股 28 tex 的白色棉纱绳捆扎三道。

7.4 将小包丝放入带孔的防潮塑料袋内再装入纸箱中,贴上不干胶封条后用塑料打包带扎成"井"形。

7.5 包装应牢固,纸箱、包装纸、塑料袋、绳、线等必须清洁、坚韧、整齐,规格、颜色、质量等必须一致,便于安全运输,确保产品不受损伤或受潮。

8 标志

8.1 柞蚕水缫丝的标志应明确、清楚,便于识别。

8.2 每箱丝封口处应有验讫标志。

8.3 每箱丝外应悬挂有注明丝类、规格、检验号、包件号的标签,并按规定印刷丝类、规格、检验号、包件号、毛重、净重、公量、严禁受潮、切勿用钩、中华人民共和国制造等中英文对照字样。

8.4 每批柞蚕水缫丝应附有品质和重量检验证书。

9 数值修约

本标准中各种数值的计算,均按 GB/T 8170 数值修约规则取舍。

10 其他

对柞蚕水缫丝的规格、品质、包装、标志等有特殊要求者,供需双方可另订协议。

附　录　A

（资料性附录）

洁净检验方法

A.1　范围

本附录规定洁净检验方法,通常不进行该项检验,当用户提出要求时检验。

A.2　设备

A.2.1　黑板机:能调节各种规格丝条的排列线数,黑板转速为 100 r/min。

A.2.2　黑板:黑板用无光黑色漆布包制于木框外,板面平直,布色纯黑、匀净。规格为(长×宽×厚):
1 359 mm×463 mm×37 mm。

A.2.3　清洁标准样照。

A.2.4　检验室:设有灯光装置的暗室应与外界光线隔绝,其四壁、黑板架应涂黑色无光漆,色漆均匀一致。黑板架上方装有横式回光灯一排,内装日光荧光灯 3 支~4 支或天蓝色内磨砂灯泡 6 只,板面平均照度为 400 lx,黑板上、下端与横轴中心线的照度允差±150 lx,黑板左、右两端的照度基本一致。

A.3　检验规程

A.3.1　检验员于距离黑板 0.5 m 处,用均匀检验的黑板逐块检验黑板的一面。对照清洁疵点样照分别查计各丝片上未达到清洁扣分起点的小糙疵的个数。

A.3.2　每个丝片上小糙疵的个数在 20 个及以下时得 5 分,在 20 个以上时得 0 分。

A.3.3　每批丝的洁净成绩是以 20 个丝片的分数总和计算。

ICS 59.080.30
W 43

中华人民共和国国家标准

GB/T 15551—2007
代替 GB/T 15551—1995，GB/T 15554—1995

桑 蚕 丝 织 物

Mulberry silk fabrics

2007-09-05 发布

2008-02-01 实施

中华人民共和国国家质量监督检验检疫总局
中国国家标准化管理委员会　发布

前　言

本标准代替 GB/T 15551—1995《桑蚕丝织物》、GB/T 15554—1995《丝织物包装和标志》。

本标准与 GB/T 15551—1995、GB/T 15554—1995 相比，主要变化如下：

——将 GB/T 15551—1995 与 GB/T 15554—1995 进行了合并。

——扩大了桑蚕丝织物的适用范围(1995 年版的第 1 章；本版的第 1 章)；

——增加了桑蚕丝织物应符合国家有关纺织品强制性标准的要求(本版的 3.4)；

——提高了幅宽偏差率、密度偏差率、质量偏差率的指标水平(1995 年版的 3.3；本版的 3.5)；

——增加了纤维含量偏差、纰裂程度的考核项目(本版的 3.5)；

——将练白绸的水洗尺寸变化率中的纺类与其他类进行了合并，将印染绸的水洗尺寸变化率中按纺类、绉类、其他类分别考核进行了合并，并提高了指标值(1995 年版的 3.3；本版的 3.5)；

——提高了耐洗、耐水、耐汗渍、耐干摩擦指标值(1995 年版的 3.3；本版的 3.5)；

——增加了耐湿摩擦、耐光的色牢度考核项目(本版的 3.5)；

——将外观疵点的评分限度由每米评分方法改为每百平方米评分方法(1995 年版的 3.3；本版的 3.6.1)；

——规定了成包前绸匹的实测回潮率(本版的 6.3.5)；

——简化了对丝织物包装材料和包装方法的要求的规定(本版的第 6 章)。

本标准的附录 A 是资料性附录。

本标准由中国纺织工业协会提出。

本标准由全国纺织品标准化技术委员会丝绸分会归口。

本标准起草单位：浙江凯喜雅国际股份有限公司、浙江丝绸科技有限公司(浙江丝绸科学研究院)、江苏省丝绸集团有限公司、浙江出入境检验检疫局、万事利集团有限公司、杭州金富春丝绸化纤有限公司、杭州市质量技术监督检测院、国家丝绸质量监督检验中心、苏州大学、浙江华正丝绸检验有限公司。

本标准主要起草人：周颖、卞幸儿、沈建英、张祖琴、盛建祥、顾红烽、杭志伟、左葆齐、徐勤、蒋海燕、符颖泓。

本标准所代替标准的历次版本发布情况为：

——GBn 229—1984；

——GBn 230—1984；

——GBn 237—1984；

——GB/T 15551—1995；

——GB/T 15554—1995。

桑 蚕 丝 织 物

1 范围

本标准规定了桑蚕丝织物的要求、试验方法、检验规则、包装和标志。

本标准适用于评定各类服用的练白、染色(色织)、印花纯桑蚕丝织物、桑蚕丝与其他纱线交织丝织物的品质。

2 规范性引用文件

下列文件中的条款通过本标准的引用而成为本标准的条款。凡是注日期的引用文件,其随后所有的修改单(不包括勘误的内容)或修订版均不适用于本标准,然而,鼓励根据本标准达成协议的各方研究是否可使用这些文件的最新版本。凡是不注日期的引用文件,其最新版本适用于本标准。

GB 250 评定变色用灰色样卡(GB 250—1995,idt ISO 105-A02:1993)

GB 4841.1—2006 染料染色标准深度色卡 1/1

GB 5296.4 消费品使用说明 纺织品和服装使用说明

GB/T 8170 数值修约规则

GB/T 15552 丝织物试验方法和检验规则

3 要求

3.1 桑蚕丝织物的要求包括密度偏差率、质量偏差率、断裂强力、纤维含量偏差、纰裂程度、水洗尺寸变化率、色牢度等内在质量和色差(与标样对比)、幅宽偏差率、外观疵点等外观质量。

3.2 桑蚕丝织物的评等以匹为单位。质量偏差率、断裂强力、纤维含量偏差、纰裂程度、水洗尺寸变化率、色牢度等按批评等。密度偏差率、外观质量按匹评等。

3.3 桑蚕丝织物的品质由内在质量、外观质量中的最低等级评定,分为优等品、一等品、二等品、三等品,低于三等品的为等外品。

3.4 桑蚕丝织物应符合国家有关纺织品强制性标准的要求。

3.5 桑蚕丝织物的内在质量分等规定见表1。

表 1 内在质量分等规定

项目		指标			
		优等品	一等品	二等品	三等品
密度偏差率/%		±3.0	±4.0	±5.0	±6.0
质量偏差率/%		±3.0	±4.0	±5.0	±6.0
断裂强力[a]/N ≥		200			
纤维含量偏差[b](绝对百分比)/%	纯桑蚕丝织物	0			
	交织织物	±5.0			
纰裂程度[c](定负荷)/mm ≤	52 g/m² 以上,67 N	6			
	52 g/m² 及以下织物或 67 g/m² 以上的缎类织物,45 N				

表 1（续）

项　　目				指　　标			
				优等品	一等品	二等品	三等品
水洗尺寸变化率d/%	练白	绸类	经向	+2.0～-8.0	+2.0～-10.0		+2.0～-12.0
			纬向	+2.0～-3.0	+2.0～-5.0		+2.0～-7.0
		其他	经向	+2.0～-4.0	+2.0～-6.0		+2.0～-8.0
			纬向	+2.0～-2.0	+2.0～-3.0		+2.0～-4.0
	印花、染色			+2.0～-3.0	+2.0～-5.0		+2.0～-7.0
色牢度/级 ≥	耐水 耐汗渍		变色	4	3—4		
			沾色	3—4	3		
	耐洗		变色	4	3—4	3	
			沾色	3—4	3	2—3	
	耐干摩擦			4	3—4	3	
	耐湿摩擦			3—4	3,2—3(深色e)	2—3,2(深色e)	
	耐光			3—4	3		

　　a　纱、绢类织物不考核。桑蚕丝与醋酸丝的交织物、经过特殊后整理工艺的桑蚕丝织物或纤度（D）与密度（根/10 cm）之乘积≤2×10⁴ 时，其断裂强力可按协议执行。

　　b　当一种纤维含量明示值不超过10%时，其实际含量应不低于明示值的70%。

　　c　纱、绢类织物和 67 g/m² 及以下的缎类织物、经特殊工艺处理的产品不考核。

　　d　纱、绢类织物不考核。纺类织物中成品质量大于 60 g/m² 者，绸类、绫类织物中成品质量大于 80 g/m² 者，经、纬均加强捻的绉织物，可按协议考核。1 000 捻/m 以上的织物按绉类织物考核。

　　e　大于 GB 4841.1—2006 中 1/1 标准深度为深色。

3.6　桑蚕丝织物的外观质量的评定

3.6.1　桑蚕丝织物的外观质量分等规定见表2。

表 2　外观质量分等规定

项　　目	优等品	一等品	二等品	三等品
色差（与标样对比）/级　≥	4	3—4		3
幅宽偏差率/%	±1.5	±2.5	±3.5	±4.5
外观疵点评分限度/（分/100 m²）　≤	15	30	50	100

3.6.2　桑蚕丝织物外观疵点评分见表3。

表 3　外观疵点评分表

序号	疵点	分　　数			
		1	2	3	4
1	经向疵点	8 cm 及以下	8 cm 以上～16 cm	16 cm 以上～24 cm	24 cm 以上～100 cm
2	纬向疵点	8 cm 及以下	8 cm 以上至半幅	—	半幅以上
	纬档	—	普通	—	明显
3	印花疵	8 cm 及以下	8 cm 以上～16 cm	16 cm 以上～24 cm	24 cm 以上～100 cm

表 3（续）

序号	疵点	分 数			
		1	2	3	4
4	污渍、油渍、破损性疵点	—	2.0 cm 及以下	—	2.0 cm 以上
5	边疵、松板印、撬小	经向每 100 cm 及以下	—	—	—
注：纬档以经向 10 cm 及以下为一档。					

3.6.3 桑蚕丝织物外观疵点评分说明：

   a) 外观疵点的评分采用有限度的累计评分。

   b) 外观疵点长度以经向或纬向最大方向量计。

   c) 纬斜、花斜、幅不齐 1 m 及以内大于 3%评 4 分。

   d) 同匹色差（色泽不匀）达 GB 250 中 4 级及以下,1 m 及以内评 4 分。

   e) 经向 1 m 内累计评分最多 4 分,超过 4 分按 4 分计。

   f) "经柳"普通,定等限度二等品,"经柳"明显,定等限度三等品。其他全匹性连续疵点,定等限度为三等品。

   g) 严重的连续性病疵每米扣 4 分,超过 4 m 降为等外品。

   h) 优等品、一等品内不允许有轧梭挡、拆烊档、开河档等严重疵点。

3.6.4 每匹桑蚕丝织物最高分数由式(1)计算得出,计算结果按 GB/T 8170 修约至整数。

$$q = \frac{c}{100} \times l \times w \qquad\qquad\qquad (1)$$

式中：

   q——每匹最高分数,单位为分;

   c——外观疵点最高分数,单位为分每百平方米(分/100 m);

   l——匹长,单位为米(m);

   w——幅宽,单位为米(m)。

3.7 开剪拼匹和标疵放尺的规定

3.7.1 桑蚕丝织物允许开剪拼匹或标疵放尺,两者只能采用一种。

3.7.2 开剪拼匹各段的等级、幅宽、色泽、花型应一致。

3.7.3 绸匹平均每 10 m 及以内允许标疵一次。3 分和 4 分的疵点允许标疵,每处标疵放尺 10 cm。标疵后的疵点不再计分。局部性疵点的标疵间距或标疵疵点与绸匹端的距离不得少于 4 m。

4 试验方法

桑蚕丝织物的试验方法按 GB/T 15552 执行。

5 检验规则

桑蚕丝织物的检验规则按 GB/T 15552 执行。

6 包装

6.1 包装分类

丝织物包装根据用户要求分为卷筒、卷板及折叠三类。

6.2 包装材料

6.2.1 卷筒纸管规格：螺旋斜开机制管,内径 3.0 cm～3.5 cm,外径 4 cm,长度按纸箱长减去 2 cm。

纸管要圆整、挺直。

6.2.2 卷板用双瓦楞纸板。卷板的宽度为 15 cm,长度根据丝织物的幅宽或对折后的宽度决定。

6.2.3 包装用纸箱采用高强度牛皮纸制成的双瓦楞叠盖式纸箱。要求坚韧、牢固、整洁,并涂防潮剂。

6.3 包装要求

6.3.1 同件(箱)内优等品、一等品匹与匹之间色差不低于 GB 250 中 4 级。

6.3.2 卷筒、卷板包装的内外层边的相对位移不大于 2 cm。

6.3.3 绸匹外包装采用纸箱时,纸箱内应加衬塑料内衬袋或拖蜡防潮纸,用胶带封口。纸箱外用塑料打包带和铁皮轧扣箍紧打箱。

6.3.4 包装应牢固、防潮,便于仓贮及运输。

6.3.5 绸匹成包时,每匹实测回潮率不高于 13%。

7 标志

7.1 标志应明确、清晰、耐久、便于识别。

7.2 每匹或每段丝织物两端距绸边 3 cm 以内、幅边 10 cm 以内盖一检验章及等级标记。每匹或每段丝织物应吊标签一张,内容按 GB 5296.4 规定,包括品名、品号、原料名称及成分、幅宽、色别、长度、等级、执行标准编号、企业名称。

7.3 每箱(件)应附装箱单。

7.4 纸箱(布包)刷唛要正确、整齐、清晰。纸箱唛头内容包括合同号、箱号、品名、品号、花色号、幅宽、等级、匹数、毛重、净重及运输标志、企业名称、地址。

7.5 每批产品出厂应附品质检验结果单。

8 其他

对桑蚕丝织物的品质、包装和标志另有特殊要求者,供需双方可另订协议或合同,并按其执行。

附　录　A
（资料性附录）
外观疵点归类表

表 A.1

序号	疵点类别	说　　明
1	经向疵点	宽急经柳、粗细柳、筘柳、色柳、筘路、多少捻、缺经、断通丝、错经、碎糙、夹糙、夹断头、断小柱、叉绞、分经路、小轴松、水渍急经、宽急经、错通丝、综穿错、筘穿错、单片头、双经、粗细经、夹起、懒针、煞星、渍经、灰伤、皱印等。
2	纬向疵点	破纸板、综框梁子多少起、抛纸板、错纹板、错花、跳梭、煞星、柱渍、轧梭痕、筘锈渍、带纬、断纬、叠纬、坍纬、糙纬、灰伤、皱印、杂物织入、渍纬等。
	纬档	松紧档、撬档、撬小档、顺纤档、多少捻档、粗细纬档、缩纬档、急纬档、断花档、通绞档、毛纬档、拆毛档、停车档、渍纬档、错纬档、糙纬档、色纬档、拆烊档。
3	印花疵	搭脱、渗进、漏浆、塞煞、色点、眼圈、套歪、露白、砂眼、双茎、拖版、搭色、反丝、叠版印、框子印、刮刀印、色皱印、回浆印、刷浆印、化开、糊开、花痕、野花、粗细茎、跳版深浅、接版深浅、雕色不清、涂料脱落、涂料颜色不清等。
4	污渍、油渍	色渍、锈渍、油污渍、洗渍、皂渍、霉渍、蜡渍、白雾、字渍、水渍等。
	破损性疵点	蛛网、披裂、拔伤、空隙、破洞等。
5	边疵、松板印、撬小	宽急边、木耳边、粗细边、卷边、边糙、吐边、边修剪不净、针板眼、边少起、破边、凸铗、脱铗等。
注1：对经、纬向共有的疵点，以严重方向评分。 注2：外观疵点归类表中没有归入的疵点按类似疵点评分。		

ICS 59.080.30
W 43

中华人民共和国国家标准

GB/T 16605—2008
代替 GB/T 16605—1996

再生纤维素丝织物

Regenerated rayon filament fabrics

2008-08-06 发布　　　　　　　　　　　2009-06-01 实施

中华人民共和国国家质量监督检验检疫总局
中国国家标准化管理委员会　发布

前　言

本标准代替 GB/T 16605—1996《再生纤维素丝织物》。

本标准与 GB/T 16605—1996 相比主要变化如下：

——增加了再生纤维素丝织物应符合国家有关纺织品强制性标准的要求；

——提高了幅宽偏差率、密度偏差率、质量偏差率的指标水平；

——增加了纤维含量偏差、纰裂程度的考核项目；

——将水洗尺寸变化率由按织物组织分别考核改为按后整理加工工艺分别考核；

——提高了耐洗、耐水、耐汗渍、耐干摩擦指标值；

——增加了耐湿摩擦、耐光的色牢度考核项目；

——外观疵点采用"四分制"的评分方法；

——将外观疵点的评分限度由每米评分方法改为每百平方米评分方法。

本标准的附录 A 是资料性附录。

本标准由中国纺织工业协会提出。

本标准由全国纺织品标准化技术委员会丝绸分会归口。

本标准起草单位：浙江丝绸科技有限公司（浙江丝绸科学研究院）、江苏新民纺织科技股份有限公司、国家丝绸质量监督检验中心、浙江舒美特纺织有限公司。

本标准主要起草人：周颖、柳维特、杭志伟、王荣根、许虹。

本标准所代替标准的历次版本发布情况为：

——GBn 231～232—1984、GB/T 16605—1996。

再生纤维素丝织物

1 范围

本标准规定了再生纤维素丝织物的要求、试验方法、检验规则、包装和标志。

本标准适用于评定各类服用的练白、染色(色织)、印花再生纤维素丝织物的品质。

本标准不适用于再生纤维素里料。

2 规范性引用文件

下列文件中的条款通过本标准的引用而成为本标准的条款。凡是注日期的引用文件,其随后所有的修改单(不包括勘误的内容)或修订版均不适用于本标准,然而,鼓励根据本标准达成协议的各方研究是否可使用这些文件的最新版本。凡是不注日期的引用文件,其最新版本适用于本标准。

GB/T 250 纺织品 色牢度试验 评定变色用灰色样卡(GB/T 250—2008,ISO 105-A02:1993,IDT)

GB/T 4841.1 染料染色标准深度色卡 1/1

GB/T 8170 数值修约规则

GB/T 15551—2007 桑蚕丝织物

GB/T 15552 丝织物试验方法和检验规则

FZ/T 01053 纺织品 纤维含量的标识

3 术语和定义

下列术语和定义适用于本标准。

3.1

再生纤维素丝织物 regenerated rayon filament fabrics

由再生纤维素长丝纯织或与其他纱线交织而成的丝织物。

4 要求

4.1 再生纤维素丝织物的要求包括密度偏差率、质量偏差率、纤维含量偏差、断裂强力、纰裂程度、水洗尺寸变化率、色牢度等内在质量和色差(与标样对比)、幅宽偏差率、外观疵点等外观质量。

4.2 再生纤维素丝织物的评等以匹为单位。质量偏差率、纤维含量偏差、断裂强力、纰裂程度、水洗尺寸变化率、色牢度等按批评等。纬密偏差率、外观质量按匹评等。

4.3 再生纤维素丝织物的品质由内在质量、外观质量中的最低等级项目评定。其等级分为优等品、一等品、二等品、三等品。低于三等品的为等外品。

4.4 再生纤维素丝织物应符合国家有关纺织品强制性标准的要求。

4.5 再生纤维素丝织物的内在质量分等规定见表1。

表 1　内在质量分等规定

项　目		指　标			
		优等品	一等品	二等品	三等品
密度偏差率/%	经向	±3.0	±4.0	±5.0	
	纬向				
质量偏差率/%		±3.0	±4.0	±5.0	
纤维含量偏差(绝对百分比)/%		按 FZ/T 01053 执行			
断裂强力/N ≥		200			
纰裂程度(定负荷 67 N)/mm ≤		6			
水洗尺寸变化率/%	练白 经向	−5.0～+3.0	−6.0～+3.0		−7.0～+3.0
	练白 纬向	−3.0～+3.0	−4.0～+3.0		−6.0～+3.0
	印花染色 经向	−5.0～+3.0	−6.0～+3.0		−7.0～+3.0
	印花染色 纬向				
色牢度/级 ≥	耐水 耐汗渍 耐洗 变色	4	3-4		
	耐水 耐汗渍 耐洗 沾色	3-4	3		
	耐干摩擦	3-4	3		
	耐湿摩擦	3	3,2-3(深色[a])		
	耐光	4	3		
注：特殊用途、特殊结构的品种，其断裂强力、纰裂程度、水洗尺寸变化率可按合同或协议考核。					
[a]　大于 GB/T 4841.1 中 1/1 标准深度为深色。					

4.6　再生纤维素丝织物的外观质量的评定

4.6.1　再生纤维素丝织物的外观质量分等规定见表2。

表 2　外观质量分等规定

项　目		优等品	一等品	二等品	三等品
色差(与标样对比)/级 ≥		4	3-4		3
幅宽偏差率/%		±1.5	±2.5	±3.5	±4.5
外观疵点评分限度/(分/100 m²) ≤		10	25	50	100

4.6.2　再生纤维素丝织物外观疵点评分见表3。

表 3　外观疵点评分

序号	疵　点	分　数			
		1	2	3	4
1	经向疵点	8 cm 及以下	8 cm 以上～16 cm	16 cm 以上～24 cm	24 cm 以上～100 cm
2	纬向疵点	8 cm 及以下	8 cm 以上～半幅	—	半幅以上
	纬档[a]	—	普通	—	明显

表 3（续）

序号	疵　点	分　数			
		1	2	3	4
3	印花疵	8 cm 及以下	8 cm 以上～16 cm	16 cm 以上～24 cm	24 cm 以上～100 cm
4	渍、破损性疵点	—	2.0 cm 及以下	—	2.0 cm 以上
5	边疵[b]	经向每 100 cm 及以下	—	—	—

注：序号 1、2、3、4、5 中的疵点归类参见附录 A。

[a] 纬档以经向 10 cm 及以下为一档。

[b] 针板眼进入内幅 1.5 cm 及以内不计。

4.6.3　再生纤维素丝织物外观疵点评分说明：

a)　外观疵点的评分采用有限度的累计评分。

b)　外观疵点长度以经向或纬向最大方向量计。

c)　纬斜、花斜、幅不齐 1 m 及以内大于 3% 评 4 分。

d)　同匹色差（色泽不匀）达 GB/T 250 中 4 级及以下 1 m 及以内评 4 分。

e)　经向 1 m 内累计评分最多 4 分，超过 4 分按 4 分计。

f)　"经柳"普通，定等限度二等品；"经柳"明显，定等限度三等品。其他全匹性连续疵点，定等限度为三等品。

g)　严重的连续性疵点每米扣 4 分，超过 1 m 降为二等品，超过 1 m 降为等外品。

h)　优等品、一等品内不允许有轧梭档、拆烂档、开河档等严重疵点。

4.6.4　每匹再生纤维素丝织物允许分数由式（1）计算得出，计算结果按 GB/T 8170 修约至整数。

$$q = \frac{c}{100} \times l \times w \quad\quad\quad\quad\quad\quad\quad\quad\quad\quad\quad\quad (1)$$

式中：

q——每匹允许分数，单位为分；

c——每百平方米评分限度，单位为分每百平方米（分/100 m²）；

l——匹长，单位为米（m）；

w——幅宽，单位为米（m）。

4.7　开剪拼匹和标疵放尺的规定

4.7.1　再生纤维素丝织物允许开剪拼匹或标疵放尺，两者只能采用一种。

4.7.2　开剪拼匹各段的等级、幅宽、色泽、花型应一致。

4.7.3　绸匹平均每 10 m 及以内允许标疵一次。每处 3 分和 4 分的疵点允许标疵，每处标疵放尺 10 cm。标疵后的疵点不再计分。局部性疵点的标疵间距或标疵疵点与绸匹端的距离不得少于 4 m。

5　试验方法

再生纤维素丝织物的试验方法按 GB/T 15552 执行。

6　检验规则

再生纤维素丝织物的检验规则按 GB/T 15552 执行。

7 包装与标志

再生纤维丝织物的包装和标志按 GB/T 15551—2007 中第 6 章、第 7 章执行。

8 其他

对再生纤维素丝织物的品质、包装和标志另有特殊要求者,供需双方可另订协议或合同,并按其执行。

附　录　A

（资料性附录）

外观疵点归类表

表 A.1　外观疵点归类表

序号	疵点名称	说　　明
1	经向疵点	宽急经柳、粗细柳、筘柳、色柳、筘路、多少捻、缺经、断通丝、错经、碎糙、夹糙、夹断头、断小柱、叉绞、分经路、小轴松、水渍急经、宽急经、错通丝、综穿错、筘穿错、单片头、双经、粗细经、夹起、懒针、煞星、渍经、灰伤、皱印等。
2	纬向疵点	破纸板、综框梁子多少起、抛纸板、错纹板、错花、跳梭、煞星、柱渍、轧梭痕、筘锈渍、带纬、断纬、叠纬、坍纬、糙纬、灰伤、皱印、杂物织入、渍纬等。
3	纬档	松紧档、撬档、撬小档、顺纤档、多少捻档、粗细纬档、缩纬档、急纬档、断花档、通绞档、毛纬档、拆毛档、停车档、渍纬档、错纬档、糙纬档、色纬档、拆烊档、开河档
4	印花疵	搭脱、渗进、漏浆、塞煞、色点、眼圈、套歪、露白、砂眼、双茎、拖版、搭色、反丝、叠版印、框子印、刮刀印、色皱印、回浆印、刷浆印、化开、糊开、花痕、野花、粗细茎、跳版深浅、接版深浅、雕色不清、涂料脱落、涂料颜色不清等。
5	渍 破损性疵点	色渍、锈渍、油污渍、洗渍、皂渍、霉渍、蜡渍、白雾、字渍、水渍等。 蛛网、披裂、拔伤、空隙、破洞等。
6	边疵、松板印、撬小	宽急边、木耳边、粗细边、卷边、边糙、吐边、边修剪不净、针板眼、边少起、破边、凸铗、脱铗等。
注1：对经、纬向共有的疵点，以严重方向评分。 注2：外观疵点归类表中没有归入的疵点按类似疵点评分。		

ICS 59.080.30
W 43

中华人民共和国国家标准

GB/T 17253—2008
代替 GB/T 17253—1998

合成纤维丝织物

Synthetic filament yarn fabrics

2008-08-06 发布

2009-06-01 实施

中华人民共和国国家质量监督检验检疫总局
中国国家标准化管理委员会 发布

前　言

本标准代替 GB/T 17253—1998《合成纤维丝织物》。

本标准与 GB/T 17253—1998 相比，主要变化如下：

——增加了合成纤维丝织物应符合国家有关纺织品强制性标准的要求；

——提高了幅宽偏差率、密度偏差率、质量偏差率的指标水平；

——增加了纤维含量偏差考核项目；

——取消了弯曲刚性、悬垂系数、缓折痕回复角的考核项目；

——增加了耐湿摩擦、耐干洗色牢度的考核项目；

——外观疵点采用"四分制"的评分方法；

——将外观疵点的评分限度由每 5 m、4 m 评分方法改为每百平方米评分方法。

本标准的附录 A 是资料性附录。

本标准由中国纺织工业协会提出。

本标准由全国纺织品标准化技术委员会丝绸分会归口。

本标准起草单位：浙江丝绸科技有限公司(浙江丝绸科学研究院)、浙江舒美特纺织有限公司、国家丝绸质量监督检验中心、万事利集团有限公司、泰州出入境检验检疫局。

本标准主要起草人：周颖、王荣根、杭志伟、张祖琴、刘猛。

本标准所代替标准的历次版本发布情况为：

——GBn 233~234—1984、GB/T 17253—1998。

合成纤维丝织物

1 范围

本标准规定了合成纤维丝织物的要求、试验方法、检验规则、包装和标志。

本标准适用于评定各类服用的练白、染色(色织)、印花合成纤维丝织物品质。

2 规范性引用文件

下列文件中的条款通过本标准的引用而成为本标准的条款。凡是注日期的引用文件,其随后所有的修改单(不包括勘误的内容)或修订版均不适用于本标准,然而,鼓励根据本标准达成协议的各方研究是否可使用这些文件的最新版本。凡是不注日期的引用文件,其最新版本适用于本标准。

GB/T 250 纺织品 色牢度试验 评定变色用灰色样卡(GB/T 250—2008,ISO 105-A02:1993,IDT)

GB/T 4802.1—2008 纺织品 织物起毛起球性能的测定 第1部分:圆轨迹法

GB/T 4841.1 染料染色标准深度色卡 1/1

GB/T 8170 数值修约规则

GB/T 15551—2007 桑蚕丝织物

GB/T 15552 丝织物试验方法和检验规则

FZ/T 01053 纺织品 纤维含量的标识

3 术语和定义

下列术语和定义适用于本标准。

3.1

合成纤维丝织物 synthetic filament yarn fabrics

经向采用合成纤维长丝制成的丝织物。

4 要求

4.1 合成纤维丝织物的要求包括密度偏差率、质量偏差率、纤维含量偏差、断裂强力、撕破强力、纰裂程度、水洗尺寸变化率、起毛起球、色牢度等内在质量和色差(与标样对比)、幅宽偏差率、外观疵点等外观质量。

4.2 合成纤维丝织物的评等以匹为单位。质量偏差率、纤维含量偏差、断裂强力、撕破强力、纰裂程度、水洗尺寸变化率、起毛起球、色牢度等按批评等。纬密偏差率、外观质量按匹评等。

4.3 合成纤维丝织物的品质由内在质量、外观质量中的最低等级项目评定。其等级分为优等品、一等品、二等品、三等品,低于三等品的为等外品。

4.4 合成纤维丝织物应符合国家有关纺织品强制性标准的要求。

4.5 合成纤维丝织物的内在质量分等规定见表1。

表 1 内在质量分等规定

项 目		指 标			
		优等品	一等品	二等品	三等品
密度偏差率/%	经向	±2.0	±3.0	±4.0	
	纬向				
质量偏差率/%		±3.0	±4.0	±5.0	
纤维含量偏差(绝对百分比)/%		按 FZ/T 01053 执行			
断裂强力/N ≥		200			
撕破强力/N ≥		9.0			
纰裂程度(定负荷 67 N)/mm ≤		6			
水洗尺寸变化率/%		−2.0～+2.0		−3.0～+2.0	
起毛起球[a]/级 ≥		4	3-4		3
色牢度/级 ≥	耐洗 耐水 耐汗渍 变色	4	4	3-4	
	沾色	3-4	3	3	
	耐干摩擦	4	3-4	3	
	耐干洗	4	4	3-4	
	耐湿摩擦	3-4	3,2-3 (深色[b])	2-3	
	耐热压 变色	4	3-4	3	
	耐光	4	3	3	

注：特殊用途、特殊结构的品种其断裂强力、撕破强力、纰裂程度、水洗尺寸变化率可按合同或协议考核。

[a] 采用 GB/T 4802.1—2008,试验参数类别 B。

[b] 大于 GB/T 4841.1 中 1/1 标准深度为深色。

4.6 合成纤维丝织物的外观质量的评定

4.6.1 合成纤维丝织物的外观质量分等规定见表2。

表 2 外观质量分等规定

项目		优等品	一等品	二等品	三等品
色差(与标样对比)/级 ≥		4	3-4		3
幅宽偏差率/%		−1.0～+2.0	−2.0～+2.0		
外观疵点评分限度/(分/100 m²) ≤		10	20	40	80

4.6.2 合成纤维丝织物外观疵点评分见表3。

表 3 外观疵点评分表

序号	疵点	分 数			
		1	2	3	4
1	经向疵点	8 cm 及以下	8 cm 以上～16 cm	16 cm 以上～24 cm	24 cm 以上～100 cm
2	纬向疵点	8 cm 及以下	8 cm 以上～半幅	—	半幅以上
	纬档[a]	—	普通	—	明显

表 3（续）

序号	疵点	分数 1	2	3	4
3	印花疵	8 cm 及以下	8 cm 以上～16 cm	16 cm 以上～24 cm	24 cm 以上～100 cm
4	渍、破损性疵点	—	2.0 cm 及以下	—	2.0 cm 以上
5	边疵[b]	经向每 100 cm 及以下	—	—	—
6	纬斜、花斜、格斜、幅不齐	—	—	—	100 cm 及以下 大于 3%

注：序号 1、2、3、4、5、6 中的外观疵点归类参见附录 A。

[a] 纬档以经向 10 cm 及以下为一档。

[b] 针板眼进入内幅 1.5 cm 及以下不计。

4.6.3 合成纤维丝织物外观疵点评分说明：

a) 外观疵点的评分采用有限度的累计评分。

b) 外观疵点长度以经向或纬向最大方向量计。

c) 同匹色差（色泽不匀）不低于 GB/T 250 中 4 级及以下，1 m 及以内评 4 分。

d) 经向 1 m 内累计评分最多 4 分，超过 4 分按 4 分计。

e) "经柳"普通，定等限度为二等品；"经柳"明显，定等限度为等外品。

f) 严重的连续性疵点每米扣 4 分，超过 4 m 降为等外品。

g) 优等品、一等品内不允许有轧梭档、拆样档、开河档等严重疵点。

4.6.4 每匹合成纤维丝织物允许分数，由式（1）计算得出，计算结果按 GB/T 8170 修约至整数。

$$q = \frac{c}{100} \times l \times w \quad\quad\quad (1)$$

式中：

q——每匹允许分数，单位为分；

c——每百平方米评分限度，单位为分每百平方米（分/100 m²）；

l——匹长，单位为米（m）；

w——幅宽，单位为米（m）。

4.7 开剪拼匹和标疵放尺的规定

4.7.1 合成纤维丝织物允许开剪拼匹或标疵放尺，两者只能采用一种。

4.7.2 开剪拼匹各段的等级、幅宽、色泽、花型应一致。

4.7.3 绸匹平均每 20 m 及以内允许标疵一次。每处 3 分和 4 分的疵点允许标疵，超过 10 cm 的连续疵点可连标。每处标疵放尺 10 cm。以标疵后的疵点不再计分。局部性疵点的标疵间距或标疵疵点与绸匹端的距离不得少于 4 m。

5 试验方法

合成纤维丝织物的试验方法按 GB/T 15552 执行。

6 检验规则

合成纤维丝织物的检验规则按 GB/T 15552 执行。

7 包装和标志

合成纤维丝织物的包装和标志按 GB/T 15551—2007 中第 6 章、第 7 章执行。

8 其他

特殊品种及用户对产品另有特殊要求,可按合同或协议执行。

附 录 A

（资料性附录）

外观疵点归类表

表 A.1 外观疵点归类表

序号	疵点名称	说 明
1	经向疵点	宽急经柳、粗细柳、筘柳、色柳、筘路、导钩痕、辅喷痕、多少捻、缺经、断通丝、错经、碎糙、夹糙、夹断头、断小柱、叉绞、分经路、小轴松、水渍急经、宽急经、错通丝、综穿错、筘穿错、单只头、双经、粗细经、夹起、懒针、煞星、渍经、灰伤、皱印等。
2	纬向疵点	破纸板、综框梁子多少起、抛纸板、错纹板、错花、跳梭、煞星、柱渍、轧梭痕、筘锈渍、带纬、断纬、缩纬、叠纬、坍纬、糙纬、渍纬、灰伤、纬斜、皱印、杂物织入、百脚等。
3	纬档	松紧档、撬档、撬小档、顺纡档、多少捻档、粗细纬档、缩纬档、急纬档、断花档、通绞档、毛纬档、拆毛档、停车档、渍纬档、错纬档、糙纬档、色纬档、拆烊档、开河档
4	印花疵	搭脱、渗进、漏浆、塞煞、色点、眼圈、套歪、露白、砂眼、双茎、拖版、搭色、反丝、叠版印、框子印、刮刀印、色皱印、回浆印、刷浆印、化开、糊开、花痕、野花、粗细茎、跳版深浅、接版深浅、雕色不清、涂料脱落、涂料颜色不清等。
5	污渍、油渍、破损性疵点	色渍、锈渍、油污渍、洗渍、皂渍、霉渍、蜡渍、白雾、字渍、水渍等。 蛛网、披裂、拔伤、空隙、破洞等。
6	边疵、松板印、撬小	宽急边、木耳边、粗细边、卷边、边糙、吐边、边修剪不净、针板眼、边少起、破边、凸铗、脱铗等。

注1：对经、纬向共有的疵点，以严重方向评分。

注2：外观疵点归类表中没有归入的疵点按类似疵点评分。

ICS 59.080.30
W 43

中华人民共和国国家标准

GB/T 22842—2009

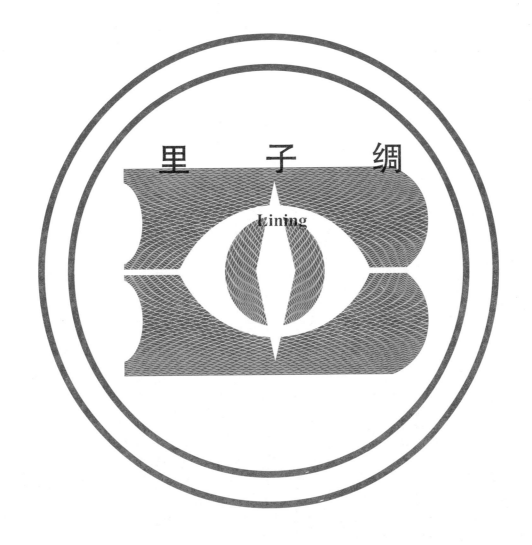

里 子 绸

Lining

2009-04-21 发布

2009-12-01 实施

中华人民共和国国家质量监督检验检疫总局
中国国家标准化管理委员会 发布

前　言

本标准的附录 A 为资料性附录。

本标准由中国纺织工业协会提出。

本标准由全国丝绸标准化技术委员会归口。

本标准起草单位：苏州江枫丝绸有限公司、浙江丝绸科技有限公司、苏州市职业大学、宁波宜科科技实业股份有限公司、杭州金富春丝绸化纤有限公司、达利丝绸（浙江）有限公司。

本标准主要起草人：张晓寰、周颖、李世超、王宗臻、黄勇、陈东生、吴志祥、梁栋、盛建祥、俞丹。

里 子 绸

1 范围

本标准规定了里子绸的术语和定义、要求、试验方法、检验规则、包装和标志。

本标准适用于评定涤纶、锦纶、醋酯、粘胶、铜氨长丝纤维纯织和由以上长丝纤维交织而成的各类服用里子绸的品质。

2 规范性引用文件

下列文件中的条款通过本标准的引用而成为本标准的条款。凡是注日期的引用文件,其随后所有的修改单(不包括勘误的内容)或修订版均不适用于本标准,然而,鼓励根据本标准达成协议的各方,研究是否可使用这些文件的最新版本。凡是不注日期的引用文件,其最新版本适用于本标准。

GB/T 250 纺织品 色牢度试验 评定变色用灰色样卡(GB/T 250—2008,ISO 105-A02:1993,IDT)

GB/T 2910 纺织品 二组分纤维混纺产品定量化学分析方法

GB/T 3917.2 纺织品 织物撕破性能 第2部分:舌形试样撕破强力的测定

GB/T 3920 纺织品 色牢度试验 耐摩擦色牢度(GB/T 3920—2008,ISO 105-X12:2001,MOD)

GB/T 3921—2008 纺织品 色牢度试验 耐皂洗色牢度(ISO 105-C10:2006,MOD)

GB/T 3922 纺织品耐汗渍色牢度试验方法

GB/T 3923.1 纺织品 织物拉伸性能 第1部分:断裂强力和断裂伸长率的测定 条样法

GB/T 4667 机织物幅宽的测定

GB/T 4668 机织物密度的测定

GB/T 4669 纺织品 机织物 单位长度质量和单位面积质量的测定

GB/T 4841.1 染料染色标准深度色卡 1/1

GB 5296.4 消费品使用说明 纺织品和服装使用说明

GB/T 5711 纺织品 色牢度试验 耐干洗色牢度(GB/T 5711—1997,eqv ISO 105-D01:1993)

GB/T 8628 纺织品 测定尺寸变化的试验中织物试样和服装的准备、标记及测量(GB/T 8628—2001,eqv ISO 3759:1994)

GB/T 8629—2001 纺织品 试验用家庭洗涤和干燥程序(eqv ISO 6330:2000)

GB/T 8630 纺织品 洗涤和干燥后尺寸变化的测定(GB/T 8630—2002,ISO 5077:1984,MOD)

GB/T 8631 纺织品 织物因冷水浸渍而引起的尺寸变化的测定(GB/T 8631—2001,eqv ISO 7771:1985)

GB/T 13772.1 机织物中纱线抗滑移性测定方法 缝合法

GB/T 14801 机织物和针织物纬斜和弓纬试验方法

GB/T 15552—2007 丝织物试验方法和检验规则

GB 18401 国家纺织产品基本安全技术规范

GB/T 19981.2 纺织品 织物和服装的专业维护、干洗和湿洗 第2部分:使用四氯乙烯干洗和整烫时性能试验的程序

FZ/T 01053　纺织品　纤维含量的标识

FZ/T 01057(所有部分)　纺织纤维鉴别试验方法

FZ/T 20021　织物经汽蒸后尺寸变化试验方法

3　术语和定义

下列术语和定义适用于本标准。

3.1

里子绸　lining

服装最里层的材料，通常称里子或夹里。一般由涤纶、锦纶、醋酯、粘胶、铜氨长丝纤维纯织和由以上长丝纤维交织而成。

3.2

标准面积　standard area

织物全幅×经向长 50 cm 的面积。用于评定里子绸外观疵点的一个基准单位。

4　要求

4.1　里子绸的技术要求包括密度偏差率、质量偏差率、纤维含量偏差率、断裂强力、撕破强力、纰裂程度、尺寸变化率、色牢度等内在质量和色差(与标样对比)、密度偏差率、幅宽偏差率、外观疵点等外观质量。

4.2　里子绸的评等以匹为单位。质量、纤维含量偏差、断裂强力、撕破强力、纰裂程度、尺寸变化率、色牢度等按批评等。色差、密度、幅宽、外观疵点等按匹评等。

4.3　里子绸的品质由内在质量、外观质量中的最低等级项目评定。其等级分为优等品、一等品、二等品。低于二等品的为等外品。

4.4　里子绸的基本安全性能应符合 GB 18401 的要求。

4.5　各类里子绸的内在质量分等规定。

4.5.1　涤纶、锦纶、醋酯纤维纯织里子绸内在质量分等规定见表 1。

表 1　涤纶、锦纶、醋酯纤维纯织里子绸内在质量分等规定

项　　　　目			涤纶、锦纶纤维			醋酯纤维		
			优等品	一等品	二等品	优等品	一等品	二等品
密度偏差率/%			±3	±4	±5	±3	±4	±5
质量偏差率/%			±3	±4	±5	±3	±4	±5
断裂强力/N　　　　　≥			200			150		
撕破强力/N　　　　　≥			9.0			6.0		
纤维含量偏差(绝对百分比)/%			按 FZ/T 01053 执行					
纰裂程度(定负荷 80 N)/mm ≤			5.0			5.0	6.0	
尺寸变化率/%	水洗	经向	±1.5	±2.0	±3.0		±4.0	
		纬向	±1.5	±2.0	±2.0	±2.5	±3.0	
	干洗	经向	±1.5	±2.0	±2.0	±3.0	±4.0	
		纬向	±1.5	±2.0	±2.0	±3.0	±4.0	
	汽蒸	经向	±2.5	±3.0	±2.0	±2.5	±3.0	
		纬向	±2.5	±3.0	±2.0	±2.5	±3.0	

表 1（续）

项　目		涤纶、锦纶纤维			醋酯纤维		
		优等品	一等品	二等品	优等品	一等品	二等品
色牢度/级	耐皂洗 耐干洗 耐汗渍 变色 ≥	4	3-4	3		3-4	3
	耐皂洗 耐干洗 耐汗渍 沾色 ≥	4	3-4	3	3-4		3
	干摩擦 沾色（浅色[a]）≥	4	3-4	3	4	3-4	3
	干摩擦 沾色（深色[b]）≥	4	3-4	3		3-4	3
	湿摩擦 沾色（浅色）≥	4	3-4	3	3-4		3
	湿摩擦 沾色（深色）≥	4	3-4	3		3	

[a] 小于 GB/T 4841.1 中 1/1 标准深度为浅色。
[b] 大于或等于 GB/T 4841.1 中 1/1 标准深度为深色。

4.5.2　粘胶、铜氨纤维纯织里子绸内在质量分等规定见表 2。

表 2　粘胶、铜氨纤维纯织里子绸内在质量分等规定

项　目		粘胶纤维			铜氨纤维		
		优等品	一等品	二等品	优等品	一等品	二等品
密度偏差率/%		±3	±4	±5	±3	±4	±5
质量偏差率/%		±3	±4	±5	±3	±4	±5
断裂强力/N ≥		180					
撕破强力/N ≥		7.0			9.0		
纤维含量偏差（绝对百分比）/%		按 FZ/T 01053 执行					
纰裂程度[a]（定负荷 80 N）/mm ≤		5.0	6.0		4.5	5.0	
尺寸变化率/%	水洗 经向	±3.0	±4.0	±5.0	—	—	—
	水洗 纬向	±3.0	±4.0	±5.0	—	—	—
	水浸 经向	—	—	—	±3.5	±4.0	±4.5
	水浸 纬向	—	—	—	±3.0	±3.5	±4.0
	干洗 经向	±2.0	±2.5	±3.0	±2.0	±3.0	±3.5
	干洗 纬向	±2.0	±2.5	±3.0	±2.0	±3.0	±3.5
	汽蒸 经向	±2.0	±2.5	±3.0	±2.0	±2.5	±3.0
	汽蒸 纬向	±2.0	±2.5	±3.0	±2.0	±2.5	±3.0

表 2（续）

项目			粘胶纤维			铜氨纤维		
			优等品	一等品	二等品	优等品	一等品	二等品
色牢度/级	耐皂洗 耐干洗 耐汗渍	变色 ≥	4	3-4	3	4	3-4	
		沾色 ≥	4	3-4	3	4	3-4	
	干摩擦	沾色（浅色b）≥	4	3-4	3	4-5	4	
		沾色（深色b）≥	3-4		3	4	3-4	
	湿摩擦	沾色（浅色）≥	4	3-4	3	4	3-4	
		沾色（深色）≥	3			3		

ᵃ 铜氨里子绸质量≤70 g/m² 时，定负荷 50 N。

ᵇ 大于或等于 GB/T 4841.1 中 1/1 标准深度为深色，小于 GB/T 4841.1 中 1/1 标准深度为浅色。

4.5.3 涤纶/粘胶、涤纶/铜氨、粘胶/醋酯纤维交织里子绸内在质量分等规定见表 3。

表 3 涤纶/粘胶、涤纶/铜氨、粘胶/醋酯纤维交织里子绸内在质量分等规定

项目			涤纶/粘胶、涤纶/铜氨纤维			粘胶/醋酯纤维		
			优等品	一等品	二等品	优等品	一等品	二等品
密度偏差率/%			±3	±4	±5	±3	±4	±5
质量偏差率/%			±3	±4	±5	±3	±4	±5
断裂强力/N ≥			180			150		
撕破强力/N ≥			8.0			7.0		
纤维含量偏差（绝对百分比）/%			按 FZ/T 01053 执行					
纰裂程度（定负荷 80 N）/mm ≤			5.0	6.0		5.0	6.0	
尺寸变化率/%	水洗	经向	±1.5	±1.5	±2.0	±3.0	±4.0	±5.0
		纬向	±3.0	±4.0	±5.0	±3.0	±4.0	±5.0
	干洗	经向	±1.5	±1.5	±2.0	±2.0	±3.0	±4.0
		纬向	±2.0	±3.0	±4.0	±2.0	±3.0	±4.0
	汽蒸	经向	±2.5	±2.5	±2.5	±2.0	±2.5	±3.0
		纬向	±2.0	±2.5	±3.0	±2.0	±2.5	±3.0

表 3（续）

项 目			涤纶/粘胶、涤纶/铜氨纤维			粘胶/醋酯纤维		
			优等品	一等品	二等品	优等品	一等品	二等品
色牢度/级	耐皂洗耐干洗耐汗渍	变色 ≥	4	3-4	3	3-4	3-4	3
		沾色 ≥	4	3-4	3	3-4	3	3
	干摩擦	沾色(浅色[a]) ≥	4	3-4	3	4	3-4	3
		沾色(深色[b]) ≥	3-4	3	3	3-4	3-4	3
	湿摩擦	沾色(浅色) ≥	4	3-4	3	4	3-4	3
		沾色(深色) ≥	3	3	3	3	3	3

[a] 小于 GB/T 4841.1 中 1/1 标准深度为浅色。

[b] 大于或等于 GB/T 4841.1 中 1/1 标准深度为深色。

4.6 里子绸外观质量的评定

4.6.1 里子绸外观质量分等规定见表 4。

表 4 外观质量分等规定

项 目	优等品	一等品	二等品
色差(与标样对比)、同匹色差/级 ≥	4	3-4	3
幅宽偏差率/%	±1.5	±2.0	±2.5
纬斜及弓纬/% ≤	2.5	3.0	3.5
外观疵点评定限度/(个/100 m) ≤	14	21	28

4.6.2 里子绸外观疵点评定说明

4.6.2.1 里子绸外观疵点的归类参见附录 A。

4.6.2.2 里子绸外观疵点采用有限度的累计疵点数评定。

4.6.2.3 在标准面积内如有多个疵点时,按一个疵点计算。在连续发生情况下以 50 cm 为基准加算。

4.6.2.4 同一批中,匹与匹之间色差(色泽不匀)不低于 GB/T 250 中 3-4 级。

4.7 开剪拼匹和标疵放尺的规定

4.7.1 里子绸允许开剪拼匹或标疵放尺,两者只能采用一种。

4.7.2 开剪拼匹最多两段,其中最短的一段长度应超过 20 m,其等级、幅宽、色泽、花型应一致。

4.7.3 标疵放尺每 10 m 及以内允许标疵一次,应在标疵位置的布边上做明显的记号。每处标疵放尺 50 cm。标疵后疵点不再计数。局部性疵点的标疵间距或标疵疵点与匹端的距离不得少于 5 m。

5 试验方法

5.1 幅宽的测定按 GB/T 4667 执行。

5.2 密度的测定按 GB/T 4668 执行。

5.3 质量的测定按 GB/T 4669 执行。

5.4 断裂强力的测定按 GB/T 3923.1 执行。

5.5 撕破强力的测定按 GB/T 3917.2 执行。

5.6 纰裂程度的测定按 GB/T 13772.1 中方法 B(定负荷法)执行。

5.7 水洗尺寸变化率的测定按 GB/T 8628、GB/T 8629—2001、GB/T 8630 进行。洗涤程序采用 7A，干燥方法采用 A 法。

5.8 水浸尺寸变化率的测定按 GB/T 8631 执行。

5.9 干洗尺寸变化率的测定按 GB/T 19981.2 执行。

5.10 蒸汽尺寸变化率的测定按 FZ/T 20021 执行。

5.11 耐皂洗色牢度的测定按 GB/T 3921—2008 表 2 中 A(1)执行。其中，涤纶纤维里子绸按表 2 中 B(2)执行。

5.12 耐干洗色牢度的测定按 GB/T 5711 执行。

5.13 耐汗渍色牢度的测定按 GB/T 3922 执行。

5.14 耐摩擦色牢度的测定按 GB/T 3920 执行。

5.15 纤维含量的测定按 GB/T 2910、FZ/T 01057 执行。

5.16 纬斜和弓纬的测定按 GB/T 14801 执行。

5.17 色差的测定按 GB/T 15552—2007 中 3.28 执行。

5.18 外观质量检验按 GB/T 15552—2007 中 3.30 执行。

6 检验规则

里子绸的检验规则按 GB/T 15552—2007 中第 4 章执行。

7 包装和标志

7.1 里子绸根据用户要求分为卷筒及折叠两类。

7.2 包装材料

7.2.1 卷筒纸管规格：螺旋斜开机制管，内径 3.0 cm～3.5 cm，外径 4 cm，长度根据产品幅宽应满足卷取和包装要求。纸管要圆整挺直。

7.2.2 卷筒或折叠匹绸外用塑料袋或塑料薄膜包覆。

7.3 包装要求

7.3.1 同件(箱)内，优等品、一等品匹与匹之间色差，不低于 GB/T 250 中 4 级。

7.3.2 卷筒包装的内外层边的相对位移不大于 2 cm。

7.3.3 包装应牢固、防潮，便于仓贮及运输。

7.4 标志要求明确、清晰、耐久、便于识别。

7.5 每匹或每段里子绸两端距绸边 3 cm 以内、幅边 10 cm 以内盖一检验章及等级标记。每匹里子绸应吊标签一张，内容按 GB 5296.4 规定，包括品名、原料名称、幅宽、色别、长度、等级、执行标准编号、企业名称等。

7.6 每箱(件)应附装箱单。

7.7 纸箱(包装袋)刷唛要正确、整齐、清晰。纸箱(包装袋)唛头内容包括品名、批号、花色号、匹数、等级、企业名称、地址等。

7.8 每批产品出厂应附品质检验结果单。

8 其他

对里子绸的品质、包装、标志另有特殊要求者，供需双方可另订协议或合同，并按其执行。

附 录 A

（资料性附录）

外观疵点归类表

表 A.1 外观疵点归类表

序号	疵点名称	说 明
1	经向疵点	宽急经柳、粗细柳、筘柳、色柳、筘路、多少捻、缺经、断通丝、错经、碎糙、夹糙、夹断头、断小柱、又绞、分经路、小轴松、水渍急经、宽急经、错通丝、综穿错、筘穿错、单身头、双经、粗细经、夹起、懒针、煞星、渍经、灰伤、皱印等
2	纬向疵点	破纸板、综框梁子多少起、抛纸板、错纹板、错花、跳梭、煞星、柱渍、轧梭痕、筘锈渍、带纬、断纬、叠纬、坍纬、糙纬、灰伤、皱印、杂物织入、渍纬等
	其中:纬档	松紧档、撬档、撬小档、顺纤档、多少捻档、粗细纬档、缩纬档、急纬档、断花档、通绞档、毛纬档、拆毛档、停车档、渍纬档、错纬档、糙纬档、色纬档、拆样档
3	印花疵	搭脱、渗进、漏浆、筛弢、色点、眼圈、套正、露白、砂眼、双茎、拖版、搭色、反丝、叠版印、框子印、刮刀印、色皱印、回浆印、刷浆印、花开、糊开、花痕、野花、粗细茎、跳版深浅、接版深浅、雕色不清、涂料脱落、涂料颜色不清等
4	污渍、油渍	色渍、锈渍、油污渍、洗渍、皂渍、霉渍、蜡渍、白霜、字渍、水渍等
	破损性疵点	蛛网、披裂、残伤、空隙、破洞等
5	边疵、松板印、撬小	宽急边、木耳边、粗细边、卷边、边糙、毛边、边修剪不净、针板眼、边少起、破边、凸钛、脱钛等

注：外观疵点归类表中没有归入的疵点按类似疵点评定。

ICS 59.080;59.080.30
W 43

中华人民共和国国家标准

GB/T 22850—2009

织 锦 工 艺 制 品

Brocade craft products

2009-04-21 发布

2009-12-01 实施

中华人民共和国国家质量监督检验检疫总局
中国国家标准化管理委员会
发布

前　言

本标准的附录 A 为规范性附录。

本标准由中国纺织工业协会提出。

本标准由全国丝绸标准化技术委员会归口。

本标准起草单位:杭州市质量技术监督检测院、浙江丝绸科技有限公司、杭州都锦生实业有限公司、绍兴县恒美花式丝有限公司、达利丝绸(浙江)有限公司、杭州金富春丝绸化纤有限公司。

本标准主要起草人:顾红烽、周颖、王明珠、赵利明、俞丹、盛建祥。

织 锦 工 艺 制 品

1 范围

本标准规定了织锦制品的分类、要求、试验方法、检验规则、包装和标志。

本标准适用于各类以织锦为主要原料生产的织锦像景和织锦台毯等制品。

2 规范性引用文件

下列文件中的条款通过本标准的引用而成为本标准的条款。凡是注日期的引用文件,其随后所有的修改单(不包括勘误的内容)或修订版均不适用于本标准,然而,鼓励根据本标准达成协议的各方研究是否可使用这些文件的最新版本。凡是不注日期的引用文件,其最新版本适用于本标准。

GB/T 250 纺织品 色牢度试验 评定变色用灰色样卡(GB/T 250—2008,ISO 105-A02:1993,IDT)

GB/T 2828.1—2003 计数抽样检验程序 第1部分:按接收质量限(AQL)检索的逐批检验抽样计划(ISO 2859-1:1999,IDT)

GB/T 2910 纺织品 二组分纤维混纺产品定量化学分析方法

GB/T 3920 纺织品 色牢度试验 耐摩擦色牢度(GB/T 3920—2008,ISO 105-X12:2001,MOD)

GB/T 3921—2008 纺织品 色牢度试验 耐皂洗色牢度(ISO 105-C10:2006,MOD)

GB/T 3923.1 纺织品 织物拉伸性能 第1部分:断裂强力和断裂伸长率的测定 条样法

GB 5296.4 消费品使用说明 纺织品和服装使用说明

GB/T 5711 纺织品 色牢度试验 耐干洗色牢度(GB/T 5711—1997,eqv ISO 105-D01:1993)

GB/T 5713 纺织品 色牢度试验 耐水色牢度(GB/T 5713—1997,eqv ISO 105-E01:1994)

GB/T 8427—1998 纺织品 色牢度试验 耐人造光色牢度:氙弧(eqv ISO 105-B02:1994)

GB/T 8628 纺织品 测定尺寸变化的试验中织物试样和服装的准备、标记及测量(GB/T 8628—2001,eqv ISO 3759:1994)

GB/T 8629—2001 纺织品 试验用家庭洗涤和干燥程序(eqv ISO 6330:2000)

GB/T 8630 纺织品 洗涤和干燥后尺寸变化的测定(GB/T 8630—2002,ISO 5077:1984,MOD)

GB 18401 国家纺织产品基本安全技术规范

GB/T 19981.2 纺织品 织物和服装的专业维护、干洗和湿洗 第2部分:使用四氯乙烯干洗和整烫时性能试验的程序(GB/T 19981.2—2005,ISO 3175-2:1998,MOD)

FZ/T 01053 纺织品 纤维含量的标识

FZ/T 01057(所有部分) 纺织纤维鉴别试验方法

3 术语

下列术语和定义适用于本标准。

3.1

织锦工艺制品 brocade craft product

以织锦为主要原料,以印花、绘画和着色等特色工艺加工,富有装饰性的制品。

3.2

织锦像景 image brocade

以织锦为主要原料,呈现各色字、画、像、图案,主要悬挂或摆放于室内用于装饰的制品。

3.3

织锦台毯 brocade carpet used for the stage

以织锦为主要原料,用于铺盖室内桌、柜、椅、床等家具表面的制品。如桌毯、椅套、靠垫套、床罩等。

4 要求

4.1 织锦工艺制品的要求分内在质量和外观质量,内在质量包括纤维含量偏差、断裂强力、尺寸变化率、色牢度,外观质量包括色差、尺寸偏差、外观疵点。

4.2 织锦工艺制品的品质由内在质量、外观质量中的最低等级项目评定。其等级分为优等品、一等品、合格品。

4.3 织锦台毯应符合 GB 18401 要求。

4.4 织锦工艺制品的内在质量分等规定按表1。

表 1 内在质量分等规定

项 目			要 求		
			优等品	一等品	合格品
纤维含量偏差/%			按 FZ/T 01053 执行		
断裂强力[a]/N ≥			200		
尺寸变化率[a,b]/%			−2.0～+1.0	−3.0～+2.0	−5.0～+3.0
色牢度/级 ≥	耐光		4	3	3
	耐皂洗[a,c]	变色	4	3-4	3-4
		沾色	3-4	3	2-3
	耐干洗[a,d]	变色	4	3-4	3-4
		沾色	3-4	3	2-3
	耐水[a]	变色	4	3-4	3-4
		沾色	3-4	3	3
	耐摩擦[a]	干摩	4	3-4	3
		湿摩	3-4	2-3	2

[a] 织锦像景不考核。

[b] 使用说明注明可水洗产品考核水洗尺寸变化率,只可干洗产品考核干洗尺寸变化率,不可洗涤产品不考核。

[c] 使用说明注明可水洗产品考核。

[d] 使用说明注明可干洗产品考核。

4.5 织锦工艺制品的外观质量分等规定按表2。

表 2 外观质量分等规定

项 目		要 求		
		优等品	一等品	合格品
与确认样色差/级 ≥		4	3-4	3
尺寸偏差/cm ≥		−1.0～+1.0	−2.0～+2.0	−3.0～+3.0
外观疵点	图案	图案与确认样一致,整体不偏位	图案与确认样基本一致,整体轻微偏位,不影响外观	图案与确认样相似,整体轻微偏位,不影响外观

表 2（续）

项 目		要　　　求		
		优等品	一等品	合格品
外观疵点	缝制	针迹平服，无毛、脱漏，无跳针、浮针、漏针	针迹平服，无毛、脱漏，跳针、浮针、漏针每处不超过1针，每件不超过1处	针迹平服，无毛、脱漏，跳针、浮针、漏针每处不超过1针，每件不超过3处
	绘画	色彩准确，过渡自然，不错位		
	线状疵点	普通允许1处	普通允许2处	普通允许3处
	条块状疵点	不允许	普通允许1处	普通允许2处
	渍	不允许	普通允许1处	普通允许3处
	破损	不允许		
	附件	各类附件完整、不破损		

注1：规格尺寸大于100 cm的制品，每增加1 m及以内，尺寸偏差正偏差允许增加2 cm。

注2：线状疵点指宽度不超过0.2 cm的所有各类疵点。

注3：条块状疵点指宽度超过0.2 cm的疵点，不包括色、污渍和破损。

注4：破损指相邻的丝线断2根及以上的破洞，或0.3 cm及以上的蛛网。

注5：普通疵点指需近距离（60 cm～80 cm）仔细辨认才能发现的疵点，不影响产品总体外观。

注6：字、画、像的关键部位不允许有影响外观的疵点。

5　试验方法

5.1　纤维定性分析按 FZ/T 01057 进行，定量分析按 GB/T 2910 进行。

5.2　断裂强力按 GB/T 3923.1 进行。

5.3　水洗尺寸变化率按 GB/T 8628、GB/T 8629—2001、GB/T 8630 进行。洗涤程序采用 7A，干燥方法采用 A 法。

5.4　干洗尺寸变化率按 GB/T 19981.2 执行，其中干洗程序中的干洗加载量降低至正常材料的66%，不使用水添加剂，洗涤时间降至5 min，冲洗时间降至3 min，其余材料干洗参数与正常材料相同。整烫使用熨斗。

5.5　耐光色牢度按 GB/T 8427—1998 中的方法3进行。

5.6　耐皂洗色牢度按 GB/T 3921—2008 进行，采用试验条件 A(1)，单纤维贴衬。

5.7　耐干洗色牢度按 GB/T 5711 进行。

5.8　耐水色牢度按 GB/T 5713 进行，采用单纤维贴衬。

5.9　耐摩擦色牢度按 GB/T 3920 进行。

5.10　色差评定采用北空光照射，或用600 lx及以上等效光源。入射光与样品表面约成45°角，检验人员的视线大致垂直于样品表面，距离约60 cm目测，与 GB/T 250 样卡对比评定色差等级。

5.11　尺寸测量使用钢尺，矩形产品在整个产品长、宽方向的四分之一和四分之三处测量两处，测量精确至0.1 cm，分别计算测量值与规格值的差值，结果取算术平均值。

5.12　外观疵点以产品平摊正面为准，反面疵点影响正面时也应考核。检验时产品表面照度不低于600 lx，检验员眼部距产品60 cm～80 cm，检验员以目测、手感进行检验。

6 检验规则

6.1 检验分类

检验分为型式检验和出厂检验(交收检验)。型式检验时机根据生产厂实际情况或合同协议规定,一般在转产、停产后复产、原料或工艺有重大改变时进行。出厂检验在产品生产完毕交货前进行。

6.2 检验项目

型式检验项目为第4章中的所有要求项目。出厂检验项目为4.5的外观质量项目。

6.3 组批规则

型式检验以同一品种、花色为同一检验批。出厂检验以同一合同或生产批号为同一检验批,当同一检验批数量很大,需分期、分批交货时,可以适当再分批,分别检验。

6.4 抽样方案

样品应从经工厂检验的合格批产品中随机抽取,抽样数量按附录A的表A.1中的一般检验水平Ⅱ规定,采用正常检验一次抽样方案。内在质量检验用试样在样品中随机抽取各1份,但色牢度试样应按花色各抽取1份。每份试样的尺寸和取样部位根据方法标准的规定。

当批量较大、生产正常、质量稳定情况下,抽样数量可按附录A的表A.2中的一般检验水平Ⅱ规定,采用放宽检验一次抽样方案。

6.5 检验结果的判定

外观质量和工艺质量按件(套)评定等级,其他项目按批评定等级,以所有试验结果中最低评等评定样品的最终等级。

试样内在质量检验结果所有项目符合标准要求时判定该试样所代表的检验批内在质量合格。批外观质量和工艺质量的判定按GB/T 2828.1—2003中一般检验水平Ⅱ规定进行,接收质量限AQL为2.5不合格品百分数。批内在质量、外观质量和工艺质量均合格时判定为合格批。否则判定为不合格批。

6.6 复验

如交收双方对检验结果有异议时,可进行一次复验。复验按首次检验的规定进行,以复验结果为准。

7 标识、包装

7.1 产品使用说明应符合GB 5296.4的要求。规格以厘米为单位标注长度×宽度,非矩形产品可标注外形最大尺寸。织锦画像可不采用耐久性标签。

7.2 每件产品应有包装。包装材料应保证产品在贮藏和运输中不散落、不破损、不沾污、不受潮。用户有特殊要求的,供需双方协商确定。

8 其他

如供需双方对织锦工艺制品产品另有要求,可按合同或协议执行。

附　录　A

（规范性附录）

检验抽样方案

根据 GB/T 2828.1—2003,采用一般检验水平Ⅱ,AQL 为 2.5 的正常检验一次抽样方案如表 A.1 所示。

表 A.1　AQL 为 2.5 的正常检验一次抽样方案

批量 N	样本量字码	样本量 n	接收数 Ac	拒收数 Re
2～8	A	2	0	1
9～15	B	3	0	1
16～25	C	5	0	1
26～50	D	8	0	1
51～90	E	13	1	2
91～150	F	20	1	2
151～280	G	32	2	3
281～500	H	50	3	4
501～1 200	J	80	5	6
1 201～3 200	K	125	7	8
3 201～10 000	L	200	10	11

根据 GB/T 2828.1—2003,采用一般检验水平Ⅱ,AQL 为 2.5 的放宽检验一次抽样方案如表 A.2 所示。

表 A.2　AQL 为 2.5 的放宽检验一次抽样方案

批量 N	样本量字码	样本量 n	接收数 Ac	拒收数 Re
2～8	A	2	0	1
9～15	B	2	0	1
16～25	C	2	0	1
26～50	D	3	0	1
51～90	E	5	1	2
91～150	F	8	1	2
151～280	G	13	1	2
281～500	H	20	2	3
501～1 200	J	32	3	4
1 201～3 200	K	50	5	6
3 201～10 000	L	80	6	7

ICS 59.080.30

W 43

中华人民共和国国家标准

GB/T 22856—2009

莨　绸

Gambiered canton silk

2009-04-21 发布

2009-12-01 实施

中华人民共和国国家质量监督检验检疫总局
中国国家标准化管理委员会　发布

前　言

本标准的附录 A 为资料性附录。

本标准由中国纺织工业协会提出。

本标准由全国丝绸标准化技术委员会归口。

本标准起草单位：广东省丝绸纺织集团有限公司、中华人民共和国广东出入境检验检疫局、浙江丝绸科技有限公司、深圳市梁子时装实业有限公司、深圳市计量质量检测研究院、佛山市顺熙晒莨厂、达利丝绸（浙江）有限公司。

本标准主要起草人：李淳、陈南生、周颖、李慧、吴苑丛、周红英、周晓刚、郑欢欢、俞丹、张卓、黄幼瑚。

莨绸

1 范围

本标准规定了莨绸的术语和定义、要求、试验方法、检验规则、包装和标志。

本标准适用于评定以纯桑蚕丝织物为原料加工而成的原色或彩色莨绸。

2 规范性引用文件

下列文件中的条款通过本标准的引用而成为本标准的条款。凡是注日期的引用文件，其随后所有的修改单（不包括勘误的内容）或修订版均不适用于本标准，然而，鼓励根据本标准达成协议的各方研究是否可使用这些文件的最新版本。凡是不注日期的引用文件，其最新版本适用于本标准。

GB/T 250 纺织品 色牢度试验 评定变色用灰色样卡（GB/T 250—2008，ISO 105-A02:1993，IDT）

GB 5296.4 消费品使用说明 纺织品和服装使用说明

GB/T 8170 数值修约规则与极限数值的表示和判定

GB/T 15551—2007 桑蚕丝织物

GB/T 15552—2007 丝织物试验方法和检验规则

GB 18401 国家纺织产品基本安全技术规范

3 术语和定义

下列术语和定义适用于本标准。

3.1

原色莨绸 original color gambiered canton silk

以纯桑蚕丝织物为原料经薯莨汁浸泡多次后，经过河泥、晾晒等传统手工艺加工而成的表面呈黑色发亮、底面呈咖啡色正反异色的织物。

3.2

彩色莨绸 multicolour gambiered canton silk

在原色莨绸的基础上，经印染加工而成的织物；或先印染再经传统手工艺加工而成的织物。

3.3

坯绸固有外观疵点 inherent appearance defects of greige

制作莨绸的桑蚕丝织物坯绸上原本固有的外观疵点。

3.4

莨绸特有外观疵点 special appearance defects of gambiered canton

莨绸在加工过程中形成的特有疵点。

3.5

反面莨斑 gambiered speckle on the reverse side

莨绸在浸泡、晒制过程中薯莨液积聚过多的部位，或莨绸在晒制过程中因绸边未理平其反转过来的部位受阳光直接照射时间过长，在莨绸反面及两边形成深咖啡色色差，此深咖啡色色差称之为反面莨斑。

3.6

正面莨斑 gambiered speckle on the face

莨绸在浸泡、晒制过程中薯莨液积聚过多的部位，经过泥后在正面形成发亮的深黑色色差，此深黑色色差称之为正面莨斑。

3.7

泥斑 mud speckle

正常生产的原色莨绸为正反异色：正面为黑色，反面为啡色。但在莨绸过河泥工艺中，其反面的咖啡色会意外沾上河泥而形成黑色的疵点，此黑色疵点经水洗、纱洗、印染等后整理工序都无法消除，称之为泥斑。

4 要求

4.1 莨绸的要求包括断裂强力、纤维含量偏差、纰裂程度、水洗尺寸变化率、色牢度等内在质量和色差（与标样对比）、幅宽偏差率、外观疵点等外观质量。

4.2 莨绸的评等以匹为单位。内在质量按批评等，外观质量按匹评等。

4.3 莨绸的品质由内在质量、外观质量中的最低等级评定，分为优等品、一等品、二等品，低于二等品的为等外品。

4.4 莨绸的基本安全性能应符合 GB 18401 的要求。

4.5 莨绸的原料坯绸其密度偏差率、质量偏差率指标应符合 GB/T 15551—2007 表 1 规定的三等品及以上要求。

4.6 莨绸的内在质量分等规定见表 1。

表 1 莨绸内在质量分等规定

项　　目			指　　标		
			优等品	一等品	二等品
断裂强力[a]/N		≥	200		
纤维含量偏差（绝对百分比）/%			0		
纰裂程度[a]（定负荷,67 N）/mm		≤	6		
水洗尺寸变化率/%		经向	+1.0～−3.0	+1.0～−4.0	+1.0～−5.0
		纬向	+1.0～−2.0	+1.0～−3.0	+1.0～−4.0
色牢度/级[b]　≥	耐水、耐皂洗、耐汗渍	变色	3-4	3	
		沾色	3-4	3	
	耐干摩擦		3		
	耐　光		4	3	
[a] 纱、绡类织物不考核。					
[b] 未经过后整理处理的原色和彩色莨绸坯绸色牢度不考核。					

4.7 莨绸的外观质量评定

4.7.1 莨绸的外观质量分等规定见表 2。

表 2 莨绸外观质量分等规定

项目		优等品	一等品	二等品
色差（与标样对比）/级	≥	4	3-4	3
幅宽偏差率/%		±2.0	±3.0	±4.0
坯绸固有外观疵点、莨绸特有外观疵点合计评分限度/（分/100 m²）	≤	40	80	120

4.7.2 莨绸的外观疵点分坯绸固有外观疵点和莨绸特有外观疵点两大类：

　　a）　坯绸固有外观疵点评分见表3；

表 3　坯绸固有外观疵点评分表

序号	疵点		分　数			
			1	2	3	4
1	经向疵点		8 cm 及以下	8 cm 以上～16 cm	16 cm 以上～24 cm	24 cm 以上～100 cm
2	纬向疵点		8 cm 及以下	8 cm 以上至半幅		半幅以上
	纬档			普通		明显
3	印花疵		8 cm 及以下	8 cm 以上～16 cm	16 cm 以上～24 cm	24 cm 以上～100 cm
4	污渍、油渍、破损性疵点			2.0 cm 及以下		2.0 cm 以上
5	边疵、松板印、撬小		经向每 100 cm 及以下			

　　注：纬档以经向 10 cm 及以下为一档。

　　b）　莨绸特有外观疵点评分见表4。

表 4　莨绸特有外观疵点评分表

序号	疵点		分　数			
			1	2	3	4
1	正、反面莨斑	条状[a]	30 cm 及以下	30 cm 以上～50 cm	50 cm 以上～80 cm	80 cm 以上～100 cm
		块状[b]	10 cm 及以下	10 cm 以上～30 cm	30 cm 以上～50 cm	50 cm 以上～80 cm
2	泥斑	条状[a]	5 cm 以上～30 cm	30 cm 以上～50 cm	50 cm 以上～80 cm	80 cm 以上～100 cm
		块状[b]	2 cm 以上～10 cm	10 cm 以上～30 cm	30 cm 以上～50 cm	50 cm 以上～80 cm

　　[a]　宽度在 2 cm 及以内的长条形疵点。

　　[b]　宽度在 2 cm 以上的长块形疵点。

4.7.3 莨绸外观疵点评分说明：

　　a）　外观疵点的评分采用有限度的累计评分；

　　b）　彩色莨绸两种工艺制作过程中所产生的印花疵均按表3规定评分；

　　c）　达不到 2 cm 评分起点的点状泥斑，1 m 内达 3 个合计评 1 分，密集性点状泥斑则视面积大小按块状泥斑评分；

　　d）　在莨绸过河泥工序中，工人抓捏布边时手指造成的泥斑及布边上的正反面莨斑，离两边宽度在 4 cm 以内的不评分；

　　e）　检验时，以合同约定的一面检验，合同未约定的以差的一面检验；

　　f）　原色莨绸如通匹存在不明显的莨斑，且对后道加工后的绸面有不良影响的，则该批莨绸最高只能评为二等品。如该批莨绸还存在其他疵点，则视其他疵点的最后评分限度，综合确定该批莨绸的最低等级；

　　g）　经向 1 m 内累计评分最多 4 分，超过 4 分按 4 分计；

　　h）　严重的连续性病疵每米评 4 分，超过 3 m 降为等外品；

　　i）　莨绸面料自然龟裂痕及不均匀龟裂痕为正常现象，不作为疵点考核；

　　j）　同匹色差（色泽不匀）达 GB/T 250 中 4 级及以下，1 m 及以内评 4 分。

4.7.4 每匹莨绸最高允许分数由式(1)计算得出,计算结果按 GB/T 8170 修约至整数。

$$q = \frac{c}{100} \times l \times w \qquad\qquad\qquad\cdots\cdots\cdots\cdots\cdots\cdots\cdots\cdots\text{(1)}$$

式中:

q——每匹最高分数,单位为分;

c——外观疵点评分限度,单位为分每百平方米(分/100 m^2);

l——匹长,单位为米(m);

w——幅宽,单位为米(m)。

5 试验方法

莨绸的试验方法按 GB/T 15552—2007 第 3 章执行。

6 检验规则

莨绸的检验规则按 GB/T 15552—2007 中第 4 章执行。

7 包装

7.1 包装分类

莨绸包装根据用户要求分为卷筒、卷板两类。

7.2 包装材料

7.2.1 卷筒纸管规格:螺旋斜开机制管,内径 3.0 cm～3.5 cm,外径 4 cm,长度按纸箱长减去 2 cm。纸管要圆整、挺直。

7.2.2 卷板用双瓦楞纸板。卷板的宽度为 15 cm,长度根据莨绸的幅宽或对折后的宽度决定。

7.2.3 包装用纸箱采用高强度牛皮纸制成的双瓦楞叠盖式纸箱。要求坚韧、牢固、整洁,并涂防潮剂。

7.3 包装要求

7.3.1 同件(箱)内,优等品匹与匹之间色差不低于 GB/T 250 中 4 级。

7.3.2 卷筒、卷板包装的内外层边的相对位移不大于 2 cm。

7.3.3 绸匹外包装采用纸箱时,纸箱内应加衬塑料内衬袋或拖蜡防潮纸,用胶带封口。纸箱外用塑料打包带和铁皮轧扣箍紧打箱。

7.3.4 包装应牢固、防潮,便于仓贮及运输。

7.3.5 绸匹成包时,应保存在通风、温湿度适当的仓储条件下,每匹实测回潮率不低于 8.0%,避免布料脆裂。

8 标志

8.1 标志应明确、清晰、耐久、便于识别。

8.2 每匹或每段莨绸两端距绸边 3 cm 以内、幅边 10 cm 以内盖一检验章及等级标记。每匹或每段莨绸应吊标签一张,内容按 GB 5296.4 规定,包括品名、品号、原料名称及成分、幅宽、色别、长度、等级、执行标准编号、企业名称、产品检验合格证。

8.3 每箱(件)应附装箱单。

8.4 纸箱(布包)刷唛要正确、整齐、清晰。纸箱唛头内容包括合同号、箱号、品名、品号、花色号、幅宽、等级、匹数、毛重、净重及运输标志、企业名称、地址。

8.5 每批产品出厂应附品质检验结果单。

9 其他

莨绸的品质、包装和标志另有特殊要求者,供需双方可另订协议或合同,并按其执行。

附　录　A

（资料性附录）

坯绸固有外观疵点归类表

表 A.1

序号	疵点名称	说　　明
1	经向疵点	宽急经柳、粗细柳、筘柳、色柳、筘路、多少捻、缺经、断通丝、错经、碎糙、夹糙、夹断头、断小柱、叉绞、分经路、小轴松、水渍急经、宽急经、错通丝、综穿错、筘穿错、单片头、双经、粗细经、夹起、懒针、煞星、渍经、灰伤、皱印等
2	纬向疵点	破纸板、综框梁子多少起、抛纸板、错纹板、错花、跳梭、煞星、柱渍、轧梭痕、筘锈渍、带纬、断纬、叠纬、坍纬、糙纬、灰伤、皱印、杂物织入、渍纬等
	纬档	松紧档、撬档、撬小挡、顺纤档、多少捻档、粗细纬档、缩纬档、急纬档、断花档、通绞档、毛纬档、拆毛档、停车档、渍纬档、错纬档、糙纬档、色纬档、拆烊档
3	印花疵	搭脱、渗进、漏浆、穿煞、色点、眼圈、套歪、露白、砂眼、双茎、拖版、搭色、反丝、叠版印、框子印、刮刀印、包皱印、回浆印、刷浆印、花井、糊开、花痕、野花、粗细茎、跳版深浅、接版深浅、雕色不清、涂料脱落、涂料颜色不清等
4	污渍、油渍	色渍、锈渍、油污渍、洗渍、皂渍、霉渍、蜡渍、白雾、字渍、水渍等
	破损性疵点	蛛网、披裂、拔伤、空隙、破洞等
5	边疵、松板印、撬小	宽急边、木耳边、粗细边、卷边、边糙、吐边、边修剪不净、针板眼、边少起、破边、凸铁、脱铁等

注1：对经、纬向共有的疵点，以严重方向评分。

注2：外观疵点归类表中没有归入的疵点按类似疵点评分。

ICS 59.080.20

W 42

中华人民共和国国家标准

GB/T 22857—2009

筒 装 桑 蚕 捻 线 丝

Mulberry thrown silk on cones

2009-04-21 发布

2009-12-01 实施

中华人民共和国国家质量监督检验检疫总局
中国国家标准化管理委员会
发 布

前　言

本标准由中国纺织工业协会提出。

本标准由全国丝绸标准化技术委员会归口。

本标准起草单位:浙江丝绸科技有限公司、浙江凯喜雅国际股份有限公司、达利丝绸(浙江)有限公司、杭州金富春丝绸化纤有限公司、安徽出入境检验检疫局、杭州经纬捻线有限公司。

本标准主要起草人:周颖、卞幸儿、林平、盛建祥、孟毅祥、俞丹、陈振屏。

筒装桑蚕捻线丝

1 范围

本标准规定了筒装桑蚕捻线丝的术语和定义、标示、要求、检验方法、检验规则和包装标志。

本标准适用于 2 000 捻/m 及以下,9 根及以下所用原料生丝的名义纤度在 49 den(54.4 dtex)及以下的筒装桑蚕捻线丝的品质评定。

2 规范性引用文件

下列文件中的条款通过本标准的引用而成为本标准的条款。凡是注日期的引用文件,其随后所有的修改单(不包括勘误的内容)或修订版均不适用本标准,然而,鼓励根据本标准达成协议的各方研究是否可使用这些文件的最新版本。凡是不注日期的引用文件,其最新版本适用于本标准。

GB/T 2543.1 纺织品 纱线捻度的测定 第 1 部分:直接计数法

GB/T 6529 纺织品 调湿和试验用标准大气

GB/T 8170 数值修约规则与极限数值的表示和判定

GB/T 8693 纺织品 纱线的标示

GB/T 8694 纺织纱线及有关产品捻向的标示

GB/T 9995 纺织材料含水率和回潮率的测定 烘箱干燥法

GB/T 14033—2008 桑蚕捻线丝

3 术语和定义

下列术语和定义适用于本标准。

3.1

筒装桑蚕捻线丝 mulberry thrown silk on cone

单根或两根及两根以上的无捻或有捻生丝经并合加捻的本色丝,其卷装形式为筒装。

3.2

筒装桑蚕捻线丝的名义纤度 nominal denenier of mulberry thrown silk on cone

以原料生丝的名义纤度乘以根数,作为筒装桑蚕捻线丝的名义纤度。

4 筒装桑蚕捻线丝的标示

筒装桑蚕捻线丝的标示、符号按 GB/T 8693 规定,捻向按 GB/T 8694 规定。

示例 1:20/22 den(23 dtex)f3 S 230,表示三根 20/22 den(23 dtex)无捻生丝 S 向 230 捻/m。

示例 2:20/22 den(23 dtex) f1 Z 725×2 S 625,表示单根 20/22 den(23 dtex)Z 向 725 捻/m 生丝,2 股 S 向 625 捻/m。

示例 3:20/22 den(23 dtex)f3 Z 600×3 S 500,表示三根 20/22 den(23 dtex)Z 向 600 捻/m 生丝,3 股 S 向 500 捻/m。

5 要求

5.1 回潮率

筒装桑蚕捻线丝的公定回潮率为 11.0%,实测回潮率不得低于 8.0%,不得超过 14.0%,实测回潮率超过 14.0% 或低于 8.0% 时,应退回委托方重新整理平衡。

5.2 品质技术指标

筒装桑蚕捻线丝的品质技术指标规定见表1。

表 1 筒装桑蚕捻线丝的品质技术指标规定

检验项目	规格	等 级				
		双特级	特级	一级	二级	三级
捻度变异系数[a]/% ≤	100 捻/m～200 捻/m	8.50	9.50	11.00	13.00	15.00
	201 捻/m～500 捻/m	6.00	7.00	8.50	10.50	12.50
	501 捻/m～800 捻/m	5.50	6.50	8.00	10.00	12.00
	801 捻/m～1 250 捻/m	5.00	6.00	7.50	9.50	11.50
	1 251 捻/m～2 000 捻/m	4.50	5.50	7.00	8.50	10.50
捻度偏差率[a]/% ≤	100 捻/m～200 捻/m	5.50	6.50	8.50	10.50	12.50
	201 捻/m～500 捻/m	4.00	4.50	6.50	8.00	10.50
	501 捻/m～800 捻/m	3.50	4.00	5.00	6.50	8.50
	801 捻/m～1 250 捻/m	3.00	3.50	4.50	6.00	8.00
	1 251 捻/m～2 000 捻/m	2.50	3.00	4.00	5.00	7.00
断裂强度[b]/[gf/den(cN/dtex)] ≥		3.40 (3.00)		3.30 (2.91)		3.30 以下 (2.91 以下)
断裂伸长率[b]/% ≥		16.0		15.0		15.0 以下
纤度变异系数[c]/% ≤	2 根及以下	7.00	7.50	8.00	9.00	12.00
	3 根	6.00	6.50	7.00	8.00	11.00
	4 根	5.50	6.00	6.50	7.50	9.50
	5 根～9 根	5.00	5.50	6.00	7.00	9.00
清洁/分 ≥		96.5	95.0	90.0	84.0	75.0
洁净/分 ≥		92.00	90.00	86.00	82.00	73.00

[a] 名义捻度 100 捻/m 以下筒装桑蚕捻线丝的捻度变异系数、捻度偏差率不作考核。

[b] 筒装桑蚕捻线丝名义纤度为 200 den(222.2 dtex)以上时，断裂强度及伸长率项目不作考核。

[c] 名义捻度在 800 捻/m 以上的筒装桑蚕捻线丝，纤度变异系数不作考核。

5.3 筒装捻线丝的外观疵点分类和批注规定

筒装捻线丝的外观疵点分类和批注规定见表2。

表 2 筒装捻线丝的外观疵点分类和批注规定

疵点名称		疵点说明	批注数量/筒
主要疵点	宽急股	单丝或股丝松紧不一，呈麻花状	10
	拉白丝	张力过大，光泽变异，丝条拉白	8
	多根(股)与缺根(股)	股丝线中比规定出现多根(股)或缺根(股)，长度在 1.5 m 及以上者	1
	双线	双线长度在 1.5 m 及以上者	1
	污染丝	丝条被异物污染	8
	成形不良	丝筒两端不平整，高低差 4 mm 者或两端塌边有松紧丝层	20

表 2（续）

疵点名称		疵点说明	批注数量/筒
一般疵点	缩曲丝	定型后丝条呈卷曲状	10
	切丝	股丝中存在一根及以上的断丝	8
	色不齐	筒与筒之间，颜色程度差异较明显	10
	色圈	同一丝筒内颜色程度差异较明显	20
	杂物飞入	废丝及杂物带入丝筒内	10
	长结	结端长度在 4 mm 以上	10
	丝筒不匀	筒子重量相差在 15% 以上者，即：$\dfrac{\text{大筒重量}-\text{小筒重量}}{\text{大筒重量}}\times100\% > 15\%$	20
	跳丝	丝筒一端丝条跳出，其弦长：菠萝形大头为 50 mm，圆柱形为 30 mm	10
注：达不到一般疵点者，为轻微疵点。			

5.4 分等规定

5.4.1 分级原则

筒装桑蚕捻线丝品质以批为单位评定等级。依据筒装桑蚕捻线丝的品质技术指标和外观疵点的综合成绩，分为双特级、特级、一级、二级、三级和级外品。

5.4.2 基本等级的评定

受验筒装桑蚕捻线丝根据品质技术指标检验结果，其中清洁、洁净引用原料生丝的检验结果，以其最低一项成绩确定该批捻线丝的基本等级，若任何一项低于三级品指标时，作级外品。

5.4.3 外观疵点的降级规定

外观检验评为稍劣者，依 5.4.2 所确定的等级再降一级；若按 5.4.2 已评为三级品者，则降为级外品；若外观检验评为级外品，则一律作级外品。

5.4.4 其他

凡发现产品不符合规格要求、原料混批，应作级外品处理，并在检验单上注明。

6 组批

6.1 筒装桑蚕捻线丝根据原料生丝同一品种、同一规格组批。每批为 20 箱，约 600 kg；也可以 10 箱组批，约 300 kg。

6.2 10 箱～19 箱的按 20 箱规定组批，不足 10 箱的按 10 箱规定组批。

7 检验方法

7.1 抽样

7.1.1 抽样方法

在外观检验的同时，抽取具有代表性的重量和品质检验用样丝。抽样时应遍及箱与箱内的不同部位，每箱抽 1 筒。

7.1.2 抽样数量

7.1.2.1 重量检验样丝数量

重量检验样丝数量：每批抽 4 份，每份 2 筒，共 8 筒；其中上、下层各抽 2 筒，中层抽 4 筒。每筒从表层剥取约 100 g 质量（重量）检验用丝；然后将筒子作出标记放回原箱。

7.1.2.2 品质检验样丝数量

品质检验样丝数量:每批抽 20 筒。其中上层 8 筒、中层 6 筒、底层 6 筒。待品质检验结束后,将样丝放回原箱。

7.1.2.3 若 10 箱组批时,则抽样数量及有关检验项目按比例计算。

7.2 重量检验

7.2.1 仪器设备

仪器设备如下:

a) 电子秤:分度值≤0.05 kg;

b) 电子天平:分度值≤0.01 g;

c) 带有天平的烘箱,天平:分度值≤0.01 g。

7.2.2 检验规程

7.2.2.1 净重

全批受验丝抽样后,逐箱在电子秤上称量核对,得出"毛重"。"毛重"复核时允许差异为 0.10 kg,以第一次"毛重"为准。用电子秤称五只纸箱(包括箱中的定位纸板、防潮纸等)的重量,加上筒管平均重量(使用前称计)以及包丝纸(纱套)的重量,以此推算出全丝受验丝的包装用品重量。将全批丝"毛重"减去全批丝的"皮重",即为全批丝的"净重"。

7.2.2.2 湿重

将按 7.1.2.1 规定抽得的试样,以份为单位依次编号,立即在天平上称量核对,得出各份的湿重。

湿重复核时允许差异为 0.20 g,以第一次湿重为准。

试样间的重量允许差异规定:20 g 以内。

7.2.2.3 干重

将称过"湿重"的样丝,以份为单位,松散地放置在烘篮内,以(140±2)℃的温度烘至恒重,得出"干重"。相邻两次称重恒重的判定按 GB/T 9995 的规定掌握,即当连续两次称见质量的差异小于后一次称见质量的 0.1%时,后一次的称见质量,即为干重。

7.2.2.4 回潮率

回潮率按式(1)计算,计算结果取小数点后两位。

$$W = \frac{m - m_0}{m_0} \times 100 \qquad\qquad \cdots\cdots\cdots\cdots\cdots\cdots(1)$$

式中:

W——实测回潮率,%;

m——试样的湿重,单位为克(g);

m_0——试样的干重,单位为克(g)。

将同批各份试样的总湿重和总干重代入式(1),计算结果作为该批丝的实测平均回潮率。

同批各份试样之间的回潮率极差超过 2.8%或该批丝的实测平均回潮率超过 14.0%或低于 8.0%时,应退回委托方重新整理平衡。

7.2.2.5 公量

公量按式(2)计算,计算结果取小数点后两位。

$$m_K = m_J \times \frac{100 + W_K}{100 + W} \qquad\qquad \cdots\cdots\cdots\cdots\cdots\cdots(2)$$

式中:

m_K——公量,单位为千克(kg);

m_J——净重,单位为千克(kg);

W_K——公定回潮率,%;

W——实测平均回潮率,%。

7.3 品质检验

7.3.1 检验条件

捻度、断裂强度、断裂伸长率、纤度的测定应按 GB/T 6529 规定的标准大气和容差范围,在温度 (20.0±2.0)℃、相对湿度(65.0±4.0)％下进行,试样应在上述条件下平衡 12 h 以上方可进行检验。

7.3.2 外观检验

7.3.2.1 设备

7.3.2.1.1 内装日光荧光灯的平面组合灯罩或集光灯罩。要求光线以一定的距离柔和均匀地照射于丝筒上,其照度为 450 lx～500 lx。

7.3.2.1.2 检验台。

7.3.2.2 检验规程

将全批受验丝随机抽取 300 只丝筒,逐筒拆除包丝纸或纱套,放在检验台上,用手将筒子倾斜 30°～40°,转动一周,检查筒子的端面和侧面;以感官检验全批丝的外观质量。发现表 2 各项外观疵点的丝筒,应剔除;若达到表 2 规定的批注数量,则给予批注。

色不齐和色圈,如两项均为批注起点,可批注一项。

7.3.2.3 外观评等

外观评等分为良、普通、稍劣、级外品:

——良:丝筒成形良好,光泽软硬略有差异,有 1 项轻微疵点者;

——普通:丝筒成形一般,光泽软硬有差异,有 1 项以上轻微疵点者;

——稍劣:主要疵点 1 项～2 项或一般疵点 1 项～3 项或主要疵点 1 项相一般疵点 1 项～2 项者;

——级外品:超过稍劣范围者。

7.3.3 捻度检验

7.3.3.1 设备

设备如下:

a) 捻度试验仪;

b) 挑针。

7.3.3.2 检验规程

按 GB/T 2543.1 规定测试捻度,当捻线丝的名义捻度<1 250 捻/m 时,隔距长度为(500±0.5)mm;当捻线丝的名义捻度≥1 250 捻/m 时,隔距长度为(250±0.5)mm,预加张力(0.05±0.01)cN/dtex。每只丝筒试验两次,共测 40 次。

7.3.3.3 检验结果计算

按 GB/T 14033—2008 中 7.3.3.3 中规定进行。

7.3.4 断裂强度及伸长率检验

7.3.4.1 设备

设备如下:

a) 等速伸长试验仪(CRE):量程 0～500 N(0～50 kgf),读数精度为 0.1 N(0.01 kgf),隔距长度为 100 mm,动夹持器移动的恒定速度为 150 mm/min;

b) 天平:分度值≤0.01 g;

c) 纤度机:机框周长为 1.125 m,速度 300 r/min 左右,并附有回转计数器,自动停止装置。

7.3.4.2 检验规程

检验规程如下:

a) 取丝筒 10 个,其中面层 4 筒、中层(约在 250 g 处)3 筒、内层(约在 120 g 处)3 筒。按表 3 规定卷取的回数每筒制取一绞试样,共卷取 10 绞。

表 3 断裂强度和断裂伸长率检验样丝规定

名义纤度/ den(dtex)	每绞样丝回数/ 回
33(36.7)及以下	300
34～50(37.8～55.6)	200
51～100(56.7～111.1)	100
101～200(112.2～222.2)	50

  b) 用天平称量出平衡后的试样总重量并记录,逐绞进行拉伸试验。将试样丝均分、平直、理顺,放入上、下夹持器,夹持松紧适当,防止试样拉伸时在钳口滑移和切断。记录最大强力及最大强力时的伸长率作为试样的断裂强力及断裂伸长率。

7.3.4.3 检验结果计算

按 GB/T 14033—2008 中 7.3.4.3 规定进行。

7.3.5 纤度变异系数检验

7.3.5.1 设备

设备如下:

  a) 纤度机:机框周长 1.125 m,速度 270 r/min～300 r/min,附有回转计数及自停装置;

  b) 生丝纤度仪:分度值≤0.5 den(0.56 dtex);

  c) 天平:分度值≤0.01 g。

7.3.5.2 纤度丝数量、回数、读数精度及纤度总和与纤度总量间的允许差异

纤度丝数量、回数、读数精度及纤度总和与纤度总量间的允许差异规定见表 4。

表 4 纤度丝数量、回数、读数精度及纤度总和与纤度总量的允差规定

捻线丝名义纤度/ den(dtex)	每批纤度丝数量/ 绞	每绞纤度丝回数/ 回	每组纤度总和与纤度 总量间允许差异/ den(dtex)	读数精度/ den(dtex)
33(36.7)及以下	100	400	3.5(3.89)	0.5(0.56)
34～100(37.8～111.1)	100	100	7.0(7.78)	1(1.11)
101～200(112.2～222.2)	100	100	14.0(15.56)	2(2.22)
200(222.2)以上	100	50	28.0(31.11)	2(2.22)

7.3.5.3 检验规程

将丝筒用纤度机按表 4 规定卷取纤度丝。将卷取的纤度丝以 50 绞为一组,逐绞在生丝纤度仪上称量,求得"纤度总和",然后分组在天平上称得"纤度总量",两者间允许差异见表 4。超过规定时,应逐绞复称至允许差额以内为止。

7.3.5.4 检验结果计算

按 GB/T 14033—2008 中 7.3.5.4 规定进行。

7.4 计算数据

各检验结果计算数据在所规定的精确程度以外的数字取舍时,按 GB/T 8170 规定修约。

8 检验规则

8.1 交收检验

以批为单位,按照本标准规定进行重量和品质检验,并评定筒装桑蚕捻线丝的等级。

8.2 复验

按 GB/T 14003—2008 中 8.2 规定执行。

9 包装和标志

9.1 包装

9.1.1 筒装桑蚕捻线丝的整理和重量规定见表5。

表 5 筒装捻线丝的整理和重量规定

筒装形式		菠萝形	圆柱形
筒子平均直径,mm		Φ120±10	
丝层长度	起始导程/mm	200±10	200±10
	终了导程/mm	150±10	
内包装		筒子打双套结。根据贸易需要,外包包丝纸或纱套或封塑,筒子大小头颠倒或小头向上排列,穿入纸箱孔内,箱内四周六面衬防潮纸	
每筒重量/g		460~540	
每箱净重/kg		30±2	
每箱筒数/只		约60	
每批箱数/箱		20	
每批筒数/筒		约1 200	

9.1.2 筒装捻线丝的纸箱质量和装箱规定见表6。

表 6 筒装捻线丝的纸箱质量和装箱规定

筒装形式		菠萝形	圆柱形
装箱排列		每箱三层、每层四盒、每盒五筒	
纸箱质量		用双瓦楞纸制成。坚韧、牢固、整洁	
纸箱规格(内壁尺寸)	长/mm	730	
	宽/mm	630	
	高/mm	735	
纸箱印刷		每个纸箱外按统一规定印字,字迹应清晰,并涂防潮剂	
封箱包扎		箱底箱面用胶带封口,外用塑料带捆扎成"廿"字形	

9.1.3 每批 20 箱,净重或公量为 570 kg~630 kg,箱与箱之间重量差异不超过 6 kg。

9.1.4 包装应牢固,便于仓储及运输。包装用的纸箱、纸、绳等应清洁、坚韧、整齐一致。

9.2 标志

9.2.1 标志应明确、清楚、便于识别。

9.2.2 每箱捻线丝内应附商标,每箱捻线丝外包装上应标明商品名称、规格、包件号、企业代号等。

9.2.3 每批捻线丝应附有品质和重量检测报告。

10 其他

对筒装捻线丝的规格、品质、包装、标志有特殊要求者,供需双方可另行协议。

ICS 59.080;59.080.30
W 43

中华人民共和国国家标准

GB/T 22858—2009

丝 绸 书

Silk books

2009-04-21 发布

2009-12-01 实施

中华人民共和国国家质量监督检验检疫总局
中国国家标准化管理委员会 发布

前　言

本标准的附录 A 为资料性附录。

本标准由中国纺织工业协会提出。

本标准由全国丝绸标准化技术委员会归口。

本标准起草单位:万事利集团有限公司、浙江丝绸科技有限公司、杭州凯达丝绸印染有限公司。

本标准主要起草人:张祖琴、周颖、陈柳玉、马廷方、沈雪美。

引　言

　　目前以真丝织物为材质的图书大量出现在礼品市场,作为馈赠和收藏之用。由于真丝印染织物与普通材质印刷品相比,具有一定的特殊性,在生产和使用中有其特殊要求,特制定本标准以补充其他材质装订印刷品标准中与丝绸书产品不相适应的规定。

丝 绸 书

1 范围

本标准规定了丝绸书的术语和定义、要求、试验方法、检验规则、包装、标志、运输和贮存。

本标准适用于评定以桑蚕丝织物为主要材质装潢而成的图书的品质。

2 规范性引用文件

下列文件中的条款通过本标准的引用而成为本标准的条款。凡是注日期的引用文件，其随后所有的修改单（不包括勘误的内容）或修订版均不适用于本标准，然而，鼓励根据本标准达成协议的各方研究是否可使用这些文件的最新版本。凡是不注日期的引用文件，其最新版本适用于本标准。

GB/T 191　包装储运图示标志

GB/T 788　图书和杂志开本及其幅面尺寸

GB 5296.4　消费品使用说明　纺织品和服装使用说明

GB/T 12451　图书在版编目数据

GB/T 15552—2007　丝织物试验方法和检验规则

CY/T 12　书刊印刷品检验抽样规则

CY/T 27　装订质量要求及检验方法——精装

3 术语和定义

下列术语和定义适用于本标准。

3.1

丝绸书　silk book

采用织造、印染等加工工艺，将文字、图片清晰地显示在桑蚕丝织物上，并以此为材质装潢而成的图书类产品。

3.2

飘口　overhang cover edges

精装书刊经套合加工后，书封壳超出书芯切口的部分。

3.3

歪斜误差　skewed error

书籍裁切时由于四角未能保持垂直而引起的页面对角线长度偏差。

4 要求

4.1 原材料

4.1.1　丝绸书须按要求选用适合的桑蚕丝织物作为原材料，用于制作书芯和封面。

4.1.2　书籍用材料内在质量分等规定见表1。

表 1

项　目		指　标	
		优等品	合格品
质量偏差率/%		±3.0	±6.0
密度偏差率/%		±3.0	±6.0
撕破强力/N　　　　　　≥		7	
色牢度/级　≥	耐干摩擦	3	
	耐　光	3	

4.1.3　书籍用材料整洁无明显污渍，无破损性疵点。其他疵点规定见表2。

表 2　　　　　　　　　　　　　　　　　　　　　　　　单位为毫米

项　目		指　标	
		优等品	合格品
织造疵点	主要部位	≤2	≤5
	次要部位	≤5	≤10
印花疵点	主要部位	≤0.5	≤1
	次要部位	≤2	≤5
渍	主要部位	≤0.5	≤1
	次要部位	≤2	≤5
疵点比例/%		≤0.5	≤0.8
注 1：主要部位指书籍正文内容所在版面和位置。			
注 2：疵点比例指单位成品中织物疵点数占书籍总字数的百分比，含图部分按图片所占页面折算字数。			

4.2　成品外观

4.2.1　书籍的文字、图片等内容应尊重样稿。

4.2.2　文字的提花、印花线条清晰完整，无缺笔断划，无误解文意的疵点。

4.2.3　书籍版面均匀、整洁，与样稿无明显差别。

4.2.4　书页平服整齐，无明显皱折、折角、残页、缺页。

4.2.5　页码和版面顺序正确，裁切边无毛边、卷边、破边现象。

4.3　成品规格误差

4.3.1　书芯裁切尺寸应符合GB/T 788的要求，非标准尺寸按合同或设计要求。考虑到书芯织物特殊性，裁切成品误差应符合表3规定。

表 3　　　　　　　　　　　　　　　　　　　　　　　　单位为毫米

成品幅面	误差范围
148×210 及以下	±2.0
148×210 以上	±5.0

4.3.2　成品文字、图案位置偏差应符合表4规定。

表 4　　　　　　　　　　　　　　　　　　　　　　　　单位为毫米

成品幅面	误差范围
148×210 及以下	±1.0
148×210 以上	±2.0

4.3.3　书背文字或标记应处在中心线位置,其位置误差范围应符合表 5 规定。

表 5

单位为毫米

书背厚度	误差范围
10 及以下	≤1.0
11～20	≤1.5
21～30	≤2.0
30 以上	≤2.5

4.3.4　书芯与书壳套合后三面飘口一致,书的四角垂直,歪斜误差不大于 2 mm。

4.3.5　飘口尺寸及误差应符合表 6 规定。

表 6

单位为毫米

成品幅面	尺寸及误差范围
148×210 及以下	3±0.5
210×297	3.5±0.5
210×297 以上	4±0.5
注:非标准尺寸参照最接近的尺寸执行。	

4.4　装订

4.4.1　锁线订

4.4.1.1　锁线订针位应均匀分布在书帖的同一折缝线上,针位和针数应符合表 7 规定。

表 7

单位为毫米

成品幅面	上下针位与上下切口的距离	针数	针组
105×144 及以下	10～15	5～6	2～3
148×210	15～20	6～10	3～5
210×297 及以上	20～25	10～16	6～8

4.4.1.2　用线规格应为 42 公支或 60 公支纱、4 股或 6 股蜡光塔线,或相同规格的塔形化纤线。

4.4.1.3　锁线后书芯各帖应排列正确、整齐,书芯厚度应基本一致。

4.4.1.4　锁线松紧适当,无卷帖、歪帖、漏锁、扎破衬、折角、断线和线圈。

4.4.2　胶粘订

4.4.2.1　胶粘装订用粘合剂应粘度适当。

4.4.2.2　胶粘装订以使粘合剂能渗透到书帖最里页张上并粘牢为准,不得有脱胶和外渗现象。

4.4.2.3　订后书芯每本厚度应基本一致,书背平直。

4.4.3　书芯、书壳及套合要求

书芯、书壳及套合要求应符合 CY/T 27 规定。

4.5　著录数据和使用说明

4.5.1　丝绸书成品应简明、准确、清晰地体现图书著录数据和使用说明两部分内容。

4.5.2　著录数据部分应包括:书名和作者,版本和版次,出版地、出版者和出版时间,标准书号项,附加说明。

4.5.3　使用说明部分应包括:版本设计者、制造者的名称和地址,原材料成分和含量,成品规格尺寸,使用和贮存注意事项,产品标准编号,产品质量等级,质量检验合格证书。

4.5.4　著录数据选取规则和格式按 GB/T 12451 相应条款执行。使用说明应印染或织造在产品上,格式和基本要求按 GB 5296.4 相应条款执行。

5 试验方法

5.1 外观质量的试验方法

5.1.1 外观质量中的成品外观采用目测法,按本标准中 4.2 的要求目测相应部位的外观质量。

5.1.2 外观质量中的成品规格误差、装订等采用测量法,按 4.3 和 4.4 的要求,采用直尺测量成品规格误差、针距、针数等(测量结果精确至 1 mm)。

5.2 内在质量的试验方法

5.2.1 质量偏差率的试验方法按 GB/T 15552—2007 中 3.3 执行。

5.2.2 密度偏差率的试验方法按 GB/T 15552—2007 中 3.4 执行。

5.2.3 撕破强力的试验方法按 GB/T 15552—2007 中 3.6 执行。

5.2.4 色牢度的试验方法按 GB/T 15552—2007 中 3.13 执行。

6 检验规则

6.1 生产条件基本相同的,同一品种、同时交货的一组单位产品为一批。

6.2 丝绸书成品按其用途确定抽样数量。收藏馈赠用应逐本检验,普通用途可按 CY/T 12 执行。

6.3 质量等级划分

6.3.1 单件产品全部指标均达到优等品要求,该产品判为优等品;有一项及以上技术指标达不到合格品要求,该产品判为不合格品;其他为合格品。

6.3.2 批量判定:整批产品中优等品数≥95%,且不含不合格品,该批判为优等品批;合格以上产品数≥95%,该批判为合格品批;其他为不合格批。

7 标志和包装

7.1 一般用专用包装盒单本包装,包装盒材质可为木材、纸板或织物。应符合防水、防污、防霉要求。

7.2 每个独立包装内可按需要放置收藏证书,并配备专用手套、专用书签等配件。

7.3 外包装一般使用纸箱,要求坚韧、牢固、整洁。纸箱内应加塑料内衬或拖蜡防潮纸,用胶带封口。包装件上按 GB/T 191 打印包装储运图示标志。

7.4 每箱应附装箱单,标注品名、产品规格、数量、包装方式、生产单位名称和地址等内容。

8 运输和贮存

8.1 运输中不允许将包件由高处扔下。不许砸、踏。注意防雨、防潮、防晒、防腐,不能重压。

8.2 贮存坏境应温湿度适宜。注意防潮、防晒、防燥热、防油、防蛀、防腐,不能重压。

8.3 运输和贮存应遵守包装件上的包装储运图示标志规定。

9 其他

对丝绸书的品质、试验方法、检验规则及包装另有特殊要求者,可按合同或设计要求执行。

附 录 A

（资料性附录）

书芯用材料疵点归类表

表 A.1

序号	疵点类别	说 明
1	织造疵点	经柳、筘路、多少捻、缺经、断通丝、错经、碎糙、夹糙、夹断头、断小柱、叉绞、分经路、小轴松、水渍急经、宽急经、错通丝、综穿错、单片头、双经、粗细经、夹起、懒针、煞星、渍经、灰伤、皱印、破纸板、综框梁子多少起、抛纸板、错纹板、错花、跳梭、柱渍、轧梭痕、筘锈渍、带纬、断纬、叠纬、坍纬、糙纬、皱印、杂物织入、渍纬、松紧档、撬档、撬小档、顺纤档、多少捻档、粗细纬档、缩纬档、急纬档、断花档、通绞档、毛纬档、拆毛档、停车档、渍纬档、错纬档、糙纬档、色纬档、拆烊档等
2	印花疵点	搭脱、渗进、漏浆、塞煞、色点、眼圈、套歪、露白、砂眼、双茎、拖版、搭色、反丝、叠版印、框子印、刮刀印、色皱印、回浆印、刷浆印、化开、糊开、花痕、野花、粗细茎、跳版深浅、接版深浅、雕色不清、涂料脱落、涂料颜色不清等
3	渍	色渍、锈渍、油污渍、洗渍、皂渍、霉渍、蜡渍、白雾、字渍、水渍等
注：表中没有归类的疵点，按类似疵点评分。		

ICS 59.080.20
W 42

中华人民共和国国家标准

GB/T 22859—2009

染色桑蚕捻线丝

Dyed mulberry thrown silk

2009-04-21 发布

2009-12-01 实施

中华人民共和国国家质量监督检验检疫总局
中国国家标准化管理委员会 发布

前　言

本标准由中国纺织工业协会提出。

本标准由全国丝绸标准化技术委员会归口。

本标准起草单位:杭州喜得宝集团有限公司、浙江丝绸科技有限公司、达利丝绸(浙江)有限公司、浙江巴贝领带有限公司、杭州达利富丝绸染整有限公司、广东出入境检验检疫局

本标准主要起草人:赵之毅、樊启平、周颖、林平、屠永坚、阮根尧、李淳、蔡桂花。

染色桑蚕捻线丝

1 范围

本标准规定了染色桑蚕捻线丝的要求、试验方法、检验规则、包装和标志。

本标准适用于经染色加工后的 2 000 捻/m 及以下,所用原料是 9 根及以下生丝,其单根生丝的名义纤度在 49 den(54.4 dtex)及以下绞装、筒装桑蚕捻线丝的品质评定。

2 规范性引用文件

下列文件中的条款通过本标准的引用而成为本标准的条款。凡是注日期的引用文件,其随后所有的修改单(不包括勘误的内容)或修改版均不适用于本标准,然而,鼓励根据本标准达成协议的各方研究是否可使用这些文件的最新版本。凡是不注日期的引用文件,其最新版本适用于本标准。

GB/T 250 纺织品 色牢度试验 评定变色用灰色样卡(GB/T 250—2008,ISO 105-A02:1993,IDT)

GB/T 2543.1 纺织品 纱线捻度的测定 第 1 部分:直接计数法

GB/T 3916 纺织品 卷装纱 单根纱线断裂强力和断裂伸长率的测定

GB/T 3920 纺织品 色牢度试验 耐摩擦色牢度(GB/T 3920—1997,eqv ISO 105-X12:2001,MOD)

GB/T 3921—2008 纺织品 色牢度试验 耐皂洗色牢度(ISO 105-C01:2006,MOD)

GB/T 3922 纺织品 耐汗渍色牢度试验方法

GB/T 4841.1 染料染色标准深度色卡 1/1

GB/T 5711 纺织品 色牢度试验 耐干洗色牢度(GB/T 5711—1997,eqv ISO 105-D01:1993)

GB/T 5713 纺织品 色牢度试验 耐水色牢度(GB/T 5713—1997,eqv ISO 105-E01:1994)

GB/T 6529 纺织品 调湿和试验用标准大气

GB/T 8170 数值修约规则与极限数值的表示和判定

GB/T 8427—1998 纺织品 色牢度试验 耐人造光色牢度:氙弧(eqv ISO 105-B02:1994)

GB/T 8693 纺织品 纱线的标示

GB/T 9995 纺织材料含水率和回潮率的测定 烘箱干燥法

GB 18401 国家纺织产品基本安全技术规范

3 术语和定义

下列术语和定义适用于本标准。

3.1

染色桑蚕捻线丝 dyed mulberry thrown silk

经染色加工后的绞装和筒装桑蚕捻线丝。

4 染色桑蚕捻线丝纤度和细度的标示

染色桑蚕捻线丝纤度以原料生丝的名义纤度乘以根数,作为染色桑蚕捻线丝的名义纤度。名义纤度以旦尼尔表示,符号为 den,染色桑蚕捻线丝标示、符号按 GB/T 8693 规定,捻向按 GB/T 8693 规定。

示例 1:20/22 den(23 dtex) f3 S 230,表示三根 20/22 den(23 dtex)无捻生丝 S 向 230 捻/m。

示例 2:20/22 den(23 dtex) f1 Z 725×2 S 625,表示单根 20/22 den(23 dtex)Z 向 725 捻/m 生丝,2 股 S 向

625 捻/m。

示例 3:20/22 den(23 dtex)f3 Z 600×3 S 500,表示三根 20/22 den(23 dtex)Z 向 600 捻/m 生丝,3 股 S 向 500 捻/m。

5 要求

5.1 分等规定

5.1.1 染色桑蚕捻线丝的品质评等以批为单位。按内在质量和外观质量的检验结果综合评定,并以其中最低一项评定等级。分为优等品、一等品、二等品,低于二等品的为等外品。

5.1.2 染色桑蚕捻线丝的要求包括色牢度、捻度变异系数、捻度偏差率、纤度变异系数、断裂强度、断裂伸长率等内在质量和色差、疵绞(疵筒)等外观质量。

5.1.3 色牢度、捻度变异系数、捻度偏差率、纤度变异系数、断裂强度、断裂伸长率等内在质量和色差和疵绞(疵筒)外观质量均按批评等。

5.2 回潮率

染色桑蚕捻线丝的公定回潮率为 11.0%,实测回潮率不得低于 8.0%,不得超过 14.0%,实测回潮率超过 14.0%或低 8.0%时,应退回委托方重新整理平衡。

5.3 基本安全性能

染色桑蚕捻线丝的基本安全性能应符合 GB 18401 的规定。

5.4 内在质量要求

染色桑蚕捻线丝的内在质量规定见表 1。

表 1 染色桑蚕捻线丝的内在质量规定

检 验 项 目			等 级		
			优等品	一等品	二等品
色牢度/级 ≥	耐水 耐皂洗 耐汗渍	变色	4	3-4	3
		沾色	4	3-4	3
	耐干摩擦		4	3-4	3
	耐湿摩擦		3-4	3,2-3(深色[a])	
	耐干洗		4	3-4	3
	耐光		4	3	
捻度变异系数[b](绞装)/% ≤	100 捻/m~200 捻/m		7.50	10.00	14.00
	201 捻/m~500 捻/m		5.50	8.00	12.00
	501 捻/m~800 捻/m		4.50	6.50	10.00
	801 捻/m~1 250 捻/m		4.00	6.00	9.00
	1 251 捻/m~2 000 捻/m		3.50	5.00	8.00
捻度变异系数[b](筒装)/% ≤	100 捻/m~200 捻/m		8.50	11.00	15.00
	201 捻/m~500 捻/m		6.00	8.50	12.50
	501 捻/m~800 捻/m		5.50	8.00	12.00
	801 捻/m~1 250 捻/m		5.00	7.50	11.50
	1 251 捻/m~2 000 捻/m		4.50	7.00	10.50

表 1（续）

检 验 项 目		等 级		
		优等品	一等品	二等品
捻度偏差率[b]/% ≤	100 捻/m～200 捻/m 及以下	5.00	8.00	12.00
	201 捻/m～500 捻/m	4.00	6.50	10.50
	501 捻/m～800 捻/m	3.50	5.00	8.50
	801 捻/m～1 250 捻/m	3.00	4.50	8.00
	1 251 捻/m～2 000 捻/m	2.50	4.00	7.00
纤度变异系数[c]/% ≤	2 根及以下	7.00	8.00	12.00
	3 根	6.00	7.00	11.00
	4 根	5.50	6.50	9.50
	5 根～9 根	5.00	6.00	9.00
断裂强度[d]/[gf/den(cN/dtex)] ≥		3.20(2.82)	3.10(2.74)	
断裂伸长率[e]/% ≥		16.00	15.00	

a 大于或等于 GB/T 4841.1 中 1/1 标准深度为深色。
b 名义捻度 100 捻/m 以下染色桑蚕捻线丝的捻度变异系数、捻度偏差率不考核。
c 名义捻度在 800 捻/m 以上染色桑蚕捻线丝的纤度变异系数不考核。
d 名义纤度为 200 den(222.2 dtex)以上染色桑蚕捻线丝断裂强度及伸长率不考核。

5.5 外观质量要求

5.5.1 绞装染色桑蚕捻线丝的外观疵点评定见表 2,对达到表 2 程度的丝绞则被判为疵绞。

表 2 绞装染色桑蚕捻线丝外观疵点的评定规定

序号	疵点名称	外观疵点说明
1	白雾	丝绞的表面产生明显的白色的雾状
2	污渍	丝绞上有明显污渍
3	断丝	丝绞内两根以上断丝
4	起毛	丝绞表面明显起毛
5	凌乱丝	丝片花绞不清,络交系乱,不易络筒
6	色花	被检丝绞中最严重一绞呈现不规则的色泽差异达 3 级以下
7	多股(根)与少股(根)	股丝线中比规定出现多股(根)与少股(根),长度在 1.5 m 及以上者

注:当一绞中有几种疵点存在时,以最严重程度的疵点评定。

5.5.2 筒装染色桑蚕捻线丝的外观疵点评定见表 3,对达到表 3 程度的丝筒则被判为疵筒。

表 3 筒装染色桑蚕捻线丝外观疵点的评定规定

序号	疵点名称	外观疵点说明
1	白雾	丝筒的表面产生白色的雾状
2	污渍	丝筒上有明显污渍
3	断丝	丝筒内存在两根以上断丝
4	起毛	丝筒上明显起毛

表 3（续）

序号	疵点名称	外观疵点说明
5	成形不良	丝筒端面有菊花状、明显压印、平头筒子、侧面重叠、跳丝、端面卷边、筒管破损、垮筒、松筒等情况之一者
6	色圈	同一丝筒端面颜色有明显差异达 3 级以下
7	轧白	丝筒之间摩擦产生擦伤、擦白印
8	色花	丝筒内呈现不规则的色泽差异达 3 级以下
9	色差	筒子内层与筒子外层色差 3 级以下
10	丝筒不匀	筒子重量相差在 15% 以上者，即：$\dfrac{大筒重量－小筒重量}{大筒重量}\times100\%>15\%$

注：当一筒中有几种疵点存在时，以最重程度的疵点评定。

5.5.3 外观质量评等规定见表 4。

表 4　绞(筒)装染色桑蚕捻线丝外观质量评等规定

项 目		优等品	一等品	二等品
色差/级	与标样对比	4-5	4	3-4
	批内	4-5	4	3-4
疵绞、疵筒率/%　　≤		3	4	5

6　检验规则

6.1　组批

同一品种、同一色号、同一合同或生产批号为同一检验批，每批约 150 kg，不足 150 kg 的仍按一批计算。

6.2　抽样

6.2.1　抽样数量

6.2.1.1　绞装、筒装染色桑蚕捻线丝的重量、内在质量检验试样抽样数量按表 5 规定。

表 5　重量和内在质量样丝抽样数量

包装形式	重量检验		内在质量试样数
	份	每份绞、筒数	
绞装/绞	2	2	10
筒装/筒 a	2	2	5

a　每筒从表层剥取约 100 g 质量(重量)检验用丝。

6.2.1.2　外观质量检验试样抽样数量

绞装、筒装染色桑蚕捻线丝外观质量的抽样数量按抽检丝批丝绞或丝筒总数量的 10% 抽取。

6.2.2　抽样方法

染色桑蚕捻线丝重量检验、内在质量和外观质量检验样丝抽样应遍及件(箱)内的不同部位。

6.2.3　绞装捻线丝的试样丝锭制备

抽取绞装捻线丝的内在质量检验试样，按表 6 规定卷绕丝锭。

表 6 内在质量样丝卷绕速度和卷绕时间规定

捻线丝名义纤度/ den(dtex)	丝锭卷绕速度/ (m/min)	丝锭卷绕时间/ min	丝锭个数	
			面层	底层
33(36.7)及以下	165	20	10	10
34～100(37.8～111.1)	165	10	10	10
100(111.1)以上	165	5	20	20

7 检验方法

7.1 重量检验

7.1.1 仪器设备

仪器设备如下：

a) 台秤：分度值≤0.05 kg；

b) 天平：分度值≤0.01 g；

c) 带有天平的烘箱。天平：分度值≤0.01 g。

7.1.2 检验规程

7.1.2.1 皮重

袋装丝取布袋 2 只，箱装丝取纸箱 2 只(包括箱中的定位纸板、防潮纸)用台秤称其重量，得出外包装重量；绞装丝任择 3 把，拆下纸、绳(筒装丝任择 10 只筒管及纱套)，用天平称其重量，得出内包装重量；根据内、外包装重量，折算出每箱(件)的皮重。

7.1.2.2 毛重

全批受验丝抽样后，逐箱(件)在台秤上称量核对，得出每箱(件)的毛重和全批丝的毛重。毛重复核时允许差异为 0.10 kg，以第一次毛重为准。

7.1.2.3 净重

每箱(件)的毛重减去每箱(件)的皮重即为每箱(件)的净重，以此得出全批丝的净重。

7.1.2.4 湿重(原重)

将按 6.2.1 规定抽得的试样，以份为单位依次编号，立即在天平上称量核对，得出各份的湿重。筒装丝初次称量后，将丝筒复摇成绞，称得空筒管重量，再由初称重量减去空筒管重量加上编丝线重量，即得湿重。

湿重复核时允许差异为 0.20 g，以第一次湿重为准。

试样间的重量允许差异规定：绞装丝在 30 g 以内，筒装丝在 50 g 以内。

7.1.2.5 干重

将称过湿重的试样，以份为单位，松散地放置在烘篮内，以(140±2)℃的温度烘至恒重，得出干重。

相邻两次称量的间隔时间和恒重判定按 GB/T 9995 规定执行。

7.1.2.6 实测回潮率

按式(1)计算，计算结果取小数点后两位。

$$W = \frac{m - m_0}{m_0} \times 100 \quad\cdots\cdots\cdots\cdots\cdots\cdots\cdots(1)$$

式中：

W——实测回潮率，%；

m——试样的湿重，单位为克(g)；

m_0——试样的干重，单位为克(g)。

将同批各份试样的总湿重和总干重代入式(1)，计算结果作为该批丝的实测平均回潮率。

当该批丝的实测平均回潮率超过 14.0%或低于 8.0%时,应退回委托方重新整理平衡。

7.1.2.7 公量

按式(2)计算,计算结果取小数点后两位。

$$m_K = m_J \times \frac{100 + W_K}{100 + W} \quad\cdots\cdots\cdots\cdots\cdots\cdots(2)$$

式中:

m_K——公量,单位为千克(kg);

m_J——净重,单位为千克(kg);

W_K——公定回潮率,%;

W——实测平均回潮率,%。

7.2 内在质量检验

7.2.1 检验条件

捻度、断裂强度、断裂伸长率、纤度的测定应按 GB/T 6529 规定的标准大气和容差范围,在温度(20.0±2.0)℃,相对湿度(65.0±4.0)%下进行,试样应在上述条件下平衡 12 h 以上方可进行检验。

7.2.2 色牢度试验方法

7.2.2.1 试样的制备:

采用内在质量检验的样丝,制取能满足色牢度测试要求的针织或机织布片一块。

7.2.2.2 色牢度试验方法:

a) 耐水色牢度按 GB/T 5713 进行;

b) 耐皂洗色牢度按 GB/T 3921—2008 中采用试验条件 B(2);

c) 耐汗渍色牢度按 GB/T 3922 进行;

d) 耐摩擦色牢度按 GB/T 3920 进行;

e) 耐光色牢度按 GB/T 8427—1998 中的方法 3 进行;

f) 耐干洗色牢度按 GB/T 5711 执行。

7.2.3 捻度偏差率

7.2.3.1 设备:

a) 捻度试验仪;

b) 挑针。

7.2.3.2 检验规程:

a) 绞装丝:取内在质量试样 10 绞,每绞卷取 2 只丝锭,每只丝锭测 1 次,共测 20 次。

b) 筒装丝:取内在质量试样 5 筒,每个丝筒测 4 次,共测 20 次。

c) 按 GB/T 2543.1 规定测试捻度,当染色捻线丝的名义捻度<1 250 捻/m 时,隔距长度为(500±0.5)mm;当染色捻线丝的名义捻度≥1 250 捻/m 时,隔距长度为(250±0.5)mm。预加张力(0.05±0.01)cN/dtex。

7.2.3.3 检验结果计算

7.2.3.3.1 平均捻度按式(3)计算,计算结果精确到小数一位。

$$\overline{X} = \frac{\sum_{i=1} X_i \times 1\,000}{N \times L} \quad\cdots\cdots\cdots\cdots\cdots\cdots(3)$$

式中:

$\overline{X}$——平均捻度,单位为捻每米(捻/m);

X_i——每个试样捻数测试结果,单位为捻;

N——试验次数;

L——试样长度,单位为毫米(mm)。

7.2.3.3.2 捻度偏差率按式(4)计算,计算结果精确到小数两位。

$$S = \frac{|X - \overline{X}|}{X} \times 100 \qquad \cdots\cdots\cdots\cdots\cdots\cdots\cdots\cdots\cdots\cdots(4)$$

式中:

S——捻度偏差率,%;

$\overline{X}$——平均捻度,单位为捻每米(捻/m);

X——名义捻度,单位为捻每米(捻/m)。

7.2.4 纤度变异系数

7.2.4.1 设备:

a) 纤度机:机框周长 1.125 m,速度 270 r/min～300 r/min,附有回转计数及自停装置;

b) 生丝纤度仪:分度值 0.10 den;

c) 天平:量程≥1 000 g,最小分度值≤0.01 g。

7.2.4.2 纤度丝数量、回数、读数精度及纤度总和与纤度总量间的允许差异规定见表7。

表 7 纤度丝数量、回数、读数精度及纤度总和与纤度总量的允差规定

捻线丝名义纤度/den(dtex)	每批纤度丝数量/绞	每绞纤度丝回数/回	每组纤度总和与纤度总量间允许差异/den(dtex)	读数精度/den(dtex)
33(36.7)及以下	100	400	3.5(3.89)	0.5(0.56)
34～100(37.8～111.1)	100	400	7.0(7.78)	1(1.11)
101～200(112.2～222.2)	100	400	14.0(15.56)	2(2.22)
200(222.2)以上	100	400	28.0(31.11)	2(2.22)

7.2.4.3 检验规程:

a) 绞装丝:20 只丝锭,用纤度机卷取纤度丝,每只丝锭卷取 5 绞,共计 100 绞;

b) 筒装丝:5 只丝筒,每筒卷取 20 绞,共计 100 绞;

c) 将卷取的纤度丝以 50 绞为一组,逐绞在纤度仪上称计,求得"纤度总和",然后分组在天平上称得"纤度总量",把每组"纤度总和"与"纤度总量"进行核对,其允许差异规定见表7,超过规定时,应逐绞复称至每组允差以内为止。

7.2.4.4 检验结果计算

7.2.4.4.1 平均纤度按式(5)计算,计算结果精确到小数两位。

$$\overline{D} = \frac{\sum_{i=1}^{n} f_i D_i}{N} \qquad \cdots\cdots\cdots\cdots\cdots\cdots\cdots\cdots(5)$$

式中:

$\overline{D}$——平均纤度,单位为旦(分特)[den(dtex)];

D_i——各组纤度丝的纤度,单位为旦(分特)[den(dtex)];

f_i——各组纤度丝的绞数,单位为绞;

n——纤度的组数;

N——纤度丝总绞数,单位为绞。

7.2.4.4.2 纤度变异系数按式(6)计算,计算结果精确到小数两位。

$$CV_D = \frac{\sqrt{\sum_{i=1}^{n} f_i (D_i - \overline{D})^2 / N}}{\overline{D}} \times 100 \qquad \cdots\cdots\cdots\cdots\cdots(6)$$

式中：

CV_D——纤度变异系数，%；

$\overline{D}$——平均纤度，单位为旦(分特)[den(dtex)]；

D_i——各绞纤度丝的纤度，单位为旦(分特)[den(dtex)]；

f_i——各组纤度丝的绞数，单位为绞；

n——纤度的组数；

N——纤度丝总绞数，单位为绞。

7.2.5 染色桑蚕捻线丝的断裂强度和断裂伸长率

7.2.5.1 设备：

a) 等速伸长试验仪(CRE)：隔距长度为(500±2)mm，拉伸速度为 500 mm/min；预张力为(0.05±0.01)cN/dtex(1/18 gf/den)，强力读数精度≤0.01 kg(0.1 N)，伸长率读数精度≤0.1%。

b) 天平：分度值≤0.01 g。

7.2.5.2 检验规程：

a) 绞装丝：20 只丝锭，每只丝锭测一次，共测 20 次；

b) 筒装丝：5 只丝筒，每个丝筒测四次，共测 20 次；

c) 按 GB/T 3916 规定测试断裂强力与断裂伸长率。

7.2.5.3 试验结果计算：

a) 断裂强度按式(7)计算：

$$断裂强度[(gf/den(cN/dtex))] = \frac{平均断裂强力[gf(cN)]}{平均纤度[den(dtex)]} \quad\cdots\cdots\cdots\cdots(7)$$

计算结果精确至小数点后两位。

b) 平均断裂伸长率按式(8)计算：

$$平均断裂伸长率(\%) = \frac{各次断裂伸长总和(mm)}{试验次数 \times 名义隔距长度(500\ mm)} \times 100 \quad\cdots\cdots(8)$$

计算结果精确至小数点后两位。

7.3 外观质量检验方法

7.3.1 检验条件

设备如下：

a) 检验台：表面光滑无反光；

b) 检验光源：检验光源采用天然北光，或采用内装荧光管的平面组合灯罩或集光灯罩，光线以一定的距离柔和均匀地照射于丝把(丝筒)的端面上，端面的照度为 450 lx～500 lx；

c) 评定变色用灰色样卡(GB/T 250)；

d) D65 标准灯箱或按用户合同或协议要求的其他标准灯箱。

7.3.2 检验规程

7.3.2.1 与标样对比色差的检验方法

采用 D65 标准光源，在外观质量检验样丝中，取与标样丝相近质量且色泽深浅差异最大的两绞或两筒丝中的样丝，与标样同时放入 D65 标准灯箱中，入射光与试样表面约成 45°角，检验人员的视线垂直于试样和标样表面，距离约 60 cm 目测，与 GB/T 250 标准样卡对比评级。

7.3.2.2 批内色差的检验方法

将抽取的外观质量丝绞(丝筒)平摊放置在检验台上，以感观评定同批丝绞(丝筒)的色差。当批内色差有深浅时，对照 GB/T 250 标准样卡进行评定。

7.3.2.3 外观质量检验方法

7.3.2.3.1 绞装丝：将抽取的样丝平摊并整齐地排列在检验台上，逐绞检查样丝表面、中层、内层有无各种外观疵点,对照表 2 所列的疵点名称和疵点说明进行评定疵绞。

7.3.2.3.2 筒装丝:将抽取的样丝筒子放在检验台上,大头向上,用手将筒子倾斜 $30°\sim40°$ 转动一周,检查筒子的端面和侧面;逐筒检查试样的上、下端面和侧面,对照表 3 所列的疵点名称和疵点说明进行评定疵筒。

7.3.2.3.3 发现表 2、表 3 程度的疵绞、疵筒应记录并剔除。

7.3.2.3.4 疵绞、疵筒率的计算方法:

$$疵绞、疵筒率(\%)=\frac{疵绞、疵筒数}{丝绞、丝筒被检数}\times100$$

7.4 检验分类

检验分为型式检验和出厂检验(交收检验)。型式检验时机根据生产厂实际情况或合同协议规定,一般在转产、停产后复产、原料或工艺有重大改变时进行。出厂检验在产品生产完毕交货前进行。

检验项目均按照本标准规定进行。

7.5 检验项目

检验项目均按照本标准规定进行。

7.6 出厂检验和型式检验抽样数量

内在质量的抽样数量按本标准 6.2.1 进行,外观质量抽样数量不低于该批丝绞(筒)数的 5%。

7.7 检验结果判定

7.7.1 染色桑蚕捻线丝质量的判定按内在质量和外观质量的检验结果综合评定,并以最低一项判定该批产品的等级。

7.7.2 内在质量按表 1 检验项目中最低一项检验结果评定。

7.7.3 外观质量按色差和疵绞、疵筒数综合评定,疵绞、疵筒率在 5% 及以下者,判定该批产品外观质量合格;疵绞、疵筒率在 5% 以上者,判定该批产品外观质量不合格。

8 包装和标志

8.1 包装

8.1.1 每批染色桑蚕捻线丝净重或公量为 150 kg。件与件(箱与箱)之间重量差异不超过 2 kg。

8.1.2 染色桑蚕捻线丝的整理、重量和装箱规定按用户要求执行。

8.1.3 包装应牢固,保证染色桑蚕捻线丝品质不受损伤,并便于仓储及运输。包装用的布袋、纸箱、纸、绳等应清洁、坚韧、整齐。

8.2 标志

8.2.1 标志应明确、清楚、便于识别。

8.2.2 每件(箱)染色桑蚕捻线丝的外包装应有如下标志:品名、品号、批号、色号、箱(包)号、规格、品质等级、执行标准、制造商、生产日期。

8.2.3 每批染色桑蚕捻线丝应附有品质和重量检验证书。

9 数值修约

本标准的各种数值计算,均按 GB/T 8170 数值修约规则取舍。

10 其他

对染色桑蚕捻线丝的规格、品质、包装、标志包装有特殊要求者,供需双方可另行协议。

ICS 59.080.01
W 40

中华人民共和国国家标准

GB/T 22860—2009

丝绸（机织物）的分类、命名及编号

Classing, naming and coding of silk (woven fabric)

2009-04-21 发布　　　　　　　　　　2009-12-01 实施

中华人民共和国国家质量监督检验检疫总局
中国国家标准化管理委员会　发布

前　言

本标准由中国纺织工业协会提出。

本标准由全国丝绸标准化技术委员会归口。

本标准起草单位:浙江丝绸科技有限公司、达利(浙江)丝绸有限公司、杭州金富春丝绸化纤有限公司。

本标准主要起草人:周颖、林平、盛建祥、俞丹、叶生华。

丝绸(机织物)的分类、命名及编号

1 范围

本标准规定了丝绸(机织物)产品的分类、命名及编号。

本标准适用于各类丝绸(机织物)产品的分类、命名及编号。

2 分类

丝绸(机织物)产品共分为 14 大类和 38 小类。

2.1 大类

2.1.1

绡类 chiffon

采用平纹或假纱等组织,通常采用经、纬加捻,密度较小,质地轻薄透孔的织物。

2.1.2

纺类 habotai

采用平纹组织,经、纬不加捻或弱捻,绸面平整缜密的织物。

2.1.3

绉类 crepe

采用平纹或其他组织结构,运用加捻工艺,绸面呈现明显的绉效应,并富有弹性的织物。

2.1.4

缎类 satin

采用缎纹组织,绸面平滑肥亮的织物。

2.1.5

锦类 brocade

采用斜纹、缎纹等组织,经、纬不加捻或低捻,绸面呈瑰丽多彩,花纹精致的色织提花织物。

2.1.6

绫类 ghatpot

采用斜纹或斜纹变化组织,绸面具有明显斜向纹路的织物。

2.1.7

绢类 yarn-dyed silk fabric

采用平纹或平纹变化组织,熟织或色织套染,绸面细密平挺的织物。

2.1.8

纱类 gauze

全部或部分采用纱组织,绸面呈现清晰纱孔的织物。

2.1.9

罗类 leno

全部或部分采用罗组织,绸面纱孔呈条状的织物。

2.1.10

绨类 bengaline

采用平纹组织、以各种长丝作经、棉纱蜡线或其他短纤维纱线原料作纬,质地比较粗厚的织物。

2.1.11

葛类　poplin

采用平纹、平纹变化组织或急斜纹组织,经细纬粗,经密纬疏,质地厚实,有比较明显的横绫织物。

2.1.12

绒类　velvet

全部或部分采用绒组织,绸面呈明显绒毛或绒圈的织物。

2.1.13

呢类　suiting silk

采用或混用基本组织、联合组织及变化组织,质地丰厚的织物。

2.1.14

绸类　silk & filament fabric

采用或混用各种基本组织及变化组织,质地较紧密或无以上各类特征的织物。

2.2　小类

2.2.1

双绉类　crepe de chine

应用平纹组织,纬向采用 2S、2Z 排列的强捻丝,绸面呈均匀绉效应的织物。

2.2.2

碧绉类　kade crepe

纬向采用碧绉线,绸面呈现细密绉纹的织物。

2.2.3

乔其类　georgette

采用平纹组织,经向、纬向均采用中、强捻丝,质地较稀疏轻薄,绸面呈现纱孔和绉效应的织物。

2.2.4

顺纡类　crepon

纬向采用单向强捻丝,绸面呈现不规则直向皱纹的织物。

2.2.5

塔夫类　taffeta

采用平纹组织、质地细密挺括的并有明显的丝鸣感的熟织物。

2.2.6

生类　unboiled-fabric

采用生丝织造,不经精练的织物。

2.2.7

电力纺类　habotai

一般指采用桑蚕丝(柞丝)生织的平纹织物。

2.2.8

薄纺类　paj

一般指采用桑蚕丝生织,绸重在 26 g/m^2 及以下的平纹织物。

2.2.9

绢纺类　spun silk

经纬均采用绢丝的平纹织物。

2.2.10

绵绸类　noil poplin

经纬均采用䌷丝的平纹织物。

2.2.11

双宫类 doupion silk

全部或部分采用双宫丝的织物。

2.2.12

疙瘩类 slubbed fabric

全部或部分采用疙瘩、竹节丝,绸面呈疙瘩效应的织物。

2.2.13

条子类 striped

采用不同的组织、原料、排列、密度、色彩等各种方法,外观呈现横、直条形花纹的织物。

2.2.14

格子类 check

采用不用的组织、原料、排列、密度、色彩等各种方法,外观呈现格形花纹的织物。

2.2.15

透凉类 mock-leno

采用假纱组织,构成似纱眼的透孔织物。

2.2.16

色织类 yarn-dyed

全部或部分采用色丝织造的织物。

2.2.17

双面类 reversible fabric

应用多重组织正反面均具有同类型斜纹或缎纹组织的织物。

2.2.18

提花类 jacquard fabric

提花织物。

2.2.19

修(剪)花类 broche

按照花型要求,修剪除去多余的浮长丝线的织物。

2.2.20

特染类 special dyeing

经、纬线采用扎染等特种染色工艺,绸面呈现两色及以上花色效应的织物。

2.2.21

印经类 warp-printing

经线印花后再进行织造的织物。

2.2.22

拉绒类 raising

经过拉绒整理的织物。

2.2.23

立绒类 up-right pile silk

经过立绒整理的织物。

2.2.24

和服类 kimono silk

幅宽在 45 cm 以下,或织有开剪缝,供加工和服专用的织物。

2.2.25

挖花类 swivel silk

采用手工或者特殊机械装置,挖成整齐光洁的花纹,背面没有浮长丝线,不需要修剪的丝组织。

2.2.26

烂花类 etched-out fabric

采用化学腐蚀方法,产生花纹的织物。

2.2.27

轧花类 gauffer

采用刻有花纹钢辊筒的轧压工艺,绸面呈现显著的松板纹、云纹、水纹等有折光效应和凹凸花纹的织物。

2.2.28

高花类 relief

采用重经组织或者重纬组织,粗细悬殊的原料,不同原料的强伸强缩等方法,绸面呈现显著凸起花纹的织物。

2.2.29

圈绒类 loop-pile

采用经起绒组织、绸面呈现细密均匀的绒圈织物。

2.2.30

领带类 necktic

专门制作领带的织物。

2.2.31

光类 lustering

采用金银铝皮线和各种不同光泽特征的丝线,辅之以不同的组织和排列,绸面呈现亮光、星光、闪光、隐光等不同光泽效应的织物。

2.2.32

纹类 dobby

采用绉组织或其他组织,绸面呈现星纹或各种小花纹的织物。

2.2.33

罗纹类 tussores

单面或双面呈经浮横条的织物。

2.2.34

腰带类 obi

专门制作和服腰带的织物。

2.2.35

打字类 typewriter ribbon silk

专门制作打字色带的织物。

2.2.36

莨绸类 gambiered canton silk

将纯桑蚕丝织物为原料经薯莨汁浸泡多次后,经过河泥、晾晒等传统手工艺加工而成的表面呈黑色发亮、底面呈咖啡色正反异色的织物。

2.2.37

大条类 large striped

经、纬采用柞大条丝的平纹织物。

2.2.38

花线类　fancy yarn

全部或部分采用花色捻线或拼色线的织物。

3　命名原则

3.1　丝绸产品的命名以织物组织结构、使用原料、加工工艺、外观形态等为依据，确定其所属丝绸产品类别，品名的最后一个字应为该丝绸产品的大类属性。

3.2　平素丝绸的品名由小类名称冠在大类名称前组成。

3.3　提花织物以地部组织确定大类，凡是有纱、罗和绒组织的提花丝绸应归入纱、罗和绒大类。提花丝绸除按上述方法命名外，也可采用与绸缎美丽华贵的外观，轻盈滑爽的质地等特征相称的词汇冠在大类名称前组成。

3.4　不具备有上述明显小类特征的丝绸，可以用其原料名称的简称冠在大类名称前组成，交织绸需联用两种原料名称作小类名称的，应将经向原料名称列在纬向名称前面，联用原料名称的简称冠在大类名称前组成。

3.5　具有两种小类特征的丝绸，命名时亦可将两小类名称联用冠在大类名称前组成。

3.6　被面命名仍沿用习惯名称，用原料和特征以及锦、缎大类冠在被面名称前组成。

3.7　品名应简单明了，通俗易懂，织物形象地反映丝绸的特征。品名一般由二至三字组成，最多不超过五个字。

4　品号编号原则

4.1　丝绸产品的品号由代表丝绸产品原料属性、类别、产品规格序号的五位阿拉伯数字组成。

4.2　第1位数代表织物所用原料属性。

4.3　第2位或第3位数代表大类品名。如绢、纺、绉、绸、缎、锦、绢、绫、罗、纱、葛、绨、绒、呢等。

4.4　第3、4、5位数则代表丝绸产品规格的顺序号。

4.5　具体编号方法见表1。

表 1　丝绸产品的品号编号原则

第 1 位数		第 2 位或第 3 位数		第 3、4、5 位数	
序数	原料属性	序数	大类名称	序数	规格序号
1	表示桑蚕丝类原料(包括桑蚕丝、双宫丝、桑蚕绢丝、桑蚕䌷丝)纯织及桑蚕丝含量占50%以上的桑柞交织织物	0	绢	001~999	规格序号
		1	纺	001~999	规格序号
2	表示合成纤维长丝、合成纤维长丝与合成短纤纱线(包括合成短纤与粘胶、棉混纺的纱线)交织的织物	2	绉	001~999	规格序号
		3	绸	001~999	规格序号
3	表示天然蚕丝短纤与其他短纤混纺的纱线所组成的织物	40~47	缎	001~799	规格序号
		48~49	锦	801~999	规格序号
4	表示柞丝类原料(包括柞蚕丝、柞蚕绢丝、柞蚕䌷丝)纯织及柞丝含量占50%以上的桑柞交织织物	50~54	绢	001~499	规格序号
		55~59	绫	501~999	规格序号
5	表示粘胶纤维长丝或铜氨、醋酸纤维长丝及其短纤维纱线的交织物	60~64	罗	001~499	规格序号
		65~69	纱	501~999	规格序号
6	表示除上述"1"、"2"、"3"、"4"、"5"以外的经、纬由两种或两种以上原料交织的织物。若其主要原料含量在95%以上(绉类可放宽至90%)，其余原料仅起点缀作用者，仍列入主要原料所属类别	70~74	葛	001~499	规格序号
		75~79	绨	501~999	规格序号
		80~84	绒	001~499	规格序号
		85~89	呢	501~999	规格序号
7	按习惯沿用代表被面	—			

4.6 上表五位数从左至右排列。

4.7 在本标准实施之前已录入《中国出口绸缎统一规格》中的丝绸产品的品号按原来编的品号执行。

4.8 若是没有录入《中国出口绸缎统一规格》中的丝绸新产品,在编制绸缎规格表时,可在五位品号后,加上全国各丝绸主产区代号和企业名称或企业注册商标的第一个拼音字母。全国各主产区代号见表2。

表 2   全国各丝绸主产区代号

地区	代号	地区	代号	地区	代号	地区	代号	地区	代号
北京	B	四川	C	辽宁	D	江西	J	陕西	Q
广东	G	浙江	H	新疆	I	山西	P	吉林	V
山东	L	福建	M	广西	N	河北	U		
重庆	R	上海	S	天津	T	黑龙江	Z		
安徽	W	湖南	X	河南	Y	云南	F		
贵州	GZ	海南	HN	湖北	E	江苏	K		

5   示例

12101 双绉:

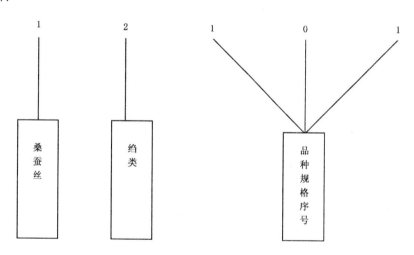

参 考 文 献

[1]　中国出口绸缎统一规格.中国丝绸工业总公司,中国丝绸进出口总公司.1995.

ICS 59.080.30
W 43

中华人民共和国国家标准

GB/T 22862—2009

海 岛 丝 织 物

Sea-island filament fabrics

2009-04-21 发布

2009-12-01 实施

中华人民共和国国家质量监督检验检疫总局
中国国家标准化管理委员会 发布

前　言

本标准的附录 A 为资料性附录。

本标准由中国纺织工业协会提出。

本标准由全国丝绸标准化技术委员会归口。

本标准起草单位:国家丝绸质量监督检验中心、浙江丝绸科技有限公司、吴江德伊时装面料有限公司、吴江祥盛纺织染整有限公司、江苏盛虹集团、杭州金富春丝绸化纤有限公司、达利丝绸(浙江)有限公司。

本标准主要起草人:蔡为、周小进、周颖、黄中权、赵民钢、任伟荣、杨平平、盛建祥、俞丹。

海 岛 丝 织 物

1 范围

本标准规定了海岛丝织物的术语和定义、分类、要求、试验方法、检验规则、包装和标志。

本标准适用于评定各类家纺、服用的练白、染色(色织)、印花的经向(或纬向)采用海岛丝或海岛复合丝与其他纤维交织的海岛丝织物面料的品质。

2 规范性引用文件

下列文件中的条款通过本标准的引用而成为本标准的条款。凡是注日期的引用文件,其随后所有的修改单(不包括勘误的内容)或修订版均不适用于本标准,然而,鼓励根据本标准达成协议的各方研究是否可使用这些文件的最新版本。凡是不注日期的引用文件,其最新版本适用于本标准。

GB/T 250 纺织品 色牢度试验 评定变色用灰色样卡(GB/T 250—2008,ISO 105-A02:1993,IDT)

GB/T 3917.1 纺织品 织物撕破性能 第1部分:撕破强力的测定 冲击摆锤法

GB/T 3921—2008 纺织品 色牢度试验 耐皂洗色牢度(ISO 105-C10:2006,MOD)

GB/T 4802.2 纺织品 织物起毛起球性能的测定 第2部分:改型马丁代尔法(GB/T 4802.2—2008,ISO 12945-2:2000,MOD)

GB/T 4841.1 染料染色标准深度色卡 1/1

GB 5296.4 消费品使用说明 纺织品和服装使用说明

GB/T 8170 数值修约规则与极限数值的表示和判定

GB/T 15552—2007 丝织物试验方法和检验规则

GB 18401 国家纺织产品基本安全技术规范

FZ/T 01053 纺织品 纤维含量的标识

3 术语和定义

下列术语和定义适用于本标准。

3.1

海岛丝 sea-island filament

将一种聚合物分散于另一种聚合物中,在纤维截面中分散相呈"岛"状态,而母体则相当于"海"。最终通过织物后整理将海岛组分溶解,获得单丝直径低于 3.0 μm 的超细纤维。

3.2

海岛复合丝 sea-island compound filament

海岛丝与涤或锦聚合物经复合纺丝法纺制成复合长丝。通常是海岛丝与一根涤纶或锦纶长丝复合而成的长丝。

3.3

海岛丝织物 sea-island filament fabrics

经向(或纬向)采用海岛丝或海岛复合丝与其他纤维交织成的丝织物。

4 海岛丝织物分类

海岛丝织物分为以下两类:

——薄织物:150 g/m² 及以下的织物。

——厚织物:150 g/m² 以上的织物。

5 要求

5.1 海岛丝织物的要求包括密度偏差率、质量偏差率、断裂强力、纤维含量偏差率、纰裂程度、水洗尺寸变化率、色牢度等内在质量和色差(与标样对比)、幅宽偏差率、外观疵点等外观质量。

5.2 海岛丝织物的评等以匹为单位。质量、断裂强力、纤维含量偏差、纰裂程度、水洗尺寸变化率、色牢度等按批评等。密度、幅宽、外观疵点、色差按匹评等。

5.3 海岛丝织物的品质由内在质量、外观质量中的最低等级项目评定。其等级分为优等品、一等品、二等品、三等品。低于三等品的为等外品。

5.4 海岛丝织物基本安全性能应符合 GB 18401 的要求。

5.5 海岛丝织物的内在质量分等规定见表1。

表 1 内在质量分等规定

项 目			指 标			
			优等品	一等品	二等品	三等品
密度偏差率/%			±2.0	±3.0	±4.0	
质量偏差率/%			±3.0	±4.0	±5.0	
纤维含量偏差/%			按 FZ/T 01053 执行			
断裂强力/N ≥		薄织物	200			
		厚织物	300			
撕破强力/N ≥		薄织物	9.0		8.0	
		厚织物	10.0		9.0	
纰裂程度(定负荷)/mm ≤		薄织物,100 N	5		6	
		厚织物,120 N				
水洗尺寸变化率/%			+2.0～−2.0		+2.0～−3.0	
起毛起球/级 ≥			4	3-4		3
色牢度/级 ≥	耐水 耐汗渍	变色	4	4	3-4	
		沾色	3-4	3	3	
	耐皂洗	变色	4	4	3-4	
		沾色	3-4,3(深色[a])	3,2-3(深色[a])	3,2-3(深色[a])	
	耐干洗	变色	4	4	3-4	
		沾色	3-4	3	3	
	耐干摩擦		4	4	3-4	
	耐湿摩擦		3-4	3	3	
	耐热压		4	3-4	3	
	耐光		4,3(浅色[b])	3	3	
[a] 大于或等于 GB/T 4841.1 中 1/1 标准深度为深色。						
[b] 小于 GB/T 4841.1 中 1/1 标准深度为浅色。						

5.6 海岛丝织物的外观质量的评定

5.6.1 海岛丝织物的外观质量分等规定见表2。

表 2 外观质量分等规定

项 目	优等品	一等品	二等品	三等品
色差（与标样对比）/级 ≥	4	3-4		3
幅宽偏差率/%	−1.0～2.0	−2.0～2.0		
外观疵点评分限度/（分/100 m²） ≤	10	25	40	80

5.6.2 海岛丝织物外观疵点评分见表3。

表 3 外观疵点评分表

序 号	疵 点	分 数			
		1	2	3	4
1	经向疵点	8 cm 及以下	8 cm 以上～16 cm	16 cm 以上～24 cm	24 cm 以上～100 cm
2	纬向疵点	8 cm 及以下	8 cm 以上～半幅	—	半幅以上
	纬档a	—	普通b	—	明显b
3	印花疵	8 cm 及以下	8 cm 以上～16 cm	16 cm 以上～24 cm	24 cm 以上～100 cm
4	污渍、油渍、破损性疵点	—	2.0 cm 及以下	—	2.0 cm 以上
5	边疵（荷叶边、针眼边c、明显深浅边）	经向每 100 cm 及以下	—	—	—
6	纬斜、花斜、格斜、幅不齐	—	—	—	100 cm 及以下大于3%

a 纬档以经向 10 cm 及以下为一档。

b 达 GB/T 250 中 4 级为普通，4 级以下为明显。

c 针板眼进入内幅 1.5 cm 及以下不计。

5.6.3 海岛丝织物外观疵点评分说明

5.6.3.1 海岛丝织物外观疵点的评分采用有限度的累计评分。

5.6.3.2 海岛丝织物的外观疵点长度以经向或纬向最大方向量计。

5.6.3.3 难以数清，不易量计的分散性疵点，根据其分散的最大长度和轻重程度，参照经向或纬向的疵点分别量计、累计评分，每米最多评 4 分。

5.6.3.4 同一批中，匹与匹之间色差不低 GB/T 250 中 3-4 级。同匹色差（色泽不匀）不低于GB/T 250 中 4 级。

5.6.3.5 经向 1 m 内累计评分最多 4 分，超过 4 分按 4 分计。

5.6.3.6 程度为普通"经柳"和其他全匹性连续疵点，定等限度为二等品，程度为明显"经柳"和其他全匹性连续疵点，定等限度为三等品，程度为严重的"经柳"和其他全匹性连续疵点，定等限度为等外品。

5.6.3.7 严重的连续性病疵每米扣 4 分，超过 4m 降为等外品。

5.6.3.8 优等品、一等品内不允许有破洞等严重疵点。

5.6.4 每匹海岛丝织物最高分数，由式(1)计算得出，计算结果按 GB/T 8170 修约至整数。

$$q = \frac{c}{100} \times l \times w \qquad \cdots\cdots\cdots\cdots\cdots\cdots\cdots (1)$$

式中：

q——每匹最高分数，单位为分；

c——外观疵点评分限度,单位为分每百平方米(分/100 m²);

l——匹长,单位为米(m);

w——幅宽,单位为米(m)。

5.7 开剪拼匹和标疵放尺的规定

5.7.1 海岛丝织物允许开剪拼匹或标疵放尺,两者只能采用一种。

5.7.2 开剪拼匹各段的等级、幅宽、色泽、花型应一致。

5.7.3 绸匹平均每 20 m 及以内允许标疵一次。每 3 分和 4 分的疵点允许标疵,超过 10 cm 的连续疵点可连标。每处标疵放尺 10 cm。标疵后的疵点不再计分。局部性疵点的标疵间距或标疵疵点与绸匹端的距离不得少于 4 m。

6 试验方法

6.1 海岛丝织物内在质量检验

6.1.1 海岛丝织物的密度、质量、纤维含量偏差、断裂强力、纰裂程度、水洗尺寸变化率、耐水耐汗渍、耐摩擦、耐热压、耐光等内在质量检验试验方法按 GB/T 15552 执行。

6.1.2 撕破强力的测定按 GB/T 3917.1 执行。

6.1.3 耐皂洗色牢度的测定按 GB/T 3921—2008 表 2 中试验方法编号 B(2)执行。

6.1.4 起毛起球测定按 GB/T 4802.2 执行。

6.2 海岛丝织物外观质量检验

6.2.1 海岛丝织物外观质量检验采用经向检验机,验绸机速度为(15±5)m/min。

6.2.2 光源采用日光荧光灯时,台面平均照度 600 lx～700 lx,环境光源控制在 150 lx 以下。

6.2.3 检验员眼睛距绸面中心约 60 cm～80 cm,幅宽 114 cm 及以下的产品由一人检验,幅宽 114 cm 以上的产品由两人检验,或检验速度减小一半。

7 检验规则

海岛丝织物检验规则按 GB/T 15552—2007 中第 4 章执行。

8 包装

8.1 包装形式

海岛丝织物包装采用卷装。

8.2 包装材料

卷筒纸管规格:螺旋斜开机制管,内径 3.0 cm～3.5 cm,外径 4 cm,长度根据产品幅宽应满足卷取和包装要求。纸管要圆整挺直。

8.3 包装要求

8.3.1 同件(箱)内优等品、一等品,匹与匹之间色差不低于 GB/T 250 中 4 级。

8.3.2 卷筒包装的内外层边的相对位移不大于 2 cm。

8.3.3 卷筒外包装采用塑料袋包装。

8.3.4 包装应牢固、防潮。便于仓贮及运输。

9 标志

9.1 标志应明确、清晰、耐久、便于识别。

9.2 每匹或每段丝织物两端距绸边 3 cm 以内、幅边 10 cm 以内盖一检验章及等级标记。每匹或每段丝织物应吊标签一张,内容按 GB 5296.4 规定,包括品名、货号、成分及含量、幅宽、色别、长度、等级、执行标准编号、企业名称。

9.3 每批产品应附装箱单。

9.4 采用纸箱包装时刷唛要正确、整齐、清晰。纸箱唛头内容包括合同号、箱号、品名、货号、花色号、幅宽、等级、匹数、毛重、净重及运输标志、企业名称、地址。

9.5 每批产品出厂应附品质检验结果单。

10 其他

特殊品种及用户对产品另有特殊要求,可按合同或协议执行。

附 录 A

（资料性附录）

外观疵点归类表

表 A.1 外观疵点归类表

序　号	疵点名称	说　明
1	经向疵点	经柳、宽急经、色柳、筘路、缺经、错经、双经、开纤不良、磨毛条、磨毛不匀、擦亮条、皱印等
2	纬向疵点	错纹板、带纬、断纬、叠纬、纬斜、皱印、开纤不良、磨毛不匀等
	纬档	松紧档、撬档、急纬档、停车档、色纬档等
3	印染疵	色花、搭脱、渗进、漏浆、塞煞、色点、套歪、露白、砂眼、双茎、拖版、叠版印、框子印、刮刀印、色皱印、回浆印、化开、糊开、粗细茎、接版深浅、雕色不清等
4	污渍、油渍	色渍、污渍、油渍、洗渍、浆渍、水渍等
	破损性疵点	纰裂、破洞等
5	边疵	宽急边、定型脱针、荷叶边、针板印等
注1：对经、纬向共有的疵点，以严重方向评分。		
注2：外观疵点归类表中没有归入的疵点按类似疵点评分。		

ICS 59.080

W 43

中华人民共和国国家标准

GB/T 24252—2009

蚕 丝 被

Silk quilts

2009-06-19 发布

2010-02-01 实施

中华人民共和国国家质量监督检验检疫总局
中国国家标准化管理委员会 发布

前　　言

本标准的附录 A、附录 B、附录 C、附录 D 为规范性附录,附录 E 为资料性附录。

本标准由中国纺织工业协会提出。

本标准由全国丝绸标准化技术委员会归口。

本标准起草单位:杭州市质量技术监督检测院、浙江丝绸科技有限公司、鑫缘茧丝绸集团股份有限公司、杭州瑞得寝具有限公司、辽宁美麟集团有限公司、杭州红绳纺织品有限公司、浙江银桑丝绸家纺有限公司、达利丝绸(浙江)有限公司、苏州慈云蚕丝制品有限公司、杭州丝绸之府实业有限公司、四川南充市丝绸(进出口)有限公司、安徽源牌实业(集团)有限责任公司、浙江千万缕丝绸有限公司。

本标准主要起草人:顾红烽、周颖、钱有清、储呈平、林德方、杨永发、郦小漫、朱金毛、林平、沈福珍、蔡杰、苏明利、汪海涛、何斌。

蚕　丝　被

1　范围

本标准规定了蚕丝被的术语和定义、要求、试验方法、检验规则、标志、包装及贮存等。

本标准适用于以桑蚕丝绵、柞蚕丝绵为主要原料,经制胎并和胎套绗缝(包括机缝和手工缝钉)制作而成的蚕丝被。

2　规范性引用文件

下列文件中的条款通过本标准的引用而成为本标准的条款。凡是注日期的引用文件,其随后所有的修改单(不包括勘误的内容)或修订版均不适用于本标准,然而,鼓励根据本标准达成协议的各方研究是否可使用这些文件的最新版本。凡是不注日期的引用文件,其最新版本适用于本标准。

GB/T 250　纺织品　色牢度试验　评定变色用灰色样卡(GB/T 250—2008,ISO 105-A02:1993,IDT)

GB/T 2828.1—2003　计数抽样检验程序　第1部分:按接收质量限(AQL)检索的逐批检验抽样计划(ISO 2859-1:1999,IDT)

GB/T 2910—2009(所有部分)　纺织品　定量化学分析

GB/T 2912.1　纺织品　甲醛的测定　第1部分:游离水解的甲醛(水萃取法)

GB/T 3920　纺织品　色牢度试验　耐摩擦色牢度(GB/T 3920—2008,ISO 105-X12:2001,MOD)

GB/T 3921—2008　纺织品　色牢度试验　耐皂洗色牢度(ISO 105-C10:2006,MOD)

GB/T 3922　纺织品　耐汗渍色牢度试验方法

GB 5296.4　消费品使用说明　纺织品和服装使用说明

GB/T 5713　纺织品　色牢度试验　耐水色牢度(GB/T 5713—1997,eqv ISO 105-E01:1994)

GB/T 7573　纺织品　水萃取液 pH 值的测定(GB/T 7573—2009,ISO 3071:2005,MOD)

GB/T 8170　数值修约规则与极限数值的表示和判定

GB/T 8629—2001　纺织品　试验用家庭洗涤和干燥程序(eqv ISO 6330:2000)

GB/T 8630　纺织品　洗涤和干燥后尺寸变化的测定(GB/T 8630—2002,ISO 5077:1984,MOD)

GB 9994　纺织材料公定回潮率

GB/T 9995　纺织材料含水率和回潮率的测定　烘箱干燥法

GB/T 17592—2006　纺织品　禁用偶氮染料的测定

GB 18401—2003　国家纺织产品基本安全技术规范

FZ/T 01053　纺织品　纤维含量的标识

3　术语和定义

下列术语和定义适用于本标准。

3.1

蚕丝被　silk quilts

填充物含桑蚕丝和(或)柞蚕丝50%及以上的被类产品。分为纯蚕丝被和混合蚕丝被两类。填充物含100%蚕丝的为纯蚕丝被,填充物含50%及以上蚕丝的为混合蚕丝被。

3.2

丝绵 silk floss

以桑蚕茧、柞蚕茧或缫丝加工的副产品为原料加工而成的絮状产品。按加工方式可分为手工丝绵和机制丝绵;按蚕丝长度可分为长丝绵、中长丝绵和短丝绵。

3.3

长丝绵 long silk floss

以整只蚕茧为原料,经过一定的加工工艺制成的丝绵,其中的天然蚕丝切断很少。

3.4

中长丝绵 medium/long silk floss

以蚕茧或缫丝加工的副产品为原料,经过一定的机械加工工艺制成的丝绵,其中的蚕丝长度基本在25 cm 及以上。

3.5

短丝绵 short silk floss

以蚕丝加工的副产品等为原料,经过一定的加工工艺制成的丝绵,其中的蚕丝长度大多在25 cm以下。

3.6

胎套 wadding cover

用于直接包覆、固定填充物的被套。

3.7

绵块 floss block

蚕丝未充分伸直,在丝胎中卷曲形成最大尺寸达到5 mm 及以上的团块状丝绵,因丝胶残留较多凝结而成的为硬绵块,否则为软绵块。

3.8

丝筋 silk ribbon

多根蚕丝平行伸直,在丝胎中并结形成宽度达到5 mm 及以上、长度达到10 cm 及以上的条状丝绵,因丝胶残留较多凝结而成的为硬丝筋。

4 要求

4.1 蚕丝被的要求分为内在质量、外观质量和工艺质量三个方面。

4.2 蚕丝被的质量等级分为优等品、一等品和合格品三个等级。

4.3 蚕丝被内在质量要求按表1规定。

表 1 内在质量要求

项　　目	分等要求		
	优等品	一等品	合格品
纤维含量/%	填充物含蚕丝100%。胎套根据产品标识明示值,允许偏差值按FZ/T 01053要求		标称填充物蚕丝含量应达到50%及以上。根据产品标识明示值,允许偏差值按 FZ/T 01053 要求

表 1（续）

项 目			分等要求		
			优等品	一等品	合格品
填充物	品质		填充物应是长丝绵或中长丝绵；不含荧光增白剂和明显粉尘；外观色泽均匀，色差不低于 4 级；含杂率≤0.1％；手感柔软，撕拉韧性好；无明显气味；不污损；不发霉、不变质	填充物应是长丝绵或中长丝绵；外观色泽基本均匀，色差不低于 3 级；含杂率≤0.2％；不污损；不发霉、不变质	含杂率≤0.5％；不污损；不发霉、不变质
	含油率/％ ≤		1.5	1.5	1.5
	回潮率/％ ≤		12.0		
	质量偏差率/％		−2.0～+10.0	−2.0～+10.0	−2.5～+10.0
	压缩回弹性	压缩率/％ ≥	45	40	—
		回复率/％ ≥	95	90	—
水洗尺寸变化率/％ ≥			−5.0		−7.0
胎套色牢度/级 ≥	耐皂洗	变色	4	3-4	3
		沾色	3		2-3
	耐汗渍耐水	变色	4	3-4	3
		沾色	3		
	耐摩擦	干摩擦	3-4	3	3
		湿摩擦	3	2-3	2
甲醛含量/(mg/kg)			符合 GB 18401 要求		
pH 值			填充物 4.0～8.0；胎套符合 GB 18401 要求		
可分解芳香胺染料			符合 GB 18401 要求		
异味			符合 GB 18401 要求		

婴幼儿用品色牢度应符合 GB 18401—2003 中 A 类要求。

注 1：产品使用说明标注填充物质量在 1 000 g 及以下的产品不考核压缩回弹性。

注 2：胎套耐皂洗色牢度和蚕丝被水洗尺寸变化率仅考核产品使用说明注明可水洗的产品。

4.4 蚕丝被外观质量要求按表2规定。

表 2 外观质量要求

项 目	分等要求		
	优等品	一等品	合格品
尺寸偏差率/%	−2.0～+4.0	−2.0～+5.0	−5.0～+5.0
胎套	无破损、无污渍；色花、色差不低于3-4级；纬斜、花斜不大于3%；明示为A类、B类产品不应有明显表面疵点	无破损、无污渍；色花、色差不低于3-4级；纬斜、花斜不大于5%；明示为A类、B类产品不应有明显表面疵点	无破损、无明显污渍；色花、色差不低于3级
辅料	缝线、拉链、扣子、耐久性标签等各种辅料的性能和质地应与面料相适宜，无毛刺，拉链咬合良好、松紧适宜，A类、B类产品的拉链头子不应露在胎套外		
缝针	跳针、浮针、漏针每处不超过2针，整件产品不超过3处。不允许有毛边外露		跳针、浮针、漏针每处不超过1 cm，整件产品不超过5处。不允许有毛边外露
耐久性标签	内容符合GB 5296.4要求，字迹清晰、耐用、缝制平服		

4.5 蚕丝被工艺质量要求按表3规定。

表 3 工艺质量要求

项 目	分等要求		
	优等品	一等品	合格品
填充物均匀程度	厚薄均匀，差异率不大于10.0%；蚕丝充分延伸，纵横分布全幅成网状，丝胎中无明显的硬、软绵块和硬丝筋，外观不差于优等品确认样	厚薄均匀，差异率不大于20.0%；丝胎表面不允许出现明显的硬绵块和硬丝筋，外观不差于一等品确认样	厚薄差异率不大于25.0%
四角、边	四角方正，角质量差异率不小于−20.0%，四边充实	四角方正，角质量差异率不小于−30.0%，四边基本充实	四角方正
定位	胎套应四边缝合不脱散，胎套与填充物固定，不相互移位		
针迹密度	胎套缝不小于10针/3 cm；机器绗缝不小于8针/3 cm		
缝纫质量	缝纫轨迹要匀、直、牢固		
	缝纫起止处应打0.5 cm～1 cm回针，接针套正；手工绗缝外露线头不大于3 cm		
	卷边拼缝平服齐直，宽狭一致，不露毛		
	嵌线应松紧适当，粗细均匀，接头要光		
	绗缝针迹平服，无折皱夹布		
	绗缝图案分布均匀，基本对称		
	绣花平服，无明显漏绣		
注：一等品允许缝纫质量中的一项不符合要求；合格品允许工艺质量中的一项不符合要求。			

4.6 蚕丝被产品的最终质量等级以其各项要求中最低等级评定,低于合格品的为不合格品,不合格品应达到国家强制性标准要求才能作为处理品出厂。

5 试验方法

5.1 检验条件:外观检验在自然北光或白色日光灯下进行,检验桌台面照度 500 lx～600 lx,桌面平整光滑。检验采用手感、目测,或与确认样对比。其他按相应的方法标准规定。

5.2 纤维含量的测定:胎套按 GB/T 2910—2009(所有部分)进行。填充物按附录 A、附录 B 进行。

5.3 荧光增白剂的测定:取适量填充物试样,试样应包含被胎的各层,在波长为 365 nm 紫外线下产生可见荧光,即判定样品含荧光增白剂。

5.4 含杂率的测定:将被胎分成四等份,每份在距被胎边 20 cm 以上任意 1 个部位取试样 2 g 以上,试样应包含被胎的各层。试样合并称量后用手扯松,手拣出目测可见的非纺织纤维杂质,用分度值不大于 0.01 g 的天平称量,按式(1)计算含杂率,结果按 GB/T 8170 修约至 0.1。

$$Z = \frac{m_{Z1}}{m_{Z0}} \times 100 \qquad\cdots\cdots\cdots\cdots\cdots\cdots (1)$$

式中:

Z——含杂率,%;

m_{Z1}——杂质质量,单位为克(g);

m_{Z0}——试样质量,单位为克(g)。

5.5 色差:采用北空光照射,或用 600 lx 及以上等效光源。入射光与样品表面约成 45°,检验人员的视线大致垂直于样品表面,距离约 60 cm 目测,与 GB/T 250 标准样卡对比评定色差等级。

5.6 含油率的测定按附录 C 进行。

5.7 回潮率的测定按 GB/T 9995 进行。

5.8 填充物质量偏差率的测定:将蚕丝被胎套拆开,取所有填充物用分度值不小于 2 g 的秤称量,按式(2)计算公定回潮率质量,按式(3)计算质量偏差率,结果按 GB/T 8170 修约至 0.1。

$$m_1 = m_2 \frac{(1+W)}{(1+W_1)} \qquad\cdots\cdots\cdots\cdots\cdots\cdots (2)$$

式中:

m_1——填充物公定回潮率质量,单位为克(g);

m_2——填充物质量实测值,单位为克(g);

W——填充物公定回潮率(按 GB 9994 的规定),%;

W_1——填充物实测回潮率(按 5.7 的测定值),%。

$$R = \frac{m_1 - m_0}{m_0} \times 100 \qquad\cdots\cdots\cdots\cdots\cdots\cdots (3)$$

式中:

R——填充物质量偏差率,%;

m_1——填充物公定回潮率质量,单位为克(g);

m_0——填充物质量规格设计值,单位为克(g)。

5.9 填充物压缩回弹性的测定按附录 D 进行。

5.10 水洗尺寸变化率按 GB/T 8630 进行,采用 GB/T 8629—2001 洗涤方法 7A 程序,干燥方法 A 法。

5.11 耐皂洗色牢度的测定按 GB/T 3921—2008 进行,采用试验条件 B(2),单纤维贴衬。

5.12 耐汗渍色牢度的测定按 GB/T 3922 进行,采用单纤维贴衬。

5.13 耐水色牢度的测定按 GB/T 5713 进行,采用单纤维贴衬。

5.14 耐摩擦色牢度的测定按 GB/T 3920 进行。

5.15 甲醛含量的测定按 GB/T 2912.1 进行。

5.16 pH 值的测定按 GB/T 7573 进行。

5.17 可分解芳香胺染料的测定按 GB/T 17592—2006 进行,采用 GC/MS 内标法进行分析。

5.18 异味的测定按 GB 18401 进行。

5.19 尺寸偏差率的测定,将蚕丝被抖松呈自然伸缩状态,平摊在检验台上,用分度值为 1 mm 的钢卷尺分别在蚕丝被长、宽向的四分之一和四分之三处测量,分别取平均值,按式(4)计算偏差率,结果按 GB/T 8170 修约至 0.1。

$$S = \frac{L_1 - L_0}{L_0} \times 100 \qquad\qquad (4)$$

式中:

S——尺寸偏差率,%;

L_1——尺寸实测值,单位为厘米(cm);

L_0——尺寸规格设计值,单位为厘米(cm)。

5.20 厚薄差异率和角质量差异率的测定:对外观质量检验用样品被胎目测手感,取有不均匀感的样品至少 1 条。在单条被胎距边 20 cm 以上均分 8 处取 20 cm×20 cm 的试样 8 块,在被胎四角取 20 cm×20 cm 的试样 4 块,见图 1。用分度值不小于 0.01 g 的天平称量每块试样的质量(不包括胎套)。按式(5)计算厚薄差异率,按式(6)计算角质量差异率。计算结果按 GB/T 8170 修约至 0.1。

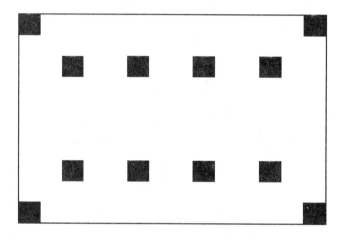

图 1 填充物均匀程度试样取样示意图

$$H = \frac{\sqrt{\dfrac{\sum\limits_{i=1}^{8}(m_i - \overline{m})}{7}}}{\overline{m}} \times 100 \qquad\qquad (5)$$

式中:

H——厚薄差异率,%;

m_i——中间试样的质量实测值,单位为克(g);

$\overline{m}$——8 块中间试样的质量平均值,单位为克(g)。

$$J = \frac{m_J - \overline{m}}{\overline{m}} \times 100 \qquad\qquad (6)$$

式中:

J——角质量差异率,%;

m_J——角试样中质量实测最低值,单位为克(g);

$\overline{m}$——8 块中间试样的质量平均值,单位为克(g)。

6 检验规则

6.1 检验分类

6.1.1 蚕丝被成品检验分为出厂检验和型式检验两类。

6.1.2 每批产品交货前应进行出厂检验。

6.1.3 型式检验一般每年进行一次,若发生以下情况时应及时进行:

    a) 停产半年以上,重新投入生产时;

    b) 生产工艺作重大调整或原材料货源改变,可能影响产品质量时;

    c) 国家质量监督机构提出进行型式检验的要求时;

    d) 供货合同规定需进行型式检验时。

6.2 检验项目

6.2.1 出厂检验项目包括内在质量中的纤维含量、丝绵品质、填充物回潮率、填充物质量偏差率、水洗尺寸变化率、胎套色牢度、pH 值、异味,外观质量全项,工艺质量除厚薄均匀率外全项。

6.2.2 型式检验项目包括第 4 章中的所有检验项目。

6.3 组批

6.3.1 出厂检验以同一合同或生产批号为同一检验批,当同一检验批数量很大,需分期、分批交货时,可以适当再分批,分别检验。

6.3.2 型式检验以同一品种、规格、花色为同一检验批。

6.4 抽样

6.4.1 样品应从经工厂检验的合格批产品中随机抽取,抽样数量按 GB/T 2828.1—2003 中一般检验水平Ⅱ规定,采用正常检验一次抽样方案。内在质量检验用试样在样品中随机抽取至少 1 条,但甲醛含量、pH 值、可分解芳香胺染料、色牢度试样应按花色各抽取 1 份。每份试样的尺寸和取样部位根据方法标准的规定。

6.4.2 在批量较大、生产正常、质量稳定情况下,抽样数量可按 GB/T 2828.1—2003 中一般检验水平Ⅱ规定,采用放宽检验一次抽样方案。

6.4.3 抽样方案参见附录 E。

6.5 检验结果的判定

6.5.1 外观质量和工艺质量按条评定等级,其他项目按批评定等级,以所有试验结果中最低评等评定样品的最终等级。

6.5.2 试样内在质量检验结果所有项目符合标准要求时判定该试样所代表的检验批内在质量合格。批外观质量和工艺质量的判定按 GB/T 2828.1—2003 中一般检验水平Ⅱ规定进行,接收质量限 AQL 为 2.5。批内在质量和外观质量均合格时判定为合格批。否则判定为不合格批。当甲醛含量、pH 值、可分解芳香胺染料、色牢度项目不合格时,判定不合格试样所代表的花色批不合格。

6.6 复验

    如交收双方对检验结果有异议时,可进行一次复验。复验时出厂检验的组批可按 6.3.2 中型式检验规定,其他按首次检验的规定进行,以复验结果为准。

7 标志

7.1 蚕丝被的使用说明应符合 GB 5296.4 规定,内容包括制造者名称和地址、产品名称、规格、纤维含量、洗涤维护方法、产品标准编号、产品质量等级、基本安全技术要求类别。如有需要,还可包括其他内容。

7.2 蚕丝被种类名称(纯蚕丝被或混合蚕丝被)应在产品外包装的明显位置标明,其字体不得小于其他标注内容。

7.3 产品规格标注内容应包括成品长、宽尺寸,填充物公定回潮率质量。

7.4 纤维含量标注方法应符合 FZ/T 01053 规定。应标注填充物丝绵的蚕丝种类(桑蚕丝或柞蚕丝)和丝绵长度,长度分为长、中长和短三类,由不同长度种类丝绵混合的填充物应予以明确说明。

填充物纤维含量标注示例:

示例1:50%桑蚕丝(长丝绵),50%柞蚕丝(中长丝绵)。

示例2:100%柞蚕丝(含长丝绵和中长丝绵)。

示例3:95%柞蚕丝(短丝绵),5%其他纤维。

8 包装与贮存

8.1 蚕丝被应每条(套)用包装袋或盒独立包装,并附有第 7 章规定的标志。包装应完整,注意防潮、防污损。若还需采用多条组合包装,则外包装应标明企业名称和地址、产品名称,包装内应附有装箱单,装箱单上应标明产品数量、规格、质量等级。

8.2 蚕丝被贮存时应防潮、防霉、防光照和防重压。

9 其他

如供需双方对蚕丝被产品另有要求,可按合同或协议执行。

附　录　A

（规范性附录）

填充物纤维含量的测定方法

A.1　原理

在蚕丝被填充物中按规定的部位截取试样，可目测分辨及手工分离不同纤维的试样，采取手工分离不同纤维后烘干、称量；不可目测分辨及手工分离不同纤维的试样，对试样采用化学试剂溶解去除桑蚕丝，将不溶解纤维烘干、称量，从而计算出每组分纤维的质量含量。

A.2　仪器、工具和试剂

A.2.1　仪器和工具

A.2.1.1　恒温水浴锅：能保持水浴温度80 ℃±2 ℃，附有振荡装置。

A.2.1.2　分析天平：精度为0.000 2 g。

A.2.1.3　恒温烘箱：能保持温度105 ℃±3 ℃。

A.2.1.4　真空抽气泵及滤瓶。

A.2.1.5　干燥皿：内置无水硅胶。

A.2.1.6　砂芯坩埚：容量30 mL～50 mL，微孔直径为90 μm～150 μm。

A.2.1.7　称量皿、三角烧瓶、量筒、烧杯、温度计等。

A.2.1.8　显微镜：放大倍数200倍以上。

A.2.1.9　截样剪刀。

A.2.2　试剂及配制

按附录B及GB/T 2910—2009（所有部分）相应规定。

A.3　试样

A.3.1　试样截取

去除蚕丝被样品的胎套，取样部位距被胎边20 cm以上均匀分布，应避开明显呈空洞或不同种类纤维分布不均匀的部位，共取试样4块。每块试样尺寸为20 cm×20 cm。

A.3.2　试样制备

可目测分辨及手工分离不同纤维的，按A.3.1截取的试样直接用于试验。需采用化学溶解方法进行试验的试样，将A.3.1截取的每块试样多次四等分按对角线取样，直至取到1 g～2 g化学法试验用试样（见图A.1）。

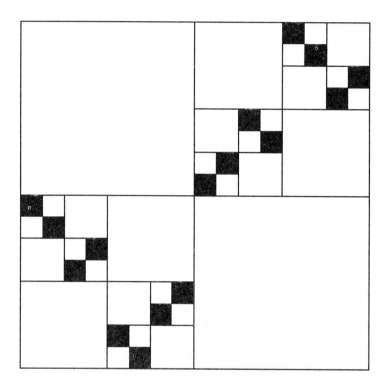

图 A.1 化学法试样制备示意

A.3.3 试样预处理

化学法用试样按 GB/T 2910—2009(所有部分)规定进行。

A.4 试验步骤

A.4.1 手工法

将按 A.3.1 截取的 4 块试样手工分离不同纤维,在 105 ℃±3 ℃温度的烘箱中烘至恒重,分别称量试样中各种纤维的干质量。

注:试样恒重始称时间约 120 min,连续称量时间间隔约 25 min。

A.4.2 化学法

按附录 B 及 GB/T 2910—2009(所有部分)进行。

A.5 试验结果

A.5.1 手工法

纤维净干质量含量按式(A.1)计算,计算结果按 GB/T 8170 修约至 0.1。

$$P_{gi} = \frac{m_{gi}}{\sum m_{gi}} \times 100 \quad\quad\quad\quad\quad (A.1)$$

式中:

P_{gi}——试样中第 i 组分纤维的净干质量含量,%;

m_{gi}——试样中第 i 组分纤维的干质量,单位为克(g)。

纤维结合公定回潮率含量按式(A.2)计算,计算结果按 GB/T 8170 修约至 0.1。

$$P_{ci} = \frac{m_{gi}(1+W_i)}{\sum [m_{gi}(1+W_i)]} \times 100 \quad\quad\quad\quad\quad (A.2)$$

式中:

P_{ci}——试样中第 i 组分纤维的结合公定回潮率含量,%;

m_{gi}——试样中第 i 组分纤维的干质量,单位为克(g);

W_i——试样中第 i 组分纤维的公定回潮率(按 GB 9994 规定),%。

A.5.2 化学法

按附录 B 及 GB/T 2910—2009(所有部分)进行。

A.6 试验报告

试验报告应记录下列内容:

a) 使用主要仪器型号及编号;

b) 试样预处理的方法;

c) 试样的质量;

d) 偏离本标准的细节及异常情况描述;

e) 单个试样结果及样品所测各类纤维含量的最终结果;

f) 试验日期及试验人员。

附 录 B

（规范性附录）

桑/柞蚕丝混合填充物中桑蚕丝含量的化学测定方法

B.1 原理

试样中纤维各组分经鉴定后,采用氯化钙/乙醇试液(或硝酸钙试液)溶解去除桑蚕丝,剩余柞蚕丝等纤维,将残留物称量,根据质量损失计算出桑蚕丝的质量含量。

B.2 仪器、工具和试剂

B.2.1 仪器和工具

B.2.1.1 恒温水浴锅:能保持水浴温度 78 ℃～87 ℃,附有机械振荡装置。

B.2.1.2 分析天平:精度为 0.000 2 g。

B.2.1.3 干燥烘箱:能保持温度 105 ℃±3 ℃。

B.2.1.4 真空抽气泵及滤瓶。

B.2.1.5 干燥皿:内置无水变色硅胶。

B.2.1.6 玻璃砂芯坩埚:容量为 30 mL～50 mL,微孔直径为 90 μm～150 μm。

B.2.1.7 索氏萃取器:其容积(mL)是试样质量(g)的 20 倍,或其他能获得相同结果的仪器。

B.2.1.8 显微镜:放大倍数 200 倍以上。

B.2.1.9 称量皿、具塞三角烧瓶、量筒、烧杯、温度计等。

B.2.2 试剂及配制

B.2.2.1 化学试剂:无水氯化钙、无水乙醇、四水硝酸钙,分析纯。

B.2.2.2 试液配制

B.2.2.2.1 试液 A:按无水氯化钙:无水乙醇:水为 110 g:120 mL:140 mL 的比例配制,先将氯化钙溶于水,待冷却后再加入无水乙醇。本试液应现配现用,不宜久置。

B.2.2.2.2 试液 B:按四水硝酸钙:水为 95 g:20 mL 的比例配制。

B.2.2.2.3 试验用水为蒸馏水或去离子水。

B.3 试验步骤

将 A.3.3 处理完成的试样按照 GB/T 2910.1—2009 中第 9 章所述步骤操作,然后再按以下步骤操作。

将试样和 B.2.2.2.1 的试液 A 按 1:100 浴比放入具塞三角烧瓶,在 80 ℃±2 ℃ 的恒温水浴锅中振荡 30 min。将残留物连同试液倒入已知干质量的玻璃砂芯坩埚中,先用重力排液,再采用真空抽吸排液过滤,对不溶纤维进行数次清水洗涤,每次洗涤后均需真空抽吸排液。最后将坩埚和残留物烘干,冷却并称量。

注:当不溶纤维中含有锦纶时,可使用 B.2.2.2.2 的试液 B,试验用水浴温度为 85 ℃±2 ℃,热水洗涤,其他试验条件和步骤同上。

B.4 试验结果

B.4.1 试样溶解情况分析

用显微镜观察试样溶解残留物,检查桑蚕丝是否完全被去除,若有残余桑蚕丝,则须重新取样试验。

注:某些情况下,桑蚕丝无法充分溶解,则本标准的方法不适用该试样。

B.4.2 试验结果的计算

纤维净干含量按式(B.1)和式(B.2)计算,计算结果按 GB/T 8170 修约至 0.1。

$$P_{g1} = \frac{m_g \times d}{m_0} \times 100 \qquad\qquad\cdots\cdots\cdots\cdots\cdots\cdots\cdots(B.1)$$

$$P_{g2} = 100 - P_{g1} \qquad\qquad\cdots\cdots\cdots\cdots\cdots\cdots\cdots(B.2)$$

式中:

P_{g1}——试样中不溶纤维的净干含量,%;

P_{g2}——试样中桑蚕丝的净干含量,%;

m_g——试样中不溶纤维的干质量,单位为克(g);

m_0——试样的干质量,单位为克(g);

d——不溶纤维在试剂处理时的质量修正系数(柞蚕丝、羊毛、棉、亚麻、苎麻、涤纶、腈纶、粘纤、莱赛尔纤维均为 1.00)。

纤维结合公定回潮率含量按式(B.3)和式(B.4)计算,计算结果按 GB/T 8170 修约至 0.1。

$$P_{m1} = \frac{P_{g1}(1+W_1)}{P_{g1}(1+W_1) + P_{g2}(1+W_2)} \times 100 \qquad\cdots\cdots\cdots\cdots\cdots(B.3)$$

$$P_{m2} = 100 - P_{m1} \qquad\qquad\cdots\cdots\cdots\cdots\cdots\cdots\cdots(B.4)$$

式中:

P_{m1}——试样中不溶纤维的结合公定回潮率含量,%;

P_{m2}——试样中桑蚕丝的结合公定回潮率含量,%;

W_1——不溶纤维的公定回潮率(按 GB 9994 规定),%;

W_2——桑蚕丝的公定回潮率(按 GB 9994 规定),%。

B.4.3 最终试验结果计算

样品最终试验结果取二次平行试验结果的算术平均值。若平行试验结果的差异大于 1.0% 时,应测定第三个试样,最终结果取三个试样的算术平均值。最终结果按 GB/T 8170 修约至 0.1。

附　录　C

（规范性附录）

填充物含油率试验方法

C.1　原理

试样在索氏萃取器中用乙醚进行萃取,然后使萃取溶剂蒸发,得到油脂质量,从而求出含油脂量对试样干质量的百分比。

C.2　仪器、工具和试剂

C.2.1　索氏萃取器,接受烧瓶为150 mL。

C.2.2　分析天平,分度值为0.1 mg。

C.2.3　恒温水浴锅。

C.2.4　恒温烘箱,能保持温度105 ℃±3 ℃。

C.2.5　干燥器,装有变色硅胶。

C.2.6　称量器皿。

C.2.7　定性滤纸。

C.2.8　乙醚(化学纯或分析纯)。

C.3　试样

在蚕丝被填充物中抽取2份试样各重3.0 g±0.3 g,试样取样部位应遍及被胎各层。若填充物由两种及以上不同种类或批号原料组成,未充分混合,能目测及手工分离的,则对不同原料分别取样、试验、计算和判定。

C.4　试验步骤

C.4.1　将接受烧瓶和称量器皿放在105 ℃±3 ℃的烘箱中烘至恒重,称取质量并记录。

C.4.2　将2份试样用定性滤纸包好,大小、松紧适宜。

C.4.3　在恒温水浴锅上安装索氏萃取器,连接冷却管,接通冷却水,加热水浴锅。

C.4.4　将2份包有定性滤纸的试样分别放入索氏萃取器的浸抽器内。然后倒入乙醚,使其浸没试样并越过虹吸管产生回流,接上冷凝器。

C.4.5　调节水浴加热温度,使接受烧瓶中乙醚微沸,保持每小时回流6次～7次,共回流2 h。

C.4.6　回流完毕,取下冷凝器,从浸抽器中取出试样,挤干溶剂,除去滤纸,放入称量器皿中。再接上冷凝器,回收乙醚。

C.4.7　待乙醚基本挥发尽后,将装有试样的称量器皿和接受烧瓶放在105 ℃±3 ℃的烘箱中烘至恒重,取出称量器皿和接受烧瓶迅速放入干燥器内,冷却至室温,称取质量并记录。

　　注:试样恒重始称时间约120 min,连续称量时间间隔约25 min。

C.5　试验结果

试样含油率按式(C.1)计算:

$$a = \frac{m_{a1}}{m_{a1} + m_{a2}} \times 100 \qquad\qquad\qquad\cdots\cdots\cdots\cdots\cdots(C.1)$$

式中：

a——试样的含油率，％；

m_{a1}——油脂的干质量，单位为克（g）；

m_{a2}——脱脂后试样的干质量，单位为克（g）。

计算 2 份试样含油率的算术平均值，结果按 GB/T 8170 修约至 0.1。

C.6 试验报告

试验报告应记录下列内容：

a) 样品名称、编号；

b) 称量器皿、接受烧瓶的质量；

c) 每份试样的 m_{a1}、m_{a2}、a 及其算术平均值；

d) 偏离本标准的细节及异常情况描述；

e) 试验日期及试验人员。

附　录　D

（规范性附录）

填充物压缩回弹性试验方法

D.1　原理

试样在一定的时间和压力作用下,其厚度产生受压压缩和去负荷回弹恢复,测定其不同压力时的厚度值,以计算试样的压缩和回复的性能。

D.2　设备和工具

D.2.1　重锤 A,质量 2 kg;重锤 B,质量 4 kg。

D.2.2　测试压片,质量 200 g±10 g,尺寸 20 cm×20 cm,工作面平整、光洁、不易变形。

D.2.3　工作台,面积不小于 20 cm×20 cm,工作面平整、光洁,与测试压片工作面接触时吻合平行。

D.2.4　天平(或秤),分度值不大于 0.5 g。

D.2.5　钢直尺,分度值不大于 1 mm。

D.2.6　计时器,分度值不大于 1 s。

D.3　试验用标准大气与调湿

D.3.1　调湿与试验用标准大气为 20 ℃±2 ℃,相对湿度 65%±4%。

D.3.2　试样应在吸湿状态下调湿平衡,如需要,可进行预调湿。预调湿在温度不超过 50 ℃,相对湿度为 10%～25% 的大气中调湿 2 h。

D.3.3　试验前,试样暴露在 D.3.1 规定的标准大气中调湿 4 h 以上至平衡。

D.4　试样

D.4.1　去除蚕丝被样品的胎套,试样在距被胎边 20 cm 以上处剪取,应具有代表性且不能有影响试验结果的疵点。每块试样面积为 20 cm×20 cm。

D.4.2　取数块试样称量,组成质量约为 60 g 的三组试样。

D.5　试验步骤

D.5.1　将每组试样分别整齐叠放在工作台上。

D.5.2　将测试压片放在试样上,然后再加上重锤 A,30 s 后取下重锤,放置 30 s,如此重复操作 3 次后,去掉重锤放置 30 s,立即测量试样从工作台到测试压片的四角高度,取其算术平均值为 h_0。

D.5.3　在测试压片上再加上重锤 B,30 s 后立即测量试样从工作台到测试压片的四角高度,取其算术平均值为 h_1。

D.5.4　取下重锤 B,放置 3 min 后,立即测量试样从工作台到测试压片的四角高度,取其算术平均值为 h_2。

D.6　试验结果的计算

D.6.1　试样压缩率按式(D.1)计算:

$$P_1 = \frac{h_0 - h_1}{h_0} \times 100 \qquad\qquad\cdots\cdots\cdots\cdots\cdots\cdots\cdots（D.1）$$

式中：

P_1——压缩率，%；

h_0——按 D.5.2 操作后试样的高度，单位为毫米（mm）；

h_1——按 D.5.3 操作后试样的高度，单位为毫米（mm）。

D.6.2 试样回复率按式(D.2)计算：

$$P_2 = \frac{h_2 - h_1}{h_0 - h_1} \times 100 \quad\quad\quad\quad\quad\quad\quad\quad（ D.2 ）$$

式中：

P_2——回复率，%；

h_0——按 D.5.2 操作后试样的高度，单位为毫米（mm）；

h_1——按 D.5.3 操作后试样的高度，单位为毫米（mm）；

h_2——按 D.5.4 操作后试样的高度，单位为毫米（mm）。

D.6.3 计算 3 组试样的算术平均值，结果按 GB/T 8170 修约至 0.1。

D.7 试验报告

试验报告应记录下列内容：

a) 样品名称、编号；

b) 每份试样的 h_0、h_1、h_2、P_1、P_2 及其算术平均值；

c) 试验环境温湿度；

d) 偏离本标准的细节及异常情况描述；

e) 试验日期及试验人员。

附　录　E

（资料性附录）

检验抽样方案

根据 GB/T 2828.1—2003，采用一般检验水平Ⅱ，AQL 为 2.5 的正常检验一次抽样方案如表 E.1 所示，放宽检验一次抽样方案如表 E.2 所示。

表 E.1　AQL 为 2.5 的正常检验一次抽样方案

批量 N	样本量字码	样本量 n	接收数 Ac	拒收数 Re
2～8	A	2	0	1
9～15	B	3	0	1
16～25	C	5	0	1
26～50	D	8	0	1
51～90	E	13	1	2
91～150	F	20	1	2
151～280	G	32	2	3
281～500	H	50	3	4
501～1 200	J	80	5	6
1 201～3 200	K	125	7	8
3 201～10 000	L	200	10	11

表 E.2　AQL 为 2.5 的放宽检验一次抽样方案

批量 N	样本量字码	样本量 n	接收数 Ac	拒收数 Re
2～8	A	2	0	1
9～15	B	2	0	1
16～25	C	2	0	1
26～50	D	3	0	1
51～90	E	5	1	2
91～150	F	8	1	2
151～280	G	13	1	2
281～500	H	20	2	3
501～1 200	J	32	3	4
1 201～3 200	K	50	5	6
3 201～10 000	L	80	6	7

ICS 59.080.01
W 40

中华人民共和国国家标准

GB/T 26380—2011

纺织品 丝绸术语

Textile—Terminology for silk

2011-05-12 发布

2011-09-15 实施

中华人民共和国国家质量监督检验检疫总局
中国国家标准化管理委员会 发布

前　言

本标准按照 GB/T 1.1—2009 给出的规则起草。

本标准由中国纺织工业协会提出。

本标准由全国丝绸标准化技术委员会(SAC/TC 401)归口。

本标准负责起草单位:浙江丝绸科技有限公司、浙江凯喜雅国际股份有限公司、金富春集团有限公司、达利丝绸(浙江)有限公司、浙江华泰丝绸有限公司、四川出入境检验检疫局、杭州都锦生实业有限公司。

本标准主要起草人:周颖、卞幸儿、钱有清、王海平、郭文登、周盛波、盛建祥、林平、孔祥光、伍冬平、王明珠。

纺织品　丝绸术语

1　范围

本标准规定了丝绸工业、贸易及相关领域的常用的术语、定义或说明。

本标准适用于丝绸产品设计、生产、科技、教学、贸易、检测、管理及其相关的领域。

2　原料

2.1

蚕茧　cocoon

蚕成熟后，吐丝于蔟具上形成的囊形网状结构物。

2.1.1

桑蚕茧　mulberry cocoon

食桑树叶的家蚕所结的茧。

2.1.2

柞蚕茧　tussah cocoon

食柞树叶的野蚕所结的茧。

2.1.3

春茧　spring cocoon

春季饲养的蚕所结的茧。

2.1.4

夏茧　summer cocoon

夏季饲养的蚕所结的茧。

2.1.5

秋茧　autumn cocoon

秋季饲养的蚕所结的茧。

2.1.6

平面茧　plate cocoon

蚕在平面蔟具上吐丝形成的一种平面网状结构物。

2.1.7

彩色茧　colorful cocoon

蚕直接吐出有色丝的茧。

2.1.8

双宫茧　douppion cocoon

两条或两条以上的蚕共同结成的一粒茧。

2.1.9

鲜茧　fresh cocoon

从蔟具上摘下，尚未经杀蛹干燥处理的蚕茧。

2.1.10

干茧 dried cocoon

经杀蛹干燥处理过的蚕茧。

2.1.11

上茧 good cocoon

茧型、茧色、茧层厚薄及缩皱正常,无疵点的茧。

2.1.12

次茧 light defective cocoon

有疵点,但可供作缫制低等级丝的茧。

2.1.13

上车茧 reelable cocoon

在生产中可以用作缫制生丝的原料茧。

2.1.14

下茧 waste cocoon

下脚茧

有严重疵点、不能用作缫制生丝的原料茧。

2.1.15

庄口 lot

区分蚕茧产地、年份和季节的茧批标识。

2.2

蚕丝 silk

熟蚕结茧时分泌丝液凝固而成的连续长纤维。

2.2.1

桑蚕丝 mulberry silk

由桑蚕分泌的丝。

2.2.2

柞蚕丝 tussah silk

由柞蚕分泌的丝。

2.2.3

彩色蚕丝 natural color silk

彩色茧加工而成的丝。

2.2.4

茧丝 bave

由单粒蚕茧抽取的丝纤维。

2.2.5

生丝 raw silk

厂丝

以桑蚕茧为原料,按一定的制丝工艺和质量要求用机械将若干根茧丝抱合胶着缫制而成的长丝。

2.2.6

粗规格生丝 coarse raw silk

纤度规格在 69 den(76.6 dtex)以上的生丝。

2.2.7

双宫丝 douppion silk

以双宫茧为原料,按一定的制丝工艺和质量要求,用机械缫制的具有独特风格的长丝。

2.2.8

土丝　native silk

以次茧为原料,按一定工艺要求,用机械缫制的具有特殊风格的粗纤度长丝。

2.2.9

熟丝　boiled-off silk

精练丝

脱去丝胶后的蚕丝。

2.2.10

色丝　dyed silk

经脱胶、染色的蚕丝。

2.2.11

桑蚕捻线丝　thrown silk

单根或多根无捻或有捻生丝经并合加捻的本色丝。

2.2.12

生丝/氨纶包缠丝　raw silk/spandex wrapped yarn

以氨纶长丝为芯丝,通过包缠工艺,把生丝呈螺旋状包缠于芯丝表面的复合丝,有单包缠和双包缠两类。

2.2.13

碧绉线　corkscrew yarn

用多根生丝捻合线与一根或两根生丝并合再加反向强捻度而成具有一定膨松性的螺旋丝线。

2.2.14

特种工艺丝　special tussah silk

柞蚕良茧经处理后,制成的具有特殊风格的粗纤度[一般在 200 den(222 dtex)以上]柞蚕丝。

2.2.15

柞蚕药水丝　bleached tussah silk

以柞蚕良茧为原料,经过氧化物解舒处理而缫制的柞蚕丝。

2.2.16

柞蚕水缫丝　water-reeled tussah silk

柞蚕良茧经过氧化物解舒处理后,不脱水,按水缫工艺缫制的长丝。

2.2.17

柞蚕土丝　tussah native silk

以柞蚕劣茧为原料,用简单机械,按药水丝工艺缫制的长丝。

2.2.18

柞蚕水漂干缫丝　water and dry reeled tussah silk

以柞蚕良茧为原料,经水缫丝煮、漂茧和复摇工艺,药水丝干缫工艺缫制而成的一种性能介于柞蚕水缫丝和柞蚕药水丝之间的柞蚕丝。

2.2.19

丝绵　floss silk

以桑蚕茧、柞蚕茧、茧壳或其他下脚茧等为原料,经过一定处理,用手工或机械加工而成的兜状或片状丝制品。按加工方式可分为手工丝绵和机制丝绵;按长度可分为长丝绵、中长丝绵和短丝绵。

2.2.20

桑蚕绢丝　mulberry spun silk yarn

长纺绢丝

用桑蚕下脚茧、长吐、滞头、屑丝、茧衣等桑蚕绢纺原料,经绢纺工艺系统加工纺制的纱线。

2.2.21

混纺绢丝　mixed spun silk yarn

丝纤维和其他纤维按一定的混和比例,加工纺制的纱线。

2.2.22

色纺绢丝　dyed spun silk yarn

丝纤维先经染色,再加工纺制的纱线。

2.2.23

短纺绢丝　short spun silk yarn

利用绢纺原料,经棉纺系统加工纺制的纱线。

2.2.24

柞蚕绢丝　tussah spun silk yarn

用柞蚕绢纺原料,经绢纺工艺系统加工纺制的纱线。

2.2.25

桑蚕绸丝　mulberry silk noil yarn

用桑蚕绢纺落绵经绸丝纺工艺系统加工纺制的纱线。

2.2.26

柞蚕绸丝　tussah silk noil yarn

用柞蚕绢纺落绵经绸丝纺工艺系统加工纺制的纱线。

2.3

蚕丝下脚　silk waste

缫丝加工过程中产生的副产品。

2.3.1

绢纺原料　waste silk

养蚕、制丝、丝织业中产生的次茧、下茧和缫丝副产品(长吐、滞头、茧衣、屑丝)以及织造过程中的余丝和剪下来的边丝的总称。

2.3.2

长吐　frison

桑蚕茧缫丝过程中索、理绪产生的屑丝,经过加工整理后成为线条状的丝缕。

2.3.3

蛹衬　basin residue

不能缫丝的最内层的茧的统称。

2.3.4

蚕蛹　chrysalis

蚕吐丝结茧完成后在茧内脱皮化成的蛹。

2.3.5

滞头　frigon

汰头

缫丝过程中缫剩的蛹衬,经过去除蚕蛹后加工处理而成的绵张。

2.3.6

茧衣　cocoon outer floss

蚕茧外层无法用于缫丝的乱丝缕。

2.3.7

茧扣 cocoon crust

制种出蛾后的柞蚕茧壳。春茧茧扣称为小扣,秋茧茧扣称为大扣。

2.3.8

柞蚕大挽手 tussah long waste

柞蚕茧在缫丝前的扒茧过程中获得的绪丝,经加工整理制成的条束状纤维。按柞蚕茧的煮漂方法、用药种类、缫丝方法和原料茧种类的不同,又分为水缫大挽手、药水大挽手。

2.3.9

柞蚕二挽手 tussah short waste

柞蚕茧缫丝过程中,经索理绪获得的绪丝,经加工整理制成的条束状纤维。按柞蚕茧的煮漂方法、用药种类、缫丝方法和原料茧种类的不同,分为水缫二挽手、药水二挽手。

2.3.10

精干绵 scoured waste silk

绢纺原料精练后,经过水洗、脱水、烘干制成洁净、蓬松、柔软、干燥适宜的半制品。

2.3.11

回绵 reusable spun silk waste

制绵、纺丝加工过程中产生的可回用的半制品。

2.3.12

桑蚕绵球 mulberry silk tops

将圆梳制绵加工的精梳绵片经延展工序加工,制成定长定重的绵带绕成的球状体。

2.3.13

落绵 silk noil

经精梳机梳理提取精绵后落下的短纤维。圆型梳绵机的落绵称为圆梳落绵;直型精梳机的落绵称为精梳落绵。

3 织物

3.1

丝织物 silk fabrics

丝绸

以蚕丝、化学纤维长丝或以其为主要原料织成的各种织物。按织物的组织、加工工艺、质地和外观效应,可分为纺、绉、缎、绫、纱、罗、绒、锦、绡、呢、葛、绨、绢、绸等十四大类。

3.1.1

桑蚕丝织物 mulberry silk fabric

以桑蚕丝纯织或以其为主与其他纱线交织的丝织物。

3.1.1.1

纯桑蚕丝织物 pure mulberry silk fabric

经丝和纬丝均采用桑蚕丝织造的丝织物。一般以双绉、素绉缎、电力纺等为典型品种。

3.1.1.1.1

双绉 crepe de chine

采用平纹组织,以弱捻或无捻桑蚕丝作经,两根左捻、右捻强捻桑蚕丝作纬交替织造,绸面呈均匀绉效应的纯桑蚕丝织物。

3.1.1.1.2

素绉缎　plain crepe satin

采用弱捻或无捻桑蚕丝作经,两根左捻、右捻桑蚕丝作纬交替织造,织物组织为经面缎纹,经整理后一面光泽良好,一面呈明显绉效应的织物。

3.1.1.1.3

电力纺　power woven habotai

采用平纹组织,经、纬丝均采用弱捻或无捻桑蚕丝所织成的织物。

3.1.2

交织物　mixed fabric

以不同种类的丝织原料分别作经、纬交织而成的各种丝织物。

3.1.3

桑蚕绢丝织物　mulberry spun silk fabric

绢纺绸

以桑蚕绢丝纯织或以其为主与其他纱线交织的织物。

3.1.4

桑蚕绸丝织物　mulberry noil silk fabric

绵绸

以桑蚕绸丝纯织或以其为主与其他纱线交织的织物。

3.1.5

柞蚕丝织物　tussah silk fabric

以柞蚕丝纯织或以其为主与其他纱线交织的织物。

3.1.6

柞蚕绢丝织物　tussah spun silk fabric

以柞绢丝纯织或以其为主与其他纱线交织的织物。

3.1.7

桑蚕双宫丝织物　mulberry douppion silk fabric

双宫绸

经、纬丝全部或部分采用双宫丝的织物。

3.1.8

再生纤维素丝织物　regenerated cellulose filament fabric

以再生纤维素纤维为主要原料纯织或交织的丝织物。

3.1.8.1

富春纺　fu-chun rayon taffeta

经丝为再生纤维素长丝、纬丝为再生纤维素短纤纱交织成的平纹织物。

3.1.8.2

美丽绸　rayon linung twill

以纯再生纤维素纤维为原料的绫类丝织物。

3.1.9

合成纤维丝织物　synthetic filament yarn fabric

以合成纤维长丝为主要原料纯织或交织的丝织物。

3.1.9.1

尼丝纺　nylon shioze

尼龙纺

经丝、纬丝均采用锦纶丝织成的平纹丝织物。

3.1.9.2

桃皮绒　peach skin fabric

经丝或纬丝用细旦涤纶丝织成,并经磨毛、砂洗等整理,绸面有明显毛茸绒感的织物。

3.1.9.3

麂皮绒　suede nap

经丝或纬丝采用海岛丝等极细旦合成纤维织成,并经磨毛、砂洗等整理,绸面有明显麂皮绒感的织物。

3.1.9.4

水洗绒　washed velvet fabric

经丝、纬丝用收缩率不同的细旦涤纶丝织成的、不经磨毛而具有绒感的织物。

3.1.9.5

涤塔夫　polyester taffeta

经丝、纬丝采用涤纶丝织成的,经、纬密度较高的平纹组织丝织物。

3.1.10

桑蚕丝氨纶弹力丝织物　mulberry silk/spandex elastic fabric

以桑蚕丝为主要原料,并含有氨纶纤维的具有弹性的丝织物。

3.1.11

蚕丝装饰织物　decorative silk fabric

以蚕丝为主要原料,作为装饰用的丝织物。

3.1.12

丝织被面　jacquard quilt cover

用作被褥或被子面层的独幅丝织物。以重纬组织为主,花样布局以中心独花和两边对称花及四个角花组成;可分为软缎被面、织锦被面和线绨被面三类。

3.1.13

锦、缎类丝织物　brocade and satin of silk fabrics

经、纬丝无捻或加弱捻,先染后织,以经面缎面或斜纹为地、纬起花、色彩多于三色的提花织物。

3.1.13.1

织锦缎　satin brocade

经丝采用桑蚕丝或粘胶长丝,纬丝采用不同色彩的染色粘胶长丝或金银丝色织的纬三重锦类丝织物。可分为桑蚕丝织锦缎、人丝织锦缎和交织织锦缎三类。

3.1.13.2

古香缎　soochow brocade

经、纬原料与织锦缎完全相同,其组织结构略异于织锦缎,是纬二重锦类丝织物。可分为人丝古香缎和交织古香缎两类。

3.1.14

丝绒织物　silk velvet fabric

以蚕丝或蚕丝与粘胶长丝交织成上、下两层织物,经割绒和后整理,织物表面具有耸立绒毛的花、素丝织物。

3.1.14.1

金丝绒　pleuche

以蚕丝和粘胶长丝为原料交织,地组织为平纹,用双层织造的经起绒丝织物。

3.1.14.2

漳绒　Zhangzhou brocaded velvet

以全蚕丝为原料织成的单层起毛杆织造的经起绒织物,在缎纹地组织上织入起绒杆形成绒圈花纹,再经通绒整理加工形成经起绒织物,以缎纹地和绒毛构成花纹。

注:起源于中国福建漳州地区。

3.1.14.3

漳缎　Zhangzhou velvet satin

以全蚕丝织成的单层起毛杆织造的经起绒织物,在缎纹地组织上织入起绒杆形成绒圈花纹。

注:起源于中国福建漳州地区。

3.1.14.4

乔其绒　georgette velvet

以强捻蚕丝作底经、底纬,地组织为1/2经重平纹,以粘胶长丝作绒经,用双层织造方法生产的经起绒织物。

3.1.14.5

烂花绒　burnt-out velvet

以桑蚕丝、锦纶丝或涤纶丝等作底经、底纬,用粘胶长丝作绒经,经割绒、烂花处理后,织物表面具有绒毛花纹的丝绒织物。

3.1.15

坯绸　greige

未经精练处理的丝织物。

3.1.16

练白绸　degummed silk

经精练处理的丝织物。

3.1.17

漂白绸　bleached silk

经精练和漂白处理的丝织物。

3.1.18

色织绸　yarn-dyed silk

用染色丝织成的丝织物。

3.1.19

印花绸　printed silk

用染料、涂料或其他印花材料将丝织物印成各种花纹图案和色彩的绸。

3.1.20

染色绸　dyed silk

用染料或颜料将丝织物染成各种颜色的绸。

3.1.21

扎染绸　tie-dyed silk

用纱线将坯绸的一定部位结扎,然后进行染色,去掉结扎线而得各种花纹的丝织物。

3.1.22

印经绸　warp printed fabric

将经丝与极稀的纬丝交织(称假织)的经面先印以花纹,在织造同时将假织的纬丝割除,而经丝和纬丝交织成绸面具有隐约印花花纹的花或素丝织物。

3.1.23

段染绸 space-dyed fabric

用段染方法染成的具有段条状色彩的丝织物。

3.1.24

素织物 plain fabric

用平纹、斜纹和缎纹的三元组织及其变化组织,织成绸面平整素洁的丝织物。

3.1.25

提花绸 figured silk

利用提花机构织成的绸面呈现明显花纹的丝织物。

3.1.25.1

小提花绸 dobby design fabric

采用多臂机织成绸面呈现各种细小花纹的丝织物。

3.1.25.2

大提花绸 jacquard fabric

采用提花机织成绸面呈现明显大花纹的丝织物。

3.2

针织物 knitted fabric

用织针等成圈机件将纱线形成线圈,并使线圈相互穿套联接而成的织物。

3.2.1

桑蚕丝针织绸 mulberry silk knitted fabric

由桑蚕丝编织成圈而形成的织物称为桑蚕丝针织绸,分为经编针织绸和纬编针织绸。

3.2.1.1

桑蚕丝纬编针织绸 mulberry silk weft-knitted fabrics

一根或数根桑蚕丝沿织物纬向喂入针织机的工作针上,有顺序地弯曲成圈,并相互穿套联结而成圆筒状的针织物。

3.2.1.2

桑蚕丝经编针织绸 mulberry silk warp-knitted fabric

一组或数组桑蚕丝沿织物纵向喂入针织机的工作针上,编织成圈并相互穿套联接而构成的针织物。

3.3

丝绸典型品种 typical varieties of silk

历史悠久、文化底蕴深厚、传统经典或具有代表性的丝织物或制品。

3.3.1

云锦 Yun brocade

以纯桑蚕丝或桑蚕丝作经丝、有光粘胶长丝色丝和(或)金银丝作纬的色织提花锦类丝织物。采用大型传统花楼织机,由两人分上下楼手工织造。采用"挑花结本、通经断纬、挖花盘织、夹金织银"等工艺。分为"库锦、库缎、妆花"三类。

注:明清时南京专设江宁织造局织造云锦以供宫廷之需。

3.3.2

宋锦 Song brocade

以纯桑蚕色丝作经丝,有光粘胶长丝色丝作纬丝,纬丝显花的色织提花锦类丝织物。分为"大锦、小锦、盒锦"三类。

注:原产于苏州。一般用于书、画装帧裱贴。

3.3.3

蜀锦 Shu brocade

以桑蚕色丝或粘胶长丝色丝作为主要原料的色织提花锦类丝织物。常以多重彩经或彩纬起花,分为"经锦"和"纬锦"两类。

注:是古蜀郡(现四川省)生产的具有民族特色和地方风格的多彩织锦。

3.3.4

壮锦 Zhuang brocade

以棉纱作经和桑蚕丝作纬色织的提花锦类丝织物。近代壮锦采用染色桑蚕丝、粘胶长丝和金银皮为原料,用提花机制织,缎纹地上显现纬花。

注:壮族民族传统织锦工艺品。

3.3.5

缂丝 kossu fabric

刻丝

克丝

以生丝作经丝,各色熟丝作纬丝的锦类丝织物,采用通经回纬的方法织造,即经线纵贯织物,而各色纬线仅在图案需要处用多把小梭子按色彩分别挖织与经线交织而不贯穿全幅。

注:中国传统工艺美术织品。

3.3.6

丝织像景 photographic weaving

桑蚕色丝或桑蚕色丝与粘胶长丝交织,图案以人像、风景、国画等为题材的提花丝织物。它有黑白像景和彩色像景两种。

3.3.7

莨纱绸 gambiered gauze

香云纱

拷绸

经茨莨液浸渍处理的桑蚕丝生织提花绞纱或绸类丝织物。分为莨纱和莨绸两类。

注:中国传统丝织物。

3.3.8

杭纺 Hangzhou habotai

以生丝或土丝为原料的生织纺类丝织物。

注:产地杭州。

3.3.9

杭罗 Hangzhou silk leno

以桑蚕丝为原料,全部或部分采用绞纱组织,纱孔明显地呈纵条、横条状分布的花、素织物。分为横罗、直罗和花罗三类。

注:产地杭州。

3.3.10

爱的丽斯绸 adelis silk

舒库拉绸

采用我国古老的扎经染色法工艺,按图案的要求,在经纱上扎结进行染色。扎结完成后再分层染色、整经、织绸。绸面图案沿经向上下形成似流苏纹和木梳纹。

注:为新疆维吾尔族妇女的传统特色用绸。

3.3.11

蚕丝被 silk quilt

填充物含桑蚕丝和(或)柞蚕丝50%及以上的被类产品。分为纯蚕丝被和混合蚕丝被两类。填充物含100%蚕丝的为纯蚕丝被,填充物含50%及以上蚕丝的为混合蚕丝被。

4 生产工艺

4.1

制丝工艺 raw silk production process

将蚕茧通过烘茧、混茧、剥茧、选茧、煮茧、缫丝、复整等生产工序流程,按一定的工艺要求加工成生丝的过程。

4.1.1

烘茧 cocoon drying

用热烘杀蚕蛹并使蚕茧干燥到规定程度的工序,即蚕茧的干燥加工。

4.1.2

混茧 cocoon mixing

制丝过程中,根据工艺要求将单庄口或多庄口性状相近的蚕茧进行均匀混合的工序。

4.1.3

剥茧 cocoon stripping

制丝过程中,根据工艺要求将茧衣剥除的工序。

4.1.4

选茧 cocoon sorting

制丝过程中,根据工艺要求对蚕茧进行分类的工序。一般需要按茧形大小、茧层厚薄、茧的色泽差异以及是否有疵点及其严重程度等进行选别。

4.1.5

煮茧 cocoon stewing

制丝过程中,根据工艺要求利用水、蒸汽和红外线等煮熟蚕茧的工序。

4.1.6

缫丝 reeling

制丝过程中,将若干根茧丝顺序抽出,依靠丝胶抱合胶着而成生丝,并将生丝卷绕于小籆上的工序。

4.1.7

索绪 cocoon brushing

制丝过程中,从煮熟茧和落绪茧的茧层表面引出绪丝的工序。

4.1.8

理绪 end picking

在制丝过程中,将索绪得到的有绪茧,除去杂乱的绪丝整理成一茧一丝的正绪茧的工序。

4.1.9

添绪 end feeding

在制丝过程中,将有绪茧送入缫丝槽,绪丝交给发生落细的绪头的工序。

4.1.10

复摇 re-reeling

扬返

在制丝过程中,把小籆上的生丝卷绕到大籆或丝筒上的工序。同时使生丝适当干燥、清除生丝上的部分疵点、具有一定的卷绕形式。

4.1.11

　　整理　finishing

　　在制丝过程中,将复摇所得的丝片进行编丝、检查、绞丝、打包、配色成批的工序。

4.1.12

　　烘折　drying discount of fresh cocoon

　　蚕茧干燥前对干燥后的重量百分比。习惯上指烘得 100 kg 干茧所需鲜茧千克数。

4.1.13

　　烘率　drying percentage of cocoon

　　烘茧后干茧重量对烘茧前鲜茧重量的百分率。

4.1.14

　　茧层率　cocoon shell percentage

　　茧层重量占全茧重量的百分率。

4.1.15

　　茧丝量　bave weight

　　一粒茧所缫得丝的重量。

4.1.16

　　茧丝长　bave length

　　一粒茧所缫得丝的总长度。

4.1.17

　　解舒　reelability

　　缫丝时,茧丝从茧层上离解的难易程度。

4.1.18

　　解舒丝长　non-breaking length of bave

　　平均添绪一次所能缫取丝的长度。

4.1.19

　　解舒率　reelability percentage

　　解舒丝长对茧丝长的百分率。

4.1.20

　　缫折　reeling discount

　　干茧重量对生丝重量的百分率。习惯上指缫得 100 kg 生丝所需干茧的千克数。

4.1.20.1

　　毛折　gross cocoon discount

　　按未经剥选蚕茧重量来计算的缫折。

4.1.20.2

　　光折　de-flossed cocoon percentage of raw silk

　　按剥选后的光茧重量所计算的缫折。

4.1.21

　　出丝率　raw silk percentage of cocoon

　　生丝重量对所消耗的干茧重量的百分率。

4.1.22

　　回收率　recycling percentage of tussah silk

　　柞蚕茧丝量占纤维总量的百分率。

4.1.23

茧丝纤度　bave size

单粒蚕茧所抽得的茧丝的粗细程度。一般以旦尼尔(den)来表示其单位。

4.1.24

丝素　fibroin

蚕丝的两种主要成分之一,是构成蚕丝主体不溶于水的纤维状蛋白质。

4.1.25

丝胶　sericin

蚕丝的两种主要成分之一,是一种能溶于水的包围并粘在丝素表面的球型蛋白质。

4.2

绢纺工艺　silk spinning process

将绢纺原料用化学方法去胶脱脂,以物理机械方法消除蛹屑、杂质并切短较长纤维,经梳理、牵伸、加捻等工序,把丝纤维加工成优良绢纺纱的过程。

4.2.1

原料选别　sorting of waste silk

根据原料的品质对原料进行分级和合并,并去除部分杂质及初步扯松原料的工序。

4.2.2

精干绵选别　sorting of refined waste silk

按精干绵品质进行分级,剔除混杂其中的非丝纤维、金属物及精练不良原料,并对纤维进行初步扯松的工序。

4.2.3

精干绵给湿　moistening of refined waste silk

在精干绵上喷洒助剂和水,并在一定的温度和相对湿度下,平衡数小时,使之均匀渗透的工序。

4.2.4

精干绵配绵　mixing of refined waste silk

根据精干绵品质及所纺绢丝的质量要求,把若干种精干绵按一定比例配合成混合绵的工序。

4.2.5

开绵　waste silk opening

将精干绵调和球初步开松、混合、去除部分杂质,制成一定规格及厚薄均匀的绵张,并绕成开绵球的工序。

4.2.6

切绵　filling

将开绵绵张或圆梳落绵绵张进一步开松、除杂、混合,切断超长纤维并制成一定规格"棒绵"的工序。

4.2.7

棒绵　fringe

将切绵锡林上两针板间的定长、定重纤维层卷取在绵杆上形成的半制品的工序。

4.2.8

圆梳制绵　dressing process of silk spinning

利用圆型梳绵机对棒绵进行加工,通过精细的梳理,使受梳纤维成为伸直平行的单纤维,清除杂质,去除部分短纤维和绵结,制成符合质量要求的精梳绵片的工序。

4.2.9

排绵　picking draft

检查精梳绵片质量,剔除精梳绵片中梳理不良的束丝、绵结、杂质及非丝纤维,同时将精梳绵片扯成一定重量的小块,再折成一定宽度的绵片的工序。

4.2.10

梳绵　dressing

利用罗拉式或盖板式梳理机将纤维梳理成一定平行顺直度的单纤维,去除部分杂质,均匀混和纤维,并制成绵条的工序。

4.2.11

精梳制绵　combing process of silk spinning

利用直型精梳机及相关设备,通过对纤维精细的梳理,使受梳纤维成为伸直平行的单纤维,清除杂质,去除部分短纤维和绵结,制成符合质量要求的精梳绵条的工序。

4.2.12

理条　preparing gill

对梳绵条进行并合与牵伸,提高纤维的均匀混合及平行伸直度,消除部分弯钩,改善绵条粗细均匀度,利于精梳机加工的工序。

4.2.13

延展　spreading

将一定重量的精绵制成定长绵带,以控制绵带特数。同时使精绵进行均匀混和,提高纤维伸直平行度的工序。

4.2.14

精绵配绵　fine drafts mixing

根据精绵的品质及所纺绢丝质量要求,将数种精绵按一定比例配合成混合精绵的工序。

4.2.15

制条　slivering

将延展绵带接长拉细,制成连续的绵条,同时使纤维进一步平行伸直的工序。

4.2.16

练条　drawing gill

通过多根精梳绵条的并合与牵伸,改善绵条的粗细均匀度,提高纤维的平行伸直度及混合均匀度的工序。

4.2.17

延绞　first roving

将末道绵条进一步拉细,同时利用针辊的分梳,分散绵条中的集束短纤维,有利于减少纱疵的工序。

4.2.18

粗纱　roving

将延绞条子(或末道绵条)进一步拉长抽细,同时将须条加上适当捻度,并卷绕成适当卷装的工序。

4.2.19

精纺　spinning

将粗纱纺制成一定粗细的细纱,加上适当捻度,并卷绕成一定形状的卷装的工序。

4.2.20

络筒　winding

去除纱线表面糙节或疵点,把纱线卷绕成较大容量的一定形状卷装的工序。分单纱络筒和股线络筒。

4.2.21

烧毛　singeing

通过烧和摩擦的方法,去除绢丝表面毛羽和绵结的工序。

4.2.22

摇绞　silk reeling

将烧毛筒子退绕,绕成一定重量绞纱的工序。

4.2.23

节取　skein-finishing

人工对摇绞后的绢丝进行质量检验,剔除病疵的工序。

4.2.24

成包　bale packing

将节取后的绞纱按规定要求打成标准包装的工序。

4.3

织造工艺　weaving process

将经准备加工后丝、纱线等织造原料分成经线和纬线,并按一定的组织规律相互交织形成丝织物的加工过程。

4.3.1

浸渍　dipping

浸泡

将桑蚕丝浸泡在浸渍液中,去除部分丝胶,消除硬篦角,使丝身柔软而富有弹性的工序。

4.3.2

着色　coloration

将丝线着以一定颜色,以区别原料的品种、粗细、捻向等工序。分为涂色、喷色、浸渍染色等几种。

4.3.3

络丝　silk winding

将绞装桑蚕丝卷绕于篦子或有边筒子上的工序。

4.3.4

倒筒　rewinding

将一种筒子上的丝线卷绕于另一种筒子上的工序。

4.3.5

并丝　string

将两根及两根以上的丝并合在一起的工序。

4.3.6

捻丝　silk throwing

将丝线加以一定捻度的工序。

4.3.6.1

弱捻　soft twist

1 000 捻/m 以下的捻度。

4.3.6.2

中捻　medium twist

1 000 捻/m 至 2 000 捻/m 之间的捻度。

4.3.6.3

强捻　hard twist

2 000 捻/m 以上的捻度。

4.3.7

倍捻 double twisting

加捻时锭子回转一周形成两个捻度的工序。

4.3.8

捻缩 twist shrinkage

丝线经加捻后,其缩短的长度即为捻缩;缩短长度和原长度之比即为捻缩率。

4.3.9

定形 setting

丝线定捻

将丝线在一定温度和湿度中经一定时间处理,使因加捻丝产生的扭矩获得稳定,不产生皱缩的工序。

4.3.10

成绞 skeining

将筒装丝线卷绕成绞丝的工序。

4.3.11

整经 beaming

将筒子或筱子上的丝线,按织物规格的需要卷成一定经丝数、密度、长度和幅度的经轴,供浆丝或织造用作经丝的工序。分为分条整经、分轴整经、分批整经。

4.3.12

浆经 beam sizing

将经轴上无捻或弱捻的经丝进行上浆,表面形成耐磨的浆膜,浆液渗入纤维间将单纤维粘合形成良好抱合力成为经轴的工序。分为热风式浆丝、烘筒式浆丝和联合式浆丝。

4.3.13

卷纬 copping

将丝线卷绕成符合织造要求并适合梭子形状的纡子,供织造时用作纬丝的工序。

4.3.14

精密络筒 accuracy winding

将丝线卷绕于筒子上时,成形精密良好,退绕顺利而卷装量大的工序。

4.3.15

接经 warp piecing

将新经轴上的经丝循次地与织机上用完的经轴上的经丝对接起来的工序。分手工接经和机器接经。

4.3.16

装造 jacquard tie

在织造前,按织物设计的要求,将综丝、通丝、直针、横针有机结合起来,并选择合理的穿综和穿筘方法的准备工作,以利织出一定的织物组织和花纹。分素机装造和花机装造。

4.3.17

纹样 pattern

按提花织物要求绘制的花样。

4.3.18

勾边 pattern bordering

用毛笔蘸着事先设计好的颜色水粉,依照纹样放大的铅笔线,均匀圆滑地涂出花纹组织点轮廓曲线。分为自由勾边、平纹勾边和变化勾边。

4.3.19

点间丝　cutting point

在平涂的花纹块面上加上组织点,用以限制过长的经浮线或纬浮线。分平切、活切和花切。

4.3.20

意匠图　pattern grid

将设计好的纹样放大到各种规格的意匠纸上,同时根据纹、地组织和装造条件,在花纹面积内进行组织点覆盖,用以指导纹板轧孔工作的图样。它的纵格代表经丝(或纹针),横格代表纬丝(或纹板)。

4.3.21

纹板轧制与编排　card punching and numbering

按照意匠图,用孔洞将织物组织点的起落轧制在规定的纹板上,作为提花机的织花信号,并将纹板按顺序用线串联起来,编排成可供指挥提花机直针提升的纹板链。

4.3.22

绸缎规格　specification of silk fabric

表示绸缎原料的组成、织物组织的要素、加工过程的参数。主要由品号、品名、经纬原料、织物组织、幅宽、经纬密度、绸重、筘号、筘幅穿入等织造要素所组成。

4.3.23

品号　article number

根据丝织物的原料、组织结构等进行的统一编号。

4.3.24

绸重　weight of silk fabric

单位面积上丝织物的重量,常用每平方米克重(g/m^2)表示。在实际生产和贸易中,也常用姆米(m/m)表示,$1\ m/m = 4.305\ 6\ g/m^2$。

4.4

染整工艺　dyeing and finishing process

采用染化料配方和工艺参数的设置(如温度、时间、压力、速度、浴比等),使丝织物达到所需颜色或品质的加工过程。

4.4.1

精练　scouring

脱胶

运用物理和化学的方法,除去蚕丝丝胶、杂质、色素的工序。

4.4.1.1

吊攀精练　hang scouring

吊练

坯绸经退卷、码绸、钉攀、穿杆,挂在方形练槽内精练的方法。

4.4.1.2

平幅精练　open width scouring

坯绸以平幅状态精练的方法。

4.4.1.3

星形架精练　star-frame scouring

将坯绸圈挂在星形架上,吊入圆筒精练槽精练的方法。

4.4.1.4

高温高压精练　high temperature and pressure scouring

坯绸在高温高压设备上进行精练的方法。

4.4.1.5

悬挂式喷射绞丝精练 **hanging jet hank scouring**

丝线在喷射绞丝设备上进行精练的方法。

4.4.1.6

皂碱法精练 **soap-alkali degumming**

以肥皂和纯碱作为主练剂的精练方法。

4.4.1.7

碱-合成洗涤剂精练 **alkali-synthetic detergent degumming**

以纯碱和表面活性剂作为主练剂的精练方法。

4.4.1.8

酶精练 **enzymatic degumming**

以生物酶作为主练剂的精练方法。

4.4.2

轧水打卷 **padding and batching**

将精练脱胶后 S 码或圈码状态的蚕丝织物,通过轧水机浸轧水后卷成平幅绸卷的工序。

4.4.3

练减率 **degumming loss percentage**

坯绸或丝线在精练(脱胶)过程中重量减少的百分率。

4.4.4

丝绸漂白 **silk bleaching**

将蚕丝织物进行氧化(还原)漂白的工艺技术。

4.4.5

印花 **printing**

将染料、颜料和其他印花材料的色浆按设计好的花色印、泼或绘在织物上的工序。

4.4.5.1

直接印花 **direct printing**

将染料、颜料和其他印花材料的色浆直接印在织物上的印花方法。

4.4.5.2

拔染印花 **discharge printing**

雕印

织物先染色后印花,通过色浆中拔染剂和助拔剂破坏地色而在有色织物上显示图案的印花方法。分拔白印花和色拔印花。

4.4.5.3

印经印花 **printed warp printing**

先在假织的织物上印花,蒸化水洗烘干后,将假织的纬线割除,再进行织造的印花方法。

4.4.5.4

烂花印花 **burnt-out printing**

将腐蚀性化学药品印在多组分纤维组成的织物上,经烘干、焙烘、水洗后,使某一纤维破坏而形成凹凸图案的印花方法。

4.4.5.5

手绘印花 **hand-draw printing**

用手工将颜料或染料绘或泼在织物上,形成一定花纹图案的印花方法。

4.4.5.6

数码印花 digital printing

应用数码印花机将印花墨水直接喷印在织物上,形成花纹图案的印花方法。

4.4.5.7

手工台板印花 hand table printing

在印花台板上,用手工的方式将印花色浆印制在织物上的印花方法。

4.4.5.8

连续平网印花 continuous flat screen printing

印花网框为平网,印花为连续自动刮印的印花方法。

4.4.6

砂洗 sand washing

通过碱剂、专用砂洗剂或浮石的作用,使织物表面形成短密、均匀绒面的工序。

4.4.7

染色 dyeing

将染化料和坯绸等发生化学反应,让坯绸染上各种色彩的工序。

4.4.7.1

段染 space dyeing

在绞纱或织物上,每间隔不定距离,形成不同颜色的染色方法。

4.4.7.2

渐近色染色 progressive shade dyeing

织物经向或纬向颜色渐变的染色方法。

4.4.7.3

卷染 jig dyeing

在卷染机上,织物呈平幅状态的染色方法。

4.4.7.4

绳染 rope dyeing

在绳状机或溢流染色机上,织物呈绳状的染色方法。

4.4.7.5

吊染 hang dyeing

织物呈平幅状态挂在方形架或星形架上的染色方法。

4.4.8

整理 finishing

丝绸织物在精练、染色或印花后改善和提高其品质的工序。

4.4.8.1

呢毯整理 blanket finishing

织物在精练、染色后或印花水洗后,在呢毯机上进行整纬、烘干和柔软整理的方法。

4.4.8.2

热风拉幅整理 hot air stenter finishing

织物在精练、染色或印花水洗后,在热风拉幅机上进行整纬、拉幅、烘干等整理的方法。

4.4.8.3

单辊筒整理 single-cylinder finishing

织物在精练、染色或印花水洗后,在单辊筒整理机上进行整纬、烘干的方法。

4.4.9

增重 silk weighting

用化学整理方法使蚕丝或织物增加重量的工艺技术。

4.4.10

保胶 sericin protecting

一种能使蚕丝或制品的丝胶不溶解或少量溶解的工艺技术。

4.4.11

丝鸣 silk scroop

丝与丝之间因摩擦而产生轻微声音的现象。

索　引

英文对应词索引

M

N

O

P

T

ICS 59.080.30
W 43

中华人民共和国国家标准

GB/T 26381—2011

合成纤维丝织坯绸

Synthetic filament weaved gray fabrics

2011-05-12 发布

2011-09-15 实施

中华人民共和国国家质量监督检验检疫总局
中国国家标准化管理委员会 发布

前　言

本标准按照 GB/T 1.1—2009《标准化工作导则　第 1 部分:标准的结构和编写》给出的规则起草。

本标准由中国纺织工业协会提出。

本标准由全国丝绸标准化技术委员会(SAC/TC 401)归口。

本标准起草单位:浙江丝绸科技有限公司、浙江新中天控股集团有限公司、浙江东方华强纺织印染有限公司、国家丝绸及服装产品质量监督检验中心。

本标准主要起草人:周颖、洪桂焕、杭志伟、徐杏木、龚征兵。

合成纤维丝织坯绸

1 范围

本标准规定了合成纤维丝织坯绸的术语和定义、要求、试验方法、检验规则、包装和标志。

本标准适用于评定各类合成纤维丝织坯绸品质。

2 规范性引用文件

下列文件对于本文件的应用是必不可少的。凡是注日期的引用文件，仅注日期的版本适用于本文件。凡是不注日期的引用文件，其最新版本（包括所有的修改单）适用于本文件。

GB/T 8170 数值修约规则与极限数值的表示和判定

GB/T 15552 丝织物试验方法和检验规则

FZ/T 01053 纺织品 纤维含量的标识

3 术语和定义

下列术语和定义适用于本文件。

3.1

合成纤维丝织坯绸 synthetic filament weaved gray fabrics

采用聚酯、聚酰胺等合成纤维长丝为主要原料制成的未经练白、染色、印花等后整理的丝织物。

4 规格

合成纤维丝织坯绸的规格按贸易双方的合同或协议执行。

5 要求

5.1 合成纤维丝织坯绸的要求包括密度偏差率、纤维含量偏差、断裂强力、撕破强力等内在质量和幅宽偏差率、外观疵点等外观质量。

5.2 合成纤维丝织坯绸的评等以匹为单位。纤维含量偏差、断裂强力、撕破强力、染后经柳按批评等。密度偏差率、外观质量按匹评等。

5.3 合成纤维丝织坯绸的品质由内在质量、外观质量中的最低等级项目评定。其等级分为优等品、一等品、二等品，低于二等品的为等外品。

5.4 合成纤维丝织坯绸的内在质量分等规定见表1。

表 1 内在质量分等规定

项 目		指 标		
		优等品	一等品	二等品
密度偏差率/%	经向	±2.0	±3.0	±4.0
	纬向			
纤维含量偏差[a]（绝对百分比）/%		按 FZ/T 01053 执行		
断裂强力/N ≥		300		
撕破强力/N ≥		10.0		
染后经柳		不允许	不明显	不明显
注：特殊用途、特殊结构的品种其断裂强力、撕破强力可按合同或协议考核。				
[a] 须采用精练后样品。				

5.5 合成纤维丝织坯绸的外观质量分等规定见表2。

表 2 外观质量分等规定

项 目		指 标		
		优等品	一等品	二等品
幅宽偏差率[a]/%	普通坯绸	+1.0～−2.0	+3.0～−3.0	
	纬向弹力坯绸	+1.0～−5.0	+2.0～−6.0	
外观疵点评分限度/（分/100 m²） ≤		10	20	40
[a] 经、纬双向含氨纶的弹力合成纤维丝织坯绸可不考核。				

5.6 合成纤维丝织坯绸外观疵点评分见表3。

表 3 外观疵点评分表

序号	疵点	分 数			
		1	2	3	4
1	经向疵点	8 cm 及以下	8 cm 以上～16 cm	16 cm 以上～24 cm	24 cm 以上～100 cm
2	纬向疵点	8 cm 及以下	8 cm 以上～半幅	—	半幅以上
	纬档[a]	—	普通	—	明显
3	轻微污渍	8 cm 及以下	8 cm 以上～16 cm	16 cm 以上～24 cm	24 cm 以上～100 cm
4	破损性疵点、严重污渍	—	1.0 cm 及以下	——	1.0 cm 以上
5	边疵[b]	经向每 100 cm 及以下	—	—	—
注：序号1、2、3、4、5中的外观疵点归类参见附录A。					
[a] 纬档以经向 10 cm 及以下为一档。					
[b] 深入内幅 3 cm 及以内的疵点按边疵评分，边疵深入内幅 1.5 cm 及以内不评分。					

5.7 合成纤维丝织坯绸外观疵点的评分说明：

   a) 外观疵点的评分采用有限度的累计评分。

   b) 外观疵点长度以经向或纬向最大方向量计。

   c) 经向 1 m 内累计评分最多 4 分，超过 4 分按 4 分计。

   d) "染后经柳"不明显，定等限度为二等品，"染后经柳"明显，定等限度为等外品。

   e) 严重的连续性疵点每米评 4 分，超过 4 m 降为等外品。

   f) 优等品、一等品内不允许有轧梭档、拆烊档、开河档等严重疵点。

5.8 每匹合成纤维丝织坯绸允许分数由式(1)计算得出，计算结果按 GB/T 8170 修约至整数。

$$q = \frac{c}{100} \times l \times w \qquad\qquad\qquad\qquad (1)$$

式中：

   q——每匹允许分数，单位为分；

   c——每百平方米评分限度，单位为分每百平方米（分/100 m²）；

   l——匹长，单位为米（m）；

   w——幅宽，单位为米（m）。

6 试验方法

6.1 合成纤维丝织坯绸的试验方法按 GB/T 15552 执行。

6.2 染后经柳试验方法按附录 B 执行。

7 检验规则

合成纤维丝织坯绸的检验规则按 GB/T 15552 执行。

8 包装和标志

8.1 合成纤维丝织坯绸包装为卷装或匹装。

8.2 包装应牢固，便于仓贮及运输。

8.3 标志应明确、清晰、耐久、便于识别。

8.4 每匹坯绸应吊标签一张，注明生产企业名称、地址、品名、原料名称及含量、幅宽、长度、等级等。

9 其他

特殊品种及用户对产品及包装等有特殊要求，可按合同或协议执行。

附　录　A

（资料性附录）

外观疵点归类表

表 A.1

序号	疵点名称	说　　明
1	经向疵点	宽急经柳、粗细柳、笳柳、笳路、导钩痕、辅喷痕、多少捻、缺经、断通丝、错经、碎糙、夹糙、夹断头、断小柱、叉绞、分经路、宽急经、错通丝、综穿错、笳穿错、单片头、双经、粗细经、夹起、懒针、煞星、渍经等。
2	纬向疵点	破纸板、多少起、抛纸板、错花、跳梭、煞星、柱渍、轧梭痕、笳锈渍、带纬、断纬、缩纬、叠纬、坍纬、糙纬、渍纬、皱印、杂物织入、百脚等。
	纬档	松紧档、撬档、撬小档、顺纤档、多少捻档、粗细纬档、缩纬档、急纬档、断花档、通绞档、毛纬档、拆毛档、停车档、渍纬档、错纬档、糙纬档、拆烊档、开河档。
3	轻微污渍	洗渍、霉渍、字渍等。
4	破损性疵点 严重污渍	蛛网、披裂、拔伤、空隙、破洞、擦伤等。 色渍、锈渍、油污渍。
5	边疵	宽急边、木耳边、粗细边、卷边、边糙、吐边、边修剪不净、针板眼、边少起、破边等。

注1：对经、纬向共有的疵点，以严重方向评分。

注2：外观疵点归类表中没有归入的疵点按类似疵点评分。

附　录　B

（规范性附录）

染后经柳试验方法

B.1　范围

本附录规定了合成纤维丝织坯绸染后经柳试验方法。

本附录适用于合成纤维丝织坯绸染色后经柳的检验。

B.2　设备与仪器

B.2.1　染色槽（锅）。

B.2.2　温度计 0 ℃～150 ℃；分度值≤1 ℃。

B.2.3　天平：分度值≤0.01 g。

B.2.4　加热装置。

B.2.5　定时器。

B.3　试剂

B.3.1　精练用试剂

B.3.1.1　纯碱，2 g/L。

B.3.1.2　氢氧化钠，4 g/L。

B.3.1.3　洗涤剂 209，1 g/L。

B.3.1.4　保险粉，2 g/L。

B.3.2　染色用试剂

B.3.2.1　染料分散蓝 2BLN，1.0％（O.W.F）。

B.3.2.2　染料中性灰 2BL，1.0％（O.W.F）。

B.3.2.3　乙酸-乙酸钠溶液：称 100 g 乙酸钠溶于 600 mL 蒸馏水中，加入 200 mL 乙酸，充分搅拌，用蒸馏水稀释至 1 L。

B.3.2.4　平平加 O，1 g/L。

B.3.2.5　蒸馏水。

B.4　试样

取幅宽为全幅，长度为 0.5 m 坯绸一块。

B.5　试验程序

丝织坯绸染后经柳试验分精练和染色两步进行。

B.5.1 丝织坯绸精练程序

将含有精练试剂的溶液升温至 95 ℃±2 ℃,将试样放入精练液中精练 30 min,浴比 1:20。精练结束后用 50 ℃~60 ℃温水洗净,脱水。

B.5.2 经向为聚酯或聚酯与聚酰胺复合丝织坯绸染色程序

将 1.0%(O.W.F)分散蓝 2BLN 先用少量软水在玻璃杯或搪瓷杯中研磨至糊状,倒入适当的染色槽(锅)中,加入 1 g/L 平平加 O,并用乙酸-乙酸钠溶液调节 pH 值为酸性。染液搅拌均匀后,放入精练后的坯绸(浴比 1:20),开始升温,升温速度保持在 2 ℃/min~3 ℃/min,至煮沸后保温 40 min。染色过程中要经常搅动,使染液充分对流,防止染花,达到染色均匀。染色后,用 50 ℃~60 ℃温水冲洗干净。

B.5.3 经向为聚酰胺丝织坯绸染色程序

将 1.0%(O.W.F)染料中性灰 2BL 先用少量沸软水在玻璃杯或搪瓷杯中溶解,倒入适当的染色槽(锅)中,加入 1 g/L 平平加 O。染液搅拌均匀后,放入精练后的坯绸(浴比 1:20),开始升温,升温速度保持在 2 ℃/min~3 ℃/min,至煮沸后保温 40 min,染色过程中要经常搅动,使染液充分对流,防止染花,达到染色均匀。染色后,用 50 ℃~60 ℃温水冲洗干净,晾干烫平。

B.5.4 经柳的评定

B.5.4.1 评定条件

采用 D_{65} 标准光源照明,照度为 600 lx,周围无散射光,入射光与织物表面的角度成 45°,观察方向大致垂直于织物表面。

B.5.4.2 评定方法

观察坯绸表面,若存在线、条状色泽深浅明显的经向疵点,则判定为经柳。

ICS 59.080.30
W 43

GB/T 28845—2012

中华人民共和国国家标准

色织领带丝织物

Yarn-dyed silk fabrics for neckties

2012-11-05 发布

2013-06-01 实施

中华人民共和国国家质量监督检验检疫总局
中国国家标准化管理委员会 发布

前　言

本标准按照 GB/T 1.1—2009 给出的规则起草。

本标准由中国纺织工业协会提出。

本标准由全国丝绸标准化技术委员会(SAC/TC 401)归口。

本标准主要起草单位:浙江丝绸科技有限公司、浙江巴贝领带有限公司、达利丝绸(浙江)有限公司、麦地郎集团有限公司。

本标准主要起草人:周颖、屠永坚、俞丹、金耀、伍冬平。

色织领带丝织物

1 范围

本标准规定了色织领带丝织物的要求、试验方法、检验规则、包装与标志。

本标准适用于评定由桑蚕丝、再生纤维素长丝、合成纤维长丝纯织或交织的色织领带丝织物的品质。

2 规范性引用文件

下列文件对于本文件的应用是必不可少的。凡是注日期的引用文件，仅注日期的版本适用于本文件。凡是不注日期的引用文件，其最新版本（包括所有的修改单）适用于本文件。

GB/T 250 纺织品 色牢度试验 评定变色用灰色样卡

GB/T 4841.3 染料染色标准深度色卡 2/1、1/3、1/6、1/12、1/25

GB/T 8170 数值修约规则与极限数值的表示和判定

GB/T 13772.2 纺织品 机织物接缝处纱线抗滑移的测定 第2部分：定负荷法

GB/T 15551 桑蚕丝织物

GB/T 15552 丝织物试验方法和检验规则

GB 18401 国家纺织产品基本安全技术规范

FZ/T 01053 纺织品 纤维含量的标识

3 要求

3.1 色织领带丝织物的要求包括密度偏差率、质量偏差率、断裂强力、纤维含量允差、纰裂程度、水洗尺寸变化率、干洗尺寸变化率、色牢度等内在质量和色差（与标样对比）、幅宽偏差率、外观疵点等外观质量。

3.2 色织领带丝织物的评等以匹为单位。质量偏差率、断裂强力、纤维含量允差、纰裂程度、水洗尺寸变化率、干洗尺寸变化率、色牢度等按批评等。密度偏差率、外观质量按匹评等。

3.3 色织领带丝织物的品质由内在质量、外观质量中的最低等级项目评定。其等级分为优等品、一等品、二等品、三等品。低于三等品的为等外品。

3.4 色织领带丝织物基本安全性能应符合 GB 18401 的要求。

3.5 色织领带丝织物的内在质量分等规定见表1。

表 1 内在质量分等规定

项目	优等品	一等品	二等品	三等品
密度偏差率/%	±2.0	±3.0		±4.0
质量偏差率/%	±3.0	±4.0	±5.0	±6.0
断裂强力/N ≥	200			
纤维含量允差/%	按 FZ/T 01053 执行			

表 1（续）

项目			优等品	一等品	二等品	三等品
纰裂程度(负荷为 67 N)/mm ≤			6			
水洗尺寸变化率[a]/%			+2.0～−3.0	+2.0～−4.0		
干洗尺寸变化率/%			+2.0～−1.0	+2.0～−2.0		
色牢度/级 ≥	耐水	变色	4	3-4	3	
		沾色	4	3-4	3	
	耐汗渍	变色	4	3-4	3	
		沾色	4	3-4	3	
	耐热压	变色	4	3-4	3	
	耐洗[a]	变色	4	3-4	3-4	
		沾色	4	3-4	3	
	耐干洗	变色	4	4	3-4	
	耐干摩擦	沾色	4	3-4	3	
	耐湿摩擦	沾色	3-4	3.2-3(深色[b])	2-3.2(深色[b])	
	耐光	变色	4	3	3	
[a] 仅考核色织合成纤维丝织领带丝织物。						
[b] 按 GB/T 4841.3 规定,颜色大于或等于 1/12 染料染色标准深度色卡为深色,小于 1/12 染料染色标准深度色卡为浅色。						

3.6 外观质量的评定

3.6.1 外观质量分等规定见表 2。

表 2 外观质量分等规定

项目		优等品	一等品	二等品	三等品
色差(与标样对比)/级 ≥		4	3-4		3
幅宽偏差率/%	满地花	±1.5	±2.5	±3.5	±4.5
	定位花	±2			
外观疵点评分限度/(分/100m²)		0～15	16～30	31～50	51～100

3.6.2 外观疵点评分规定见表 3。

表 3 外观疵点评分规定

序号	疵点	分　数			
		1	2	3	4
1	经向疵点	8 cm 及以下	8 cm 以上～16 cm	16 cm 以上～24 cm	24 cm 以上～100 cm
2	纬向疵点	8 cm 及以下	8 cm 以上～半幅	—	半幅以上
	纬档[a]	—	普通	—	明显

表 3（续）

序号	疵点	分数			
		1	2	3	4
3	污渍、油渍 破损性疵点	—	1.0 cm 及以下	—	1.0 cm 以上
4	边疵^b	经向每 100 cm 及以下			
5	纬斜、幅不齐		—	—	3%

注：外观疵点的归类参照附录 A。

^a 纬档以经向 10 cm 及以内为一档。

^b 针板眼进入内幅 1.5 cm 及以内不计。

3.6.3 外观疵点评分说明：

   a) 外观疵点的评分采用有限度的累计评分。

   b) 外观疵点长度以经向或纬向最大方向量计。

   c) 同匹色差（色泽不匀）达 GB/T 250 中 4 级及以下，1 m 及以内评 4 分。

   d) 经向 1 m 内累计评分最多 4 分，超过 4 分按 4 分计。

   e) 严重的连续性病疵每米扣 4 分，超过 4 米降为等外品。

   f) 优等品、一等品内不允许有轧梭档、拆样档、开河档等严重疵点。

   g) 每匹色织领带丝织物最高允许分数由式（1）计算得出，计算结果按 GB/T 8170 修约至整数。

$$q = \frac{c}{100} \times l \times w \qquad\qquad\qquad (1)$$

式中：

q ——每匹最高允许分数，单位为分；

c ——每百平方允许分数，单位为分每百平方米（分/100 m²）；

l ——匹长，单位为米（m）；

w ——幅宽，单位为米（m）。

3.7 开剪拼匹和标疵放尺的规定

3.7.1 色织领带织物允许开剪拼匹或标疵放尺，两者只能采用一种。

3.7.2 开剪拼匹各段的等级、幅宽、色泽、花型应一致。

3.7.3 绸匹平均每 10 m 及以内允许标疵一次。每 3 分和 4 分的疵点允许标疵，每处标疵放尺 10 cm。标疵后的疵点不再计分。局部性疵点的标疵间距或标疵疵点与绸匹端的距离不得少于 4 m。

4 试验方法

4.1 纰裂程度的试验方法按 GB/T 13772.2 执行，试样宽度为 75 mm。

4.2 其他各项内在质量和外观质量的试验方法按 GB/T 15552 执行。

5 检验规则

色织领带丝织物的检验规则按 GB/T 15552 执行。

6 包装、标志

色织领带丝织物包装与标志按 GB/T 15551 执行。

7 其他

对色织领带丝织物的品质、包装和标志另有特殊要求者,供需双方可另订协议或合同,并按其执行。

附　录　A

（资料性附录）

外观疵点归类表

表 A.1　外观疵点归类表

序号	疵点类别	疵点名称
1	经向疵点	宽急经柳、粗细柳、筘柳、色柳、筘路、多少捻、缺经、断通丝、错经、碎糙、夹糙、夹断头、断小柱、叉绞、分经路、小轴松、水渍急经、宽急经、错通丝、综穿错、筘穿错、单片头、双经、粗细经、夹起、懒针、煞星、渍经、灰伤、皱印等
2	纬向疵点	破纸板、综框梁子多少起、抛纸板、错纹板、错花、跳梭、煞星、柱渍、轧梭痕、筘锈渍、带纬、断纬、叠纬、坍纬、糙纬、灰伤、皱印、杂物织入、渍纬等
	纬档	松紧档、撬档、撬小档、顺纹档、多少捻档、粗细纬档、缩纬档、急纬档、断花档、通绞档、毛纬档、拆毛档、停车档、渍纬档、错纬档、糙纬档、色纬档、拆烊档
3	污渍、油渍	色渍、锈渍、油污渍、洗渍、皂渍、霉渍、蜡渍、字渍、水渍等
	破损性疵点	蛛网、披裂、拔伤、空隙、破洞等
4	边疵	宽急边、木耳边、粗细边、卷边、边糙、吐边、边修剪不净、针板眼、边少起、破边、凸铗、脱铗等
5	纬斜、幅不齐	

ICS 59.080.30；01.040.59
W 40

中华人民共和国国家标准

GB/T 30557—2014

丝绸 机织物疵点术语

Silk—Terminology for defects of woven fabrics

2014-05-06 发布
2015-03-01 实施

中华人民共和国国家质量监督检验检疫总局
中国国家标准化管理委员会 发 布

前　言

本标准按照 GB/T 1.1—2009 给出的规则起草。

本标准由中国纺织工业联合会提出。

本标准由全国丝绸标准化技术委员会(SAC/TC 401)归口。

本标准起草单位:浙江丝绸科技有限公司、杭州万事利丝绸文化股份有限公司、金富春集团有限公司、达利(中国)有限公司、浙江三志纺织有限公司、苏州志向纺织科研股份有限公司、浙江巴贝领带有限公司、浙江喜得宝丝绸科技有限公司、达利丝绸(浙江)有限公司、杭州都锦生实业有限公司、岜山集团有限公司。

本标准主要起草人:周颖、伍冬平、张祖琴、盛建祥、吴岚、韩耀军、樊启平、马爽、翟涛、屠永坚、俞丹、蔡祖伍、王中华、吕迎智。

丝绸 机织物疵点术语

1 范围

本标准界定了丝绸机织物疵点术语和定义。
本标准适用于丝绸生产、技术、教学、贸易、检测、管理及其相关的领域。

2 通用术语

2.1

丝绸 silk fabrics
以蚕丝、化学纤维长丝或以其为主要原料织成的各种织物。
[GB/T 26380—2011,定义3.1]

2.2

疵点 defects
织物上呈现的可能削弱其预期性能并影响制成品外观的缺陷。
[GB/T 24250—2009,定义2.2]

2.3

织疵 woven defects
在织造过程中形成的织物疵点。

2.4

染整疵点 dyeing and finishing defects
在精练、染色、印花、整理工艺过程形成的织物疵点。

2.5

污渍及破损性疵点 stain and destructive defects
织物表面上呈现的油、污性渍疵,以及造成组织结构破坏或错乱的疵点。

2.6

边部疵点 selvedge defects
在织物边部或至边部一定距离内呈现的疵点。

2.7

绒织物疵点 defects of velvet fabrics
绒织物表面上呈现的疵点。

3 织疵

3.1

经向疵点 warp direction defects
织物经丝方向呈现出的形态各异的疵点。

3.1.1

经柳 warp streak
沿织物经丝方向呈现出有规律或无规律的一条或多条条状疵点。

3.1.2

宽急经柳 tight and slack warp streak

沿织物经丝方向呈现松弛发浮或收紧发亮的直条。

3.1.3

粗细柳 thick and thin streak

沿织物经丝方向有数根比织物规格要求粗或细的经丝织入,呈现色泽差异的经向直条。

3.1.4

浆柳 size streak

在经丝上浆的织物表面上呈现无规律、长短、明暗、宽窄不一的影条。

3.1.5

缺经 missing end;end out

沿织物经丝方向全匹或局部缺少一根至一根以上经丝,呈现一细条空路。

3.1.6

单丬头 split end

由单丝并合的经丝,其中有一根或几根单丝断掉,而使织物表面呈现缺少一根或几根单丝但组织连续的细经丝。

3.1.7

错经 off-size warp;wrong end;mixed end

织物表面上呈现出有规律或无规律的一根或数根形态色泽有明显差异的经丝。

3.1.8

宽急经 tight and slack warp

在织物经丝方向呈现松弛发浮或收紧发亮的经丝。

3.1.9

渍经 spot warp

织物经向单根或并列数根经丝沾有污渍,呈现局部或连续的污渍经。

3.1.10

水渍急经 water spot warp

织物表面沿经向呈现一条或数条无规律的极光亮丝。

3.1.11

缩经 shrunk end

织物经向呈现星状扭结或毛圈形直条。

3.1.12

双经 double warp

两根经丝重叠为一根经丝,在织物表面上呈现凸起的粗经。

3.1.13

粗细经 thick and thin end

织物经向呈现一根或几根比织物规格要求要粗或细的经丝。

3.1.14

倒断头 wild end;superfluous end

经丝断后连续形成丝圈或断头沿纬向织入。

3.1.15

综穿错 harness misdraw

平素织物经向呈现有规律的破组织细直条,或组织连续但并列的两根经丝粗细差异较大,出现凹凸状直条。

3.1.16

筘穿错　**reed misdraw**

织物经向呈现一条或几条位置不变、稀密相间的细直条。

3.1.17

筘路　**readiness**

沿织物经丝方向呈现出一条或几条不缺经的稀路或经向呈稀、密的直路。

3.1.18

筘柳　**reed streak**

沿织物经丝方向呈现一条或几条稀密不均匀而位置固定不变的直条。

3.1.19

断通丝　**broken harness**

在提花织物表面,经向出现有规律的浮经或沉经。

3.1.20

错通丝　**harness misdraw**

在提花织物表面,经向呈现有规律的破组织细直条,或组织连续但并列的两根经丝粗细差异较大,出现凹凸状直条。

3.1.21

断把吊　**broken harness leash**

在提花织物表面上,按花数,每花呈现有规律的沉经或浮经。

3.1.22

错把吊　**wrong harness leash**

在提花织物表面上,按花数,每花呈现有规律的破组织直条。

3.1.23

断弹簧　**broken pillar**

断小柱

在提花织物的正面或反面呈现有规律的单根经丝部分或全部浮起。

3.1.24

叉绞　**mark from bad leasing**；doup end

织物经丝方向呈现山峰形收紧发亮的经丝。

3.1.25

结子痕　**knot ending mark**

织物经丝方向呈现集中的结子。

3.1.26

夹断头　**knots**

在织物经丝方向呈现部分经丝宽急不匀并夹带着结子的直条,或部分经丝断头没有接好,呈现宽急不匀的断经。

3.1.27

分经路　**streak warp**

沿经丝方向呈现一条或数条宽急影条。

3.1.28

懒针　**invalid needle**

按提花织物经组织的完全循环,在每花的同一位置上都呈现相同、无规律的经丝沉落。

3.1.29

夹起 defective lift

织物经向呈现有规律或无规律的浮经或浮纬的破组织点。

3.1.30

多少起 splinter cluster

煞星

织物上呈现细碎的、发亮或异色的破组织星点。

3.1.31

碎糙 cracked tangle

织物表面经向呈现很多分散性、组织紊乱的浮经、浮纬。

3.1.32

导钩痕 guide hook mark

织物经丝方向呈现有规律的经丝擦毛、泛白或稀弄。

3.2

纬向疵点 weft direction defects

沿着织物的纬丝方向呈现形态各异的疵点。

3.2.1

破纹版 card breakage；lag breakage

沿着织物的纬丝方向呈现有规律的经丝多起。

3.2.2

错花 wrong card

错纹版

提花织物每朵花的相同位置上，呈现形态相同、局部错组织横条。

3.2.3

抛纸版 cardboard off

在织物的正面或反面，出现应织入的纬丝组织点无规律地部分浮起或沉落，呈现花纹中断或组织错误的横条。

3.2.4

综框梁子多少起 irregular lift of heddle frame harness

沿着织物的纬丝方向呈现有规律的错误浮经或浮纬横条。

3.2.5

粗细纬 thick and thin weft

织物纬向呈现粗细不匀的纬丝。

3.2.6

叠纬 double picks

在织物纬丝方向同一梭口叠织两梭及以上纬丝。

3.2.7

断纬 broken thread；broken end

在织物纬丝方向呈现全幅或局部缺少一根或几根纬丝。

3.2.8

急纬 bright pick

织物表面呈现收紧发亮的纬丝。

3.2.9

缩纬　shrunk weft

在织物纬向纬丝扭结织入,织物表面上呈现点状扭结或毛圈形直条。

3.2.10

带纬　trailer;dragged-in weft

在织物的边部呈现一段凸起的多纬丝。

3.2.11

带纬拔出　trailer-out mark

把带进的纬丝拉出修净后,织物表面上留下的空隙。

3.2.12

坍纬　sloughed-off weft

在织物纬丝方向呈现有一缕或一堆纬丝隆起。

3.2.13

糙纬　weft nests

织物纬向呈现糙块、颣节、扭缩、粗毛丝、长结等纬丝织入,在织物表面呈现色泽发白或较浅且手感粗糙的横条。

3.2.14

渍纬　stained weft

在织物纬丝方向呈现单根纬丝污渍。

3.2.15

跳梭　harness skip

织物局部纬丝未按组织点织入,不规则地浮在织物表面。

3.2.16

轧梭痕　smash

织物经丝没有断而在轧梭处产生稀密的痕迹。

3.2.17

横折印　crease traverse

织物纬向折痕。

3.2.18

攥小　little nap

织物全匹或局部呈现细小水花形,手感发麻。

3.2.19

筘锈渍　reed rust

织物全幅或局部经丝受筘锈污染呈现黄褐色的横档。

3.2.20

柱渍　pillar stain

织物纬向一处或几处经丝沾有铁锈渍,呈现黄褐色的不规则的横档。

3.2.21

轧梭档　smash bar

织物表面上呈现一般不超过一把梭子长度的一排断经,接头结子形成的横档。

3.2.22

糙纬档　weft nests bar

由糙纬形成的横档。

3.2.23

渍纬档　stained weft bar

由渍纬形成的横档。

3.2.24

松紧档　warp holding place；rolled end；tie-back

织物表面呈现纬丝密度突然增加或减少所形成的横档。

3.2.25

撬档　nap bar

织物表面呈现全匹或局部有规律或无规律的连续相间的横档。

3.2.26

撬小档　little nap bar

由撬小引起的横档。

3.2.27

多少捻档　twist irregularity bar

由多少捻形成的横档。

3.2.28

粗细纬档　thick and thin weft bar

由粗细纬形成的横档。

3.2.29

急纬档　bright pick bar

由急纬形成的横档。

3.2.30

缩纬档　shrunk weft bar

由缩纬集中形成的横档

3.2.31

错纬档　wrong weft bar

织物表面上呈现不同的两种色泽，或同色深浅不一、手感不一的纬档。

3.2.32

断花档　broken pick bar

提花织物的纬向呈现原组织中断的横档。

3.2.33

通绞档　filling irregularity bar

织物上呈现阶梯形的横档。

3.2.34

毛纬档　hairy bar

织物上呈现全幅纬丝起毛的横档。

3.2.35

拆毛档　pick-out bar

织物经丝上呈现全幅或局部起毛的横档。

3.2.36

停车档　stop mark

织物上全幅或一侧呈现一梭或数梭稀密不匀的横档。

3.2.37

接头档　terminal bar；joint bar

织物尾端 1m 左右处，呈现经丝宽急不匀的横档。

3.2.38

脱抱档　de-cohesion bar

采用股线的织物，织物呈现发亮，并失去原有波形绉纹的横档。

3.2.39

幅撑档　temple bar

织造时使用幅撑的织物，边部呈现纬密有稀密的横档。

3.2.40

罗纹档　rib bar；ribbing bar

织物上呈现有规律或无规律的间断横纹档。

3.2.41

折烊档　pulling back bar

织物呈现全幅或局部灰雾状的横档。

3.2.42

开河档　missing pick bar

织物纬向呈现有空隙的横档。

3.2.43

色纬档　weft shading bar

织物纬向呈现色泽深浅不同的横档。

3.2.44

顺纡档　crepe bar

左右捻纬丝的织物在全幅呈现收幅起皱的横档。

3.2.45

浆档　size bar

再生纤维素丝织物全幅或局部手感硬糙，呈黄色的横档。

3.3

多少捻　twist irregularity

经丝或（和）纬丝加捻的织物，经向或（和）纬向呈现收紧而光泽发暗的直条为多捻，平坦发亮的直条为少捻。

4　染整疵点

4.1

纬斜　bias weft；skew

织物表面上出现纬丝歪斜不与经丝垂直。

4.2

色柳　dyeing streaks

沿织物经丝方向有规律或无规律,色泽深浅不同的直条或斜条。

4.3

色花　dyeing patch

织物表面呈现无规律,色泽深浅不同的斑块。

4.4

色不匀　color shading

织物全幅或局部呈现无规律的色泽深浅的斑块。

4.5

轧光印　calendering mark

织物表面上呈现起极光的现象。

4.6

轴皱印　slantwise crease mark

织物表面上呈现细碎斜形的无规则皱印。

4.7

吊攀印　hanging pin mark

织物表面上吊攀钉线处呈现纬向单条或喇叭形皱印。

4.8

生块　inadequate scouring

织物局部脱胶不净,手感生硬。

4.9

弯曲　bowing

织物表面纬向花形、条格呈现歪斜或波浪形。

4.10

双茎　double stripes

织物表面上呈现两根平行、距离相近、形态相同的图案线条。

4.11

粗细茎　thick and thin stripes

一版花与另一版花,或同版左右、上下的泥点不匀、线条粗细。

4.12

糊开　pattern blurring

织物表面上花形朦胧,模糊不清。

4.13

化开　pattern brimming

织物表面上花型的色泽向四周渗开,呈现花型边缘模糊,不清晰。

4.14

雕色不清　poorly discharge

雕色后的花型色泽中掺带原地色,使色泽不清或雕色不鲜艳。

4.15

渗进　bleeding

一种花型颜色渗入另一颜色的花内。

4.16

搭脱　color out

部分花浆被脱去,花型上形成似气孔状,且色泽深浅不匀的斑渍。

4.17

塞煞　clogging to screen

印花图型的泥点、细茎、块面有露白点或残缺不全。

4.18

拖版　fuzzy brim of pattern

花型边缘的一侧带有不应有的颜色或边缘发毛。

4.19

色皱印　color shading bar

花型上或地色上有不规则的深浅色条痕。

4.20

白皱印　white bar

花型上有不规则的、未印上色浆的条痕。

4.21

回浆印　return print stripe

印花织物的纬向花型上呈现不规则的同色但较深的细条痕。

4.22

色点　dyeing spot

织物表面上呈现不应有的同色或异色点。

4.23

砂眼　sandy color spot

织物表面上呈现有规律的异色点。

4.24

漏浆　paste leak

每版或跳版的织物表面上呈现有规律的异色色条或色块。

4.25

泡　bubble

织物表面上花型部分呈现颜色较浅的泡粒点。

4.26

框子印　frame mark

织物纬向呈现有规则的,色泽深浅不一的直条印。

4.27

叠版印　overlapped print

花版接版处的花型重叠,呈现深色的接版痕迹。

4.28

眼圈　color eyelet

在雕印的织物表面上,花型边缘呈现不应有的白圈或色圈。

4.29

接版深浅　color difference by joining stencil

织物表面接版处色泽有深浅。

4.30

跳版深浅 color difference between stencils

织物表面呈现版与版之间的色泽深浅不一。

4.31

套歪 misregister

对花不准,花型错位。

4.32

露白 resist print

花与花连接处呈现不应有的白色。

4.33

涂料脱落 pigment off

织物表面上部分涂料不规则的脱落,使花型模糊不完整。

4.34

刷浆印 brushing mark

在刷浆法贴绸的印花织物上,呈现不规则的斜、直条印。

4.35

台板印 plate mark

沿织物表面经向有轻微的直条痕。

4.36

花痕 backed design

织物的反面呈现不应有的花形痕迹。

4.37

灰伤 pilling

织物表面上呈现不规则的条块状灰白、细微茸毛。

4.38

刮刀印 doctor streak

织物表面花朵或地色上,呈现有规律的纬向深色直条印。

4.39

重版 repetitive print

织物表面呈现一版或数版色泽比正常色深的花型。

4.40

绢网印 silk screen stripe

在花部或地部上呈现类似木纹形的深浅纹路。

4.41

野花 wrong pattern

织物表面呈现有规律的原样没有的花型。

4.42

涂料复色不清 failed pattern on pigment

织物表面涂料上复色花形模糊、层次不清。

4.43

翻丝 filament turndown

织物背面的丝翻到正面,呈现异色丝。

4.44

搭色　marking off

花型颜色沾色于其他部位。

4.45

色泽深浅　shading

织物表面上的花色或地色在上下两边或前后两端色泽有深浅。

4.46

印花水渍　water spot

织物表面颜色呈现比正常色浅并向四周不规则渗开。

4.47

松板印　moire effects

织物表面上呈现木纹样花纹。

4.48

直皱印　longitudinal crease mark

织物表面上呈现经向或纬向起条纹的皱印痕。

4.49

甩水印　crows's feet

织物表面上呈现不规则的类似鸡爪的皱印。

4.50

搭头档　jointing sectional bar

织物两端呈现一处或几处间距大致相同，宽在 1 cm 左右的深色档。

4.51

针板眼　stenter marks；tenter marks

织物正身有拉幅定形留下的针眼。

4.52

幅不齐　uneven width

织物幅宽不一致。

5 污渍及破损性疵点

5.1

蛛网　tangle

经纬丝共三根及以上未织入组织，在织物表面呈现组织紊乱、连续或断续的浮经、浮纬。

5.2

纰裂　slippage

织物表面上局部经丝、纬丝移位，呈现稀缝。

5.3

破洞　hole

连续数根经、纬丝断裂，织物表面呈现孔洞。

5.4

杂物织入　foreign body

织物上有杂物嵌入组织内。

5.5

针眼　needle eye；pinhole

织物表面有明显的针痕。

5.6

针洞　needle hole

织物表面有明显的经纬丝断裂。

5.7

织补痕　mending mark

织物表面疵点经织补后，留下差异较大的痕迹。

5.8

空隙　pulling out crack

坍纬、杂物等拔出后织物表面上出现的明显的缝隙。

5.9

拔伤　chafed

坍纬、杂物等拔出后织物表面上出现的经纬丝断裂或擦伤。

5.10

整修不净　imperfect repair

织物表面上呈现一段或数段未修净的丝头。

5.11

锈渍　rust stain

织物表面沾有铁锈形成的渍。

5.12

油污渍　grease stain

织物表面沾有油污形成的渍。

5.13

霉渍　mildew stain

织物表面上呈现无规律的发霉斑点。

5.14

蜡渍　wax spot

织物表面沾有蜡形成的渍。

5.15

洗渍　washing spot

织物表面的揩洗部位形成的块状揩洗印或呈擦白痕迹。

5.16

皂渍　soap spot

在织物表面上呈现的用手搓后程度可减轻或消失的无规律的点、块形黄渍。

5.17

白雾　foggy spot

织物表面上呈现不规则的白色雾状斑迹。

5.18

色渍　colored spot

织物表面上呈现形态各异的同色或异色点、块渍。

6 边部疵点

6.1

紧边 **tight selvedge**

急边

织物边道收缩明显大于正身。

6.2

松边 **baggy selvedge；loose selvedge；slack selvedge**

宽边

织物边道收缩明显小于正身，呈波浪形。

6.3

木耳边 **scallops**

织物边道收缩明显小于正身，呈木耳形。

6.4

粗细边 **thick and thin selvedge**

织物边道上呈现特粗或特细的形态。

6.5

卷边 **rolled selvedge**

织物边道不平挺，有两层及以上叠起或卷起。

6.6

边糙 **cracked selvedge**

织物边道上有分散破碎的浮经、浮纬或连续的经纬丝未织入组织。

6.7

吐边 **loopy selvedge**

织物边道处的纬丝未织紧，脱离边经丝而形成环状丝圈。

6.8

边修剪不净 **imperfect mending selvedge**

织物边道上散布着多余的丝头。

6.9

错边 **wrong selvedge**

织物边组织错误。

6.10

破边 **broken selvedge**

织物边道局部破损。

6.11

小耳朵 **loopy selvedge**

纬丝过长在织物边道外形成环状丝圈。

6.12

左右宽窄边 **uneven selvages**

织物两侧边道宽窄不一。

6.13

幅撑轧伤 temple rolled mark

织物正身近边处沿经向呈现有规律性的轧痕或轧伤。

7 绒织物疵点

7.1

倒绒 press pile

绒毛倒向不一,绒面光泽有差异。

7.2

厚薄绒 thick and thin pile

绒织物表面呈现绒毛高度不一致。

7.3

毛背 uneven raising

绒织物背面粗糙不平或起毛圈。

7.4

毛刀 rough cutter

绒织物绒面部分绒毛斜乱松散、不清晰。

7.5

钝刀印 blunt cutter mark

绒织物绒面起罗纹形刀印。

7.6

绒伤 damaged pile

绒丝开花

绒织物的绒面散布无规律的点状或块状斑痕。

7.7

瘪绒 collapse pile

绒织物绒面呈现块状秃绒。

7.8

绒皱印 pilling crease mark

绒面上呈不规则的绒毛倾斜或弯曲。

7.9

绒档 pile bar

绒织物表面呈现有规律或无规律的横档。

参 考 文 献

[1] GB/T 24250—2009 纺织品 疵点的描述 术语
[2] GB/T 26380—2011 纺织品 丝绸术语

索　引

汉语拼音索引

英文对应词索引

ICS 59.080.30
W 43

中华人民共和国国家标准

GB/T 30670—2014

云 锦 妆 花 缎

Satin of brocade—Zhuang hua

2014-12-31 发布　　　　　　　　　　2015-08-01 实施

中华人民共和国国家质量监督检验检疫总局
中国国家标准化管理委员会　发布

前　言

本标准按照 GB/T 1.1—2009 给出的规则起草。

本标准由中国纺织工业联合会提出。

本标准由全国云锦产品标准化技术委员会(SAC/TC 303)归口。

本标准起草单位:南京云锦研究所股份有限公司、南京工艺美术总公司、南京市产品质量监督检测院。

本标准主要起草人:张洪宝、王继胜、陆晔、赵敏华、杨鹂。

云 锦 妆 花 缎

1 范围

本标准规定了云锦妆花缎的术语和定义、要求、试验方法、检验规则及标志、包装、运输、贮存。

本标准适用于云锦妆花缎生产、科研、贸易、检测、管理及其相关的领域。

2 规范性引用文件

下列文件对于本文件的应用是必不可少的。凡是注日期的引用文件,仅注日期的版本适用于本文件,凡是不注日期的引用文件,其最新版本(包括所有的修改单)适用于本文件。

GB/T 191　包装储运图示标志

GB/T 2910(所有部分)　纺织品　定量化学分析

GB/T 3920　纺织品　色牢度试验　耐摩擦色牢度

GB/T 3923.1　纺织品　织物拉伸性能　第1部分:断裂强力和断裂伸长率的测定(条样法)

GB/T 4666　纺织品　织物长度和幅宽的测定

GB/T 4668　机织物密度的测定

GB 5296.4　消费品使用说明　第4部分:纺织品和服装

GB/T 5711　纺织品　色牢度试验　耐干洗色牢度

GB/T 8427—2008　纺织品　色牢度试验　耐人造光色牢度:氙弧

GB/T 8685　纺织品　维护标签规范　符号法

GB 18401　国家纺织产品基本安全技术规范

GB/T 21930　地理标志产品　云锦

GB/T 29862　纺织品　纤维含量的标识

FZ/T 01057(所有部分)　纺织纤维鉴别试验方法

3 术语和定义

GB/T 21930界定的以及下列术语和定义适用于本文件。

3.1

云锦妆花缎　satin of brocade—zhuang hua

以生丝、金银线为主要原材料,采用独特的传统工艺技术,地部采用缎纹组织,使用大花楼提花机等传统设备,用手工制作的多重纬色织提花丝织物。

3.2

撬亮　qiao liang

将染好色的绞装丝套在木架上,下端套入竹或木棒沿顺时针方向绞紧。使染好的绞装丝充分拉伸,以增强其光亮度。

4 要求

4.1 原辅材料

4.1.1 色丝

由生丝经精练、染色而成,质量应符合相关的标准要求。

4.1.2 扁金(银)线

又称纸扁金(银),系采用金(银)箔或仿金(银)箔胶合在纸面上,然后切成 0.05 cm～0.1 cm 宽、85 cm长的条状。

4.1.3 圆金(银)线

系采用扁金(银)线依附在芯线上搓捻而成。

4.1.4 孔雀羽绒线

系采用孔雀羽绒依附在芯线上手工搓捻制成。

4.1.5 色绒线

系采用多根生丝无捻并合,经脱胶、染色、撬亮而成。

4.2 生产工艺

4.2.1 基本要求

4.2.1.1 应采用传统的制作方法,用大花楼提花木织机织造,纹样经纬比例恰当,图案清晰、饱满、精美,金(银)线包边,线条流畅,色彩丰富。

4.2.1.2 织机的纤数不低于 1 800 根。

4.2.1.3 每幅产品图案的纬花颜色在 8 种以上。

4.2.2 工艺流程、主要工艺、设备及工器具

见附录 A。

4.3 基本安全性能要求

应符合 GB 18401 的规定。

4.4 等级

云锦妆花缎产品根据其内在规格要求、内在质量和外观疵点依次分为优等品、一等品、二等品。并以最低指标项目评定等级。详见表 1～表 4。

4.5 规格要求

规格要求应符合表 1 的指标规定。

表 1　规格要求

项　目		指　标		
		优等品	一等品	二等品
密度偏差/%	五枚缎经密:120 根/cm	±2	±2.5	±3
	五枚缎纬密:54 根/cm	±1	±1.5	±2
	七枚缎经密:142 根/cm	±2	±2.5	±3
	七枚缎纬密:48 根/cm	±1	±1.5	±2
	八枚缎经密:144 根/cm	±2	±2.5	±3
	八枚缎纬密:42 根/cm	±1	±1.5	±2
幅宽偏差/%		±1	±1.5	±2
注：特殊规格的妆花缎品种规格可按客户合同或协议执行,指标水平不变。				

4.6　内在质量要求

内在质量要求应符合表 2 的指标规定。

表 2　内在质量指标

项　目		指　标		
		优等品	一等品	二等品
色牢度/级 ≥	耐干摩擦	4	3	3
	耐光	3	3	3
	耐干洗	3	3	3
纤维含量偏差/%		按 GB/T 29862 要求执行		
断裂强力/N ≥		300	250	200

4.7　外观疵点的评等

4.7.1　外观疵点评等规定分匹料和块料两种类型,匹料的外观疵点评等规定见表 3,块料的外观疵点评等规定见表 4。

表 3　匹料外观疵点评等规定

优等品	一等品	二等品
(1) 经向疵点每处 10 mm 以内 (2) 纬向疵点每处 15 mm 以内 (3) 无错脚、污渍、破损 (4) 无整修不净。 (5) 边疵每处 5 mm 以内	(1) 经向疵点每处 10 mm 以上 15 mm 以内 (2) 纬向疵点每处 15 mm 以上 20 mm 以内 (3) 无错脚、污渍、破损 (4) 无整修不净 (5) 边疵每处 5 mm 以上 10 mm 以内 (6) 允许在同一个单位长度范围内有二个经、纬向疵点同时存在。疵点长度应该在该等级的允许范围内	(1) 经向疵点每处 15 mm 以上 20 mm 以内 (2) 纬向疵点每处 20 mm 以上 25 mm 以内 (3) 无错脚、污渍、破损 (4) 无整修不净 (5) 边疵每处 10 mm 以上 15 mm 以内 (6) 允许在同一个单位长度范围内有三个经、纬向疵点同时存在。在一匹中可以累计折算。疵点长度应该在该等级的允许范围内

表 4　块料外观疵点评等规定

优等品	一等品	二等品
（1）经向无明显疵点。 （2）纬向无明显疵点。 （3）无整修不净。	（1）经向疵点 10 mm 以内。 （2）纬向疵点 15 mm 以内。 （3）无整修不净。	（1）经向疵点 10 mm 以上 20 mm 以内。 （2）纬向疵点 15 mm 以上 25 mm 以内。 （3）无整修不净。

4.7.2 匹料外观疵点评等应遵循下列原则进行：

　　a）　云锦的匹长通常为 7 m。外观品质的评定按每米每处计评，每匹外观品质的评定则按实际匹长进行折算。

　　b）　疵点的长度以经向或纬向最大方向量计。

　　c）　在进行外观疵点检验点评等时，其中有一项不符合标准即降为下一等级。

　　d）　在单位长度内，每处同一疵点的范围不得超过该评等规定的二倍，如超过该评定等级规定的二倍及以上，则降为下一等级。

4.7.3 块料外观疵点评等应遵循下列原则进行：

　　a）　疵点的长度以经向或纬向最大方向量计。

　　b）　外观疵点评等项目中，其中有一项不达标即降为下一等级。

　　c）　如块料的经向或纬向的尺寸长度超过 1 m 及以上时，则按匹料外观疵点评等规定进行评等。

4.7.4 外观疵点归类参见附录 B。

5　试验方法

5.1　内在质量试验方法

5.1.1 耐摩擦色牢度的测定按 GB/T 3920 执行。

5.1.2 耐光色牢度的测定按 GB/T 8427—2008 中方法 3 执行。

5.1.3 耐干洗色牢度的测定按 GB/T 5711 执行。

5.1.4 纤维含量（蚕丝、聚酯金、银线）的测定按 GB/T 2910、FZ/T 01057 执行。其中真扁金（银）线、真圆金（银）线的金（银）层含金（银）量的测定按附录 C 中规定的方法执行。

5.1.5 断裂强力的测定按 GB/T 3923.1 执行。

5.2　规格要求的检验

5.2.1 幅宽的测定按 GB/T 4666 执行。

5.2.2 密度的测定按 GB/T 4668 执行。

5.3　外观疵点的检验

5.3.1 检验光源采用荧光灯，检验台面平均照度 600 lx～700 lx，环境光源控制在 150 lx 以下。也可在自然北光或 40 W 日光灯加罩照明下进行。

5.3.2 台面避免与白色光反射。

5.3.3 检验样品平摊在台面上，检验员位于检验台正面，其眼睛距样品面 60 cm 左右。

5.3.4 外观疵点以样品平摊正面为准。

5.3.5 所有需检验、检测的云锦织成品匹料，必须于下机后在自然状态下放置 24 h 以后方可进行。

6 检验规则

6.1 出厂检验

6.1.1 每件产品均应经生产单位按本标准规定进行检验,并签发合格证方可出厂。

6.1.2 检验项目为产品规格要求和外观疵点。

6.2 型式检验

6.2.1 有下列情况之一时,应进行型式检验:

    a) 产品停产半年以上,恢复生产时;

    b) 正常生产时,每年进行一次;

    c) 质量监督机构按规定提出要求时。

6.2.2 型式检验项目为本标准规定的所有项目。

6.2.3 抽样方法

    检验样本应从同品种、同等级样品中随机抽取,外观质量抽样每10匹中不少于一匹（长度不得少于2 m)进行检验。内在质量测试样本抽取应满足试验方法规定要求。

6.3 检验结果判定规则

6.3.1 产品等级根据所检测项目的最低指标确定。

6.3.2 内在质量、规格要求中若有一项指标不合格,或外观疵点经综合评判不合格的,可复检,复检后仍不合格的,则判该次出厂检验或型式检验不合格。对检验结果有争议时,应针对争议项目对留存样本进行复检,以复检结果为准。

7 标志、包装、运输、贮存

7.1 标志

7.1.1 产品所附标签中使用说明应符合GB 5296.4的规定。注明制造者的名称和地址、产品名称和规格、采用原料的成分和含量、洗涤方法、使用和贮藏条件的注意事项、产品使用期限、产品标准号、产品质量等级、产品质量合格证明、安全类别等。使用说明的图形符号应符合GB/T 8685的规定。

7.2 包装

7.2.1 匹料产品内包装按匹逐个包装。包装材料可采用牛皮纸。块料产品包装按块逐个包装,包装材料可采用纸盒或锦盒。

7.2.2 外包装采用纸箱。

7.2.3 产品外包装箱上应注明产品名称、品种、规格、数量、重量、产品标准号、生产企业名称、地址等,包装运输图示标志应符合GB/T 191的规定。

7.3 运输

    产品可采用一般运输工具运输,运输过程中应防潮、防火、防污染。

7.4 贮存

    产品应贮存在清洁、通风、干燥、避光的专用仓库内,有防霉、防蛀措施。产品不得与化学品混储。

附 录 A
（资料性附录）
云锦妆花缎工艺流程与生产工艺

A.1 工艺流程

云锦妆花缎生产工艺应符合传统工艺流程,见图 A.1。

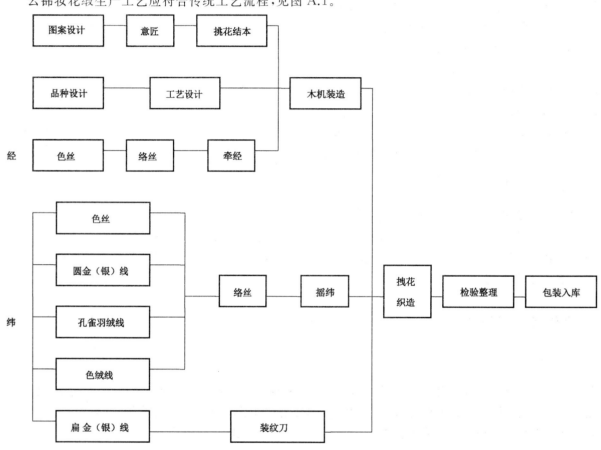

图 A.1 云锦妆花缎传统生产工艺流程图

A.2 主要工艺

A.2.1 图案设计

云锦妆花缎图案格局严谨,设计中应遵循云锦的传统表现手法,允许有所发展和创新。

A.2.2 品种设计

根据织物用途和客户需求设计出云锦织物各项参数,如:图案、色彩、门幅、经纬密、织物组织、原材料规格等。

A.2.3 工艺设计

根据云锦妆花缎提花织造原理设计出各项装机参数,如:范、幛、经、纤等各项数据。

A.2.4 意匠

意匠是根据织物品种经纬密比例对设计纹样的再创作过程,即将设计纹样用手工放大到专用的意匠纸上,画成意匠图。意匠图是挑花结本的样稿。在绘制意匠图时应遵守传统意匠的制作方法,心思巧用,以求达到"为画工传神"的织造效果。

A.2.5 织造

云锦妆花缎织造工艺极为复杂讲究。织造工织造时应手足并用,并与拽花工密切配合进行。织造工既要完成投梭、铲纹、挖花妆彩、打纬等动作,同时还要完成踏竹竿、带动范、幛升降和制动箍框等作业,操作协同连贯,遵循基本程序、规律;而且还要随纹样的变化,用荤素相间的方法不断地调整配色以及密度和计算袍料对花、对色等。

A.3 设备及工器具

A.3.1 云锦织机

云锦妆花缎织机为大花楼提花木织机,机长5.4 m以上,机高3.4 m以上,机宽1.3 m以上。

A.3.2 挑花架

专门用作挑花(即编结本)的长方形木制框架。架上拴有花本经线和纬线,挑花工按意匠图在挑花架上编结花本。

A.3.3 挑花钩

用竹篾制成的挑花工具。一般长约1 m,宽约1 cm,厚约3 mm。一端制成尖头钩形以穿引花本纬线。

A.3.4 倒花架

挑花结本中专门用作拚花和复制花本的木制框架。高约2.2 m,宽约4 m。

A.3.5 牵经架

专门用作以传统方法进行牵经(即整经)的木制框架。高约2 m,宽约4.5 m。

A.3.6 柳梳

用竹制的梳形方框,与牵经架配套,用来控制牵经的门幅,使经线排列均匀并打绞。

A.3.7 摇纬车

卷绕纬线的机具。

A.3.8 络丝车

络丝机具。通过络丝将绞装丝线转换成便于牵经和摇纬的卷装形式。

A.3.9 纹刀

织造工具。用长约 120 cm,宽约 3 cm,厚约 0.8 cm 的硬木制成。在织造过程中,当纹刀铲入梭口后,即将纹刀宽部竖起,以撑大梭口便于过管(即引入纬线);同时,纹刀内侧开有肚槽,内藏扁金线,将其抽出便可把扁金线织入梭口内。

A.3.10 其他工器具

其他工器具还有梭子、绒管和纬管等。

附　录　B

（资料性附录）

云锦妆花缎外观疵点归类

表 B.1　外观疵点归类表

序　号	疵　点　类　别	疵　点　名　称
1	经向疵点	宽急经柳、筘柳、色柳、筘路、缺经、错经、碎糙、倒断头、错花、宽急经、欠幛、断纤、绞纤
2	纬向疵点	纬档、错花、漏花、跳梭、急纬、带纬、坍纬、糙纬、错场次、麻花、断纬、断色、拱纤、毛绒、花绒、织玛瑙、错脚、翻扁金
3	纬斜、幅不齐	纬斜、幅不齐
4	破损、污渍	蛛网、空隙、破洞、杂物织入、擦伤、污渍
5	边疵	宽边、急边、木耳边、粗细边、卷边、边糙、吐边、边开河、边少起、破边
6	整修不净	整修不净

附 录 C
（规范性附录）
云锦妆花缎中真扁金（银）线、真圆金（银）线的金（银）层含金（银）量的测定方法

C.1 适用范围

适用于云锦妆花缎中真扁金（银）线、真圆金（银）线的金（银）层含金（银）量的检测。

C.2 仪器及设备

C.2.1 天平：感量 0.1 mg。

C.2.2 电感耦合等离子体发射光谱仪：分辨率 0.02 nm，波长范围 165 nm～900 nm。

C.3 测试方法

C.3.1 试剂材料

C.3.1.1 纯金，纯度不低于 99.99%。

C.3.1.2 纯银，纯度不低于 99.99%。

C.3.1.3 纯铜，纯度不低于 99.99%。

C.3.1.4 纯铁，纯度不低于 99.99%。

C.3.1.5 盐酸，质量分数为 36%～38%，$\rho = 1.18$ g/mL。

C.3.1.6 硝酸，质量分数为 65%～68%，$\rho = 1.4$ g/mL。

C.3.1.7 盐酸，1+1。

C.3.1.8 硝酸，1+1。

C.3.1.9 盐酸，1+9。

C.3.1.10 金标准贮备液，1 000 μg/mL。

称取纯金（C.3.1.1）0.5 g，精确到 0.1 mg，置于 50 mL 烧杯中，加入盐酸（C.3.1.7）15 mL 和硝酸（C.3.1.8）5 mL 小火加热溶解。冷却后，移入 500 mL 容量瓶中，用盐酸（C.3.1.9）稀释至刻度，摇匀。

C.3.1.11 银标准贮备液，100 μg/mL。

称取纯银（C.3.1.2）0.1 g，精确到 0.1 mg，置于 50 mL 烧杯中，加入硝酸（C.3.1.8）10 mL，加热溶解后，移入预先盛有盐酸（C.3.1.5）200 mL 的 1 000 mL 容量瓶中，用少量水洗涤烧杯，洗液并入容量瓶，摇晃容量瓶至沉淀溶解。冷却后，用盐酸（C.3.1.7）稀释至刻度，摇匀。

C.3.1.12 铜标准贮备液，100 μg/mL。

称取纯铜（C.3.1.3）0.1 g，精确到 0.1 mg，置于 50 mL 烧杯中，加入硝酸（C.3.1.8）10 mL，加热溶解，冷却后，移入工 1 000 mL 容量瓶，用盐酸（C.3.1.9）稀释至刻度，摇匀。

C.3.1.13 铁标准贮备液，100 μg/mL。

称取纯铁（C.3.1.4）0.1 g，精确到 0.1 mg，置于 50 mL 烧杯中，加入硝酸（C.3.1.8）10 mL，加热溶解，冷却后，移入 1 000 mL 容量瓶，用盐酸（C.3.1.9）稀释至刻度，摇匀。

C.3.1.14 除非另有说明,在分析中仅使用确认为分析纯的试剂和蒸馏水或去离子水或相当纯度的水。

C.3.2 分析步骤

C.3.2.1 试料

在云锦妆花缎产品的背面剪取残留的金线(或银线)数百根。用四分法等分分样,取对角部分组成两份试料,两份试料样品进行平行测试。

C.3.2.2 试液制备

C.3.2.2.1 试液 A 制备

金线:将试料剪成屑状,置于 100 mL 瓷坩埚中,盖上瓷盖,在 500 ℃高温炉中碳化约 30 min,稍稍打开瓷盖,炉温升至 750 ℃使其灰化(约 1.5 h),取出冷却。将灰粉扫入 50 mL 烧杯中,加入盐酸(C.3.1.7)15 mL 和硝酸(C.3.1.8)5 mL,盖上表皿,小火微火 2 min,用少量(以不穿滤为准)处理过的玻璃棉过滤,滤液收集于预先加有盐酸(C.3.1.7)2 mL 的 100 mL 容量瓶中,用盐酸(C.3.1.9)洗涤 5~6 次,洗涤液并入容量瓶,再用盐酸(C.3.1.9)稀释至容量瓶刻度,摇匀。

银线:将试料剪成屑状,置于 100 mL 瓷坩埚中,盖上瓷盖,在 500 ℃高温炉中碳化约 30 min,稍稍打开瓷盖,炉温升至 750 ℃使其灰化(约 1.5 h),取出冷却。将灰粉扫入 50 mL 烧杯中,加入硝酸(C.3.1.8)15 mL,盖上表皿,小火微火 2 min,用少量(以不穿滤为准)处理过的玻璃棉过滤,滤液收集于预先加有硝酸(C.3.1.8)5 mL 的 100 mL 容量瓶中,用蒸馏水洗涤 5~6 次,洗涤液并入容量瓶,再用蒸馏水稀释至容量瓶刻度,摇匀。

C.3.2.2.2 试液 B 制备

金线:准确移取试液 A 5 mL 于预先装有盐酸(C.3.1.7)1 mL 的 50 mL 容量瓶中,用盐酸(C.3.1.9)稀释至刻度,摇匀。此溶液用于金、银、铜的测试。

银线:准确移取试液 A 5 mL 于预先装有硝酸(C.3.1.8)1 mL 的 50 mL 容量瓶中,用蒸馏水稀释至刻度,摇匀。此溶液用于银、铜、铁的测试。

C.3.2.3 标准溶液的制备

金线:按表 C.1 准确移取金、银、铜标准储备液(C.3.1.10~C.3.1.12)于预先盛有盐酸(C.3.1.7)1 mL 的 50 mL 容量瓶中,用盐酸(C.3.1.9)稀释至刻度,摇匀。

银线:按表 C.2 准确移取银、铜、铁标准储备液(C.3.1.11~C.3.1.13)于预先盛有硝酸(C.3.1.8)1 mL 的 50 mL 容量瓶中,用蒸馏水稀释至刻度,摇匀。

表 C.1 标准溶液测试元素的浓度

金含量测试范围 %	测试元素浓度 μm/mL		
	Au	Ag	Cu
>99	100	2	2
97~99	100	4	4

表C.2　标准溶液测试元素的浓度

含银量测试范围 %	测试元素浓度 μm/mL		
	Ag	Cu	Fe
＞99	100	2	2
97～99	100	4	4

C.3.2.4　推荐的仪器测试分析线

推荐的仪器测试分析线见表C.3

表C.3　推荐的仪器测试分析线

测试元素	Au	Ag	Cu	Fe
分析线	197.819	328.068	324.754	259.940

C.3.2.5　测定

将试液B(C.3.2.2.2)与标准溶液(C.3.2.3)分别在电感耦合等离子体发射光谱仪上进行测试。

C.4　结果的表示

C.4.1　真扁金线、真圆金线的金层含金量

金层含金量的百分数Au(%)按公式(C.1)计算,平行测试结果的算术平均值为测定结果,计算结果精确到小数点后一位。

$$Au(\%) = \frac{c_1}{c_1 + c_2 + c_3} \qquad\qquad\cdots\cdots\cdots\cdots\cdots\cdots\cdots(C.1)$$

式中:

Au——金线的金层含金量(%);

c_1——试液B中金的浓度,单位为微克每毫升($\mu g/mL$);

c_2——试液B中银的浓度,单位为微克每毫升($\mu g/mL$);

c_3——试液B中铜的浓度,单位为微克每毫升($\mu g/mL$)。

C.4.2　真扁银线、真圆银线的银层含银量

银层含银量的百分数Ag(%)按公式(C.2)计算,平行测试结果的算术平均值为测定结果,计算结果精确到小数点后一位。

$$Ag(\%) = \frac{c_2}{c_2 + c_3 + c_4} \qquad\qquad\cdots\cdots\cdots\cdots\cdots\cdots\cdots(C.2)$$

式中:

Ag——银线的银层含银量(%);

c_2——试液B中银的浓度,单位为微克每毫升($\mu g/mL$);

c_3 ——试液 B 中铜的浓度,单位为微克每毫升($\mu g/mL$);

c_4 ——试液 B 中铁的浓度,单位为微克每毫升($\mu g/mL$)。

ICS 59.080.01
W 40

GB/T 32014—2015

中华人民共和国国家标准

蚕丝 性能与试验术语

Silk—Terminology for property and test

2015-09-11 发布

2016-04-01 实施

中华人民共和国国家质量监督检验检疫总局
中国国家标准化管理委员会 发布

前　言

本标准按照 GB/T 1.1—2009 给出的规则起草。

本标准由中国纺织工业联合会提出。

本标准由全国丝绸标准化技术委员会(SAC/TC 401)归口。

本标准起草单位:浙江凯喜雅国际股份有限公司、浙江丝绸科技有限公司、浙江出入境检验检疫局丝类检测中心、四川出入境检验检疫局、广东出入境检验检疫局、安徽源牌实业(集团)有限责任公司、日照海通茧丝绸(集团)有限公司、万事利集团有限公司。

本标准主要起草人:卞幸儿、徐进、周颖、周盛波、李淳、汤知源、安霞、汪海涛、伍冬平、徐浩、张梅飞、李双忠。

蚕丝　性能与试验术语

1　范围

本标准规定了蚕丝类产品性能和试验中的术语、定义或说明。
本标准适用于蚕丝类产品的设计、生产、科研、教学、贸易、检测、管理等相关领域。

2　术语

2.1

纤度　size
细度　linear density
丝条粗细的程度。

2.2

名义纤度　nominal size
目的纤度　objective size
名义细度　nominal linear density
丝条粗细的标称值。

2.3

平均纤度　average size
纤度测量值的平均值。

2.4

平均公量纤度　average conditioned size
在公定回潮率时的平均纤度。

2.5

纤度偏差　size deviation
纤度测量值的均方差,表示纤度分布离散程度。

2.6

纤度最大偏差　maximum size deviation
纤度测量值中最细或最粗 n 绞的纤度平均值与平均纤度之差,取其大的差数值。

2.7

纤度规格不符　objective size exceeded
平均公量纤度超出规格纤度的上限值或下限值。

2.8

纤度极差　size range
纤度测量值中最粗与最细纤度的差值。

2.9

纤度开差　size uniformity range
平均公量纤度与名义纤度之差的绝对值。

2.10

变异系数　coefficient of variation；CV

测量值的标准偏差与测量值的平均值之比的百分率。用于表征测量结果的离散程度。

[GB/T 3291.3—1997,定义 2.29]

2.11

纤度变异系数　CV size

支数（质量）变异系数　CV count（mass）

纤度（细度）测量值的标准偏差或均方差与平均值之比的百分率。

2.12

支数（质量）偏差率　percentage of count（mass）deviation

细度在公定回潮率下的实测平均值与标称值的差数对标称值的百分率。

2.13

均匀　evenness

条干均匀度　yarn evenness

在规定的条件下用感观评定丝条短片段连续性的粗细变化和组织形态所发生的差异程度。

注：生丝以均匀一、二、三度的条数表示，绢丝、绸丝以条干均匀度分值表示，柞蚕丝以均匀分值表示。

2.14

均匀一度变化　evenness variation grade Ⅰ

丝条均匀变化程度超过标准样照 V_0，不超过 V_1 者。

2.15

均匀二度变化　evenness variation grade Ⅱ

丝条均匀变化程度超过标准样照 V_1，不超过 V_2 者。

2.16

均匀三度变化　evenness variation grade Ⅲ

丝条均匀变化程度超过标准样照 V_2 者。

2.17

条干不匀变异系数　CV unevenness

条干变异系数　CV evenness

丝条一定长度线密度测量值的标准偏差或均方差与平均值之比的百分率。

2.18

疵点　defect

丝条上呈现的可能削弱其预期性能并影响制成品质量的瑕疵。

2.19

特殊疵点　special defect

双宫丝丝条中呈现的特有的疵点。

2.20

清洁　cleanness

丝条上大中型疵点的类型、数量。

2.21

洁净　neatness

洁净度　percentage of neatness

丝条上小型疵点的数量、分布状况及类型。

2.22

千米疵点　cleanness defects per kilometer

一千米丝条上的疵点数。

2.23

十万米糙疵　slubs per one hundred kilometers

十万米丝条上的疵点数。

2.24

特征　douppion effect

双宫丝条上附着的特有的疙瘩,是双宫丝的基本征象和标志。

2.25

分型　douppion effect type

双宫丝上特征的数量、类型和分布情况,分为 H、M、L 等若干型号。

2.26

茸毛　exfoliation

微茸　tiny exfoliation

丝素主干上分裂出来的微细纤维。

2.27

切断　winding

绞装丝络丝过程中所发生的断裂。

2.28

抱合　cohesion

构成生丝的茧丝间互相胶着的牢固程度。

2.29

断裂力　breaking force;maximum force

在规定条件下进行的拉伸试验过程中,试样至断开时记录的最大的力。

[GB/T 3291.3—1997,定义 2.113]

2.30

断裂强力　breaking strength

以断裂力表示的强力。

[GB/T 3291.3—1997,定义 2.114]

2.31

平均断裂强力　average breaking strength

断裂强力测量值的平均值。

2.32

断裂长度　breaking length

以断裂强力值作为重力折算出的丝条长度。

2.33

断裂强度　tenacity

断裂强力与试样纤度(细度)的比值。

2.34

断裂伸长率　elongation at break

在断裂力作用下试样产生的伸长率。

[GB/T 3291.3—1997,定义 2.115]

2.35

断裂强力变异系数　CV breaking strength

强力变异系数　CV strength

断裂强力测量值的标准偏差或均方差与平均值之比的百分率。

2.36

断裂伸长率变异系数　CV elongation

断裂伸长率测量值的标准偏差或均方差与平均值之比的百分率。

2.37

捻回　turn

丝线绕其轴心旋转360°即为一个捻回。

[GB/T 3291.1—1997，定义2.39]

2.38

捻度　twist

丝线沿轴向1 m长度内的捻回数。

2.39

捻向　direction of twist

组成丝线的单元绕丝线轴向旋转形成的螺旋线的方向。

2.40

S捻　S twist

当丝线处于铅垂方向时，根据组成丝线的单元绕丝线轴向旋转形成的螺旋线的倾斜方向与字母"S"的中部一致时，即为"S"捻。

2.41

Z捻　Z twist

当丝线处于铅垂方向时，根据组成丝线的单元绕丝线轴向旋转形成的螺旋线的倾斜方向与字母"Z"的中部一致时，即为"Z"捻。

2.42

名义捻度　nominal twist

捻度的标称值。

2.43

平均捻度　average twist

捻度测量值的平均值。

2.44

捻度变异系数　CV twist

捻度测量值的标准偏差或均方差与平均值之比的百分率。

2.45

捻度偏差率　percentage of twist deviation

捻度测量值的平均值与名义捻度的差数对名义捻度的百分率。

2.46

包缠度　wrap twist

丝线以螺旋状包缠于芯丝表面的疏密程度。

2.47

包缠度变异系数　CV wrap twist

包缠度测量值的标准偏差或均方差与平均值之比的百分率。

2.48

    包缠度偏差率　percentage of wrap twist deviation

    包缠度测量值的平均值与标称值的差数对标称值的百分率。

2.49

    含胶率　gum percentage

    蚕丝中丝胶含量的百分率。

2.50

    练减率　degumming loss percentage

    蚕丝产品中脱去丝胶、油脂、杂质等可溶性物质所占百分比。

2.51

    含油率　oil percentage

    丝线中油脂含量的百分率。

2.52

    糙疵　slub

    丝条部分膨大造成的疵点。

    注：根据糙疵的膨大程度和长度不同可以分为特大糙疵、特大长糙、长糙、大糙、中糙、小糙、连续糙、雪糙、小糠、糙
        粒、微糙等。

2.53

    粗节　thick place

    丝条线密度增大一定幅度并延续一定长度。

2.54

    细节　thin place

    丝条线密度减小一定幅度并延续一定长度。

2.55

    绵结　nep

    紧密缠结难以松解的纤维结、粒、小球等。

2.56

    疵结　knot

    丝条结端过长、过短或结法拙劣的结，或绢纺丝条上的结。

    注：可分为大长结、长结、短结、松结、毛结等。

2.57

    环颣　loop
    环节

    丝条上环形的圈子。

2.58

    螺旋　corkscrew

    一根或数根茧丝松驰缠绕于丝条周围形成螺旋形，或由于股线的各根单丝因张力不一或粗细不同
所产生的疵点。

    注：根据螺旋的膨大程度，可分为重螺旋、螺旋、轻螺旋、小螺旋。

2.59

    废丝　waste silk

    附于丝条上的松散丝团。

2.60

粘附糙　bad cast

茧丝折转,粘附丝条部分变粗呈锥形者。

2.61

杂质夹入　foreign impurity

杂质　foreign matters

附着物　adhesive substance

丝条上缠附有其他纤维、草类或毛发等物。

2.62

裂丝　loose end

因丝条分裂而产生的疵点。

2.63

捻头不良　improper splice

丝条因捻头形成粗节。

2.64

整理不良　improper finishing yarn；general finish imperfect

丝条上由于整理不当损坏了丝的表面,表面缺少捻度,比正常丝稍粗或稍细;或绞把不匀,编丝留绪不当,定型或成形不良。

2.65

毛头突出　protruding of thread tip

丝条中的并结纤维一端从表面突出。

2.66

丝条脆弱　brittle thread

在黑板丝片卷绕过程中,超过规定数量的丝条不能正常卷取。

2.67

黑屑糙　black speck

黑点　black spot

丝条上附着的黑色或褐色固形物质。

2.68

茧片　adhering husk

丝条上附着的片状茧层。

2.69

飞型茧片　protruding husk

丝条上飘出的茧片。

2.70

有色糙　brown speck

丝条上特粗的有色部分。

2.71

霉丝　musty skein

霉变丝

丝条光泽变异,能嗅到霉味或发现灰色或微绿色霉点者。

2.72

丝把硬化　gummed skein

丝绞硬化

绞把或丝绞发并，手感糙硬呈僵直状者。

2.73

筬角硬胶　hard gum spot

丝绞筬角处部分丝条胶着成硬块，手指直捏后不能松散，宽度达到一定程度。

2.74

粘条　viscosed skein

丝条与丝条间粘固，手指捻揉后，左右横展部分丝条不能拉散者。

2.75

污染丝　soiled thread

被异物污染的丝条。

2.76

纤度混杂　mixed size

支别混错　mixed count

同一批丝内混有不同规格的丝绞或丝筒。

2.77

水渍　water damaged skein

遭受水湿，有渍印，光泽呆滞的丝条。

2.78

颜色不整齐　color ununiform

色不齐

丝把与丝把、丝绞与丝绞之间颜色程度、颜色种类或光泽差异较明显。

2.79

夹花　streaking thread

色圈　colored ring

同一丝绞（筒）内颜色程度或颜色种类差异较明显。

2.80

白斑　white speck

磨白丝　white speck thread

丝绞表面因擦伤而呈现白色斑。

2.81

绞重不匀　irregular skein

丝筒不匀　irregular cone

筒重不匀

丝绞（筒）大小重量相差超过规定值。

2.82

筒重偏差　weight deviation of cone

单只丝筒重量与规定筒重差异达到一定程度。

2.83

双丝　double ends

双线　double threads

丝绞(筒)中部分丝条卷取二根及以上,长度超过规定值。

2.84

重片丝　double skeins

两片及以上丝片打成一绞。

2.85

切丝　cut end

断丝

断头丝

丝绞(筒)中丝条断头数达到一定数量。

2.86

飞入毛丝　waste adhered to the thread

卷入丝绞(筒)内的废丝。

2.87

凌乱丝　disturbed traverse thread

丝片层次不清,络交紊乱,难于卷取。

2.88

成形不良　make up on inferior cone

丝筒两端不平整,高低差超过规定值或两端塌边或有松紧丝层。

2.89

跳丝　skipped thread

丝筒下端丝条跳出,其弦长超过规定长度。

2.90

扁丝　flat thread

明显扁形的丝条。

2.91

直丝　partial lack of traverse

无络绞花纹的丝条。

2.92

宽急股　dropped and pulled yarn

单丝或股丝松紧不一,呈小圈或麻花状。

2.93

拉白丝　white thread due to over elongation

因张力过大使光泽变异发白的丝条。

2.94

多根与缺根　multiple thread and missing thread

多股与缺股　multiple strand and missing strand

股线丝中出现比规格要求多或少的根(股),达到一定长度。

2.95

异股丝　mixed wrong ply thread

丝绞(筒)中有不合规定的多股或单股丝混入。

2.96

缩曲丝 **shrunk thread**

缩丝

整绞或部分丝条卷缩,光泽起变化。

2.97

伤丝 **damaged thread**

同一丝绞中因硬物刮伤、磨伤或虫蛀等原因造成断头达到一定数量。

2.98

宽紧丝 **dropped and pulled thread**

松紧丝

丝条松散、层次不清、络绞紊乱,整绞丝拉直后,呈现部分丝条松弛状态。

2.99

直鞘丝 **non-croisure twisting thread**

缫丝过程中未做鞘的丝条。

2.100

异质丝 **mixed foreign threads**

不同原料、不同规格的丝相混淆。

2.101

无芯丝 **non-core thread**

包缠丝的芯丝缺少达到一定长度。

参 考 文 献

[1] GB/T 3291.1—1997 纺织 纺织材料性能和试验术语 第 1 部分:纤维和纱线
[2] GB/T 3291.3—1997 纺织 纺织材料性能和试验术语 第 3 部分:通用

索　引

汉语拼音索引

英文对应词索引

T

V

W

Y

Z

ICS 59.080.01
W 40

中华人民共和国国家标准

GB/T 32015—2015

丝绸 练减率试验方法

Silk—Testing method for degumming loss percentage

2015-09-11 发布　　　　　　　　　　　　　2016-04-01 实施

中华人民共和国国家质量监督检验检疫总局
中国国家标准化管理委员会　发布

前　言

本标准按照 GB/T 1.1—2009 给出的规则起草。

本标准由中国纺织工业联合会提出。

本标准由全国丝绸标准化技术委员会(SAC/TC 401)归口。

本标准起草单位:浙江丝绸科技有限公司、上海天伟纺织质量技术服务有限公司、广州纤维产品检测研究院、浙江生态纺织品禁用染化料检测中心有限公司、江苏苏丝丝绸股份有限公司、广东出入境检验检疫局、杭州市质量技术监督检测院、浙江喜得宝丝绸科技有限公司、顺德出入境检验检疫局、浙江金鹰股份有限公司。

本标准主要起草人:伍冬平、李淳、吴淑焕、王济强、周颖、冯桂华、陈松、顾虎、樊启平、邵秋荣、陈小妹。

丝绸　练减率试验方法

1　范围

本标准规定了绢纺原料、精干绵、精绵(绵片)、绵球(绵条)、绢丝和蚕丝织物的练减率试验方法。

本标准适用于测定绢纺原料、精干绵、精绵(绵片)、绵球(绵条)、绢丝和未经精练纯蚕丝织物(坯绸)的练减率。

2　规范性引用文件

下列文件对于本文件的应用是必不可少的。凡是注日期的引用文件,仅注日期的版本适用于本文件。凡是不注日期的引用文件,其最新版本(包括所有的修改单)适用于本文件。

GB/T 6682　分析实验室用水规格和试验方法

GB/T 8170　数值修约规则与极限数值的表示和判定

GB/T 9995　纺织材料含水率和回潮率的测定　烘箱干燥法

GB/T 26380—2011　纺织品　丝绸术语

3　术语和定义

GB/T 26380—2011界定的以及下列术语和定义适用于本文件。为了便于利用,以下重复列出了GB/T 26380—2011中的某些术语和定义。

3.1

绢纺原料　waste silk

养蚕、制丝、丝织业中产生的次茧、下茧和缫丝副产品(长吐、滞头、茧衣、屑丝)以及织造过程中的余丝和剪下来的边丝的总称。

[GB/T 26380—2011,定义2.3.1]

3.2

精干绵　scoured waste silk

绢纺原料精练后,经过水洗、脱水、烘干制成洁净、蓬松、柔软、干燥适宜的半制品。

[GB/T 26380—2011,定义2.3.10]

3.3

精绵　fine drafts

绢纺圆梳制绵加工的精梳绵片。

3.4

绵球　silk tops

将圆梳制绵加工的精梳绵片经延展工序加工,制成定长定重的绵带绕成的球状体。

3.5

练减率　degumming loss percentage

绢纺原料、精干绵、精绵(绵片)、绵球(绵条)、绢丝或蚕丝织物等产品中脱去丝胶、油脂、杂质等可溶性物质所占百分比。

4 原理

丝素在水溶液中只能有限膨润而不会溶解,丝胶在水溶液中能无限膨润直至溶解。采用远离蚕丝蛋白等电点的碱性溶液对绢纺原料、精干绵、精绵(绵片)、绵球(绵条)、绢丝和蚕丝织物等煮练脱胶、去除油脂和杂质,留下丝素,测定练减率。

5 试剂

5.1 工业中性皂:游离碱(以 NaOH 计)≤0.05%,总脂肪物≥600 g/kg。

5.2 Na_3PO_4(化学纯,无水)。

5.3 Na_2CO_3(化学纯,无水)。

5.4 Na_2SiO_3(化学纯,无水)。

5.5 GB/T 6682 规定的三级水。

6 仪器与设备

6.1 天平:分度值≤1 mg。

6.2 带有天平的烘箱:天平分度值≤1 mg。

6.3 量筒:1 000 mL。

6.4 容器:容量≥1 L。

6.5 加热装置:恒温水浴锅或电炉。

6.6 温度计:量程≥100 ℃,分度值≤1 ℃。

6.7 计时器。

6.8 玻璃杯。

7 制样

7.1 试样应为采用同一工艺、同一批号的产品。

7.2 均匀制取 2 份质量相同的平行试样:

    a) 绢纺原料:从一批中任取 2 包,每包中部抽 1 束(张),每束(张)中均匀制取 1 份 10 g 试样(包括头、尾)。取样时如遇有硬块应扯松或拣除,去除蛹体和杂质。

    b) 精干绵:从一批中不同位置抽取 2 块,每块中制取 1 份 6 g 的试样。

    c) 精绵(绵片):从一批中不同位置任取两张精绵(绵片),每张中均匀制取 1 份 8 g 试样。

    d) 绵球(绵条):从一批中任取 2 箱,每箱中抽取 1 只(卷)绵球(绵条),每只(卷)绵球(绵条)中均匀制取 1 份 8 g 试样。

    e) 绢丝:从一批绢丝中随机抽取,并遍及各件(箱)的上层、中层、下层。绞(筒)装绢丝每批抽 10 绞(筒),以 5 绞(筒)为一组,每绞(筒)取样 1 g,每组 5 g 作为 1 份试样。

    f) 蚕丝织物:从不同位置分别剪取约为 10 g 的方形试样各 2 份。

8 试验程序

8.1 将 2 份试样分别标记,并按 GB/T 9995 规定烘至恒量、称量,精确到 0.01 g。

8.2 按产品类别配置煮练溶液,并按表1、表2、表3、表4或表5的试验条件进行煮练:

a) 绢纺原料按表1中的试验条件配置煮练溶液,加热至沸腾后将2份已烘干的试样分别放入容器进行第一次煮练,同时不断使用玻璃棒搅拌使试样煮练均匀。待第一次煮练结束后,用50 ℃～60 ℃的三级水充分洗涤试样两次;并用Na_2CO_3配置pH为9～9.5的溶液(0.5 g/L～1 g/L)进行第2次煮练。

表 1 绢纺原料练减率试验条件

项目	要求	
	第一次	第二次
工业中性皂	5 g/L	—
Na_2CO_3	0.5 g/L	调节溶液 pH 至 9～9.5
水	GB/T 6682 三级水	GB/T 6682 三级水
浴比	1∶100	1∶100
温度	沸点	沸点
时间	30 min	30 min

b) 精干绵按表2中的试验条件配置煮练溶液,加热至沸腾后将2份已烘干的试样分别放入容器进行煮练,同时不断使用玻璃棒搅拌使试样均匀煮练。

表 2 精干绵练减率试验条件

项目	要求
Na_2CO_3	1 g/L
Na_3PO_4	2 g/L
水	GB/T 6682 三级水
浴比	1∶167
温度	沸点
时间	1 h

c) 精绵(绵片)或绵球(绵条)按表3的试验条件配置煮练溶液,加热至沸腾后将2份已烘干的试样分别放入容器进行煮练,同时不断使用玻璃棒搅拌使试样均匀煮练。

表 3 精绵(绵片)、绵球(绵条)练减率试验条件

项目	要求
Na_3PO_4	2 g/L
水	GB/T 6682 三级水
浴比	1∶125
温度	沸点
时间	1 h

    d) 绢丝按表 4 中的试验条件配置煮练溶液,加热至沸腾后将 2 份已烘干的试样分别放入容器进行煮练,同时不断使用玻璃棒搅拌使试样均匀煮练。

表 4　绢丝练减率试验条件

项目	要求
Na_3PO_4	2 g/L
水	GB/T 6682 三级水
浴比	1∶200
温度	沸点
时间	1 h

    e) 蚕丝织物按表 5 中的试验条件配置煮练溶液,加热至沸腾后将 2 份已烘干的试样分别放入容器进行煮练,同时不断使用玻璃棒搅拌使试样均匀煮练。轻薄型织物(单位面积质量为 50 g/m² 及以下)煮练 1 h;厚重型织物(单位面积质量为 50 g/m² 以上)煮练 2 次,其中第 1 次 2 h,用 50 ℃～60 ℃的三级水充分洗涤试样两次后再按表 5 配置溶液再煮练 1 h。

表 5　蚕丝织物练减率试验条件

项目	要求
工业中性皂	5 g/L
Na_2SiO_3	2 g/L
水	GB/T 6682 三级水
浴比	1∶100
温度	沸点

8.3 煮练结束后将试样用 50 ℃～60 ℃的三级水充分洗涤 2 次,充分洗去溶液,绞干、抖松。

8.4 将洗去溶液的试样(8.3)按 GB/T 9995 的规定烘至恒量、称量,精确到 0.01 g。

9　试验结果计算

9.1 练减率按式(1)计算,计算结果精确至小数点后两位。

$$P = \frac{m_0 - m_1}{m_0} \times 100\% \qquad \cdots\cdots\cdots\cdots\cdots\cdots\cdots(1)$$

式中:

P　——练减率,%;

m_0　——练前试样干量,单位为克(g);

m_1　——练后试样干量,单位为克(g)。

9.2 将 2 份试样煮练前、后干量分别代入式(1),计算各份试样的练减率试验值,以两者平均值为该批产品的练减率试验结果。

9.3 当绢纺原料或蚕丝织物的平行试验值绝对差超过 2%,精干绵的平行试验值绝对差超过 1%,精绵(绵片)、绵球(绵条)或绢丝的平行试验值绝对差超过 0.5%时,按第 7 章制取第 3 份试样,并按第 8 章和 9.1、9.2 操作,计算第 3 份试样的练减率试验值,以 3 份试样的试验平均值作为该批产品的练减率试验结果。

10 数值修约

本标准的各种数值计算,均按 GB/T 8170 执行。

11 试验报告

试验报告应包括以下内容:
a) 样品名称及编号;
b) 所使用的标准(本标准编号);
c) 所采用的试验条件;
d) 偏离本标准的细节及异常情况;
e) 所测样品练减率试验结果;
f) 试验日期及试验人员。

———————————

ICS 59.080.01
W 40

中华人民共和国国家标准

GB/T 32016—2015

蚕丝 氨基酸的测定

Silk—Determination of amino acids

2015-09-11 发布

2016-04-01 实施

中华人民共和国国家质量监督检验检疫总局
中国国家标准化管理委员会 发布

前　言

本标准按照 GB/T 1.1—2009 给出的规则起草。

本标准由中国纺织工业联合会提出。

本标准由全国丝绸标准化技术委员会(SAC/TC 401)归口。

本标准主要起草单位:浙江丝绸科技有限公司、广州纤维产品检测研究院、鑫缘茧丝绸集团股份有限公司、苏州大学、江门出入境检验检疫局、杭州市质量技术监督检测院、广东出入境检验检疫局、浙江省检验检疫科学技术研究院。

本标准主要起草人:伍冬平、李天宝、吴淑焕、徐昊楠、孙道权、左保齐、湛权、刘雨、肖海龙、顾虎、李淳、周颖、吴刚。

蚕丝 氨基酸的测定

1 范围

本标准规定了蚕丝中氨基酸成分及含量的分析测定方法。

本标准适用于蚕丝中十八种氨基酸组分的测定。天冬氨酸(Asp)、苏氨酸(Thr)、丝氨酸(Ser)、谷氨酸(Glu)、甘氨酸(Gly)、丙氨酸(Ala)、缬氨酸(Val)、异亮氨酸(Ile)、亮氨酸(Leu)、酪氨酸(Tyr)、苯丙氨酸(Phe)、赖氨酸(Lys)、组氨酸(His)、精氨酸(Arg)、脯氨酸(Pro)采用酸水解法测定,胱氨酸(Cys)和蛋氨酸(Met)若采用酸水解法不能准确测定、应采用氧化水解法测定,色氨酸(Trp)采用碱水解法测定。其最低检出限均为 10 pmol。

2 规范性引用文件

下列文件对于本文件的应用是必不可少的。凡是注日期的引用文件,仅注日期的版本适用于本文件。凡是不注日期的引用文件,其最新版本(包括所有的修改单)适用于本文件。

GB/T 6529 纺织品 调湿和试验用标准大气

GB/T 6682 分析实验室用水规格和试验方法

GB/T 8170 数值修约规则与极限数值的表示和判定

3 方法原理

酸、碱水解法:蚕丝蛋白在高温酸性或碱性溶液中会发生水解,水解成的氨基酸可用离子交换色谱法进行分离和测定。氧化水解法:蚕丝蛋白中含硫氨基酸(胱氨酸、蛋氨酸),用过甲酸氧化并经盐酸水解生成磺基丙氨酸和蛋氨酸砜,此两种产物可用离子交换色谱法分离和测定。

4 试剂与材料

4.1 要求

浓盐酸(12 mol/L)为优级纯,其他试剂如无特别注明,均为分析纯。

4.2 水

符合 GB/T 6682 二级水要求。

4.3 氮气

纯度为 99.99%。

4.4 酸水解法

4.4.1 酸解剂:用水将浓盐酸稀释至 6 mol/L。

4.4.2 冷冻剂:液氮、干冰乙醇或干冰丙酮。

4.4.3 稀释上机用缓冲液:用水将浓盐酸稀释至 0.02 mol/L。

4.4.4 不同 pH 和离子强度的洗脱用缓冲液与再生液(可按仪器说明书配制),配制方法如下:

   a) pH=2.2 的柠檬酸钠缓冲液:称取 19.6 g 柠檬酸钠($Na_3C_6H_5O_7 \cdot 2H_2O$)和 16.5 mL 浓盐酸加水稀释到 1 000 mL,用浓盐酸或 500 g/L 的氢氧化钠溶液调节 pH 至 2.2;

   b) pH=3.3 的柠檬酸钠缓冲液:称取 19.6 g 柠檬酸钠和 12 mL 浓盐酸加水稀释到 1 000 mL,用浓盐酸或 500 g/L 的氢氧化钠溶液调节 pH 至 3.3;

   c) pH=4.0 的柠檬酸钠缓冲液:称取 19.6 g 柠檬酸钠和 9 mL 浓盐酸加水稀释到 1 000 mL,用浓盐酸或 500 g/L 的氢氧化钠溶液调节 pH 至 4.0;

   d) pH=6.4 的柠檬酸钠缓冲液:称取 19.6 g 柠檬酸钠和 46.8 g 氯化钠(优级纯)加水稀释到 1 000 mL,用浓盐酸或 500 g/L 的氢氧化钠溶液调节 pH 至 6.4;

   e) RG 再生液:称取 8 g 氢氧化钠(优级纯)和 100 mL 乙醇(色谱纯)加水稀释至 1 000 mL。

4.4.5 茚三酮溶液(可按仪器说明书配制),配制方法如下:

   a) pH=5.2 的乙酸锂溶液:称取氢氧化锂($LiOH \cdot H_2O$)168 g,加入冰乙酸(优级纯)279 mL,加水稀释到 1 000 mL,用 500 g/L 的氢氧化钠溶液调节 pH 至 5.2;

   b) 茚三酮溶液:取 150 mL 二甲基亚砜(C_2H_6OS)和乙酸锂溶液 50 mL 加入 4 g 水和茚三酮($C_9H_4O_3 \cdot H_2O$)和 0.12 g 还原茚三酮($C_{18}H_{10}O_6 \cdot 2H_2O$)。

4.4.6 混合氨基酸标准储备液:含甘氨酸、丙氨酸、缬氨酸、亮氨酸、异亮氨酸、丝氨酸、苏氨酸、天冬氨酸、谷氨酸、赖氨酸、精氨酸、蛋氨酸、胱氨酸、苯丙氨酸、赖氨酸、组氨酸、脯氨酸等 17 种常规蛋白水解液分析用色谱纯氨基酸,各组分浓度为 2.50 μmol/mL(或 2.00 μmol/mL)。

4.4.7 混合氨基酸标准工作液:吸取一定量的混合氨基酸标准储备液(4.4.6)置于 50 mL 容量瓶中,以稀释上机用缓冲液(4.4.3)定容,混匀,使各氨基酸组分浓度为 100 nmol/mL。

4.5 氧化水解法

4.5.1 过甲酸溶液:将 30% 过氧化氢与 88% 甲酸按 1:9 的体积比混合,于室温下放置 1 h,置冰水浴中冷却 30 min,临用前配制。

4.5.2 氧化终止剂:48% 氢溴酸。

4.5.3 酸解剂:同 4.4.1。

4.5.4 稀释上机用柠檬酸钠缓冲液:pH=2.2,钠离子浓度为 0.2 mol/L。称取柠檬酸钠 19.6 g,用水溶解后加入浓盐酸 16.5 mL,硫二甘醇 5.0 mL,苯酚 1 g,最后加水定容至 1 000 mL,用 G4 垂熔玻璃砂芯漏斗过滤。

4.5.5 不同 pH 和离子强度的洗脱用缓冲液与再生液:配制方法同 4.4.4。

4.5.6 茚三酮溶液:配制方法同 4.4.5。

4.5.7 磺基丙氨酸-蛋氨酸砜标准储备液:准确称取色谱纯磺基丙氨酸 105.7 mg 和蛋氨酸砜 113.3 mg,加水溶解并定容至 250 mL,磺基丙氨酸与蛋氨酸砜浓度均为 2.50 μmol/mL。

4.5.8 磺基丙氨酸-蛋氨酸砜标准工作液:吸取磺基丙氨酸-蛋氨酸砜标准储备液(4.5.7)1.00 mL,置于 50 mL 容量瓶中,加稀释上机用柠檬酸钠缓冲液(4.5.4)定容、混匀,使各组分浓度为 50 nmol/mL。

4.6 碱水解法

4.6.1 碱解剂:4 mol/L 的氢氧化锂或氢氧化钠溶液。可用水溶解 167.8 g 氢氧化锂($LiOH \cdot H_2O$)并稀释至 1 000 mL 的方法制取,使用前取适量超声或通氮脱气。

4.6.2 冷冻剂:同 4.4.2。

4.6.3 6 mol/L 的盐酸溶液:配制方法同 4.4.1。

4.6.4 稀释上机用柠檬酸钠缓冲液:pH=4.3,钠离子浓度为 0.2 mol/L。称取柠檬酸钠 14.71 g、氯化铵 2.92 g 和柠檬酸 10.50 g,溶于 500 mL 水,加入硫二甘醇 5 mL 和辛酸 0.1 mL,最后定容至1 000 mL。

4.6.5 不同 pH 和离子强度的洗脱用缓冲液与再生液:配制方法同 4.4.4。

4.6.6 茚三酮溶液:配制方法同 4.4.5。

4.6.7 色氨酸标准储备液:准确称取色谱纯色氨酸 102.0 mg,加少许水和数滴 0.1 mol/L 氢氧化钠,使之溶解,定量地转移至 100 mL 容量瓶中,加水定容。色氨酸浓度为 5.00 μmol/mL。

4.6.8 色氨酸标准工作液:准确吸取 2.00 mL 色氨酸标准储备液(4.6.7)置于 50 mL 容量瓶中,并用稀释上机用柠檬酸钠缓冲液(4.6.4)进行定容,使色氨酸浓度为 200 nmol/mL。

注:4.4.7、4.5.8、4.6.8 中标准工作液体宜现配现用,也可置于 4 ℃条件下储存,有效期为 3 个月。

5 仪器与设备

5.1 分析天平:分度值≤0.1 mg。

5.2 水解管:耐压螺盖玻璃管或硬质玻璃管,体积 20 mL～30 mL。用去离子水冲洗干净并烘干。

5.3 聚四氟乙烯衬管。

5.4 真空泵。

5.5 喷灯或熔焊机。

5.6 恒温干燥箱或水解炉。

5.7 真空干燥器:温度可调节。

5.8 氨基酸自动分析仪:茚三酮柱后衍生离子交换色谱仪,要求各氨基酸的分辨率大于 90%。

6 样品及前处理

6.1 取样

依据 GB/T 6529 在标准大气条件下将样品调湿平衡,剪碎,混匀,用分析天平称取具代表性的样品 1 g±0.1 g 备用。

6.2 样品前处理

6.2.1 酸水解法

6.2.1.1 称取 20 mg 的试样(6.1)置水解管中,加 10 mL 酸解剂(4.4.1),置冷冻剂(4.4.2)中冷冻 3 min～5 min。然后,抽真空 (近 0 Pa),充入氮气,再抽真空充氮气,重复三次,在充氮气状态下封口。

6.2.1.2 将封口后的水解管放在(110±1)℃恒温干燥箱中,水解 22 h。

6.2.1.3 取出水解管,冷却至室温,混匀、开管、过滤,用水多次冲洗水解管,并与水解液全部转移至 100 mL容量瓶中用水定容。吸取 1 mL～2 mL 水解定容液,用真空干燥器在 60 ℃蒸发至干,加少许水溶解残留物,重复蒸干 2～3 次。准确加入 1 mL～2 mL 的稀释上机用缓冲液(4.4.3),摇匀,充分溶解后离心或用 0.22 μm 水系微孔滤头过滤后,取上清液上机测定。

6.2.2 氧化水解法

6.2.2.1 氧化:称取 50 mg 的试样(6.1),置于水解管中,于冰水浴中冷却 30 min 后加入已经冷却的过甲酸溶液(4.5.1)2 mL,待样品全部润湿,盖好试管盖(不能摇动),连同冰水浴一起置于 0 ℃冰箱中,反应 16 h。

6.2.2.2 水解:向样品氧化液(6.2.2.1)中加入氢溴酸(4.5.2)0.3 mL,振摇,放回冰水浴静置 30 min,用真空干燥器在 60 ℃下蒸发至干。加入酸解剂(4.5.3)15 mL,抽真空(近 0 Pa),充入氮气,再抽真空充氮气,重复 3 次,在充氮气状态下封管,置(110±1)℃恒温干燥箱中水解 22 h。

6.2.2.3 取出水解管,冷却至室温,开管、混匀、过滤,用水多次冲洗水解管,并与水解液全部转移到 50 mL 容量瓶中用水定容。取 1 mL～2 mL 水解定溶液,用真空干燥器在 50 ℃以下条件蒸发至干,加少许水溶解残留物,重复蒸干 2～3 次。准确加入 1 mL～2 mL 稀释上机用柠檬酸钠缓冲液(4.5.4),摇匀,充分溶解后离心或用 0.22 μm 水系微孔滤头过滤后,取上清液上机测定。

6.2.3 碱水解法

6.2.3.1 称取 20 mg 的试样(6.1),置聚四氟乙烯衬管中,加 1.5 mL 碱解剂(4.6.1),置冷冻剂(4.6.2)中冷冻 3 min～5 min,而后将衬管插入水解管,抽真空(近 0 Pa)充入氮气,再抽真空充氮气,重复 3 次,在充氮气状态下封口。

6.2.3.2 将封口后的水解管放入(110±1)℃恒温干燥箱,水解 20 h。

6.2.3.3 取出水解管,冷至室温,混匀、开管,用稀释上机用柠檬酸钠缓冲液(4.6.4)将水解液定量地转移到 10 mL 容量瓶中,加入 6 mol/L 的盐酸溶液(4.6.3)约 1 mL 中和,并用上述缓冲液(4.6.4)定容。摇匀,充分溶解后离心或用 0.22 μm 水系微孔滤头过滤后,取上清液上机测定。

7 测定

采用相应的标准工作液(4.4.7、4.5.8、4.6.8),并按仪器说明书调整仪器操作参数和(或)洗脱用柠檬酸钠缓冲液的 pH,使各氨基酸(或磺基丙氨酸、蛋氨酸砜)分辨率≥85%(分析条件参见附录 A);注入制备好的试样水解测定液和相应的标准工作液,进行分析测定(氨基酸标准物质的色谱图参见附录 B)。酸解液、氧化水解液每 10 个单样为一组,碱解液每 6 个单样为一组,组间插入相应的标准工作液进行校准。

8 结果与表达

氨基酸在试样中的质量百分比按式(1)计算:

$$W = \frac{c \times V \times M}{m \times 10^6} \times D \times 100 \quad\quad \cdots\cdots\cdots\cdots\cdots\cdots\cdots (1)$$

式中:

W ——试样测定的某氨基酸的含量,%;

c ——试样水解测定液中某氨基酸浓度,单位为纳摩尔每毫升(nmol/mL);

V ——试样水解测定液稀释定容体积,单位为毫升(mL);

M ——各氨基酸分子量(参见附录 C);

m ——试样质量,单位为毫克(mg);

D ——试样水解测定液的稀释倍数。

以两个平行试样测定结果的算术平均值报告结果,按 GB/T 8170 进行数值修约,保留到小数点后两位。

9 精密度

9.1 酸水解法测定氨基酸(胱氨酸、蛋氨酸除外)、氧化水解法测定的胱氨酸与蛋氨酸,当含量≤1%时,两个平行试样测定值的相对偏差不大于 5%;当含量>1%时,相对偏差不大于 4%。

9.2 碱水解法测定的色氨酸,当实际测试平均含量<0.5%时,两个平行试样测定值的相对偏差不大于

8%；当实际测试平均含量≥0.5%时，相对偏差不大于4%。

10 试验报告

试验报告至少应给出下列内容：
a) 样品来源及描述；
b) 采用的水解方法；
c) 测试结果；
d) 任何偏离本标准的细节；
e) 采用的标准（本标准编号）；
f) 试验日期。

附　录　A

（资料性附录）

色谱条件

由于测试结果取决于所用的仪器，因此不可能给出分析的普遍参数，采用下列操作条件已被证明对测试是合适的。氨基酸分析仪色谱条件如下：

a)　离子交换分离柱：蛋白水解柱 4.6 mm I.D×60 mm L；

b)　分离柱温度：57 ℃；

c)　反应柱：内置惰性金刚砂小颗粒反应柱，4.6 mm I.D×40 mm L；

d)　反应柱温度：135 ℃；

e)　泵 1（洗脱用缓冲液）：流速 0.40 mL/min；

f)　泵 2（茚三酮溶液）：流速 0.35 mL/min；

g)　检测波长：570 nm，440 nm；

h)　进样量：20 μL；

i)　流动相及洗脱程序见表 A.1。

表 A.1　流动相及洗脱程序

时间 min	试剂 %								
	B1	B2	B3	B4	B5	B6	R1	R2	R3
0.0	100	0	0	0	0	0			
2.5	100	0	0	0	0	0			
2.6	0	100	0	0	0	0			
5.0	0	100	0	0	0	0			
5.1	0	0	100	0	0	0			
12.8	0	0	100	0	0	0			
12.9	0	0	0	100	0	0			
27.0	0	0	0	100	0	0			
27.1	0	0	0	0	100	0			
32.0							50	50	0
32.1							0	0	100
33.0	0	0	0	0	0	100			
33.1	0	100	0	0	0	0			
34.0	0	100	0	0	0	0			
34.1	100	0	0	0	0	0			
37.0							0	0	100
37.1							50	50	0
53.0	100	0	0	0	0	0	50	50	0
注 1：B1、B2、B3、B4 分别是指 pH 为 2.2、3.3、4.0、6.4 的柠檬酸钠缓冲液，B5 为超纯水（符合 GB/T 6682 二级水 　　要求），B6 为 RG 再生液。									
注 2：R1、R2、R3 分别是指茚三酮溶液、pH=5.2 的乙酸锂溶液、5%乙醇溶液。									

附　录　B

（资料性附录）

氨基酸标准物质的色谱图

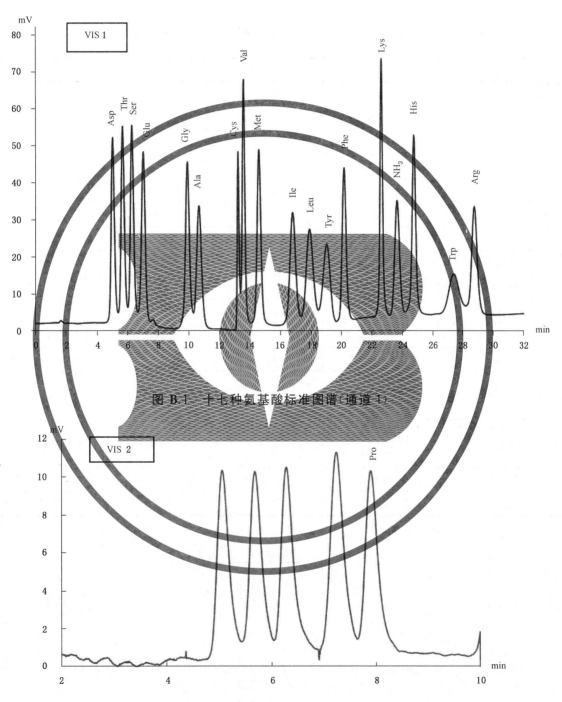

图 B.1　十七种氨基酸标准图谱（通道1）

图 B.2　脯氨酸标准图谱（通道2）

附　录　C

（资料性附录）

十八种氨基酸的分子式和相对分子量

表 C.1　十八种氨基酸的分子式和相对分子量

名　称	英文名称	CAS 号	分子式	相对分子量
天冬氨酸	Aspartic acid	1783-96-6	$C_4H_7O_4N$	133.10
苏氨酸	Threonine	72-19-5	$C_4H_9O_3N$	119.12
丝氨酸	Serine	56-45-1	$C_3H_7O_3N$	105.09
谷氨酸	Glutamic acid	56-86-0	$C_5H_9O_4N$	147.13
脯氨酸	Proline	147-85-3	$C_5H_9O_2N$	115.13
甘氨酸	Glycine	56-40-6	$C_2H_5O_2N$	75.07
丙氨酸	Alanine	56-41-7	$C_3H_7O_2N$	89.09
胱氨酸	Cystine	56-89-3	$C_6H_{12}O_4N_2S_2$	240.29
缬氨酸	Valine	71-18-4	$C_5H_{11}O_2N$	117.15
蛋氨酸	Methionine	59-51-8	$C_5H_{11}O_2NS$	149.21
异亮氨酸	Isoleucine	71989-23-6	$C_6H_{13}O_2N$	131.17
亮氨酸	Leucine	3588-60-1	$C_6H_{13}O_2N$	131.17
酪氨酸	Tyrosine	60-18-4	$C_9H_{11}O_3N$	181.19
苯丙氨酸	Phenylalanine	63-91-2	$C_9H_{11}O_2N$	165.19
赖氨酸	Lysine	56-87-1	$C_6H_{14}O_2N_2$	146.19
组氨酸	Histidine	71-00-1	$C_6H_9O_2N_3$	155.16
精氨酸	Arginine	74-79-3	$C_6H_{14}O_2N_4$	174.20
色氨酸	Tryptophan	73-22-3	$C_{11}H_{12}O_2N_2$	204.09

ICS 59.080.20
W 40

中华人民共和国纺织行业标准

FZ/T 40003—2010
代替 FZ/T 40003—1997

桑蚕绢丝试验方法

Test method for mulberry spun silk yarn

2010-08-16 发布　　　　　　　　　　　　2010-12-01 实施

中华人民共和国工业和信息化部　　发 布

前　言

本标准代替 FZ/T 40003—1997《桑蚕绢丝试验方法》。

本标准与 FZ/T 40003—1997 相比主要变化如下：

——关于引用文件的规则修订为：区分注日期和不注日期的引用文件(1997 年版的第 2 章；本版的第 2 章)；

——扩大了桑蚕绢丝的组批规定(本版的 3.1)；

——增加了筒装绢丝的组批和抽样的规定(本版的 3.1、3.2)；

——增加了纱线电子条干不匀变异系数、粗节(＋50％)、细节(－50％)和绵结(＋200％)试验方法(本版的 4.1.6)；

——增加了十万米纱疵的检验方法(本版的 4.1.8)；

——修改了条干均匀度、洁净度黑板灯光的检验条件(1997 年版的 5.6.2.1、5.6.3.1；本版的 4.1.7.2.1、4.1.7.3.1)；

——将暗室尺寸改为资料性附录 A。

本标准的附录 A 为资料性附录。

本标准由中国纺织工业协会提出。

本标准由全国丝绸标准化技术委员会(SAC/TC 401)归口。

本标准起草单位：浙江出入境检验检疫局丝类检测中心、浙江丝绸科技有限公司(浙江丝绸科学研究院)、浙江金鹰股份有限公司、江苏泗绢集团有限公司、浙江金鹰绢纺有限公司。

本标准主要起草人：王伶、周颖、陈小妹、陈松、傅炯明。

本标准所代替标准的历次版本发布情况为：

——FJ 407—1984；

——FZ/T 40003—1997。

桑蚕绢丝试验方法

1 范围

本标准规定了绞装和筒装桑蚕绢丝的检验规则和试验方法。

本标准适用于经烧毛的双股桑蚕绢丝。

2 规范性引用文件

下列文件中的条款通过本标准的引用而成为本标准的条款。凡是注日期的引用文件,其随后所有的修改单(不包括勘误的内容)或修订版均不适用于本标准,然而,鼓励根据本标准达成协议的各方研究是否可使用这些文件的最新版本。凡是不注日期的引用文件,其最新版本适用于本标准。

GB/T 250 纺织品 色牢度试验 评定变色用灰色样卡(GB/T 250—2008,ISO 105-A02:1993,IDT)

GB/T 2543.1 纺织品 纱线捻度的测定 第1部分:直接计数法(GB/T 2543.1—2001,eqv ISO 2061:1995)

GB/T 3292.1 纺织品 纱线条干不匀试验方法 第1部分:电容法(GB/T 3292.1—2008,ISO 16549:2004,MOD)

GB/T 3916 纺织品 卷装纱 单根纱线断裂强力和断裂伸长率的测定(GB/T 3916—1997,eqv ISO 2062:1993)

GB/T 4743 纺织品 卷装纱 绞纱法线密度的测定

GB/T 6529 纺织品 调湿和试验用标准大气(GB/T 6529—2008,ISO 139:2005,MOD)

GB/T 8170 数值修约规则与极限数值的表示和判定

FZ/T 01050 纺织品 纱线疵点的分级与检验方法 电容式

FZ/T 42003—1997 桑蚕筒装绢丝

3 检验规则

3.1 组批

3.1.1 桑蚕绢丝以同一品种、同一规格、同一生产工艺的产品为一批。

3.1.2 绞装绢丝每批1 000 kg,每件(箱)有50 kg和25 kg两种,不足1 000 kg仍按一批计算。

3.1.3 筒装绢丝每批约900 kg~1 000 kg,每箱有50 kg和30 kg两种,不足900 kg~1 000 kg仍按一批计算。

3.2 抽样方法

受验的绢丝应在外观检验的同时,抽取具有代表性的重量及品质检验试样。试样应在同批绢丝内随机抽取,并遍及各件(箱)的上层、中层、下层。

3.3 抽样数量

3.3.1 外观检验试样

筒装绢丝每批随机抽取5箱~10箱,从每箱中均衡随机抽取丝筒共32只。

3.3.2 重量检验试样

3.3.2.1 绞装丝每批抽4绞。不足500 kg者,每批抽2绞。

3.3.2.2 筒装丝每批抽2筒。从每个试样丝筒表面剥取100 g左右试样供重量检验。

3.3.3 品质检验试样

3.3.3.1 绞装绢丝每批抽 10 绞。每绞从面层、底层各络 1 只筒子,共络成 20 只筒子。

3.3.3.2 筒装绢丝每批从外观检验的试样中随机抽取共 10 筒。品质检验各项指标时,从筒子上由表及里抽样试验。

4 试验方法

4.1 品质检验

4.1.1 检验条件

支数、捻度、断裂长度、断裂伸长率、条干不匀变异系数的测定,按 GB/T 6529 规定的标准大气和容差范围,在温度(20.0±2.0)℃、相对湿度(65.0±4.0)%下进行,试样应在上述条件下平衡 12 h 以上方可进行检验。

4.1.2 外观检验

4.1.2.1 设备

4.1.2.1.1 检验台:表面光滑无反光,检验台板距地面高约 80 cm。

4.1.2.1.2 检验灯光要求:内装日光荧光灯的平面组合灯罩。要求光线以一定的距离柔和均匀地照射于丝把的端面上,其照度为 450 lx～500 lx。

4.1.2.2 检验规程

4.1.2.2.1 核对受验丝批厂代号、规格、包件号,并进行编号,逐批检验。

4.1.2.2.2 绞装丝:以感官鉴定抽取的品质检验试样的外观质量。

4.1.2.2.3 筒装丝:将随机抽取的 32 只试样逐筒拆除包丝纸或纱套,放在检验台上,以感官鉴定受验丝的外观质量。检验时,筒子大头向上,用手将筒子倾斜 30°～40°转动一周,检查筒子的上、下端面和侧面。按 FZ/T 42003—1997 表 2 中所列疵点名称说明对全批丝作出外观质量评定,评定疵筒数。对疵筒数达到批注数量的给以批注。

4.1.2.2.4 色泽:将抽取的 10 绞和 10 筒品质检验试样平摊在检验台上,以感官鉴定同批绢丝的色泽。当色泽有深浅时对照 GB/T 250,若 2-3 级及以下为明显色泽差异,应退回工厂重新整理。

4.1.3 支数检验

4.1.3.1 检验规程

4.1.3.1.1 桑蚕绢丝的支数测定按 GB/T 4743 规定进行。

4.1.3.1.2 绞装绢丝:每只试样筒子在缕纱测长器上摇取 2 绞试样,每绞为 100 圈,长 100 m,共计 40 绞。

4.1.3.1.3 筒装绢丝:每只试样筒子在缕纱测长器上摇取 4 绞试样,每绞为 100 圈,长 100 m,共计 40 绞。

4.1.3.1.4 将 40 绞样丝逐绞在天平或支数秤上称量并记录,称量精度为 0.001 g。

4.1.3.1.5 将称量后的 40 绞试样,称其总重后在烘箱内烘其干重,烘箱温度为(120±5)℃,始烘时间为 90 min,连续称量时间间隔为 20 min,当连续两次称得重量的差异小于前一次称得重量的 0.1% 时,后一次称得的重量为干燥重量。

4.1.3.2 试验结果计算

4.1.3.2.1 支数(重量)变异系数按式(1)计算,计算结果精确至小数点后一位。

$$CV_s = \frac{\sqrt{\sum_{i=1}^{N}(N_{mi} - \overline{N_n})^2/(N-1)}}{\overline{N_n}} \times 100 \quad \cdots\cdots\cdots\cdots\cdots (1)$$

式中:

CV_s——支数(重量)变异系数,%;

N_{mi}——各受检试样支数,单位为公支(Nm)或分特(dtex);

$\overline{N_n}$——平均支数,单位为公支(Nm)或分特(dtex);

N——试样绞数。

4.1.3.2.2 公定回潮率时的绢丝实测支数按式(2)计算,计算结果精确至小数后一位。

$$N_m = \frac{N \times L}{\left(1 + \dfrac{W_K}{100}\right) \times m_c} \quad \cdots\cdots\cdots\cdots\cdots\cdots (2)$$

式中:

N_m——公定回潮率时的实测支数,单位为公支(Nm)或分特(dtex);

N——试样绞数;

L——试样长度,单位为米(m);

W_K——公定回潮率,%;

m_c——受检试样总干重,单位为克(g)。

4.1.3.2.3 支数(重量)偏差率按式(3)计算,计算结果精确至小数点后一位。

$$R = \frac{N_m - N_0}{N_0} \times 100 \quad \cdots\cdots\cdots\cdots\cdots\cdots (3)$$

式中:

R——支数(重量)偏差率,%;

N_m——公定回潮率时的实测支数,单位为公支(Nm)或分特(dtex);

N_0——名义支数,单位为公支(Nm)或分特(dtex)。

4.1.4 捻度检验

4.1.4.1 检验规程

4.1.4.1.1 桑蚕绢丝捻度测定按 GB/T 2543.1 规定进行。

4.1.4.1.2 绞装绢丝:取 20 个试样筒子,每个筒子测一次,共 20 次。

4.1.4.1.3 筒装绢丝:取 10 个试样筒子,每个筒子测两次,共 20 次。

4.1.4.2 试验结果计算

4.1.4.2.1 平均捻度按式(4)计算,计算结果精确至小数点后一位。

$$\overline{X} = \frac{\sum_{i=1}^{N} X_i \times 1\,000}{L \times N} \quad \cdots\cdots\cdots\cdots\cdots\cdots (4)$$

式中:

$\overline{X}$——平均捻度,单位为捻每米(捻/m);

X_i——每个试样捻度测试结果,单位为捻;

N——试验次数;

L——试样长度,单位为毫米(mm)。

4.1.4.2.2 捻度变异系数按式(5)计算,计算结果精确至小数点后一位。

$$CV_T = \frac{\sqrt{\sum_{i=1}^{N} (X_i - \overline{X})^2 / (N-1)}}{\overline{X}} \times 100 \quad \cdots\cdots\cdots\cdots\cdots\cdots (5)$$

式中:

CV_T——捻度变异系数,%;

$\overline{X}$——平均捻度,单位为捻每米(捻/m);

X_i——每个试样捻度测试结果,单位为捻每米(捻/m);

N——试验次数。

4.1.4.2.3 捻度偏差率按式(6)计算,计算结果精确至小数点后一位。

$$S = \frac{\overline{X} - X}{X} \times 100 \qquad\qquad \cdots\cdots\cdots\cdots\cdots\cdots\cdots(6)$$

式中:

S——捻度偏差率,%;

$\overline{X}$——平均捻度,单位为捻每米(捻/m);

X——名义捻度,单位为捻每米(捻/m)。

4.1.5 断裂长度和断裂伸长率检验

4.1.5.1 检验规程

4.1.5.1.1 桑蚕绢丝断裂长度和断裂伸长率测定按 GB/T 3916 规定进行。

4.1.5.1.2 绞装绢丝:取 20 个试样筒子,每个筒子测一次,共 20 次。

4.1.5.1.3 筒装绢丝:取 10 个试样筒子,每个筒子测两次,共 20 次。

4.1.5.2 试验结果计算

4.1.5.2.1 平均断裂强力按式(7)计算,计算结果精确至小数点后一位。

$$\overline{F} = \frac{\sum\limits_{i=1}^{N} F_i}{N} \qquad\qquad \cdots\cdots\cdots\cdots\cdots\cdots\cdots(7)$$

式中:

$\overline{F}$——平均断裂强力,单位为厘牛(cN)或克(g);

F_i——每根试样断裂强力测试结果,单位为厘牛(cN)或克(g);

N——试验次数。

4.1.5.2.2 平均断裂长度按式(8)计算,计算结果精确至小数点后一位。

$$\overline{L} = \frac{\overline{F} \times N_{mK}}{1\,000 \times 0.98} \qquad\qquad \cdots\cdots\cdots\cdots\cdots\cdots\cdots(8)$$

式中:

$\overline{L}$——平均断裂长度,单位为千米(km);

$\overline{F}$——平均断裂强力,单位为厘牛(cN)或克(g);

N_{mK}——公定回潮率时的实测支数,单位为公支(Nm)或分特(dtex)。

4.1.5.2.3 平均断裂伸长率按式(9)计算,计算结果精确至小数点后一位。

$$\overline{\delta} = \frac{\sum\limits_{i=1}^{N} \delta_i}{N} \qquad\qquad \cdots\cdots\cdots\cdots\cdots\cdots\cdots(9)$$

式中:

$\overline{\delta}$——平均断裂伸长率,%;

δ_i——每根试样断裂伸长率测试结果,%;

N——试验次数。

4.1.5.2.4 断裂强力变异系数按式(10)计算,计算结果精确至小数点后一位。

$$CV_F = \frac{\sqrt{\sum\limits_{i=1}^{N} (F_i - \overline{F})^2 / (N-1)}}{\overline{F}} \times 100 \qquad \cdots\cdots\cdots\cdots\cdots(10)$$

式中:

CV_F——断裂强力变异系数,%;

F_i——每根试样断裂强力测试结果,单位为厘牛(cN)或克(g);

N——试验次数；

$\overline{F}$——平均断裂强力，单位为厘牛(cN)或克(g)。

4.1.6 条干不匀变异系数、粗节(＋50%)、细节(－50%)和绵结(＋200%)检验

4.1.6.1 检验规程

4.1.6.1.1 绢丝条干不匀变异系数(CV_m)、粗节(＋50%)、细节(－50%)和绵结(＋200%)试验方法按GB/T 3292.1进行。

4.1.6.1.2 试样数量：绞装绢丝、筒装绢丝均抽取10个试样筒子，每个筒子测一次，共10次，每个筒子测400 m，共4 000 m。

4.1.6.2 试验结果计算

4.1.6.2.1 条干不匀变异系数测试结果的计算：取10个筒子的实测 VC_m 值的平均值。计算结果精确至小数点后一位。

4.1.6.2.2 粗节(＋50%)、细节(－50%)测试结果的计算：取10个筒子实测的粗节(＋50%)、细节(－50%)值和的平均值，计算结果精确至小数点后一位。

4.1.6.2.3 绵结(＋200%)测试结果的计算：取10个筒子实测的绵结(＋200%)值的平均值，计算结果精确至小数点后一位。

4.1.7 黑板条干均匀度、洁净度、千米疵点检验

4.1.7.1 检验设备

4.1.7.1.1 黑板机：卷绕速度为100 r/min左右，能调节排列线数。

4.1.7.1.2 黑板：长1 359 mm，宽153 mm，厚7 mm(包括边框)，表面黑色无光。

4.1.7.1.3 标准物质：桑蚕绢丝标准样照。高支、中支条干均匀度合格样照；高支、中支、低支洁净度合格样照；高支、中支、低支疵点样照。

4.1.7.1.4 检验室：设有灯光装置的暗室应与外界光线隔绝，其四壁、黑板架应涂黑色无光漆，色泽均匀一致。检验室规格尺寸参见附录A中的图A.1。

4.1.7.2 条干均匀度检验

4.1.7.2.1 检验灯光要求

黑板架左右两侧设置屏风，直立回光灯罩各一排，内装日光荧光管1支～3支或天蓝色内面磨砂灯泡6只，光线由屏风反射使黑板接受均匀柔和的光线，光源照到黑板横轴中心线的平均照度为20 lx，上下、左右允差±2 lx。

4.1.7.2.2 检验规程

4.1.7.2.2.1 通过黑板机将10个试样筒子的丝条均匀地排列在黑板上，每块黑板同时摇取10个丝片。每个丝片宽度为127 mm，每批丝摇2块黑板。其丝条排列密度的规定如下：

高支绢丝25.4 mm　　　　　　25线

中支绢丝25.4 mm　　　　　　19线

低支绢丝25.4 mm　　　　　　16线

4.1.7.2.2.2 黑板搁置在黑板架上，上部向前倾斜约5°，检验员位于距离黑板2 m处，对照条干均匀度合格样照，按丝片所呈现的粗细变化和阴影程度，逐片打分，每块黑板检验一面，共检验两块黑板，共20个丝片。

4.1.7.2.3 检验结果评定

4.1.7.2.3.1 将各黑板丝片与条干均匀度合格样照对比，中、低支绢丝按中支条干均匀度合格样照，好于或等于合格样照者不扣分，差于合格样照者按下列要求扣分。

　　a) 阴影普遍深于合格样照时，即扣2.5分。

　　b) 阴影深浅相当于合格样照，如总面积显著大于合格样照时，即扣2.5分。但阴影总面积虽大，而浅于合格样照时，仍不扣分。

c) 阴影总面积虽小于合格样照,但显著深于合格样照时,即扣 2.5 分。

4.1.7.2.3.2 桑蚕绢丝的条干有以下情况之一时,即扣 5 分:

a) 有规律性的节粗节细;

b) 连续并列的粗丝或细丝在 3 根以上者;

c) 明显的分散性的粗节或细节。

4.1.7.2.3.3 评分

满分为 100 分,该批桑蚕绢丝条干均匀度分数为:100 减去两块黑板的累计扣分数。

4.1.7.3 洁净度检验

4.1.7.3.1 检验灯光要求

黑板架左右两侧设置屏风、直立回光灯罩各一排,黑板架上部安装横式回光灯罩一排,内装荧光管 2 支～4 支或天蓝色内面磨砂灯泡 6 只,光源均匀柔和地照到黑板的平均照度为 400 lx,黑板上、下端与横轴中心线的照度允差±150 lx,黑板左、右两端的照度基本一致。

4.1.7.3.2 检验规程

黑板上部向前倾斜约 5°,检验员目光与黑板距离为 0.5 m,对照洁净度合格样照,检验丝片上所暴露的毛茸、白点的洁净程度,逐片打分,每块黑板检验一面,共检验两块黑板,共 20 个丝片。

4.1.7.3.3 检验结果评定

4.1.7.3.3.1 将各丝片洁净程度对照合格样照,好于或等于合格样照者不扣分,差于合格样照者扣 5 分。

4.1.7.3.3.2 评分

满分为 100 分,该批绢丝的洁净度分数为:100 减去两块黑板的累计扣分数。

4.1.7.4 千米疵点的检验

4.1.7.4.1 检验灯光要求

按 4.1.7.3.1 规定。

4.1.7.4.2 检验规程

黑板上部向前倾斜约 5°,检验员目光与黑板距离为 0.5 m,将黑板上每片丝片上存在的各种糙节疵点对照疵点样照逐一评定,分别记录,每块黑板检验两面并遍及四周,共检验两块黑板。

4.1.7.4.3 检验结果评定

4.1.7.4.3.1 疵点以对照样照为主,并结合表 1 规定进行评定,难以确定其类别时,可以从丝条上进行剥取分析。

表 1 疵点规定

疵点分类	序 号	疵点名称	疵点说明	长度/mm
大疵点	1	大糙	丝条上形成的粗节,直径超过正常丝条的 3 倍	长于 20
			直径特别膨大的	长于 5
	2	杂质夹入	丝条上缠附有其他纤维、草类或毛发等物	长于 20
	3	大螺旋	合股绢丝的各根单丝张力不一或粗细不同,使丝条部分呈螺旋状	长于 100
	4	长结	丝条上结端的长度	长于 8
小疵点	5	中糙	丝条上的粗节,直径未超过正常丝条的 3 倍	长于 10
			丝条上的粗节,直径超过正常丝条的 3 倍,长度小于大糙	5～20
	6	捻头不良	丝条因捻头形成粗节	任何长度

表 1（续）

疵点分类	序　号	疵点名称	疵点说明	长度/mm
小疵点	7	整理不良	丝条上由于整理不当损坏了丝的表面，表面缺少捻度，比正常丝稍粗或稍细	任何长度
	8	短结	丝条上结端长度	不长于 8
	9	毛头突出	丝条中的并结纤维一端从表面突出	长于 5
	10	粒糙	丝条上的粗节直径超过正常丝条的 3 倍	长 2～5
	11	杂质夹入	丝条上缠附有其他纤维、草类或毛发等物	不长于 20
	12	小螺旋	合股绢丝的各根单丝张力不一或粗细不同，使丝条部分呈螺旋状	长 20～100

4.1.7.4.3.2 疵点的长度以疵点的全部长度量取（即包括两梢端较细部分），若遇有模棱两可的糙疵，可观其形状与疵点样照比较，按最接近的一种疵点类别评定。

4.1.7.4.3.3 丝条上每五个小疵点折合一个大疵点。如含有的小疵点小于样照规定时，该疵点可不计，检验时造成的结头，不作疵点计算。

4.1.7.4.3.4 含有的大长糙大于样照最大的大糙时，该疵点作两个大疵点计算。

4.1.7.4.3.5 特大螺旋的长度，若在 1 m～3 m 者，则作两个大疵点计算，在 3 m 以上至 10 m 者，作三个大疵点计算，在 10 m 以上者作五个大疵点计算。

4.1.7.4.3.6 千米疵点表示 1 000 m 长绢丝的疵点数，按式（11）计算，计算结果精确至小数点后一位。

$$S = \frac{J \times 1\,000}{L} \qquad\qquad\qquad\qquad (11)$$

式中：

S——千米疵点，单位为个每千米（个/1 000 m）；

J——折合大疵点数；

L——卷绕在黑板上的样丝总长度，单位为米（m）。

4.1.8　十万米纱疵检验

4.1.8.1 十万米纱疵的检验按 FZ/T 01050 执行。

4.1.8.2 检验结果计算：$A_3 + B_3 + C_3 + D_2$ 之和。计算结果为整数。

4.1.9　练减率

4.1.9.1　试样

取支数检验后的试样 10 g 左右。

4.1.9.2　检验规程

4.1.9.2.1 将试样放在（120±5）℃的烘箱中烘至恒重，精确到 0.01 g。

4.1.9.2.2 将已烘干的试样放在搪瓷桶内，用 2 000 mL 的蒸馏水皂液在 98 ℃～100 ℃温度下煮练1 h，肥皂选用含 60％脂肪酸工业中性皂，用量为 2 g/L，浴比为 1∶200。煮练后将样丝用 40 ℃～50 ℃温水冲洗两次，洗去皂液，绞干、抖松，放在（120±5）℃的烘箱中烘至恒量，并称量，精确到 0.01 g。

4.1.9.3　试验结果计算

练减率按式（12）计算，精确至小数后一位。

$$H = \frac{g_b - g_c}{g_b} \times 100 \qquad\qquad\qquad\qquad (12)$$

式中：

H——练减率，％；

g_b——练前试样干重，单位为克（g）；

g_c——练后试样干重,单位为克(g)。

4.2 重量检验

4.2.1 设备仪器

4.2.1.1 电子秤:分度值≤0.05 kg。

4.2.1.2 天平:分度值≤0.01 g。

4.2.1.3 带有天平的烘箱。天平:分度值≤0.01 g。

4.2.2 检验规程

4.2.2.1 净重

全批受检桑蚕绢丝抽样补样后,连同布袋(纸箱)、商标、纸、纸管、绳逐件在电子秤称量核对得出"毛重",袋装丝取两袋,箱装丝取两箱,用电子秤称出布袋(纸箱)及绢丝内包装用的商标、纸、纸管、绳的重量,以此推算出全批丝布袋(纸箱)、商标、纸、纸管、绳的重量即"皮重",将全批毛重减去皮重即为全批丝的净重。

4.2.2.2 实测回潮率

将按3.3.2抽样的重量检验试样,按4.1.3.1.5的规定进行回潮率检验,测得每一份试样的回潮率,同一批试样的回潮率的平均值为该批丝的实测回潮率,精确至0.01%。

4.2.2.3 试验结果计算

实测回潮率按式(13)计算,计算结果精确至小数点后两位。

$$W_a = \frac{m_w - m_d}{m_d} \times 100 \qquad\qquad (13)$$

式中:

W_a——实测回潮率,%;

m_w——试样总湿重,单位为克(g);

m_d——试样总干重,单位为克(g)。

4.2.2.4 公量

每批桑蚕绢丝在公定回潮率时的重量按式(14)计算,计算结果精确至小数点后两位。

$$m_k = m_j \times \frac{100 + W_K}{100 + W_a} \qquad\qquad (14)$$

式中:

m_k——公量,单位为千克(kg);

m_j——净量,单位为千克(kg);

W_a——实测回潮率,%;

W_K——公定回潮率,%。

5 数值修约

本标准的各种数值计算,均按GB/T 8170规定修约。

附 录 A
（资料性附录）
暗室规格尺寸

暗室内全室平面布置图见图 A.1。

单位为毫米

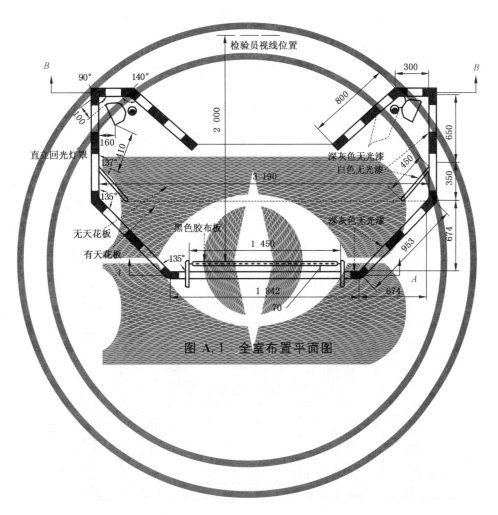

图 A.1 全室布置平面图

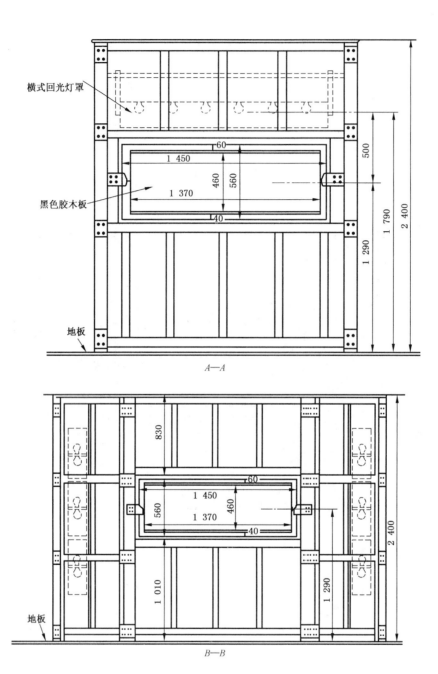

A—A

B—B

图 A.1（续）

ICS 59.060.01
W 40

中华人民共和国纺织行业标准

FZ/T 40004—2009

蚕丝含胶率试验方法

Testing method for sericin content in silk

2009-11-17 发布　　　　　　　　　　　　　　　2010-04-01 实施

中华人民共和国工业和信息化部　　发 布

前　　言

本标准由中国纺织工业协会提出。

本标准由全国丝绸标准化技术委员会归口。

本标准起草单位：中华人民共和国广东出入境检验检疫局技术中心、浙江丝绸科技有限公司、苏州大学、中华人民共和国汕头出入境检验检疫局、杭州金富春丝绸化纤有限公司。

本标准主要起草人：李淳、周颖、左葆齐、任春华、黄伯熹、盛建祥、苏小娟、黎妙萍。

本标准是首次发布。

蚕丝含胶率试验方法

1 范围

本标准规定了蚕丝含胶率试验方法。

本标准适用于测试桑蚕丝和作蚕丝的丝胶含量。

2 规范性引用文件

下列文件中的条款通过本标准的引用而成为本标准的条款。凡是注日期的引用文件,其随后所有的修改单(不包括勘误的内容)或修订版均不适用于本标准,然而,鼓励根据本标准达成协议的各方研究是否可使用这些文件的最新版本。凡是不注日期的引用文件,其最新版本适用于本标准。

GB/T 6682 分析实验室用水规格和试验方法

GB/T 8170 数值修约规则与极限数值的表示和判定

GB/T 9995 纺织材料含水率和回潮率的测定 烘箱干燥法

3 原理

利用丝胶溶解于水,而丝素在水中只能部分膨润而不能溶解的原理,用碳酸钠(Na_2CO_3)溶液溶掉试样中的丝胶,将溶解丝胶后的试样清洗、烘干、称重,计算出含胶率。

4 试剂

4.1 分析纯 Na_2CO_3。

4.2 符合 GB/T 6682 定义的三级水。

5 仪器和工具

5.1 天平:分度值≤0.01 g。

5.2 带有天平的烘箱。天平:分度值≤0.01 g。

5.3 容器:最小容积10 L。

5.4 加热装置。

5.5 定时器。

5.6 温度计(0 ℃~100 ℃):分度值≤1 ℃。

6 取样

6.1 试样应是同一批号产品。

6.2 任取丝锭20只,分为两组,每组10只丝锭。从每只丝锭上绕取约2 g、每组绕取约20 g作为一份试样。共取两份试样,每份试样20 g±2 g。

7 检验程序

7.1 试验条件

Na_2CO_3	0.5 g/L
水	三级水
浴比	1∶100

| 温度 | 沸点 |
| 时间 | 30 min |

7.2 将抽取的两份试样,作出标记后,分别称记原重,并按 GB/T 9995 规定分别烘至恒重,称记脱胶前干重。

7.3 将两份已称记干重的试样,按 7.1 试验条件,在 Na_2CO_3 溶液中进行脱胶,脱胶时不断用玻璃棒搅拌,使脱胶均匀,脱胶后用三级水充分洗涤。重复三次脱胶程序后,将试样用 50 ℃~60 ℃三级水彻底洗净,并按 GB/T 9995 规定烘至恒重,称出脱胶后干重。

7.4 试验结果计算

含胶率按式(1)计算,计算结果精确至小数点后两位。

$$P = \frac{m_0 - m_1}{m_0} \times 100 \qquad \cdots\cdots\cdots\cdots\cdots\cdots\cdots\cdots\cdots\cdots\cdots\cdots (1)$$

式中:

P——含胶率,%;

m_0——脱胶前干重,单位为克(g);

m_1——脱胶后干重,单位为克(g)。

7.5 将两份试样的脱胶前总干重和脱胶后总干重代入式(1),计算结果作为该批丝的实测平均含胶率。

7.6 当两份试样含胶率差异超过 2%时,应制备第三份试样,按 7.3 方法脱胶后,再与前两份试样的脱胶前干重和脱胶后干重合并计算,作为该批丝的实测平均含胶率。

8 数值修约

本标准的各种数值计算,均按 GB/T 8170 数值修约规则取舍。

9 试验报告

试验报告包括以下内容:

a) 样品名称及编号;

b) 所使用的本标准编号;

c) 偏离本标准的细节及异常情况描述;

d) 所测样品丝胶含率的最终结果;

e) 试验日期及试验人员。

ICS 59.080
W 40

中华人民共和国纺织行业标准

FZ/T 40005—2009

桑/柞产品中桑蚕丝含量的测定　化学法

Testing method of mulberry silk content in
mulberry silkworm/tussah products—Chemical method

2009-11-17 发布　　　　　　　　　　　　2010-04-01 实施

中华人民共和国工业和信息化部　　发　布

前　言

本标准由中国纺织工业协会提出。

本标准由全国丝绸标准化技术委员会归口。

本标准主要起草单位:杭州市质量技术监督检测院、浙江丝绸科技有限公司、国家丝绸质量检验中心、达利丝绸(浙江)有限公司、南通丝乡丝绸有限公司、浙江金纱纺织品有限公司。

本标准主要起草人:顾红烽、周颖、李莉、杭志伟、俞丹、金春来、王金树。

桑/柞产品中桑蚕丝含量的测定 化学法

1 范围

本标准规定了用化学分析的方法,测定桑蚕丝含量的条件和详细分析步骤。

本标准适用于含有桑蚕丝和柞蚕丝的混纺、混合和交织产品及散纤维原料的桑蚕丝含量定量分析。

本标准对采用个别染料染色的产品可能不适用。本标准5.1的取样方法不适用于长丝混合填充物的产品。

2 规范性引用文件

下列文件中的条款通过本标准的引用而成为本标准的条款。凡是注日期的引用文件,其随后所有的修改单(不包括勘误的内容)或修订版均不适用于本标准,然而,鼓励根据本标准达成协议的各方研究是否可使用这些文件的最新版本。凡是不注日期的引用文件,其最新版本适用于本标准。

GB/T 2910.1—2009 纺织品 定量化学分析 第1部分:试验通则

GB/T 8170 数值修约规则与极限数值的表示和判定

GB 9994 纺织材料公定回潮率

3 原理

试样中纤维各组分经鉴定后,采用氯化钙 乙醇试液(或硝酸钙试液)溶解去除桑蚕丝,剩余柞蚕丝等纤维,将残留物称重,根据质量损失计算出桑蚕丝的质量含量。

4 仪器、工具和试剂

4.1 仪器和工具

4.1.1 恒温水浴锅:能保持水浴温度78 ℃~85 ℃,附有机械振荡装置。

4.1.2 分析天平:精度为0.000 2 g。

4.1.3 干燥烘箱:能保持温度为105 ℃±3 ℃。

4.1.4 真空抽气泵及滤瓶。

4.1.5 干燥皿:内置无水变色硅胶。

4.1.6 玻璃砂芯坩埚:容量为30 mL~50 mL,微孔直径为90 μm~150 μm。

4.1.7 索氏萃取器:其容积(mL)是试样质量(g)的20倍,或其他能获得相同结果的仪器。

4.1.8 显微镜:放大倍数200以上。

4.1.9 称量皿、具塞三角烧瓶、量筒、烧杯、温度计等。

4.2 试剂及配制

4.2.1 化学试剂:无水氯化钙、无水乙醇、四水硝酸钙,分析纯。

4.2.2 试液配制

4.2.2.1 试液A:按无水氯化钙:无水乙醇:水为110 g:120 mL:140 mL的比例配制,先将氯化钙溶于水,待冷却后再加入无水乙醇。本试液应现配现用,不宜久置。

4.2.2.2 试液B:按四水硝酸钙:水为95 g:20 mL的比例配制。

4.2.3 试验用水为蒸馏水或去离子水。

5 取样和样品的预处理

5.1 取样

5.1.1 散纤维样品,将样品均分为 8 个部分,在每一部分中采用多点法抽取各 10 g 样品,分为 8 组样品。

5.1.2 填充物(混合)样品,将一个制品均分 8 个区域,在每一区域中随机抽取各 10 g 样品,分为 8 组样品。

5.1.3 将 5.1.1 或 5.1.2 的每组样品充分混合后,舍弃一半,保留一半,每两个一半再组成一组新的样品,按图 1 顺序重复如上操作,将最后得到一个 10 g 样品均分为三份试样。

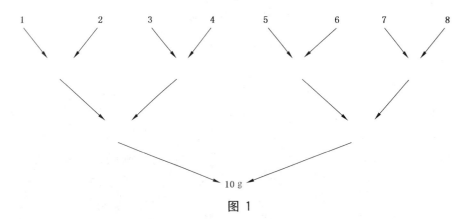

图 1

5.1.4 纱线样品,在筒子纱或绞纱中截取 5 cm 长的纱段 150 根,再均分为三份试样。

5.1.5 针织物样品,将针织物拆成纱线,截取 5 cm 长的纱段 150 根,再均分为三份试样。

5.1.6 机织物样品,在距边 10 cm 以上,按梯形排列取 3 块 5 cm×5 cm 的样品,当组织结构较大时,应增加样品量以能覆盖整个循环,当采用拆分称重法时,每份不少于 1 g。将每个样品拆分为经纬纱线各三个试样。

注:混合均匀性较差的样品,应加大采样点数量,样品需充分混合后再抽取试样。

5.2 预处理

5.2.1 一般预处理

将样品放在索氏萃取器中,采用石油醚萃取 1 h,每小时循环 6 次~8 次,待样品中的石油醚挥发后,将样品在冷水中浸泡 1 h,再在 65 ℃±5 ℃的水中浸泡 1 h,并不时搅拌溶液,水与试样之比为100∶1,浸泡完毕后,将试样脱水、晾干。

5.2.2 特殊预处理

若样品上含有水不溶性或石油醚不能萃取的非纤维物质,则需采取特殊的方法处理,要求这种处理方法对纤维组分和形态没有实质性的改变。若不能采取适用的处理方法,且试样中的非纤维物质可能对检测数据有影响,则需在试验报告中予以说明。

6 试验步骤

按照 GB/T 2910.1—2009 中第 9 章所述步骤操作,然后再按以下步骤操作。

将试样和 4.2.2.1 的试液 A 按 1∶100 浴比放入具塞三角烧瓶,在 80 ℃±2 ℃的恒温水浴锅中振荡 30 min。将残留物连同试液倒入已知干质量的玻璃砂芯坩埚中,先用重力排液,再采用真空抽吸排液过滤,对不溶纤维进行数次清水洗涤,每次洗涤后均需真空抽吸排液。最后将坩埚和残留物烘干,冷却并称重。

注:当不溶纤维中含有锦纶时,可使用 4.2.2.2 的试液 B,试验用水浴温度为 85 ℃±2 ℃,热水洗涤,其他试验条件和步骤同上。

7 试验结果

7.1 试样溶解情况分析

用显微镜观察试样溶解残留物,检查桑蚕丝是否完全被去除,若有残余桑蚕丝,则须重新取样试验。

注:某些情况下,桑蚕丝无法充分溶解,则本标准的方法不适用于该样品。

7.2 试验结果的计算

纤维净干含量按式(1)和式(2)计算,计算结果按 GB/T 8170 修约至 0.1。

$$P_{g1} = \frac{m_g \times d}{m_0} \times 100 \qquad \cdots\cdots\cdots\cdots\cdots\cdots\cdots(1)$$

$$P_{g2} = 100 - P_{g1} \qquad \cdots\cdots\cdots\cdots\cdots\cdots\cdots(2)$$

式中:

P_{g1}——试样中不溶纤维的净干含量,%;

m_g——试样中不溶纤维的干质量,单位为克(g);

d——不溶纤维在试剂处理时的质量修正系数,柞蚕丝、羊毛、棉、亚麻、苎麻、涤纶、腈纶、粘纤、莱赛尔纤维均为 1.00;

m_0——试样的干质量,单位为克(g);

P_{g2}——试样中桑蚕丝的净干含量,%。

纤维结合公定回潮率含量按式(3)和式(4)计算,计算结果按 GB/T 8170 修约至 0.1。

$$P_{m1} = \frac{P_{g1}(1+a_1)}{P_{g1}(1+a_1) + P_{g2}(1+a_2)} \times 100 \quad \cdots\cdots\cdots\cdots\cdots(3)$$

$$P_{m2} = 100 - P_{m1} \qquad \cdots\cdots\cdots\cdots\cdots\cdots\cdots(4)$$

式中:

P_{m1}——试样中不溶纤维的结合公定回潮率含量,%;

a_1——不溶纤维的公定回潮率,按 GB 9994 规定,%;

a_2——桑蚕丝的公定回潮率,按 GB 9994 规定,%;

P_{m2}——试样中桑蚕丝的结合公定回潮率含量,%。

7.3 最终试验结果计算

样品最终试验结果取二次平行试验结果的算术平均值。若平行试验结果的差异大于 1.0% 时,应测定第三个试样,最终结果取三个试样的算术平均值。最终结果按 GB/T 8170 修约至 0.1。

8 试验报告

试验报告包括以下内容:

a) 样品名称及编号;

b) 采用本标准方法;

c) 使用主要仪器型号及编号;

d) 试样预处理的方法;

e) 偏离本标准的细节及异常情况描述;

f) 单个试样结果及样品所测各类纤维含量的最终结果;

g) 试验日期及试验人员。

ICS 59.080.20
W 40

中华人民共和国纺织行业标准

FZ/T 40006—2011

桑蚕捻线丝含油率试验方法

Testing method for oil content of mulberry thown silk

2011-12-20 发布 2012-07-01 实施

中华人民共和国工业和信息化部 发布

前　言

本标准按照 GB/T 1.1—2009 给出的规则起草。

本标准由中国纺织工业协会提出。

本标准由全国丝绸标准化技术委员会(SAC/TC 401)归口。

本标准起草单位:浙江丝绸科技有限公司、苏州大学、中华人民共和国广东出入境检验检疫局、中华人民共和国无锡出入境检验检疫局。

本标准主要起草人:伍冬平、左保齐、李淳、葛薇薇、周颖。

桑蚕捻线丝含油率试验方法

1 范围

本标准规定了桑蚕捻线丝含油率的试验方法。

本标准适用于桑蚕捻线丝含油率的测定。

2 规范性引用文件

下列文件对于本文件的应用是必不可少的。凡是注日期的引用文件,仅注日期的版本适用于本文件。凡是不注日期的引用文件,其最新版本(包括所有的修改单)适用于本文件。

GB/T 8170 数值修约规则与极限数值的表示和判定

3 原理

桑蚕捻线丝的加工过程中需要添加一定的油剂保证加工顺利进行,这些油剂在特定的化学溶剂中能很好地溶解,从而实现丝、油分离。

本标准就是应用化学溶剂(乙醚)在索氏萃取器中对桑蚕捻线丝试样进行循环萃取,以达到测定桑蚕捻线丝含油率的目的。

4 设备、试剂与材料

4.1 仪器设备:

    a) 索氏萃取器,蒸馏瓶为 150 mL;

    b) 称量天平,分度值为 0.000 1 g;

    c) 恒温水浴锅;

    d) 恒温烘箱,能保持温度(105±2)℃;

    e) 干燥器,装有变色硅胶;

    f) 称量瓶。

4.2 试剂与材料:

    a) 乙醚(分析纯);

    b) 定性滤纸。

5 取样

5.1 试样应是同一批号、同一规格、同一品种产品。

5.2 每批任取桑蚕丝捻线丝筒(绞)2 只,剥去表面层,每筒(绞)先各称(摇)取 1 份试样,每份(5±0.5)g;另每筒(绞)再取相同重量的备用试样各 1 份。

6 试验程序

6.1 试验步骤

6.1.1 将蒸馏瓶、称量瓶和盖放在(105±2)℃的烘箱中,烘至恒重。迅速置于干燥器中,冷却 30 min 后分别称取重量并记录。

6.1.2 将2份试样分别用定性滤纸包好,大小、松紧适宜,分别置于萃取器的浸抽器中,高度不超过溢流口下 10 mm,进行平行试验。倒入乙醚,使其浸没试样并越过虹吸管产生回流,接上冷凝器。

6.1.3 将索氏萃取器安装在恒温水浴锅上,连接冷凝管,接通冷凝水。

6.1.4 调节水浴锅加热温度,使蒸馏瓶中乙醚微沸,保持每小时回流不少于 6 次,总回流时间 3 h。

6.1.5 浸抽萃取完毕后,取下冷凝器,从浸抽器中取出试样,挤干溶剂,除去滤纸,放入已称重过的称量瓶中。再接上冷凝器,回收萃取液。

6.1.6 待乙醚基本挥发尽后,将内含油脂的蒸馏瓶和装有试样的称量瓶(含盖)分别置于(105±2)℃的烘箱中,烘至恒重,取出称量瓶和蒸馏瓶。迅速放入干燥器内,冷却 30 min 后分别称取重量并记录。

6.2 试验结果与计算

含油率按式(1)计算,计算结果精确至小数点后一位。

$$Q = \frac{m_0}{m + m_0} \times 100 \qquad\qquad\cdots\cdots\cdots\cdots\cdots\cdots\cdots (1)$$

式中:

Q ——桑蚕捻线丝的含油率,%;

m ——去油脂后试样干重,单位为克(g);

m_0 ——油脂干重,单位为克(g)。

7 试验结果

7.1 以两份试样含油率的平均值作为该批丝实测含油率。

7.2 若两份试样结果差异超过 0.5%,应进行第三份试样的试验,最后取三份试验结果的平均值作为该批丝实测含油率。

7.3 实测含油率的计算结果精确至小数点后一位。

7.4 本标准中的数值计算,均按 GB/T 8170 数值修约规则修约。

8 试验报告

试验报告包括:

a) 样品名称及编号;

b) 所使用的本标准代号与名称;

c) 偏离本标准的细节及异常情况描述;

d) 所测样品含油率的最终结果;

e) 试验日期及试验人员。

————————————

ICS 59.080.30
W 40

中华人民共和国纺织行业标准

FZ/T 40007—2014

丝织物包装和标志

Packing and marking requirement for silk and filament fabrics

2014-12-24 发布

2015-06-01 实施

中华人民共和国工业和信息化部 　发 布

前　言

本标准按照 GB/T 1.1—2009 给出的规则起草。

本标准由中国纺织工业联合会提出。

本标准由全国丝绸标准化技术委员会(SAC/TC 401)归口。

本标准起草单位:浙江丝绸科技有限公司、浙江华正丝绸检验有限公司、岂山集团有限公司、万事利集团有限公司、达利(中国)有限公司、金富春集团有限公司、浙江三志纺织有限公司。

本标准主要起草人:汤知源、符颖泓、孙正、姚丹丹、杨晓梅、盛建祥、张声诚、韩耀军。

丝织物包装和标志

1 范围

本标准规定了丝织物的包装要求和标志。

本标准适用于蚕丝织物、再生纤维素丝织物、合成纤维丝织物以及交织丝织物。

2 规范性引用文件

下列文件对于本文件的应用是必不可少的。凡是注日期的引用文件，仅注日期的版本适用于本文件。凡是不注日期的引用文件，其最新版本（包括所有的修改单）适用于本文件。

GB/T 250 纺织品 色牢度 评定变色用灰色样卡

GB/T 4456 包装用聚乙烯吹塑薄膜

GB 5296.4 消费品使用说明 第4部分：纺织品和服装

GB/T 6543 运输包装用单瓦楞纸箱和双瓦楞纸箱

GB/T 8946 塑料编织袋通用技术要求

GB/T 9995 纺织材料含水率和回潮率的测定 烘箱干燥法

QB/T 3811 塑料打包带

3 丝织物包装

3.1 包装分类

丝织物包装根据用户要求分为卷筒、卷板及折叠三类。外包装采用纸箱、塑料袋、塑料薄膜及塑料编织袋或根据客户要求及合同执行。

3.2 包装材料

3.2.1 卷筒纸管的要求

螺旋斜形机制管，外径3.5 cm～4 cm或8 cm～9 cm，壁厚0.5 cm～1 cm。长度按纸箱长减去1 cm～2 cm。纸管要圆整、笔直。抗压强度应达到纸管在织物压力下不凹陷、保持牢固的要求。

3.2.2 卷板的要求

卷板采用瓦楞纸板。卷板宽度为15 cm，长度根据丝织物的幅宽或对折后的宽度决定。抗压强度能达到卷板在织物压力下保持牢固的要求。

3.2.3 纸箱的要求

包装用瓦楞纸箱应符合GB/T 6543的相关规定。要求坚韧、牢固、整洁，并涂防潮剂。

3.2.4 塑料袋的要求

塑料袋要求坚韧牢固，不易撕破。规格应符合丝织物的外形尺寸。

3.2.5 塑料薄膜的要求

塑料薄膜应符合 GB/T 4456 的相关规定。

3.2.6 塑料编织袋的要求

塑料编织袋应符合 GB/T 8946 的相关规定。

3.2.7 塑料打包带的要求

塑料打包带应符合 QB/T 3811 的相关规定。

3.3 包装要求

3.3.1 包装总体要求

包装应牢固、防潮,便于仓贮和运输。

3.3.2 织物间的色差

同件(箱)内优等品、一等品匹与匹之间的色差不低于 GB/T 250 规定的 4 级。

3.3.3 织物的实测回潮率

桑蚕丝丝织物成包时,每匹实测回潮率不高于 13%。回潮率的试验方法按 GB/T 9995 执行。

3.3.4 织物边的相对位移

卷筒、卷板包装的内外层边的相对位移不大于 2 cm。

3.3.5 封箱要求

纸箱内加衬塑料内衬袋或其他防潮材料,例如脱蜡防潮纸。封箱打包结实牢固。

4 丝织物标志

4.1 标志总体要求

标志应明确、清晰、耐久、便于识别。总体要求应符合 GB 5296.4 的相关规定。

4.2 检验章及吊牌

每匹或每段丝织物两端距匹端 3 cm 以内、幅边 10 cm 以内盖一检验章及等级标记。每匹或每段丝织物应吊吊牌一张或粘贴唛头,吊牌或唛头内容可包括品名、纤维含量、安全类别、幅宽、长度、等级、执行标准编号、企业名称。

4.3 装箱单

每箱(件)应附装箱单。装箱单内容可包括合同号、箱号,品号、花色号、幅宽、等级、匹数、长度、总长度、毛重、净重及企业名称、地址。

4.4 纸箱刷唛

纸箱刷唛应正确、整齐、清晰。纸箱运输唛头内容可包括合同号、箱号、品号、花色号、幅宽、等级、匹数、毛重、净重及运输标志、企业名称、地址。

4.5 品质检验结果单

每批产品出厂应附品质检验结果单。

5 其他

对丝织物的包装和标志另有特殊要求者,供需双方另订协议或合同,并按其执行。

ICS 59.060.10
W 42

中华人民共和国纺织行业标准

FZ/T 41001—2014
代替 FZ/T 41001—1994

桑 蚕 绢 纺 原 料

Mulberry spun silk material

2014-05-06 发布

2014-10-01 实施

中华人民共和国工业和信息化部　　发 布

前　言

本标准按照 GB/T 1.1—2009 给出的规则起草。

本标准是对 FZ/T 41001—1994《桑蚕绢纺原料》的修订。本标准代替 FZ/T 41001—1994。本标准与 FZ/T 41001—1994 相比主要变化如下：

——增加了条吐的要求。

本标准由中国纺织工业联合会提出。

本标准由全国丝绸标准化技术委员会(SAC/TC 401)归口。

本标准起草单位:浙江丝绸科技有限公司、江苏苏丝丝绸股份有限公司、青岛出入境检验检疫局、安徽天彩丝绸有限公司、嘉兴金膺绢纺有限公司。

本标准主要起草人:陈松、赵玲、潘璐璐、周颖、张颖、陈小妹。

本标准所代替标准的历次版本发布情况为:

——FJ 287—1981;

——FZ/T 41001—1994。

桑蚕绢纺原料

1 范围

本标准规定了长吐、条吐、滞头、茧衣和下茧等桑蚕绢纺原料的术语与定义、要求、分级规定、检验方法、检验规则、包装和标志。

本标准适用于评定桑蚕绢纺原料的品质。

2 规范性引用文件

下列文件对于本文件的应用是必不可少的。凡是注日期的引用文件,仅注日期的版本适用于本文件。凡是不注日期的引用文件,其最新版本(包括所有的修改单)适用于本文件。

GB/T 8170　数值修约规则与极限数值的表示和判定

GB/T 9111　桑蚕干茧试验方法

GB/T 26380　纺织品　丝绸术语

3 术语和定义

GB/T 9111、GB/T 26380 界定的以及下列术语和定义适用于本文件。

3.1

条吐　frison

桑蚕茧在自动缫丝机上索、理绪产生的绪丝经过处理后形成的线条状的丝缕。

4 要求

4.1 长吐

4.1.1 头尾分清、条线整齐均匀呈条束状态,僵条、结块硬条、蛹衬茧少。

4.1.2 每束长度 1 m 及以上,质量(700±100)g。

4.1.3 长吐分级以批为单位,其分级规定见表 1 和表 2。

表 1　长吐分级规定——主要检验项目

主要检验项目	等级			
	一级	二级	三级	四级
整理概况	条线整齐均匀,头尾分清,头部结块松软细小	条线整齐,头尾基本分清,头部结块细小	条线稍不整齐	条线不整齐
练减率/%　≤	24.0	26.0	27.0	28.0
色泽	白净,有光泽	白,光泽较差	局部呈灰黄色	全束呈灰黄色
僵条率/%　≤	0.0	0.0	2.0	4.0
40 mm 及以上杂纤维/(根/束)　≤	3	6	9	12

表 2　长吐分级规定——补助检验项目

补助检验项目	附　级			
	I	II	III	IV
结块硬条/(只/束)　≤	4	7	10	13
蛹衬茧/(只/束)　≤	2	5	8	11

4.1.4　基本级的评定

4.1.4.1　根据"整理概况""色泽""练减率""僵条率""杂纤维"五个主要检验项目检验结果的最低一项确定基本级。

4.1.4.2　主要检验项目中任何一项的检验结果低于最低级,则为等外级。

4.1.5　补助检验的降级规定

4.1.5.1　若补助检验项目(结块硬条和蛹衬茧)中任何一项的检验结果低于基本级两个级,或者两项的检验结果低于基本级一个级,则在已评定的基本级上顺降一级。

4.1.5.2　若补助检验项目中任何一项的检验结果低于基本级三个级或以上,或者两项的检验结果低于基本级两个级或以上,则在已评定的基本级上顺降两级。

4.1.5.3　若补助检验项目中任何一项的检验结果超过最低级一倍以上,一律降为等外级。

4.2　条吐

4.2.1　条线整齐均匀,无僵条、无捻度条,结块硬条、蛹衬茧少。

4.2.2　每束条吐质量在每束为(1 000±100)g。

4.2.3　条吐的分级以批为单位,其分级规定见表 3 和表 4。

表 3　条吐分级规定——主要检验项目

主要检验项目	等　级			
	一级	二级	三级	四级
整理概况	条线整齐均匀,手感软,无捻度条	条线整齐,手感较软,有捻度条<2%	条线较整齐,手感一般,有捻度条<5%	条线不整齐,手感差,有捻度条≥5%
练减率/%　≤	27.0	29.0	31.0	33.0
色泽	白净,有光泽	较白,局部呈灰黄色,光泽较差	全束呈灰黄色,略有光泽,局部呈灰黄色	全束呈灰黄色、灰暗、无光泽
40 mm 及以上杂纤维/(根/束)　≤	3	6	9	12

表 4　条吐分级规定——补助检验项目

补助检验项目	附　级			
	I	II	III	IV
结块硬条/(只/束)　≤	4	7	10	13
蛹衬茧/(只/束)　≤	2	5	8	11

4.2.4 基本级的评定

4.2.4.1 根据"整理概况""色泽""练减率""40 mm及以上杂纤维"四个主要检验项目检验结果的最低一项确定基本级。

4.2.4.2 主要检验项目中任何一项的检验结果低于最低级,则为等外级。

4.2.5 补助检验的降级规定

4.2.5.1 若补助检验项目(结块硬条和蛹衬茧)中任何一项的检验结果低于基本级两个级,或者两项的检验结果低于基本级一个级,则在已评定的基本级上顺降一级。

4.2.5.2 若补助检验项目中任何一项的检验结果低于基本级三个级或以上,或者两项的检验结果低于基本级两个级或以上,则在已评定的基本级上顺降两级。

4.2.5.3 若补助检验项目中任何一项的检验结果超过最低级一倍以上,一律降为等外级。

4.3 滞头

4.3.1 绒条绒块优良、手感丰满呈长方形张块状态,僵条僵块、蛹及蛹衬少。

4.3.2 每张滞头质量为(400±50)g。

4.3.3 滞头分级以批为单位,其分级规定见表5和表6。

表5 滞头分级规定——主要检验项目

主要检验项目	等 级			
	一级	二级	三级	四级
整理概况	绒条绒块优良, 手感丰满	绒条绒块一般	绒条绒块较差	绒条绒块差
含油率/% ≤	6.0	8.0	10.0	12.0
色泽	白净,有光泽	白,光泽较差	略带灰黄,光泽差	灰黄,无光泽
僵条僵块率/% ≤	0.0	2.0	4.0	6.0
40 mm及以上杂纤维/ (根/张) ≤	3	6	9	12

表6 滞头分级规定——补助检验项目

补助检验项目	附 级			
	Ⅰ	Ⅱ	Ⅲ	Ⅳ
蛹及蛹衬/(只/张) ≤	10	15	20	25

4.3.4 基本级的评定

4.3.4.1 根据"整理概况""色泽""含油率""僵条僵块率""杂纤维"五个主要检验项目检验结果的最低一项确定基本级。

4.3.4.2 主要检验项目中任何一项的检验结果低于最低级,则为等外级。

4.3.5 补助检验的降级规定

4.3.5.1 若补助检验项目(蛹及蛹衬)的检验结果低于基本级两个级,则在已评定的基本级上顺降一级。

4.3.5.2 若补助检验项目的检验结果低于基本级三个级或以上,则在已评定的基本级上顺降两级。

4.3.5.3 若补助检验项目的检验结果超过最低级一倍以上,一律降为等外级。

4.4 茧衣

4.4.1 绵质蓬松,张块优良。

4.4.2 每张茧衣质量在(300±50)g。

4.4.3 茧衣分级以批为单位,其分级规定见表7。

表 7 茧衣分级规定

检验项目		等 级	
		一级	二级
整理概况		绵质蓬松,张块优良	绵质欠蓬松,张块一般
色泽		白,无油污	黄,无油污
含杂率/%	≤	0.20	0.50

4.4.4 根据"整理概况""色泽""含杂率"三项检验项目中最低一项的检验结果定级。

4.4.5 达不到二级为等外级。

4.5 下茧

4.5.1 下茧按双宫茧、口茧、黄斑茧、薄皮茧、汤茧、烂茧按 GB/T 9111 进行分类,做到分类清楚。

4.5.2 下茧分级以批为单位,其分级规定见表8。

表 8 下茧分级规定

检验项目		类 别							
		双宫茧				口茧			
		等 级				等 级			
						削口、鼠口、蛾口		蛆孔	
		一级	二级	三级	四级	一级	二级	一级	二级
茧层率/%	≥	48.00	45.00		45.00 以下	—	—	48.00	45.00
分类不清/%	≤	3.00	5.00	10.00	15.00	3.00	5.00	5.00	10.00
含杂率/%	≤	0.50		1.00		0.50	1.00	0.50	1.00

检验项目		类 别									
		黄斑茧				汤茧		薄皮茧		烂茧	
		等 级				等 级		等 级		等 级	
		一级	二级	三级	四级	一级	二级	一级	二级	一级	二级
茧层率/%	≥	48.00	45.00		45.00 以下	44.00	40.00	—	—	—	—
分类不清/%	≤	5.00	10.00	15.00	20.00	5.00	10.00	5.00	10.00	5.00	10.00
含杂率/%	≤	0.50		1.00		1.00	2.50	1.00	2.50	1.00	2.50

4.5.3 根据"茧层率""分类不清""含杂率"检验项目中最低一项检验结果定级,低于最低级,则为等外级。

4.5.4 分类不清超过 20％时,则以使用价值低的茧的最低级定级。

4.5.5 桑蚕绢纺原料的公定回潮率为 12.0％。

5 检验规则

5.1 组批

长吐、条吐、滞头按同一缫丝机型、同一等级组批;茧衣、下茧按同一茧期、同一等级组批。每批净重 500 kg~600 kg,超过 600 kg 按两批计算。

5.2 抽样

绢纺原料抽样数量规定见表9。

表 9 抽样数量规定

类别	长吐、条吐 束/批	滞头 张/批	茧衣 张/批	下茧 kg/批
数量	5	5	5	2

5.3 抽样方法

5.3.1 每批随机抽取 5 包。

5.3.2 条吐、长吐、滞头、茧衣每包抽 1 束(张),其中面、底各抽 1 束(张),中部抽 3 束(张),共计 5 束(张)。

5.3.3 中部 2 束(张)供测试公量、练减率、含油率,其余 3 束(张)供外观检验。

5.3.4 下茧每包抽取约 400 g 先混匀,随机取(100±5)g 作回潮率检验,取 100 粒(不含其他茧类)作茧层率检验;取 1 kg 作分类不清和含杂率检验。

6 检验方法

6.1 重量及公量检验

6.1.1 仪器设备及工具

6.1.1.1 电子秤:分度值≤1 g。

6.1.1.2 天平:分度值≤0.01 g。

6.1.1.3 带有天平的烘箱。天平:分度值≤0.01 g。

6.1.2 重量检验

分别取条吐、长吐、滞头、茧衣 3 束(张),用电子秤称重,计算 3 束(张)平均值,计算结果精确至小数点后一位。

6.1.3 公量检验

6.1.3.1 分别在抽取的 2 束(张)样本中各取试样一份,每份质量(100±5)g。

6.1.3.2 将抽取的试样立即在天平上称重得出"湿重"。

6.1.3.3 将称过的试样,以份为单位,分别松散放置在烘篮内,以(105~110)℃的温度烘至恒重(间隔 10 min 称重,两次差异不超过 50 mg),得出"干重"。

6.1.3.4 实测回潮率按式(1)计算,计算结果精确至小数点后一位。

$$W = \frac{m - m_0}{m_0} \times 100\%$$ ·········(1)

式中:

W ——实测回潮率,%;

m ——试样总湿重,单位为克(g);

m_0——试样总干重,单位为克(g)。

6.1.3.5 公量按式(2)计算,计算结果精确至小数点后两位。

$$m_k = m_j \times \frac{100 + W_k}{100 + W}$$ ·········(2)

式中:

m_k ——公量,单位为千克(kg);

m_j ——净重,单位为千克(kg);

W_k ——公定回潮率,%;

W ——实测回潮率,%。

6.2 外观检验

6.2.1 仪器设备及工具

6.2.1.1 电子秤:分度值≤1 g。

6.2.1.2 天平:分度值≤0.01 g。

6.2.1.3 剪刀。

6.2.1.4 钢卷尺:2 m。

6.2.1.5 检验台:样品平展于检验台上,在自然光下进行。

6.2.2 长吐长度检验

以每束长吐头尾两端最大部位作为测定的范围,用钢卷尺逐束测量,计算 3 束平均值,计算结果精确至小数点后一位。

6.2.3 整理概况、色泽检验

采用目光逐束(张)评定,以 2 束(张)以上相近的评定结果作为检验成绩。

6.2.4 僵条率、僵条僵块率检验

6.2.4.1 逐束(张)将僵条、僵条僵块剪下,用天平称重,计算 3 束(张)平均值。

6.2.4.2 僵条率、僵条僵块率按式(3)计算,计算结果精确至小数点后一位。

$$J = \frac{m_a}{m_b} \times 100\%$$ ·········(3)

式中:

J ——僵条(僵条僵块)率,%

m_a——僵条(僵条僵块)总质量,单位为克(g);

m_b——3 束(张)试样的总质量,单位为克(g)。

6.2.5 杂纤维检验

拣出每束(张)样本中的各种杂纤维根数,计算3束(张)平均值,计算结果精确到整数。

6.2.6 结块硬条、蛹衬茧、蛹及蛹衬检验

拣出每束(张)样本中的只数(大于半只的蛹算一只),计算3束(张)平均值,计算结果精确到整数。

6.2.7 含杂率检验

6.2.7.1 将茧衣、下茧中的杂质拣出,用天平称重。

6.2.7.2 茧衣含杂率按式(4)计算,计算结果精确至小数点后两位。

$$C = \frac{m_r}{m_t} \times 100\% \qquad \cdots\cdots\cdots\cdots\cdots (4)$$

式中:

C ——茧衣含杂率,%;

m_r ——杂质总质量,单位为克(g);

m_t ——3张试样总质量,单位为克(g)。

6.2.7.3 下茧含杂率按式(5)计算,计算结果精确至小数点后两位。

$$R = \frac{m_r}{1\,000} \times 100\% \qquad \cdots\cdots\cdots\cdots\cdots (5)$$

式中:

R ——下茧含杂率,%;

m_r ——杂质总质量,单位为克(g)。

6.2.8 茧层率检验

6.2.8.1 称计试样茧的质量,即"全茧量"。

6.2.8.2 将试样茧迅速切剖,称计茧层的质量,即"茧层量"。

6.2.8.3 茧层率按式(6)计算,计算结果精确至小数点后两位。

$$S = \frac{m_c}{m_d} \times 100\% \qquad \cdots\cdots\cdots\cdots\cdots (6)$$

式中:

S ——茧层率,%;

m_c ——茧层量,单位为克(g);

m_d ——全茧量,单位为克(g)。

6.2.9 分类不清检验

6.2.9.1 在选茧台上将试样茧中的其他茧取出称重。

6.2.9.2 分类不清按式(7)计算,计算结果精确至小数点后两位。

$$F = \frac{m_e}{1\,000} \times 100\% \qquad \cdots\cdots\cdots\cdots\cdots (7)$$

式中:

F ——分类不清,%;

m_e ——其他茧质量,单位为克(g)。

6.3 内在质量检验

6.3.1 练减率检验

6.3.1.1 仪器设备及工具

6.3.1.1.1 分析天平:分度值≤0.01 g。

6.3.1.1.2 带有天平的烘箱。天平:分度值≤0.01 g。

6.3.1.1.3 烧杯:2 L。

6.3.1.1.4 电炉:1 kW。

6.3.1.1.5 定时钟。

6.3.1.1.6 普通玻璃温度计:最小分度值1 ℃。

6.3.1.2 试剂

6.3.1.2.1 含60%脂肪酸的工业中性皂。

6.3.1.2.2 无水碳酸钠(Na_2CO_3)。

6.3.1.2.3 蒸馏水。

6.3.1.3 试验条件

试验条件见表10。

表 10 练减率检验试验条件

配方	第一次	第二次
工业中性皂/(g/L)	5	—
无水碳酸钠(Na_2CO_3)/(g/L)	0.5	1
蒸馏水	蒸馏水	蒸馏水
浴比	1∶100	1∶100
温度/℃	98～100	100
时间/min	30	20

6.3.1.4 试验程序

6.3.1.4.1 取两份(10±1)g试样(包括头尾),放入恒温烘箱,以(120±3)℃温度烘至恒重(间隔10 min 称重,两次差异不超过50 mg),即"练前干重"。

6.3.1.4.2 按表10规定的试验条件将试样分别放入练液中煮练两次后,用(65±5)℃的蒸馏水充分洗涤、挤干,再将试样置于恒温烘箱内,以(120±3)℃温度烘至恒重(间隔10 min 称重,两次差异不超过50 mg),即"练后干重"。

6.3.1.4.3 试验结果计算:

　　a) 练减率按式(8)计算:

$$E = \frac{m_z - m_h}{m_z} \times 100\% \quad\quad\quad\quad\quad\quad\cdots\cdots\cdots\cdots\cdots\cdots\cdots(8)$$

式中:

　　E ——练减率,%;

m_z——练前干重,单位为克(g);

m_h——练后干重,单位为克(g)。

　　b)　计算 2 份试样练减率的算术平均值,计算结果取小数点后一位。

6.3.2　含油率检验

6.3.2.1　仪器、工具和试剂

6.3.2.1.1　带有天平的烘箱。天平:分度值≤0.01 g。

6.3.2.1.2　分析天平,分度值≤0.000 1 g。

6.3.2.1.3　恒温水浴锅,40 ℃～100 ℃。

6.3.2.1.4　索氏萃取器,接受烧瓶。

6.3.2.1.5　干燥器,装有变色硅胶。

6.3.2.1.6　称量瓶:150 mL。

6.3.2.1.7　定性滤纸。

6.3.2.1.8　乙醚(化学纯或分析纯)。

6.3.2.2　试样

　　取试样 2 份,每份(5±0.5)g。

6.3.2.3　试验程序

6.3.2.3.1　将接受烧瓶和称量瓶放在(120±3)℃的烘箱中烘至恒重,称取质量并记录。

6.3.2.3.2　将 2 份试样用定性滤纸包好,大小松紧适宜。

6.3.2.3.3　在恒温水浴锅上安装索氏萃取器,连接冷却管,接通冷却水,加热水浴锅。

6.3.2.3.4　将 2 份包有定性滤纸的试样分别放入索氏萃取器的浸抽器内,然后倒入乙醚,使其浸没试样并越过虹吸管产生回流,接上冷凝器。

6.3.2.3.5　调节水浴加热温度,使接受烧瓶中乙醚微沸,保持每小时回流12次,共回流 2 h。

6.3.2.3.6　回流完毕,取下冷凝器,从浸抽器中取出试样,挤干溶剂,除去滤纸,放入称量瓶中。再接上冷凝器,回收乙醚。

6.3.2.3.7　待乙醚基本挥发尽后,将装有试样的称量瓶和接受烧瓶放在(120±3)℃的烘箱中烘至恒重,取出称量器皿和接受烧瓶迅速放入干燥器内,冷却至室温,称取质量并记录。

　　注:试样恒重始称时间约 120 min,连续称重时间间隔约 25 min。

6.3.2.3.8　试验结果计算:

　　a)　试样含油率按式(9)计算:

$$Q = \frac{m_{a1}}{m_{a1} + m_{a2}} \times 100\% \qquad\cdots\cdots\cdots\cdots\cdots\cdots\cdots\cdots(9)$$

式中:

Q　——试样的含油率,%;

m_{a1}——油脂的干质量,单位为克(g);

m_{a2}——脱脂后试样的干质量,单位为克(g)。

　　b)　计算 2 份试样含油率的算术平均值,计算结果取小数点后一位。

7　包装和标志

7.1　桑蚕绢纺原料用布袋包装。

7.2 在扎口处悬挂标签,标明批次、日期、企业名称、产品名称、等级、净重和毛重。

8 数值修约

本标准的各种数值计算,均按 GB/T 8170 数值修约规则取舍。

9 其他

若供需双方对桑蚕绢纺原料要求、包装、标志另有要求,可另订合同或协议并按其执行。

————————————

ICS 59.080.20
W 41

中华人民共和国纺织行业标准

FZ/T 41003—2010
代替 FZ/T 41003.1～41003.3—1999

桑 蚕 绵 球

Mulberry silk tops

2010-08-16 发布　　　　　　　　　　2010-12-01 实施

中华人民共和国工业和信息化部　　发 布

前　言

本标准代替 FZ/T 41003.1—1999《桑蚕绵球分级规定》、FZ/T 41003.2—1999《桑蚕绵球检验规则》、FZ/T 41003.3—1999《桑蚕绵球的标志、包装和运输、贮存》。本标准与原标准相比主要变化如下：

——将 FZ/T 41003.1—1999、FZ/T 41003.2—1999、FZ/T 41003.3—1999 三个标准进行了合并；

——调整了纤维平均长度指标值；

——提高了清洁度指标中的杂质、杂纤维等指标值；

——提高了短纤维率、绵结指标的指标值；

——将绵球分级规定中束纤维强度由补助检验项目调整为选择检验项目；

——调整了绵球检验的组批规定；

——修改了绵球的包装和标志的相关规定。

本标准的附录 A 为资料性附录。

本标准由中国纺织工业协会提出。

本标准由全国丝绸标准化技术委员会(SAC/TC 401 归口)。

本标准起草单位：浙江金鹰绢纺有限公司、江苏泗绢集团有限公司、浙江金鹰股份有限公司、浙江丝绸科技有限公司、浙江出入境检验检疫局丝类检测中心。

本标准主要起草人：陈小妹、陈松、傅炯明、周颖、王伶。

本标准所代替标准的历次版本发布情况为：

——ZBW 41003.1—1988、ZBW 41003.2—1988、ZBW 41003.3—1988；

——FZ/T 41003.1—1999、FZ/T 41003.2—1999、FZ/T 41003.3—1999。

桑 蚕 绵 球

1 范围

本标准规定了桑蚕绵球的术语与定义、分类、标示、要求、试验方法、检验规则、包装和标志。

本标准适用于桑蚕绵球。

2 规范性引用文件

下列文件中的条款通过本标准的引用而成为本标准的条款。凡是注日期的引用文件，其随后所有的修改单(不包括勘误的内容)或修订版均不适用于本标准，然而，鼓励根据本标准达成协议的各方研究是否可使用这些文件的最新版本。凡是不注日期的引用文件，其最新版本适用于本标准。

GB/T 6529 纺织品 调湿和试验用标准大气

GB/T 8170 数值修约规则与极限数值的表示和判定

GB/T 9995 纺织材料含水率和回潮率的测定 烘箱干燥法

3 术语与定义

下列术语和定义适用于本标准。

3.1

绵结 nep

绵结是由纤维纠缠成的微型结点，属纤维结。

3.2

短纤维 short fiber

长度在短纤维极限值以下的纤维为短纤维。短纤维极限值为30 mm。

4 分类、标示

4.1 桑蚕绵球的分类：根据梳理道数，绵球可分为Ⅰ号绵球、Ⅱ号绵球和Ⅲ号绵球。

4.2 绵球号数的标示：Ⅰ号绵球用AⅠ表示，Ⅱ号绵球用BⅡ表示，Ⅲ号绵球用CⅢ表示。

5 要求

5.1 桑蚕绵球的品质，根据受检绵球的品质技术指标和外观质量的综合成绩，分为AⅠ-1级、AⅠ-2级、AⅠ-3级、BⅡ-1级、BⅡ-2级、CⅢ-1级、CⅢ-2级和级外品。

5.2 桑蚕绵球的品质技术指标规定见表1。

表 1 品质技术指标

检验项目			Ⅰ			Ⅱ		Ⅲ	
			AⅠ-1	AⅠ-2	AⅠ-3	BⅡ-1	BⅡ-2	CⅢ-1	CⅢ-2
主要检验项目	纤维平均长度/mm	≥	75.00	67.00	63.00	57.00	53.00	47.00	43.00
	清洁度/分	≥	98.00	97.00		96.00	95.00	93.00	92.00
	含油率/%	≤	0.60	0.65					
补助检验项目	短纤维率/%	≤	4.00	5.00	6.00	8.00	12.00	16.00	20.00
	绵结/(个/0.1 g)	≤	10	14	18	22	26	30	34

表 1（续）

检验项目		I			II		III	
		AI-1	AI-2	AI-3	BII-1	BII-2	CIII-1	CIII-2
选择检验项目	束纤维强度/[gf/den(cN/dtex)] ≥	3.60 (3.18)	3.50 (3.09)		3.40 (3.00)	3.30 (2.91)	3.20 (2.82)	

5.3 同批绵球应色泽一致，手感柔软、松泡，成形良好，不允许有霉变泛黄等现象。

5.4 每只绵球展开所成的绵带应厚薄均匀，长度为 3 000 mm，宽度为 200 mm，重量为(125±2)g。

5.5 每批绵球的练减率控制范围为 5.0% 及以下。

5.6 桑蚕绵球的公定回潮率为 11.0%，成包时的实测回潮率不得超过 13.0%，超过 13.0% 退回重新整理。

6 分级规定

6.1 基本级的评定

6.1.1 根据纤维平均长度、清洁度、含油率三项主要检验项目实测值中的最低一项确定基本级。

6.1.2 I 号绵球的最高基本级为 AI-1 级，II 号绵球的最高基本级为 BII-1，III 号绵球的最高基本级为 CIII-1 级。

6.1.3 主要检验项目中任一项实测值低于 CIII-2 级要求者，一律作级外品。

6.2 降级规定

6.2.1 补助检验项目中有下列情况之一者，应在基本级的基础上顺降一级，降级幅度以一级为限：

    a) 补助检验项目中两项实测值同时低于基本级要求一级者；

    b) 补助检验项目任意一项的实测值低于基本级要求二级及以上者。

6.2.2 基本级若已定为 CIII-2 级，则补助检验项目的降级可降至级外品。

7 检验规则

7.1 组批

    每 25 箱为一批，不足 25 箱仍按一批计算，每箱 20 kg。

7.2 抽样

7.2.1 抽样数量

7.2.1.1 重量检验抽样数量：重量检验样球的抽样数量为每批两只。

7.2.1.2 品质检验抽样数量：品质检验样球的抽样数量为每批五只。

7.2.2 抽样方法

7.2.2.1 重量检验抽样方法：每批绵球随机抽取两箱，从抽取的两箱绵球的不同部位中各取一只。

7.2.2.2 品质检验抽样方法：每批绵球随机抽取五箱，从每箱绵球中任取一只。抽取的五只绵球应遍及箱内的每个部位。

7.2.2.3 抽取的品质检验样球先作外观和清洁度检验，然后在五只样球中任取两只作纤维平均长度检验、短纤维率检验和绵结检验，任取一只作束纤维强度检验，再任取一只作含油、练减率检验，一只备用。

7.3 检验方法

7.3.1 重量检验

7.3.1.1 仪器设备

    仪器设备包括：

    a) 电子秤：分度值≤0.05 kg。

b) 电子秤:分度值≤1 g。

c) 带有烘箱的天平:分度值≤0.01 g。

7.3.1.2 检验规程

7.3.1.2.1 全批受验绵球抽样后,立即逐箱在电子秤上称量,得出毛重。全批任取一只纸箱(包括内衬防潮袋、外包装带等)用电子秤称计重量,以此推算全批包装材料重量。

7.3.1.2.2 全批毛重减去全批包装材料重量即为全批绵球的净重。

7.3.1.2.3 将抽得的两只重量检验样球立即在天平上逐一称量,得出每只样球的湿重。

7.3.1.2.4 将称过湿重的样球松散放置烘篮内,用105 ℃～110 ℃温度烘至恒重,得出每只样球的干重。相邻两次称量的间隔时间和恒重判定按GB/T 9995规定执行。

7.3.1.2.5 每只样球干重的称量差异为:相邻两次称量之差不超过0.1 g,以最后一次称量为准。

7.3.1.2.6 实测回潮率按式(1)计算,计算结果取小数点后两位。

$$W = \frac{m - m_0}{m_0} \times 100 \qquad\qquad\cdots\cdots\cdots\cdots\cdots\cdots\cdots\cdots\cdots(1)$$

式中:

W——实测回潮率,%;

m——样球的湿重,单位为克(g);

m_0——样球的干重,单位为克(g)。

按式(1)分别计算出两只样球的实测回潮率,若两只样球的回潮率差异超过1.0%,则应再取第三只样球,按7.3.1.2.3～7.3.1.2.6所述方法求出实测回潮率。

将两只(或三只)样球的湿重和干重分别相加得出总湿重和总干重后,再按式(1)计算出该批绵球的实测回潮率。

7.3.1.2.7 公量按式(2)计算,计算结果取小数点后两位。

$$m_k = m_j \times \frac{100 + W_k}{100 + W} \qquad\qquad\cdots\cdots\cdots\cdots\cdots\cdots\cdots\cdots\cdots(2)$$

式中:

m_k——公量,单位为千克(kg);

m_j——净重,单位为千克(kg);

W_k——公定回潮率,%;

W——实测回潮率,%。

7.3.2 外观检验

7.3.2.1 外观检验应在北向自然柔和的光线下进行,检验台面应平整、光滑、不反光,颜色为黑色或深色。

7.3.2.2 将五只样球放置于检验台上,手感目测其外观质量。要求样球色泽基本一致,手感柔软松泡,成形良好。

7.3.2.3 凡有虫蛀、霉变等严重缺点的绵球,应退回整理消除缺点后再行检验。凡有夹花、发并、硬化、油污、水渍、泛黄等缺点者,应检查大件,根据数量和程度,采用剔换的办法以达到要求。

7.3.3 品质检验

品质检验包括纤维平均长度、清洁度、含油率、短纤维率、绵结、练减率和束纤维强度等检验项目。

7.3.3.1 清洁度检验

7.3.3.1.1 仪器设备

检验台和镊子。

7.3.3.1.2 检验规程

7.3.3.1.2.1 将五只样球解开呈绵带,平摊于检验台上,检出绵带两面的各种杂质和杂纤维,按表2规定逐一扣分。

表 2 绵球清洁度评分表

序　　号	扣分项目	扣分起点	单　　位	扣分/分
1	飞花	10 mm 以上	个	1
2	油污绵	不分大小	处	5
3	蛹皮	5 mm 以上	块	0.2
	蛹屑	10 个/cm² 以上	处	0.1
4	茧片ª	5 mm 以上	块	1
		5 mm 及以下	块	0.1
5	金属物	不分大小	只	10
6	僵条ᵇ	20 mm 以上	根	0.2
			束	1
7	硬块	10 mm～20 mm	个	0.1
		20 mm 以上	个	0.2
8	草、毛、发、麻、棉ᵇ	5 mm 以上	根	1
			束	3
	化纤	不分长短	根	3

注：扣分起点长度均以最长部分计量。

ª 茧片指硬质的部分。

ᵇ 僵条和草、毛、发、麻、棉集中三根及以上者为一束。

7.3.3.1.2.2　全部样球扣分的总和除以 5 即为该批绵球的清洁度扣分,用 100 分减去清洁度扣分即为该批绵球的清洁度。计算结果取小数点后两位。

7.3.3.2　绵结检验

7.3.3.2.1　仪器设备

仪器设备包括：

a)　绵结疵点样照 1 号、2 号；

b)　电子天平:分度值≤0.01 g；

c)　镊子和黑色绒板。

7.3.3.2.2　检验规程

7.3.3.2.2.1　从两只样球中各抽取约 0.1 g 样绵,用天平准确称量至 0.10 g,再将准确称量后的两份样绵顺序排放于黑色绒板上,用镊子轻轻拨开绵纤维,对照样照 1 号和 2 号,记数绵结个数。绵结形态超过样照 1 号不到样照 2 号的有一个算一个,绵结形态超过样照 2 号的有一个算两个。

7.3.3.2.2.2　将两份样绵的绵结数相加后除以 2 即为该批绵球的绵结数。计算结果取整数。

7.3.3.3　纤维平均长度检验

7.3.3.3.1　仪器设备

仪器设备包括：

a)　梳片式桑蚕绵球纤维长度分析仪；

b)　600 mm×350 mm 黑色绒板；

c)　600 mm×350 mm 坐标透明板(刻线分度值 2 mm)；

d)　分析天平:分度值≤0.01 g。

7.3.3.3.2 检验规程

7.3.3.3.2.1 将两只样球展开呈绵带,从中各抽取试样一份,即 A、B 两份。每份应从绵带的各部位均匀抽取六束样绵,样绵长度规定见表 3。

表 3 样绵长度规定
单位为毫米

号　数	I	II	III
样绵长度	350～450	350～400	250～350

7.3.3.3.2.2 将 A 份的六束样绵混合均匀,叠放整齐,使纤维平行、伸直并一端整齐后,平分为两份,每份五束,再从分成的两份中任取一份,如此反复平分,每次任取一份。平分次数及每份束数规定见表 4。

表 4 平分次数和每份束数规定

平均次数	每份束数		
	I	II	III
第一次	5	5	6
第二次	4	4	5
第三次	3	3	4
第四次			4

7.3.3.3.2.3 任取最后一次平分中的一份,在天平上称量,规定重量为:I 号绵 80 mg～85 mg,II 号绵 60 mg～65 mg,III 号绵 55 mg～60 mg。

7.3.3.3.2.4 将称过重量的样绵在纤维长度分析仪上整理成纤维顺直、一端整齐的两份小样后,分别用夹子将全部纤维由长到短从纤维长度分析仪中拉出,疏密一致,厚薄均匀地铺放在黑色绒板上,铺放长度不低于 450 mm。要求纤维尾部置于绒板准线并与 0D 垂直,构成如图 1 所示的纤维长度排列图。

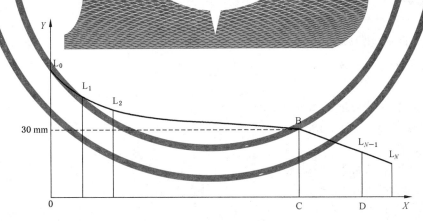

注:BC 为短纤维极限值,长度等于 30 mm。

图 1 纤维长度排列图

7.3.3.3.2.5 用坐标透明板压放在纤维长度排列图上,使 X 轴重合于准线 0D,Y 轴重合于 0L₀。以纤维长度的排列趋势与 Y 轴的交点 L₀ 为起点,顺次连接各组纤维的右端顶点 L₁、L₂……Lₙ,构成纤维长度排列曲线,然后按纤维长度排列曲线读数计算纤维平均长度。

7.3.3.3.2.6 纤维平均长度按式(3)计算,计算结果取小数点后两位。

$$L = \frac{\frac{1}{2}(L_0 + L_N) + \sum_{i=1}^{N-1} L_i}{N}$$ ·········（3）

式中：

L——纤维平均长度，单位为毫米（mm）；

L_0——纤维长度排列曲线趋势与 Y 轴相交点在 Y 轴上标示的长度，单位为毫米（mm）；

L_N——末组纤维的右端长度，单位为毫米（mm）；

L_i——每组纤维的右端长度，单位为毫米（mm）；

N——从 0 点开始沿 X 轴每隔 10 mm 一组所分的有效组数。

7.3.3.3.2.7 末组纤维在 X 轴上的排列长度大于或等于 5 mm 者为有效组数，若不足 5 mm，则舍去不计。

7.3.3.3.2.8 B 份试样的检验与 7.3.3.3.2.2～7.3.3.3.2.7 的规定相同。

7.3.3.3.2.9 将 A 份试样所得的两个纤维平均长度的算术平均值与 B 份试样所得的两个纤维平均长度的算术平均值相加再除以 2 即为该批绵球的纤维平均长度。计算结果取小数点后两位。

7.3.3.4 短纤维率检验

7.3.3.4.1 短纤维率的检验在用于纤维平均长度检验和计算的纤维长度排列图上进行。每计算一个纤维平均长度，同时计算一个短纤维率。

7.3.3.4.2 短纤维率按式（4）计算，计算结果取小数点后两位。

$$D = \frac{CD}{0D} \times 100 \qquad\qquad\qquad\cdots\cdots\cdots\cdots\cdots\cdots\cdots\cdots\cdots（4）$$

式中：

D——短纤维率，%；

CD——纤维长度排列曲线中的短纤维部分在 X 轴上的投影长度，单位为毫米（mm）；

0D——纤维长度排列曲线在 X 轴上的投影长度，单位为毫米（mm）。

7.3.3.4.3 将 A 份试样所得的两个短纤维率的算术平均值与 B 份试样所得的两个短纤维率的算术平均值之和除以 2 即为该批绵球的短纤维率。计算结果取小数点后两位。

7.3.3.5 含油率检验

7.3.3.5.1 抽样方法与数量

从样球中取小样两份，每份重 5 g～6 g。

7.3.3.5.2 仪器设备

仪器设备包括：

a) 恒温烘箱，能保持温度（120±3）℃；

b) 分析天平，分度值≤0.1 mg；

c) 恒温水浴锅；

d) 索氏萃取器，接受烧瓶为 150 mL；

e) 干燥器，装有变色硅胶；

f) 称量器皿；

g) 定性滤纸。

7.3.3.5.3 试剂

试剂包括：

a) 乙醚（化学纯或分析纯）。

b) 蒸馏水。

7.3.3.5.4 检验规程

7.3.3.5.4.1 将接受烧瓶和称量器皿放在（120±3）℃的烘箱中烘至恒重，称取质量并记录。

7.3.3.5.4.2 将 2 份试样用定性滤纸包好，大小、松紧适宜。

7.3.3.5.4.3 在恒温水浴锅上安装索氏萃取器，连接冷却管，接通冷却水，加热水浴锅。

7.3.3.5.4.4 将 2 份包有定性滤纸的试样分别放入索氏萃取器的浸抽器内。然后倒入乙醚,使其浸没试样并越过虹吸管产生回流,接上冷凝器。

7.3.3.5.4.5 调节水浴加热温度,使接受烧瓶中乙醚微沸,保持每小时回流 6 次~7 次,共回流 2 h。

7.3.3.5.4.6 回流完毕,取下冷凝器,从浸抽器中取出试样,挤干溶剂,除去滤纸,放入称量器皿中。再接上冷凝器,回收乙醚。

7.3.3.5.4.7 待乙醚基本挥发尽后,将装有试样的称量器皿和接受烧瓶放在(120±3)℃的烘箱中烘至恒重,取出称量器皿和接受烧瓶迅速放入干燥器内,冷却至室温,称取质量并记录。

注:试样恒重始称时间约 120 min,连续称重时间间隔约 25 min。

7.3.3.5.5 试验结果计算

a) 每份试样含油率按式(5)计算,计算结果取小数点后两位。

$$a = \frac{m_{a1}}{m_{a1} + m_{a2}} \times 100 \quad\quad\quad \cdots\cdots\cdots\cdots\cdots\cdots (5)$$

式中:

a——试样的含油率,%;

m_{a1}——油脂的干质量,单位为克(g);

m_{a2}——脱脂后试样的干质量,单位为克(g)。

b) 计算两份试样含油率的算术平均值,计算结果取小数点后两位。

7.3.3.6 练减率试验方法

7.3.3.6.1 抽样方法与数量

从样球中取试样两份,每份重 5 g~6 g。

7.3.3.6.2 仪器设备

仪器设备包括:

a) 恒温烘箱;

b) 分析天平:分度值≤0.1 mg;

c) 电炉、烧杯。

7.3.3.6.3 试剂

试剂包括:

a) 工业中性皂:含脂肪酸 60% 以上。

b) 蒸馏水。

7.3.3.6.4 检验规程

7.3.3.6.4.1 检验试验条件规定见表 5。

表 5 检验试验条件规定

用皂量/(g/L)	水质	浴比	温度/℃	时间/min
5	蒸馏水	1:200	98~100	30

7.3.3.6.4.2 将两份试样分别放入恒温烘箱,用(120±3)℃温度烘至恒重,即为练前干重。然后按表 6 所列试验条件将试样分别放入练液中煮练两次后,用(65±5)℃的蒸馏水充分洗涤,再将小样置于恒温烘箱内,用(120±3)℃温度烘至恒重,即为练后干重。

7.3.3.6.4.3 试验结果计算

a) 每份试样的练减率按式(6)计算。计算结果取小数点后两位。

$$E = \frac{m_Z - m_H}{m_Z} \times 100 \quad\quad\quad \cdots\cdots\cdots\cdots\cdots\cdots (6)$$

式中:

E——练减率,%;

m_Z——练前干重,单位为克(g);

m_H——练后干重,单位为克(g)。

    b) 计算两份试样的练减率的算术平均值,计算结果取小数点后两位。

7.4 束纤维强度检验

束纤维强度检验参照附录 A。

8 标志、包装

8.1 标志

8.1.1 根据绵球号数和等级确定其标志,依次为:AⅠ-1、AⅠ-2、AⅠ-3、BⅡ-1、BⅡ-2、CⅢ-1、CⅢ-2 级。级外品无标志。

8.1.2 每箱绵球内应附商标一张,注明生产企业名称和标志。

8.1.3 每箱绵球的外包装上应标明品名、标志、箱号、检验号、生产企业名称或代号。

8.2 包装

8.2.1 绵球应根据号数和等级分别包装。

8.2.2 桑蚕绵球采用纸箱包装,将绵球以一定形式装入纸箱,纸箱内衬牛皮纸或防潮袋,箱底箱面用胶带封口,外用塑料带捆扎成"廿"形。

8.2.3 每批、每箱桑蚕绵球的包装数量和净重规定见表 6。

表 6 每批、每箱桑蚕绵球包装数量和净重规定

项　　目	数量/只	净重/kg
每箱	160	20 ± 0.2
每批	4 000	500 ± 5

9 数值修约

本标准的各种数值计算,均按 GB/T 8170 数值修约规则取舍。

10 其他

对桑蚕绵球的规格、品质、标志、包装有特殊要求者,供需双方可另订协议。

附　录　A
（资料性附录）
束纤维强度检验

A.1　范围

本附录规定了桑蚕绵球束纤维强度的检验方法。

本附录适用于桑蚕绵球束维强度的检验。

A.2　仪器设备

A.2.1　电子束纤维强力机：夹持距离为 3 mm，下夹持器的下降速度为(300±5)mm/min。

A.2.2　电子天平：分度值≤0.02 mg。

A.2.3　切断器。

A.3　检验

A.3.1　检验条件

束纤维强度测定应按 GB/T 6529 规定的标准大气和容差范围，在温度(20.0±2.0)℃、相对湿度(65.0±4.0)%下进行，试样应在上述条件下平衡 12 h 以上方可进行检验。

A.3.2　检验规程

A.3.2.1　从经过平衡的样球中取小样两份，分别将小样整理成平行伸直，一端整齐的绵束。将绵束在切断器上切成两端整齐，长为 25 mm 的小段，再将每份小样分成 10 小束(可多分 2 束～4 束备用)，将每小束纤维逐一在束纤维强力机上进行拉伸断裂强力试验，记录断裂强力值。要求每小束的断裂强力值在 1 471 cN～2 452 cN(1 500 gf～2 500 gf)之间。

A.3.2.2　将每份的断裂小束合并称量，按式(A.1)计算束纤维强度。计算结果取小数点后两位。

$$P_0 = \frac{\sum F_i}{\sum m_P} \times \frac{25}{9\ 000^a} \quad\cdots\cdots\cdots\cdots\cdots\cdots\cdots(A.1)$$

式中：

P_0——束纤维强度，单位为克力每旦(gf/den)或厘牛每分特(cN/dtex)；

$\sum F_i$——20 小束断裂强力之和，单位为克力(gf)或厘牛(cN)；

$\sum m_P$——两份小样的重量之和，单位为毫克(mg)。

[a] 当强度单位为 cN/dtex、强力单位为 cN 时，应为 10 000。

柞蚕绵条

1 主题内容与适用范围

本标准规定了柞蚕绵条的技术要求、检验和验收规则以及包装和标志、运输和贮存的要求。
本标准适用于精梳或圆梳纯柞蚕绵条。

2 引用标准

GB 250 评定变色用灰色样卡

3 技术要求

3.1 柞蚕绵条按纤维长度不同分为 A、B、C 三类:纤维平均长度在 95 mm 及以上者为 A 类;95 mm 以下,80 mm 及以上者为 B 类;80 mm 以下,65 mm 及以上者为 C 类。

3.2 柞蚕绵条束纤维强度不低于 2.1 cN/dtex。

3.3 柞蚕绵条同批中球与球之间色泽差异不低于 3 级。

3.4 柞蚕绵条含丝胶率不应大于 4.00%。

3.5 柞蚕绵条的公定回潮率为 11%,成包时的回潮率不得超过 15%。

3.6 柞蚕绵条其他技术条件见表 1。

表 1

项目 \ 公差 等级		一等品	合格品
条重差异率,%		−10.0～+10.0	+10.1～+15.0 −10.1～−15.0
条重超差率,%		20 及以下	30～40
绵结,个/15 g	圆梳	30 及以下	30.5～40
	精梳	70 及以下	70.5～90
洁净度,分/15 g		90.0 及以上	85.0～89.0
含油脂率,%		0.60 及以下	0.61～0.70

3.7 分等规定

3.7.1 柞蚕绵条的等级分为一等品、合格品,低于合格品者为不合格品。

3.7.2 柞蚕绵条应在符合 3.2～3.5 条技术要求的基础上进行质量考核。

柞蚕绵条的分等按表 1 中各项指标检验结果的最低一项来确定。

4 检验规则

4.1 取样

4.1.1 柞蚕绵条以每十件为一批。

4.1.2 每批取样一次,每次取 2 个球。

4.1.3 取样方法:从每批绵条中随机抽取两件,再从抽取的两件绵条中不同位置各取一个球。

4.2 重量检验

4.2.1 回潮率测定

4.2.1.1 仪器设备

恒温烘箱:附有天平,感量 0.01 g。

4.2.1.2 从所取 2 个绵球中分别取 50 g 试样各 1 份,放入烘箱内,在 115～120 ℃温度下烘至恒重(每隔 5 分钟测重量差数不超过 0.05 g),最后一次所称重量即为试样干重。

4.2.1.3 回潮率计算公式

$$W_s = \frac{G - G_1}{G_1} \times 100 \qquad \cdots\cdots\cdots\cdots\cdots\cdots\cdots(1)$$

式中:W_s——实际回潮率,%;

$\quad G$——烘前样重,g;

$\quad G_1$——烘后干重,g。

两样算术平均数为最终结果(精确至小数点后一位)。

4.2.2 公量测定

4.2.2.1 仪器设备。

a. 案秤:最大称量 5 kg,感量 0.001 kg。

b. 台秤:最大称量 50 kg,感量 0.01 kg。

4.2.2.2 测定方法

将每箱 12 球(包括包装物)放在台秤上称重,得毛重。然后称 12 球包装物重量,得皮重。将毛重减去皮重即为每箱绵球净重。

4.2.2.3 公量计算公式

$$G_k = G_s \times \frac{1 + W}{1 + W_s} \qquad \cdots\cdots\cdots\cdots\cdots\cdots\cdots(2)$$

式中:G_k——每箱(12 球)公量,kg;

$\quad G_s$——每箱(12 球)净重,kg;

$\quad W$——公定回潮率;

$\quad W_s$——实际回潮率。

4.3 色泽差异检验

对照 GB 250 检验所取两球的色差级别。

4.4 条重差异率检验

4.4.1 仪器设备

a. 绵条定长板；

b. 剪刀；

c. 工业天平：最大称量 200 g，感量 0.01 g。

4.4.2 检验方法

4.4.2.1 从两球上分别用绵条定长板截取 1 m 长的绵条各 5 根，共 10 根。

4.4.2.2 用天平分别称 10 根绵条重量，并换算为公定重量，再求出 10 根平均重量。

4.4.2.3 条重差异率计算公式

$$T = \frac{\overline{G_t} - G_t}{G_t} \times 100 \qquad \cdots\cdots\cdots\cdots\cdots\cdots\cdots(3)$$

式中：T——条重差异率，%；

$\overline{G_t}$——公量平均条重，g；

G_t——设计条重，g。

计算结果保留小数点后一位。

4.5 条重超差率

4.5.1 单根条重差异率计算公式

$$T_i = \frac{G_{ti} - G_t}{G_t} \times 100 \qquad \cdots\cdots\cdots\cdots\cdots\cdots\cdots(4)$$

式中：T_i——单根条重差异率，%；

G_{ti}——单根绵条公定重量，g；

G_t——设计条重，g。

计算结果精确至小数点后一位。

4.5.2 条重超差率计算公式

$$C = \frac{N_c}{N} \times 100 \qquad \cdots\cdots\cdots\cdots\cdots\cdots\cdots(5)$$

式中：C——条重超差率，%；

N_c——单根条重差异率超一等品标准的根数；

N——总根数。

4.6 纤维平均长度检验

4.6.1 仪器设备

a. 600 mm×350 mm 绒板；

b. 压刀；

c. 500 mm×350 mm 有机玻璃板；

d. 500 mm×350 mm 坐标纸板。

4.6.2 操作方法（手排法）

4.6.2.1 从所取两份绵条试样中各取 1 根绵条，将两根绵条合并在一起，从中抽取两份各 0.2 g 的纤维束。

4.6.2.2 取 1 份纤维束，将其理顺两次，成一端齐整的纤维束，然后将纤维从长至短用压刀依次拉出，并稀密一致地排列在绒板上，纤维一端对齐绒板底边准线 $0x$。

4.6.2.3 将有机玻璃板对齐绒板底边准线 $0x$，压住纤维，按纤维在绒板上的排列形状，连接纤维顶点，在有机玻璃板上描画出纤维排列图（如下图）。

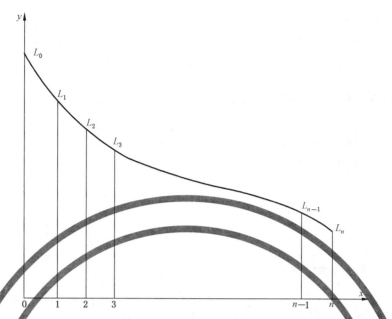

4.6.2.4 将描画在有机玻璃板上的排列图对准坐标纸,沿 Ox 轴方向每隔 10 mm 为一点,依次记录各点纤维长度。

4.6.2.5 纤维平均长度计算公式

$$L = \frac{\sum\limits^{n-1} L_i + \frac{1}{2}(L_0 + L_n)}{N} \qquad \cdots\cdots\cdots\cdots\cdots\cdots (6)$$

式中:L——纤维平均长度,mm;

L_i——每隔 10 mm 点的纤维长度,mm;

L_0——最长纤维长度,mm;

L_n——最短纤维长度,mm;

N——每隔 10 mm 点所分组数。

4.6.2.6 按上述方法得出另一份纤维束的纤维平均长度,两样的算术平均数为最终结果,结果精确到小数点后一位。

4.7 束纤维强度检验

4.7.1 仪器设备

　　a. 束纤维强力机;

　　b. 扭力天平。感量 0.1 mg;

　　c. 切断器。

4.7.2 调湿:用于束纤维强度检验的绵条应打开放在标准温湿度(温度 20±2 ℃,相对湿度 63%～67%)下,平衡 12 h 以上。

4.7.3 检验方法

4.7.3.1 从经过调湿的绵条中取两份小样,分别将小样整理成平行伸直、一端齐整的纤维束,将纤维束在切断器上切成两端整齐,长为 25 mm 的小段,再将每份小样分成 10 小束(可多分 2～3 束备用),将每小束纤维逐一在束纤维强力机上进行拉伸试验,记录断裂强力值,纤维在强力机上的夹持距离为 3 mm,下夹持器的下降速度为 300±5 mm/min 要求每小束纤维断裂强力值在 1 500～2 500 cN(1 530～2 549 gf)之间。

4.7.3.2 按下式计算束纤维强度：

$$P = \frac{\sum F_i}{\sum G_i} \times \frac{25}{10\,000} \quad \cdots\cdots\cdots\cdots\cdots\cdots\cdots\cdots\cdots (7)$$

注：当强度单位为 gf/D 时，式中系数应为 $\dfrac{25}{9\,000}$。

式中：P——束纤维强度，cN/dtex(gf/D)；

$\sum F_i$——20 小束纤维断裂强力之和，cN(gf)；

$\sum G_i$——20 小束纤维重量之和，mg。

计算结果精确至小数点后二位。

4.8 洁净度检验

4.8.1 仪器设备

a. 检验台：台面平均照度 500±50 lx；

b. 镊子。

4.8.2 洁净度扣分标准见表2。

表 2

项目		扣分起点	扣分	备注
飞花		长 1～2 cm 长 2 cm 以上	0.5 1	混乱纤维团或束
油污		每处	1	不分大小
胶丝		长 2 cm 以上	0.5	多根纤维胶合在一起的纤维束
茧皮		0.5 cm 以上	0.5	
硬块		宽 1 cm 及以上，长 2 cm 及以上	0.2	梳理和牵伸不良造成纤维排列不匀形成的硬块
杂质	金属物	每个	1	不分大小
	蛹皮	0.5 cm 以上	0.1	块状蛹皮
	灰尘	每处	0.2	灰尘团
	毛发	长 0.5 cm 及以上	0.5	
	草屑	长 0.5 cm 及以上	0.5	
杂纤维	毛麻 人棉	长 1 cm 及以上	0.5	指毛、麻、棉及人造纤维混入
	合纤	长 1 cm 及以上	1	指合成纤维混入

4.8.3 检验方法

将取自不同绵球的两份各 15 g 的绵条分别放在检验台上进行检验，用镊子挑选出各种疵点，按表2标准扣分，取两份绵条扣分数的算术平均数为最后扣分。

4.8.4 洁净度分数计算

从 100 分中减去洁净度最后扣分即为洁净度分数。

4.9 绵结检验

4.9.1 绵结定义:绵结是由纤维纠缠或胶着成的微型结点。

4.9.2 仪器设备

 a. 检验台:台面平均照度 500 ± 50 lx;

 b. 镊子。

4.9.3 检验方法

从所取两球中各取 15 g 绵条 1 份,分别放在检验台上分段进行检验,对照标准样照,用镊子挑选出达到样照程度的样结,记录个数,取两样算术平均数为检验结果。

4.10 含丝胶率检验

4.10.1 仪器设备和药剂

 a. 恒温烘箱;

 b. 分析天平:感量 0.001 g;

 c. 量筒、吸管、干燥器、搪瓷杯及电炉;

 d. 中性皂:含脂肪酸 60% 以上;

 e. 纯碱。

4.10.2 检验方法

4.10.2.1 从所取两球中各取 8～10 g 试样 1 份。

4.10.2.2 将称量后的两个试样放入恒温烘箱内,在 110～120 ℃ 温度下烘至恒重。取出后放在干燥器内冷却 7 min,再取出迅速精确称重,即得练前干重。

4.10.2.3 将练前试样置于 1 000 mL 的搪瓷杯中,杯内盛练液(中性皂 25%、浴比 1:70)。将搪瓷杯在电炉上加热,时间 60 min,温度 100 ℃,练后取出试样用 45 ℃ 温水水洗 2 次。

4.10.2.4 将 2 份试样放入 0.1% 纯碱液中,浴比 1:100,温度 98～100 ℃,处理 30 min,然后取出用 45 ℃ 温水水洗 2 次。

4.10.2.5 将水洗后的两份试样放入恒温烘箱内,在 110～120 ℃ 温度下烘至恒重,取出后放在干燥器中冷却 7 min,取出迅速精确称重,即得练后干重。

4.10.3 含丝胶率计算公式

$$J = \frac{G_q - G_h}{G_q} \times 100 \qquad \cdots\cdots\cdots\cdots\cdots\cdots\cdots\cdots\cdots(8)$$

式中:J——含丝胶率,%;

 G_q——练前干重,g;

 G_h——练后干重,g。

两试样的算术平均数为最后结果,结果精确至小数点后二位。

4.11 含油脂率检验

4.11.1 仪器设备

 a. 抽油器;

 b. 电热恒温水浴锅;

 c. 分析天平:感量 0.001 g;

d. 恒温烘箱；

e. 干燥器。

4.11.2 药品及其他

a. 工业乙醚；

b. 工业滤纸。

4.11.3 检验方法

4.11.3.1 从两球中各取 4 g 试样一份。

4.11.3.2 把试样放入滤纸内包好，放入抽油器躯身，比虹吸管低 2 mm；再倒入 140 mL 乙醚，与冷凝器合装置于水浴锅内，加热回流时间 2 h，水浴温度 45～50 ℃，然后把试样从躯身内取出，将乙醚挤入底瓶中，使试样自然风干 10～15 min，再将底瓶内的乙醚回收，回收后将底瓶蒸发至干，用干净柔软棉布擦干底瓶外部，将底瓶和试样一起放入烘箱内，在 110～120 ℃温度下烘至恒重。取出放在干燥器内冷却：试样 7 min，底瓶 15 min。然后精确称出试样干净重及底瓶和油脂共重。底瓶和油脂共重减去底瓶重即是油脂重。

4.11.4 含油脂率计算公式

$$Y = \frac{G_y}{G_y + G_g} \times 100 \qquad\qquad \cdots\cdots\cdots\cdots\cdots\cdots\cdots（9）$$

式中：Y——含油脂率，%；

G_y——油脂重，g；

G_g——试样干净重，g。

两样算术平均数为最终结果，结果精确至小数点后二位。

5 包装和标志

5.1 包装要求

应以保证绵条产品质量不受损伤和适于运输、储存为原则。

5.1.1 内包装要求每个球都用考贝纸包装。

5.1.2 外包装为硬纸箱包装，箱内衬防潮纸和牛皮纸，两层绵球间用硬纸板隔垫，箱外用铁腰或丙纶带扎成"井"字形。

5.1.3 每箱装 12 个球，净公量 36 kg。

5.2 标志要求

内外包装标志要简明、清楚，便于识别。

5.2.1 内标志：每个球考贝纸上印有检验者或责任者代号，箱内备有商标和生产厂代号。

5.2.2 外标志

5.2.2.1 箱外印：品名、规格、毛重、公量、批号、箱号、切勿受潮、切勿用钩、中国制造。

5.2.2.2 以上标志应有中、英文两种文字配译。

5.3 每批绵条对用户附有检验证。

6 运输和贮存

6.1 柞蚕绵条在运输中应保证其包装物不受污染、不破损、不变形。

6.2 柞蚕绵条在运输和贮存中应注意避免类别、批号及等级混淆。

6.3 柞蚕绵条在贮存中应单独堆放,场地环境应保证绵条包装及品质不受影响。

7 验收规则

7.1 供需双方或受委托机构按本标准进行检验和验收。

7.2 验收分品等验收和重量验收。

7.2.1 品等验收按第3章规定执行。

7.2.2 重量验收按第4.2条重量检验规定进行。

7.3 在验收中,如买方对验收结果有异议,可在一月内申请复验。

7.3.1 复验由供需双方或委托检验机构负责进行.复验以一次为准,并以复验结果作为最终结果。

7.3.2 如因运输、保管或改换包装造成产品质量或数量问题,由责任方负责,不进行复验。

7.3.3 复验中发生的一切费用由责任方承担。

8 其他

如用户对柞蚕绵条品质、包装、标志等项有特殊要求,可按供需双方协议规定执行。

附加说明:

本标准由纺织工业部科技发展司提出。

本标准由辽宁丝绸检验所归口。

本标准由本溪绢纺织厂负责起草。

本标准主要起草人洪长久、姜爽。

ICS 59.080.30
W 43

中华人民共和国纺织行业标准

FZ/T 42001—2008
代替 FZ/T 42001—1993

柞 蚕 药 水 丝

Tussah silk bleached

2008-03-12 发布　　　　　　　　　　　　2008-09-01 实施

中华人民共和国国家发展和改革委员会　　发 布

前　言

本标准代替 FZ/T 42001—1993《柞蚕药水丝》。

本标准与 FZ/T 42001—1993 相比主要变化如下：

——删除柞蚕水漂干缫丝的要求；

——增加柞蚕药土丝的要求；

——包装只规定箱装要求。

本标准的附录 A 为规范性附录。

本标准由中国纺织工业协会提出。

本标准由全国纺织品标准化技术委员会丝绸分会归口。

本标准起草单位：辽宁丝绸检验所、辽宁出入境检验检疫局。

本标准主要起草人：刘明义、姜爽、张德聪。

本标准所代替标准的历次版本发布情况为：

——FZ/T 42001—1993。

柞 蚕 药 水 丝

1 范围

本标准规定了柞蚕药水丝和柞蚕药土丝的要求、检验方法、检验规则、包装和标志。

本标准适用于100D(111.1dtex)及以下的柞蚕药水丝和柞蚕药土丝。

本标准不适用于具有特殊风格的特种工艺柞蚕丝。

2 规范性引用文件

下列文件中的条款通过本标准的引用而成为本标准的条款。凡是注日期的引用文件,其随后所有的修改单(不包括勘误的内容)或修订版均不适用于本标准,然而,鼓励根据本标准达成协议的各方研究是否可使用这些文件的最新版本。凡是不注日期的引用文件,其最新版本适用于本标准。

GB 250 评定变色用灰色样卡

GB/T 8170 数值修约规则

GB/T 9995 纺织材料含水率和回潮率的测定 烘箱干燥法

3 术语和定义

下列术语和定义适用于本标准。

3.1

柞蚕药水丝 tussah silk bleached

以柞蚕良茧为原料,经药水丝工艺缫制的柞蚕丝。

3.2

柞蚕药土丝 tussah native bleached

以柞蚕劣茧为原料,经药水丝工艺缫制的柞蚕丝。

4 要求

4.1 柞蚕药水丝的品质根据受验丝的外观质量和内在质量的综合成绩,分为2A、A、B、C、D级和级外品。

4.2 柞蚕药水丝的品质分级见表1。

表 1 柞蚕药水丝的品质分级表

检 验 项 目			级 别				
			2A	A	B	C	D
外观质量	外观疵点	色差/%	10	15	20	30	30 以上
		污染丝/绞	0		1	2	4
		伤丝/绞	0	1	2	3	4
		双丝/绞	0		1	2	2 以上
		缩丝/绞	0		5	10	20
		硬角丝	稍硬		硬		甚硬
	抱合		优	稍劣	劣		甚劣
	清洁/分		96.0	95.0	94.0	92.0	90.0

表 1（续）

检 验 项 目			级 别				
			2A	A	B	C	D
内在质量	纤度偏差/ D(dtex)	40(44.4)及以下	2.50 (2.78)	2.95 (3.28)	3.55 (3.94)	4.20 (4.67)	5.00 (5.56)
		41～53 (45.6～58.9)	3.50 (3.89)	4.15 (4.61)	4.95 (5.50)	5.90 (6.55)	7.00 (7.78)
		54～66 (60.0～73.3)	4.50 (5.00)	5.35 (5.94)	6.35 (7.06)	7.55 (8.39)	9.00 (10.00)
		67～79 (74.4～87.8)	5.25 (5.83)	6.25 (6.94)	7.40 (8.22)	8.85 (9.83)	10.50 (11.67)
		80～100 (88.9～111.1)	6.75 (7.50)	8.05 (8.94)	9.55 (10.61)	11.35 (12.61)	13.50 (15.00)
	纤度开差/ D(dtex)	53(58.9)及以下	0.50 (0.56)	1.00 (1.11)	2.00 (2.22)	4.00 (4.44)	6.00 (6.67)
		54～66 (60.0～73.3)	1.00 (1.11)	2.00 (2.22)	3.00 (3.33)	5.00 (5.56)	7.00 (7.78)
		67～79 (74.4～87.8)	2.00 (2.22)	3.00 (3.33)	4.00 (4.44)	6.00 (6.67)	8.00 (8.89)
		80～100 (88.9～111.1)	3.00 (3.33)	4.00 (4.44)	5.00 (5.56)	7.00 (7.78)	9.00 (10.00)
	切断/次	40D(44.4dtex)及以下	5	10	15	20	25
		41D～79D (45.6dtex～87.8dtex)	3	5	10	15	20
		80D～100D (88.9dtex～111.1dtex)	0	3	5	10	15
	断裂强度/(cN/dtex)		2.43		2.25		2.25 以下
	断裂伸长率/%		18.0		16.0		16.0 以下

4.3 柞蚕药土丝的品质根据受验丝的外观质量和内在质量的综合成绩，分为 A、B、C、D 级和级外品。

4.4 柞蚕药土丝的品质分级见表 2。

表 2 柞蚕药土丝的品质分级表

检 验 项 目		级 别			
		A	B	C	D
外观质量	色差/%	20	25	30	35
	污染丝/绞	0	1	2	4
	伤丝/绞	1	2	3	4
	双丝/绞	0	1	2	2 以上
	缩丝/绞	0	5	10	20
	硬角丝	稍硬		硬	甚硬
	抱合	稍劣		劣	甚劣
	清洁/分	94.0	92.0	90.0	88.0

表 2（续）

检 验 项 目			级 别			
			A	B	C	D
内在质量	纤度偏差/ D(dtex)	40(44.4)及以下	3.50 (3.89)	4.50 (5.00)	5.65 (6.27)	6.80 (7.55)
		41~53 (45.6~58.9)	4.90 (5.44)	5.90 (6.55)	7.05 (7.83)	8.20 (9.10)
		54~66 (60.0~73.3)	6.30 (6.99)	7.50 (8.33)	8.80 (9.77)	10.10 (11.21)
		67~79 (74.4~87.8)	7.40 (8.21)	8.85 (9.82)	10.50 (11.66)	11.20 (12.43)
		80~100 (88.9~111.1)	9.50 (10.55)	11.30 (12.54)	13.50 (14.99)	15.50 (17.21)
	纤度开差/ D(dtex)	53(58.9)及以下	2.00 (2.22)	5.00 (5.56)	8.00 (8.89)	11.00 (12.21)
		54~56 (60.0~73.3)	3.00 (3.33)	6.00 (6.67)	9.00 (10.00)	12.00 (13.32)
		67~79 (74.4~87.8)	4.00 (4.44)	7.00 (7.78)	10.00 (11.11)	13.00 (14.43)
		80~100 (88.9~111.1)	5.00 (5.56)	8.00 (8.89)	11.00 (12.21)	14.00 (15.54)
	切断/次	40D(44.4dtex)及以下	10	15	20	25
		41D~79D (45.6dtex~87.8dtex)	5	10	15	20
		80D~100D (88.9dtex~111.1dtex)	3	5	10	15
	断裂强度/(cN/dtex)		2.25	2.03		2.03 以下
	断裂伸长率/%		16.0	14.0		14.0 以下

4.5 柞蚕药水丝和柞蚕药土丝的公定回潮率为 11.0%。实际回潮率不得低于 8.0%，不得超过 14.0%。

4.6 分级规定

4.6.1 柞蚕药水丝的品级，按表 1 所列指标的最低一项成绩评定。

4.6.2 柞蚕药土丝的品级，按表 2 所列指标的最低一项成绩评定。

4.6.3 当一个指标跨越两个等级时，按其高的等级评定。

4.6.4 任何一项指标低于 D 级时，定为级外品。

4.6.5 在外观质量或内在质量检验时如发现有直丝、松紧丝、重片丝、绞重不匀、粘条丝等疵点，则定级后再降一级。

4.6.6 在外观质量或内在质量检验时如发现有霉丝、异质丝、丝绞硬化等疵点，则直接评为级外品。

5 组批与抽样

5.1 组批

柞蚕药水丝和柞蚕药土丝以同一庄口、同一工艺、同一规格的产品为一批，每批 4 箱，每箱约 30 kg。

不足 4 箱的仍按一批计算。

5.2 抽样方法

5.2.1 在外观检验的同时抽取重量和内在质量检验样丝。

5.2.2 取样应在丝批内的不同部位随机抽取,每包限抽 1 绞。

5.2.3 抽样数量的规定:重量检验抽 4 绞,内在质量检验抽 10 绞。

5.2.4 包中抽样部位规定:重量检验边部 2 绞,中部 2 绞,共 4 绞;内在质量检验边部 4 绞,中部 4 绞,角部 2 绞,共 10 绞。

5.2.5 如果经外观检验已确定该批丝为级外品时,只抽取重量检验样丝,不抽取内在质量检验样丝。

5.2.6 成批箱数不足 4 箱时,重量和内在质量检验抽样数量不变。

6 检验方法

6.1 重量检验

6.1.1 设备

    a) 电子秤:量程 100 kg,最小分度值≤0.02 kg;

    b) 电子天平:量程 500 g,最小分度值≤0.01 g;

    c) 带有天平的烘箱。其中天平量程 1 000 g,最小分度值≤0.01 g。

6.1.2 检验规程

6.1.2.1 毛重

将抽样后的全批丝逐箱在电子秤上称量核对,即得出"毛重"。

6.1.2.2 皮重

在受验丝批中任择两包,拆下商标、纸、绳、小标签、编丝线等,称其重量,再称一箱的外包装物,并以此推算出全批丝的包装物重量,即为"皮重"。

6.1.2.3 净重

将全批丝的"毛重"减去全批丝"皮重"即为全批丝的"净重"。

6.1.2.4 样丝湿重

将抽取的重量检验样丝立即在天平上称量,即为"样丝湿重"。

6.1.2.5 样丝干重

将称过湿重的重量检验样丝松散地放置于烘箱内,在 140℃~145℃ 温度下烘至恒重,即得"样丝干重"。称量恒重的判定按 GB/T 9995 的规定,即当连续两次称得重量差异小于后一次称得重量的 0.1% 时,后一次称得的重量即为干重。

6.1.2.6 实际回潮率

按式(1)计算:

$$W = \frac{m - m_0}{m_0} \times 100 \qquad\qquad\qquad\qquad (1)$$

式中:

W——实际回潮率,%;

m——样丝湿重,单位为克(g);

m_0——样丝干重,单位为克(g)。

计算结果精确到小数点后两位。

6.1.2.7 公量

按式(2)计算:

$$m_k = m_j \times \frac{100 + W_k}{100 + W} \qquad\qquad\qquad\qquad (2)$$

式中：

m_k——公定重量,单位为千克(kg);

m_j——净重,单位为千克(kg);

W_k——公定回潮率,%;

W——实际回潮率,%。

计算结果精确到小数点后两位。

6.2 品质检验

6.2.1 检验条件

切断、纤度、断裂强度和断裂伸长率等指标的检验,应在温度为(20±2)℃,相对湿度为(65±5)%的标准大气下进行。样丝应在上述条件下平衡12 h以上方可进行检验。

6.2.2 外观检验

6.2.2.1 设备

a) 外观检验光源:安装于平面组合灯罩内的日光荧光灯或自然北光,要求光线以一定的距离均匀地照射于丝包的端面上,丝面照度为(500±50)lx;

b) 规定的评定变色用灰色样卡(GB 250)或色差样卡。

6.2.2.2 检验规程

6.2.2.2.1 检验方法

将整批受验丝逐包拆除包装纸的一端或全部,平整排列于检验台上,丝面正对光源,以感官检验整批丝的外观质量和包装质量。

6.2.2.2.2 色差检验

仔细观察全批丝的颜色,以大多数颜色相同的丝色作为基准色,将其余的丝色与基准色相比较,对照评定变色用灰色样卡(GB250)或色差样卡比较颜色差异程度,分别查计达到和超过色差样卡所示程度的丝绞数。按式(3)计算色差成绩。

$$E = \frac{N_1 + 2N_2}{N_0} \qquad\qquad\qquad\cdots\cdots\cdots\cdots\cdots\cdots\cdots(3)$$

式中：

E——色差,%;

N_0——受验丝批的总丝绞数;

N_1——达到评定变色用灰色样卡或色差样卡所示程度的丝绞数;

N_2——超过评定变色用灰色样卡或色差样卡所示程度的丝绞数。

计算结果精确到整数。

6.2.2.2.3 污染丝检验

全面检验受验丝绞和各绞样丝,如发现有色迹、油渍、烟绺、附着物,查计其绞数,附着物5绞计1绞,最后以累计的绞数评定其成绩。

6.2.2.2.4 伤丝检验

全面检验受验丝绞和各绞样丝,如发现有断头丝或磨白丝,查计其绞数,磨白丝5绞计1绞,最后以累计的绞数评定其成绩。

6.2.2.2.5 双丝检验

全面检验受验丝绞和各绞样丝,如发现有双丝,查计其绞数,以绞数评定其成绩。

6.2.2.2.6 缩丝检验

全面检验受验丝绞和各绞样丝,如发现有缩丝,查计其绞数,以绞数评定其成绩。

6.2.2.2.7 硬角丝检验

逐绞检验全部样丝,发现箴角硬时,用手掐捏箴角,如其中一个箴角有四分之一丝条不易松散时,评为"稍硬";如其中一个箴角有一半丝条不易松散时,评为"硬";如其中一个箴角有一半以上丝条不易松散时,评为"甚硬"。并以最差的一绞确定其成绩。

6.2.2.2.8 抱合检验

a) 取重量检验样丝中的两绞样丝,将其箴角对齐,正面相对,然后按丝条排列顺序对扯细划,划丝次数在 80 次以上。

b) 抱合评定分为优、稍劣、劣、甚劣。

1) 优:丝条挺爽,弹性好,丝条破裂长度在 10 cm 及以内,每绞破裂根数 5 根及以内;

2) 稍劣:丝条稍软,弹性稍差,丝条破裂长度在 10 cm 及以上,每绞破裂根数 5 根以上,10 根及以内;

3) 劣:丝条较软,弹性较差,丝条破裂长度在 10 cm 及以上,每绞破裂根数 10 根以上,20 根及以内;

4) 甚劣:程度超过劣者评为"甚劣"。

c) 以两绞丝中成绩较差的一绞作为抱合成绩。

6.2.2.2.9 清洁检验

清洁检验与抱合检验同时进行,在划丝过程中如发现有疵点,对照清洁样照,逐一扣分,并以 100 减去两绞丝的扣分之和作为清洁成绩。

6.2.2.2.10 外观性状检验

a) 颜色种类分为淡黄、金黄、褐黄,程度以淡、中、深表示;

b) 光泽程度以明、中、暗表示;

c) 手感程度以软、中、硬表示。

6.2.2.2.11 其他检验

全面检验受验丝绞和各绞样丝,如发现有直丝、松紧丝、重片丝、绞重不匀、粘条丝、霉丝、异质丝、丝绞硬化,应逐一予以批注,批注起点为 1 绞。

6.2.2.2.12 外观质量检验

外观质量检验允许拆包检验。需拆包时,可在丝面或丝尾处解开捆丝绳 1 道～2 道,并以整批检验、抽样检验和拆包检验的累计成绩进行批注。

6.2.2.2.13 内在质量检验

在内在质量检验中如发现有外观疵点应逐一予以补记。

6.2.2.2.14 外观疵点的判别

外观疵点的判别见附录 A。

6.2.3 切断检验

6.2.3.1 设备

a) 切断机:具有下列卷取线速度:120 m/min、140 m/min、160 m/min;

b) 丝络:体质轻便,转动灵活,络臂可伸缩,每只重约 500 g;

c) 丝锭:光滑平整,转动平稳,每只重约 100 g,锭端直径为 50 mm,中段直径为 44 mm,丝锭长度为 76 mm。

6.2.3.2 检验规程

6.2.3.2.1 切断机的卷取线速度和检验时间的规定见表 3。

表 3 切断检验时间和卷取线速度

名义纤度/D(dtex)	卷取线速度/(m/min)	预备时间/min	检验时间/min
40 及以下 (44.4 及以下)	120	5	35
41～79 (45.6～87.8)	140	5	15
80～100 (88.9～111.1)	160	3	10

6.2.3.2.2 将内在质量检验样丝分别松解,绷在丝络上,其中 5 绞自面层卷取,5 绞自底层卷取,每绞卷取 1 个丝锭。

6.2.3.2.3 在预备时间内不计切断次数;在检验时间内,根据切断原因,分别记录切断次数,累计后作为切断成绩。如丝绞退卷不正常,可适当延长预备时间。

6.2.3.2.4 同一丝绞因同一疵点连续产生切断达 5 次时,经处理后继续检验。如仍产生同一疵点的切断时,则不再累计;如为不同疵点时,则继续记录切断次数,该丝绞的最高切断次数计到 8 次。

6.2.4 纤度检验

6.2.4.1 设备

    a) 测长器:机框周长为 1.125 m,转速为 200 r/min,并附有回转计数器及自动停止装置;

    b) 纤度仪:最小分度值为 0.5D,最大量程 500D;

    c) 电子天平:量程 200 g,最小分度值为 0.01 g;

    d) 带有天平的烘箱。

6.2.4.2 检验规程

6.2.4.2.1 将切断检验卷取的 10 个丝锭用测长器按表 4 规定卷取纤度丝,每个丝锭卷取 3 绞。

表 4 纤度丝的回数和绞数

名义纤度/D(dtex)	回 数	绞 数
40 及以下 (44.4 及以下)	400	30
41～79 (45.6～87.8)	200	30
80～100 (88.9～111.1)	100	30

6.2.4.2.2 将纤度丝逐绞在纤度仪上称计并求得"纤度总和",然后将全批纤度丝在天平上称计,得出"纤度总量"。将两者进行比较,其允许差异规定见表 5。超过规定时,应逐绞复称至允差以内为止。

表 5 纤度丝的允差

名义纤度/D(dtex)	允许差异/D(dtex)
40 及以下 (44.4 及以下)	6 (6.67)
41～79 (45.6～87.8)	12 (13.33)
80～100 (88.9～111.1)	16 (17.67)

6.2.4.2.3 平均纤度按式(4)计算:

$$\overline{S} = \frac{1}{n}\sum_{i=1}^{n}S_i \qquad\qquad\cdots\cdots\cdots(4)$$

式中:

$\overline{S}$——平均纤度,单位为旦(分特)[D(dtex)];

S_i——各绞纤度丝的纤度,单位为旦(分特)[D(dtex)];

n——纤度丝总绞数。

计算结果精确到小数点后两位。

6.2.4.2.4 纤度偏差按式(5)计算:

$$\sigma = \sqrt{\frac{1}{n}\sum_{i=1}^{n}(S_i - \overline{S})^2} \qquad\qquad\cdots\cdots\cdots(5)$$

式中：

σ——纤度偏差，单位为旦（分特）[D(dtex)]；

$\overline{S}$——平均纤度，单位为旦（分特）[D(dtex)]；

S_i——各绞纤度丝的纤度，单位为旦（分特）[D(dtex)]；

n——纤度丝总绞数。

计算结果精确到小数点后两位。

6.2.4.2.5 纤度丝总干量：按 6.1.2.5 方法将全批纤度丝烘至恒重，即得"纤度丝总干量"。

6.2.4.2.6 平均公量纤度：

a) 平均公量纤度以旦（D）为单位时按式(6)计算：

$$\overline{S}_k = \frac{m_p \times (100 + W_k) \times 9\,000}{N \times T \times 1.125 \times 100} \quad \cdots\cdots\cdots\cdots\cdots\cdots (6)$$

式中：

$\overline{S}_k$——平均公量纤度，单位为旦（D）；

m_p——纤度丝总干量，单位为克（g）；

W_k——公定回潮率，%；

T——每绞纤度丝的回数；

N——纤度丝总绞数。

计算结果精确到小数点后两位。

b) 平均公量纤度以分特（dtex）为单位时按式(7)计算：

$$\overline{S}_k = \frac{m_p \times (100 + W_k) \times 10\,000}{N \times L \times 100} \quad \cdots\cdots\cdots\cdots\cdots\cdots (7)$$

式中：

$\overline{S}_k$——平均公量纤度，单位为分特（dtex）；

m_p——纤度丝总干量，单位为克（g）；

W_k——公定回潮率，%；

L——每绞纤度丝的长度，单位为米（m）；

N——纤度丝总绞数。

计算结果精确到小数点后两位。

6.2.4.2.7 纤度开差按式(8)计算：

$$\Delta S = |\overline{S}_k - S_0| \quad \cdots\cdots\cdots\cdots\cdots\cdots (8)$$

式中：

ΔS——纤度开差，单位为旦（分特）[D(dtex)]；

$\overline{S}_k$——平均公量纤度，单位为旦（分特）[D(dtex)]；

S_0——名义纤度，单位为旦（分特）[D(dtex)]。

计算结果精确到小数点后两位。

6.2.5 断裂强度和断裂伸长率检验

6.2.5.1 设备

a) 复丝强力机：量程 0～500 N，附有自动记录器，夹口间距 100 mm，下夹头下降速度为 150 mm/min；

b) 天平：最大量程 200 g，最小分度值≤0.01 g；

c) 测长器：同 6.2.4.1 中 a)。

6.2.5.2 检验规程

6.2.5.2.1 取切断检验卷取的不同丝绞的丝锭 5 个，用测长器按表 6 规定卷取 5 条样丝，每个丝锭卷取 1 条。

表 6　断裂强度和断裂伸长率样丝的卷取回数

名义纤度/D(dtex)	回　数
40 及以下 （44.4 及以下）	400
41～79 （45.6～87.8）	200
80～100 （88.9～111.1）	100

6.2.5.2.2 将平衡后的 5 条样丝在天平上称计出总纤度，然后在复丝强力机上逐条进行检验。操作时将丝条理直平行，松紧适当地夹于夹头上，调整好自动记录器后开机检验。断裂强力的读数精度为 2 N，断裂伸长率的读数精度为 0.5%。

6.2.5.2.3 平均断裂强度按式(9)计算：

$$\bar{P} = \frac{\sum_{i=1}^{N} P_i}{\sum S_i} \quad\cdots\cdots\cdots\cdots\cdots\cdots\cdots\cdots(9)$$

式中：

$\bar{P}$——平均断裂强度，单位为厘牛每分特(旦)[cN/dtex(D)]；

P_i——各条丝的断裂强力，单位为厘牛(cN)；

S_i——各条丝的纤度，单位为分特(旦)[dtex(D)]；

N——样丝条数。

计算结果精确到小数点后两位。

6.2.5.2.4 平均断裂伸长率按式(10)计算：

$$\bar{\delta} = \frac{1}{N} \sum_{i=1}^{N} \delta_i \quad\cdots\cdots\cdots\cdots\cdots\cdots\cdots\cdots(10)$$

式中：

$\bar{\delta}$——平均断裂伸长率，%；

δ_i——各条丝的断裂伸长率，%；

N——样丝条数。

计算结果精确到小数点后一位。

7　检验规则

7.1　组批与抽样

组批与抽样按本标准第 5 章规定进行。

7.2　检验项目

7.2.1　品质检验

7.2.1.1 内在质量检验项目：纤度偏差、纤度开差、切断、断裂强度和断裂伸长率。

7.2.1.2 外观质量检验项目：外观疵点、抱合、清洁和外观性状。

7.2.2　重量检验

毛重、净重、回潮率和公量。

7.3　检验分类

检验分交收检验和型式检验。产品交收时，以批为单位由收方或供方委托检验部门按本标准进行品质和重量检验。型式检验按本标准进行品质和重量检验。

7.4 复验

7.4.1 在交收检验中,若有一方对检验结果提出异议时,可以申请复验。

7.4.2 复验以一次为限。复验项目按本标准规定或双方协议进行,并以复验结果作为最后评等的依据。

8 包装

8.1 柞蚕药水丝和柞蚕药土丝的整理和重量的规定见表 7。

表 7 柞蚕药水丝和柞蚕药土丝的整理和重量的规定

项　目	要　求
丝片周长/m	1.5
丝片宽度/mm	约 40
编丝规定	三洞四编三道
每绞重量/g	40±4
每包绞数	75
每包重量/kg	3.00±0.15
每包尺寸(长×宽×高)/mm	330×150×160
每箱包数	10
每箱净重/kg	30.00±1.50
每箱尺寸(长×宽×高)/mm	770×320×330
每批箱数	4
每批重量/kg	120.00±6.00

8.2 用 14tex 双股白色棉纱线编丝,松紧要适当。留绪在丝片右方距筬角 10 cm 处,留绪结端不超过 2 cm,首尾线合扎 1/4 道。

8.3 每包丝外层包以有韧性的牛皮纸,再用纸绳捆扎四道。

8.4 将小包丝放入带孔的防潮塑料袋内再装入纸箱中,贴上不干胶封条后用塑料打包带扎成"井"形。

8.5 包装应牢固,纸箱、包装纸、塑料袋、绳、线等应清洁、坚韧、整齐,规格、颜色、质量等应一致,便于安全运输,确保产品不受损伤或受潮。

9 标志

9.1 柞蚕药水丝和柞蚕药土丝的标志应明确、清楚,便于识别。

9.2 每箱丝封口处应有验讫标志。

9.3 每箱丝外应悬挂有注明丝类、规格、检验号、包件号的标签,并按规定印刷丝类、规格、检验号、包件号、毛重、净重、公量、严禁受潮、切勿用钩等。

9.4 每批丝应附有品质和重量检验证书。

10 数值修约

本标准中各种数值的计算,均按 GB/T 8170 数值修约规则取舍。

11 其他

对柞蚕药水丝和柞蚕药土丝的规格、品质、包装、标志等有特殊要求者,供需双方可另订协议。

附　录　A
（规范性附录）
外观疵点的判别

表 A.1　外观疵点判别表

疵点名称		疵　点　定　义
色差		包与包、绞与绞之间或一绞丝内的颜色差异程度
污染丝	色迹	丝绞或丝条上有被颜色污染的斑迹
	油渍	丝绞或丝条上有被油污染的渍印
	烟缯	丝绞上有被烟熏过后发黑的痕迹，并带有烟味
	灰缯	丝绞或丝条上有被灰尘污染的黑色或灰色丝缯
	附着物	附着于丝绞或丝条上的杂物
缩丝		丝条呈卷曲状
伤丝	断头丝	丝绞中丝条有一个以上的断头
	磨白丝	丝绞表面因擦伤而呈现白色斑
双丝		丝绞中丝条卷取两根及以上，长度在 3 m 及以上
硬角丝		箴角部位有胶着的硬块，手指直捏后不易松散
霉丝		光泽变异，有霉味、霉斑
异质丝		不同原料、不同品种、不同规格的丝相混淆
丝绞硬化		丝绞僵直、手感糙硬
直丝		丝条没有通过导丝钩、无络绞花纹
重片丝		两片及以上的丝绞重叠成一绞
松紧丝		丝条松散、层次不清、络绞紊乱
粘条丝		丝绞上丝条粘固，以手搓捏，部分丝条不易松散
绞重不匀		批内丝绞大小重量相差 25% 以上，即：$\dfrac{大绞重量-小绞重量}{大绞重量} \times 100\% > 25\%$

ICS 59.080.20
W 42

中华人民共和国纺织行业标准

FZ/T 42002—2010
代替 FZ/T 42002—1997

桑 蚕 绢 丝

Mulberry spun silk yarn

2010-08-16 发布

2010-12-01 实施

中华人民共和国工业和信息化部　　发　布

前　言

本标准代替 FZ/T 42002—1997《桑蚕绢丝》。

本标准与 FZ/T 42002—1997 相比主要变化如下：

——关于引用文件的规则修订为：区分注日期和不注日期的引用文件(1997 年版的第 2 章；本版的第 2 章)；

——增加了术语与定义(本版的第 3 章)；

——增加了桑蚕绢丝的标示(本版的第 4 章)；

——对低、中、高支三档绢丝的细度分档范围重新进行了规定(1997 年版的 3.5,本版的 5.3)；

——取消了双股桑蚕绢丝设计捻度规定,改由生产企业提供其设计捻度；

——将名义公支 100 m 标准重量表作为资料性附录(1997 年版的 3.3.2,本版的附录 A)；

——等级的设置由优等品、一等品、二等品、三等品改为优等品、一等品、二等品(1997 年版的 3.11.1,本版的 5.10.1)；

——提高了断裂长度、支数(重量)变异系数、黑板条干均匀度、千米疵点等指标水平(本版的 5.4)；

——增加电子条干不匀变异系数的考核项目并规定了各等级的指标值(本版的 5.5)；

——将检验项目进行了分类。(本版的 7.2)；

——将条干不匀试验中的粗节(+50%)、细节(−50%)和绵结(+200%)项目列为明示检验项目(本版的 7.2.1.3)；

——增加十万米纱疵作为选择检验项目(本版的 7.2.1.4 条)。

本标准的附录 A 为资料性附录。

本标准由中国纺织工业协会提出。

本标准由全国丝绸标准化技术委员会(SAC/TC 401)归口。

本标准起草单位:浙江丝绸科技有限公司(浙江丝绸科学研究院)、浙江出入境检验检疫局丝类检测中心、浙江金鹰股份有限公司、江苏泗绢集团有限公司、浙江金鹰绢纺有限公司。

本标准主要起草人:周颖、王伶、傅炯明、陈松、陈小妹。

本标准所代替标准的历次版本发布情况为:

——FJ 406—1984；

——FZ/T 42002—1997。

桑 蚕 绢 丝

1 范围

本标准规定了绞装桑蚕绢丝的要求、检验规则、包装和标志。

本标准适用于经烧毛的双股桑蚕绢丝。

2 规范性引用文件

下列文件中的条款通过本标准的引用而成为本标准的条款。凡是注日期的引用文件,其随后所有的修改单(不包括勘误的内容)或修订版均不适用于本标准,然而,鼓励根据本标准达成协议的各方研究是否可使用这些文件的最新版本。凡是不注日期的引用文件,其最新版本适用于本标准。

GB/T 8170 数值修约规则与极限数值的表示和判定

GB/T 8693 纺织品 纱线的标示

FZ/T 40003—2010 桑蚕绢丝试验方法

3 术语与定义

下列术语和定义适用于本标准。

3.1

明示检验项目 explicit test item

在检验证书上须注明的,给用户提供相关的质量信息,但不作为定等依据的检验项目。

3.2

选择检验项目 optional test item

在产品考核项目中没有设置,但有时应用户需要进行检验的项目。

4 标示

4.1 细度

桑蚕绢丝细度,以公制支数表示,简称公支,符号 Nm。即桑蚕绢丝在公定回潮率时,1 g 重的绢丝所具有的长度以米表示的数值。如需以分特克斯表示时,可在公制支数后面用括号以分特克斯表示。分特克斯简称分特,符号 dtex,即在公定回潮率时,10 000 m 长绢丝的重量以克表示的数值。

4.2 名义细度

双股桑蚕绢丝名义细度的标示,以单股名义公支数/2(单股名义分特数×2)表示。

示例:100 支双股绢丝以 100 Nm/2(100 dtex×2)表示。

4.3 捻向

桑蚕绢丝捻向按照 GB/T 8693 规定执行。

5 要求

5.1 桑蚕绢丝的公定回潮率为 11.0%,成包时的回潮率不得超过 12.0%。超过 12.0% 退回重新整理。

5.2 桑蚕绢丝的标准重量

5.2.1 100 m 桑蚕绢丝的标准干燥重量按式(1)计算,计算结果取小数点后三位。

$$m_0 = \frac{100}{N_m(1 + W_K/100)} \qquad \cdots\cdots\cdots\cdots\cdots\cdots\cdots\cdots\cdots (1)$$

式中：

m_0——100 m 桑蚕绢丝的标准干燥重量,单位为克(g);

N_m——桑蚕绢丝名义细度;单位为公支(Nm)或分特(dtex);

W_K——桑蚕绢丝公定回潮率,%。

5.2.2 100 m 桑蚕绢丝在公定回潮率时的标准重量按式(2)计算,计算结果取小数点后三位。

$$m_1 = \frac{100}{N_m} \qquad \cdots\cdots\cdots\cdots\cdots\cdots\cdots\cdots\cdots (2)$$

式中：

m_1——100 m 桑蚕绢丝在公定回潮率时的标准重量,单位为克(g);

N_m——桑蚕绢丝名义细度,单位为公支(Nm)或分特(dtex)。

5.2.3 桑蚕绢丝的名义细度 100 m 标准重量参见附录 A。

5.3 桑蚕绢丝按细度分高、中、低三档,规定见表 1。

表 1 细度分档规定

细度分档	细度范围
高支	150 Nm/2(66.7 dtex×2)～270 Nm/2(37.0 dtex×2)
中支	90 Nm/2(66.7 dtex×2 以上)～150 Nm/2 以下(111.1 dtex×2)
低支	50 Nm/2(200.0 dtex×2)～90 Nm/2 以下(111.1 dtex×2 以上)

5.4 桑蚕绢丝品质技术指标规定见表 2。

表 2 品质技术指标规定

检验项目分类	序号	指标名称	等级	高支	中支	低支
主要检验项目	1	断裂长度/km ≥	优	25.0		
			一	23.0		
			二			
	2	支数(重量)变异系数/% ≤	优	3.0		
			一	3.5		
			二	4.0		
	3	条干均匀度/分 ≥	优	75.0	80.0	85.0
			一	70.0	75.0	80.0
			二	65.0	70.0	75.0
	4	洁净度/分 ≥	优	85		
			一	80		
			二	70		
	5	千米疵点/只 ≤	优	1.00		
			一	1.50	2.00	2.50
			二	2.50	3.00	3.50

表 2（续）

检验项目分类	序号	指标名称		等级	高支	中支	低支
补助检验项目	6	支数（重量）偏差率/%		优	≤3.5 ≥-3.5	≤3.6 ≥-3.6	≤4.5 ≥-4.5
				一			
				二			
	7	强力变异系数/%	≤	优	12.0		
				一			
				一			
	8	断裂伸长率/%	≥	优	6.0	6.5	7.0
				一			
				二			
	9	捻度偏差率/%		优	≤5.0 ≥-5.0		
				一	≤6.0 ≥-6.0	≤6.5 ≥-6.5	≤7.0 ≥-7.0
	10	捻度变异系数/%	≤	优	≤5.0		
				一		6.0	
				二			

注：设计捻度根据合同或协议规定。

5.5 条干不匀变异系数指标规定见表3。

表 3 条干不匀变异系数指标规定

主要检验项目		分档	名义细度/Nm/2 (dtex×2)	等 级		
				优	一	二
条干不匀变异系数 CV/%	≤	低支	50～70 以下 (200.0～142.9 以上)	8.5	10.0	11.5
			70～90 以下 (142.9～111.1 以上)	9.0	10.5	12.0
		中支	90～110 以下 (111.1～90.9 以上)	10.0	11.5	13.0
			110～130 以下 (90.9～76.9 以上)	10.5	12.0	13.5
			130～150 以下 (76.9～66.7 以上)	11.0	12.5	14.0
		高支	150～170 以下 (66.7～58.8 以上)	12.0	13.5	15.0
			170～190 以下 (58.8～52.6 以上)	12.5	14.0	15.5

表 3（续）

主要检验项目	分档	名义细度/Nm/2 (dtex×2)	等 级		
			优	一	二
条干不匀变异系数 CV/% ≤	高支	190～210 以下 (52.6～47.6 以上)	13.0	14.5	16.0
		210～230 以下 (47.6～43.5 以上)	13.5	15.0	16.5
		230～270 (43.5～37.0)	14.0	15.5	17.0

注：50Nm/2 以下（200.0 dtex×2 以上）、270 Nm/2 以上（43.5 dtex×2 以下）不考核。

5.6　检验条干均匀度可以由生产企业在黑板条干均匀度或电子条干不匀变异系数 CV(%) 两者中任选一种。但一经确定，不得任意变更。在监督检验或仲裁检验时，以采用电子条干不匀变异系数 CV(%) 的检验结果为准。

5.7　将采用条干均匀度仪的粗节（+50%）、细节（-50%）、绵结（+200%）项目作为检验证书的明示检验项目。

5.8　桑蚕绢丝练减率的控制范围：

　　a)　高支桑蚕绢丝控制在 5.0% 及以下；

　　b)　中支桑蚕绢丝控制在 6.5% 及以下；

　　c)　低支桑蚕绢丝控制在 7.0% 及以下。

5.9　同一批桑蚕绢丝的色泽应基本保持一致。

5.10　分等规定

5.10.1　桑蚕绢丝的等级分为优等品、一等品、二等品，低于二等品者为等外品。

5.10.2　桑蚕绢丝品等的评定以批为单位，依其检验结果，按表 2、表 3 中桑蚕绢丝技术指标规定进行评定。

5.10.3　表 2、表 3 中主要检验项目指标中的品等不同时，以其中最低一项品等评定。若其中有一项低于表 2、表 3 规定的二等品指标时，评为等外品。

5.10.4　当表 2 中补助检验项目指标中有 1 项～2 项超过允许范围时，在原评品等的基础上顺降一等；如有 3 项及以上超过允许范围时，则在原评品等基础上顺降二等，但降至二等为止。

5.10.5　桑蚕绢丝中有下列缺点之一时，即将该批绢丝降为等外品：

　　a)　一批桑蚕绢丝中有不同细度规格的绢丝相混杂；

　　b)　桑蚕绢丝中有明显硬伤、油丝、污丝或霉变丝；

　　c)　桑蚕绢丝中有不按规定的合股丝混入；

　　d)　丝绞花纹杂乱不清；

　　e)　桑蚕绢丝中混纺入其他纤维。

5.10.6　桑蚕绢丝中有下列情况时，该批绢丝不能评为优等品：

　　a)　桑蚕绢丝的条干有 FZ/T 40003—2010 中 4.1.7.2.3.2 所规定的情况之一时；

　　b)　桑蚕绢丝的疵点有超过疵点样照最大的大长糙时。

6　试验方法

　　桑蚕绢丝的试验方法按 FZ/T 40003—2010 执行。

7　检验规则

7.1　组批与抽样

桑蚕绢丝的组批与抽样按 FZ/T 40003—2010 中第 3 章规定进行。

7.2　检验项目

7.2.1　品质检验

7.2.1.1　主要检验项目:断裂长度、支数(重量)变异系数、条干均匀度、条干不匀变异系数、洁净度、千米疵点。

7.2.1.2　补助检验项目:支数(重量)偏差率、强力变异系数、断裂伸长率、捻度偏差率、捻度变异系数。

7.2.1.3　明示检验项目:粗节(+50%)、细节(-50%)、绵结(+200%)。

7.2.1.4　选择检验项目:十万米纱疵。

7.2.2　重量检验

毛重、净重、回潮率、公量。

7.3　复验

7.3.1　在交接验收中,有一方对检验结果提出异议时,可以申请复验,复验以一次为限。

7.3.2　复验时,应对表 2、表 3 规定的全部项目进行检验,并以复验结果作为最后评等的依据。

8　包装、标志

8.1　绞装桑蚕绢丝规格及包装重量规定

绞装桑蚕绢丝规格及包装重量规定见表 4。

表 4　绞装桑蚕绢丝包装规定

项　目	形　式	
	布　袋	纸　箱
丝绞的丝框周长/m	1.25	
丝绞公定回潮率时净重/g	约 100	
扎绞规定	每绞扎三道,其中一道扎绞线两头与丝绪共打一结	
扎绞线结内长度/mm	350~400	
每小包公定回潮率时净重/kg	5	
每小包绞数/绞	50	
每件(箱)公定回潮率时净重/kg	50	25
每件(箱)小包数/包	10	5
小包尺寸/cm	长 29.5、宽 21、高 19	

8.2　桑蚕绢丝标准干燥重量

桑蚕绢丝可按标准干燥重量成件(箱),每件(箱)的标准干燥重量按式(3)计算,计算结果取小数点后两位。

$$m_0 = m_1 \times \frac{100}{100 + W_K} \qquad \cdots\cdots\cdots\cdots\cdots\cdots (3)$$

式中:

m_0——标准干燥重量,单位为千克(kg);

m_1——公定回潮率时净重,单位为千克(kg);

W_K——公定回潮率,%。

8.3 实测回潮率时的重量

桑蚕绢丝实测回潮率时的重量按式(4)计算,计算结果取小数点后两位。

$$m = m_0 \times \frac{100 + \overline{W}}{100} \qquad \cdots\cdots\cdots\cdots\cdots\cdots\cdots\cdots(4)$$

式中:

m——实测回潮率时净重,单位为千克(kg);

$\overline{W}$——实测平均回潮率,%。

8.4 包装要求

8.4.1 桑蚕绢丝分品种、分规格进行包装,包装应牢固,便于仓贮及搬运。

8.4.2 桑蚕绢丝包装用的布袋、纸箱、隔板、纸张、塑料袋、绳等材料应清洁、坚韧、整齐。

8.4.3 小包包装

上下两面衬纸板,用四道棉纱绳扎紧,外包坚韧、光滑干燥的牛皮纸,再用棉线十字形扎牢。

8.4.4 布袋包装

将10小包桑蚕绢丝以一定的形式装入布袋,扎紧袋口,内衬防潮纸,外用坚韧纸张、蒲席扎紧。

8.4.5 纸箱包装

将5小包桑蚕绢丝以一定形式装入纸箱,纸箱内壁衬牛皮纸或防潮纸,箱底箱面用胶带封口,贴上封条,外用塑料带捆扎成"廿"字形。

8.5 标志

8.5.1 桑蚕绢丝的标志应明确、清楚、便于识别。

8.5.2 每一小包桑蚕绢丝应附商标,标明品名、名义细度、编号。

8.5.3 每一件(箱)桑蚕绢丝外包装上应标明商标、品名、规格、批号、生产企业名称或代号。

8.5.4 每批桑蚕绢丝应附有品质检验证书。

9 其他

对桑蚕绢丝的规格、品质、包装、标志有特殊要求者,供需双方可另订协议。

10 数值修约

本标准的各种数值计算,均按 GB/T 8170 数值修约规定取舍。

附　录　A

（资料性附录）

名义细度 100 m 标准重量

表 A.1　名义细度 100 m 标准重量

名义细度/Nm/2(dtex×2)	标准干燥重量/(g/100 m)	公定回潮率时的标准重量/(g/100 m)
270(37.0)	0.667	0.741
250(40.0)	0.721	0.800
240(41.7)	0.751	0.833
230(43.5)	0.783	0.870
210(47.6)	0.858	0.952
200(50.0)	0.901	1.000
190(52.6)	0.948	1.053
170(58.8)	1.060	1.176
160(62.5)	1.126	1.250
150(66.7)	1.201	1.333
140(71.4)	1.287	1.429
130(76.9)	1.386	1.538
120(83.3)	1.502	1.667
110(90.9)	1.638	1.818
100(100.0)	1.802	2.000
90(111.1)	2.002	2.222
80(125.0)	2.252	2.500
70(142.9)	2.574	2.857
60(166.7)	3.003	3.333
50(200.0)	3.604	4.000

ICS 59.080.20
W 42

中华人民共和国纺织行业标准

FZ/T 42003—2011
代替 FZ/T 42003—1997

筒 装 桑 蚕 绢 丝

Mulberry spun silk on cones

2011-12-20 发布

2012-07-01 实施

中华人民共和国工业和信息化部 发 布

前　言

本标准按照 GB/T 1.1—2009 给出的规则起草。

本标准代替 FZ/T 42003—1997《桑蚕筒装绢丝》。

本标准与 FZ/T 42003—1997 相比主要变化如下：

——将标准名称由"桑蚕筒装绢丝"改为"筒装桑蚕绢丝"；

——增加了术语与定义(见第 3 章)；

——对低、中、高支三档绢丝的细度范围进行了分档(见 4.3)；

——增加了名义细度 100 m 标准重量表作为资料性附录(见附录 A)；

——提高了断裂长度、支数(重量)变异系数、黑板条干均匀度、千米疵点等指标值(见 4.4,1997 年版的 3.1)；

——增加电子条干不匀变异系数的考核项目并规定了各等级的指标值(见 4.5)；

——将条干不匀试验中的粗节(+50%)、细节(−50%)和绵结(+200%)项目列为明示检验项目(见 4.8)；

——增加十万米纱疵作为选择检验项目(见 4.9)；

——等级的设置改为优等品、一等品、二等品(见 4.10.1,1997 年版的 3.3.1)；

——将检验项目进行了分类(见 6.2)。

本标准由中国纺织工业协会提出。

本标准由全国丝绸标准化技术委员会(SAC/TC 401)归口。

本标准起草单位：浙江金鹰股份有限公司、浙江丝绸科技有限公司(浙江丝绸科学研究院)、浙江金鹰绢纺有限公司、江苏泗绢集团有限公司、中华人民共和国浙江出入境检验检疫局。

本标准主要起草人：傅炯明、周颖、陈小妹、陈松、王伶。

本标准所代替标准的历次版本发布情况为：

——FZ/T 42003—1997。

筒 装 桑 蚕 绢 丝

1 范围

本标准规定了筒装桑蚕绢丝的术语与定义、要求、试验方法、检验规则、包装和标志。

本标准适用于经烧毛的双股筒装桑蚕绢丝。

2 规范性引用文件

下列文件对于本文件的应用是必不可少的。凡是注日期的引用文件,仅注日期的版本适用于本文件。凡是不注日期的引用文件,其最新版本(包括所有的修改单)适用于本文件。

GB/T 8170　数值修约规则与极限数值的表示和判定

FZ/T 40003—2010　桑蚕绢丝试验方法

3 术语与定义

下列术语和定义适用于本文件。

3.1

明示检验项目　explicit test item

在检验证书上须注明的,给用户提供相关的质量信息,但不作为定等依据的检验项目。

3.2

选择检验项目　optional test item

在产品考核项目中没有设置,但有时应用户需要进行检验的项目。

4 要求

4.1　筒装桑蚕绢丝的公定回潮率规定为 11.0%,成包时的回潮率不得超过 12.0%。超过 12.0% 退回重新整理。

4.2　筒装桑蚕绢丝标准重量

4.2.1　100 m 筒装桑蚕绢丝的标准干燥重量按式(1)计算,计算结果取小数点后三位。

$$m_0 = \frac{100}{N_m(1 + W_K/100)} \quad\quad\quad\quad\quad\quad\quad\quad\quad (1)$$

式中:

m_0——100 m 桑蚕绢丝的标准干燥重量,单位为克(g);

N_m——桑蚕绢丝名义细度,单位为公支(Nm)或分特(dtex);

W_K——桑蚕绢丝公定回潮率,%。

4.2.2　100 m 筒装桑蚕绢丝在公定回潮率时的标准重量按式(2)计算,计算结果取小数点后三位。

$$m_1 = \frac{100}{N_m} \quad\quad\quad\quad\quad\quad\quad\quad\quad (2)$$

式中:

m_1——100 m 桑蚕绢丝在公定回潮率时的标准重量,单位为克(g);

N_m——桑蚕绢丝名义细度,单位为公支(Nm)或分特(dtex)。

4.2.3 筒装桑蚕绢丝名义细度 100 m 标准重量参见附录 A。

4.3 筒装桑蚕绢丝细度分档按细度分为高、中、低三档,规定见表1。

表 1 细度分档规定

细 度 分 档	细 度 范 围
高支	150 Nm/2(66.7 dtex×2)~270 Nm/2(37.0 dtex×2)
中支	90 Nm/2(66.7 dtex×2 以上)~150 Nm/2 以下(111.1 dtex×2)
低支	50 Nm/2(200.0 dtex×2)~90 Nm/2 以下(111.1 dtex×2 以上)

4.4 筒装桑蚕绢丝品质技术指标规定见表2。

表 2 品质技术指标规定

检验项目分类	序号	指标名称		等级	高支	中支	低支
主要检验项目	1	断裂长度 /km	≥	优	25.0		
				一	23.0		
				二			
	2	支数(重量)变异系数/%	≤	优	3.0		
				一	3.5		
				二	4.0		
	3	条干均匀度/分	≥	优	75.0	80.0	85.0
				一	70.0	75.0	80.0
				二	65.0	70.0	75.0
	4	洁净度/分	≥	优	85		
				一	80		
				二	70		
	5	千米疵点/只	≤	优	1.00		
				一	1.50	2.00	2.50
				二	2.50	3.00	3.50
补助检验项目	6	支数(重量)偏差率/%		优	≤3.5 ≥−3.5	≤3.6 ≥−3.6	≤4.5 ≥−4.5
				一			
				二			
	7	强力变异系数 CV/%	≤	优	12.0		
				一			
				二			

表 2（续）

检验项目分类	序号	指标名称		等级	高支	中支	低支
补助检验项目	8	断裂伸长率/%	≥	优	6.0	6.5	7.0
				一			
				二			
	9	捻度偏差率/%		优	≤5.00		≥−5.00
				一	≤6.0	≤6.5	≤7.0
				二	≥−6.0	≥−6.5	≥−7.0
	10	捻度变异系数/%	≤	优	11.00		
				一	12.00	13.00	14.00
				二			

4.5 条干不匀变异系数指标规定见表 3。

表 3 条干不匀变异系数指标规定

主要检验项目	分档	名义细度 Nm/2 （dtex×2）	等级		
			优	一	二
条干不匀变异系数 CV/% ≤	低支	50～70 以下 （200.0～142.9 以上）	8.5	10.0	11.5
		70～90 以下 （142.9～111.1 以上）	9.0	10.5	12.0
	中支	90～110 以下 （111.1～90.9 以上）	10.0	11.5	13.0
		110～130 以下 （90.9～76.9 以上）	10.5	12.0	13.5
		130～150 以下 （76.9～66.7 以上）	11.0	12.5	14.0
	高支	150～170 以下 （66.7～58.8 以上）	12.0	13.5	15.0
		170～190 以下 （58.8～52.6 以上）	12.5	14.0	15.5
		190～210 以下 （52.6～47.6 以上）	13.0	14.5	16.0
		210～230 以下 （47.6～43.5 以上）	13.5	15.0	16.5
		230～270 （43.5～37.0）	14.0	15.5	17.0

4.6 筒装桑蚕绢丝外观疵点分类及批注规定见表4。

表 4 筒装桑蚕绢丝批注范围

序号	疵点名称		疵点说明	批注数量 筒
1	主要疵点	支别混错	丝筒中有不合细度规格的绢丝相混杂	1
2		明显硬伤	丝筒中有明显硬伤现象	1
3		污染丝	丝筒中有明显油污丝或其他污染渍达ϕ20 mm或三处以上	1
4		霉变丝	丝筒表面光泽变异有明显霉变味者	1
5		异股丝	丝筒中有不合规定的多股丝或单股丝混入	1
6		其他纤维	丝筒中有其他不合规定的纤维错纺入	1
7		成形不良	丝筒中有菊花芯、凹凸明显、明显压印、平头筒子、侧面重叠、端面卷边、筒管破损、垮筒、松筒等情况之一者	4
8	一般疵点	色不齐	丝筒大头向上排列,色光差异明显的	10
9		色圈	丝筒大头向上排列,端面有明显色圈达两圈、宽度5 mm以上	8
10		断丝	丝筒中存在两根以上断丝	4
11		跳丝	丝筒大端有丝跳出,其弦长大于30 mm,三根以上	8
12		水渍	丝筒遭水湿,有渍印达ϕ20 mm,三处以上	4
13		夹带杂物	丝筒中夹带飞花、回丝及其他杂物	2
14		筒重偏差	单只丝筒重量偏差大于＋5%或小于－5%	8
15		标志错乱	商标、支别票签错贴、漏贴、重叠贴	2

4.7 检验条干均匀度可以由生产企业在黑板条干均匀度或电子条干不匀变异系数CV(%)两者中任选一种。但一经确定,不得任意变更。在监督检验或仲裁检验时,以采用电子条干不匀变异系数CV(%)的检验结果为准。

4.8 将采用条干均匀度仪的粗节(＋50%)、细节(－50%)、绵结(＋200%)项目作为检验证书的明示检验项目。

4.9 将采用纱疵分级仪的十万米纱疵作为选择检验项目。

4.10 分等规定

4.10.1 筒装桑蚕绢丝的等级分为优等品、一等品、二等品,低于二等品者为等外品。

4.10.2 筒装桑蚕绢丝品等的评定以批为单位,依其检验结果,按表2、表3中筒装桑蚕绢丝品质技术指标规定进行评定。

4.10.3 表2、表3中主要检验项目指标中的品等不同时,以其中最低一项品等评定。若其中有一项低于表2、表3规定的二等品指标时,评为等外品。

4.10.4 当表2中补助检验项目指标中有1～2项超过允许范围时,在筒装桑蚕绢丝原评品等的基础上顺降一等;如有3项及以上超过允许范围时,则在原评品等基础上顺降两等,但降至二等为止。

4.10.5 筒装桑蚕绢丝外观质量

4.10.5.1 筒装桑蚕绢丝外观质量按表4所列项目分主要疵点和一般疵点,分别批注数量,区别考核。

4.10.5.2 当主要疵点有某一项达到批注数量时,全批降为等外品。

4.10.5.3 当一般疵点有两项及以上达到批注数量时,在原评等基础上降一等。

4.10.5.4 当表4中序号7和8两项都达到批注数量时,只批注一项。

4.10.6 筒装桑蚕绢丝中有下列情况时,该批绢丝不能评为优等品:

  a) 筒装桑蚕绢丝的条干有 FZ/T 40003—2010 中 4.1.7.2.3.2 所规定的情况之一时;

  b) 筒装桑蚕绢丝的疵点有超过疵点样照最大的大长糙时。

5 试验方法

  筒装桑蚕绢丝的试验方法按 FZ/T 40003—2010 执行。

6 检验规则

6.1 组批与抽样

  组批与抽样按 FZ/T 40003—2010 中第3章规定执行。

6.2 检验项目

6.2.1 品质检验

6.2.1.1 主要检验项目:断裂长度、支数(重量)变异系数、条干均匀度、条干不匀变异系数、洁净度、千米疵点。

6.2.1.2 补助检验项目:支数(重量)偏差率、强力变异系数、断裂伸长率、捻度偏差率、捻度变异系数。

6.2.1.3 外观检验项目:疵点、色泽。

6.2.1.4 明示检验项目:粗节(+50%)、细节(-50%)、绵结(+200%)。

6.2.1.5 选择检验项目:十万米纱疵。

6.2.2 重量检验

  毛重、净重、回潮率、公量。

6.3 复验

6.3.1 在交接验收中,如有一方对检验结果提出异议时,可以申请复验,复验以一次为限。

6.3.2 复验时,应对表2、表3、表4规定的全部项目进行检验,并以复验结果作为最后评等的依据。

7 包装、标志

7.1 筒装桑蚕绢丝包装重量规定

  筒装桑蚕绢丝包装重量规定见表5。

表 5 单筒、成箱及成批包装重量规定

序 号	项 目	规 格	
1	单筒公定回潮率时净重/g	1 000±50	
2	单箱公定回潮率时净重/kg	30±1.5	50±2.5
3	每箱丝筒个数/只	30	50
4	每批公定回潮率时净重/kg	1 000±50	
5	每批箱数/箱	33～34	20

7.2 筒装桑蚕绢丝标准干燥重量

筒装桑蚕绢丝标准干燥重量可按标准干燥重量成件(箱),每件(箱)的标准干燥重量按式(3)计算,计算结果取小数点后两位。

$$m_0 = m_1 \times \frac{100}{100 + W_K} \qquad \cdots\cdots\cdots\cdots\cdots\cdots (3)$$

式中:

m_0——标准干燥重量,单位为千克(kg);

m_1——公定回潮率时净重,单位为千克(kg);

W_K——公定回潮率,%。

7.3 实测回潮率时的重量

筒装桑蚕绢丝实际回潮率时的重量按式(4)计算,计算结果取小数点后两位。

$$m = m_0 \times \frac{100 + \overline{W}}{100} \qquad \cdots\cdots\cdots\cdots\cdots\cdots (4)$$

式中:

m——实测回潮率时净重,单位为千克(kg);

$\overline{W}$——实测平均回潮率,%。

7.4 包装

7.4.1 筒装桑蚕绢丝分品种、分规格进行包装,包装应牢固,便于仓贮及搬运。

7.4.2 筒装桑蚕绢丝包装用的纸箱、隔板、纸张、塑料袋等材料必须清洁、坚韧、整齐。

7.4.3 纸箱内放下底板后,放入大塑料袋或防潮纸,每只丝筒外用小塑料袋包封后放入纸箱,用隔板加以隔离并固定丝筒,箱底箱面用胶带封口,外用塑料带捆扎成廿字形。

7.5 标志

7.5.1 筒装桑蚕绢丝的标志应明确、清楚、便于识别。

7.5.2 每一箱筒装桑蚕绢丝外包装上应标明商标、品名、规格、批号、生产企业名称或代号。

7.5.3 每批筒装桑蚕绢丝应附有品质检验证书。

8 其他

对筒装桑蚕绢丝的规格、品质、包装、标志有特殊要求者,供需双方可另订协议。

9 数值修约

本标准的各种数值计算,均按 GB/T 8170 数值修约规定取舍。

附　录　A

（资料性附录）

名义细度 100 m 标准重量

表 A.1　名义细度 100 m 标准重量

名义细度 Nm/2(dtex×2)	标准干燥重量 g/100 m	公定回潮率时的标准重量 g/100 m
270(37.0)	0.667	0.741
250(40.0)	0.721	0.800
240(41.7)	0.751	0.833
230(43.5)	0.783	0.870
210(47.6)	0.858	0.952
200(50.0)	0.901	1.000
190(52.6)	0.948	1.053
170(58.8)	1.060	1.176
160(62.5)	1.126	1.250
150(66.7)	1.201	1.333
140(71.4)	1.287	1.429
130(76.9)	1.386	1.538
120(83.3)	1.502	1.667
110(90.9)	1.638	1.818
100(100.0)	1.802	2.000
90(111.1)	2.002	2.222
80(125.0)	2.252	2.500
70(142.9)	2.574	2.857
60(166.7)	3.003	3.333
50(200.0)	3.604	4.000

ICS 59.080.30
W 43

中华人民共和国纺织行业标准

FZ/T 42005—2005
代替 FZ/T 42005—1998

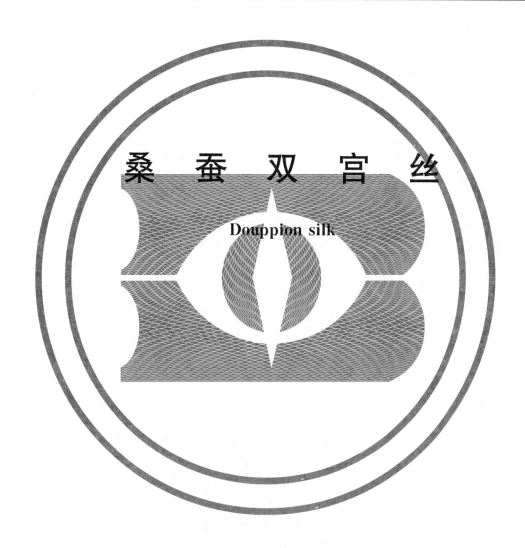

桑 蚕 双 宫 丝

Douppion silk

2005-05-18 发布

2006-01-01 实施

中华人民共和国国家发展和改革委员会   发 布

前　言

本标准是对 FZ/T 42005—1998《桑蚕双宫丝》的修订。

本标准与 FZ/T 42005—1998 相比主要变化如下：

——在范围上增加了适用于评定所有规格的筒装桑蚕双宫丝的品质(1998 年版的第 1 章；本版的第 1 章)；

——等级上限增设了特优级(本版的 5.2)；

——特征型号 L 型细分为 L1、L2、L3 型(1998 年版的 2.1；本版的 5.1)；

——纤度检验样丝长度调整为 100 回(1998 年版的 3.6.3.1；本版的 7.2.4.3.1)；

——加严了纤度偏差、纤度最大偏差、切断、特殊疵点的指标水平(1998 年版的 2.3；本版的 5.3)；

——特殊疵点调整为不分规格用同一指标(1998 年版的 2.3；本版的 5.3)。

本标准自实施之日起，代替 FZ/T 42005—1998。

本标准由中国纺织工业协会提出。

本标准由全国纺织品标准化技术委员会丝绸分会归口。

本标准负责起草单位：四川省丝绸进出口公司、四川出入境检验检疫局、重庆出入境检验检疫局。

本标准参加起草单位：浙江丝绸科技有限公司。

本标准主要起草人：周盛波、卢云生、赵明丽、李玉兰、李益新、周颖。

本标准所代替标准的历次版本发布情况为：

——FJ/T 286—1984、FZ/T 42005—1998。

桑 蚕 双 宫 丝

1 范围

本标准规定了桑蚕双宫丝的要求、检验方法、检验规则、包装和标志。

本标准适用于评定所有规格的绞装和筒装桑蚕双宫丝的品质。

2 规范性引用文件

下列文件中的条款通过在本标准中引用而成为本标准的条款。本标准出版时,凡是注日期的引用文件,其随后所有的修改单(不包括勘误的内容)或修订版均不适用于本标准,然而,鼓励根据本标准达成协议的各方研究是否可使用这些文件的最新版本。凡是不注日期的引用文件,其最新版本适用于本标准。

GB/T 8170 数值修约规则

GB/T 9995 纺织材料含水率和回潮率的测定 烘箱干燥法

3 术语和定义

下列术语和定义适用于本标准。

3.1

桑蚕双宫丝

以桑蚕双宫茧或桑蚕双宫茧与单宫茧混合为原料缫制的具有双宫特征的桑蚕丝。

4 桑蚕双宫丝的规格标示

桑蚕双宫丝规格以"纤度下限/纤度上限"标示,其纤度中心值为名义纤度。

示例1:50/70D 表示桑蚕双宫丝的名义纤度为60D,桑蚕双宫丝规格的纤度下限为50D,纤度上限为70D。

示例2:100/120D 表示桑蚕双宫丝的名义纤度为110D,桑蚕双宫丝规格的纤度下限为100D,纤度上限为120D。

5 要求

5.1 分型

桑蚕双宫丝的型号分为 H1、H2、M1、M2、L1、L2、L3 型,根据特征检验结果按表1评定。

表 1 分型规定

单位为分

型号	H1	H2	M1	M2	L1	L2	L3
评分	140 及以上	120～139	100～119	80～99	60～79	40～59	39 及以下

5.2 品质

桑蚕双宫丝的品质,根据受验桑蚕双宫丝的品质技术指标和外观质量的综合成绩,分为特优级、双特级、特级、一级、二级和级外品。

5.3 品质技术指标

桑蚕双宫丝的品质技术指标规定见表2。

表 2 桑蚕双宫丝品质技术指标规定

项　　目	名义纤度/D	等　级				
		特优级	双特级	特级	一级	二级
纤度偏差/D	79 及以下	7	11	16	24	大于 24
	80～119	9	14	20	28	大于 28
	120～159	12	17	24	34	大于 34
	160～199	15	21	29	40	大于 40
	200 及以上	19	26	35	48	大于 48
纤度最大偏差/D	79 及以下	18	28	40	60	大于 60
	80～119	22	35	50	70	大于 70
	120～159	30	42	60	85	大于 85
	160～199	38	52	72	100	大于 100
	200 及以上	48	65	88	120	大于 120
切断/次	79 及以下	3	10	20	30	大于 30
	80～159	2	7	14	21	大于 21
	160 及以上	1	3	6	9	大于 9
特殊疵点/分		0	1	4	10	大于 10

5.4 外观疵点及批注规定

桑蚕双宫丝的外观疵点分类及批注规定见表 3。

表 3 外观疵点分类及批注规定

疵点名称	疵点说明	批注数量				
		整批			样丝	
		小绞丝/把	长绞丝/把	筒装丝/筒	小绞丝/绞	长绞丝/绞
颜色不整齐	把与把、绞与绞之间颜色差异明显（见标样）	5 以上	5 以上	10 以上		
夹花	同一丝绞内颜色差异明显（见标样）	5 以上	5 以上		5	3
色圈	同一丝筒内颜色差异明显（见标样）			15 以上		
筷角硬胶	筷角部分丝胶着成硬块，用手指直捏不能松散，阔度在 0.5 cm 以上				3	2
双丝	丝绞中部分丝条卷取 2 根及以上，长度在 3 m 以上者			1	1	1
切丝	丝绞存在 1 根及以上的断丝	5 以上	5 以上	10 以上	3	2
缩曲丝	丝条缩曲（见标样）	5 以上	5 以上	10 以上		
扁丝	丝条呈明显扁形者	5 以上	5 以上	10 以上		
重片丝	两片及以上丝片打成一绞者				1	1
绞重不匀	（大绞重量－小绞重量）/大绞重量×100%>30%	5 以上	5 以上		3	2

表 3（续）

疵点名称	疵点说明	批注数量				
		整批			样丝	
		小绞丝/把	长绞丝/把	筒装丝/筒	小绞丝/绞	长绞丝/绞
筒重不匀	（大筒重量－小筒重量）/大筒重量×100% >15%			10 以上		
霉丝	光泽变异，能嗅到霉味或发现灰色或微绿色的霉点	5 以上	5 以上	5 以上		
污染丝	丝条被异物污染			10 以上	5	3
水渍丝	丝条遭受水渍，有渍印，光泽呆滞	5 以上	5 以上	10 以上		
纤度混杂	同一批丝内混有明显不同规格的丝绞或丝筒				1	1
凌乱丝	丝片层次不清，络绞紊乱，切断检验难于卷取者				3	2
成形不良	丝筒两端不平整，高低差大于 4 mm 或两端塌边或有松紧丝层			10 以上		
跳丝	丝筒下端丝条跳出，弦长超过 30 mm			10 以上		

5.5 回潮率

桑蚕双宫丝的公定回潮率为 11%；桑蚕双宫丝的实测回潮率不得低于 8%，不得高于 14%。

5.6 分级规定

5.6.1 桑蚕双宫丝根据纤度偏差、纤度最大偏差、特殊疵点、切断等四个项目的检验结果，以其中最低一项成绩作为基本级。

5.6.2 外观检验评为稍劣者，按 5.6.1 评定的等级顺降一级，如按 5.6.1 已定为最低等级时，则作级外品；若外观评为级外品，则一律作级外品。

5.7 其他

桑蚕双宫丝的实测平均公量纤度超出报检规格的纤度上限或下限时，在检验证书的备注栏上注明"纤度出格"。

6 抽样

6.1 抽样方法

在外观检验的同时，抽取具有代表性的重量和品质检验样丝。抽样时应在受验丝的不同部位抽取，每把丝限抽一绞。

6.2 抽样数量

6.2.1 绞装丝抽样数量见表 4。

表 4 绞装丝抽样数量

样丝类别	抽样部位			
	小绞丝		长绞丝	
	四周	中部	四周	中部
重量检验样丝绞/绞	5	5	2	2
品质检验样丝绞/绞	10	10	6	4

6.2.2 筒装丝每批抽取品质检验样丝 10 筒；抽取重量检验样丝 2 筒。

7 检验方法

7.1 重量检验

7.1.1 仪器设备

  a) 台秤:量程≥80 kg,最小分度值≤0.05 kg;

  b) 小台秤:量程≥500 g,最小分度值≤1 g;

  c) 天平:量程≥500 g,最小分度值≤0.01 g;

  d) 带有天平的烘丝设备。

7.1.2 检验规程

7.1.2.1 净重

  全批受验丝抽样后逐件(箱)在台秤上称重核对,得出"毛重"。用台秤称出五只布袋或 10 只纸箱(包括箱中的定位纸板、防潮纸)的重量,绞装丝任择三把,拆下纸、绳,筒装丝不少于两只筒管及纱套或包丝纸,用小台秤称其重量,以此推算出全批丝的"皮重"。将全批丝的"毛重"减去全批丝的"皮重"即为全批丝的"净重"。"毛重"复核时允许差异为 0.10 kg,以第一次"毛重"为准。

7.1.2.2 湿重(原重)

  将抽取的重量检验样丝分为 2 份,长绞丝每份 2 绞,小绞丝每份 5 绞,并以份为单位,立即在天平上称重核对,得出各份的湿重。筒装丝将样筒编号,每份一筒分别进行初次称重,待丝筒复摇成丝绞后,将各筒管分别称重,然后将初称的重量减去筒管的重量,再加上编丝线的重量,即得各份湿重。湿重复核时允许差异为 0.20 g,以第一次湿重为准。同批丝各份样丝间的允许差异,小绞丝在 20 g 以内,长绞丝在 30 g 以内,筒装丝在 50 g 以内。

7.1.2.3 干重

  将称过湿重的样丝,以份为单位,松散地放置在烘篮内,以 140℃～145℃ 的温度烘至恒重,得出干重。

  相邻两次称重的间隔时间和恒重的判定按 GB/T 9995 中的规定掌握。

7.1.3 检验结果计算

7.1.3.1 回潮率

  按式(1)计算回潮率,计算结果取小数点后两位。

$$W = \frac{m - m_0}{m_0} \times 100 \quad\cdots\cdots\cdots\cdots\cdots\cdots\cdots\cdots\cdots\cdots(1)$$

  式中:

  W——回潮率,%;

  m——样丝的湿重,单位为克(g);

  m_0——样丝的干重,单位为克(g)。

  将同批样丝的总湿重减去总干重除以总干重乘以 100 为该批丝的回潮率。若两份样丝的回潮率差异超过 1%,则应抽取第三份样丝,按 7.1.2.2、7.1.2.3 得出湿重与干重,再与前两份样丝的湿重与干重合并,计算该批丝的回潮率。

  双宫丝实测回潮率超过 14% 或低于 8% 时,应退回委托方重新整理平衡。

7.1.3.2 公量

  按式(2)计算公量,计算结果取小数点后两位。

$$m_K = m_J \times \frac{100 + W_K}{100 + W} \quad\cdots\cdots\cdots\cdots\cdots\cdots\cdots\cdots(2)$$

  式中:

  m_K——公量,单位为千克(kg);

m_J——净重,单位为千克(kg);

W_K——公定回潮率,%;

W——实测回潮率,%。

7.2 品质检验

7.2.1 外观检验

7.2.1.1 设备

    a) 灯光装置:内装日光荧光灯管的平面组合灯罩或集光灯罩。要求光线以一定的距离柔和均匀地照射于丝把或丝筒的端面上,丝把或丝筒端面的照度为 450 lx～500 lx。

    b) 检验台。

7.2.1.2 检验规程

7.2.1.2.1 将全批受验丝逐把拆除包丝纸的一端或全部,排列在检验台上;筒装丝则逐筒拆除包丝纸或纱套,大头朝上放在检验台上,以感官检验全批丝的外观质量。筒装丝再从检验台各部位抽取有代表性的筒子 80 筒,用手将筒子倾斜 30°～40°转动一周,检查筒子的端面与侧面,以此评定全批筒装丝的外观质量。

7.2.1.2.2 桑蚕双宫丝外观疵点名称与批注规定见表 3。在整批丝中发现未达到批注数量的各项外观疵点的丝绞、丝把、丝筒必须剔除。在一把中小绞丝有 6 绞及以上、长绞丝有 4 绞及以上者则整把剔除。如遇数量太多,普遍散布于整批丝把内,应予批注。

7.2.1.2.3 油污、虫伤丝不再检验,退回委托方整理。

7.2.1.3 外观评等

    外观评等分为良、普通、稍劣和级外品。其评等规则如下:

    良:整理成形良好,有一项轻微疵点者;

    普通:整理成形一般,有一项以上轻微疵点者;

    稍劣:有一至三项疵点者;

    级外品:超过稍劣范围者。

7.2.1.4 外观性状

    颜色种类分为白色、乳色,颜色程度以淡、中、深表示。

7.2.2 特殊疵点检验

7.2.2.1 设备

    a) 特殊疵点标准照片;

    b) 挂丝架。

7.2.2.2 检验规程

    将已称过湿重未曾烘验回潮率的样丝逐一松解绷开,按特殊疵点标准照片及表 5 规定评分。

表 5　特殊疵点评分表

项目		黑屑糙			茧片	飞型茧片	有色糙	特大长糙	杂质
		大	中	小					
疵点长度	79D 及以下	2 cm 以上	1 cm～2 cm	0.2 cm～1 cm	2 cm 及以上	1.5 cm 及以上	3 cm 及以上	20 cm 及以上	0.5 cm 及以上
	80D 及以上	2 cm 以上	1 cm～2 cm	0.3 cm～1 cm	3 cm 及以上	2 cm 及以上	3 cm 及以上	20 cm 及以上	0.6 cm 及以上
评分/分		3	2	1	1	1	1	1	1

7.2.2.3 特殊疵点说明

    a) 黑屑糙是指丝条上附着黑色或褐色固形物质。

b) 飞型茧片是指丝条上附着的茧片。

c) 有色糙是丝条上特粗的有色部分。

d) 特大长糙是指丝条上特粗部分。

e) 杂质是指丝条上附有毛发、草屑等不属于茧丝范围内的物质。

f) 疵点长度系按最大方向量计，如体积特别膨大，虽稍短于规定或体积虽不膨大，但糙疵很坚硬，长度超出规定者，都作同类疵点评分。

g) 凡一个疵点上，同时附有另一种不同疵点时，则以其中评分最多的一种疵点评定。

h) 凡是丝条上有若即若离不到起点的黑屑糙，满5个作一个小黑屑糙评分；超过5个作一个中黑屑糙评分；超过8个作一个大黑屑糙评分；其中达到起点的黑屑糙应按标准评分。

7.2.2.4 特殊疵点计算

将特殊疵点评分进行累计，按式(3)计算特殊疵点成绩，计算结果取整数。

$$T = T_J \times \frac{750}{m} \qquad\qquad\cdots\cdots\cdots\cdots\cdots\cdots\cdots\cdots\cdots(3)$$

式中：

T——特殊疵点成绩，单位为分；

T_J——评分累计数，单位为分；

m——样丝湿重，单位为克(g)。

7.2.3 切断检验

7.2.3.1 设备

a) 切断机：卷取速度为165 m/min；

b) 丝络：转动灵活，每只约重500 g；

c) 丝锭：光滑平整，转动平稳，每只约重100 g。

7.2.3.2 检验条件

检验应在温度20℃±2℃，相对湿度65%±5%的大气条件下进行，样品应在上述条件下平衡12 h以上方可进行检验。

7.2.3.3 检验规程

7.2.3.3.1 将品质检验样丝分别绷在丝络上，进行切断检验，半数自丝绞面层卷取，半数自丝绞内层卷取。

7.2.3.3.2 卷取的预备时间为5 min。

7.2.3.3.3 正式检验时间规定见表6。

表6 正式检验时间规定

名义纤度/D	小绞丝检验时间/min	长绞丝检验时间/min
79及以下	30	60
80～159	20	40
160及以上	10	20

7.2.3.4 检验结果

检验结果按正式检验时间的实际切断(包括因糙疵吊牢及错头造成的停络)次数表示。筒装丝不检验切断。

7.2.4 纤度检验

7.2.4.1 设备

a) 纤度机：机框周长为1.125 m，速度300 r/min，附有回转计数器和自动停止装置；

b) 纤度仪：量程≥500 D，最小分度值≤0.50 D；

c) 天平:量程≥500 g,最小分度值≤0.01 g;

d) 带有天平的烘丝设备。

7.2.4.2 检验条件

纤度检验条件按7.2.3.2规定。

7.2.4.3 检验规程

7.2.4.3.1 将切断检验卷取的丝锭,用纤度机摇成每绞100回(112.5 m)的纤度丝,小绞丝每绞样丝摇取4绞纤度丝,长绞丝每绞样丝摇取8绞纤度丝。筒装丝每筒样丝摇取8绞纤度丝,其中四筒从面层摇取,三筒从中层摇取,三筒从内层摇取。共计80绞纤度丝。

7.2.4.3.2 纤度丝以40绞为一组,逐绞在纤度仪上称计,求得"纤度总和",然后分组在天平上总称,求得"纤度总量"。每组"纤度总和"与"纤度总量"互相核对,其允许差异规定见表7。超过表7规定时,应逐绞复称至允许差异范围内为止。

表 7 纤度称计读数精度和允许差异规定

名义纤度/D	读数精度/D	允许差异/D
79 及以下	1.0	12
80~159	1.0	28
160 及以上	2.0	44

7.2.4.3.3 平均纤度按式(4)计算,计算结果取小数点后两位。

$$\overline{D} = \frac{\sum_{i=1}^{n} f_i D_i}{N} \qquad\qquad (4)$$

式中:

$\overline{D}$——平均纤度,单位为旦(D);

D_i——各组纤度丝的纤度,单位为旦(D);

f_i——各组纤度丝的绞数;

N——纤度丝总绞数;

n——纤度的组数。

7.2.4.3.4 纤度偏差按式(5)计算,计算结果取整数。

$$\sigma = \sqrt{\frac{\sum_{i=1}^{n} f_i (D_i - \overline{D})^2}{N}} \qquad\qquad (5)$$

式中:

σ——纤度偏差,单位为旦(D);

$\overline{D}$——平均纤度,单位为旦(D);

D_i——各组纤度丝的纤度,单位为旦(D);

f_i——各组纤度丝的绞数;

N——纤度丝总绞数;

n——纤度的组数。

7.2.4.3.5 全批纤度丝中以最细两绞和最粗两绞的平均值与平均纤度比较,取其大的差数值为该批丝的"纤度最大偏差",计算结果取整数。

7.2.4.3.6 将受验的纤度丝放在烘丝设备内,烘至恒重,得出干重,按式(6)计算平均公量纤度,计算结果取小数点后两位。

$$D_K = \frac{m_0 \times 1.11 \times 9\,000}{N \times T \times 1.125} \qquad\qquad (6)$$

式中：

D_K——平均公量纤度，单位为旦（D）；

m_0——样丝的干重，单位为克（g）；

N——纤度丝总绞数；

T——每绞纤度丝的回数。

7.2.4.3.7 平均公量纤度与平均纤度的允许差异规定见表8。

表 8 平均公量纤度与平均纤度的允许差异规定

名义纤度/D	允许差异/D
79 及以下	2
80～159	3
160 及以上	4

7.2.5 特征检验

7.2.5.1 设备

a) 黑板机：卷取速度为 100 r/min 左右，能调节各种规格双宫丝的排列线数。

b) 黑板：长 1 359 mm，宽 463 mm，厚 37 mm（包括边框），黑板布用无光黑色胶布。

c) 特征检验标准样照。

d) 检验室：设有灯光装置的暗室应与外界光线隔绝，其四壁、黑板架应涂黑色无光漆，色泽均匀一致。黑板架上部安装横式回光灯罩一排，内装日光荧光灯管三至四支或天蓝色内磨砂灯泡六只，光源均匀柔和地照到黑板的平均照度为 400 lx，黑板上、下端与轴中心线的照度允差 ±150 lx，黑板左右两端的照度基本一致。

7.2.5.2 检验规程

7.2.5.2.1 将切断检验卷取的丝锭用黑板机卷绕为黑板丝片，小绞丝每绞样丝卷取 2 片，长绞丝每绞样丝卷取 4 片。筒装丝每筒样丝卷取 4 片，其中四筒从面层卷取，三筒从中层卷取，三筒从内层卷取，共计卷取 40 片。每块黑板 10 片，每片宽 127 mm，共四块黑板。

7.2.5.2.2 不同规格双宫丝在黑板上的排列线数规定见表9。

表 9 黑板丝条排列线数规定

名义纤度/D	每 25.4 mm 的排列线数/线
27～36	66
37～48	57
49～68	50
69～104	40
105～149	33
150～197	28
198 及以上	25

7.2.5.2.3 将卷取的黑板放置在黑板架上，黑板垂直于地面，检验员位于距黑板 1 m 处，检验其任何一面，根据特征数量多少、类型大小、分布情况将丝片对照标准照片逐一进行评分，特征评分基本数量规定见表10。

表 10 特征评分规定

分数/分	50	45	40	35	30	25	20	15	10	5	0
特征个数/个	60 及以上	52	45	40	35	27	20	15	10	5	2 及以下

7.2.5.2.4 评分说明：

a) 特征起点以 10 分照片左下端一个为准；

b) 特征最高分为 50 分，最低分为 0 分，每 5 分为一个评分单位；

c) 分布要求均匀，凡空白(无特征)占黑板丝片 1/4 及以上者扣 5 分，但基本分为 5 分者不扣分布分；

d) 特征总分低于 20 分者应在检验证书备注栏注明"特征不明显"。

7.2.5.2.5 检验结果计算：将 40 片丝片评分累计，以 10 除之取整数，即为该批丝的特征评分结果，再对照表 1 定出该批丝的特征型号。

8 检验规则

8.1 抽样与组批

桑蚕双宫丝以同一品种、同一规格、同一工厂生产为一批。每批五件或 10 箱，不满五件或 10 箱时，仍作一批。抽样方法和抽样数量按 6.1、6.2 条规定。

8.2 交收检验

以批为单位，按本标准进行品级验收和重量验收。

8.3 复验

在交收检验中，若有一方对检验结果提出异议，可以申请复验。复验以一次为限，复验项目按本标准规定或双方协议进行，并以复验结果作为最后评级的依据。

8.4 其他

因运输或保存不当，致使产品质量受到影响、变质或发生损伤时，应查明责任，由责任方承担损失。

9 包装、标志

9.1 桑蚕双宫丝的包装

9.1.1 桑蚕双宫丝包装、整理和重量规定见表 11。

表 11 包装、整理和重量规定

绞装形式	小绞丝	长绞丝
丝片周长/m	1.5	1.5
丝片阔度/cm	约 7.5	约 8
编丝规定	三洞四编三道	四洞五编五道
每绞重量/g	约 75	约 180
每把重量/kg	约 4	约 5
每把绞数/绞	55±5	28
袋装每件重量/kg	约 60	约 60
箱装每箱重量/kg		约 30
袋装每件把数/把	15	11~12
箱装每箱把数/把		5~6
每批净重/kg	300±15	300±15
件与件之间重量允许差异/kg	5	6

9.1.2 编丝留绪线用 14 号(42 支)双股白色棉纱线，留绪结端约 1 cm。

9.1.3 长绞丝每把分七层排列，用 50 根 58 号(10 支)或 100 根 28 号(21 支)棉纱绳扎五道。小绞丝每把分列五层，绞头绞尾交叉排列，用 50 根 58 号(10 支)或 100 根 28 号(21 支)棉纱绳扎三道；或者按长绞丝的方法成并，每把约 5 kg，用 50 根 58 号(10 支)或 100 根 28 号(21 支)棉纱绳扎五道。再分别包以衬纸、牛皮纸后,用九根三股 28 号(21 支)棉纱绳捆扎。

衬纸的规格为 18 g/m² ~28 g/m²,牛皮纸的规格为 60 g/m² ~80 g/m²。

9.1.4 布袋包装时,每件丝布袋需用棉纱绳扎口或缝口,布袋外用粗绳或塑料带紧缚。

9.1.5 纸箱质量和装箱规定见表12。

表 12 纸箱质量和装箱规定

项　　　目	要　　　求
装箱排列	每箱两层 每层三把 箱内四周六面衬防潮纸
纸箱质量	用双瓦楞纸制成。坚韧、牢固、整洁,并涂防潮剂
纸箱印刷	每个纸箱外按统一规定印字,丝批出厂前印刷包件号、检验号,字迹应清晰
封箱包扎	箱底箱面用胶带封口,外用塑料带捆扎成廿字形

9.1.6 包装应牢固,便于仓储及运输;包装用的布袋、纸箱、纸、绳等应清洁、坚韧、整齐一致。

9.2 标志

9.2.1 标志应明确、清楚、便于识别。

9.2.2 每件(箱)桑蚕双宫丝内应附商标和相应的检验对照表。每件(箱)桑蚕双宫丝外包装上应注明检验号码、包件号码、丝类。

9.2.3 每批双宫丝应附有品级和重量检验证书。

10 数值修约

本标准的各种数值计算,均按 GB/T 8170 数值修约规则取舍。

11 其他

对桑蚕双宫丝的规格、品质、型号、重量、包装、标志有特殊要求者,供需双方可另行协议。

ICS 59.080.20
W 42

中华人民共和国纺织行业标准

FZ/T 42006—2013
代替 FZ/T 42006—1998

桑 蚕 紬 丝

Mulberry silk noil yarn

2013-10-17 发布

2014-03-01 实施

中华人民共和国工业和信息化部　　发 布

前　　言

本标准按照 GB/T 1.1—2009 给出的规定起草。

本标准是对 FZ/T 42006—1998《桑蚕䌷丝》的修订。本标准代替 FZ/T 42006—1998。

本标准与 FZ/T 42006—1998 相比，主要变化如下：

——扩大了桑蚕䌷丝规格的适用范围；

——取消了三等品；

——删除了环锭纺䌷丝的技术要求；

——调整了优等品、一等品、二等品强力变异系数指标水平。

本标准由中国纺织工业联合会提出。

本标准由全国丝绸标准化技术委员会(SAC/TC 401)归口。

本标准起草单位:浙江丝绸科技有限公司、浙江金鹰绢纺有限公司、江苏苏丝丝绸股份有限公司、浙江金鹰股份有限公司。

本标准主要起草人:周颖、陈小妹、陈松、傅炯明。

本标准所代替标准的历次版本发布情况为：

——FJ 500—1981；

——FJ 501—1981；

——FJ 502—1981；

——FZ/T 42006—1998。

桑 蚕 紬 丝

1 范围

本标准规定了绞装、筒装桑蚕紬丝的要求、试验方法、检验规则、包装及标志。

本标准适用于纯桑蚕绢纺落绵所纺成的 15 Nm～60 Nm 桑蚕绞装、筒装紬丝。桑蚕丝与其他纤维混纺的紬丝参照执行。

2 规范性引用文件

下列文件对于本文件的应用是必不可少的。凡是注日期的引用文件,仅注日期的版本适用于本文件。凡是不注日期的引用文件,其最新版本(包括所有的修改单)适用于本文件。

GB/T 3916　纺织品　卷装纱　单根纱线断裂强力和断裂伸长率的测定

GB/T 6529　纺织品　调湿和试验用标准大气

GB/T 8170　数值修约规则与极限数值的表示和判定

GB 9994　纺织材料公定回潮率

FZ/T 40003—2010　桑蚕绢丝试验方法

3 要求

3.1 桑蚕紬丝的细度

以公制支数表示,简称公支,符号 Nm。如需以特克斯表示时,可在公制支数后面用括号以特克斯表示之。特克斯简称特,符号 tex。即在公定回潮率时,1 000 m 长桑蚕紬丝的重量以克表示的数值。

3.2 桑蚕紬丝的公定回潮率

公定回潮率按照 GB 9994 规定为 11.0%。回潮率不得超过 12.0%。超过 12.0% 退回重新整理。

3.3 桑蚕紬丝的标准重量

3.3.1　100 m 桑蚕紬丝的标准干燥重量按式(1)计算,计算结果精确至小数点后两位。

$$m_0 = \frac{100}{N_m(1+W_K/100)} \qquad\cdots\cdots\cdots\cdots\cdots\cdots\cdots\cdots\cdots (1)$$

式中:

m_0 ——100 m 桑蚕紬丝的标准干燥重量,单位为克(g);

N_m ——桑蚕紬丝名义细度;单位为公支(Nm);

W_K ——桑蚕紬丝公定回潮率,%。

3.3.2　100 m 桑蚕紬丝在公定回潮率时的标准重量按式(2)计算,计算结果取小数点后两位。

$$m_1 = \frac{100}{N_m} \qquad\cdots\cdots\cdots\cdots\cdots\cdots\cdots\cdots\cdots (2)$$

式中：

m_1——100 m 桑蚕䌷丝在公定回潮率时的标准重量，单位为克(g)；

N_m——桑蚕䌷丝名义细度，单位为公支(Nm)。

3.4 桑蚕䌷丝的质量分等规定

见表1。

表 1　质量分等规定

序号	指标名称		优等品	一等品	二等品
1	支数(重量)偏差率/%		≥-3.0　≤3.0	≥-3.5　≤3.5	≥-4.0　≤4.0
2	支数(重量)变异系数/%	≤	6.0	7.0	8.0
3	断裂强度/(cN/tex)	≥	8.5	8.0	7.5
4	强力变异系数/%	≤	18.0	20.0	22.0
5	千米疵点 /只	≤	0.50	1.50	2.50
6	条干均匀度/分	≥	80	75	65
7	断裂伸长率/%	≥	7.0		6.5

3.5 分等规定

3.5.1 桑蚕䌷丝的品等分为优等品、一等品、二等品，低于二等品者为等外品。

3.5.2 桑蚕䌷丝品等的评定以批为单位，依其检验结果，按3.4及4.3绞装和筒装桑蚕䌷丝外观质量规定，以其中最低一项品等评定。若其中有一项低于二等品指标时，则评为等外品。

3.5.3 筒装桑蚕䌷丝外观检验按表3所列项目分主要疵点和一般疵点，分别批注数量，区别考核：

 a) 当主要疵点有一项达到批注数量时，全批降为等外品；

 b) 当一般疵点有两项及以上达到批注数量时，在原评等基础上降一等。

3.5.4 绞装桑蚕䌷丝抽样检验时，如发现以下缺点，按下列方法处理：

 a) 桑蚕䌷丝内混纺入其他纤维或霉斑变质者，降为等外品；

 b) 桑蚕䌷丝中发现受潮发并、小绞丝层紊乱、各种明显的油污丝时，则退回整理。

3.5.5 桑蚕䌷丝中条干出现下列情况时，该批䌷丝不能评为优等品：

 a) 丝片出现有规律的粗细节；

 b) 丝片出现粗细相间的条状阴影，正反面相通，阔度在绕丝4根以上；

 c) 桑蚕䌷丝的疵点有超过疵点样照最大的大长糙时。

3.5.6 每批桑蚕䌷丝的色泽、手感和表面绵粒、黑点(蛹屑)应基本一致。

4　试验方法

4.1　品质检验

4.1.1　试验用标准大气

支数(重量)、断裂强度、断裂伸长率的测定，按 GB/T 6529 规定的标准大气和容差范围，在温度(20.0±2.0)℃、相对湿度(65.0±4.0)%下进行，试样应在上述条件下平衡 12 h 以上方可进行检验。

4.1.2 桑蚕紬丝的支数(重量)检验

按 FZ/T 40003—2010 中 4.1.3 规定执行。

4.1.3 断裂强度和断裂伸长率检验

按 GB/T 3916 规定执行。取支数检验后的 10 个样丝筒子,每个筒子试验 2 次,共 20 次。

4.1.4 条干均匀度、千米疵点的检验

4.1.4.1 检验设备

4.1.4.1.1 检验设备按 FZ/T 40003 中 4.1.7.1 执行。

4.1.4.1.2 样照:桑蚕紬丝疵点样照;桑蚕紬丝条干均匀度样照。

4.1.4.2 检验规程

将 10 个试样筒子在黑板机上摇成丝条排列均匀的黑板丝片 10 片(即一块黑板),紬丝在黑板上的排列密度为(16±0.5)线/25.4 mm,每片丝片摇取 80 线,计 800 m。

4.1.4.2.1 条干均匀度检验

黑板搁置在黑板架上,开启左右直立回光灯,黑板上端向前倾斜约 5°,检验员位于距离黑板 2 m 处,对照条干均匀度样照,按丝片所呈现的粗细变化和阴影程度,逐片打分。每块黑板检验正反两面,共 20 个丝片。若丝片出现下列情况,即按规定每面扣 5 分:

a) 丝片出现分散性粗细节阴影,其程度超过样照者;

b) 丝片出现有规律的粗细节;

c) 丝片出现粗细相间的条状阴影,正反面相通,阔度在绕丝 4 根以上。

4.1.4.2.2 千米疵点的检验

黑板搁置在黑板架上,开启上部横式回光灯,黑板上端向前倾斜约 5°。检验员位于距离黑板 0.5 m 处,就黑板正反两面及上下两端逐片对照疵点样照和表 2 疵点规定进行评定,分别记录。

表 2 疵点规定

类别	名称	疵点说明	长度 mm	样照
大疵点	长糙	丝身上个别部分有较长的糙疵,直径相当于丝身 4 倍左右	40 以上	长糙
	大糙	丝身上个别部分有粗大的糙块,直径达丝身的 6 倍以上	20 以上	大糙
	连续糙	由于粗细不匀或吸嘴花衣附入,丝身上有连续形态的糙疵	—	连续糙
	长结	长结头	15 以上	—
	杂质	捻附丝身上的杂纤维、草屑、毛发等杂质	40 以上	—
小疵点	中糙	丝身上个别部分的糙疵,小于样照的大糙,达到样照中糙的短糙、粒糙	—	中糙
	接头	紬丝精纺操作接头不良,捻合处松开又带尾的	—	接头
	短结	短结头	5~15	—
	小杂质	捻附丝身上的有捻部分 3 mm 以上的短小杂纤维、草屑、毛发等杂质	10~40	—

若丝片出现下列情况,按以下规定判定:

a) 每 5 只小疵点折算 1 只大疵点;

b) 细长糙(直径相当于丝身 2 倍～3 倍),长度超过 120 mm 作大疵点计算,不到 120 mm 的仍作小疵点计算;

c) 接头不良,外形粗长相当于长糙或大糙的,作大糙计算;

d) 细于中糙标样,直径有 2 倍左右的中、小糙,长度超过 40 mm 的作中糙计算,长度不到 40 mm 的不作疵点计算;

e) 长度不到 10 mm 的杂质及没有与丝身捻着 3 mm 的浮面杂质、不到 5 mm 的短结、检验操作中造成的结头,均不作疵点计算;

f) 长度在 3 m 及以上的双丝,作 1 只大疵点计算;不足 3 m 的作 1 只小疵点计算。

4.1.4.2.3 检验结果的计算

4.1.4.2.3.1 条干均匀度按式(3)计算,计算结果取整数。

$$C = 100 - D \qquad \cdots\cdots\cdots\cdots\cdots\cdots\cdots\cdots\cdots\cdots (3)$$

式中:

C——条干均匀度,单位为分;

D——累计扣分数,单位为分。

4.1.4.2.3.2 千米疵点按式(4)计算,计算结果精确至小数点后两位。

$$S = \frac{J \times 1\,000}{800} \qquad \cdots\cdots\cdots\cdots\cdots\cdots\cdots\cdots (4)$$

式中:

S——千米疵点,单位为个每千米(个/1 000 m);

J——折合大疵点数,单位为只。

4.2 重量检验

重量检验试验方法按 FZ/T 40003—2010 中 4.2 执行。

4.3 外观检验

4.3.1 绞装桑蚕䌷丝外观检验

4.3.1.1 供品质检验用的 10 绞试样,平放在黑色(或深色)检验台上,采用北向自然光源,光线须柔和明亮,以肉眼检查。

4.3.1.2 同批中桑蚕䌷丝的色泽、手感应基本一致,表面绵粒应均匀,黑点(蛹屑)应稀少。

4.3.2 筒装桑蚕䌷丝外观检验

4.3.2.1 检验条件

在(500±50)lx 白色荧光灯下进行检验,检验台案高 80 cm,台案大小适合放置 32 只筒子。

4.3.2.2 检验方法

以最能显示疵点的角度对随机抽取的 32 只样品进行检验,并按表 3 所列疵点名称和疵点说明评定疵筒数。对疵筒数达到批注数量的给予批注。

表 3 筒装桑蚕䌷丝外观疵点名称及批注范围

序号	疵点名称		疵 点 说 明	批注数量 筒
1	主要疵点	支别混错	丝筒中有不同规格的䌷丝相混杂	1
2		明显硬伤	丝筒中有明显硬伤	1
3		污染丝	丝筒中有明显油污或其他污渍达三处以上	1
4		霉变丝	丝筒有明显霉变味者	1
5	一般疵点	断丝	丝筒中存在二根以上断丝	4
6		跳丝	锥筒大端(平头两端)有蛛网纱弦长>3 mm 三根以上	8
7		成形不良	丝筒中有菊花芯、凹凸明显、明显压印、平头筒子、侧面重叠、端面卷边、筒管破损、垮筒、松筒等情况之一者	6
8		水渍	丝筒遭水湿,有渍印达三处以上	4
9		筒重偏差	单只丝筒重量偏差>−10%以上或<+10%以下	10

5 检验规则

5.1 组批

5.1.1 桑蚕䌷丝以同一品种、同一规格为一批,每批净重 500 kg～1 000 kg,按公量计算。

5.1.2 绞装桑蚕䌷丝以 10 个小包打成一件,每批 10 件～20 件,每件净重 50 kg。

5.1.3 筒装桑蚕䌷丝以一袋(箱)为一件,袋装每批 20 袋～40 袋,箱装每批 20 箱～30 箱。

5.2 抽样

5.2.1 试样抽取应在同批桑蚕䌷丝内随机进行,并遍及各件。

5.2.2 绞装丝每批抽样 14 绞,每小包限抽一绞,其中 10 绞用于品质检验,4 绞用于重量检验。用作品质检验用的 10 绞试样,每绞络一个筒子,每个筒子试样长度不少于 400 m。

5.2.3 筒装桑蚕䌷丝外观检验试样每批随机抽取 5 袋(箱)～10 袋(箱),从每袋(箱)均衡随机抽取丝筒共计 32 只。

5.2.4 筒装桑蚕䌷丝品质检验试样,从外观检验试样中随机抽取共 10 筒,检验时从筒子上由表及里抽样试验。重量检验试样,每批随机抽取 4 筒,每袋(箱)限抽一筒,从每个样筒表面取 100 g 左右试样供重量检验,然后将样筒作好标记放回原袋(箱)内。

5.3 检验项目

5.3.1 品质检验项目

检验项目为表 1 中的考核项目。

5.3.2 外观检验项目

筒装、绞装桑蚕䌷丝的外观检验。

5.3.3 重量检验项目

毛重、净重、回潮率、公量。

5.4 复验

在交接验收中,有一方对检验结果提异议时,可以申请复验,复验以一次为限。

复验时,应对表1中的考核项目及筒装、绞装桑蚕䌷丝外观质量进行检验,以复验结果作为最后评等的依据。

6 包装、标志

6.1 成箱规定

6.1.1 绞装桑蚕䌷丝成箱(件)规定见表4。

表 4 绞装桑蚕䌷丝成箱(件)规定

序号	项目	内 容		
1	细度规格范围/Nm	15～20	25	27～60
2	丝绞的丝框周长/m	1.37		
3	丝绞公定回潮率时净重/g	约250	约200	约167
4	扎绞规定	每绞扎三道,其中一道扎绞线两头与丝绪共打一结		
5	扎绞线结内长度/mm	370～400		340～380
6	每小包公定回潮率时净重/kg	5		
7	每小包绞数/绞	20	25	30
8	每件小包数/包	10		
9	每件公定回潮率时净重/kg	50		
10	小包尺寸/cm	长32±1,宽23±1,高25±1		

6.1.2 筒装桑蚕䌷丝成箱(件)及成批规定见表5。

表 5 筒装桑蚕䌷丝成箱(件)及成批规定

序号	项 目	袋 装	箱 装
1	单筒公定回潮率时净重/g	1 000±100	
2	每件公定回潮率时净重/kg	25±2.5	30±3.0
3	每批丝筒只数/只	25	30
4	每批公定回潮率时净重/kg	500～1 000	600～900

6.2 包装

6.2.1 桑蚕䌷丝分品种、分规格进行包装,包装材料应统一、牢固,便于仓贮及搬运。

6.2.2 桑蚕䌷丝包装用的箱、袋、隔板、纸张、塑料袋等材料应清洁、坚韧、整齐。

6.2.3 小包包装:将绞装桑蚕䌷丝小包内上下两面衬纸板,用四道棉纱绳扎紧,外包坚韧、干燥的牛皮纸,再用棉线十字形扎牢。筒装桑蚕䌷丝,每只丝筒外用塑料小口袋包封。

6.3 标志

6.3.1 桑蚕䌷丝的标志应该明确、清楚,便于识别。

6.3.2 绞装桑蚕䌷丝每一小包、筒装桑蚕䌷丝每袋(箱)内应附商标,标明品名、规格、重量、日期、编号。

6.3.3 每一件桑蚕䌷丝外包装上应标明品名、规格、批号、重量、生产企业名称或代号、生产日期。

7 其他

对桑蚕䌷丝的规格、品质、包装、标志有特殊要求者,供需双方可另订协议或合同,并按其执行。

8 数值修约

本标准中各种检验结果计算,均按 GB/T 8170 数值修约规定取舍。

ICS 59.080.20
W 42

中华人民共和国纺织行业标准

FZ/T 42007—2014
代替 FZ/T 42007—2001

生丝/氨纶包缠丝

Raw silk/spandex wrapped yarn

2014-05-06 发布　　　　　　　　　　　　　　2014-10-01 实施

中华人民共和国工业和信息化部　　发 布

前　言

本标准按照 GB/T 1.1—2009 给出的规则起草。

本标准代替 FZ/T 42007—2001，与 FZ/T 42007—2001 相比主要技术变化如下：

——修改了生丝/氨纶包缠丝的定义，强调芯纱处于一定牵伸倍数下被拉伸状态；

——修改了生丝/氨纶包缠丝的公定回潮率以生丝、氨纶的干重实测混合比例加权计算；

——修改了生丝/氨纶包缠丝的实测回潮率下限；

——增加了纤维含量允差考核要求；

——增加了线密度变异系数物理指标；

——修改了断裂强度计算方法，改为平均断裂强力与平均线密度之商；

——增加了分别考核双包的生丝/氨纶包缠丝内、外层的纱线包缠度变异系数、包缠度偏差率等物
　　理指标的规定。

本标准由中国纺织工业联合会提出。

本标准由全国丝绸标准化技术委员会(SAC/TC 401)归口。

本标准起草单位：金富春集团有限公司、浙江丝绸科技有限公司、达利丝绸(浙江)有限公司、浙江丝
绸科技有限公司临安织造分公司、德清朱氏丝绸有限公司。

本标准主要起草人：伍冬平、盛建祥、潘璐璐、俞丹、孙锦华、朱建忠。

本标准所代替标准的历次版本发布情况为：

——FZ/T 42007—2001。

生丝/氨纶包缠丝

1 范围

本标准规定了生丝/氨纶包缠丝的术语和定义、标记、要求、试验方法、检验规则、标志和包装。

本标准适用于评定包缠方式为单包、双包的生丝/氨纶包缠丝的品质。

2 规范性引用文件

下列文件对于本文件的应用是必不可少的。凡是注日期的引用文件,仅注日期的版本适用于本文件。凡是不注日期的引用文件,其最新版本(包括所有的修改单)适用于本文件。

GB/T 1798—2008 生丝试验方法

GB/T 2543.1—2001 纺织品 纱线捻度的测定 第1部分:直接计数法

GB/T 3916—1997 纺织品 卷装纱 单根纱线的断裂强力和断裂伸长率的测定

GB/T 4743—2009 纺织品 卷装纱 绞纱法线密度的测定

GB/T 6529 纺织品 调湿和试验用标准大气

GB/T 8170 数值修约规则与极限数值的表示和判定

GB/T 8693 纺织品 纱线的标示

FZ/T 01053 纺织品 纤维含量的标识

FZ/T 01095 纺织品 氨纶产品纤维含量的试验方法

3 术语和定义

下列术语和定义适用于本文件。

3.1

生丝/氨纶包缠丝 raw silk/spandex wrapped yarn

以氨纶长丝为芯丝,通过包缠工艺,把生丝呈螺旋状包缠于以一定牵伸倍数被牵伸的芯丝表面的复合丝。

3.2

包缠度 wrap twist

生丝呈螺旋状包缠于芯丝表面的疏密程度。

4 标记

4.1 生丝/氨纶包缠丝的标记

4.1.1 线密度:以旦尼尔或分特克斯为单位,符号 den 或 dtex。

4.1.2 丝线组合:外包丝/芯丝表示。

4.1.3 包缠方向:按 GB/T 8693 规定执行。符号用"S"、"Z"表示。

4.1.4 包缠度:以每米之圈数表示。

4.1.5 符号:

a)　长丝符号:f;

b)　包缠加工符号:BC。

4.2　生丝/氨纶包缠丝的标记排列顺序

原料名称　线密度　长丝符号　长丝根数　丝线组合　包缠方向　包缠度和包缠加工符号

示例1:

生丝 20/22 den(22.2/24.2 dtex) f2/氨纶 20 den(22.2 dtex) f1 Z 1 500 BC:

表示 2 根 20/22 den(22.2/24.2 dtex)生丝合并后以 Z 向包缠于 1 根 20 den(22.2 dtex)氨纶长丝,包缠度 1 500 圈/m。

示例2:

生丝 20/22 den (22.2/24.2 dtex) f2/[生丝 20/22 den (22.2/24.2 dtex) f2/氨纶 20 den (22.2 dtex) f1 S 1 700 BC] f1 Z 1 300 BC:

表示先以 2 根 20/22 den (22.2/24.2 dtex)生丝以 S 向 1 700 圈/m 包缠于 1 根 20 den (22.2 dtex)氨纶丝;然后以其作芯丝,再用 2 根 20/22 den(22.2/24.2 dtex)生丝以 Z 向包缠,包缠度为 1 300 圈/m。

5　要求

5.1　回潮率

5.1.1　公定回潮率

生丝/氨纶包缠丝的公定回潮率按各混合原料的公定回潮率和干重实测比例,加权平均求得,见式(1),计算结果精确到小数点后一位。

$$R = \frac{A_1 R_1 + A_2 R_2}{100} \qquad\cdots\cdots\cdots\cdots\cdots\cdots\cdots\cdots\cdots(1)$$

式中:

R ——生丝/氨纶包缠丝公定回潮率,%;

A_1 ——生丝的干重实测混合比例;

R_1 ——生丝的公定回潮率,%;

A_2 ——氨纶的干重实测混合比例;

R_2 ——氨纶的公定回潮率,%。

注:生丝的公定回潮率为 11.0%,氨纶的公定回潮率为 1.3%。

5.1.2　实测回潮率

生丝/氨纶包缠丝的实测回潮率不得低于 7.0%,不得超过 13.0%。

5.2　生丝/氨纶包缠丝的物理指标

生丝/氨纶包缠丝的物理指标见表1。

表 1　生丝/氨纶包缠丝的物理指标

项目	规格	指标		
		优等品	一等品	合格品
纤维含量允差(绝对百分比)/%		按 FZ/T 01053 执行		
线密度变异系数/%	≤	2.5	3.5	5.0

表 1（续）

项目		规格	指标		
			优等品	一等品	合格品
包缠度偏差率ᵃ/% ≤		≤1 000 圈/m	3.5	4.5	5.5
		>1 000 圈/m	2.5	3.5	4.5
包缠度变异系数ᵇ/% ≤		≤1 000 圈/m	8.0	10.0	11.0
		>1 000 圈/m	7.0	9.0	10.0
断裂强度/[cN/dtex（gf/den）] ≥			2.66（2.96）	2.48（2.75）	2.20（2.45）
断裂强力变异系数/% ≤			7.0	8.0	10.0
断裂伸长率/% ≥			20.0	19.0	18.0
断裂伸长率变异系数/% ≤			10.0	11.0	12.0
ᵃ,ᵇ 双包的生丝/氨纶包缠丝的内、外层的包缠度偏差率、包缠度变异系数分别计算,并以低的一项指标值定级。					

5.3 生丝/氨纶包缠丝的外观疵点和批注数量

生丝/氨纶包缠丝的外观疵点和批注数量见表 2。

表 2　生丝/氨纶包缠丝的外观疵点和批注数量

序号	疵点名称		疵点说明	批注数量 筒
1	主要疵点	纤度混杂	同一批丝中混入不同规格的丝	1
2		多根与缺根	外包丝比规定出现多根或缺根,长度在 1.5 m 以上	2
3		无芯丝	芯丝缺少,长度在 1.5 m 以上	1
4		断丝	丝筒中存在一根及以上的生丝或氨纶断丝	2
5		污染丝	丝筒中有明显油污丝或其他污渍达三处以上	2
6	一般疵点	落沿	丝筒一端丝条跳出,其丝弦长度 30 mm 以上	10
7		成型不良	成筒花纹不匀,丝条有缩曲、包边、塌边、落沿等	6
8		粒结	包缠过程中,由于张力不匀及振动,使丝条表面产生小颗粒	6
9		夹带杂物	丝筒中夹带飞花、回丝及其他杂物	4

5.4 定等规定

5.4.1　生丝/氨纶包缠丝的等级以批为单位,依其物理指标和外观疵点的成绩分为优等品、一等品、合格品。低于合格品者为不合格品。

5.4.2　生丝/氨纶包缠丝的物理指标按表 1,以最低一项定等;若有一项低于合格品,则定为不合格品。

5.4.3　生丝/氨纶包缠丝的外观检验按表 2,主要疵点一项及以上,一般疵点两项及以上超出批注数量者为不合格品。

5.4.4　生丝/氨纶包缠丝最终等级以批为单位,若外观疵点检验为合格品者以物理指标检验成绩最低一项定等;若外观检验成绩为不合格品者,则最终等级为不合格品。

6 试验方法

6.1 抽样

6.1.1 抽样方法

6.1.1.1 品质检验用样丝

受检丝在外观检验的同时,抽取品质检验用样丝10筒。抽样时应遍及箱及箱内的不同部位,上层5筒、下层5筒。每箱限抽一筒,待品质检验结束后,将样筒放回原箱。

6.1.1.2 重量检验用样丝

在任意4箱中抽取重量样丝各1筒,共4筒,每筒从表层剥取约100 g用作重量检验用丝,然后将筒做出标记后放回原箱。

6.1.2 抽样数量

重量及品质检验用样丝抽样数量见表3。

表 3 抽样数量

检验项目	样丝份数	每份样丝筒数
重量检验	2	2
品质检验	1	10

6.2 重量检验

生丝/氨纶包缠丝的重量检验按GB/T 1798—2008中4.1规定执行,公定回潮率的检验按本标准5.1.1规定执行。

6.3 纤维含量检验

生丝/氨纶包缠丝的纤维含量检验FZ/T 01095规定执行。

6.4 品质检验

6.4.1 检验环境条件

生丝/氨纶包缠丝的线密度、包缠度、断裂强度与断裂伸长率检验应在GB/T 6529规定的标准大气条件下进行,样品应在上述条件下吸湿平衡后方可进行检验。

6.4.2 外观检验

6.4.2.1 设备

6.4.2.1.1 集光装置:光源装在集光灯罩内,以一定的距离使光线柔和地照射到丝筒上,其照度为450 lx～500 lx。

6.4.2.1.2 检验台。

6.4.2.2 检验规程

从全批受检丝各箱各部位随机抽取4只外观样筒,一批20箱共抽80只。逐筒拆除包丝纸或纱套,放在检验台上,用手将筒子倾斜30°~40°,转动一周,检查筒子的端面和侧面,以感官检定全批丝的外观质量。发现表2各项外观疵点的丝筒,必须剔除;若达到表2规定的批注数量,则给予批注。

6.4.3 线密度的检验

6.4.3.1 设备

缕纱测长器、天平,符合 GB/T 4743—2009 的规定。

6.4.3.2 检验程序

按 GB/T 4743—2009 中 4.1.1 程序 1 执行,每只筒子检测 2 次,共 20 次。

6.4.3.3 检验结果计算

6.4.3.3.1 平均线密度按式(2)计算,计算结果精确到小数点后1位。

$$\overline{L} = \frac{\sum_{i}^{N} L_i}{N} \qquad\qquad (2)$$

式中:
$\overline{L}$ ——平均线密度,单位为旦尼尔(den)或分特克斯(dtex);
L_i ——试样实测线密度,单位为旦尼尔(den)或分特克斯(dtex);
N ——线密度测试次数。

6.4.3.3.2 线密度变异系数按式(3)计算,计算结果精确到小数点后1位。

$$CV_L = \frac{\sqrt{\sum_{i}^{N}(L_i - \overline{L})^2/(N-1)}}{\overline{L}} \times 100\% \qquad (3)$$

式中:
CV_L ——线密度变异系数,%;
L_i ——试样实测线密度,单位为旦尼尔(den)或分特克斯(dtex);
$\overline{L}$ ——平均线密度,单位为旦尼尔(den)或分特克斯(dtex);
N ——线密度测试次数。

6.4.4 包缠度的检验

6.4.4.1 设备

6.4.4.1.1 捻度试验仪,该仪器应符合 GB/T 2543.1—2001 中 5.1 的规定。
6.4.4.1.2 分析针。

6.4.4.2 检验规程

按 GB/T 2543.1 规定测试生丝/氨纶包缠丝的外层(外包)包缠度,将捻度试验仪夹距调整为500 mm,预加张力 0.05 cN/dtex(1/18 gf/den)。每只筒子测 3 次,共测 30 次。

6.4.4.3 检验结果计算

6.4.4.3.1 平均包缠度按式(4)计算,计算结果精确到小数点后1位。

$$\overline{T} = \frac{\sum\limits_{i=1}^{N} t_i \times 1\,000}{Nl} \quad\quad\quad\quad\quad\quad\quad\quad\quad (4)$$

式中：

$\overline{T}$ ——平均包缠度,单位为圈每米(圈/m);

t_i ——每个试样包缠圈数测试结果,单位为圈;

N ——包缠度测试次数;

l ——试样长度,单位为毫米(mm)。

6.4.4.3.2 包缠度偏差率按式(5)计算,计算结果精确到小数点后 1 位。

$$D_T = \frac{|\overline{T} - T_N|}{T_N} \times 100\% \quad\quad\quad\quad\quad\quad (5)$$

式中：

D_T ——包缠度偏差率,%;

$\overline{T}$ ——平均包缠度,单位为圈每米(圈/m);

T_N ——名义包缠度,单位为圈每米(圈/m)。

6.4.4.3.3 包缠度变异系数按式(6)计算,计算结果精确到小数点后 1 位。

$$CV_T = \frac{\sqrt{\sum\limits_{i=1}^{N} (T_i - \overline{T})^2 / (N-1)}}{\overline{T}} \times 100\% \quad\quad\quad\quad (6)$$

式中：

CV_T ——包缠度变异系数,%;

T_i ——包缠度测试结果,单位为圈每米(圈/m);

$\overline{T}$ ——平均包缠度,单位为圈每米(圈/m);

N ——包缠度测试次数。

6.4.4.3.4 双包的生丝/氨纶包缠丝,外、内层包缠度检验连续进行,平均包缠度、包缠度偏差率、包缠度变异系数分别计算。

6.4.5 断裂强度和断裂伸长率检验

6.4.5.1 设备

等速伸长(CRE)试验仪,符合 GB/T 3916—1997 中 5.1 规定。

6.4.5.2 检验规程

断裂强度及断裂伸长率按 GB/T 3916—1997 规定测试。试样的隔距长度为 500 mm,拉伸速度为 500 mm/min,试样嵌入夹持器施加的预加张力为 (0.05 ± 0.01) cN/dtex(1/18 gf/den)。每只筒子测 5 次,共测 50 次。

6.4.5.3 检验结果计算

6.4.5.3.1 平均断裂强力按式(7)计算,计算结果精确至小数点后 2 位。

$$\overline{F} = \frac{\sum\limits_{i=1}^{N} F_i}{N} \quad\quad\quad\quad\quad\quad\quad\quad (7)$$

式中：

$\bar{F}$ ——平均断裂强力，单位为厘牛顿（cN）或克力（gf）；

F_i ——每个试样断裂强力测试结果，单位为厘牛顿（cN）或克力（gf）；

N ——断裂强力测试次数。

6.4.5.3.2 断裂强度按式（8）计算，计算结果精确到小数点后 2 位。

$$P = \frac{\bar{F}}{\bar{L}} \quad\quad\quad\quad\quad\quad (8)$$

式中：

P ——断裂强度，单位厘牛顿每分特克斯（cN/dtex）或克力每旦尼尔（gf/den）；

$\bar{F}$ ——平均断裂强力，单位为厘牛顿（cN）或克力（gf）；

$\bar{L}$ ——平均线密度，单位为旦尼尔（den）或分特克斯（dtex）。

6.4.5.3.3 断裂强力变异系数按式（9）计算，计算结果精确到小数点后 1 位。

$$CV_F = \frac{\sqrt{\sum_{i=1}^{N}(F_i - \bar{F})^2/N}}{\bar{F}} \times 100\% \quad\quad\quad\quad\quad (9)$$

式中：

CV_F ——断裂强度变异系数，％；

F_i ——试样断裂强力测试结果，单位为厘牛顿（cN）或克力（gf）；

N ——断裂强力测试次数；

$\bar{F}$ ——平均断裂强力，单位为厘牛顿（cN）或克力（gf）。

6.4.5.3.4 断裂伸长率平均值按式（10）计算，计算结果精确到小数点后 1 位。

$$\bar{\varepsilon} = \frac{\sum_{i=1}^{N} E_i/d}{N} \times 100\% \qu\quad\quad\quad\quad (10)$$

式中：

$\bar{\varepsilon}$ ——平均断裂伸长率，％；

E_i ——试样断裂伸长测试结果，单位为毫米（mm）；

d ——隔距长度，单位为毫米（mm）；

N ——断裂伸长率测试次数。

6.4.5.3.5 断裂伸长率变异系数按式（11）计算，计算结果精确到小数点后 1 位。

$$CV_\varepsilon = \frac{\sqrt{\sum_{i=1}^{N}(E_i/d - \bar{\varepsilon})^2/N}}{\bar{\varepsilon}} \times 100\% \quad\quad\quad\quad\quad (11)$$

式中：

CV_ε ——断裂伸长率变异系数，％；

E_i ——试样断裂伸长测试结果，单位为毫米（mm）；

d ——隔距长度，单位为毫米（mm）；

N ——断裂伸长率测试次数；

$\bar{\varepsilon}$ ——平均断裂伸长率，％。

6.5 修约规则

各检验结果计算数据在所规定的精确程度以外的数字取舍时，按 GB/T 8170 规定修约。

7 检验规则

7.1 组批

生丝/氨纶包缠丝以同一品种、同一规格、同一工艺、同一机型生产的产品为一批,每批 240 kg 计 20 箱,每箱约 12 kg,不足 240 kg 的仍按一批计算。

7.2 检验类型

生丝/氨纶包缠丝的检验分出厂检验与型式检验。

7.3 检验项目

出厂检验、型式检验的检验项目为本标准规定的重量及品质检验全部项目。

7.4 复验

在交收检验中,若一方对检验结果提出异议,可申请复验。复验按首次检验的规定或双方协定进行,以复验结果为准。

8 包装与标志

8.1 包装

8.1.1 生丝/氨纶包缠丝采用锥形无边筒子或直筒卷装,其整理和单筒、成箱及成批规定见表 4。

表 4 整理和单筒、成箱及成批规定

卷装形式		230 型无边筒管
筒子卷绕平均直径/mm		$\phi120\pm10$
丝层斜面长度/mm	起始导程	200 ± 10
	终了导程	170 ± 10
扣头规定		扣头置于筒管内
内包装		绪头和商标贴在筒管大头内壁,根据贸易需要外包装塑料袋,筒管大头朝下,套入箱子底部的锥形衬套,箱内四周六面衬防潮纸,上、下两层各装 12 筒,中间放衬板
每筒质量/g		500 ± 50
每箱净重/kg		12 ± 1
每箱筒数/只		24
每批箱数/箱		20
每批筒数/只		480

8.1.2 纸箱规格、质量和装箱规定见表 5。

表 5　纸箱规格、质量和装箱规定

筒装形式	230 型无边筒管
装箱排列	每箱两层,纵向 4 列,每列 3 筒
纸箱质量	用瓦楞纸制成,坚韧、牢固、整洁
纸箱规格(内壁尺寸)	长 570 mm
	宽 425 mm
	高 480 mm

8.1.3　生丝/氨纶包缠丝应分品种、规格进行包装。包装应牢固、安全、便于仓贮和搬运,防止产品损伤和受潮。

8.1.4　包装用的纸箱、隔板、纸张、塑料袋、绳等材料应清洁、整齐、坚韧。

8.1.5　每个纸箱外按统一规定印字,并涂防潮剂。

8.2　标志

8.2.1　每只筒管内壁应贴标志,标明生丝/氨纶包缠丝的品名、规格、等级、纤维含量。

8.2.2　每箱外应标明生产厂名、产品名称及标志代号、产品规格、等级、批号、毛重、净重与筒数、生产日期等标志。

8.2.3　每批箱内应附品质检验证书、装箱单、商标。

9　其他

对生丝/氨纶包缠丝的品质、规格、包装、整理和重量有特殊要求者,供需双方可另订协议。

ICS 59.080.30
W 43

中华人民共和国纺织行业标准

FZ/T 42008—2005

竹 绢 丝

Bamboo-spun silk yarn

2005-05-18 发布

2006-01-01 实施

中华人民共和国国家发展和改革委员会　　发 布

前　言

本标准由中国纺织工业协会提出。

本标准由全国丝绸标准化分技术委员会归口。

本标准主要起草单位:浙江凯喜雅国际股份有限公司、浙江丝绸科技有限公司、浙江出入境检验检疫局、桐乡绵丝厂有限责任公司。

本标准协助起草单位:浙江金鹰股份有限公司。

本标准主要起草人:韩卫东、王伶、马建忠、徐勤、周颖、卞幸儿、陆军、傅炯明。

本标准首次发布。

FZ/T 42008—2005

引　言

竹纤维是我国近年来开发的凉爽型新型纤维,具有吸湿、透气、生物降解、抗菌、抗紫外线的功能。

本标准制定的是用竹原纤维与桑蚕纤维混纺而制成的竹绢丝产品标准。竹绢丝作为一种绿色环保的新型天然纺织材料在市场上不断地被推广和应用,而且制成品日益受到人们的喜爱,也迎合了当今国内外纺织品市场的发展趋势。

竹　绢　丝

1　范围

本标准规定了竹绢丝的要求、试验方法、检验规则及包装标志。

本标准适用于经烧毛的双股竹绢丝(其中竹原纤维含量小于50%)的质量判定。

2　规范性引用文件

下列文件中的条款通过本标准的引用而成为本标准的条款,凡是注日期的引用文件,其随后所有的修改单(不包括勘误的内容)或修订版均不适用于本标准,然而,鼓励根据本标准达成协议的各方研究是否可使用这些文件的最新版本。凡是不注日期的引用文件,其最新版本适用于本标准。

GB/T 2910　纺织品　二组分纤维混纺产品定量化学分析方法

GB/T 8694　纺织纱线及有关产品捻向的标示

FZ/T 40003　桑蚕绢丝试验方法

FZ/T 42002　桑蚕绢丝

FZ/T 42003　桑蚕筒装绢丝

3　术语和定义

下列术语和定义适用于本标准。

3.1

竹原纤维

以竹子为原料,用物理方法制成的天然纤维。

3.2

约定回潮率

为计算竹原纤维或竹绢丝的商业质量而约定的回潮率。

4　竹绢丝规格和捻向的标示

4.1　竹绢丝规格以"××/××　单股名义公支数/2"标示。

示例：40/60　100 N_m/2 竹绢丝

表示竹原纤维含量40%、桑蚕绢丝含量60%的100支双股竹绢丝。

4.2　竹绢丝捻向的标示按照GB/T 8694规定执行。

5　要求

5.1　分等

竹绢丝的品质,根据竹绢丝的品质技术指标和外观质量的综合成绩,分为优等品、一等品、二等品和三等品,低于三等品的为等外品。

5.2　分档

竹绢丝按支数大小分高、中、低三档,分档规定见表1。

表 1 支数分档规定

支数分档	支数范围
高支	160 N_m/2 及以上
中支	160 N_m/2 以下～100 N_m/2
低支	100 N_m/2 以下

5.3 设计捻度

双股竹绢丝设计捻度规定见表2。

表 2 设计捻度规定

支数分档	高支			中支			低支		
名义支数/N_m	210	200	160	140	120	100	80	60	50
设计捻度/(捻/m)	800	780	750	630	600	560	550	530	500

5.4 约定回潮率

竹绢丝的约定回潮率以竹原纤维的约定回潮率12%及桑蚕绢丝公定回潮率11%按干重混纺比例加权平均,按式(1)计算。

$$W_K = (W_{BK} \times P_B + W_{SK} \times P_S) \times 100 \quad \cdots\cdots\cdots\cdots\cdots(1)$$

式中:

W_K——竹绢丝的约定回潮率,%;

W_{BK}——竹原纤维的约定回潮率,%;

P_B——竹原纤维的干重混纺比例,%;

W_{SK}——桑蚕绢丝的公定回潮率,%;

P_S——桑蚕绢丝的干重混纺比例,%。

5.5 竹绢丝的标准质量

5.5.1 100 m 竹绢丝的标准干燥质量按式(2)计算。

$$m_0 = \frac{100}{N(1 + W_K)} \quad \cdots\cdots\cdots\cdots\cdots(2)$$

式中:

m_0——100 m 竹绢丝的标准干燥质量,单位为克(g);

N——竹绢丝名义公支数;

W_K——竹绢丝约定回潮率,%。

5.5.2 100 m 竹绢丝在约定回潮率时的标准质量按式(3)计算。

$$m_1 = \frac{100}{N} \quad \cdots\cdots\cdots\cdots\cdots(3)$$

式中:

m_1——100 m 竹绢丝在约定回潮率时的标准质量,单位为克(g);

N——竹绢丝名义公支数。

5.6 竹原纤维含量差异

竹绢丝中的竹原纤维含量,其差异不允许超过±3%。

5.7 品质技术指标

竹绢丝的品质技术指标规定见表3。

表 3 竹绢丝的品质技术指标规定

检验项目名称		支数分档	等级			
			优等	一等	二等	三等
断裂长度/km	≥	高、中、低	18			
支数变异系数/(%)	≤	高	2.5	3.0	3.5	4.0
		中	3.0	3.5	4.0	4.5
		低	3.5	4.0	4.5	5.0
条干均匀度/分	≥	高、中、低	80	75	70	65
洁净度/分	≥	高、中、低	85	80	70	60
千米疵点/只	≤	高	1.0	2.0	3.0	4.0
		中	1.5	2.5	3.5	4.5
		低	2.0	3.0	4.0	5.0
支数偏差率/(%)		高、中、低	≤2.50 ≥−2.50			
强力变异系数/(%)	≤	高、中、低	11			
断裂伸长率/(%)	≥	高、中、低	4.0			
捻度差异率/(%)		高、中、低	≤5.0 ≥−5.0		≤6.0 ≥−6.0	
捻度变异系数/(%)	≤	绞装 高、中、低	5.00		5.50	
		筒装 高、中、低	11.00		12.00	

5.8 色泽

同一批竹绢丝的色泽应基本保持一致。

5.9 分等规定

5.9.1 基本等级的评定

根据断裂长度、支数变异系数、条干均匀度、洁净度、千米疵点这五项检验项目中的最低一项成绩确定基本等级，其中条干均匀度、洁净度、千米疵点的样照参照桑蚕绢丝标准样照执行。若这五项中有一项低于三等品时，评为等外品。

5.9.2 降等规定

在支数偏差率、强力变异系数、断裂伸长率、捻度差异率、捻度变异系数这五项检验项目中，有一至二项指标超过允许的范围时，在基本等级的基础上顺降一等；如有三项及以上超过允许范围时，则在基本等级的基础上顺降二等，但降到三等为止。

5.9.3 有下列情况时，该批竹绢丝不能评为优等品：

a) 竹绢丝的条干有规律性的节粗节细；
b) 竹绢丝的条干连续并列的粗丝或细丝在三根以上者；
c) 竹绢丝的条干有明显的分散性的粗节或细节；
d) 竹绢丝的疵点有超过疵点样照最大的大长糙时。

5.9.4 绞装竹绢丝有下列缺点之一时，即将该批降为等外品：

a) 一批中有不同支数的竹绢丝相混杂；
b) 有明显硬伤、油丝、污丝或霉变丝；
c) 有不按规定的合股丝混入；

d) 丝绞花纹杂乱不清；

e) 混入其他纤维。

5.9.5 筒装竹绢丝外观检验按表4所列项目分主要疵点和一般疵点,分别批注数量,区别考核。

a) 当主要疵点有某一项达到批注数量时,全批降为等外品；

b) 当一般疵点有两项及以上达到批注数量时,在原评等基础上降一等；

c) 当表4中序号7和8两项都达到批注数量时,只批注一项。

表 4 筒装竹绢丝外观疵点名称及批注范围

序号	疵点名称		疵 点 说 明	批注数量/筒
1	主要疵点	支别混错	丝筒中有不合细度规格的竹绢丝相混杂	1
2		明显硬伤	丝筒中有明显硬伤现象	1
3		污染丝	丝筒中有明显油污丝或其他污染渍达直径 20 mm 或三处以上	1
4		霉变丝	丝筒表面光泽变异有明显霉变味者	1
5		异股丝	丝筒中有不合规定的多股丝或单股丝混入	1
6		其他纤维	丝筒中有其他不合规定的纤维错纺入	1
7	一般疵点	色不齐	丝筒大头向上排列,色光差异明显的	10
8		色圈	丝筒大头向上排列,端面有明显色圈达两圈、宽度 5 mm 以上	8
9		断丝	丝筒中存在二根以上断丝	4
10		跳丝	丝筒大端有丝跳出,其弦长大于 30 mm,三根以上	8
11		成形不良	丝筒中有菊花芯、凹凸明显、明显压印、平头筒子、侧面重叠、端面卷边、筒管破损、垮筒、松筒等情况之一者	4
12		水渍	丝筒遭水湿,有渍印达直径 20 mm,三处以上	4
13		夹带杂物	丝筒中夹带飞花、回丝及其杂物	2
14		筒重偏差	单只丝筒重量偏差达±5% 以上	8
15		标志错乱	商标、支别票签错贴、漏贴、重叠贴	2

6 检验规则

6.1 组批与抽样

6.1.1 绞装竹绢丝的组批与抽样按 FZ/T 40003 中的规定执行。

6.1.2 筒装竹绢丝的组批与抽样按 FZ/T 42003 中的规定执行。

6.2 检验与验收

6.2.1 绞装竹绢丝的检验、验收以批为单位,检验机构和交接验收按本标准和 FZ/T 40003 中的规定执行。

6.2.2 筒装竹绢丝的检验、验收以批为单位,按本标准和 FZ/T 42003 中的规定执行。

6.2.3 竹绢丝的纤维含量测定按 GB/T 2910 中的规定执行,其中竹原纤维的质量修正系数 d 值规定为 1.01。

6.3 复验

6.3.1 绞装竹绢丝的复验,按 FZ/T 42002 中的规定执行。

6.3.2 筒装竹绢丝的复验,按 FZ/T 42003 中的规定执行。

7 包装与标志

7.1 绞装竹绢丝的包装与标志,按 FZ/T 42002 中的规定执行。

7.2 筒装竹绢丝的包装与标志,按 FZ/T 42003 中的规定执行。

8 其他

用户对产品有特殊要求者,供需双方可另订协议。

ICS 59.080.20
W 42

中华人民共和国纺织行业标准

FZ/T 42009—2006

桑 蚕 土 丝

Mulberry native silk

2006-05-06 发布
2006-10-01 实施

中华人民共和国国家发展和改革委员会　　发 布

FZ/T 42009—2006

前　言

本标准由中国纺织工业协会提出。

本标准由全国纺织品标准化技术委员会丝绸分会归口。

本标准负责起草单位:四川出入境检验检疫局、四川朗瑞丝绸有限公司。

本标准参加起草单位:广州出入境检验检疫局。

本标准主要起草人:周盛波、谢承辉、马华平、李淳、甘霖。

本标准首次发布。

桑 蚕 土 丝

1 范围

本标准规定了桑蚕土丝的要求、检验方法、检验规则、包装和标志。

本标准适用于所有规格的桑蚕土丝。

2 规范性引用文件

下列文件中的条款通过本标准的引用而成为本标准的条款。凡是注日期的引用文件,其随后所有的修改单(不包括勘误的内容)或修订版均不适用于本标准,然而,鼓励根据本标准达成协议的各方研究是否可使用这些文件的最新版本。凡是不注日期的引用文件,其最新版本适用于本标准。

GB/T 8170 数值修约规则

GB/T 9995 纺织材料含水率和回潮率的测定 烘箱法

3 术语和定义

下列术语和定义适用于本标准。

3.1

桑蚕土丝

按照土丝工艺要求缫制的具有传统风格的桑蚕丝。

4 桑蚕土丝规格的标示

桑蚕土丝规格以"纤度下限/纤度上限"标示,其纤度中心值为名义纤度,纤度单位为旦尼尔(D)。

示例:

a) 50/70 D:表示桑蚕土丝的名义纤度为 60 D,桑蚕土丝规格的纤度下限为 50 D,纤度上限为 70 D。

b) 100/120 D:表示桑蚕土丝的名义纤度为 110 D,桑蚕土丝规格的纤度下限为 100 D,纤度上限为 120 D。

5 要求

5.1 分级

桑蚕土丝的等级,根据受检桑蚕土丝的品质技术指标和外观质量的综合成绩,分为双特级、特级、一级、二级和级外品。

5.2 品质技术指标

桑蚕土丝的技术指标规定见表1。

5.3 桑蚕土丝的外观疵点及批注数量规定

桑蚕土丝的外观疵点分类及批注规定见表2。

5.4 回潮率

桑蚕土丝的公定回潮率为 11%;桑蚕土丝的实测回潮率不得低于 8%,不得高于 14%。

5.5 分级规定

5.5.1 桑蚕土丝根据纤度偏差、纤度最大偏差、疵点、切断四个项目的检验结果,以其中最低一项成绩作为基本级。

5.5.2 外观检验评为稍劣者,按5.5.1评定的等级顺降一级,如按5.5.1已定为最低等级时,则作级外品;若外观评为级外品,则一律作级外品。

5.6 其他

桑蚕土丝的实测平均公量纤度超出报检规格的纤度上限或下限时,在检验证书的备注栏上注明"纤度出格"。

表 1 桑蚕土丝技术指标规定

项 目	名义纤度/D	等 级			
		双特级	特级	一级	二级
纤度偏差/D	39 及以下	4	7	11	大于 11
	40～79	6	10	15	大于 15
	80～119	9	14	20	大于 20
	120～159	12	17	24	大于 24
	160～199	15	21	29	大于 29
	200 及以上	19	26	36	大于 36
纤度最大偏差/D	39 及以下	11	19	30	大于 30
	40～79	16	27	41	大于 41
	80～119	24	38	54	大于 54
	120～159	32	46	65	大于 65
	160～199	41	57	78	大于 78
	200 及以上	51	70	97	大于 97
切断/次	39 及以下	5	13	25	大于 25
	40～79	3	10	20	大于 20
	80～159	2	7	14	大于 14
	160 及以上	1	3	6	大于 6
疵点/个	100 及以下	6	15	38	大于 38
	101 及以上	8	20	50	大于 50

表 2 外观疵点分类及批注规定

疵点名称	疵点说明	批注数量				
		整 批			样 丝	
		小绞丝/把	长绞丝/把	筒装丝/筒	小绞丝/绞	长绞丝/绞
颜色不整齐	把与把、绞与绞之间颜色差异明显(见标样)	5 以上	5 以上	10 以上		
夹花	同一丝绞内颜色差异明显(见标样)	5 以上	5 以上		5	3
色圈	同一丝筒内颜色差异明显(见标样)			15 以上		
筬角硬胶粘条	筬角部分丝条胶着成硬块,手指直捏不能松散或丝条粘固,手指捻揉后,左右横展部分丝条不能拉散者				3	2
双丝	丝绞中部分丝条卷取 2 根及以上,长度在 3 m 以上者				1	1

表 2（续）

疵点名称	疵点说明	批注数量				
		整批			样丝	
		小绞丝/把	长绞丝/把	筒装丝/筒	小绞丝/绞	长绞丝/绞
切丝	丝绞（筒）存在一根及以上的断丝	5 以上	5 以上	10 以上	3	2
缩曲丝	丝条缩曲	5 以上	5 以上	10 以上		
扁丝	丝条呈明显扁形者	5 以上	5 以上	10 以上		
重片丝	两片及以上丝片打成一绞者				1	1
绞重不匀	（大绞重量－小绞重量）/大绞重量×100% >30%	5 以上	5 以上		3	2
筒重不匀	（大筒重量－小筒重量）/大筒重量×100% >15%			10 以上		
霉丝	光泽变异，能嗅到霉味或发现灰色或微绿色的霉点	5 以上	5 以上	5 以上		
污染丝	丝条被异物污染			10 以上	5	3
水渍丝	丝条遭受水渍，有渍印，光泽呆滞	5 以上	5 以上	10 以上		
凌乱丝	丝片层次不清，络绞紊乱，切断检验难于卷取者				3	2
成形不良	丝筒两端不平整，高低差大于 4 mm 或两端塌边或有松紧丝层			10 以上		
跳丝	丝筒下端丝条跳出，弦长超过 30 mm			10 以上		
注：达不到疵点程度者为轻微疵点。						

6 抽样

6.1 抽样方法

在外观检验的同时，每批抽取具有代表性的重量和品质检验样丝。抽样时应在受验丝的不同部位抽取，每把丝限抽一绞。

6.2 抽样数量

6.2.1 绞装丝抽样数量见表3。

表 3 抽样数量

样丝类别	抽样部位			
	小绞丝		长绞丝	
	四周	中部	四周	中部
重量检验样丝/绞	5	5	2	2
品质检验样丝/绞	10	10	6	4

6.2.2 筒装丝每批抽取品质检验样丝10筒；抽取重量检验样丝两筒。

7 检验方法

7.1 重量检验

7.1.1 仪器设备

a) 台秤：量程≥80 kg，最小分度值≤0.05 kg；

b) 小台秤：量程≥500 g，最小分度值≤1 g；

c) 天平：量程≥500 g，最小分度值≤0.01 g；

d) 带有天平的烘丝设备。

7.1.2 检验规程

7.1.2.1 净重

全批受验丝抽样后逐件(箱)在台秤上称重核对，得出"毛重"。用台秤称出 5 只布袋或 10 只纸箱(包括箱中的定位纸板、防潮纸)的重量，绞装丝任择三把，拆下纸、绳，筒装丝不少于两只筒管及纱套或包丝纸，用小台秤称其重量，以此推算出全批丝的"皮重"。将全批丝的"毛重"减去全批丝的"皮重"即为全批丝的"净重"。"毛重"复核时允许差异为 0.10 kg，以第一次"毛重"为准。

7.1.2.2 湿重(原重)

将抽取的重量检验样丝分为两份，长绞丝每份 2 绞，小绞丝每份 5 绞，并以份为单位，立即在天平上称重核对，得出各份的湿重。筒装丝将样筒编号，每份一筒分别进行初次称重，待丝筒复摇成丝绞后，将各筒管分别称重，然后将初称的重量减去筒管的重量，再加上编丝线的重量，即得各份湿重。湿重复核时允许差异为 0.20 g，以第一次湿重为准。同批丝各份样丝间的允许差异，小绞丝在 20 g 以内，长绞丝在 30 g 以内，筒装丝在 50 g 以内。

7.1.2.3 干重

将称过湿重的样丝，以份为单位，松散地放置在烘篮内，以 140℃～145℃ 的温度烘至恒重，得出干重。

相邻两次称重的间隔时间和恒重的判定按 GB/T 9995 的规定掌握。

7.1.2.4 回潮率

按式(1)计算，计算结果取小数点后两位。

$$W = \frac{m - m_0}{m_0} \times 100\% \qquad\qquad\qquad (1)$$

式中：

W——回潮率，%；

m——样丝的湿重，单位为克(g)；

m_0——样丝的干重，单位为克(g)。

将同批样丝的总湿重减去总干重除以总干重乘以 100 为该批丝的回潮率。如两份样丝的回潮率差异超过 1%，则应抽取第三份样丝，按 7.1.2.2、7.1.2.3 得出湿重与干重，再与前两份样丝的湿重与干重合并，计算该批丝的回潮率。

土丝实测回潮率超过 14% 或低于 8% 时，应退回委托方重新整理平衡。

7.1.2.5 公量

按式(2)计算，计算结果取小数点后两位。

$$m_K = m_J \times \frac{100 + W_K}{100 + W} \qquad\qquad\qquad (2)$$

式中：

m_K——公量，单位为千克(kg)；

m_J——净重，单位为千克(kg)；

W_K——公定回潮率,%;

W——实测回潮率,%。

7.2 品质检验

7.2.1 外观检验

7.2.1.1 设备

a) 灯光装置:内装日光荧光灯管的平面组合灯罩或集光灯罩。要求光线以一定的距离柔和均匀地照射于丝把的端面上,丝把端面的照度为 450 lx～500 lx。

b) 检验台。

7.2.1.2 检验规程

7.2.1.2.1 将全批受验丝逐把拆除包丝纸的一端或全部,排列在检验台上;筒装丝则逐筒拆除包丝纸或纱套,大头朝上放在检验台上,以感官检验全批丝的外观质量。筒装丝再从检验台各部位抽取有代表性的筒子 80 筒,用手将筒子倾斜 30°～40°转动一周,检查筒子的端面与侧面,以此评定全批筒装丝的外观质量。

7.2.1.2.2 桑蚕土丝外观疵点名称与批注规定见表 2。在整批丝中发现未达到批注数量的各项外观疵点的丝绞、丝把、丝筒必须剔除。在一把中小绞丝有 6 绞及以上、长绞丝有 4 绞及以上者则整把剔除。如遇数量太多,普遍散布于整批丝把内,应予批注。

7.2.1.2.3 油污、虫伤丝不再检验,退回委托方整理。

7.2.1.3 外观评等

外观评等分为良、普通、稍劣和级外品。

良:整理成形良好,有一项轻微疵点者;

普通:整理成形一般,有一项以上轻微疵点者;

稍劣:有一至三项疵点者;

级外品:超过稍劣范围者。

7.2.1.4 外观性状

颜色种类分为白色、乳色,颜色程度以淡、中、深表示。

7.2.2 切断检验

7.2.2.1 设备

a) 切断机:卷取速度为 165 m/min;

b) 丝络:转动灵活,每只约重 500 g;

c) 丝锭:光滑平整,转动平稳,每只约重 100 g。

7.2.2.2 检验条件

检验应在温度 20℃±2℃,相对湿度 65%±5% 的大气条件下进行,样品应在上述条件下平衡 12 h 以上方可进行检验。

7.2.2.3 检验规程

7.2.2.3.1 将品质检验样丝分别绷在丝络上,进行切断检验,半数自丝绞面层卷取,半数自丝绞内层卷取。

7.2.2.3.2 卷取的预备时间为 5 min。

7.2.2.3.3 正式检验时间规定见表 4。

表 4 正式检验时间规定

名义纤度/D	小绞丝检验时间/min	长绞丝检验时间/min
79 及以下	30	60
80～159	20	40
160 及以上	10	20

7.2.2.4 检验结果

检验结果按正式检验时间的实际切断次数表示。

7.2.2.5 筒装丝不检验切断。

7.2.3 纤度检验

7.2.3.1 设备

 a) 纤度机:机框周长为 1.125 m,速度 300 r/min,附有回转计数器和自动停止装置;

 b) 纤度仪:量程≥500 D,最小分度值≤0.50 D;

 c) 天平:量程≥500 g,最小分度值≤0.01 g;

 d) 带有天平的烘丝设备。

7.2.3.2 检验条件

纤度检验条件按 7.2.2.2 规定。

7.2.3.3 检验规程

7.2.3.3.1 将切断检验卷取的丝锭,用纤度机摇成每绞 100 回(112.5 m)的纤度丝,小绞丝每绞样丝摇取 5 绞纤度丝,长绞丝每绞样丝摇取 10 绞纤度丝。筒装丝每筒样丝摇取 10 绞纤度丝,其中四筒从面层摇取,三筒从中层摇取,三筒从内层摇取。共计 100 绞纤度丝。

7.2.3.3.2 纤度丝以 50 绞为一组,逐绞在纤度仪上称计,求得"纤度总和",然后分组在天平上总称,求得"纤度总量"。每组"纤度总和"与"纤度总量"互相核对,其允许差异规定见表 5。超过表 5 规定时,应逐绞复称至允许差异范围内为止。

表 5 纤度称计读数精度和允许差异规定

名义纤度/D	纤度称计读数精度/D	允许差异/D
79 及以下	1.0	12
80~159	1.0	28
160 及以上	2.0	44

7.2.3.3.3 平均纤度按式(3)计算,计算结果取小数点后两位。

$$\overline{D} = \frac{\sum\limits_{i=1}^{n} f_i D_i}{N} \qquad \cdots\cdots\cdots\cdots\cdots(3)$$

式中:

$\overline{D}$——平均纤度,单位为旦尼尔(D);

D_i——各组纤度丝的纤度,单位为旦尼尔(D);

f_i——各组纤度丝的绞数;

N——纤度丝总绞数;

n——纤度的组数。

7.2.3.3.4 纤度偏差按式(4)计算,计算结果取整数。

$$\sigma = \sqrt{\frac{\sum\limits_{i=1}^{n} f_i (D_i - \overline{D})^2}{N}} \qquad \cdots\cdots\cdots\cdots\cdots(4)$$

式中:

σ——纤度偏差,单位为旦尼尔(D);

$\overline{D}$——平均纤度,单位为旦尼尔(D);

D_i——各组纤度丝的纤度,单位为旦尼尔(D);

f_i——各组纤度丝的绞数;

N——纤度丝总绞数；

n——纤度的组数。

7.2.3.3.5 全批纤度丝中以最细两绞和最粗两绞的平均值与平均纤度比较,取其大的差数值为该批丝的"纤度最大偏差",计算结果取整数。

7.2.3.3.6 将受验的纤度丝放在烘丝设备内,烘至恒重,得出干重,按式(5)计算平均公量纤度,计算结果取小数点后两位。

$$D_K = \frac{m_0 \times 1.11 \times 9\,000}{N \times T \times 1.125} \qquad\qquad \cdots\cdots\cdots\cdots\cdots\cdots\cdots (5)$$

式中：

D_K——平均公量纤度,单位为旦尼尔(D)；

m_0——样丝的干重,单位为克(g)；

N——纤度丝总绞数,单位为绞；

T——每绞纤度丝的回数。

7.2.3.3.7 平均公量纤度与平均纤度的允许差异规定见表6。

表6 平均公量纤度与平均纤度的允许差异规定

名义纤度/D	允许差异/D
79 及以下	2
80～159	3
160 及以上	4

7.2.4 疵点检验

7.2.4.1 设备

a) 黑板机:卷取速度为 100 r/min 左右,能调节各种规格土丝的排列线数。

b) 黑板:长 1 359 mm,宽 463 mm,厚 37 mm(包括边框),黑板布用无光黑色胶布。

c) 疵点检验标准样照。

d) 检验室:设有灯光装置的暗室应与外界光线隔绝,其四壁、黑板架应涂黑色无光漆,色泽均匀一致。黑板架上部安装横式回光灯罩一排,内装日光荧光灯管三至四支或天蓝色内磨砂灯泡六只,光源均匀柔和地照到黑板的平均照度为 400 lx,黑板上、下端与轴中心线的照度允差 ±150 lx,黑板左右两端的照度基本一致。

7.2.4.2 检验规程

7.2.4.2.1 将切断检验卷取的丝锭用黑板机卷绕为黑板丝片,小绞丝每绞样丝卷取 1 片,长绞丝每绞样丝卷取 2 片,筒装丝每筒样丝卷取 2 片,其中四筒从面层卷取,三筒从中层卷取,三筒从内层卷取。共计 20 片。每块黑板 10 片,每片宽 127 mm,共两块黑板。

7.2.4.2.2 不同规格土丝在黑板上的排列线数规定见表7。

表7 黑板丝条排列线数规定

名义纤度/D	每 25.4 mm 的排列线数/线
27～36	66
37～48	57
49～68	50
69～104	40

表 7（续）

名义纤度/D	每 25.4 mm 的排列线数/线
105～149	33
150～197	28
198 及以上	25

7.2.4.2.3 将卷取的黑板放置在黑板架上,黑板垂直于地面,检验员位于距黑板 0.5 m 处,逐块检验黑板两面,根据疵点类型对照生丝清洁标准样照,分别记录其数量。疵点分类规定见表 8。

7.2.4.2.4 结果计算

一个主要疵点折作两个次要疵点,再加上次要疵点的个数,即为该批丝的疵点个数。

表 8 疵点分类规定

疵点名称		疵点说明	长度/mm
主要疵点		长度或直径超过次要疵点最低限度 10 倍以上者	
次要疵点	废丝	附于丝条上的松散丝团	
	大糙	丝条部分膨大或长度稍短而特别膨大者	7 以上
	粘附糙	茧丝折转,粘附丝条部分变粗呈锥形者	
	大长结	结端长或长度稍短而结法拙劣者	10 以上
	重螺旋	茧丝松散缠绕于丝条周围,形成膨大螺旋形,其直径超过丝条本身直径一倍以上者	100 以上

8 检验规则

8.1 组批

桑蚕土丝以同一规格、同一工厂生产为一批。每批五件(每件约 60 kg)或 10 箱(每箱约 30 kg),不满五件或 10 箱时,仍作一批。抽样方法和抽样数量按 6.1、6.2 规定。

8.2 交收检验

以批为单位,按本标准进行品级验收和重量验收。

8.3 复验

在交收检验中,若有一方对检验结果提出异议,可以申请复验。复验以一次为限,复验项目按本标准规定或双方协议进行,并以复验结果作为最后评级的依据。

8.4 其他

因运输或保存不当,致使产品质量受到影响、变质或发生损伤时,应查明责任,由责任方承担损失。

9 包装和标志

9.1 绞装桑蚕土丝的包装

9.1.1 绞装桑蚕土丝的包装、整理和重量规定见表 9。

表 9 绞装土丝的整理和重量规定

绞装形式	小绞丝	长绞丝
丝片周长/m	1.5	
丝片宽度/cm	约 7.5	约 8
编丝规定	三洞四编三道	四洞五编五道

表 9（续）

绞装形式	小绞丝	长绞丝
每绞重量/g	约 70	约 180
每把重量/kg	约 5	
每把绞数/绞	70～74	28
袋装每件重量/kg	约 60	约 60
箱装每箱重量/kg	约 30	约 30
袋装每件把数/把	11～12	
箱装每箱把数/把	5～6	
每批净重/kg	300±15	
件与件之间重量允许差异/kg	6	

9.1.2 编丝留绪线用 14tex（42 支）双股白色棉纱线，留绪结端约 1 cm。

9.1.3 每包土丝外层用 50 根 58tex（10 支）或 100 根 28tex（21 支）棉纱绳扎五道，并分别包以衬纸、牛皮纸，再用九根三股 28tex（21 支）棉纱绳捆扎三道。

衬纸的规格为 18 g/m² ～28 g/m²，牛皮纸的规格为 60 g/m² ～80 g/m²。

9.1.4 布袋包装时，每件丝布袋需用棉纱绳扎口或缝口，布袋外用粗绳或塑料带紧缚。

9.1.5 纸箱质量和装箱规定见表 10。

表 10 绞装土丝的纸箱质量和装箱规定

项目	要求
装箱排列	每箱一层 每层二把 箱内四周六面衬防潮纸
纸箱质量	用双瓦楞纸制成，坚韧、牢固、整洁，并涂防潮剂。
纸箱印刷	每个纸箱外按统一规定印字，丝批出厂前印刷包件号、检验号，字迹必须清晰。
封箱包扎	箱底箱面用胶带封口，外用塑料带捆扎成"卄"字形。

9.2 筒装桑蚕土丝的包装

筒装桑蚕土丝包装规定见表 11。

表 11 筒装桑蚕土丝的包装规定

项目	要求		
筒装形式	小菠萝形	大菠萝形	圆柱形
内包装	绪头贴于筒管大头内，根据贸易需要，外包纱套或衬纸或有孔塑料袋，筒子大小头颠倒或小头向上排列，穿入纸孔盒内，箱内四周六面衬防潮纸。		
每筒净重/kg	460～540		
每箱净重/kg	约 30		
每箱筒数/筒	60		
每批箱数/箱	10		
每批筒数/筒	600		

表 11（续）

项　目	要　求	
装箱排列	每箱四层 每层三盒 每盒五筒	每箱三层 每层四盒 每盒五筒
纸箱质量	用双瓦楞纸制成。坚韧、牢固、整洁,并涂防潮剂。	
纸箱印刷	每只纸箱外按统一规定印字。丝批出厂前印刷包件号、检验号,字迹必须清晰。	
封箱包扎	箱底箱面用胶带封口,外用塑料袋捆扎成"艹"字形。	

9.3 包装应牢固,便于仓储及运输。包装用的布袋、纸箱、纸、绳等必须清洁、坚韧、整齐一致。

9.4 标志

9.4.1 标志应明确、清楚、便于识别。

9.4.2 每件(箱)土丝内应附商标和相应的检验对照表。每件(箱)土丝外包装上应注明检验号码、包件号码、丝类。

9.4.3 每批土丝应附有品级和重量检验证书。

10 数值修约

本标准的各种数值计算,均按 GB/T 8170 数值修约规则取舍。

11 其他

对桑蚕土丝的规格、品质、重量、包装、标志有特殊要求者,供需双方可另行协议。

_____

ICS 59.060.10
W 40

中华人民共和国纺织行业标准

FZ/T 42010—2009

粗 规 格 生 丝

Coarse raw silk

2009-11-17 发布　　　　　　　　　　　2010-04-01 实施

中华人民共和国工业和信息化部　　发 布

前　言

本标准由中国纺织工业协会提出。

本标准由全国丝绸标准化技术委员会归口。

本标准负责起草单位：中华人民共和国浙江出入境检验检疫局、浙江德清金华夏实业有限公司。

本标准参加起草单位：日照海通茧丝绸集团有限公司、浙江丝绸科技有限公司、浙江凯喜雅国际股份有限公司。

本标准主要起草人：董锁拽、金连根、安霞、周颖、汪良敏、卞幸儿、钱强。

粗 规 格 生 丝

1 范围

本标准规定了粗规格生丝的术语和定义、要求、分级、检验方法、检验规则、包装和标志。

本标准适用于名义纤度在 69 den[1] 以上的绞装和筒装生丝。

2 规范性引用文件

下列文件中的条款通过本标准的引用而成为本标准的条款。凡是注日期的引用文件,其随后所有的修改单(不包括勘误的内容)或修订版均不适用于本标准,然而,鼓励根据本标准达成协议的各方研究是否可使用这些文件的最新版本。凡是不注日期的引用文件,其最新版本适用于本标准。

GB/T 1797—2008 生丝

GB/T 1798—2008 生丝试验方法

GB/T 6529 纺织品 调湿和试验用标准大气

GB/T 8170 数值修约规则与极限数值的表示和判定

3 术语和定义

下列术语和定义适用于本标准。

3.1

粗规格生丝 coarse raw silk

按照生丝工艺要求进行缫制的、名义纤度在 69 den 以上的生丝。

4 粗规格生丝的规格标示方法

粗规格生丝的规格以"纤度下限/纤度上限"标示,其纤度中心值为名义纤度。

示例1:70/90 den,表示粗规格生丝的名义纤度为 80 den,粗规格生丝的纤度下限为 70 den,纤度上限为 90 den。

示例2:150/200 den,表示粗规格生丝的名义纤度为 175 den,粗规格生丝的纤度下限为 150 den,纤度上限为 200 den。

5 要求

5.1 分级

粗规格生丝的等级,根据受检粗规格生丝品质技术指标和外观质量的综合成绩,分为 6A、5A、4A、3A、2A、A 级。

5.2 外观疵点的分类及批注规定

粗规格生丝的外观疵点的分类及批注按 GB/T 1797—2008 中 4.3 规定执行。

5.3 回潮率

粗规格生丝的公定回潮率为 11.0%;实测回潮率不得低于 8.0%,不得高于 13.0%。

5.4 品质技术指标

粗规格生丝的品质技术指标规定见表1。

---

1) 非法定计量单位,1 den 等于 $0.111\,112 \times 10^{-6}$ kg/m。

表 1 品质技术指标规定

项　目	名义纤度/den(dtex)	级别					
		6A	5A	4A	3A	2A	A
纤度变异系数/%	70～100(77.8～111.1)	3.05	4.15	5.30	6.50	7.75	9.10
	101～150(112.2～166.7)	2.60	3.30	4.05	4.90	5.95	7.00
	151～200(167.8～222.2)	2.30	2.75	3.30	3.90	4.60	5.35
	201～250(223.3～277.8)	2.10	2.50	2.95	3.35	4.00	4.60
	251～300(278.9～333.3)	2.00	2.30	2.70	3.20	3.75	4.40
	301(334.4)以上	1.90	2.20	2.55	3.00	3.50	4.05
纤度最大偏差/den	70～100 (77.8～111.1)	8.00	11.00	14.00	17.00	20.00	24.00
	101～150 (112.2～166.7)	10.00	13.00	16.00	19.00	23.00	27.00
	151～200 (167.8～222.2)	12.00	15.00	18.00	21.00	25.00	29.00
	201～250 (223.3～277.8)	14.50	17.50	20.50	23.50	28.00	32.00
	251～300 (278.9～333.3)	17.00	20.00	23.00	27.00	31.50	36.00
	301(334.4)以上	20.00	23.00	26.00	30.00	35.00	40.00
清洁/分		98.0	97.0	96.0		94.0	

5.5　分级规定

5.5.1　根据纤度变异系数、纤度最大偏差、清洁三项检验项目中的最低一项成绩作为基本级。

5.5.2　外观检验按 GB/T 1798—2008 中 4.2.2.3 的规定评为稍劣者时,按本标准 5.5.1 评定的等级顺降一级,如按 5.5.1 已定为 A 级或外观评为级外品时,则整批作级外品。

6　检验方法

6.1　重量检验

重量检验按 GB/T 1798—2008 中 4.1 规定进行。

6.2　品质检验

6.2.1　检验条件

样品制备与纤度检验按 GB/T 6529 规定的标准大气和允差范围,即应在温度(20.0±2.0)℃、相对湿度(65.0±4.0)%的大气中进行,样品应在上述条件下平衡 12 h 以上。

6.2.2　外观检验

外观检验按 GB/T 1798—2008 中的 4.2.2 进行。其中外观性状颜色种类分乳色、褐色两种;颜色程度以淡、中、深表示。

6.2.3　纤度检验

6.2.3.1　检验设备

6.2.3.1.1　切断机:卷取速度 165 m/min。

6.2.3.1.2　纤度机:机框周长为 1.125 m,速度 300 r/min 左右,并附有回转计数器,自动停止装置。

6.2.3.1.3 纤度仪:分度值≤0.5 den。

6.2.3.1.4 天平:分度值≤0.01 g。

6.2.3.1.5 带有天平的烘箱。天平:分度值≤0.01 g。

6.2.3.2 样丝制备

6.2.3.2.1 绞装丝:将20绞样丝中的10绞从内层卷取丝锭,10绞从外层卷取丝锭,每批至少卷取50只丝锭。

6.2.3.2.2 简装丝可直接进行纤度检验。

6.2.3.2.3 纤度检验样丝制取数量见表2。

表2 纤度检验试样丝制样数量

成形种类	每只丝锭卷取数	每绞卷取数	合计卷取数
绞装	2绞	100回(或112.5 m)	100绞
简装	10筒	100回(或112.5 m)	100绞

6.2.3.3 检验规程

将卷取的纤度丝以50绞为一组,逐绞在生丝纤度仪上称计,求得"纤度总和",然后分组在天平上称得"纤度总量",把每组"纤度总和"与"纤度总量"进行核对,其允许差异见表3,超过规定时,应逐绞复称至每组允许差异以内为止。

表3 每组纤度丝的允许差异规定

名义纤度/den(dtex)	每组允许差异/den(dtex)
70～79(77.8～87.8)	12(13.3)
80～159(87.9～176.7)	28(31.1)
160(176.8)及以上	44(48.9)

6.2.3.4 检验结果计算

6.2.3.4.1 平均纤度按式(1)计算:

$$\overline{T_d} = \frac{\sum_{i=1}^{N} T_{di}}{N} \quad \cdots\cdots(1)$$

式中:

$\overline{T_d}$——平均纤度,单位为旦(分特)[den(dtex)];

T_{di}——各绞纤度丝的纤度,单位为旦(分特)[den(dtex)];

N——纤度丝总绞数,单位为绞。

6.2.3.4.2 纤度变异系数按式(2)计算:

$$CV(\%) = \frac{\sqrt{\dfrac{\sum_{i=1}^{N}(T_{di}-\overline{T_d})^2}{N}}}{\overline{T_d}} \times 100 \quad \cdots\cdots(2)$$

式中:

CV——纤度变异系数,%;

$\overline{T_d}$——平均纤度,单位为旦(分特)[den(dtex)];

T_{di}——各绞纤度丝的纤度,单位为旦(分特)[den(dtex)];

N——纤度丝总绞数,单位为绞。

6.2.3.4.3 纤度最大偏差:全批纤度丝中最细或最粗纤度,以总绞数的2%,分别求其纤度平均值,再与平均纤度比较,取其大的差数值即为该丝批的"纤度最大偏差"。

6.2.3.4.4 平均公量纤度:按式(3)计算。

$$T_{dk} = \frac{m_0 \times 1.11 \times L}{N \times n \times 1.125} \quad\quad\quad\quad\quad\quad\quad\quad\cdots\cdots\cdots\cdots\cdots\cdots\cdots(3)$$

式中:

T_{dk}——平均公量纤度,单位为旦(分特)[den(dtex)];

m_0——样丝的干重,单位为克(g);

N——纤度丝总绞数,单位为绞;

n——每绞纤度丝的回数,单位为回;

L——样丝长度[当纤度单位为旦(den)时,取值为 9 000;纤度单位为分特(dtex)时,取值为 10 000],单位为米(m)。

6.2.3.4.5 粗规格生丝的实测平均公量纤度超出报检规格的纤度上限或下限时,应在检测报告上注明"纤度规格不符"。

6.2.3.4.6 平均公量纤度与平均实测纤度允差范围见表4,超过表4规定时,应重新检验。

表 4 平均公量纤度与平均实测纤度的允差规定

名义纤度/den(dtex)	允许差异/den(dtex)
70～79(77.8～87.8)	2(2.2)
80～159(87.9～176.7)	3(3.3)
160(176.8)及以上	4(4.4)

6.2.3.4.7 以上计算结果,均取小数点后两位。

6.2.4 清洁检验

6.2.4.1 检验设备、清洁疵点扣分标准及评定方法按 GB/T 1798—2008 中 4.2.6 进行,每只丝锭绕取黑板的片数不大于 2 片。

6.2.4.2 粗规格生丝每片黑板丝所含茧丝数量是 20/22 den 的 3 倍以上,20 片黑板可作 60 片黑板来计算清洁成绩,即两块黑板的检测成绩乘 10 除以 6 作为整批丝的清洁成绩。

6.2.4.3 清洁检验黑板数量及丝条排列线数规定见表5。

表 5 黑板检验块数和丝条排列线数的规定

名义纤度/den(dtex)	黑板块数/(块/批)	每25.4 mm的线数/线
70～104(77.8～115.4)		40
105～149(115.5～165.5)	2	33
150～199(165.6～222.2)		28
200(222.3)及以上		25

7 检验规则

7.1 组批

以同一规格、同一工厂生产为一批。每批 10 件或 5 件(每件约 60 kg)、20 箱或 10 箱(每箱约 30 kg),不满 5 件或 10 箱时,仍作一批。

7.2 抽样

7.2.1 抽样方法

在外观检验的同时,抽取具有代表性的重量及品质检验样丝。抽样应遍及最小包装内丝把或丝筒的不同部位,绞装丝每把限抽一绞,筒装丝每箱限抽一筒。

7.2.2 抽样数量

绞装丝和筒装丝的抽样数量见表6。

表6 抽样数量及部位

类别	绞装丝/绞			筒装丝/筒
	边	中	角	
重量检验样丝(筒)数	2	2	0	2
品质检验样丝(筒)数	10	8	2	10

7.3 检验分类

粗规格生丝检验分为交收检验和型式检验。当产品进行交收检验或型式检验时,检验项目按本标准中的品质检验和重量检验进行。

8 包装、标志

8.1 包装

8.1.1 包装应牢固,内层包装应整齐,便于仓储及运输。

8.1.2 包装用的布袋、纸箱、纸、绳等包装材料应清洁、整齐一致、坚韧,满足运输要求。

8.1.3 箱与箱(件与件)之间重量差异不超过6 kg。

8.2 标志

8.2.1 标志应明确、清楚、便于识别。

8.2.2 每件(箱)粗规格生丝包装上应注明商品名称、规格、检验编号、包件号。

8.2.3 每批粗规格生丝应附有品级和重量检测报告。

9 数值修约

本标准的各种数值计算,均按GB/T 8170数值修约规则取舍。

10 其他

对粗规格生丝的规格、品质、重量、包装、标志有特殊要求者,供需双方可另行协议。

ICS 59.080.20
W 42

中华人民共和国纺织行业标准

FZ/T 42011—2012

色纺桑蚕筒装绢丝

Melange spun silk yarn on cone

2012-12-28 发布　　　　　　　　　　　　2013-06-01 实施

中华人民共和国工业和信息化部　　发 布

FZ/T 42011—2012

前　言

本标准按照 GB/T 1.1—2009 给出的规则起草。

本标准由中国纺织工业联合会提出。

本标准由全国丝绸标准化技术委员会(SAC/TC 401)归口。

本标准负责起草单位:浙江丝绸科技有限公司、江苏苏丝丝绸股份有限公司、浙江金鹰股份有限公司、浙江出入境检验检疫局丝检中心、浙江金鹰绢纺有限公司。

本标准主要起草人:陈松、周颖、傅炯明、王伶、陈小妹。

色纺桑蚕筒装绢丝

1 范围

本标准规定了色纺桑蚕筒装绢丝的要求、试验方法、检验规则、包装和标志。

本标准适用于经烧毛的双股色纺桑蚕筒装绢丝。桑蚕丝含量在50%以上的混纺色纺筒装绢丝参照执行。

2 规范性引用文件

下列文件对于本文件的应用是必不可少的。凡是注日期的引用文件,仅注日期的版本适用于本文件。凡是不注日期的引用文件,其最新版本(包括所有的修改单)适用于本文件。

GB/T 250 纺织品 色牢度试验 评定变色用灰色样卡

GB/T 2910(所有部分) 纺织品 定量化学分析

GB/T 3916 纺织品 卷装纱 单根纱线断裂强力和断裂伸长率的测定

GB/T 3920 纺织品 色牢度试验 耐摩擦色牢度

GB/T 3921—2008 纺织品 色牢度试验 耐皂洗色牢度

GB/T 3922 纺织品 耐汗渍色牢度试验试验方法

GB/T 4841.1 染料染色标准深度色卡 1/1

GB/T 5713 纺织品 色牢度试验 耐水洗色牢度

GB/T 6529 纺织品 调湿和试验用标准大气

GB/T 8170 数值修约规则与极限数值的表示和判定

GB/T 8427—2008 纺织品 色牢度试验 耐人造光色牢度:氙弧

GB 9994 纺织材料公定回潮率

GB/T 18401 国家纺织产品基本安全技术规范

FZ/T 01026 四组分纤维混纺产品定量化学分析方法

FZ/T 01048 蚕丝/羊绒混纺产品混纺比的测定

FZ/T 01053 纤维含量的标识

FZ/T 01057(所有部分) 纺织纤维鉴别试验方法

FZ/T 40003—2010 桑蚕绢丝试验方法

3 术语与定义

下列术语和定义适用于本文件。

3.1

色纺桑蚕筒装绢丝 melange spun silk yarn on cone

桑蚕丝短纤维及其他纤维经染色、绢纺生产工艺加工后纺制而成的有色桑蚕筒装绢丝。

3.2

明示检验项目 explicit test item

在检验证书上须注明的,给用户提供相关的质量信息,但不作为定等依据的指标。

3.3

选择检验项目 optional test item

在产品考核项目中没有设置,但有时应用户需要进行检验的项目。

4 要求

4.1 色纺桑蚕筒装绢丝的公定回潮率按 GB 9994 规定执行。成包时的回潮率不得超过 12.0%。超过 12.0% 退回重新整理。

4.2 色纺桑蚕筒装绢丝的标准重量。

4.2.1 100 m 色纺桑蚕筒装绢丝的标准干燥重量按式(1)计算,计算结果取小数点后三位。

$$m_0 = \frac{100}{N_m(1 + W_K/100)} \qquad \cdots\cdots\cdots\cdots\cdots\cdots\cdots(1)$$

式中:

m_0——100 m 色纺桑蚕筒装绢丝的标准干燥重量,单位为克(g);

N_m——色纺桑蚕筒装绢丝名义细度,单位为公支(Nm)或分特(dtex);

W_K——色纺桑蚕筒装绢丝公定回潮率,%。

4.2.2 100 m 色纺桑蚕筒装绢丝在公定回潮率时的标准重量按式(2)计算,计算结果取小数点后三位。

$$m_1 = \frac{100}{N_m} \qquad \cdots\cdots\cdots\cdots\cdots\cdots\cdots(2)$$

式中:

m_1——100m 色纺桑蚕筒装绢丝在公定回潮率时的标准重量,单位为克(g);

N_m——色纺桑蚕筒装绢丝名义细度,单位为公支(Nm)或分特(dtex)。

4.3 色纺桑蚕筒装绢丝按细度分高、中、低三档,规定见表 1。

表 1 细度分档规定

细度分档	细度范围
高支	150 Nm/2(66.7 dtex×2)~270 Nm/2(37.0 dtex×2)
中支	90 Nm/2(111.1 dtex×2)~150 Nm/2(66.7 dtex×2)
低支	50 Nm/2(200.0 dtex×2)~90 Nm/2(111.1 dtex×2)

4.4 色纺桑蚕筒装绢丝基本安全性能应符合 GB 18401 的规定。

4.5 色纺桑蚕筒装绢丝品质技术指标规定见表 2。

表 2 品质技术指标规定

检验项目分类	序号	指标名称	等级	高支	中支	低支
主要检验项目	1	纤维含量允差/%	优			
			一	按 FZ/T 01053 执行		
			二			

表 2（续）

检验项 目分类	序号	指标名称	等级	高支	中支	低支
主要 检验 项目	2	断裂强度/(cN/tex) ≥	优	25.0		
			一	23.0		
			二			
	3	支数(重量变异系数/% ≤	优	3.0		
			一	3.5		
			二	4.0		
	4	条干均匀度[a]/分 ≥	优	75.0	80.0	85.0
			一	70.0	75.0	80.0
			二	65.0	70.0	75.0
	5	洁净度/分 ≥	优	85		
			一	80		
			二	70		
	6	千米疵点/只 ≤	优	1.00		
			一	1.50	2.00	2.50
			二	2.50	3.00	3.50
补助 检验 项目	7	支数(重量)偏差率/%	优	≤3.5 ≥−3.5	≤3.6 ≥−3.6	≤4.5 ≥−4.5
			一			
			二			
	8	强力变异系数CV/% ≤	优	12.0		
			一			
			二			
	9	断裂伸长率/% ≥	优	6.0	6.5	7.0
			一			
			二			
	10	捻度偏差率/%	优	≤5.0	≥−5.0	
			一	≤6.0 ≥−6.0	≤6.5 ≥−6.5	≤7.0 ≥−7.0
			二			
	11	捻度变异系数/% ≤	优	11.0		
			一	12.0	13.0	14.0
			二			
[a] 深色色纺桑蚕筒装绢丝的条干均匀度不考核。						

4.6 条干不匀变异系数指标规定见表3。

表 3　条干不匀变异系数指标规定

主要检验项目	分档	名义细度/[Nm/2(dtex×2)]	等级		
			优	一	二
条干不匀变异系数CV/% ≤	低支	50～70 (200.0～142.9)×2	9.0	10.5	12.0
		70～90 (142.9～111.1)×2	9.5	11.0	12.5
	中支	90～110 (111.1～90.9)×2	10.5	12.5	13.5
		110～130 (90.9～76.9)×2	11.0	12.5	14.0
		130～150 (76.9～66.7)×2	11.5	13.5	14.5
	高支	150～170 (66.7～58.8)×2	12.5	14.0	15.5
		170～190 (58.8～52.6)×2	13.0	14.5	16.0
		190～210 (52.6～47.6)×2	13.5	15.0	16.5
		210～230 (47.6～43.5)×2	14.0	15.5	17.0
		230～270 (43.5～37.0)×2	14.5	16.5	17.5

4.7　色差及染色牢度指标规定见表4。

表 4　色差及染色牢度指标规定

项　目				等　级		
				优等品	一等品	二等品
主要检验项目	色牢度/级 ≥	耐水、耐汗渍	变色	4	3—4	
			沾色	3—4	3	
		耐洗	变色	4	3—4	3
			沾色	3—4	3	2—3
		耐光		3		
		耐干摩擦		4	3—4	3
		耐湿摩擦		3—4	3,2—3(深色ᵃ)	
补助检验项目	色差/级 ≥	与标样色差		4	3—4	3
		批内色差		4	3—4	3
ᵃ　大于GB/T 4841.1中1/1标准深度为深色。						

4.8　色纺桑蚕筒装绢丝外观疵点分类及批注规定见表5。

表5 外观疵点分类及批注规定

序号	疵点名称		疵点说明	批注数量/筒
1	主要疵点	支别混错	丝筒中有不合细度规格的绢丝相混杂	1
2		明显硬伤	丝筒中有明显硬伤现象	1
3		污染丝	丝筒中有明显油污丝或其他污染渍达 Φ20 mm 或三处以上	1
4		霉变丝	丝筒表面光泽变异有明显霉变味者	1
5		异股丝	丝筒中有不合规定的多股丝或单股丝混入	1
6		其他纤维	丝筒中有其他不合规定的纤维错纺入	1
7		色号混错	丝筒中有其他不同色号的绢丝混入	1
8	一般疵点	色不齐	丝筒大头向上排列,色光差异明显的	10
9		色圈	丝筒大头向上排列,端面有明显色圈达两圈、宽度 5 mm 以上	8
10		成形不良	丝筒中有菊花芯、凹凸明显、明显压印、平头筒子、侧面重叠、端面卷边、筒管破损、垮筒、松筒等情况之一者	4
11		断丝	丝筒中存在一根以上断丝	4
12		跳丝	丝筒大端有丝跳出,其弦长大于30 mm,一根以上	8
13		水渍	丝筒遭水湿,有污印达 Φ20 mm,三处以上	4
14		夹带杂物	丝筒中夹带飞花、回丝及其他杂物	2
15		筒重偏差	单只丝筒重量偏差大于±5%或小于±5%	8
16		标志错乱	商标、支别票签错贴、漏贴、重叠贴	2

4.9 检验条干均匀度可以由生产企业在黑板条干均匀度或电子条干不匀变异系数CV(%)两者中任选一种。但一经确定,不得任意变更。在监督检验或仲裁检验时,以采用电子条干不匀变异系数CV(%)的检验结果为准。

4.10 将采用条干均匀度仪的粗节(+50%)、细节(-50%)、绵结(+200%)项目为明示指标项目。

4.11 将采用纱庇分级仪的十万米纱疵项目为选择性检验项目。

4.12 分等规定:

4.12.1 色纺桑蚕筒装绢丝的等级分为优等品、一等品、二等品,低于二等品者为等外品。

4.12.2 色纺桑蚕筒装绢丝品等的评定以批为单位,依其检验结果,按表2、表3、表4中色纺桑蚕筒装绢丝技术指标规定进行评定。

4.12.3 在表2、表3、表4中主要检验项目指标中的品等不同时,以其中最低一项品等评定。若其中有一项低于表2、表3、表4规定的二等品指标时,评为等外品。

4.12.4 当表2、表4中补助检验项目指标中有1项～2项超过允许范围时,在色纺桑蚕筒装绢丝原评品等的基础上顺降一等;如有3项及以上超过允许范围时,则在原评品等基础上顺降二等,但降至二等为止。

4.12.5 色纺桑蚕筒装绢丝外观质量评等规定:

4.12.5.1 色纺桑蚕筒装绢丝外观质量按表4所列项目分主要疵点和一般疵点,分别批注数量,区别考核;

4.12.5.2 当主要疵点有某一项达到批注数量时,全批降为等外品;

4.12.5.3 当一般疵点有二项及以上达到批注数量时,在原评等基础上降一等;

4.12.5.4 当表5中序号8和序号9二项都达到批注数量时,只批注一项。

4.12.6 色纺桑蚕筒装绢丝中有下列情况时,该批绢丝不能评为优等品:

    a) 色纺桑蚕筒装绢丝的条干有 FZ/T 40003—2010 中 4.1.7.2.3 中 b)所规定的情况之一时;

    b) 色纺桑蚕筒装绢丝的疵点有超过疵点样照最大的大长糙时。

5 试验方法

5.1 检验条件及方法:捻度、断裂强度、断裂伸长率、支数的测定应按 GB/T 6529 规定的标准大气和容差范围,在温度(20.0±2.0)℃、相对湿度(65.0±4.0)%下进行,试样应在上述条件下平衡 12 h 以上方可进行检验。

5.2 纤维含量试验方法:纤维定性分析按 FZ/T 01057 进行,定量分析按 GB/T 2910、FZ/T 01026、FZ/T 01048 执行。

5.3 支数(重量)偏差率、支数(重量)变异系数、捻度偏差率、捻度变异系数、洁净度、千米疵点、条干均匀度、条干不匀变异系数、十万米纱疵试验方法按 FZ/T 40003 执行。

5.4 断裂强度、断裂伸长率、强力变异系数试验方法按 GB/T 3916 执行。

5.5 色牢度试验方法

5.5.1 耐洗色牢度按 GB/T 3921—2008 执行。采用表 2 中试验条件 A(1)。

5.5.2 耐水色牢度按 GB/T 5713 执行。

5.5.3 耐汗渍色牢度按 GB/T 3922 执行。

5.5.4 耐摩擦色牢度按 GB/T 3920 执行。

5.5.5 耐光色牢度按 GB/T 8427—2008 执行。采用方法 3。

5.6 外观质量检验方法

5.6.1 色差试验方法

    采用目视检测。采用自然光源或标准光源。自然光源应取晴天北光,标准灯箱光源为 D_{65},照度为 600 lx±50 lx。入射光与样品约成 45°角,检验人员的视线与样品基本垂直。与 GB/T 250 对比评级。

5.6.2 疵筒检验

    疵筒以目测检验,检验结果按表 5 评定。

5.7 重量检验

    重量检验试验方法按 FZ/T 40003 执行。

6 检验规则

6.1 组批与抽样

    色纺桑蚕筒装绢丝的组批与抽样按 FZ/T 40003 规定进行。

6.2 检验项目

6.2.1 品质检验

6.2.1.1 主要检验项目:断裂长度、支数(重量)变异系数、条干均匀度、条干不匀变异系数、洁净度、千米疵点、染色牢度。

6.2.1.2 补助检验项目:支数(重量)偏差率、强力变异系数、断裂伸长率、捻度偏差率、捻度变异系数、色差。

6.2.1.3 明示检验项目:粗节(+50%)、细节(−50%)、绵结(+200%)。

6.2.1.4 选择检验项目:十万米纱疵。

6.2.2 重量检验

毛重、净重、回潮率、公量。

6.3 复验

6.3.1 在交接验收中,有一方对检验结果提出异议时,可以申请复验,复验以一次为限。

6.3.2 复验时,应对表2、表3、表4规定的全部项目进行检验,并以复验结果作为最后评等的依据。

7 成箱及成批规定

色纺桑蚕筒装绢丝成箱及成批重量规定见表6。

表6 成箱及成批重量规定

序 号	项 目	规 格	
1	单箱公定回潮率时净重/kg	30±1.5	50±3.0
2	每箱丝筒个数/只	30	50
3	每批公定回潮率时净重/kg	600±30	1 000±60
4	每批箱数/箱	20	

8 包装

8.1 色纺桑蚕筒装绢丝分品种、分规格进行包装,包装应牢固,便于仓贮及搬运。

8.2 色纺桑蚕筒装绢丝包装用的纸箱、隔板、纸张、塑料袋等材料必须清洁、坚韧、整齐。

8.3 纸箱内放下底板后,放入大塑料袋或防潮纸,每只丝筒外用小塑料袋包封后放入纸箱,用隔板加以隔离并固定丝筒,箱底箱面用胶带封口,外用塑料带捆扎成廿字形。

9 标志

9.1 色纺桑蚕筒装绢丝的标志应明确、清楚、便于识别。

9.2 每一箱色纺桑蚕筒装绢丝外包装上应标明商标、品名、色号、规格、批号、生产企业名称或代号。

9.3 每批色纺桑蚕筒装绢丝应附有品质检验证书。

10 数值修约

本标准的各种数值计算,均按 GB/T 8170 数值修约规则取舍。

11 其他

对色纺桑蚕筒装绢丝的规格、品质、包装、标志有特殊要求者,供需双方可另订协议,并按其执行。

ICS 59.080.20
W 42

中华人民共和国纺织行业标准

FZ/T 42012—2013

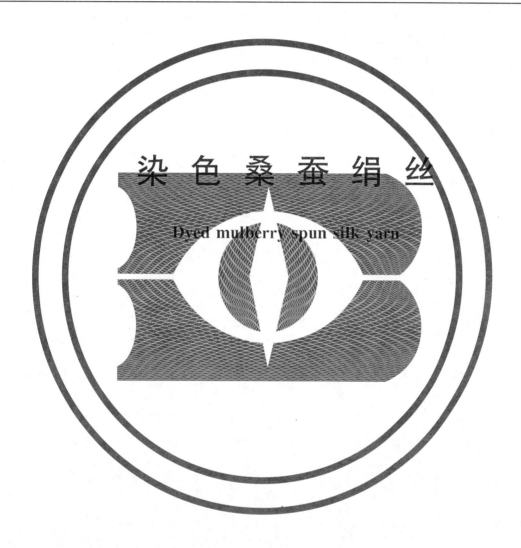

染 色 桑 蚕 绢 丝

Dyed mulberry spun silk yarn

2013-10-17 发布

2014-03-01 实施

中华人民共和国工业和信息化部　发布

前　言

本标准按照 GB/T 1.1—2009 给出的规则起草。

本标准由中国纺织工业联合会提出。

本标准由全国丝绸标准化技术委员会(SAC/TC 401)归口。

本标准起草单位:杭州达利富丝绸染整有限公司、中华人民共和国青岛出入境检验检疫局、江苏苏丝丝绸有限公司、浙江丝绸科技有限公司。

本标准主要起草人:阮根尧、赵玲、周颖、陈松。

染 色 桑 蚕 绢 丝

1 范围

本标准规定了染色桑蚕绢丝要求、试验方法、检验规则、包装和标志。

本标准适用于绞装、筒装染色桑蚕绢丝的品质评定。桑蚕丝含量在50％以上与其他纤维混纺染色绢丝可参照执行。

2 规范性引用文件

下列文件对于本文件的应用是必不可少的。凡是注日期的引用文件,仅注日期的版本适用于本文件。凡是不注日期的引用文件,其最新版本(包括所有的修改单)适用于本文件。

GB/T 250 纺织品 色牢度试验 评定变色用灰色样卡

GB/T 2910(所有部分) 纺织品 定量化学分析

GB/T 3916 纺织品 卷装纱 单根纱线断裂强力和断裂伸长率的测定

GB/T 3920 纺织品 色牢度试验 耐摩擦色牢度

GB/T 3921—2008 纺织品 色牢度试验 耐皂洗牢度

GB/T 3922 纺织品耐汗渍色牢度试验方法

GB/T 4841.1 染料染色标准深度色卡 1/1

GB/T 5713 纺织品 色牢度试验 耐水洗色牢度

GB/T 6529 纺织品 调湿和试验用标准大气

GB/T 8170 数值修约规则与极限数值的表示和判定

GB/T 8427—2008 纺织品 色牢度试验 耐人造光色牢度:氙弧

GB 9994 纺织材料公定回潮率

GB 18401 国家纺织产品基本安全技术规范

FZ/T 01026 纺织品 定量化学分析 四组分纤维混合物

FZ/T 01048 蚕丝/羊绒混纺产品混纺比的测定

FZ/T 01053 纺织品 纤维含量的标识

FZ/T 01057(所有部分) 纺织纤维鉴别试验方法

FZ/T 40003—2010 桑蚕绢丝试验方法

3 术语与定义

下列术语和定义适用于本文件。

3.1

染色桑蚕绢丝 dyed mulberry spun silk yarn

经染色加工后的桑蚕绢丝。

3.2

缸内绞(筒)差 color difference between bobbins

同一缸次绞(筒)纱之间的色差,以级别表示。

3.3

样差　color difference between specimens

染色绢丝与确认样之间的色差,以级别表示。

3.4

缸差　dye lot

不同缸次绞纱(筒)之间的色差,以级别表示。

4　要求

4.1　染色绢丝的公定回潮率按 GB 9994 规定执行。成包时的回潮率不得超过 12.0%。超过 12.0% 退回重新整理。

4.2　染色绢丝的标准重量

4.2.1　100 m 染色绢丝的标准干燥重量按式(1)计算,计算结果取小数点后三位。

$$m_0 = \frac{100}{N_m(1 + W_K/100)} \qquad\qquad (1)$$

式中:

m_0——100 m 染色绢丝的标准干燥重量,单位为克(g);

N_m——染色绢丝名义细度,单位为公支(Nm);

W_K——染色绢丝公定回潮率,%。

4.2.2　100 m 染色绢丝在公定回潮率时的标准重量按式(2)计算,计算结果取小数点后三位。

$$m_1 = \frac{100}{N_m} \qquad\qquad (2)$$

式中:

m_1——100 m 染色绢丝在公定回潮率时的标准重量,单位为克(g);

N_m——染色绢丝名义细度,单位为公支(Nm)。

4.3　染色绢丝按细度分高、中、低三档,规定见表1。

表 1　细度分档规定

细度分档	细度范围
高支	150 Nm/2(66.7 dtex×2)～270 Nm/2(37.0 dtex×2)
中支	90 Nm/2(111.1 dtex×2)～150 Nm/2 以下(66.7 dtex×2 以上)
低支	50 Nm/2(200.0 dtex×2)～90 Nm 以下/2(111.1 dtex×2 以上)

4.4　染色绢丝基本安全性能应符合 GB 18401 的规定。

4.5　染色桑蚕绢丝品质分为内在质量要求和外观质量要求。内在质量要求包括纤维含量允差、断裂强度、支数(重量)变异系数、条干平均匀度、条干不匀变异系数、洁净度、千米疵点、支数(重量)偏差率、强力变异系数、断裂伸长率、捻度偏差率、捻度变异系数、色牢度等十三项,外观质量要求包括色差批内(绞间)、样差、绞(筒)外观疵点。

4.6　染色桑蚕绢丝内在质量分等规定见表2。

表 2　染色绢丝内在质量分等规定

检验项目分类	序号	指标名称		等级	高支	中支	低支
主要检验项目	1	纤维含量允差/%		优	按 FZ/T 01053 执行		
				一			
				二			
	2	断裂强度/(cN/tex)	≥	优	21.0		
				一	18.0		
				二			
	3	支数(重量)变异系数/%	≤	优	3.0		
				一	3.5		
				二	4.0		
	4	条干均匀度/分	≥	优	75.0	80.0	85.0
				一	70.0	75.0	80.0
				二	65.0	70.0	75.0
	5	洁净度/分	≥	优	85		
				一	80		
				二	70		
	6	千米疵点/分	≥	优	1.00		
				一	2.00		2.50
				二	2.50	3.00	3.50
补助检验项目	7	支数(重量)偏差率/%		优	≤3.5 ≥−3.5	≤3.8 ≥−3.8	≤4.5 ≥−4.5
				一			
				二			
	8	强力变异系数 CV/%	≤	优	12.0		
				一			
				二			
	9	断裂伸长率/%	≥	优	6.0	6.5	7.0
				一			
				二			
	10	捻度偏差率/%		优	≤5.00		≥−5.00
				一	≤6.0 ≥−6.0	≤6.5 ≥−6.5	≤7.0 ≥−7.0
				二			
	11	绞装捻度变异系数 CV/%	≤	优	5.0		
				一	5.5	6.0	
				二			

表 2（续）

检验项目分类	序号	指标名称	等级	高支	中支	低支
补助检验项目	11	筒装捻度变异系数 CV/% ≤	优	11.0		
			一	12.0	13.0	
			二			

注：深色染色绢丝的条干均匀度、洁净度、千米疵点项目不考核。

4.7 染色绢丝条干不匀变异系数指标规定见表3。

表 3 染色绢丝条干不匀变异系数分等规定

主要检验项目	分档	名义细度 Nm/2(dtex×2)	等级		
			优	一	二
条干不匀变异系数 CV/% ≤	低支	50～70 以下(200.0～142.9 以上)	9.5	11.0	12.5
		70～90 以下(142.9～111.1 以上)	10.0	11.5	13.0
	中支	90～110 以下(111.1～90.9 以上)	11.0	12.5	14.0
		110～130 以下(90.9～76.9 以上)	11.5	13.0	14.5
		130～150 以下(76.9～66.7 以上)	12.0	13.5	15.0
	高支	150～170 以下(66.7～58.8 以上)	13.0	14.5	16.0
		170～190 以下(58.8～52.6 以上)	13.5	15.0	16.5
		190～210 以下(52.6～47.6 以上)	14.0	15.5	17.0
		210～230 以下(47.6～43.5 以上)	14.5	16.0	17.5
		230～270 以下(43.5～37.0 以上)	15.0	16.5	18.0

4.8 检验条干均匀度可以由生产企业在黑板条干均匀度或电子条干不匀变异系数 CV(%) 两者中任选一种。但一经确定，不得任意变更。在监督检验或仲裁检验时，以采用电子条干不匀变异系数 CV(%) 的检验结果为准。

4.9 染色绢丝色差与染色牢度评等规定见表4。

表 4 染色绢丝色差及染色牢度指标规定

项 目				等级		
				优等品	一等品	二等品
主要检验项目	色牢度/级 ≥	耐水、耐洗、耐汗渍	变色	4	3-4	3
			沾色	3-4		3
		耐光		4	3,2-3(浅色[a])	
		耐干摩擦		4	3-4	3
		耐湿摩擦		3-4	3,2-3(深色[b])	

表 4（续）

项 目			等级		
			优等品	一等品	二等品
补助检验 项目	色差/级 ≥	样差	4	3-4	3
		缸差	4	3-4	3

^a 小于或等于 GB/T 4841.1 中 1/1 标准深度为浅色。

^b 大于 GB/T 4841.1 中 1/1 标准深度为深色。

4.10 绞装染色桑蚕绢丝外观疵点评定规定见表5。

表 5 绞装染色桑蚕绢丝外观疵点评定规定

序号	疵点名称		疵点说明	批注数量 绞
1	主要疵点	绞内色差、色花	同一丝绞中呈现不规则的色泽差异达到 GB/T 250 中的 3 级以下	1
2		污渍	丝绞上有明显污渍 1 处以上	1
3		凌乱丝	丝片花绞不清,络交紊乱,不易络筒	1
4		夹带杂物	绞纱中夹带飞花、回丝及其他杂物	1
5		明显硬伤	绞纱中有明显硬伤现象	1
6		霉变丝	绞纱表面光泽变异有明显霉变味者	1
7		支别混错	绞纱中有不合细度规格的绢丝相混杂	1
8	一般疵点	断丝	绞纱中存在 3 根以上断丝	2
9		异股丝	绞纱中有不合规定的多股丝或单股丝混入	2
10		绞重偏差	单绞重量偏差＞5％或＜-5％	4
11		其他纤维	绞纱中有其他不合规定的纤维错纺入	2

4.11 筒装染色桑蚕绢丝外观疵点评定规定见表6。

表 6 筒装染色桑蚕绢丝外观疵点评定规定

序号	疵点名称		疵点说明	批注数量 筒
1	主要疵点	支别混错	丝筒中有不合细度规格的绢丝相混杂	1
2		明显硬伤	丝筒中有明显硬伤现象	1
3		污染丝	丝筒中有明显油污丝或其他污染渍达二处以上	1
4		异股丝	丝筒中有不合规定的多股丝或单股丝混入	1
5		霉变丝	丝筒表面光泽变异有明显霉变味者	1
6		其他纤维	丝筒中有其他不合规定的纤维错纺入	1
7		支别混错	丝筒中有不合细度规格的绢丝相混杂	1

表 6（续）

序号	疵点名称		疵点说明	批注数量 筒
8	一般疵点	色不齐	丝筒大头向上排列,色光差异明显的	10
9		色圈	丝筒大头向上排列,端面有明显色圈达两圈、宽度 5 mm 以上	8
10		成形不良	丝筒中有菊花芯、凹凸明显、明显压印、平头筒子、侧面重叠、端面卷边、筒管破损、垮筒、松筒等情况之一者	6
11		断丝	丝筒中存在两根以上断丝	4
12		跳丝	丝筒大端有丝跳出,其弦长大于 30 mm,三根以上	8
13		水渍	丝筒遭水湿,三处以上	4
14		夹带杂物	丝筒中夹带飞花、回丝及其他杂物	2
15		筒重偏差	单只丝筒重量偏差>5％或<－5％	8
16		标志错乱	商标、支别票签错贴、漏贴、重叠贴	2

5 试验方法

5.1 检验条件及方法

捻度、断裂强度、断裂伸长率、支数、条干不匀变异系数的测定应按 GB/T 6529 规定的标准大气和容差范围,在温度(20.0±2.0)℃、相对湿度(65.0±4.0)％下进行,试样应在上述条件下平衡 12 h 以上方可进行检验。

5.2 内在质量检验

5.2.1 纤维含量试验方法

纤维定性分析按 FZ/T 01057 进行,定量分析按 GB/T 2910、FZ/T 01026、FZ/T 01048 执行。

5.2.2 支数(重量)偏差率、支数(重量)变异系数、捻度偏差率、捻度变异系数、洁净度、千米疵点、条干均匀度、条干不匀变异系数试验方法

按 FZ/T 40003 执行。

5.2.3 断裂强度、断裂伸长率、强力变异系数试验方法

按 GB/T 3916 执行。

5.2.4 色牢度试验方法

5.2.4.1 耐洗色牢度试验方法按 GB/T 3921—2008 执行,采用表 2 中试验条件 A(1)。

5.2.4.2 耐水色牢度试验方法按 GB/T 5713 执行。

5.2.4.3 耐汗渍色牢度试验方法按 GB/T 3922 执行。

5.2.4.4 耐摩擦色牢度试验方法按 GB/T 3920 执行。

5.2.4.5 耐光色牢度试验方法按 GB/T 8427—2008 执行,采用方法 3 。

5.3 重量检验

重量检验试验方法按 FZ/T 40003—2010 中 4.2 执行。

5.4 外观质量检验

5.4.1 检验条件

检验条件包括:

a) 检验台:表面光滑无反光;

b) 检验光源:检验光源采用天然北光,或采用内装荧光管的平面组合灯罩或集光灯罩。光线以一定的距离柔和均匀地照射于丝把或筒子的端面上,端面的照度为 450 lx～500 lx;

c) 评定变色用灰色样卡(GB/T 250);

d) D65 标准灯箱或按用户合同或协议要求的其他标准灯箱。

5.4.2 检验规程

5.4.2.1 样差的检验方法

采用 D65 标准光源,在外观质量检验样丝中,取与标样丝相近质量且色泽深浅差异最大的两绞(筒)丝中的样丝,与标样同时放入 D65 标准灯箱中,入射光与试样表面约成 45°角,检验人员的视线垂直于试样和标样表面,距离约 60 cm 目测,与 GB/T 250 标准样卡对比评级。

5.4.2.2 绞(筒)间色差的检验方法

在一批丝内中各抽取色泽深浅差异最大的两绞丝(筒)平摊放置在检验台上,以感官评定同批丝绞的色差。当两绞丝间(筒)色差有深浅时,对照 GB/T 250 标准样卡进行评定。

5.4.2.3 外观质量检验方法

5.4.2.3.1 绞装丝:将抽取的样丝平摊并整齐地排列在检验台上,逐绞检查样丝表面、中层、内层有无各种外观疵点,对照表 5 所列的疵点名称和疵点说明进行评定。

5.4.2.3.2 筒装丝:将抽取的样丝筒子放在检验台上,大头向上,用手将筒子倾斜 30°～40°转动一周,逐筒检查筒子的上、下端面和侧面,对照表 6 所列的疵点名称和疵点说明进行评定。

6 检验规则

6.1 检验分类

检验分为型式检验和出厂检验(交收检验)两类。型式检验时机根据生产企业实际情况或合同协议规定,一般在转产、停产后复产、原料或工艺有重大改变时进行。出厂检验在产品生产完毕交货前进行。

6.2 检验项目

6.2.1 出厂检验项目

纤维含量允差、断裂强度、支数(重量)变异系数、支数(重量)偏差率、强力变异系数、断裂伸长率、捻度偏差率、捻度变异系数、色牢度、重量检验、色差(绞间)、样差、缸差、绞(筒)外观疵点。

6.2.2 型式检验项目

本标准中的全部检验项目。

6.3 组批

同一品种、同一色号或生产批号为同一检验批。

6.4 抽样

6.4.1 抽样数量

6.4.1.1 重量检验试样每批抽 2 份,每份抽 2 绞,共 4 绞。

6.4.1.2 内在质量检验试样每批抽 10 绞。每绞从面层、底层各络 1 只筒子,共络成 20 只筒子。

6.4.1.3 外观质量检验试样抽样数量为 32 绞(筒)。

6.4.2 抽样方法

重量检验、内在质量和外观质量检验样丝抽样应遍及件(箱)内的不同部位。

6.5 分等规定

6.5.1 分等

染色桑蚕绢丝的质量评等由内在质量、外观质量的最低检验结果评定。分为优等品、一等品、二等品,低于二等品者为等外品。

6.5.2 内在质量评定

6.5.2.1 染色桑蚕绢丝内在质量评定以批为单位。依其检验结果,按表 2、表 3 中主要技术指标规定进行评定。

6.5.2.2 在表 2、表 3 中主要检验项目指标中的指标值不同时,以其中最低一项品等评定。若其中有一项低于表 2、表 3 规定的二等品指标时,评为等外品。

6.5.2.3 当表 2 中补助检验项目指标中有 2 项超过允许范围时,在染色绢丝原评品等的基础上顺降一等;如有 3 项及以上超过允许范围时,则在原评品等基础上顺降两等,但降至二等为止。

6.5.3 外观质量评定

6.5.3.1 染色绢丝外观疵点达到表 5、表 6 所列项目,分别批注数量,区别考核。

6.5.3.2 当主要疵点有某一项达到批注数量时,全批降为等外品。

6.5.3.3 当一般疵点有两项及以上达到批注数量时,在原评等基础上降一等。

6.5.3.4 染色绢丝有下列情况之一时,该批绢丝不能评为优等品:
　　a) 染色绢丝的条干有规律性的节粗节细;
　　b) 染色绢丝的条干有连续并列的粗丝或细丝 3 根以上者;
　　c) 染色绢丝的条干有明显的分散性的粗节或细节;
　　d) 染色绢丝的疵点有超过疵点样照最大的大长糙时。

6.6 复验

6.6.1 在出厂检验(交收检验)中,有一方对检验结果提出异议时,可以申请复验,复验以一次为限。

6.6.2 复验时,应对出厂检验(交收检验)项目进行检验,并以复验结果作为最后评等的依据。

7 包装、标志

7.1 包装

7.1.1 染色桑蚕绢丝分品种、分规格进行包装,件与件(箱与箱)之间重量差异不超过 1 kg。

7.1.2 包装应牢固,保证染色桑蚕绢丝品质不受损伤,并便于仓储及运输。

7.1.3 染色桑蚕绢丝包装用的纸箱、塑料袋、尼龙编织袋等材料,应清洁、坚韧、整齐。

7.2 标志

7.2.1 染色桑蚕绢丝的标志应明确、清楚、便于识别。

7.2.2 每包染色桑蚕绢丝外包装上应标明纤维含量、商标、品名、色号、规格、批号、等级、制造商或代号、执行标准、生产日期。

8 数值修约

本标准的各种数值计算,均按 GB/T 8170 数值修约规则取舍。

9 其他

对染色桑蚕绢丝的规格、品质、包装、标志有特殊要求者,供需双方可另订协议。

ICS 59.080.20
W 42

中华人民共和国纺织行业标准

FZ/T 42013—2013

桑蚕落绵绢丝

Mulberry noil spun silk yarn

2013-10-17 发布

2014-03-01 实施

中华人民共和国工业和信息化部   发 布

前　言

本标准按照 GB/T 1.1—2009 给出的规则起草。

本标准由中国纺织工业联合会提出。

本标准由全国丝绸标准化技术委员会(SAC/TC 401)归口。

本标准起草单位:浙江金鹰绢纺有限公司、浙江丝绸科技有限公司、江苏苏丝丝绸股份有限公司、浙江金鹰股份有限公司。

本标准主要起草人:陈小妹、周颖、陈松、傅炯明。

桑蚕落绵绢丝

1 范围

本标准规定了桑蚕落绵绢丝的术语与定义、标示、要求、试验方法、检验规则、包装和标志。

本标准适用于经烧毛的双股桑蚕落绵绢丝。

2 规范性引用文件

下列文件对于本文件的应用是必不可少的。凡是注日期的引用文件,仅注日期的版本适用于本文件。凡是不注日期的引用文件,其最新版本(包括所有的修改单)适用于本文件。

GB/T 8170　数值修约规则与极限数值的表示和判定

GB/T 8693　纺织品　纱线的标示

FZ/T 40003　桑蚕绢丝试验方法

FZ/T 42002　桑蚕绢丝

FZ/T 42003　筒装桑蚕绢丝

3 术语和定义

下列术语和定义适用于本文件。

3.1

桑蚕落绵绢丝　mulberry noil spun silk yarn

采用绢纺工艺与棉纺工艺相结合的技术,把桑蚕落绵纺制成一定规格的绢丝。

4 桑蚕落绵绢丝的判定

桑蚕落绵绢丝纤维平均长度小于 4 cm,近似棉型纤维长度,反映在条干仪波谱图上波峰处对应的横坐标值 $\lambda < 12$ cm。

5 标示

5.1 桑蚕落绵绢丝的名义细度

桑蚕落绵绢丝名义细度的标示,以单股名义公支数/2(单股名义分特数×2)表示。

示例:100 支双股桑蚕落绵绢丝以 100 Nm/2(100 dtex×2)表示。

5.2 桑蚕落绵绢丝捻向的标示

桑蚕落绵绢丝捻向按照 GB/T 8693 规定执行。

6 要求

6.1　桑蚕落绵绢丝的公定回潮率规定为 11.0%,成包时的回潮率不得超过 12.0%,超过 12.0% 退回重新整理。

6.2 桑蚕落绵绢丝品质技术指标规定见表1。

表 1 品质技术指标规定

检验项目分类	序号	项目	等级	Nm/2 细度（dtex×2）			
				40～65 以下（153.8 以上～250.0）	65～90 以下（111.1 以上～153.8）	90～115 以下（87.0 以上～111.1）	115～140（71.4～87.0）
主要检验项目	1	断裂强度 /(cN/tex) ≥	优	20.0			
			一	18.0			
			二	16.0			
	2	支数（重量）变异系数 CV/% ≤	优	3.5			
			一	4.0			
			二	4.5			
	3	条干不匀变异系数 CV/% ≤	优	12.0	13.0	14.0	15.0
			一	13.0	14.0	15.0	16.0
			二	14.0	15.0	16.0	17.0
	4	条干均匀度/分 ≥	优	80.0		75.0	
			一	75.0		70.0	
			二	70.0		65.0	
		洁净度/分 ≥	优	85			
			一	80			
			二	75			
	5	千米疵点/个 ≤	优	1.00			
			一	1.50			
			二	2.00			
补助检验项目	6	支数（重量）偏差率/%	优	≥-5.0		≥-4.5	
			一	≤5.0		≤4.5	
			二				
	7	强力变异系数 CV/% ≤	优	12.0			
			一				
			二				
	8	断裂伸长率/% ≥	优	7.0		6.5	
			一				
			二				
	9	捻度偏差率/%	优	≥-5.0		≤5.0	
			一	≥-7.0		≥-6.5	
			二	≤7.0		≤6.5	

表 1（续）

检验项目分类	序号	项目	等级	Nm/2 细度（dtex×2）			
				40～65 以下（153.8 以上～250.0）	65～90 以下（111.1 以上～153.8）	90～115 以下（87.0 以上～111.1）	115～140（71.4～87.0）
补助检验项目	10	绞装捻度变异系数 CV/% ≤	优	5.0			
			一	6.0			
			二				
		筒装捻度变异系数 CV/% ≤	优	11.0			
			一	13.0			
			二				

6.3 桑蚕落绵绢丝与桑蚕绢丝两者的判别见附录 A。在仲裁检验时，采用电子条干均匀度仪波谱图曲线进行判定。

6.4 检验条干均匀度可以由生产企业在黑板条干均匀度或电子条干不匀变异系数 CV(%) 两者中任选一种，但一经确定，不得任意变更。发生质量争议时，以电子条干不匀变异系数 CV(%) 为准。

6.5 将条干均匀度仪的粗节(+50%)、细节(-50%)、绵结(+200%)检验项目作为检验证书的明示指标项目。

6.6 将十万米纱疵作为选择检验项目。

6.7 桑蚕落绵绢丝练减率应控制在 7.0% 及以下。

6.8 同一批桑蚕落绵绢丝的色泽应基本保持一致。

6.9 条干均匀度、洁净度和千米疵点检验参照同规格桑蚕绢丝对应的合格样照，40 Nm/2 ～50 Nm/2 桑蚕落绵绢丝的检验参照低支桑蚕绢丝。

6.10 分等规定

6.10.1 桑蚕落绵绢丝的等级分为优等品、一等品、二等品，低于二等品者为等外品。

6.10.2 桑蚕落绵绢丝品等的评定以批为单位，依其检验结果，按表 1 中桑蚕落绵绢丝技术指标规定进行评定。

6.10.3 表 1 中主要检验项目指标中的品等不同时，以其中最低一项品等评定。若其中有一项低于表 1 规定的二等品指标时，评为等外品。

6.10.4 当表 1 中补助检验项目指标中有 1 项～2 项超过允许范围时，在原评品等的基础上顺降一等；如有 3 项及以上超过允许范围时，则在原评品等基础上顺降二等，但降至二等为止。

6.10.5 绞装桑蚕落绵绢丝中有下列缺陷之一时，即将该批桑蚕落绵绢丝降为等外品：
    a) 同批绢丝中有不同细度规格的绢丝相混杂；
    b) 有明显硬伤、油丝、污丝或霉变丝；
    c) 有不按规定的合股丝混入；
    d) 丝绞花纹紊乱不清；
    e) 混纺入其他纤维。

6.10.6 桑蚕落绵绢丝中有下列情况时，该批绢丝不能评为优等品：
    a) 条干有规律性的节粗节细；
    b) 条干有连续并列的粗丝或细丝 3 根以上；
    c) 条干有明显的分散性的粗节或细节；
    d) 疵点有超过疵点样照最大的大长糙时。

6.10.7 筒装桑蚕落绵绢丝按表2所列项目分为主要疵点和一般疵点,分别批注数量,区别考核。批注及降等规定如下:

    a) 当主要疵点有一项达到批注数量时,全批降为等外品;

    b) 当一般疵点有2项及以上达到批注数量时,在原评等基础上降一等;

    c) 当表2中序号8和9两项都达到批注数量时,只批注一项。

表 2 筒装桑蚕落绵绢丝外观疵点名称及批注范围

序号	疵点名称		疵点说明	批注数量 筒
1	主要疵点	支别混错	丝筒中有不合细度规格的绢丝相混杂	1
2		明显硬伤	丝筒中有明显硬伤现象	1
3		污染丝	丝筒中有明显油污丝或其他污染渍达 φ20 mm 或三处以上	1
4		霉变丝	丝筒表面光泽变异有明显霉变气味者	1
5		异股丝	丝筒中有不合规定的多股丝或单股丝混入	1
6		其他纤维	丝筒中有其他不合规定的纤维错纺入	1
7	一般疵点	成形不良	丝筒中有菊花芯、凹凸明显、明显压印、平头筒子、侧面重叠、端面卷边、筒管破损、垮筒、松筒等情况之一者	6
8		色不齐	丝筒大头向上排列,色光差异明显的	10
9		色圈	丝筒大头向上排列,端面有明显色圈达两圈、宽度 5 mm 以上	8
10		断丝	丝筒中存在两根以上断丝	4
11		跳丝	丝筒大端有丝跳出,其弦长大于 30 mm,三根以上	8
12		水渍	丝筒遭水湿,有渍印达 φ20 mm,三处以上	4
13		夹带杂物	丝筒中夹带飞花、回丝及其他杂物	2
14		筒重偏差	单只丝筒重量偏差＞−5％或＜＋5％	8
15		标志错乱	商标、支别票签错贴、漏贴、重叠贴	2

7 试验方法

桑蚕落绵绢丝试验方法按 FZ/T 40003 执行。

8 检验规则

8.1 组批与抽样

桑蚕落绵绢丝的组批与抽样按 FZ/T 40003 规定进行。

8.2 检验项目

8.2.1 品质检验

8.2.1.1 主要检验项目:断裂长度、支数(重量)变异系数、条干均匀度、条干不匀变异系数、洁净度、千米疵点。

8.2.1.2　补助检验项目：支数（重量）偏差率、强力变异系数、断裂伸长率、捻度偏差率、捻度变异系数。

8.2.1.3　外观检验项目：疵点、色泽。

8.2.1.4　明示检验项目：粗节（＋50％）、细节（－50％）、绵结（＋200％）。

8.2.1.5　选择检验项目：十万米纱疵。

8.2.2　重量检验

毛重、净重、回潮率、公量。

8.3　复验

8.3.1　在交接验收中，有一方对检验结果提出异议时，可以申请复验，复验以一次为限。

8.3.2　复验时，应对表 1、表 2 规定的全部项目进行检验，并以复验结果作为最后评等的依据。

9　包装、标志

9.1　绞装桑蚕落绵绢丝的包装和标志，按 FZ/T 42002 中的规定执行。

9.2　筒装桑蚕落绵绢丝的包装和标志，按 FZ/T 42003 中的规定执行。

10　其他

对桑蚕落绵绢丝的规格、品质、包装、标志有特殊要求者，供需双方可另订协议。

11　数值修约

本标准各种数值的计算，均按 GB/T 8170 数值修约规定取舍。

附 录 A

（规范性附录）

波谱图特征

A.1 短纤维纱条的波谱图呈山峰形状,棉条、粗纱、细纱的波谱图基本相似,见图 A.1。

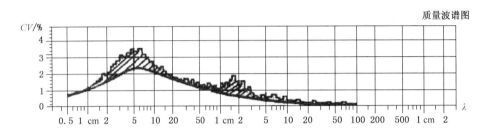

图 A.1 波谱图曲线

A.2 纱条波谱图曲线最高峰处的波长在平均纤维长度的 2.5~3 倍附近,即 $\lambda = L \times (2.5～3)$,对于一般天然纤维,当 L 为纤维重量加权平均长度时,乘数取 3;当 L 为纤维品质长度或有效长度时,乘数取 2.5;当 L 为等长切断化纤长度时,乘数取 2.8。

A.3 短纤维的波谱图为单峰曲线,纤维平均长度越长,曲线越往右方移动。

A.4 桑蚕落绵绢丝纤维平均长度小于 4 cm,近似棉型纤维长度,波谱图曲线最高峰处对应的波长 $\lambda <$ 12 cm;桑蚕绢丝纤维平均长度大于 4 cm,波谱图曲线最高峰处对应的波长 $\lambda > 12$ cm。

ICS 59.080.20
W 42

中华人民共和国纺织行业标准

FZ/T 42014—2014

桑蚕丝/羊毛混纺绢丝

Mulberry silk / wool blended spun yarn

2014-12-24 发布

2015-06-01 实施

中华人民共和国工业和信息化部　　发　布

前　言

本标准按照GB/T 1.1—2009给出的规则起草。

本标准由中国纺织工业联合会提出。

本标准由全国丝绸标准化技术委员会(SAC/TC 401)归口。

本标准起草单位：浙江金鹰股份有限公司、鑫缘茧丝绸集团股份有限公司、浙江金鹰绢纺有限公司、江苏苏丝丝绸股份有限公司、浙江丝绸科技有限公司、广东出入境检验检疫局、浙江出入境检验检疫局丝类检测中心。

本标准主要起草人：邵燕芬、徐昊楠、李兴龙、陈松、陈小妹、周颖、任忠海、潘璐璐。

桑蚕丝/羊毛混纺绢丝

1 范围

本标准规定了桑蚕丝/羊毛混纺绢丝的术语和定义、要求、试验方法、检验规则、包装和标志。

本标准适用于经烧毛的桑蚕丝含量在50％及以上的双股桑蚕丝/羊毛混纺绞装和筒装混纺绢丝。

2 规范性引用文件

下列文件对于本文件的应用是必不可少的。凡是注日期的引用文件，仅注日期的版本适用于本文件。凡是不注日期的引用文件，其最新版本（包括所有的修改单）适用于本文件。

GB/T 2910（所有部分） 纺织品 定量化学分析

GB/T 8170 数值修约规则与极限数值的表示和判定

GB 9994 纺织材料公定回潮率

GB/T 29862 纺织品 纤维含量的标识

FZ/T 01057（所有部分） 纺织纤维鉴别试验方法

FZ/T 40003 桑蚕绢丝试验方法

FZ/T 42002 桑蚕绢丝

FZ/T 42003 筒装桑蚕绢丝

3 术语和定义

下列术语和定义适用于本文件。

3.1

明示检验项目 explicit test item
在检验证书上须注明的，给用户提供相关的质量信息，但不作为定等依据的检验项目。

3.2

选择检验项目 optional test item
在产品考核项目中没有设置，但应用户需要进行检验的项目。

4 要求

4.1 回潮率

4.1.1 桑蚕丝、羊毛的公定回潮率按GB 9994规定执行。桑蚕丝/羊毛混纺绢丝的公定回潮率根据桑蚕丝、羊毛的公定回潮率和两种纤维的混纺比例，加权平均求得，按式（1）计算，计算结果修约至小数点后一位。

$$W=\frac{\dfrac{B_1 W_1}{1+\dfrac{W_1}{100}}+\dfrac{B_2 W_2}{1+\dfrac{W_2}{100}}}{\dfrac{B_1}{1+\dfrac{W_1}{100}}+\dfrac{B_2}{1+\dfrac{W_2}{100}}} \quad\cdots\cdots（1）$$

式中：

W ——桑蚕丝/羊毛混纺绢丝公定回潮率，%；

B_1、B_2——桑蚕丝、羊毛组分的公定质量混纺百分比例，%；

W_1、W_2——桑蚕丝、羊毛的公定回潮率，%。

4.1.2 桑蚕丝、羊毛的公定质量计算按 GB 9994 执行。

4.1.3 成包时的回潮率不得超过 12.0%。超过 12.0% 退回重新整理。

4.2 桑蚕丝/羊毛混纺绢丝的标准质量

4.2.1 100 m 桑蚕丝/羊毛混纺绢丝的标准干燥质量按式(2)计算，计算结果取小数点后三位。

$$m_0 = \frac{100}{N_D(1 + W/100)} \quad\quad\quad\quad\quad\quad\quad (2)$$

式中：

m_0——100 m 桑蚕丝/羊毛混纺绢丝的标准干燥质量，单位为克(g)；

N_D——桑蚕丝/羊毛混纺绢丝名义细度，单位为公支(Nm)或分特(dtex)；

W ——桑蚕丝/羊毛混纺绢丝公定回潮率，%。

4.2.2 100 m 桑蚕丝/羊毛混纺绢丝在公定回潮率时的标准质量按式(3)或式(4)计算，计算结果取小数点后三位。

$$m_1 = \frac{100}{N_D} \quad\quad\quad\quad\quad\quad\quad (3)$$

$$m_1 = \frac{T_t}{100} \quad\quad\quad\quad\quad\quad\quad (4)$$

式中：

m_1——100 m 桑蚕丝/羊毛混纺绢丝在公定回潮率时的标准质量，单位为克(g)；

N_D——桑蚕丝/羊毛混纺绢丝名义细度，单位为公支(Nm)；

T_t——桑蚕丝/羊毛混纺绢丝名义线密度，单位为分特(dtex)。

4.3 细度分档规定

桑蚕丝/羊毛混纺绢丝按细度分高、中、低三档，规定见表1。

表 1 细度分档规定

细度分档	细度范围
高支	150 Nm/2(66.7dtex×2)～210Nm/2(47.6dtex×2)
中支	90 Nm/2(111.1dtex×2)～150 Nm/2 以下(66.7dtex×2 以上)
低支	50 Nm/2(200.0dtex×2)～90 Nm/2 以下(111.1dtex×2 以上)

4.4 品质技术指标规定

4.4.1 品质技术指标规定见表2。

表 2 品质技术指标规定

检验项目分类	序号	指标名称	等级	高支	中支	低支
主要检验项目	1	纤维含量允差/%	优	按 GB/T 29862 执行		
			一			
			二			
	2	断裂长度/ km ≥	优	24.0		
			一	20.0		
			二			
	3	支数(质量)变异系数 /% ≤	优	3.0		
			一	3.5		
			二	4.0		
	4	条干均匀度/分 ≥	优	75.0	80.0	85.0
			一	70.0	75.0	80.0
			二	65.0	70.0	75.0
	5	洁净度 /分 ≥	优	85		
			一	80		
			二	70		
	6	千米疵点/只 ≤	优	1.00		
			一	1.50	2.00	2.50
			二	2.50	3.00	3.50
补助检验项目	7	支数(质量)偏差率/ %	优	≤3.5 ≥−3.5	≤3.6 ≥−3.6	≤4.5 ≥−4.5
			一			
			二			
	8	强力变异系数 CV/ % ≤	优	13.0		
			一			
			二			
	9	断裂伸长率/% ≥	优	6.5	7.0	7.5
			一			
			二			
	10	捻度偏差率/ %	优	≤5.0 ≥−5.0		
			一	≤6.0 ≥−6.0	≤6.5 ≥−6.5	≤7.0 ≥−7.0
			二			
	11	捻度变异系数[a]/% ≤	优	5.0		
			一	6.0	6.5	7.0
			二			

表 2（续）

检验项目分类	序号	指标名称		等级	高支	中支	低支
补助检验项目	12	捻度变异系数[b]/%	≤	优		11.0	
				一	12.0	13.0	14.0
				二			

[a] 考核绞装混纺绢丝。

[b] 考核筒装混纺绢丝。

4.4.2 条干不匀变异系数指标规定见表 3。

表 3 条干不匀变异系数指标规定

主要检验项目	分档	名义细度 Nm/2(dtex×2)	等级		
			优	一	二
条干不匀变异系数 CV/% ≤	低支	50～70 以下 (200.0～142.9 以上)	9.5	10.5	12.5
		70～90 以下 (142.9～111.1 以上)	10.5	11.5	13.5
	中支	90～110 以下 (111.1～90.9 以上)	11.5	12.5	14.0
		110～130 以下 (90.9～76.9 以上)	13.0	14.0	16.0
		130～150 以下 (76.9～66.7 以上)	14.5	15.5	17.5
	高支	150～170 以下 (66.7～58.8 以上)	16.0	17.0	19.5
		170～190 以下 (58.8～52.6 以上)	17.5	18.5	20.5
		190～210 以下 (52.6～47.6 以上)	19.0	20.5	22.5

4.4.3 检验条干均匀度可以由生产企业在黑板条干均匀度或电子条干不匀变异系数 CV（%）两者中任选一种。但一经确定，不得任意变更。在监督检验或仲裁检验时，以采用电子条干不匀变异系数 CV（%）的检验结果为准。

4.4.4 采用条干均匀度仪的粗节（+50%）、细节（−50%）、棉结（+200%）项目为明示检验项目。

4.4.5 采用纱疵分级仪的十万米纱疵项目为选择性检验项目。

4.5 桑蚕丝/羊毛混纺绢丝外观疵点分类及批注规定

4.5.1 筒装桑蚕丝/羊毛混纺绢丝外观疵点分类及批注规定见表 4。

表 4 筒装桑蚕丝/羊毛混纺绢丝外观疵点分类及批注规定

序号	疵点名称		疵点说明	批注数量 筒
1	主要 疵点	支别混错	丝筒中有不合细度规格的相混杂	1
2		明显硬伤	丝筒中有明显硬伤现象	1
3		污染丝	丝筒中有明显油污丝或其他污染渍达 Φ20 mm 且 3 处以上	1
4		霉变丝	丝筒表面光泽变异有明显霉变味者	1
5		异股丝	丝筒中有不合规定的多股丝或单股丝混入	1
6		其他纤维	丝筒中有其他不合规定的纤维错纺入	1
7	一般 疵点	色不齐	丝筒大头向上排列,色光差异明显的	10
8		色圈	丝筒大头向上排列,端面有明显色圈达两圈、宽度 5 mm 以上	8
9		成形不良	丝筒中有菊花芯、凹凸明显、明显压印、平头筒子、侧面重叠、端面卷边、筒管破损、垮筒、松筒等情况之一者	4
10		断丝	丝筒中存在 2 根以上断丝	4
11		跳丝	丝筒大端有丝跳出,其弦长大于 30 mm,3 根以上	8
12		水渍	丝筒遭水湿,有渍印达 Φ20 mm,且 3 处以上	4
13		夹带杂物	丝筒中夹带飞花、回丝及其他杂物	2
14		筒重偏差	单只丝筒重量偏差大于+5%或小于−5%	8
15		标志错乱	商标、支别票签错贴、漏贴、重叠贴	2

4.5.2 绞装桑蚕丝/羊毛混纺绢丝外观疵点分类及批注规定见表 5。

表 5 绞装桑蚕丝/羊毛混纺绢丝外观疵点分类及批注规定

序号	疵点名称	疵点说明	批注数量 绞
1	支别混错	丝绞中有不合细度规格的相混杂	1
2	明显硬伤	丝绞中有明显硬伤现象	1
3	污染丝	丝绞中有明显油污丝或其他污染渍	1
4	霉变丝	丝绞表面光泽变异有明显霉变味者	1
5	异股丝	丝绞中有不合规定的多股丝或单股丝混入	1
6	其他纤维	丝绞中有其他不合规定的纤维错混入	1
7	丝绞花纹不清	丝绞花纹杂乱不清	1

4.6 分等规定

4.6.1 桑蚕丝/羊毛混纺绢丝的等级分为优等品、一等品、二等品,低于二等品者为等外品。

4.6.2 桑蚕丝/羊毛混纺绢丝品等的评定以批为单位,依其检验结果,按表 2、表 3 中技术指标规定进行评定。

4.6.3 在表 2、表 3 中主要检验项目指标中的品等不同时,以其中最低一项品等评定。若其中有一项低于表 2、表 3 规定的二等品指标时,评为等外品。

4.6.4 当表 2 中补助检验项目指标中有 1 项～2 项超过允许范围时,在桑蚕丝/羊毛混纺绢丝原评品等的基础上顺降一等;如有 3 项及以上超过允许范围时,则在原评品等基础上顺降二等,但降至二等为止。

4.7 外观质量评等规定

4.7.1 筒装桑蚕丝/羊毛混纺绢丝外观质量评等规定:

a) 桑蚕丝/羊毛混纺绢丝外观质量按表 4 所列项目分主要疵点和一般疵点,分别批注数量,区别考核;

b) 当主要疵点有某一项达到批注数量时,全批降为等外品;

c) 当一般疵点有两项及以上达到批注数量时,在原评等基础上降一等;

d) 当表 4 中序号 7 和 8 两项都达到批注数量时,只批注一项。

4.7.2 绞装桑蚕丝/羊毛混纺绢丝外观质量评等规定:

绞装桑蚕丝/羊毛混纺绢丝按表 5 所列项目有一项达到时,即将该批降为等外品。

4.7.3 桑蚕丝/羊毛混纺绢丝中有下列情况时,该批绢丝不能评为优等品:

a) 条干有规律性的节粗节细;

b) 条干连续并列的粗丝或细丝在 3 根以上者;

c) 条干有明显的分散性的粗节或细节;

d) 疵点有超过疵点样照最大的大长糙时。

5 试验方法

5.1 纤维含量试验方法

纤维定性分析按 FZ/T 01057 进行,定量分析按 GB/T 2910 执行。

5.2 品质检验试验方法

桑蚕丝/羊毛混纺绢丝的试验方法按 FZ/T 40003 执行。

5.3 外观检验

外观以目测感官检验,检验结果按表 4、表 5 评定。

5.4 重量检验

重量检验试验方法按 FZ/T 40003 执行。

6 检验规则

6.1 组批与抽样

桑蚕丝/羊毛混纺绢丝的组批与抽样按 FZ/T 40003 规定进行。

6.2 检验项目

6.2.1 品质检验

6.2.1.1 主要检验项目:纤维含量允差、断裂长度、支数(质量)变异系数、条干均匀度、条干不匀变异系数、洁净度、千米疵点。

6.2.1.2 补助检验项目：支数(质量)偏差率、强力变异系数、断裂伸长率、捻度偏差率、捻度变异系数。

6.2.1.3 明示检验项目：粗节(+50%)、细节(-50%)、绵结(+200%)。

6.2.1.4 选择检验项目：十万米纱疵。

6.2.2 外观检验

丝筒、丝绞外观质量。

6.2.3 重量检验

毛重、净重、回潮率、公量。

6.3 复验

6.3.1 在交接验收中,有一方对检验结果提出异议时,可以申请复验,复验以一次为限。

6.3.2 复验时,应对表2、表3、表4、表5规定的全部项目进行检验,并以复验结果作为最后评等的依据。

7 包装与标志

7.1 绞装桑蚕丝/羊毛混纺绢丝的包装与标志按 FZ/T 42002 执行。

7.2 筒装桑蚕丝/羊毛混纺绢丝的包装与标志按 FZ/T 42003 执行。

8 数值修约

本标准的各种数值计算,均按 GB/T 8170 数值修约规则取舍。

9 其他

对桑蚕丝/羊毛混纺绢丝的规格、品质、包装、标志有特殊要求者,供需双方可另订协议,并按其执行。

ICS 59.080.20
W 42

中华人民共和国纺织行业标准

FZ/T 42015—2015

桑蚕丝/棉混纺绢丝

Mulberry silk and cotton blended spun silk yarn

2015-07-14 发布　　　　　　　　　　　　　　2016-01-01 实施

中华人民共和国工业和信息化部　　发 布

前　言

本标准按照 GB/T 1.1—2009 给出的规则起草。

本标准由中国纺织工业联合会提出。

本标准由全国丝绸标准化技术委员会(SAC/TC 401)归口。

本标准起草单位:江苏苏丝丝绸股份有限公司、浙江丝绸科技有限公司、广西出入境检验检疫局检验检疫技术中心、山东省纤维检验局。

本标准主要起草人:陈松、徐昊楠、盖国平、杨华、伍冬平、周颖。

桑蚕丝/棉混纺绢丝

1 范围

本标准规定了桑蚕丝/棉混纺绢丝的术语和定义、标示、要求、试验方法、检验规则、包装与标志。

本标准适用于经烧毛的桑蚕丝含量在50%以上，由传统绢纺生产线生产的本色双股桑蚕丝/棉混纺绞装和筒装绢丝。

2 规范性引用文件

下列文件对于本文件的应用是必不可少的。凡是注日期的引用文件，仅注日期的版本适用于本文件。凡是不注日期的引用文件，其最新版本（包括所有的修改单）适用于本文件。

GB/T 2910（所有部分） 纺织品 定量化学分析

GB/T 6529 纺织品 调湿和试验用标准大气

GB/T 8170 数值修约规则与极限数值的表示和判定

GB 9994 纺织材料公定回潮率

GB/T 29862 纺织品 纤维含量的标识

FZ/T 01048 蚕丝/羊绒混纺产品混纺比的测定

FZ/T 01057（所有部分） 纺织纤维鉴别试验方法

FZ/T 42002 桑蚕绢丝

FZ/T 42003 筒装桑蚕绢丝

3 术语和定义

下列术语和定义适用于本文件。

3.1

明示检验项目 explicit test item

在检验证书上须注明的，给用户提供相关的质量信息，但不作为定等依据的项目。

3.2

选择检验项目 optional test item

在产品考核项目中没有设置，但有时应用户需要进行检验的项目。

4 标示

4.1 桑蚕丝/棉混纺绢丝标示以混纺比、细度标记。

4.2 桑蚕丝的原料代号以S标示，棉的原料代号以C标示。

4.3 混纺比以两种纤维的公定质量比表示。

示例：桑蚕丝65/棉35混纺绢丝，细度为90 Nm/2(111.1 dtex×2)，表示为：S65/C35 90 Nm/2(111.1 dtex×2)。

5 要求

5.1 回潮率

5.1.1 桑蚕丝、棉的公定回潮率按 GB 9994 规定执行。桑蚕丝/棉混纺绢丝的公定回潮率按公定质量混纺比计算。根据桑蚕丝、棉的公定回潮率和两种纤维的混纺比例,加权平均求得,按式(1)计算精确至小数点后一位。

$$W = \frac{\dfrac{B_1 W_1}{1 + W_1/100} + \dfrac{B_2 W_2}{1 + W_2/100}}{\dfrac{B_1}{1 + W_1/100} + \dfrac{B_2}{1 + W_2/100}} \qquad\cdots\cdots\cdots\cdots\cdots\cdots\cdots\cdots(1)$$

式中:

W ——桑蚕丝/棉混纺绢丝公定回潮率,%;

W_1 ——桑蚕丝的公定回潮率,%;

W_2 ——棉的公定回潮率,%;

B_1 ——桑蚕丝的公定质量混纺百分比例,%;

B_2 ——棉的公定质量混纺百分比例,%。

5.1.2 桑蚕丝、棉的公定质量计算按 GB 9994 执行。

5.1.3 成包时的回潮率应不超过 12.0%,超过 12.0% 退回重新整理。

5.2 细度分档规定

桑蚕丝/棉混纺绢丝按细度分高、中、低 3 档,规定见表 1。

表 1 细度分档规定

细度分档	细度范围
高支	150 Nm/2(66.7 dtex×2)～210 Nm/2(47.6 dtex×2)
中支	90 Nm/2(111.1 dtex×2)～150 Nm/2 以下(66.7 dtex×2 以上)
低支	50 Nm/2(200.0 dtex×2)～90 Nm/2 以下(111.1 dtex×2 以上)

5.3 品质技术指标规定

5.3.1 品质技术指标规定见表 2。

表 2 品质技术指标规定

检验项目分类	序号	指标名称	等级	高支	中支	低支
主要检验项目	1	纤维含量允差/%	优	按 GB/T 29862 执行		
			一			
			二			
	2	断裂强度/(cN/tex) ≥	优	21.0		
			一	19.0		
			二	16.0		

表 2（续）

检验项目分类	序号	指标名称	等级	高支	中支	低支
主要检验项目	3	支数（质量）变异系数/% ≤	优		3.0	
			一		3.5	
			二		4.0	
	4	条干均匀度/分 ≥	优	75.0	80.0	85.0
			一	70.0	75.0	80.0
			二	65.0	70.0	75.0
	5	洁净度/分 ≥	优		85	
			一		80	
			二		70	
	6	千米疵点/只 ≤	优		1.00	
			一	1.50	2.00	2.50
			二	2.50	3.00	3.50
补助检验项目	7	支数（质量）偏差率/%	优			
			一	≤3.5 ≥-3.5	≤3.6 ≥-3.6	≤4.5 ≥-4.5
			二			
	8	强力变异系数 CV/% ≤	优			
			一		12.0	
			二			
	9	断裂伸长率/% ≥	优			
			一	6.5	7.0	7.5
			二			
	10	捻度偏差率/%	优	≤5.00		≥-5.00
			一	≤6.0	≤6.5	≤7.0
			二	≥-6.0	≥-6.5	≥-7.0
	11	捻度变异系数[a]/% ≤	优		5.0	
			一	6.0	6.5	7.0
			二			
	12	捻度变异系数[b]/% ≤	优		11.0	
			一	12.0	13.0	14.0
			二			

[a]　考核绞装混纺绢丝。
[b]　考核筒装混纺绢丝。

5.3.2　条干不匀变异系数指标规定见表3。

表 3 条干不匀变异系数指标规定

主要检验项目	分档	名义细度 Nm/2(dtex×2)	等级		
			优	一	二
条干不匀变异系数 CV/% ≤	低支	50～70 以下 (200.0～142.9 以上)	10.5	11.5	13.0
		70～90 以下 (142.9～111.1 以上)	11.5	12.5	14.0
	中支	90～110 以下 (111.1～90.9 以上)	12.5	13.5	15.0
		110～130 以下 (90.9～76.9 以上)	13.5	14.5	16.0
		130～150 以下 (76.9～66.7 以上)	14.5	15.5	17.0
	高支	150～170 以下 (66.7～58.8 以上)	16.5	17.5	19.0
		170～190 以下 (58.8～52.6 以上)	18.5	19.5	21.0
		190～210 以下 (52.6～47.6 以上)	20.5	21.5	23.0

5.3.3 检验条干均匀度可以由生产企业在黑板条干均匀度或电子条干不匀变异系数 CV(%)两者中任选一种。但一经确定,不可任意变更。在监督检验或仲裁检验时,以采用电子条干不匀变异系数 CV (%)的检验结果为准。

5.3.4 采用条干均匀度仪的粗节(+50%)、细节(-50%)、棉结(+200%)项目为明示检验项目。

5.3.5 采用纱疵分级仪的十万米纱疵项目为选择检验项目。

5.4 外观疵点分类及批注规定

5.4.1 筒装桑蚕丝/棉混纺绢丝外观疵点分类及批注规定见表 4。

表 4 筒装桑蚕丝/棉混纺绢丝外观疵点分类及批注规定

序号	疵点名称		疵点说明	批注数量(筒)
1	主要疵点	支别混错	丝筒中有不合细度规格的桑蚕丝/棉混纺绢丝相混杂	1
2		明显硬伤	丝筒中有明显硬伤现象	1
3		污染丝	丝筒中有明显油污丝或其他污染渍达 φ20 mm 且 3 处以上	1
4		霉变丝	丝筒表面光泽变异有明显霉变味者	1
5		异股丝	丝筒中有不合规定的多股丝或单股丝混入	1
6		其他纤维	丝筒中有其他不合规定的纤维错纺入	1
7		成形不良	丝筒中有菊花芯、凹凸明显、明显压印、平头筒子、侧面重叠、端面卷边、筒管破损、垮筒、松筒等情况之一者	4

表 4（续）

序号	疵点名称		疵点说明	批注数量（筒）
8	一般疵点	色不齐	丝筒大头向上排列,色光差异明显的	10
9		色圈	丝筒大头向上排列,端面有明显色圈达两圈、宽度 5 mm 以上	8
10		断丝	丝筒中存在 2 根以上断丝	4
11		跳丝	丝筒大端有丝跳出,其弦长大于 30 mm,3 根以上	8
12		水渍	丝筒遭水湿,有渍印达 ф20 mm,且 3 处以上	4
13		夹带杂物	丝筒中夹带飞花、回丝及其他杂物	2
14		筒重偏差	单只丝筒重量偏差大于＋5％或小于—5％	8
15		标志错乱	商标、支别票签错贴、漏贴、重叠贴	2

5.4.2 绞装桑蚕丝/棉混纺绢丝外观疵点分类及批注规定见表 5。

表 5 绞装桑蚕丝/棉混纺绢丝外观疵点分类及批注规定

序号	疵点名称	疵点说明	批注数量（绞）
1	支别混错	丝绞中有不合细度规格的桑蚕丝/棉混纺绢丝相混杂	1
2	明显硬伤	丝绞中有明显硬伤现象	1
3	污染丝	丝绞中有明显油污丝或其他污染渍	1
4	霉变丝	丝绞表面光泽变异有明显霉变味者	1
5	异股丝	丝绞中有不合规定的多股丝或单股丝混入	1
6	其他纤维	丝绞中有其他不合规定的纤维错混入	1
7	丝绞花纹不清	丝绞花纹杂乱不清	1

5.5 分等规定

5.5.1 桑蚕丝/棉混纺绢丝品等的评定以批为单位。其等级分为优等品、一等品、二等品,低于二等品者为等外品。

5.5.2 桑蚕丝/棉混纺绢丝品等依其检验结果,按表 2、表 3 中技术指标规定进行评定。

5.5.3 在表 2、表 3 中主要检验项目指标中以其中最低一项品等评定。若其中有一项低于表 2、表 3 规定的二等品指标时,评为等外品。

5.5.4 当表 2 中补助检验项目指标中有 1 项～2 项超过允许范围时,在原评品等的基础上顺降一等;如有 3 项及以上超过允许范围时,则在原评品等基础上顺降二等,但降至二等为止。

5.5.5 外观质量评等规定

5.5.5.1 筒装桑蚕丝/棉混纺绢丝外观质量评等规定:

  a) 桑蚕丝/棉混纺绢丝外观质量按表 4 所列项目分主要疵点和一般疵点,分别批注数量,区别考核;

  b) 当主要疵点有某一项达到批注数量时,全批降为等外品;

  c) 当一般疵点有两项及以上达到批注数量时,在原评等基础上降一等;

d) 当表4中序号8和9两项都达到批注数量时,只批注一项。

5.5.5.2 绞装桑蚕丝/棉混纺绢丝外观质量评等规定:

绞装桑蚕丝/棉混纺绢丝按表5所列项目有一项达到时,即将该批降为等外品。

5.5.5.3 桑蚕丝/棉混纺绢丝中有下列情况时,该批绢丝不能评为优等品:

a) 条干有规律性的节粗节细;

b) 条干连续并列的粗丝或细丝在3根以上者;

c) 条干有明显的分散性的粗节或细节;

d) 疵点有超过疵点样照最大的大长糙。

6 试验方法

6.1 试验条件

捻度、断裂强度、断裂伸长率、细度的测定应按GB/T 6529规定的标准大气和容差范围,在温度(20.0±2.0)℃、相对湿度(65.0±4.0)%下进行,试样应在上述条件下平衡12 h以上方可进行检验。

6.2 试验方法

6.2.1 品质检验

6.2.1.1 纤维含量定性分析按FZ/T 01057(所有部分)进行,定量分析按GB/T 2910(所有部分)、FZ/T 01048执行。

6.2.1.2 支数(质量)偏差率、支数(质量)变异系数、捻度偏差率、捻度变异系数、洁净度、千米疵点、条干均匀度、条干不匀变异系数、断裂强度、断裂伸长率、十万米纱疵等品质检验试验方法按FZ/T 42002、FZ/T 42003执行。

6.2.2 外观质量检验

疵筒、疵绞以目测检验,检验结果按表4、表5评定。

6.2.3 重量检验

重量检验试验方法按FZ/T 42002、FZ/T 42003执行。

7 检验规则

7.1 组批与抽样

桑蚕丝/棉混纺绢丝的组批与抽样按FZ/T 42002、FZ/T42003规定进行。

7.2 检验项目

7.2.1 品质检验

7.2.1.1 主要检验项目:纤维含量允差、断裂长度、支数(质量)变异系数、条干均匀度、条干不匀变异系数、洁净度、千米疵点。

7.2.1.2 补助检验项目:支数(质量)偏差率、强力变异系数、断裂伸长率、捻度偏差率、捻度变异系数。

7.2.1.3 明示检验项目:粗节(+50%)、细节(−50%)、棉结(+200%)。

7.2.1.4 选择检验项目:十万米纱疵。

7.2.2 外观检验

外观检验项目:疵点。

7.2.3 重量检验

毛重、净重、回潮率、公量。

7.3 复验

7.3.1 在交接验收中,有一方对检验结果提出异议时,可以申请复验,复验以一次为限。

7.3.2 复验时,应按表2、表3、表4、表5规定的全部项目进行检验,并以复验结果作为最后评等的依据。

8 包装与标志

8.1 绞装桑蚕丝/棉混纺绢丝包装与标志按FZ/T 42002中的规定执行。

8.2 筒装桑蚕丝/棉混纺绢丝包装与标志按FZ/T 42003中的规定执行。

9 数值修约

本标准的各种数值计算,均按GB/T 8170数值修约规则取舍。

10 其他

对桑蚕丝/棉混纺绢丝规格、品质、包装、标志有特殊要求者,供需双方可另订协议,并按其执行。

附 录 A

（规范性附录）

100 m 桑蚕丝/棉混纺绢丝标准干燥质量与公定回潮率时的标准质量计算

A.1 100 m 桑蚕丝/棉混纺绢丝的标准干燥质量按式（A.1）计算，计算结果取小数点后三位。

$$m_0 = \frac{100}{N_m(1 + W_k/100)} \quad\cdots\cdots\cdots\cdots\cdots\cdots\cdots (A.1)$$

式中：

m_0——100 m 混纺绢丝的标准干燥质量，单位为克每百米（g/100 m）；

N_m——桑蚕丝/棉混纺绢丝名义细度，单位为公支（Nm）或分特（dtex）；

W_k——桑蚕丝/棉混纺绢丝公定回潮率，%。

A.2 100 m 桑蚕丝/棉混纺绢丝在公定回潮率时的标准质量按式（A.2）或式（A.3）计算，计算结果取小数点后三位。

$$m_1 = \frac{100}{N_m} \quad\cdots\cdots\cdots\cdots\cdots\cdots\cdots (A.2)$$

式中：

m_1——100 m 桑蚕丝/棉混纺绢丝在公定回潮率时的标准质量，单位为克每百米（g/100 m）；

N_m——桑蚕丝/棉混纺绢丝名义细度，单位为公支（Nm）或分特（dtex）；

$$m_1 = \frac{T_T}{100} \quad\cdots\cdots\cdots\cdots\cdots\cdots\cdots (A.3)$$

式中：

m_1——100 m 桑蚕丝/棉混纺绢丝在公定回潮率时的标准质量，单位为克每百米（g/100 m）；

T_T——桑蚕丝/棉混纺绢丝名义线密度，单位为公支（Nm）或分特（dtex）。

ICS 59.080.30
W 43

中华人民共和国纺织行业标准

FZ/T 43001—2010
代替 FZ/T 43001—1991

桑 蚕 绸 丝 织 物

Mulberry noil silk fabrics

2010-08-16 发布

2010-12-01 实施

中华人民共和国工业和信息化部　　发布

前　　言

本标准代替 FZ/T 43001—1991《桑蚕绸丝织物》。

本标准与 FZ/T 43010—1999 相比主要变化如下：

——增加了桑蚕绸丝织物基本安全性能应符合 GB 18401 的规定(本版的 3.3)；

——将断裂强力的考核指标设最低限度值；

——将尺寸变化率改为水洗尺寸变化率，对练白、印花、染色、色织织物水洗尺寸变化率分别进行考核，并提高了指标水平(1991 年版的 3.2；本版的 3.5)；

——提高了耐水、耐皂洗、耐汗渍、耐干摩擦、耐光色牢度的指标水平，增加了耐湿摩擦考核项目(1991 年版的 3.2；本版的 3.5)；

——增加了色差(与标样对比)的分等规定(本版的 3.5)；

——将外观疵点的定等由分/4.5 m 改为分/100 m² 定等(1991 年版的 3.2；本版的 3.6.1)；

——外观疵点的评分采用"四分制"。

本标准的附录 A 为资料性附录。

本标准由中国纺织工业协会提出。

本标准由全国丝绸标准化技术委员会(SAC/TC 401)归口。

本标准起草单位：浙江喜得宝丝绸科技有限公司、浙江丝绸科技有限公司。

本标准主要起草人：樊启平、伍冬平、蔡桂花、周颖。

本标准所代替标准的历次版本发布情况为：

——FZ/T 43001—1991。

桑 蚕 䌷 丝 织 物

1 范围

本标准规定了桑蚕䌷丝织物的要求、试验方法、检验规则、包装和标志。

本标准适用于评定各类练白、染色(色织)、印花纯桑蚕䌷丝织物、桑蚕䌷丝交织物品质。

2 规范性引用文件

下列文件中的条款通过本标准的引用而成为本标准的条款。凡是注日期的引用文件,其随后所有的修改单(不包括勘误的内容)或修订版均不适用于本标准,然而,鼓励根据本标准达成协议的各方研究是否可使用这些文件的最新版本。凡是不注日期的引用文件,其最新版本适用于本标准。

GB/T 250 纺织品 色牢度试验 评定变色用灰色样卡

GB/T 4841.1 染料染色标准深度色卡 1/1

GB/T 8170 数值修约规则与极限数值的表示和判定

GB/T 15551—2007 桑蚕丝织物

GB/T 15552—2007 丝织物试验方法和检验规则

GB 18401 国家纺织产品基本安全技术规范

FZ/T 01053 纺织品 纤维含量的标识

3 要求

3.1 桑蚕䌷丝织物的要求包括内在质量和外观质量。内在质量包括密度偏差率、质量偏差率、断裂强力、纤维含量偏差、水洗尺寸变化率、色牢度等六项,外观质量包括色差(与标样对比)、幅宽偏差率、外观疵点评分限度等三项。

3.2 桑蚕䌷丝织物的品质由内在质量和外观质量中的最低等级项目评定。其等级分为优等品、一等品、二等品、三等品,低于三等品的为等外品。

3.3 桑蚕䌷丝织物的基本安全性能应符合 GB 18401 的规定。

3.4 桑蚕䌷丝织物的评等以匹为单位。质量、断裂强力、纤维含量偏差、水洗尺寸变化率、色牢度等按批评等。密度、外观质量按匹评等。

3.5 桑蚕䌷丝织物内在质量分等规定见表1。

表 1 内在质量分等规定

项 目		指 标			
		优等品	一等品	二等品	三等品
密度偏差率/%	经向	±3.0	±4.0	±5.0	±6.0
	纬向				
质量偏差率/%		±4.0	±5.0	±6.0	±7.0
断裂强力/N ≥		200			
纤维含量偏差/%(绝对百分比)	桑蚕䌷丝织物	按 FZ/T 01053 执行			
	交织织物				

表 1（续）

项　　目			指　　标			
			优等品	一等品	二等品	三等品
水洗尺寸变化率/%	练白	经向	+2.0～−5.0	+2.0～−7.0	+2.0～−9.0	
		纬向				
	印花、染色、色织	经向	+2.0～−3.0	+2.0～−5.0	+2.0～−7.0	
		纬向				
色牢度/级 ≥	耐水耐汗渍	变色	4		3-4	
		沾色	3-4		3	
	耐皂洗	变色	4	3-4	3	
		沾色	3-4	3	2-3	
	耐干摩擦		4	3-4	3	
	耐湿摩擦		3-4	3,2-3(深色[a])	2-3,2(深色[a])	
	耐光		3-4		3	

[a] 大于或等于 GB/T 4841.1 中 1/1 标准深度为深色。

3.6 桑蚕䌷丝织物的外观质量的评定

3.6.1 桑蚕䌷丝织物的外观质量分等规定见表 2。

表 2　外观质量分等规定

项　　目	优等品	一等品	二等品	三等品
色差(与标样对比)/级　　　≥	4	3-4		3
幅宽偏差率/%	±1.5	±2.5	±3.5	±4.5
外观疵点评分限度/(分/100 m²)　≤	15	30	50	100

3.6.2 桑蚕䌷丝织物的外观疵点评分见表 3。

表 3　外观疵点评分表　　　　　　　　　　单位为厘米

序号	疵　　点	分　　数			
		1	2	3	4
1	经向疵点	8 cm 及以下	8 cm 以上～16 cm	16 cm 以上～24 cm	24 cm 以上～100 cm
2	纬向疵点	8 cm 及以下	8 cm 以上～半幅	—	半幅以上
	纬档[a]	—	普通	—	明显
3	印花疵	8 cm 及以下	8 cm 以上～16 cm	16 cm 以上～24 cm	24 cm 以上～100 cm
4	渍、破损性疵点	—	2.0 cm 及以下	—	2.0 cm 以上
5	边疵[b]、松板印、撬小	经向每 100 cm 及以下	—	—	—
6	纬斜、花斜、幅不齐	—	—	—	大于 3%

注：桑蚕䌷丝织物外观疵点归类按附录 A 执行。

[a] 纬档以经向 10 cm 及以下为一档。

[b] 针板眼进入内幅 1.5 cm 及以下不计。

3.6.3 外观疵点的评分采用有限度的累计评分。

3.6.4 外观疵点长度以经向或纬向最大方向量计。

3.6.5 同匹色差(色泽不匀)达 GB/T 250 中 4 级及以下,1 m 及以内评 4 分。

3.6.6 经向 1 m 内累计评分最多 4 分,超过 4 分按 4 分计。

3.6.7 "经柳"普通,定等限度二等品,"经柳"明显,定等限度三等品。其他全匹性连续疵点,定等限度为三等品。

3.6.8 严重的连续性病疵每米扣 4 分,超过 4 m 降为等外品。

3.6.9 全匹性连续疵点定等限度为三等品。

3.6.10 优等品、一等品、二等品内不允许有轧梭档、拆烊档、开河档等严重疵点。

3.6.11 每匹桑蚕绸丝织物允许分数,由式(1)计算得出,计算结果按 GB/T 8170 修约至整数。

$$q = \frac{c}{100} \times l \times w \qquad \qquad \cdots\cdots\cdots\cdots\cdots\cdots\cdots\cdots (1)$$

式中:

q——每匹最高允许分数,单位为分;

c——外观疵点评分限度,单位为分每百平方米(分/100 m²);

l——匹长,单位为米(m);

w——幅宽,单位为米(m)。

3.7 开剪拼匹和标疵放尺的规定

3.7.1 桑蚕绸丝织物允许开剪拼匹或标疵放尺,两者只能采用一种。

3.7.2 开剪拼匹各段的等级、幅宽、色泽、花型应一致。

3.7.3 绸匹平均每 10 m 及以内允许标疵一次。每 3 分和 4 分的疵点允许标疵,每处标疵放尺 20 cm。标疵后的疵点不再计分。局部性疵点的标疵间距或标疵疵点与绸匹端的距离不得少于 4 m。

4 试验方法

桑蚕绸丝织物的试验方法按 GB/T 15552—2007 执行。

5 检验规则

桑蚕绸丝织物的检验规则按 GB/T 15552—2007 执行。

6 包装和标志

桑蚕绸丝织物的包装和标志按 GB/T 15551—2007 执行。

7 其他

对品质、要求、试验方法、包装和标志另有要求,可按合同或协议执行。

附 录 A

（资料性附录）

外观疵点归类表

表 A.1 外观疵点归类表

序号	疵点类别	疵 点 名 称
1	经向疵点	筘路、经柳、边撑印、粗经、双经、错经、色经、渍经、宽急经、又绞、缺经、星跳、压皱印、灰伤印、皱印、荷叶边
2	纬向疵点	破纸板、综框梁子多少起、抛纸板、错纹板、错花、跳梭、煞星、柱渍、轧梭痕、筘锈渍、带纬、断纬、叠纬、坍纬、糙纬、灰伤、皱印、杂物织入、渍纬等
	纬档	松紧档、撬档、撬小挡、顺纤档、多少捻档、粗细纬档、缩纬档、急纬档、断花档、通绞档、毛纬档、拆毛档、停车档、渍纬档、错纬档、糙纬档、色纬档、拆烊档
3	印花疵	搭脱、渗进、漏浆、塞煞、色点、眼圈、套歪、露白、砂眼、双茎、拖版、搭色、反丝、叠版印、框子印、刮刀印、色皱印、回浆印、刷浆印、化开、糊开、花痕、野花、粗细茎、跳版深浅、接版深浅、雕色不清、涂料脱落、涂料颜色不清等
4	渍、破损性疵点	色渍、锈渍、油污渍、洗渍、皂渍、霉渍、蜡渍、白雾、字渍、水渍等。 蛛网、披裂、拔伤、空隙、破洞等
5	边疵、松板印、撬小	宽急边、木耳边、粗细边、卷边、边糙、吐边、边修剪不净、针板眼、边少起、破边、凸铗、脱铗等
6	纬斜、花斜、幅不齐	

注1：对经、纬向共有的疵点，以严重方向评分。

注2：外观疵点归类表中没有归入的疵点按类似疵点评分。

ICS 59.080.30
W 43

中华人民共和国纺织行业标准

FZ/T 43004—2013
代替 FZ/T 43004—2004

桑蚕丝纬编针织绸

Mulberry silk weft knitted fabrics

2013-07-22 发布

2013-12-01 实施

中华人民共和国工业和信息化部　　发 布

前　言

本标准按照 GB/T 1.1—2009 给出的规则起草。

本标准代替 FZ/T 43004—2004《桑蚕丝纬编针织绸》。本标准与 FZ/T 43004—2004 相比主要变化如下：

——将等级由优等品、一等品、合格品改为优等品、一等品、二等品；

——弹子顶破强力由按平方米克重考核改为设最低下限值考核；

——调整了部分色牢度的指标值；

——增加了色差检验的试验方法。

本标准由中国纺织工业联合会提出。

本标准由全国丝绸标准化技术委员会(SAC/TC 401)归口。

本标准起草单位：浙江丝绸科技有限公司、南通那芙尔服饰有限公司、江苏华佳丝绸有限公司、达利丝绸(浙江)有限公司、浙江嘉欣金三塔丝针织有限公司、浙江米赛丝绸有限公司、国家丝绸及服装产品质量监督检验中心、万事利集团有限公司。

本标准主要起草人：周颖、石继钧、王春花、梅德祥、顾虎、俞丹、孙巨、俞永达、杭志伟、张祖琴。

本标准所代替标准的历次版本发布情况为：

——FZ/T 43004—1992、FZ/T 43004—2004。

桑蚕丝纬编针织绸

1 范围

本标准规定了桑蚕丝纬编针织绸的分类、规格、要求、试验方法、检验规则、包装和标志。

本标准适用于评定练白、染色、印花和色织的桑蚕丝纬编针织绸的品质。

桑蚕绢丝纬编针织绸及桑蚕丝与其他纤维交织或混纺(桑蚕丝含量在30%以上)纬编针织绸可参照执行。

2 规范性引用文件

下列文件对于本文件的应用是必不可少的。凡是注日期的引用文件,仅注日期的版本适用于本文件。凡是不注日期的引用文件,其最新版本(包括所有的修改单)适用于本文件。

GB/T 250 纺织品 色牢度试验 评定变色用灰色样卡

GB/T 2828.1 计数抽样检验程序 第1部分:按接收质量限(AQL)检索的逐批检验抽样计划

GB/T 2910(所有部分) 纺织品 定量化学分析方法

GB/T 3920 纺织品 色牢度试验 耐摩擦色牢度

GB/T 3921—2008 纺织品 色牢度试验 耐皂洗色牢度

GB/T 3922 纺织品耐汗渍色牢度试验方法

GB/T 4666 纺织品 织物长度和幅宽的测定

GB 5296.4 消费品使用说明 纺织品和服装使用说明

GB/T 5713 纺织品 色牢度试验 耐水色牢度

GB/T 8170 数值修约规则与极限数值的表示和判定

GB/T 8427—2008 纺织品 色牢度试验 耐人造光色牢度:氙弧

GB/T 8628 纺织品 测定尺寸变化的试验中织物试样和服装的准备、标记及测量

GB/T 8629—2001 纺织品 试验时采用的家庭洗涤和干燥程序

GB/T 8630 纺织品 洗涤和干燥后尺寸变化的测定

GB/T 14801 机织物和针织物纬斜和弓纬试验方法

GB 18401 国家纺织产品基本安全技术规范

GB/T 19976 纺织品 顶破强力的测定 钢球法

FZ/T 01026 纺织品 定量化学分析 四组分纤维混合物

FZ/T 01048 蚕丝/羊绒混纺产品混纺比的测定

FZ/T 01053 纺织品 纤维含量的标识

FZ/T 01057(所有部分) 纺织纤维鉴别试验方法

FZ/T 01095 纺织品 氨纶产品纤维含量的试验方法

3 分类

桑蚕丝纬编针织绸按织物组织结构分为单面织物、双面织物、罗纹织物、提花织物、绉类织物、毛圈织物、起绒织物等。

4 规格

桑蚕丝纬编针织绸的规格标示为:纤维含量×组织结构×质量(g/m²)×幅宽(cm)。交织或混纺产品按其纤维含量的比例从大到小排列,中间用"/"相连。

示例1:100 桑蚕丝×双面×160×50。

示例2:70/30 桑蚕丝/棉×单面×160×75。

5 要求

5.1 桑蚕丝纬编针织绸的要求分为内在质量、外观质量。内在质量要求包括纤维含量允差、质量偏差率、弹子顶破强力、水洗尺寸变化率、色牢度等五项。外观质量要求包括幅宽偏差率、色差、外观疵点等三项。

5.2 桑蚕丝纬编针织绸评等以匹为单位,其等级按各项要求的最低等级评定。分为优等品、一等品、二等品,低于二等品的为等外品。

5.3 桑蚕丝纬编针织绸内在质量(同批色差)按批评等,外观质量按匹评等。

5.4 桑蚕丝纬编针织绸基本安全性能按 GB 18401 执行。

5.5 桑蚕丝纬编针织绸内在质量分等规定见表1。

表 1 内在质量分等规定

项 目			优等品	一等品	二等品
纤维含量允差/%			按 FZ/T 01053 执行		
质量偏差率/%	80 g/m² 及以下		±7	±9	
	80 g/m²～120 g/m²		±6	±8	
	120 g/m² 及以上		±5	±7	
弹子顶破强力ª/N ≥	纯桑蚕长丝织物		380		
	其他		200		
水洗尺寸变化率ᵇ/%	直向		−5.0～+1.0	−7.0～+2.0	−8.0～+3.0
	横向		−4.0～+1.0	−6.0～+2.0	−8.0～+3.0
色牢度/级 ≥	耐洗、耐水、耐汗渍	变色	4	3-4	3
		沾色	3		
	耐摩擦	干摩	3-4	3	
		湿摩	3	2-3	2
	耐光		3-4	3	2-3
注:练白纬编针织绸色牢度不考核。					
ª 抽条、烂花、镂空提花类织物及含氨纶织物不考核。					
ᵇ 弹性织物、罗纹织物、提花织物、绉类织物不考核。					

5.6 桑蚕丝纬编针织绸外观质量分等规定见表2。

表 2　外观质量分等规定

项　目		优等品	一等品	二等品
幅宽偏差率/%		−1.0～+2.0	−2.0～+2.0	−3.0～+4.0
色差/级　　≥	与标样	4	3-4	
	同匹	4-5	4	
	同批	4	3-4	
外观疵点/(分/5 m)　　≤		1.0	1.5	3.0

5.7　根据产品的不同规格,其外观疵点每5 m允许评分数为表2中所列数值乘上折算系数之积(保留小数点后一位),折算系数见表3。

表 3　折算系数表

质量 g/m²	幅宽 cm		
	88 以下	88～112	112 以上
80 及以下	0.8	0.9	1.0
80～120	0.9	1.0	1.2
120 以上	1.0	1.2	1.3

5.8　桑蚕丝纬编针织绸外观疵点见表4。

表 4　外观疵点评分规定

序号	疵点类别		疵点程度		疵点评定分	说　明
1	粗丝		横向 5 cm 及以内		0.5	
2	漏针		纵向 15 cm 及以内		1	
3	花针		纵向 15 cm 及以内		1	
4	稀路针		纵向 100 cm 及以内	普通	0.5	
				明显	1	
5	横路		纵向 100 cm 及以内	普通	0.5	
				明显	1	
6	豁子		横向 15 cm 及以内		1	大于 15 cm 开剪
7	勾丝		横向 2 cm 及以内		0.2	
8	破洞		直径 5 cm 及以内		0.5	大于 10 cm 开剪
9	错纹		每处		0.5	同一行列作一处计
10	擦伤		横向 2 cm 及以内		0.2	
11	纹路歪斜	纵向	100 cm 及以内,超过 2%		1	100 cm 及以内为一处
		横向	弓纬	100 cm 及以内,超过 3%	1	100 cm 及以内为一处
			纬斜			

表 4（续）

序号	疵点类别		疵点程度		疵点评定分	说　明
12	渍	普通	0.2 cm～2.0 cm 每处		0.5	GB/T 250 3-4 级及以上
		明显	50 cm 及以内		1	GB/T 250 3-4 级以下
		线状渍	30 cm 及以内		1	
13	皱印		50 cm 及以内		1	
14	灰伤		50 cm 及以内		1	
15	色不匀		50 cm 及以内	普通	0.5	GB/T 250 4 级及以上
				明显	1	GB/T 250 4 级以下
16	印花疵		每版及以内		1	
注：外观疵点归类参见附录 A。						

5.9　外观疵点的评分说明

5.9.1　桑蚕丝纬编针织绸外观疵点采用累计评分的方法评定。纵向 10 cm 以内同时出现数只疵点时以评分最多的 1 只评定。

5.9.2　距匹端 20 cm 以内的疵点不评分。

5.9.3　全匹连续性疵点出现时，普通程度定等限度为二等品，明显程度定为等外品。

5.10　拼匹的规定

5.10.1　拼匹各段的等级、色泽、幅宽、平方米质量、组织结构和花型应一致。

5.10.2　优等品不允许开剪拼匹。一匹中允许 2 段拼匹，每段不得短于 5 m。

6　试验方法

6.1　试样准备和试验条件

6.1.1　从同批面料中取样，距匹端至少 1.5 m 上，所取样应没有影响试验效果的疵点。

6.1.2　试验前需将试样放在常温下展开平放 24 h，然后在实验室温度为（20±2）℃，相对湿度为（65±4）%标准大气条件下，预调湿平衡 4 h 后进行试验。

6.1.3　划样时，将试样平整地放在平台上，抚平折痕及不整齐处，但不可拉伸。

6.2　内在质量试验方法

6.2.1　纤维含量试验方法

纤维含量试验方法按 GB/T 2910、FZ/T 01026、FZ/T 01048、FZ/T 01057、FZ/T 01095 执行。

6.2.2　质量试验方法

6.2.2.1　设备和工具：

　　a）　烘箱、圆刀划样器（直径为 11.28 cm）；

　　b）　软木垫板；

　　c）　天平（量程 1 000 g，最小分度值为 0.01 g）。

6.2.2.2　试样数量：全幅取试样 5 块。

6.2.2.3 试验程序:将试样平放在软木垫板上,在试样距布边 2 cm 以上放好圆刀划样器,用手压下圆刀柄旋转 90 ℃以上,沿纵横向均匀分布划取试样(每块面积为 100 cm²),并将试样放入 105 ℃～110 ℃ 烘箱内,烘至恒重后称量,若无箱内称量条件者,应将试样从烘箱中取出,放在干燥器中,冷却 30 min 以上,然后放在天平上称干燥质量。试验结果取 5 块试样的平均值。

6.2.2.4 平方米质量按式(1)计算,计算结果按 GB/T 8170 修约至小数点后一位。

$$m_a = \frac{m_b}{S} \times (1 + R) \quad \cdots\cdots\cdots\cdots\cdots\cdots\cdots (1)$$

式中:

m_a ——平方米质量,单位为克每平方米(g/m²);

m_b ——试样干燥质量,单位为克(g);

S ——试样面积,单位为平方米(m²);

R ——公定回潮率,%。

6.2.3 弹子顶破强力试验方法

按 GB/T 19976 执行,试验条件采用调湿,钢球直径(38±0.02)mm。试验结果以 5 块试样的平均值,并按 GB/T 8170 修约至整数。

6.2.4 色牢度试验

6.2.4.1 耐洗色牢度试验方法按 GB/T 3921—2008 执行,采用试验条件 A(1)。

6.2.4.2 耐水色牢度试验方法按 GB/T 5713 执行。

6.2.4.3 耐汗渍色牢度试验方法按 GB/T 3922 执行。

6.2.4.4 耐摩擦色牢度试验方法按 GB/T 3920 执行。

6.2.4.5 耐光色牢度试验方法按 GB/T 8427—2008 执行,采用方法 3。

6.2.5 水洗尺寸变化率试验方法

按 GB/T 8628、GB/T 8629—2001、GB/T 8630 执行。洗涤程序采用"仿手洗",干燥程序采用 A 法 (悬挂晾干),取 3 块试样,以 3 块试样的算术平均值作为试验结果。

6.3 外观质量检验

6.3.1 外观质量检验条件

6.3.1.1 检验台以乳白色磨砂玻璃为台面,台面下装日光灯,台面平均照度 1 200 lx。

6.3.1.2 检验台面与水平面夹角为 55°～75°。

6.3.1.3 正面光源采用日光灯或自然北光,平均光照度为 550 lx～650 lx。

6.3.2 外观疵点检验方法

6.3.2.1 检验速度为(15±2)m/min,检验员眼睛距绸面 60 cm～80 cm。

6.3.2.2 外观疵点的检验以正面为主,反面主要检验绸面擦伤、勾丝,疵点大小按经向或纬向的最大长度方向量计。

6.3.3 幅宽试验方法

按 GB/T 4666 执行。非仲裁检验,可将单幅或双幅展开,在每匹中间和距离两端至少 3 m 处,测量三处宽度(精确至 mm),求其算术平均值,按 GB/T 8170 修约至小数点后一位。

6.3.4 色差试验方法

采用 D65 标准光源或北向自然光,照度不低于 600 lx,试样被测部位应经纬向一致,入射光与试样表面约成 45°角,检验人员的视线大致垂直于试样表面,距离约 60 cm 目测,与 GB/T 250 标准样卡对比评级。

6.3.5 纬斜、弓纬试验方法

按 GB/T 14801 执行。

6.3.6 纹路纵向歪斜试验方法

按附录 B 执行。

7 检验规则

7.1 检验分类

桑蚕丝纬编针织绸的品质检验分为出厂检验与型式检验。

7.2 检验项目

出厂检验项目为第 5 章中除弹子顶破强力、耐光色牢度外的其他项目。型式检验项目为第 5 章中的全部项目。

7.3 组批

同一任务单号或同一合同号为同一检验批。当同一检验批数量很大时,须分期分批交货时,可适当分批,分别检验。

7.4 抽样

7.4.1 出厂检验抽样应从工厂已定等的产品中抽取。外观质量检验抽样数量按照 GB/T 2828.1 一次抽样方案一般检查水平 Ⅱ 规定;基本安全性能、纤维含量允差、质量偏差率、弹子顶破强力、水洗尺寸变化率、色牢度等内在质量检验,按批抽样,抽样数量按照 GB/T 2828.1 一次抽样方案,特殊检验水平 S-2 规定。

7.4.2 型式检验抽样从出厂检验合格批产品中随机抽取。外观质量检验抽样数量按照 GB/T 2828.1 一次抽样方案一般检查水平 Ⅱ 规定;内在质量检验按批抽样,抽样数量按照 GB/T 2828.1 一次抽样方案,特殊检查水平 S-2 规定。

7.5 检验结果判定

7.5.1 出厂检验结果判定

7.5.1.1 外观质量(除同批色差外)按本标准规定的抽样数量按匹评等。
7.5.1.2 同批色差、内在质量按本标准规定按批评等。
7.5.1.3 同批产品的最终等级按以上两项检验结果的最低等级评定。

7.5.2 型式检验结果判定

批合格或不合格的判定按 GB/T 2828.1 一次抽样方案中 AQL 为 4.0 时的规定执行。

7.6 复验

如交收双方对检验结果判定有异议时,双方均有权要求复验。复验以一次为准。复验按本标准规定执行。

8 包装与标志

8.1 包装

8.1.1 桑蚕丝纬编针织绸的包装应保证成品品质不受损伤、便于储运。

8.1.2 匹绸采用卷装形式。分无芯手工卷装和有芯机械卷装两种方法。

8.1.3 卷装的内外层边的相对位移不大于 2 cm。

8.1.4 匹绸包装用牛皮纸。内垫 pH 值为中性的白衬纸或塑料纸,用塑料带按比例腰封 2 道~3 道。

8.1.5 外包装采用 5 层瓦楞纸箱,加衬牛皮纸或防潮纸,胶带封口,"艹"字型打箱。

8.1.6 同一箱内产品应同等级、同品号、同花色。在特殊情况下需混装时,应在包装箱外及装箱单上注明。

8.2 标志

8.2.1 标志要求明确、清晰、耐久、便于识别。

8.2.2 成品标志内容应按 GB 5296.4 的规定执行。

8.2.3 每匹或每段产品两端需加盖品号章、等级章,并有明显的数量标志。

8.2.4 每件(箱)内应附装箱单。纸箱刷唛要正确、整齐、清晰。内容为生产企业名称、品名、品号、花色号、等级、幅宽、毛重、净重等。封口处贴有产品合格标志。

8.2.5 每批产品出厂应附品质检验结果单。

9 其他

对桑蚕丝纬编针织绸的规格、品质、包装、标志有特殊要求者,供需双方可另订协议或合同,并按其执行。

附　录　A

（资料性附录）

外观疵点归类表

表 A.1　外观疵点归类表

序　号	疵 点 类 别	疵　点　名　称
1	粗丝	糙丝、细丝、色丝、油丝、结
2	漏针	单丝、缺丝
3	花针	散花针、长花针、编链小漏针
4	稀路针	直条、色泽条、三角眼
5	横路	丝拉紧、影横路
6	豁子	脱套
7	勾丝	松丝、修疤
8	破洞	坏针
9	错纹	
10	擦伤	拉毛
11	渍	色渍、油渍、锈渍、水渍、污渍、土污渍、油针
12	皱印	轧印、极光、色皱印
13	灰伤	
14	色不匀	色柳、色花、生块、色差
15	印花疵	缺花、露白、沙痕、搭色、套歪、重版、渗色
注：未列入的疵点按类似疵点归类。		

附　录　B

（规范性附录）

线圈纵向歪斜试验方法

B.1　范围

本附录规定了测定桑蚕丝纬编针织绸线圈纵向歪斜试验方法。

B.2　调湿和试验用标准大气

调湿和试验应在温度（20±2）℃、相对湿度（65±4）％的标准大气条件下进行。

B.3　检验程序

B.3.1　将试样平摊在光滑的水平台上，不受任何张力。

B.3.2　如图 B.1，作两条间隔为 1 m 并与针织绸的两边垂直的水平线。取上面一条线的中点 A，从 A 点沿线圈纵行作一线圈纵行线与另一水平线得交点 C，再从 A 点作垂线与另一水平线相交得交点 B。BC 间距离为 d。根据式（A.1）算出线圈纵行歪斜，并按 GB/T 8170 修约至小数点后一位。

$$H = \frac{d}{100} \times 100 \qquad\qquad\qquad (\text{B.1})$$

式中：

H ——线圈纵向歪斜，％；

d ——线圈纵行歪斜距离，单位为厘米（cm）。

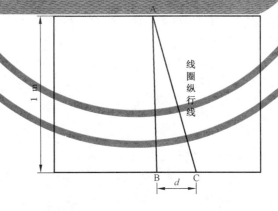

图 B.1

ICS 59.080.20
W 42

中华人民共和国纺织行业标准

FZ/T 43005—2011
代替 FZ/T 43005—1992

柞 蚕 绢 丝

Tussah spun silk yarn

2011-05-18 发布

2011-08-01 实施

中华人民共和国工业和信息化部　　发布

前　言

本标准按照 GB/T 1.1—2009 给出的规则起草。

本标准是对 FZ/T 43005—1992《柞蚕绢丝》的修订。本标准代替 FZ/T 43005—1992。

本标准与 FZ/T 43005—1992 相比主要变化如下：

——将重量不匀率改为支数(重量)变异系数(见 3.6,1992 年版的 3.7);

——将捻度不匀率改为捻度变异系数(见 3.6,1992 年版的 3.7);

——取消断裂强度项目中低支和中支的区分,设置为一个保证指标(见 3.6,1992 年版的 3.7)。

本标准由中国纺织工业协会提出。

本标准由全国丝绸标准化技术委员会(SAC/TC 401)归口。

本标准由辽宁丝绸检验所、中华人民共和国辽宁出入境检验检疫局负责起草,辽宁采逸野蚕丝制品有限公司、辽宁省大石桥市毛绢纺织厂参加起草。

本标准主要起草人:姜爽、刘明义、张德聪、杨永发、邹荣吉。

本标准所代替标准的历次版本发布情况为:

——FZ/T 43005—1992。

柞 蚕 绢 丝

1 范围

本标准规定了柞蚕绢丝的要求、试验方法、包装、标志和验收规则。

本标准适用于经烧毛工艺的双股柞蚕绢丝。

2 规范性引用文件

下列文件对于本文件的应用是必不可少的。凡是注日期的引用文件,仅注日期的版本适用于本文件。凡是不注日期的引用文件,其最新版本(包括所有的修改单)适用于本文件。

GB/T 250 纺织品 色牢度试验 评定变色用灰色样卡

GB/T 2543.1 纺织品 纱线捻度的测定 第1部分:直接计数法

GB/T 8916 纺织品 卷装纱 单根纱线断裂强力和断裂伸长率的测定

GB/T 4743 纺织品 卷装纱 绞纱法线密度的测定

GB/T 6529 纺织品 调湿和试验用标准大气

GB/T 8170 数值修约规则与极限数值的表示和判定

GB/T 8693 纺织品 纱线的标示

GB 9994 纺织材料公定回潮率

GB/T 9995 纺织材料含水率和回潮率的测定 烘箱干燥法

3 要求

3.1 柞蚕绢丝细度,以公制支数表示,简称公支,符号 N_m。即绢丝在公定回潮率时,1 g 重的绢丝所具有的长度米数。如需以分特克斯表示时,可在公制支数后面用括号以分特克斯表示。分特克斯简称分特,符号 dtex。即在公定回潮率时,10 000 m 长绢丝的重量以克表示的数值。

3.2 双股柞蚕绢丝的名义细度以"单股名义公支数/2(单股名义分特数×2) Nm/2(dtex×2)"表示。

3.3 柞蚕绢丝捻向的标示按照 GB/T 8693 规定执行。

3.4 柞蚕绢丝的公定回潮率按 GB 9994 中的规定为 11.0%。成包时的实际回潮率不得超过 13.0%。

3.5 柞蚕绢丝的细度分中支和低支两档,见表1。

表 1 细度分档

细度分档	细度范围[Nm/2(dtex×2)]
中支	100/2～160/2(62.5×2～100×2)
低支	100/2 以下(100×2 以上)

3.6 柞蚕绢丝品质指标的规定见表2。

表 2 品质指标规定

指　标　名　称		优等品	一等品	二等品
支数(重量)偏差率/%	中支	≤3.6　　≥−3.6		
	低支	≤4.5　　≥−4.5		
支数(重量)变异系数/% ≤		3.0	3.5	4.5
千米疵点数/只 ≤	中支	0.5	2.2	4.0
	低支	1.0	3.5	6.0
洁净度/分 ≥		90	80	70
断裂强度/(cN/dtex) ≥		1.50		
断裂伸长率/% ≥		10.0		
捻度偏差率/%	中支	≤7.0　　≥−7.0		
	低支	≤8.0　　≥−8.0		
捻度变异系数/% ≤	中支	6.0		
	低支	6.5		

3.7 同一批柞蚕绢丝的色泽和手感应基本保持一致。

3.8 柞蚕绢丝的练减率不得超过4.00%。

3.9 分等规定

3.9.1 柞蚕绢丝的等级分为优等品、一等品和二等品,低于二等品者为等外品。

3.9.2 柞蚕绢丝的基本等级以表2中的支数(重量)变异系数、千米疵点和洁净度等3项指标的最低一项评定。

3.9.3 柞蚕绢丝的支数(重量)偏差率、断裂强度、断裂伸长率、捻度偏差率和捻度变异系数等5项检验指标如有1项~2项超过规定时,定为二等品;如有2项以上超过规定时,则定为等外品。

3.9.4 柞蚕绢丝在检验过程中如发现有下列缺点之一时,即将该批丝定为等外品:

    a)　一批绢丝中规格混乱或有多股丝;

    b)　绢丝中有明显的磨损、刀割、烧焦等损伤;

    c)　绢丝中有明显的油污丝;

    d)　丝绞花纹杂乱不清。

4　试验方法

4.1　组批与抽样

4.1.1 组批时十件为一批,每批500 kg,不足十件仍按一批计算。

4.1.2 工厂内组批以一昼夜生产的同一品种、同一规格的产品为一批,每批检验一次。一昼夜生产量不足100 kg时,可2天~3天组一批。超过500 kg时取样量加倍,检验结果按比例折算。

4.1.3 样丝应在同一批内随机抽取,每件限抽3绞,每小包限抽1绞。

4.1.4 回潮率试验样丝每批抽取2绞,并在现场称取原重。品质试验样丝每批抽取10绞,经调湿后每绞面层、底层各络一只筒子,共络成20只筒子。

4.2 品质试样的调湿

按 GB/T 6529 规定的标准大气和容差范围,在温度(20.0±2.0)℃、相对湿度(65.0±4.0)％下进行,试样应在上述条件下平衡 12 h 以上方可进行检验。

4.3 实测回潮率试验

4.3.1 将回潮率试样按 GB/T 9995 中的规定烘至恒重,得出干重。其中,烘箱温度为 105 ℃~110 ℃,始烘时间为 120 min。当连续两次称得重量的差异小于前一次称得重量的 0.1％时,后一次称得的重量为干重。

4.3.2 实测回潮率按式(1)计算,计算结果精确到小数点后二位。

$$W_s = \frac{m - m_0}{m_0} \times 100 \qquad \cdots\cdots\cdots\cdots\cdots\cdots\cdots\cdots (1)$$

式中:

W_s——实测回潮率,％;

m ——试样原重,单位为克(g);

m_0——试样干重,单位为克(g)。

4.4 色泽检验

抽取的 10 绞品质检验样丝平摊地放在检验台上,在照度(500±50)lx 的荧光灯(或自然北光)下以感官鉴定同批绢丝的色泽。对照 GB/T 250,若 2-3 级及以下为明显色泽差异,应退回工厂重新整理。

4.5 支数试验

4.5.1 柞蚕绢丝的支数测定按 GB/T 4743 中的规定进行。其中,测长器的周长为(1 000±1)mm。

4.5.2 将每只样丝筒子在测长器上摇取 2 绞试样,共计 40 绞。每绞丝长度为 100 m。

4.5.3 将摇取的 40 绞试样逐绞在天平上称量记录,称量精确到 0.001 g。

4.5.4 将逐绞称量后的 40 绞试样按 4.3.1 规定烘至恒重并称出总干重。

4.5.5 绢丝支数按式(2)计算,计算结果精确到小数点后一位。

$$\overline{S}_k = \frac{L \times n \times 100}{(100 + W_k) \times m_0} \qquad \cdots\cdots\cdots\cdots\cdots\cdots\cdots\cdots (2)$$

式中:

$\overline{S}_k$——实测支数,单位为公支(Nm)或分特(dtex);

L —— 每绞试样长度,单位为米(m);

n ——试样绞数;

W_k——公定回潮率,％;

m_0——试样总干重,单位为克(g)。

4.5.6 支数(重量)偏差率按式(3)计算,计算结果精确到小数点后一位。

$$E_z = \frac{\overline{S}_k - S_0}{S_0} \times 100 \qquad \cdots\cdots\cdots\cdots\cdots\cdots\cdots\cdots (3)$$

式中:

E_z——支数(重量)偏差率,％;

$\overline{S}_k$——实测支数,单位为公支(Nm)或分特(dtex);

S_0——名义支数,单位为公支(Nm)或分特(dtex)。

4.5.7 支数(重量)变异系数按式(4)计算,计算结果精确到小数点后一位。

$$H_z = \frac{\sqrt{\sum_{i=1}^{n}(S_i - \overline{S})^2/(n-1)}}{\overline{S}} \times 100 \qquad \cdots\cdots\cdots\cdots\cdots\cdots(4)$$

式中：

H_z——支数(重量)变异系数，%；

S_i——各受检试样支数，单位为公支(Nm)或分特(dtex)；

$\overline{S}$——平均支数，单位为公支(Nm)或分特(dtex)；

n——试样绞数。

4.6 捻度试验

4.6.1 捻度的测定按 GB/T 2543.1 进行。隔距长度为(500 ± 0.5)mm，预加张力为(0.05 ± 0.01)cN/dtex。

4.6.2 每只试样筒子测试一次，共计 20 次。

4.6.3 平均捻度按式(5)计算，计算结果精确到小数点后一位。

$$\overline{M} = \frac{\sum_{i=1}^{n} M_i \times 1\,000}{n \times L_1} \qquad \cdots\cdots\cdots\cdots\cdots\cdots(5)$$

式中：

$\overline{M}$——平均捻度，单位为捻每米(捻/m)；

M_i——每个试样捻度测试结果，单位为捻；

n——测试次数；

L_1——试样长度，单位为毫米(mm)。

4.6.4 捻度变异系数按式(6)计算，计算结果精确到小数点后一位。

$$H_n = \frac{\sqrt{\sum_{i=1}^{n}(M_i - \overline{M})^2/(n-1)}}{\overline{M}} \times 100 \qquad \cdots\cdots\cdots\cdots\cdots\cdots(6)$$

式中：

H_n——捻度变异系数，%；

M_i——每个试样捻度测试结果，单位为捻每米(捻/m)；

$\overline{M}$——平均捻度，单位为捻每米(捻/m)；

n——测试次数。

4.6.5 捻度偏差率按式(7)计算，计算结果精确到小数点后一位。

$$E_n = \frac{\overline{M} - M_0}{M_0} \times 100 \qquad \cdots\cdots\cdots\cdots\cdots\cdots(7)$$

式中：

E_n——捻度偏差率，%；

$\overline{M}$——平均捻度，单位为捻每米(捻/m)；

M_0——名义捻度，单位为捻每米(捻/m)。

4.7 断裂强度和断裂伸长率试验

4.7.1 柞蚕绢丝断裂强度和断裂伸长率的测定方法按 GB/T 3916 执行。隔距长度为(500 ± 2)mm，拉伸速度为 500 mm/min，预加张力为(0.05 ± 0.01)cN/dtex。

4.7.2 每个试样筒子测试一次，共计 20 次。

4.7.3 平均断裂强度按式(8)计算,计算结果精确到小数点后两位。

$$\overline{P}_k = \frac{\overline{S}_k \times \sum_{i=1}^{n} P_i}{n \times 10\ 000} \qquad \cdots\cdots\cdots\cdots\cdots\cdots\cdots\cdots(8)$$

式中:

$\overline{P}_k$——平均断裂强度,单位为厘牛每分特(cN/dtex);

$\overline{S}_k$——实测支数,单位为公支(Nm);

P_i——每根试样断裂强力测试结果,单位为厘牛(cN);

n——测试次数。

4.7.4 断裂伸长率按式(9)计算,计算结果精确到小数点后一位。

$$\overline{\delta} = \frac{\sum_{i=1}^{n} \delta_i}{n} \qquad \cdots\cdots\cdots\cdots\cdots\cdots\cdots\cdots(9)$$

式中:

$\overline{\delta}$——平均断裂伸长率,%;

δ_i——每根试样断裂伸长率测试结果,%;

n——测试次数。

4.8 洁净度和千米疵点数检验

4.8.1 设备

设备包括:

a) 黑板机:卷绕速度为(100±10)r/min。

b) 黑板:黑板用无光黑色漆布包制于木框外,板面整齐,角色纯黑、匀净。黑板尺寸(长×宽×厚):1 359 mm×463 mm×37 mm。

c) 检验室:检验室应按设计要求,黑板架上方装有横式回光灯一排,光线均匀照射于板面上,板面上光照度为(400±150)lx。

d) 洁净度合格样照及疵点标准样照。

4.8.2 检验方法

4.8.2.1 用黑板机将筒子上的样丝均匀地卷绕在黑板上,每只筒子绕取一个丝片,每块黑板绕取10个丝片,共计20个丝片,绢丝排列密度规定见表3。

表3 绢丝排列密度规定

细度	排列密度/(线/25.4 mm)
中支	19
低支	16

4.8.2.2 黑板放置在黑板架上,黑板上部向前倾斜5°～10°,样照垂直放置。检验员与黑板的距离为0.5 m。

4.8.2.3 洁净度检验

4.8.2.3.1 对照洁净合格样照逐片检验丝片上暴露的毛茸、白点和洁净程度。每块黑板检验一面。

4.8.2.3.2 每个丝片按5分计算,好于或等于合格样照的合格丝片评5分,差于合格样照的不合格丝片不评分。累计合格丝片的分数即为该批绢丝的洁净度。

4.8.2.4 千米疵点数检验

4.8.2.4.1 对照疵点标准样照逐片检验并记录丝片上的各种疵点。每块黑板检验二面及二边。

4.8.2.4.2 绢丝上每5个小疵点折合成一个大疵点计算,小于样照规定的疵点不计。

4.8.2.4.3 千米疵点数按式(10)计算,计算结果精确到小数点后一位。

$$N_k = \frac{N_0 \times 1\,000}{L_k} \quad\quad\quad\quad\quad\quad\cdots\cdots\cdots\cdots\cdots\cdots\cdots\cdots\cdots (10)$$

式中:

N_k——千米疵点数,单位为只每千米(只/1 000 m);

N_0——大疵点数,单位为只;

L_k——卷绕在黑板上样丝的总长度,单位为米(m)。

4.8.2.4.4 疵点的判别见表4:

表4 疵点的判别

疵点分类	疵点名称	疵点判别	疵点长度/mm
大疵点	大糙	绢丝的个别部位有较大的飞花附着,或由于牵伸不良而产生的粗节,直径超过正常丝条的三倍	20以上
	大螺旋	由于合股绢丝中各单丝张力不匀或粗细不匀而产生的螺旋	100以上
	杂质	粘附在绢丝表面上的毛发及其他纤维等杂物	25及以上
	长结	带短尾的结	5及以上
小疵点	中糙	绢丝的个别部位有较大的飞花附着或由于牵伸不良而产生的粗节,直径超过正常丝条的三倍	6~20
	糙粒	绢丝上的粗节,直径超过正常丝条的三倍	2~5
	杂质	粘附在绢丝表面上的毛、发及其他纤维等杂物	25以下
	整理不良	整理过程中损坏了绢丝表面,表现为缺乏捻度,比正常绢丝稍粗或稍细	30及以上
	小螺旋	由于合股绢丝中各单丝张力不匀或粗细不匀而产生的螺旋	50~100
	毛头突出	粘附在绢丝中的纤维一端突出在绢丝上较牢固	10及以上

4.9 练减率试验

4.9.1 设备和试剂

设备和试剂包括:

a) 容器:容量在2 500 mL以上;

b) 加热装置:功率为1 000 W;

c) 天平:分度值≤0.01 g;

d) 带有天平的烘箱,天平:分度值≤0.01 g;

e) 温度计(0 ℃~100 ℃):分度值≤1 ℃;

f) 中性皂;

g) 纯碱。

4.9.2 试验方法

4.9.2.1 取支数试验后的小绞样丝 20 g 左右,按 4.3.1 的方法烘至恒重,得出"练前干重"。

4.9.2.2 将 5 g 中性皂、2 g 纯碱溶解于 1 500 mL 的蒸馏水中,放入烘干的试样,沸水煮练 45 min 取出,用 40 ℃～50 ℃的蒸馏水洗两次。

4.9.2.3 将 4 g 中性皂溶解于 1 500 mL 蒸馏水中,放入初练后的试样,沸水煮练 30 min 后取出,用 40 ℃～50 ℃蒸馏水洗两次。

4.9.2.4 按 4.3.1 的方法将练后试样烘至恒重,即得"练后干重"。

4.9.2.5 练减率按式(11)计算,计算结果精确到小数点后二位。

$$V = \frac{m_q - m_h}{m_q} \times 100 \qquad\qquad\qquad (11)$$

式中:

V ——练减率,%;

m_q——练前干重,单位为克(g);

m_h——练后干重,单位为克(g)。

5 包装、标志

5.1 包装要求

5.1.1 柞蚕绢丝应分品种、规格分别包装,包装应保证产品质量不受损伤,便于储运。

5.1.2 绢丝每绞周长为 1.25 m,重量为(100±10)g。

5.1.3 绢丝摇成花绞,每绞扎三道,其中一道扎绞线与绞丝首尾丝扎一总结,另二道扎成三挑四编,扎绞线长度为 360 mm～400 mm。

5.1.4 绢丝每小包由 50 绞丝组成,公量为 5 kg,尺寸(长×宽×高)为:650 mm×180 mm×160 mm。

5.1.5 绢丝每件由 10 小包组成,公量为 50 kg,外形尺寸(长×宽×高)为:750 mm×700 mm×360 mm。内衬防潮纸和牛皮纸,外用一层包装布捆包。

5.1.6 每批绢丝公量下偏差不得超过 0.6%。

5.2 标志要求

5.2.1 标志应明确清楚,便于识别。

5.2.2 每件上应标明品种、规格、等级、批号、包号、生产企业名称、公量和生产日期等。

5.2.3 每批绢丝应附有品质及公量检验单。

6 验收规则

6.1 验收分品等验收和重量验收。

6.2 品等验收按第 3 章、第 4 章中的规定进行。

6.3 重量验收以公量进行验收。公量按式(12)计算,计算结果精确到小数点后二位。

$$m_k = m_j \times \frac{100 + W_k}{100 + W_s} \qquad\qquad\qquad (12)$$

式中:

m_k——公量,单位为千克(kg);

m_j——实际净重,单位为千克(kg);

W_k——公定回潮率,%;

W_s——实际回潮率,%。

6.4 复验

6.4.1 在交接验收中,买方对检验结果有异议时可提出申请进行复验。复验以一次为限,并以复验结果为最终结果。

6.4.2 如因运输或保管不当而造成产品质量发生变化时,由责任方承担,不得提出复验。

7 数值修约

标准中的各种数值计算,均按 GB/T 8170 数值修约到规定位数。

8 其他

对柞蚕绢丝另有要求者,可另订协议,按协议规定进行考核。

ICS 59.080.30
W 43

FZ/T 43006—2011
代替 FZ/T 43006—1993

中华人民共和国纺织行业标准

柞 蚕 绢 丝 织 物

Tussah spun silk fabrics

2011-05-18 发布

2011-08-01 实施

中华人民共和国工业和信息化部　　发布

前　言

本标准按照 GB/T 1.1—2009 给出的规则起草。

本标准是对 FZ/T 43006—1993《柞蚕绢丝织物》的修订。本标准代替 FZ/T 43006—1993。

本标准与 FZ/T 43006—1993 相比主要变化如下：

——增加了柞蚕绢丝织物应符合 GB 18401 要求(见 3.4)；

——增加了纤维含量偏差的考核项目(见 3.5)；

——增加了色差的考核项目(见 3.5)；

——提高了色牢度的指标值(见 3.5,1993 年版的 3.4)；

——规定了成包前绸匹的实测回潮率(见 6.2.6)。

本标准由中国纺织工业协会提出。

本标准由全国丝绸标准化技术委员会(SAC/TC 401)归口。

本标准由辽宁丝绸检验所、中华人民共和国辽宁出入境检验检疫局负责起草,盖州市暖泉丝绸厂参考起草。

本标准主要起草人:姜爽、刘明义、张德聪、陈凤。

本标准所代替标准的历次版本发布情况为:

——FZ/T 43006—1993。

柞 蚕 绢 丝 织 物

1 范围

本标准规定了柞蚕绢丝织物的要求、试验方法、检验规则、包装和标志。

本标准适用于评定各类练白、染色和色织的纯柞蚕绢丝织物,以及柞蚕绢丝(含量50%及以上)与其他纤维交织的丝织物。

2 规范性引用文件

下列文件对于本文件的应用是必不可少的。凡是注日期的引用文件,仅注日期的版本适用于本文件。凡是不注日期的引用文件,其最新版本(包括所有的修改单)适用于本文件。

GB/T 250 纺织品 色牢度试验 评定变色用灰色样卡

GB 5296.4 消费品使用说明 纺织品和服装使用说明

GB/T 15552 丝织物试验方法和检验规则

GB 18401 国家纺织产品基本安全技术规范

FZ/T 01053 纺织品 纤维含量的标识

3 要求

3.1 柞蚕绢丝织物的要求包括密度偏差率、质量偏差率、断裂强力、纤维含量偏差、水洗尺寸变化率、色牢度等内在质量和色差(与标样对比)、幅宽偏差率、外观疵点等外观质量。

3.2 柞蚕绢丝织物评等以匹为单位。质量偏差率、断裂强力、纤维含量偏差、水洗尺寸变化率、色牢度按批评等。密度偏差率、外观质量按匹评等。

3.3 柞蚕绢丝织物的品质由各项技术指标中最低等级评定。其等级分为优等品、一等品、二等品、三等品,低于三等品的为等外品。

3.4 柞蚕绢丝织物应符合 GB 18401 的有关要求。

3.5 柞蚕绢丝织物的要求见表1。

表 1 柞蚕绢丝织物的分等规定

项 目		指 标			
		优等品	一等品	二等品	三等品
幅宽偏差率/%		±2.0	±3.0	超过±3.0	
密度偏差率/%		−3.0 及以上	−3.1～−5.0	−5.1～−8.0	−8.0 以下
质量偏差率/%		−4.0 及以上	−4.1～−7.0	−7.1～−10.0	−10.0 以下
色差(与标样对比)/级	≥	4	3-4		3
断裂强力/N	≥	200			
纤维含量偏差/%		按 FZ/T 01053 执行			

表 1（续）

项 目		指 标			
		优等品	一等品	二等品	三等品
水洗尺寸变化率/%	经向	-4.0 及以上	-4.1～-6.0	-6.1～-8.0	-8.0 以下
	纬向	-1.0 及以上	-1.1～-2.0	-2.1～-4.0	-4.0 以下
色牢度/级 ≥	耐水、耐汗渍、耐洗 变色	4	3-4		
	耐水、耐汗渍、耐洗 沾色	3-4	3		
	耐干摩擦	3-4	3		
	耐光	3-4	3		
外观疵点/分 ≤	幅宽 114 cm 及以下 每 2.5 m 及以内	0.8	1.0	2.0	4.0
	幅宽 114 cm 以上 每 2 m 及以内	0.8	1.0	2.0	4.0

3.6 柞蚕绢丝织物外观疵点评分办法见表2。

表 2 外观疵点评分办法

疵点类别		疵点程度	评分	限度
经向疵点	线状	（1）5 cm～25 cm，连续性每 25 cm； （2）宽急经、粗细经 10 cm～50 cm，连续性每 50 cm～100 cm	1 1	三等 二等
	条状	3 cm～20 cm，连续性每 20 cm	1	等外
纬向疵点	线状	30 cm～全幅	1	三等
	条状	普通：10 cm～全幅； 明显：10 cm～全幅	1 2	三等 等外
破损		（1）0.2 cm～1.0 cm，连续性每 1.0 cm； （2）破边每 1.0 cm～5.0 cm	1 1	等外 三等
杂物织进		每 0.5 cm～5.0 cm	1	等外
纤维损伤		2 cm～10 cm，连续性每 10 cm	1	等外
斑渍		普通：1 cm～5 cm，连续性每 5 cm； 明显：0.3 cm～2.0 cm，连续性每 2 cm	1 1	三等 等外
大糙		1.5 cm 及以上，每只	1	三等
经柳		普通：每 100 cm； 明显：每 100 cm	1 1	二等 三等
纬斜		3% 及以上，每 100 cm	1	三等
色泽深浅		普通：50 cm 及以内，连续性每 50 cm； 明显：50 cm 及以内，连续性每 50 cm	1 2	二等 三等
边疵		每 100 cm	1	二等
小疵点		每 4 只	1	二等

3.7 柞蚕绢丝织物外观疵点的说明

3.7.1 疵点类别说明

3.7.1.1 线状：疵点沿经向或纬向延伸，宽度在0.2 cm及以下。

3.7.1.2 条状：疵点沿经向或纬向延伸，宽度在0.2 cm以上。

3.7.1.3 斑渍：宽度在0.2 cm以上的渍。

3.7.1.4 大糙：直径超过正常丝条三倍及以上的糙疵。

3.7.1.5 边疵：连边1.0 cm及以内的疵点（破损除外）。

3.7.1.6 小疵点：不足评分起点的局部性疵点（0.2 cm以下的糙疵不计）。

3.7.2 外观疵点检验的有关规定

3.7.2.1 疵点长度按疵点经向或纬向的最大长度量计。

3.7.2.2 疵点程度起点的确定：对照GB/T 250,3-4级及以下为普通,2-3级及以下为明显。

3.7.2.3 纬向起点以经向每10 cm及以内为一评分单位。

3.7.2.4 经柳不足评分起点时，按经向疵点评定。

3.7.2.5 不足大糙评定程度的糙疵，如密集甚多，按条状疵点评定。

3.7.2.6 重叠存在的疵点，按较重的一项评定。

3.7.2.7 如某项疵点已达到降等限度，应以已降等等级的起点分数加其他疵点评分数作为该匹绸的总评分数。

3.7.3 开剪拼匹和标疵放尺

3.7.3.1 柞蚕绢丝织物中局部性严重疵点允许开剪拼匹或标疵放尺。但在同一批中二者只能采用一种。

3.7.3.2 下列疵点优等品、一等品中不允许存在，应在工厂内剪除：

    a) 破洞和蛛网；

    b) 4 cm以上明显的斑渍；

    c) 严重的夹梭档、拆毛档、开河档和错纬档；

    d) 其他类似的严重疵点。

3.7.3.3 开剪拼匹

3.7.3.3.1 匹长25 m至40 m允许二段拼匹,40 m以上允许三段拼匹,开剪拼匹的最短段长不短于5 m。

3.7.3.3.2 开剪拼匹各段的幅宽、色泽、花型、等级应一致。

3.7.3.4 标疵放尺

3.7.3.4.1 绸匹平均每10 m及以内允许标疵一次，每次标疵放尺20 cm，标疵疵点经向长度在30 cm及以内允许标疵一次，超过30 cm的连续性疵点允许连续标疵，局部性疵点标疵间距不小于4 m。

3.7.3.4.2 标疵疵点不再累计评分，超过允许标疵次数的绸匹不允许再标疵，仍累计评定逐级降等。

4 试验方法

柞蚕绢丝织物的试验方法按GB/T 15552执行。

5 检验规则

柞蚕绢丝织物的检验规则按GB/T 15552执行。

6 包装

6.1 包装材料

6.1.1 卷筒用纸管为内径3.0 cm～3.5 cm的机制管。纸管要圆整、挺直。

6.1.2 卷板用双瓦楞纸板。卷板的宽度为 15 cm,长度根据柞蚕绢丝织物的门幅或对折后的门幅决定。

6.1.3 包装用纸箱采用高强度牛皮纸制成的双瓦楞叠盖式纸箱。要求坚韧、牢固、整洁,并涂防潮剂。

6.2 包装要求

6.2.1 柞蚕绢丝织物的包装根据用户要求分为卷筒、卷板及折叠三类。

6.2.2 匹与匹之间色差不得低于 GB/T 250 中 4 级。

6.2.3 卷筒、卷板包装的内外层边的相对位移不大于 2 cm。

6.2.4 绸匹外包装采用纸箱时,纸箱内应加衬塑料内衬袋或拖蜡防潮纸,胶带封口。纸箱外用塑料打包带和铁皮轧扣箍紧打箱。

6.2.5 包装应牢固、防潮,便于仓储及运输。

6.2.6 绸匹成包时,绸匹实测回潮率不高于 13.0%。

7 标志

7.1 柞蚕绢丝织物标志要求明确、清晰、耐久,便于识别。

7.2 每匹或每段丝织物两端距绸边 3 cm 以内、幅边 10 cm 以内盖一检验章及等级标记。每匹或每段丝织物应吊标签一张,内容按 GB 5296.4 规定,包括产品名称、主要规格(门幅,经、纬密度,平方米重量)、长度、原料名称及纤维含量百分率、等级、执行标准编号、检验合格证、生产企业名称和地址。

7.3 每箱(件)应附装箱单。

7.4 纸箱(布包)刷唛要正确、整齐、清晰。纸箱唛头内容包括合同号、箱号、品名、品号、花色号、幅宽、等级、匹数、毛重、净重及运输标志、生产厂名、地址。

7.5 每批产品出厂应附品质检验结果单。

8 其他

对柞蚕绢丝织物的规格、品质、包装和标志另有特殊要求者,供需双方可另订协议。

_____

ICS 59.080.30
W 43

中华人民共和国纺织行业标准

FZ/T 43007—2011
代替 FZ/T 43007—1998

丝 织 被 面

Jacquard quilt cover

2011-12-20 发布
2012-07-01 实施

中华人民共和国工业和信息化部　　发 布

前　言

本标准按照 GB/T 1.1—2009 给出的规则起草。

本标准是对 FZ/T 43007—1998《丝织被面》的修订。本标准代替 FZ/T 43007—1998。

本标准与 FZ/T 43007—1998 相比，主要变化如下：

——等级由优等品、一等品、二等品、三等品改为优等品、一等品、合格品；

——提高了耐洗、耐水、耐干摩擦色牢度指标值；

——增加了耐热压、耐干洗、耐光色牢度项目；

——将尺寸变化率分为水洗尺寸变化率和干洗尺寸变化率。

本标准由中国纺织工业协会提出。

本标准由全国丝绸标准化技术委员会(SAC/TC 401)归口。

本标准起草单位：浙江丝绸科技有限公司、浙江生态纺织品禁用染化料检测中心有限公司、浙江金纱纺织品有限公司、杭州市余杭区质量计量监测中心。

本标准主要起草人：周颖、许亚新、程玲美、王金树、伍冬平、颜志华。

本标准所代替标准的历次版本发布情况为：

——FZ/T 43007—1998。

丝 织 被 面

1 范围

本标准规定了丝织被面的要求、试验方法、检验规则、包装和标志。

本标准适用于评定桑蚕丝、再生纤维素长丝、合成纤维长丝纯织及其交织被面的品质。

2 规范性引用文件

下列文件对于本文件的应用是必不可少的。凡是注日期的引用文件,仅注日期的版本适用于本文件。凡是不注日期的引用文件,其最新版本(包括所有的修改单)适用于本文件。

GB/T 250 纺织品 色牢度试验 评定变色用灰色样卡

GB/T 2828.1—2003 计数抽样检验程序 第1部分:按接收质量限(AQL)检索的逐批检验抽样计划

GB 5296.4 消费品使用说明 纺织品和服装使用说明

GB/T 15552 丝织物试验方法和检验规则

GB 18401 国家纺织产品基本安全技术规范

FZ/T 01053 纺织品 纤维含量的标识

3 规格

丝织被面的规格用长×宽表示,单位为厘米。

4 要求

4.1 丝织被面的要求包括内在质量、外观质量。内在质量包括质量偏差率、密度偏差率、纤维含量允差、断裂强力、水洗尺寸变化率、干洗尺寸变化率、色牢度等七项。外观质量包括规格尺寸偏差率、纬斜(花斜)、色差、外观疵点等四项。

4.2 丝织被面的品质按内在质量、外观质量中最低等级评定,其等级分为优等品、一等品、合格品。低于合格品的为不合格品。

4.3 丝织被面的基本安全性能应符合 GB 18401 的要求。

4.4 丝织被面内在质量分等规定见表1。

表 1 内在质量要求

项 目	等 级		
	优等品	一等品	合格品
质量偏差率/%	+2.0～-4.0	+2.0～-5.0	+2.0～-6.0
密度偏差率/%	+2.0～-3.0	+2.0～-4.0	+2.0～-5.0
纤维含量允差/%	按 FZ/T 01053 执行		

表1（续）

项　　目			等　级		
			优等品	一等品	合格品
断裂强力/N	≥		200		
水洗尺寸变化率[a]/% ≥		经向	+1.0～−4.0	+1.0～−5.0	+1.0～−6.0
		纬向	+1.0～−1.0	+1.0～−2.0	+1.0～−3.0
干洗尺寸变化率[b]/% ≥		经向	+1.0～−2.0	+1.0～−3.0	+1.0～−4.0
		纬向	+1.0～−1.0	+1.0～−2.0	+1.0～−3.0
色牢度/级 ≥	耐洗[a]	变色	4	3-4	
		沾色	3-4	3	2-3
	耐水	变色	4	3-4	
		沾色	3-4	3	
	耐干洗[b]	变色	4	4	3
	耐热压	变色	4	3-4	3
	耐干摩擦	沾色	4	3-4	3
	耐光	变色	3-4	3	

[a] 考核可水洗产品。
[b] 考核可干洗产品。

4.5　丝织被面的评等以条为单位。内在质量按批评等，外观质量按条评等。

4.6　丝织被面外观质量的评定

4.6.1　外观质量要求见表2。

表2　外观质量要求

项　　目		等　级		
		优等品	一等品	合格品
规格尺寸偏差率/%	≤	−2.5		
纬斜、花斜/%	≤	3		
色差（与标样对比）/级	≥	4	3-4	3
外观疵点/（条/分）	≤	4	8	12

4.6.2　外观疵点的评定见表3。

表3　外观疵点评分

序号	疵点类别	程　度	评分	说　明
1	经向疵点	普通 0.3 cm～5 cm 5 cm 及以上～10 cm 明显 10 cm 及以下	1 2 4	① 纬向宽度不超过 0.3 cm，沿经向方向的疵点为经向疵点。 ② 缺经或错组织：地组织为缎纹，按普通评分；地组织为平纹，按明显评分。 ③ 并列三根及以上的缺经按序号 3 评分。 ④ 并列三根及以上的渍经按序号 4 评分

表 3（续）

序号	疵点类别	程　度	评分	说　明
2	纬向疵点	（1）0.3 cm～5 cm	1	① 纬向横档以经向 10 cm 及以下为一档。 ② 比原丝线粗 4 倍的多少纬及拔出,加倍评分。 ③ 半幅以上多少纬按普通评分。 ④ 二梭以下的宽急纬、停车档按程度(4)减半评分
		（2）5 cm 及以上～10 cm 及以下	2	
		（3）10 cm 以上～半幅及以下	4	
		（4）半幅以上		
		普通	8	
		明显	12	
3	破损性疵点	破洞、蛛网	不允许	指相邻的丝线断 2 根及以上的破洞,或 0.3 cm 以上的蛛网
4	污渍、油渍	0.5 cm 及以下		
		普通	4	
		明显	8	
		0.5 cm 以上～1 cm		
		普通	8	
		明显	不允许	

4.6.3 外观疵点评分中有关说明

4.6.3.1 外观疵点采用有限度的累计评分。

4.6.3.2 不到评分起点的疵点,视其影响外观程度,按质评分或定等。

4.6.3.3 优等品不允许一个评分单位内有 4 分的疵点,一等品不允许一个评分单位内有 8 分的疵点。

4.6.3.4 疵点的长度以经向或纬向最大方向量计。

4.6.3.5 纤维略有起毛按普通评分,起茸毛按明显评分。

5 试验方法

5.1 内在质量检测试验方法按 GB/T 15552 执行。

5.2 外观质量检验

5.2.1 外观检验在自然北光或日光灯下进行,检验台表面照度不低于 600 lx,且照度均匀,检验人员眼部距产品约 1 m 左右,以目光、手感进行检验。

5.2.2 规格尺寸偏差的测定

5.2.2.1 工具:钢尺,分度值 1 mm。

5.2.2.2 将产品平摊在检验台下,用手轻轻理平,使产品呈自然伸缩状态,用钢尺在整个产品长、宽方向四分之一和四分之三处测量,精确到 1 mm。

5.2.2.3 规格尺寸偏差率按式(1)计算,计算结果取整数。

$$P = \frac{L_1 - L_0}{L_0} \times 100\% \qquad \cdots\cdots\cdots\cdots\cdots\cdots\cdots (1)$$

式中:

P ——规格尺寸偏差率,%;

L_0 ——规格尺寸明示值,单位为厘米(cm);

L_1 ——规格尺寸实测值,单位为厘米(cm)。

5.2.3 色差检验采用 GB/T 250 进行评定。

6 检验规则

6.1 检验分类

检验分为型式检验和出厂检验。

6.2 检验项目

出厂检验项目为本标准表1中除耐光色牢度外的其他项目。

型式检验项目为本标准中的全部全项。

6.3 组批

型式检验以同一品种、花色为同一检验批。出厂检验以同一合同或生产批号为同一检验批,当同一检验批数量很大,需分期、分批交货时,可以适当再分批,分别检验。

6.4 抽样

6.4.1 样品应从经检验的合格批产品中随机抽取。

6.4.2 内在质量检验用试样在样品中随机抽取1份,但色牢度试样应按颜色各抽取1份。每份试样的尺寸和取样部位根据方法标准的规定。

6.4.3 外观质量抽样数量按 GB/T 2828.1—2003 中一般检验水平 Ⅱ 规定,采用 AQL 为 2.5 正常检验,一次抽样方案参见附录 A。

6.5 检验结果的判定

6.5.1 外观质量按条评定等级,内在质量按批评定等级,以所有检验结果中最低等级评定样品的最终等级。

6.5.2 内在质量批合格按试样的检验结果中最低等级判定。外观质量合格批的判定按 GB/T 2828.1—2003 中一般检验水平 Ⅱ,接收质量限为 AQL 为 2.5。不合格数小于或等于 Ac,则判检验批合格;不合格数大于或等于 Re,则判检验批不合格。

6.5.3 综合质量合格批按内在质量、外观质量抽样检验结果中最低等级的判定。

7 包装和标志

7.1 丝织被面的使用说明应符合 GB 5296.4 和 GB 18401 的要求。产品应标明规格尺寸等内容。

7.2 每件丝织被面应有包装,包装材料应保证产品在贮藏和运输中不散落、不破损、不沾污、不受潮。用户有特殊要求的,供需双方协商确定。

8 其他

对丝织被面的品质、包装另有要求,可按合同或协议执行。

附　录　A

（资料性附录）

外观质量检验抽样方案

根据 GB/T 2828.1—2003，采用一般检验水平Ⅱ，AQL 为 2.5 的正常检验一次抽样方案，见表 A.1。

表 A.1　AQL 为 2.5 的正常检验一次抽样方案

批量 N	样本量 n	合格判定数 Ac	不合格判定数 Re
2～8	2	0	1
9～15	3	0	1
16～25	5	0	1
26～50	8	0	1
51～90	13	1	2
91～150	20	1	2
151～280	32	2	3
281～500	50	3	4
501～1 200	80	5	6
1 201～3 200	125	7	8

ICS 59.080.30
W 43

中华人民共和国纺织行业标准

FZ/T 43008—2012
代替 FZ/T 43008—1998

和　服　绸

Kimono silk fabrics

2012-12-28 发布

2013-06-01 实施

中华人民共和国工业和信息化部　　发 布

前　言

本标准按照 GB/T 1.1—2009 给出的规则起草。

本标准是对 FZ/T 43008—1998《和服绸》的修订。本标准代替 FZ/T 43008—1998。

本标准与 FZ/T 43008—1998 相比,主要变化如下:

——修改了标准的适用范围;

——增加了纰裂程度的考核项目;

——增加了耐湿摩擦、耐光色牢度考核项目,提高了色牢度指标水平。

本标准由中国纺织工业联合会提出。

本标准由全国丝绸标准化技术委员会(SAC/TC 401)归口。

本标准起草单位:杭州富强丝绸有限公司、浙江丝绸科技有限公司、浙江海虹印染有限公司、湖州喜得宝丝绸有限公司、达利丝绸(浙江)有限公司。

本标准主要起草人:周颖、陈张仁、桑烈俊、李燕鸣、樊启平、方红霞、俞丹。

本标准所代替标准的历次版本发布情况为:

——FZ/T 43008—1998。

和 服 绸

1 范围

本标准规定了桑蚕丝和服绸的要求、试验方法、检验规则、包装和标志。

本标准适用于评定桑蚕丝纯织、桑蚕丝与其他纱线交织的和服坯绸、练白绸、印花绸、染色绸的品质。

2 规范性引用文件

下列文件对于本文件的应用是必不可少的。凡是注日期的引用文件，仅注日期的版本适用于本文件。凡是不注日期的引用文件，其最新版本（包括所有的修改单）适用于本文件。

GB/T 250 纺织品 色牢度试验 评定变色用灰色样卡

GB/T 2910(所有部分) 纺织品 定量化学分析方法

GB/T 3920 纺织品 色牢度试验 耐摩擦色牢度

GB/T 3921—2008 纺织品 色牢度试验 耐皂洗色牢度

GB/T 3922 纺织品 耐汗渍色牢度试验方法

GB/T 3923.1 纺织品 织物拉伸性能 第1部分:断裂强力和断裂伸长率的测定 条样法

GB/T 4666 纺织品 织物长度和幅宽的测定

GB/T 4668 机织物密度的测定

GB/T 4669—2008 纺织品 机织物单位长度质量和单位面积质量的测定

GB/T 4841.1 染料染色标准深度色卡1/1

GB/T 5713 纺织品 色牢度试验 耐水色牢度

GB/T 8427—2008 纺织品 色牢度试验 耐人造光色牢度:氙弧

GB/T 8628 纺织品 测定尺寸变化的试验中织物试样和服装的准备、标记及测量

GB/T 8629—2001 纺织品 试验用家庭洗涤和干燥程序

GB/T 8630 纺织品洗涤和干燥后尺寸变化的测定

GB/T 13772.2 纺织品 机织物接缝处纱线抗滑移的测定 第2部分:定负荷法

GB/T 14801 机织物和针织物纬斜和弓纬的试验方法

GB/T 15551 桑蚕丝织物

GB/T 15552 丝织物试验方法和检验规则

GB 18401 国家纺织产品基本安全技术规范

FZ/T 01026 四组分纤维混纺产品混纺比的测定

FZ/T 01048 蚕丝/羊绒混纺产品混纺比的测定

FZ/T 01053 纺织品 纤维含量的标识

FZ/T 01057(所有部分) 纺织纤维鉴别试验方法

3 要求

3.1 和服绸内在质量和外观质量要求

3.1.1 和服绸内在质量要求包括纤维含量允差、长度偏差率、密度偏差率、质量偏差率、断裂强力、纰裂程度、水洗尺寸变化率、色牢度等八项。

3.1.2 和服绸的外观质量要求包括色差(与标样对比)、幅宽偏差率、外观疵点等三项。

3.2 和服绸等级评定

和服绸品质由内在质量和外观质量中的最低等级评定,分为优等品、一等品、二等品、三等品。低于三等品的为等外品。

3.3 和服绸评等要求

和服绸评等以匹为单位。长度偏差率、幅宽偏差率、密度偏差率、外观疵点按匹评等,纤维含量允差、质量偏差率、断裂强力、纰裂程度、水洗尺寸变化率、色牢度、色差(与标样对比)按批评等。

3.4 和服绸基本安全性能

和服绸的基本安全性能按 GB 18401 的规定执行。

3.5 和服绸内在质量分等规定

和服绸内在质量分等规定见表1。

表 1 内在质量分等规定

项 目			指 标			
			优等品	一等品	二等品	三等品
纤维含量允差/%			按 FZ/T 01053 执行			
长度偏差率/%			±1.5	±2.0		
密度偏差率/%			±3.0	±4.0	±5.0	
质量偏差率/%			±4.0	±5.0		
断裂强力[a]/N ≥			250			
纰裂程度[b] (定负荷)/mm ≤	52 g/m² 以上, 67 N		6			
	52 g/m² 以下, 45 N					
水洗尺寸 变化率[c]/ % ≥	绉类织物	经向	−8.0～+2.0	−9.0～+2.0	−10.0～+2.0	−11.0～+2.0
		纬向	−3.0～+2.0	−4.0～+2.0	−5.0～+2.0	−6.0～+2.0
	其他织物	经向	−4.0～+2.0	−5.0～+2.0	−6.0～+2.0	−7.0～+2.0
		纬向	−3.0～+2.0	−4.0～+2.0	−5.0～+2.0	−6.0～+2.0
色牢度[d]/级 ≥	耐水 耐汗渍	变色	4	3-4		
		沾色	3-4	3		
	耐洗	变色	4	3-4	3	
		沾色	3-4	3	2-3	
	耐干摩擦		3-4	3		
	耐湿摩擦		3,2-3(深色[e])	2-3,2(深色[e])		
	耐光		3			

[a] 44 g/m³ 以下和服坯绸、练白绸、印花绸、染色绸断裂强力不考核。

[b] 特殊产品可按合同或协议考核。

[c] 和服坯绸水洗尺寸变化率不考核。

[d] 和服坯绸、和服练白绸色牢度不考核。

[e] 大于 GB/T 4841.1 中 1/1 标准深度为深色。

3.6 和服绸外观质量的评定

3.6.1 和服绸外观质量分等规定见表2。

表 2 外观质量分等规定

项 目		优等品	一等品	二等品	三等品
色差(与标样对比)/级		4	3-4		3
幅宽偏差率/%		±1.5	±2.0		±2.5
外观疵点/(分/m) ≤	面料	0.2	0.6	1.0	1.4
	里料	0.4	0.8	1.2	1.6
注：面料、里料按合同或协议执行。					

3.6.2 和服绸外观疵点评分见表3。

表 3 外观疵点评分

序 号	疵 点	程 度	评 分	说 明
1	经向疵点	普通 2 cm 及以下 2 cm 以上～10 cm 明显 10 cm 及以下	2 4 6	① 里料减半评分
2	纬向疵点	2 cm 及以下 2 cm 以上～半幅 半幅以上 普通 明显	2 4 6 8	① 纬向档子以经向 5 cm 及以下为一档； ② 普通档子在经向 3 cm 及以下评 4 分
3	破损	0.5 cm 及以下 普通 明显 0.5 cm 以上～2 cm 普通 明显	 4 6 6 8	① 面料优等品、一等品不允许有 0.2 cm 的空隙； ② 里料优等品、一等品不允许有 0.3 cm～2 cm 的空隙
4	边疵	50 cm 及以下	4	优等品、一等品不允许边组织完全破裂
5	整修不净	5 cm 及以下	2	优等品、一等品不允许有倒头毛丝、结子毛丝
6	色泽深浅	普通 100 cm 及以下 明显 100 cm 及以下	 4 6	达 GB/T 250 中 4 级为普通,4 级以下为明显
7	纬斜、幅不齐	超过3% 100 cm 及以下	8	
8	渍	0.2 cm 及以下 普通 明显 0.2 cm 以上～0.5 cm 普通 明显	 4 6 6 8	

3.6.3 外观疵点评分中有关说明。

3.6.3.1 外观疵点采用有限度的累计评分。

3.6.3.2 外观疵点长度以经向或纬向最大方向量计。

3.6.3.3 皱印不压刹、不带色按普通评分。

3.6.3.4 纤维略有起毛按普通评分，起茸毛按明显评分。

3.6.3.5 序号1、2、8中的疵点，色差达 GB/T 250 中3-4级按普通评分，3-4级以下按明显评分。

3.6.3.6 绸面出现破洞、轧梭档、开河档、拆烊档、顺纤档、错纬档等严重疵点，降为等外品。

3.3.3.7 "经柳"普通，定等限度为二等品，"经柳"明显，定等限度为三等品。其他全匹性连续疵点，定等限度为三等品。

4 试验方法

4.1 长度检验试验方法

卷装和服绸产品可按经向检验机计数表记录实际长度。折叠装产品可测量单页长度，再乘以页数计算。仲裁检验按 GB/T 4666 执行。整匹产品的匹端至少 10 cm 不计，测量结果精确至 1 cm。

4.2 幅宽偏差率试验方法

按 GB/T 4666 执行。

4.3 密度偏差率试验方法

按 GB/T 4668 执行。

4.4 质量偏差率试验方法

按 GB/T 4669—2008 中 6.7 执行，仲裁检验按 GB/T 4669—2008 中 6.8 执行。

4.5 断裂强力试验方法

按 GB/T 3923.1 执行。

4.6 水洗尺寸变化率试验方法

按 GB/T 8628、GB/T 8629—2001、GB/T 8630 进行。洗涤程序采用 7A。干燥方法采用 A 法。

4.7 色牢度试验方法

4.7.1 耐洗色牢度试验方法按 GB/T 3921—2008 执行，采用表2中方法 A(1)。

4.7.2 耐水色牢度试验方法按 GB/T 5713 执行。

4.7.3 耐汗渍色牢度试验方法按 GB/T 3922 执行。

4.7.4 耐摩擦色牢度试验方法按 GB/T 3920 执行。

4.7.5 耐光色牢度试验方法按 GB/T 8427—2008 执行。采用方法3。

4.8 纰裂程度试验方法

按 GB/T 13772.2 执行。试样宽度尺寸采用 75 mm。

4.9 纤维含量试验方法

纤维定性分析按 FZ/T 01057 进行，定量分析按 GB/T 2910、FZ/T 01026、FZ/T 01048 等执行。

4.10 色差试验方法

采用 D$_{65}$标准光源或北向自然光,照度不低于 600 lx,试样被测部位应经纬向一致,入射光与试样表面约成 45°角,检验人员的视线大致垂直于试样表面,距离约 60 cm 目测,与 GB/T 250 标准样卡对比评级。

4.11 纬斜、花斜试验方法

按 GB/T 14801 执行。

4.12 外观质量检验方法

4.12.1 可采用经向检验机或纬向台板检验。仲裁检验采用经向检验机检验。

4.12.2 光源采用日光荧光灯时,台面平均照度 600 lx~700 lx,环境光源控制在 150 lx 以下。纬向检验可采用自然北向光,平均照度在 320 lx~600 lx。

4.12.3 采用经向检验机检验时,验绸机速度为(15±5)m/min。纬向检验速度为 15 页/min。

4.12.4 检验员眼睛距绸面中心约 60 cm~80 cm。幅宽 114 cm 及以下的产品由一人检验。

4.12.5 外观疵点以绸面平摊正面为准,反面疵点影响正面时也应评分。

5 检验规则

和服绸检验规则按 GB/T 15552 执行。

6 包装和标志

和服绸包装和标志按 GB/T 15551 执行。

7 其他

对和服绸的要求、品质、包装和标志另有特殊要求者,供需双方可另订合同或协议,并按其执行。

ICS 59.080.30
W 43

中华人民共和国纺织行业标准

FZ/T 43009—2009
代替 FZ/T 43009—1999

桑 蚕 双 宫 丝 织 物

Mulberry douppion silk fabrics

2009-11-17 发布

2010-04-01 实施

中华人民共和国工业和信息化部　　发 布

前　言

本标准代替 FZ/T 43009—1999《桑蚕双宫丝织物》。

本标准与 FZ/T 43009—1999 相比主要变化如下：

——增加了桑蚕双宫丝织物基本安全性能应符合国家 GB 18401 的规定(本版的 3.3)；

——将尺寸变化率改为水洗尺寸变化率，对练白、印花、染色(色织)织物分别进行考核，并提高了指标水平(1999 年版的 5.4，本版的 3.5)；

——提高了色牢度的指标水平，增加了耐湿摩擦、耐光色牢度指标项目(1999 年版的 5.4，本版的 3.5)；

——增加了色差(与标样对比)的分等规定(本版的 3.6.1)；

——将外观疵点的评分限度由每米评分方法改为每百平方米评分方法(1999 年版中的 5.4，本版中的 3.6.1)。

本标准的附录 A 为资料性附录。

本标准由中国纺织工业协会提出。

本标准由全国丝绸标准化技术委员会归口。

本标准起草单位：达利丝绸(浙江)有限公司、杭州金富春丝绸化纤有限公司、浙江丝绸科技有限公司。

本标准主要起草人：周颖、林平、盛建祥、俞丹。

本标准所代替标准的历次版本发布情况为：

——ZB W43 003—1990、FZ/T 43009—1999。

桑蚕双宫丝织物

1 范围

本标准规定了桑蚕双宫丝织物的要求、试验方法、检验规则、包装和标志。

本标准适用于评定各类服用的练白、染色(色织)、印花桑蚕双宫丝纯织、桑蚕丝或双宫丝与其他纱线交织的丝织物的品质。

2 规范性引用文件

下列文件中的条款通过本标准的引用而成为本标准的条款。凡是注日期的引用文件,其随后所有的修改单(不包括勘误的内容)或修订版均不适用于本标准,然而,鼓励根据本标准达成协议的各方研究是否可使用这些文件的最新版本。凡是不注日期的引用文件,其最新版本适用于本标准。

GB/T 250 纺织品 色牢度试验 评定变色用灰色样卡(GB/T 250—2008,ISO 105-A02:1993,IDT)

GB/T 4841.1 染料染色标准深度色卡 1/1

GB/T 8170 数值修约规则与极限数值的表示和判定

GB/T 15551—2007 桑蚕丝织物

GB/T 15552—2007 丝织物试验方法和检验规则

GB 18401 国家纺织产品基本安全技术规范

FZ/T 01053 纺织品 纤维含量的标识

3 要求

3.1 桑蚕双宫丝织物的要求包括内在质量和外观质量。内在质量包括密度偏差率、质量偏差率、断裂强力、纰裂程度、纤维含量偏差、水洗尺寸变化率、色牢度七项,外观质量包括色差(与标样对比)、幅宽偏差率、外观疵点评分限度三项。

3.2 桑蚕双宫丝织物的品质由内在质量和外观质量中的最低等级项目评定。其等级分为优等品、一等品、二等品、三等品,低于三等品的为等外品。

3.3 桑蚕双宫丝织物的基本安全性能应符合 GB 18401 的规定。

3.4 桑蚕双宫丝织物的评等以匹为单位。质量、断裂强力、纰裂程度、纤维含量偏差、水洗尺寸变化率、色牢度等按批评等。密度、外观质量按匹评等。

3.5 桑蚕双宫丝织物内在质量分等规定见表1。

表 1 内在质量分等规定

项 目			指 标			
			优等品	一等品	二等品	三等品
密度偏差率/%	经向		±3.0	±4.0	±5.0	±6.0
	纬向	双宫丝作纬	±5.0	±7.0	±9.0	
		非双宫丝作纬	±4.0	±5.0	±6.0	±7.0
质量偏差率/%			±4.0	±5.0	±6.0	±7.0
断裂强力/N ≥			200			
纰裂程度ª(定负荷)67 N/mm ≤			6			

表 1（续）

项　　目		指　　标			
		优等品	一等品	二等品	三等品
纤维含量偏差/%（绝对百分比）	桑蚕双宫丝织物	按 FZ/T 01053 执行			
	交织、混纺织物				
水洗尺寸变化率/%	练白	＋2.0～－5.0	＋2.0～－7.0	＋2.0～－9.0	
	印花、染色、色织	＋2.0～－3.0	＋2.0～－5.0	＋2.0～－7.0	
色牢度/级 ≥	耐水 耐汗渍	变色	4	3-4		
		沾色	3-4	3		
	耐皂洗	变色	4	3-4	3	
		沾色	3-4	3	2-3	
	耐干摩擦		4	3-4	3	
	耐湿摩擦		3-4	3,2-3(深色[b])	2-3,2(深色[b])	
	耐光		4	3		

　[a] 特殊品种按合同或协议考核。

　[b] 大于或等于 GB/T 4841.1 中 1/1 标准深度为深色。

3.6　桑蚕双宫丝织物的外观质量的评定

3.6.1　桑蚕双宫丝织物的外观质量分等规定见表 2。

表 2　外观质量分等规定

项　　目	优等品	一等品	二等品	三等品
色差（与标样对比）/级　≥	4	3-4		3
幅宽偏差率/%	±1.5	±2.5	±3.5	±4.5
外观疵点评分限度/(分/100 m²)　≤	15	30	50	100

3.6.2　桑蚕双宫丝织物的外观疵点评分见表 3。

表 3　外观疵点评分表　　　　　　　　　　　　　单位为厘米

序号	疵　点	分　　数			
		1	2	3	4
1	经向疵点	8 cm 及以下	8 cm 以上～16 cm	16 cm 以上～24 cm	24 cm 以上～100 cm
2	纬向疵点	8 cm 及以下	8 cm 以上～半幅	—	半幅以上
	纬档[a]	—	普通	—	明显
3	印花疵	8 cm 及以下	8 cm 以上～16 cm	16 cm 以上～24 cm	24 cm 以上～100 cm
4	渍、破损性疵点	—	2.0 cm 及以下	—	2.0 cm 以上
5	边疵[b]、松板印、撬小	经向每 100 cm 及以下	—	—	—

　[a] 纬档以经向 10 cm 及以下为一档。

　[b] 针板眼进入内幅 1.5 cm 及以下不计。

3.6.3　桑蚕双宫丝织物外观疵点评分说明

3.6.3.1　桑蚕双宫绸的织物表面特有的宫的特征程度,按双方协议或客户确认样执行。

3.6.3.2　在绸面上显示双宫丝特有的粗节不评分。

3.6.3.3 外观疵点的评分采用有限度的累计评分。

3.6.3.4 外观疵点长度以经向或纬向最大方向量计。

3.6.3.5 纬斜、花斜、幅不齐 1 m 及以内大于 3% 评 4 分。

3.6.3.6 同匹色差(色泽不匀)达 GB/T 250 中 4 级及以下,1 m 及以内评 4 分。

3.6.3.7 经向 1 m 内累计评分最多 4 分,超过 4 分按 4 分计。

3.6.3.8 "经柳"普通,定等限度二等品,"经柳"明显,定等限度三等品。其他全匹性连续疵点,定等限度为三等品。

3.6.3.9 严重的连续性病疵每米扣 4 分,超过 4 m 降为等外品。

3.6.3.10 全匹性连续疵点定等限度为三等品。

3.6.3.11 优等品、一等品、二等品内不允许有轧梭档、拆烊档、开河档等严重疵点。

3.6.4 每匹桑蚕双宫丝织物允许分数,由式(1)计算得出,计算结果按 GB/T 8170 修约至整数。

$$q = \frac{c}{100} \times l \times w \qquad \cdots\cdots\cdots\cdots\cdots\cdots\cdots\cdots\cdots\cdots\cdots\cdots (1)$$

式中:

q——每匹最高允许分数,单位为分;

c——外观疵点评分限度,单位为分每百平方米(分/100 m²);

l——匹长,单位为米(m);

w——幅宽,单位为米(m)。

3.6.5 开剪拼匹和标疵放尺的规定

3.6.5.1 桑蚕双宫丝织物允许开剪拼匹或标疵放尺,两者只能采用一种。

3.6.5.2 开剪拼匹各段的等级、幅宽、色泽、花型应一致。

3.6.5.3 绸匹平均每 10 m 及以内允许标疵一次。每 3 分和 4 分的疵点允许标疵,每处标疵放尺 20 cm。标疵后的疵点不再计分。局部性疵点的标疵间距或标疵疵点与绸匹端的距离不得少于 4 m。

4 试验方法

桑蚕双宫丝织物的试验方法按 GB/T 15552—2007 第 3 章执行。

5 检验规则

桑蚕双宫丝织物的检验规则按 GB/T 15552—2007 中第 4 章执行。

6 包装和标志

桑蚕双宫丝织物的包装和标志按 GB/T 15551—2007 中第 6 章、第 7 章执行。

7 其他

对品质、要求、试验方法、包装和标志另有要求,可按合同或协议执行。

附 录 A

（资料性附录）

外观疵点归类表

表 A.1 外观疵点归类表

序号	疵点类别	疵 点 名 称
1	经向疵点	筘路、经柳、边撑印、粗经、双经、错经、色经、渍经、宽急经、叉绞、缺经、星跳、压皱印、灰伤印、皱印、荷叶边。
2	纬向疵点	破纸板、综框梁子多少起、抛纸板、错纹板、错花、跳梭、煞星、柱渍、轧梭痕、筘锈渍、带纬、断纬、叠纬、坍纬、糙纬、灰伤、皱印、杂物织入、渍纬等。
2	纬档	松紧档、撬档、撬小档、顺纤档、多少捻档、粗细纬档、缩纬档、急纬档、断花档、通绞档、毛纬档、拆毛档、停车档、渍纬档、错纬档、糙纬档、色纬档、拆烊档。
3	印花疵	搭脱、渗进、漏浆、塞煞、色点、眼圈、套歪、露白、砂眼、双茎、拖版、搭色、反丝、叠版印、框子印、刮刀印、色皱印、回浆印、刷浆印、化开、糊开、花痕、野花、粗细茎、跳版深浅、接版深浅、雕色不清、涂料脱落、涂料颜色不清等。
4	渍、破损性疵点	色渍、锈渍、油污渍、洗渍、皂渍、霉渍、蜡渍、白雾、字渍、水渍等。 蛛网、披裂、拔伤、空隙、破洞等。
5	边疵、松板印、撬小	宽急边、木耳边、粗细边、卷边、边糙、吐边、边修剪不净、针板眼、边少起、破边、凸铗、脱铗等。
注1：对经、纬向共有的疵点，以严重方向评分。 注2：外观疵点归类表中没有归入的疵点按类似疵点评分。		

ICS 59.080.30
W 43

中华人民共和国纺织行业标准

FZ/T 43010—2014
代替 FZ/T 43010—2006

桑蚕绢丝织物

Mulberry spun silk fabrics

2014-12-24 发布　　　　　　　　　　　　　2015-06-01 实施

中华人民共和国工业和信息化部　　发 布

前　言

本标准按照 GB/T 1.1—2009 给出的规则起草。

本标准代替 FZ/T 43010—2006《桑蚕绢丝织物》,本标准与 FZ/T 43010—2006 相比,主要变化如下:

——增加了桑蚕绢丝织物基本安全性能应符合 GB 18401 要求的规定;

——增加了起毛起球考核项目并确定了各等级的指标值;

——删除了附录 A。

本标准由中国纺织工业联合会提出。

本标准由全国丝绸标准化技术委员会(SAC/TC 401)归口。

本标准起草单位:浙江喜得宝丝绸科技有限公司、浙江丝绸科技有限公司、万事利集团有限公司、达利丝绸(浙江)有限公司、达利(中国)有限公司、江苏苏丝丝绸股份有限公司、南通那芙尔服饰有限公司、浙江金鹰股份有限公司。

本标准主要起草人:汤知源、樊启平、周颖、南海云、蔡祖伍、寇勇琦、翁艳芳、陈松、梅德祥、陈小妹、许伟新。

本标准所代替标准的历次版本发布情况为:

——ZBW 43004—1990;

——FZ/T 43010—1999、FZ/T 43010—2006。

桑蚕绢丝织物

1 范围

本标准规定了桑蚕绢丝织物的要求、试验方法、检验规则、包装和标志。

本标准适用于评定各类练白、染色、印花、色织桑蚕绢丝纯织及交织(桑蚕绢丝含量在50%以上)织物的品质。

2 规范性引用文件

下列文件对于本文件的应用是必不可少的。凡是注日期的引用文件,仅注日期的版本适用于本文件。凡是不注日期的引用文件,其最新版本(包括所有的修改单)适用于本文件。

GB/T 250 纺织品 色牢度 评定变色用灰色样卡

GB/T 2910(所有部分) 纺织品 定量化学分析

GB/T 3920 纺织品 色牢度试验 耐摩擦色牢度

GB/T 3921—2008 纺织品 色牢度试验 耐皂洗色牢度

GB/T 3922 纺织品 色牢度试验 耐汗渍色牢度

GB/T 3923.1 纺织品 织物拉伸性能 第1部分:断裂强力和断裂伸长率的测定 (条样法)

GB/T 4666 纺织品 织物长度和幅度的测定

GB/T 4668 机织物密度的测定

GB/T 4669—2008 纺织品 机织物 单位长度质量和单位面积质量的测定

GB/T 4802.2—2008 纺织品 织物起毛起球性能的测定 第2部分:改型马丁代尔法

GB/T 4841.3 染料染色标准深度色卡 2/1、1/3、1/6、1/12、1/25

GB/T 5713 纺织品 色牢度试验 耐水色牢度

GB/T 8170 数值修约规则与极限数值的表示和判定

GB/T 8427—2008 纺织品 色牢度试验 耐人造光色牢度:氙弧

GB/T 8628 纺织品 测定尺寸变化的试验中织物试样和服装的准备、标记和测量

GB/T 8629—2001 纺织品 试验用家庭洗涤和干燥程序

GB/T 8630 纺织品 在洗涤和干燥后尺寸变化的测定

GB/T 14801 机织物和针织物纬斜和弓纬试验方法

GB/T 15552 丝织物试验方法和检验规则

GB 18401 国家纺织产品基本安全技术规范

GB/T 29862 纺织品 纤维含量的标识

GB/T 30557 丝绸 机织物疵点术语

FZ/T 01026 纺织品 定量化学分析 四组分纤维混合物

FZ/T 01057(所有部分) 纺织纤维鉴别试验方法

FZ/T 01095 纺织品 氨纶产品纤维含量的试验方法

FZ/T 40007 丝织物包装和标志

3 要求

3.1 要求内容

桑蚕绢丝织物的要求为内在质量、外观质量、基本安全性能。

3.2 考核项目

桑蚕绢丝织物内在质量考核项目包括密度偏差率、质量偏差率、断裂强力、纤维含量允差、水洗尺寸变化率、起毛起球、色牢度七项,外观质量考核项目包括色差(与标样对比)、幅宽偏差率、外观疵点三项。

3.3 基本安全性能

桑蚕绢丝织物基本安全性能应符合 GB 18401 的要求。

3.4 分等

3.4.1 桑蚕绢丝织物的品质由内在质量和外观质量中的最低等级项目评定。其等级分为优等品、一等品、二等品、三等品、低于三等品的为等外品。

3.4.2 质量偏差率、断裂强力、纤维含量允差、水洗尺寸变化率、起毛起球、色牢度按批评等。密度偏差率、外观质量按匹评等。

3.5 内在质量分等规定

桑蚕绢丝织物内在质量分等规定见表1。

表 1 内在质量分等规定

项 目			指 标			
			优等品	一等品	二等品	三等品
密度偏差率/%			±2.0	±3.0	±4.0	±5.0
质量偏差率/%			±2.0	±3.0	±4.0	±5.0
断裂强力/N ≥			200			
纤维含量允差/%			按 GB/T 29862 执行			
水洗尺寸变化率/%	练白	经向	−5.0~+2.0	−7.0~+2.0	−9.0~+2.0	
		纬向	−3.0~+2.0	−5.0~+2.0	−7.0~+2.0	
	印染	经向	−3.0~+2.0	−5.0~+2.0	−7.0~+2.0	
		纬向	−3.0~+2.0	−5.0~+2.0	−7.0~+2.0	
起毛起球/级 ≥			4	3.5	3	
色牢度/级 ≥	耐水、耐汗渍	变色	4	3-4		
		沾色	3-4	3		
	耐洗	变色	4	3-4	3	
		沾色	3-4	3	2-3	
	耐干摩擦		4	3-4	3	
	耐湿摩擦		3-4	3,2-3(深色[a])	2-3,2(深色[a])	
	耐光		4	3		
注：本色及练白桑蚕绢丝织物不考核色牢度项目。						
[a] 大于 GB/T 4841.3 中 1/12 染料染色标准深度为深色。						

3.6 桑蚕绢丝织物的外观质量的评定

3.6.1 桑蚕绢丝织物的外观质量分等规定见表2。

表 2 外观质量分等规定

项　目		优等品	一等品	二等品	三等品
色差（与标样对比）/级	≥	4	3-4		3
幅宽偏差率/%		±2.0	±2.5	±3.0	±3.5
外观疵点评分限度/（分/100 m²）		20.0	30.0	60.0	120.0

3.6.2 桑蚕绢丝织物的外观疵点评分见表3。

表 3 外观疵点评分表

序号	疵点	分　数			
		1	2	3	4
1	经向疵点	8 cm 及以下	8 cm 以上～16 cm	16 cm 以上～24 cm	24 cm 以上～100 cm
2	纬向疵点	8 cm 及以下	8 cm 以上～半幅		半幅以上
	纬档疵点ᵃ		普通		明显
3	印花、染色疵点	8 cm 及以下	8 cm 以上～16 cm	16 cm 以上～24 cm	24 cm 以上～100 cm
4	污渍、油渍、破损性疵点		1.0 cm 及以下		1.0 cm 及以上
5	边部疵点ᵇ	经向每 100 cm 及以下			—
注：外观疵点的解释和归类按GB/T 30557执行。					
ᵃ 纬档以经向 10 cm 以下为一档。					
ᵇ 针板眼进入内幅 1.5 cm 及以内不评分。					

3.6.3 桑蚕绢丝织物外观疵点评分和定等说明：

a) 外观疵点的评分采用有限度的累计评分。

b) 外观疵点长度以经向或纬向最大方向量计。

c) 纬斜、花斜、幅不齐 1 m 及以内大于3%评4分。

d) 同匹色差（色泽不匀）不低于GB/T 250中4级，低于4级，1 m 及以内评4分。

e) 经向 1 m 内累计评分最多4分，超过4分按4分计。

f) 严重的连续性病疵每米扣4分，超过 4 m 降为等外品。

g) 经柳"普通"，定等限度为二等品，经柳"明显"定等限度为三等品。其他全匹性连续疵点定等限度为三等品。

h) 外观疵点检验以绸面正面为准，反面疵点影响正面时也应评分。

i) 优等品、一等品内不允许有轧梭档、拆烊档、开河档等严重疵点。

j) 每匹织物外观疵点定等分数由式（1）计算得出，计算结果按 GB/T 8170 修约至小数点后 1 位。

$$c = \frac{q}{l \times w} \times 100 \qquad\qquad\qquad \cdots\cdots\cdots\cdots\cdots\cdots\cdots（1）$$

式中：

c ——每匹织物外观疵点定等分数，单位为分每百平方米（分/100 m²）；

q ——每匹织物外观疵点实测分数，单位为分；

l ——受检匹长，单位为米（m）；

w ——有效幅宽，单位为米（m）。

3.7 开剪拼匹和标疵放尺的规定

3.7.1 桑蚕绢丝织物允许开剪拼匹或标疵放尺，两者只能采用一种。

3.7.2 开剪拼匹各段的等级、幅宽、色泽、花型应一致。

3.7.3 绸匹平均每 10 m 及以内允许标疵一次。每 3 分和 4 分的疵点允许标疵，每处标疵放尺 10 cm。标疵后的疵点不再计分。局部性疵点的标疵间距或标疵点与绸匹端的距离不得少于 4 m。

4 试验方法

4.1 幅宽试验方法

按 GB/T 4666 执行。

4.2 密度试验方法

按 GB/T 4668 执行。

4.3 质量试验方法

按 GB/T 4669—2008 执行，采用方法 5。仲裁检验采用方法 3。

4.4 断裂强力试验方法

按 GB/T 3923.1 执行。

4.5 水洗尺寸变化率的试验方法

按 GB/T 8628、GB/T 8629—2001、GB/T 8630 执行。洗涤程序采用 7A。干燥方法采用 A 法。

4.6 起毛起球试验方法

按 GB/T 4802.2—2008 执行，采用机织物本身磨料，试验终点摩擦次数为 1 000。

4.7 色牢度试验方法

4.7.1 耐水色牢度试验方法按 GB/T 5713 执行。

4.7.2 耐汗渍色牢度试验方法按 GB/T 3922 执行。

4.7.3 耐摩擦色牢度试验方法按 GB/T 3920 执行。

4.7.4 耐洗色牢度试验方法按 GB/T 3921—2008 执行。采用方法 A(1)。

4.7.5 耐光色牢度试验方法按 GB/T 8427—2008 执行。采用方法 3。

4.8 纤维含量的试验方法

纤维定性分析按 FZ/T 01057 执行，定量分析按 GB/T 2910、FZ/T 01026、FZ/T 01057、FZ/T 01095等执行。

4.9 色差试验方法

采用 D65 标准光源或北向自然光,照度不低于 600 lx,试样被测部位应经纬向一致,入射光与试样表面约成 45°角,检验人员的视线大致垂直于试样表面,距离约 60 cm 目测,与 GB/T 250 标准样卡对比评级。

4.10 纬斜、格斜、花斜试验方法

按 GB/T 14801 执行。

4.11 外观质量检验方法

4.11.1 可采用经向检验机或纬向台板检验。仲裁检验采用经向检验机检验。

4.11.2 光源采用日光荧光灯时,台面平均照度 600 lx~700 lx,环境光源控制在 150 lx 以下。纬向检验可采用自然北向光,平均照度在 320 lx~600 lx。

4.11.3 采用经向检验机检验时,检验速度为(15±5)m/min。纬向台板检验速度为 15 页/min。

4.11.4 检验员眼睛距绸面中心约 60 cm~80 cm。

5 检验规则

桑蚕绢丝织物检验规则按 GB/T 15552 执行。

6 包装和标志

桑蚕绢丝织物包装和标志按 FZ/T 40007 执行。

7 其他

对桑蚕绢丝织物的要求、试验方法、包装和标志另有要求者,供需双方可另订协议,可按合同或协议执行。

———————————

ICS 59.080.30
W 43

中华人民共和国纺织行业标准

FZ/T 43011—2011
代替 FZ/T 43011—1999

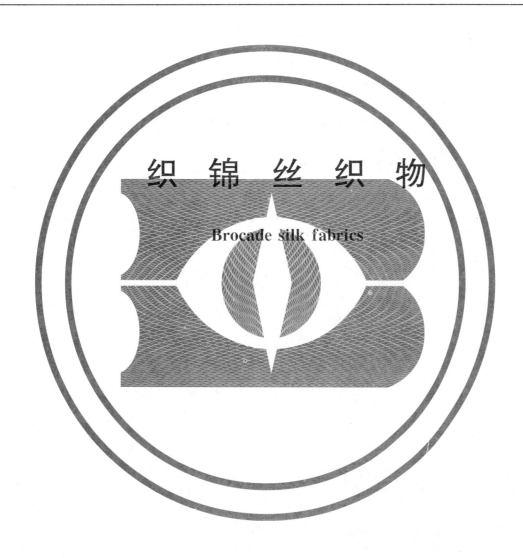

织 锦 丝 织 物

Brocade silk fabrics

2011-05-18 发布

2011-08-01 实施

中华人民共和国工业和信息化部　发布

前　言

本标准按照 GB/T 1.1—2009 给出的规则起草。

本标准是对 FZ/T 43011—1999《锦、缎类丝织物》的修订。本标准代替 FZ/T 43011—1999。

本标准与 FZ/T 43011—1999 相比,主要变化如下:

——将标准名称由《锦、缎类丝织物》改为《织锦丝织物》;

——增加了织锦丝织物应符合国家有关纺织品强制性标准的要求的规定(见 3.4);

——增加了纤维含量偏差、纰裂程度的考核项目(见 3.5);

——提高了耐干摩擦、耐热压、耐干洗、耐光色牢度指标值(见 3.5,1999 年版的 3.2.3);

——修改了外观疵点的分等方法(见 3.6.1,1999 年版的 3.2.3);

——外观疵点采用"四分制"的评分方法(见 3.6.2,1999 年版的 3.3.4)。

本标准由中国纺织工业协会提出。

本标准由全国丝绸标准化技术委员会(SAC/TC 401)归口。

本标准起草单位:杭州都锦生实业有限公司、浙江丝绸科技有限公司。

本标准主要起草人:王中华、周颖、王明珠、伍冬平。

本标准所代替标准的历次版本发布情况为:

——GB/T 9070—1988;

——FZ/T 43011—1999。

织 锦 丝 织 物

1 范围

本标准规定了织锦丝织物的要求、试验方法、检验规则、包装和标志。

本标准适用于评定各类色织提花织锦丝织物的品质。

2 规范性引用文件

下列文件对于本文件的应用是必不可少的。凡是注日期的引用文件,仅注日期的版本适用于本文件。凡是不注日期的引用文件,其最新版本(包括所有的修改单)适用于本文件。

GB/T 250 纺织品 色牢度试验 评定变色用灰色样卡

GB/T 8170 数值修约规则与极限数值的表示和判定

GB/T 13772.2 纺织品 机织物接缝处纱线抗滑移的测定 第2部分:定负荷法

GB/T 15551—2007 桑蚕丝织物

GB/T 15552—2007 丝织物试验方法和检验规则

FZ/T 01053 纺织品 纤维含量的标识

3 要求

3.1 织锦丝织物的要求包括密度偏差率、质量偏差率、断裂强力、纤维含量偏差、纰裂程度、色牢度、干洗尺寸变化率等内在质量和色差(与标样对比)、幅宽偏差率、外观疵点等外观质量。

3.2 织锦丝织物的评等以匹为单位。质量、断裂强力、纤维含量偏差、纰裂程度、色牢度、干洗尺寸变化率等六项按批评等。密度、外观质量等两项按匹评等。

3.3 织锦丝织物的品质由内在质量、外观质量中的最低等级项目评定。其等级分为优等品、一等品、二等品、三等品。低于三等品的为等外品。

3.4 织锦丝织物应符合国家有关纺织品强制性标准的要求。

3.5 织锦丝织物的内在质量分等规定见表1。

表 1 内在质量分等规定

项 目		指 标			
		优等品	一等品	二等品	三等品
质量偏差率/%		±2.0	±3.0	±4.0	±5.0
密度偏差率/%	经密	±2.0	±3.0	±4.0	±5.0
	纬密	±3.0	±4.0	±5.0	±6.0
断裂强力/N ≥		200			
纤维含量偏差(绝对百分比)/%		按 FZ/T 01053 执行			
纰裂程度(定负荷67 N)/mm ≤		6			

表 1（续）

项　　　目		指　　　标			
		优等品	一等品	二等品	三等品
干洗尺寸变化率/%		+1.0～−1.0	+1.5～−1.5	−2.0～+2.0	−2.0～+3.0
色牢度/级 ≥	耐干摩擦　沾色	4	3-4	3	
	耐热压　　变色	4	3-4	3	
	耐干洗　　变色	4	3-4	3	
	耐光　　　变色	4	3-4	3	

3.6　织锦丝织物外观质量的评定

3.6.1　织锦丝织物外观质量分等规定见表 2。

表 2　外观质量分等规定

项　　　目		优等品	一等品	二等品	三等品
色差（与标样对比）/级　　≥		4	3-4		3
幅宽偏差率/%		±1.5	±2.5	±3.5	±4.5
外观疵点评分限度/（分/100m²）≤		15	30	50	100

3.6.2　织锦丝织物外观疵点评分见表 3。

表 3　外观疵点评分表

序号	疵点	分　　　数			
		1	2	3	4
1	经向疵点	0.3 cm～8 cm	8 cm 以上～16 cm	16 cm 以上～24 cm	24 cm 以上～100 cm
2	纬向疵点	0.3 cm～8 cm	8 cm 以上～半幅	—	半幅以上
	纬档ᵃ	—	普通	—	明显
3	污渍、油渍、破损性疵点	—	1.0 cm 及以下	—	1.0 cm 以上
4	边疵ᵇ	经向每 100 cm 及以下	—	—	—
5	纬斜、花斜、幅不齐	—	—	—	大于 3%
注：序号 1、2、3、4、5 中的外观疵点的归类参照附录 A 执行。					
ᵃ 纬档以经向 10 cm 及以内为一档。					
ᵇ 针板眼进入内幅 1.5 cm 及以内不计。					

3.6.3　织锦丝织物外观疵点评分说明

3.6.3.1　外观疵点的评分采用有限度的累计评分。

3.6.3.2　外观疵点长度以经向或纬向最大方向量计。

3.6.3.3　同匹色差（色泽不匀）达 GB/T 250 中 4 级及以下，1 m 及以内评 4 分。

3.6.3.4 经向 1 m 内累计评分最多 4 分,超过 4 分按 4 分计。

3.6.3.5 "经柳"普通,定等限度二等品,"经柳"明显,定等限度三等品。其他全匹性连续疵点,定等限度为三等品。

3.6.3.6 严重的连续性病疵每米评 4 分,超过 4 m 降为等外品。

3.6.3.7 优等品、一等品内不允许有轧梭档、拆烊档、开河档等严重疵点。

3.6.4 每匹织锦丝织物最高允许分数由式(1)计算得出,计算结果按 GB/T 8170 修约至整数。

$$q = \frac{c}{100} \times l \times w \qquad\qquad\qquad (1)$$

式中:

q —— 每匹最高允许分数,单位为分;

c —— 外观疵点最高分数,单位为分每百平方米(分/100 m²);

l —— 匹长,单位为米(m);

w —— 幅宽,单位为米(m)。

3.7 开剪拼匹和标疵放尺的规定

3.7.1 织锦丝织物允许开剪拼匹或标疵放尺,两者只能采用一种。

3.7.2 开剪拼匹各段的等级、幅宽、色泽、花型应一致。

3.7.3 绸匹平均每 10 m 及以内允许标疵一次。每 3 分和 4 分的疵点允许标疵,每处标疵放尺 10 cm。标疵后的疵点不再计分。局部性疵点的标疵间距或标疵疵点与绸匹端的距离不得少于 4 m。

4 试验方法

4.1 织锦丝织物的试验方法按 GB/T 15552—2007 中第 3 章执行。

4.2 纰裂程度的试验方法按 GB/T 13772.2 执行,试样宽度尺寸采用 75 mm。

5 检验规则

织锦丝织物的检验规则按 GB/T 15552—2007 第 4 章执行。

6 包装和标志

织锦丝织物的包装和标志按 GB/T 15551—2007 中第 6 章、第 7 章执行。

7 其他

对织锦丝织物的品质、包装和标志另有特殊要求者,供需双方可另订协议或合同,并按其执行。

附　录　A

（资料性附录）

外观疵点归类表

外观疵点归类见表 A.1。

表 A.1　外观疵点归类表

序号	疵点名称	说　　明
1	经向疵点	宽急经柳、粗细柳、筘柳、色柳、筘路、多少捻、缺经、断通丝、错经、碎糙、夹糙、夹断头、断小柱、叉绞、分经路、小轴松、水渍急经、宽急经、错通丝、综穿错、筘穿错、单只头、双经、粗细经、夹起、懒针、煞星、渍经、灰伤、皱印等
2	纬向疵点	破纸板、多少起、抛纸板、错花、跳梭、煞星、柱渍、轧梭痕、筘锈渍、带纬、断纬、叠纬、坍纬、糙纬、灰伤、皱印、杂物织入、渍纬等
2	纬档	松紧档、撬档、撬小档、顺纤档、多少捻档、粗细纬档、缩纬档、急纬档、断花档、通绞档、毛纬档、拆毛档、停车档、渍纬档、错纬档、糙纬档、色纬档、拆烊档
3	污渍、油渍	色渍、锈渍、油污渍、洗渍、皂渍、霉渍、蜡渍、白雾、字渍、水渍等
3	破损性疵点	蛛网、披裂、拔伤、空隙、破洞等
4	边疵	宽急边、木耳边、粗细边、卷边、边糙、吐边、边修剪不净、针板眼、边少起、破边、凸铗、脱铗等
5	纬斜、花斜、幅不齐	

注 1：对经、纬向共有的疵点，以严重方向评分。

注 2：外观疵点归类表中没有归入的疵点按类似疵点评分。

ICS 59.080.30
W 43

中华人民共和国纺织行业标准

FZ/T 43012—2013
部分代替 43012—1999

锦 纶 丝 织 物

Polyamide yarn fabrics

2013-07-22 发布
2013-12-01 实施

中华人民共和国工业和信息化部　　发布

前　言

本标准按照 GB/T 1.1—2009 给出的规则起草。

本标准是对 FZ/T 43012—1999《防水锦纶丝织物》(不含"伞绸")的修订,本标准部分代替 FZ/T 43012—1999,与 FZ/T 43012—1999 相比,主要变化如下:

——修改了密度、质量、水洗尺寸变化率指标水平;

——增加了纰裂程度、纤维含量允差、耐干洗考核项目;

——调整了撕破强力指标水平;

——将抗渗透水性、抗湿性、防钻绒性列入可选项目;

——将外观质量评分改为"四分制"。

本标准由中国纺织工业联合会提出。

本标准由全国丝绸标准化技术委员会(SAC/TC 401)归口。

本标准起草单位:苏州志向纺织科研股份有限公司、浙江台华新材料股份有限公司、苏州龙英织染有限公司、岂山集团有限公司、浙江舒美特纺织有限公司、浙江丝绸科技有限公司。

本标准主要起草人:周颖、翟涛、徐丽亚、濮礼旭、吕迎智、王荣根。

本标准所代替标准的历次版本发布情况为:

——GB/T 9071—1988;

——FZ/T 43012—1999。

锦 纶 丝 织 物

1 范围

本标准规定了锦纶丝织物的要求、试验方法、检验规则、包装和标志。

本标准适用于评定各类服用锦纶长丝纯织、锦纶长丝与其他纤维交织的染色、印花丝织物的品质。

2 规范性引用文件

下列文件对于本文件的应用是必不可少的。凡是注日期的引用文件,仅注日期的版本适用于本文件。凡是不注日期的引用文件,其最新版本(包括所有的修改单)适用于本文件

GB/T 250 纺织品 色牢度试验 评定变色用灰色样卡

GB/T 2910(所有部分) 纺织品 定量化学分析方法

GB/T 3917.2 纺织品 织物撕破性能 第2部分:裤形试样(单缝)撕破强力的测定

GB/T 3920 纺织品 色牢度试验 耐摩擦色牢度

GB/T 3921—2008 纺织品 色牢度试验 耐皂洗色牢度

GB/T 3922 纺织品耐汗渍色牢度试验方法

GB/T 3923.1 纺织品 织物拉伸性能 第1部分:断裂强力和断裂伸长率的测定 条样法

GB/T 4666 纺织品 织物长度和幅宽的测定

GB/T 4668 机织物密度的测定

GB/T 4669—2008 纺织品 机织物 单位长度质量和单位面积质量的测定

GB/T 4744 纺织织物 抗渗水性测定 静水压试验

GB/T 4745 纺织织物 表面抗湿性测定 沾水试验

GB/T 4841.1 染料染色标准深度色卡 1/1

GB 5296.4 消费品使用说明 纺织品和服装使用说明

GB/T 5713 纺织品 色牢度试验 耐水色牢度

GB/T 6152 纺织品 色牢度试验 耐热压色牢度

GB/T 8170 数值修约规则与极限数值的表示和判定

GB/T 8427—2008 纺织品 色牢度试验 耐人造光色牢度:氙弧

GB/T 8628 纺织品 测定尺寸变化的试验中织物试样和服装的准备、标记及测量

GB/T 8629—2001 纺织品 试验用家庭洗涤和干燥程序

GB/T 8630 纺织品 洗涤和干燥后尺寸变化的测定

GB/T 12705.1 纺织品 织物防钻绒性试验方法 第1部分:摩擦法

GB/T 13772.2 纺织品 机织物接缝处纱线抗滑移的测定 第2部分:定负荷法

GB/T 14801 机织物和针织物纬斜和弓纬试验方法

GB/T 15552 丝织物试验方法和检验规则

GB 18401 国家纺织产品基本安全技术规范

FZ/T 01026 纺织品 定量化学分析 四组分纤维混合物

FZ/T 01053 纺织品 纤维含量的标识

FZ/T 01057(所有部分) 纺织纤维鉴别试验方法

3 要求

3.1 锦纶丝织物的要求包括内在质量、外观质量。内在质量要求包括密度偏差率、质量偏差率、纤维含

量允差、断裂强力、撕破强力、纰裂程度、水洗尺寸变化率、抗渗水性、抗湿性、抗钻绒性、色牢度等十一项。外观质量要求包括色差(与标样对比)、幅宽偏差率、外观疵点等三项。

3.2 锦纶丝织物的品质评等以匹为单位。质量偏差率、纤维含量允差、断裂强力、撕破强力、纰裂程度、抗渗水性、抗湿性、抗钻绒性、水洗尺寸变化率、色牢度等按批评等。色差(与标样对比)、密度偏差率、幅宽偏差率、外观疵点按匹评等。

3.3 锦纶丝织物的品质由内在质量、外观质量中的最低等级项目评定。其等级分为优等品、一等品、二等品、三等品,低于三等品的为等外品。

3.4 锦纶丝织物的基本安全性能应符合 GB 18401 的要求。

3.5 锦纶丝织物的内在质量分等规定见表1。

表 1 内在质量分等规定

项目			指标			
			优等品	一等品	二等品	三等品
密度偏差率/%			±2.0	±3.0	±4.0	
质量偏差率/%			±3.0	±4.0	±5.0	
纤维含量允差/%			按 FZ/T 01053 执行			
断裂强力/N	≥		200			
撕破强力/N	≥	30 g/m²~50 g/m²	7.0			
		50 g/m² 及以上	9.0			
纰裂程度/mm	≤	羽绒服用织物(定负荷100 N)	4			
		30 g/m²~100 g/m² 织物(定负荷67 N)	6			
		100 g/m² 及以上织物(定负荷100 N)	6			
水洗尺寸变化率/%			−2.0~+2.0		−3.0~+2.0	
抗渗水性ª/kPa	≥		4			
抗湿性ᵇ/级	≥		4		3	
防钻绒性ᶜ/根			5 以下	6-15	16-50	
色牢度/级	≥	耐水耐汗渍耐洗 变色	4	4	3-4	
		耐水耐汗渍耐洗 沾色	3-4	3-4	3	
		耐热压 变色	4	3-4	3	
		耐干摩擦	4	3-4	3	
	耐湿摩擦		3-4	3,2-3(深色ᵈ)	2-3,2(深色ᵈ)	
	耐光		4	3		

注:30 g/m² 以下的织物或特殊用途、特殊结构的品种其断裂强力、撕破强力、纰裂程度可按合同或协议考核。

ª 仅考核有抗渗水性要求的织物。

ᵇ 仅考核有抗湿性要求的织物。

ᶜ 仅考核有防钻绒要求的织物。

ᵈ 大于或等于GB/T 4841.1中1/1标准深度为深色。

3.6 锦纶丝织物的外观质量的评定

3.6.1 锦纶丝织物的外观质量分等规定见表2。

表 2 外观质量分等规定

项目		指标			
		优等品	一等品	二等品	三等品
色差(与标样对比)/级 ≥		4	3-4		3
幅宽偏差率/%		−1.0～+2.0	−2.0～+2.0		
外观疵点评分限度/(分/100 m²)		10.0	20.0	40.0	80.0

3.6.2 锦纶丝织物外观疵点评分见表3。

表 3 外观疵点评分表

序号	疵点	分数			
		1	2	3	4
1	经向疵点	8 cm 及以下	8 cm 以上～16 cm	16 cm 以上～24 cm	24 cm 以上～100 cm
2	纬向疵点	8 cm 及以下	8 cm 以上～半幅	—	半幅以上
	纬档[a]	—	普通	—	明显
3	染色、印花、整理疵点	8 cm 及以下	8 cm 以上～16 cm	16 cm 以上～24 cm	24 cm 以上～100 cm
4	渍疵	—	1.0 cm 及以下	—	1.0 cm 以上
	破损性疵点				
5	边部疵点[b]	经向每 100 cm 及以下	—	—	—
6	纬斜、花斜、格斜、幅不齐	—	—	—	100 cm 及以下 大于 3%

注：外观疵点归类参见附录A。

[a] 纬档以经向 10 cm 及以下为一档。

[b] 针板眼进入内幅 1.5 cm 及以内不计。

3.7 锦纶丝织物外观疵点评分说明：

 a) 外观疵点的评分采用有限度的累计评分；

 b) 外观疵点长度以经向或纬向最大方向量计；

 c) 同匹色差(色泽不匀)不低于 GB/T 250 中 4 级及以下，1 m 及以内评 4 分；

 d) 经向 1 m 内累计评分最多 4 分，超过 4 分按 4 分计；

 e) "经柳"普通，定等限度为二等品，"经柳"明显、其他全匹性连续疵点，定等限度为三等品；

 f) 严重的连续性疵点每米扣 4 分，超过 4 m 降为等外品；

 g) 优等品、一等品内不允许有破洞、轧梭档、拆烊档、开河档、错纬档等严重疵点。

3.8 每匹织物外观疵点定等分数由式(1)计算得出，计算结果按 GB/T 8170 修约至小数点后一位。

$$c = \frac{q}{l \times w} \times 100 \qquad\qquad\qquad (1)$$

式中：

c ——每匹织物外观疵点定等分数，单位为分每百平方米（分/100 m²）；

q ——每匹织物外观疵点实测分数，单位为分；

l ——受检匹长，单位为米（m）；

w ——幅宽，单位为米（m）。

3.9 开剪拼匹和标疵放尺的规定

3.9.1 锦纶丝织物允许开剪拼匹或标疵放尺，两者只能采用一种。

3.9.2 优等品不允许开剪拼匹或标疵放尺。

3.9.3 开剪拼匹各段的等级、幅宽、色泽、花型应一致。

3.9.4 织物平均每 20 m 及以内允许标疵一次。每处 3 分和 4 分的疵点和 2 分的破洞、蛛网、渍允许标疵。超过 10 cm 的连续疵点可连标。每处标疵放尺 10 cm。已标疵后的疵点不再计分。局部性疵点的标疵间距或标疵疵点与绸匹端的距离不得少于 4 m。

4 试验方法

4.1 幅宽试验方法

按 GB/T 4666 执行。

4.2 密度试验方法

按 GB/T 4668 执行。

4.3 质量试验方法

按 GB/T 4669—2008 中第 6 章 6.7 方法 5 执行。

4.4 纤维含量试验方法

按 GB/T 2910、FZ/T 01026、FZ/T 01057 等执行。

4.5 断裂强力试验方法

按 GB/T 3923.1 执行。

4.6 撕破强力试验方法

按 GB/T 3917.2 执行。

4.7 纰裂程度试验方法

按 GB/T 13772.2 执行。试样宽度尺寸采用 75 mm。

4.8 水洗尺寸变化率试验方法

按 GB/T 8628、GB/T 8629—2001、GB/T 8630 执行。洗涤程序采用 4A。干燥方法采用 A 法。

4.9 抗渗水性试验方法

按 GB/T 4744 执行，水温采用 20 ℃±2 ℃，水压上升速率采用 6.0 kPa/min±0.3 kPa/min，试验织物的正面。

4.10 抗湿性试验方法

按 GB/T 4745 执行,水温采用 20 ℃±2 ℃。

4.11 防钻绒性试验方法

按 GB/T 12705.1 执行。

4.12 色牢度试验方法

4.12.1 耐洗色牢度试验方法按 GB/T 3921—2008 执行,采用表 2 中试验条件中试验方法 A(1)。

4.12.2 耐水色牢度试验方法按 GB/T 5713 执行。

4.12.3 耐汗渍色牢度试验方法按 GB/T 3922 执行。

4.12.4 耐热压色牢度试验方法按 GB/T 6152 执行。采用潮压法,温度 110 ℃。

4.12.5 耐摩擦色牢度试验方法按 GB/T 3920 执行。

4.12.6 耐光色牢度试验方法按 GB/T 8427—2008 中的方法 3 执行。

4.13 色差试验方法

采用 D65 标准光源或北向自然光,照度不低于 600 lx,试样被测部位应经纬向一致,入射光与试样表面约成 45°角,检验人员的视线大致垂直于试样表面,距离约 60 cm 目测,与 GB/T 250 标准样卡对比评级。

4.14 纬斜、花斜试验方法

按 GB/T 14801 执行。

4.15 外观质量检验方法

4.15.1 可采用经向检验机或纬向台板检验。仲裁检验采用经向检验机检验。

4.15.2 光源采用日光荧光灯时,台面平均照度 600 lx~700 lx,环境光源控制在 150 lx 以下。纬向检验可采用自然北向光,平均照度在 320 lx~600 lx。

4.15.3 采用经向检验机检验时,检验速度为 15 m/min±5 m/min。纬向台板检验速度为 15 页/min。

4.15.4 检验员眼睛距绸面中心约 60 cm~80 cm。

4.15.5 外观疵点检验以绸面正面为准,反面疵点影响正面时也应评分。

5 检验规则

锦纶丝织物的检验规则按 GB/T 15552 执行。

6 包装

6.1 锦纶丝织物的包装根据用户要求分为卷筒、折叠两种形式。

6.2 同件(箱)内优等品、一等品匹与匹之间色差,不低于 GB/T 250 中 4 级。

6.3 卷筒包装的内外层边的相对位移不大于 2 cm。

6.4 织物外包装采用纸箱时,纸箱内应加衬塑料内衬袋或拖蜡防潮纸,胶带封口。纸箱外用塑料打包带和铁皮轧扣箍紧打箱。

6.5 包装应牢固、防潮,便于仓贮及运输。

7 标志

7.1 标志要求明确、清晰、耐久、便于识别。

7.2 每匹或每段丝织物应吊标签一张,内容按 GB 5296.4 规定,包括品名、品号、原料名称及成分、幅宽、色别、长度、等级、执行标准编号、企业名称。

7.3 每匹或每段的两端距绸边 5 cm 以内和幅边 10 cm 以内,加盖代号梢印,如系拼匹在剪刀口处加盖骑缝梢印。标疵时须在疵点幅侧加盖"△"印记,并用标记标明。

7.4 每箱(件)应附装箱单。内容包括:品名、品号、等级、匹段数、总长度。

7.5 纸箱(布包)刷唛要正确、整齐、清晰。纸箱唛头内容包括企业名称、地址、合同号、箱号、品名、品号、花色号、幅宽、等级、匹数、毛重、净重、长度、出厂日期及运输标志等。

7.6 每批产品出厂应附品质检验结果单。

8 其他

对锦纶丝织物的品质、包装和标志另有特殊要求者,供需双方可另订协议或合同,并按其执行。

附　录　A

（资料性附录）

外观疵点归类表

表 A.1　外观疵点归类表

序号	疵点名称	说　明
1	经向疵点	宽急经柳、粗细柳、筘柳、色柳、筘路、导钩痕、辅喷痕、多少捻、缺经、断通丝、错经、碎糙、夹糙、夹断头、断小柱、叉绞、分经路、小轴松、水渍急经、宽急经、错通丝、综穿错、筘穿错、单只头、双经、粗细经、夹起、懒针、煞星、渍经、灰伤、皱印等
2	纬向疵点	破纸板、综框梁子多少起、抛纸板、错纹板、错花、跳梭、煞星、柱渍、轧梭痕、筘锈渍、带纬、断纬、缩纬、叠纬、坍纬、糙纬、渍纬、灰伤、纬斜、皱印、杂物织入、百脚等
	纬档	紧档、撬档、撬小档、顺纤档、多少捻档、粗细纬档、缩纬档、急纬档、断花档、通绞档、毛纬档、拆毛档、停车档、渍纬档、错纬档、糙纬档、色纬档、拆烊档、开河档
3	染色、印花、整理疵点	搭脱、渗进、漏浆、塞煞、色点、眼圈、套歪、露白、砂眼、双茎、拖版、搭色、反丝、叠版印、框子印、刮刀印、色皱印、回浆印、刷浆印、化开、糊开、花痕、野花、粗细茎、跳版深浅、接版深浅、雕色不清、涂料脱落、涂料颜色不清等
4	渍	色渍、锈渍、油污渍、洗渍、皂渍、霉渍、蜡渍、白雾、字渍、水渍等
	破损性疵点	蛛网、披裂、拔伤、空隙、破洞等
5	边部疵点	宽急边、木耳边、粗细边、卷边、边糙、吐边、边修剪不净、针板眼、边少起、破边、凸铗、脱铗等

注 1：对经、纬向共有的疵点，以严重方向评分。

注 2：本表中没有归入的疵点按类似疵点评分。

ICS 59.080.30
W 43

中华人民共和国纺织行业标准

FZ/T 43013—2011
代替 FZ/T 43013—1999

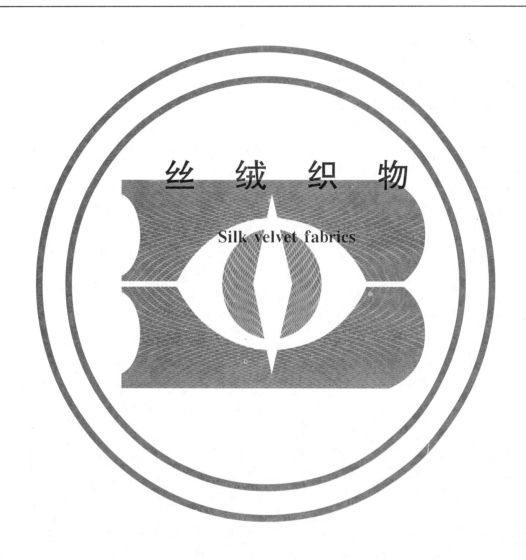

丝 绒 织 物

Silk velvet fabrics

2011-05-18 发布

2011-08-01 实施

中华人民共和国工业和信息化部　发 布

前　言

本标准按照 GB/T 1.1—2009 给出的规则起草。

本标准是对 FZ/T 43013—1999《丝绒织物》的修订。本标准代替 FZ/T 43013—1999。

本标准与 FZ/T 43013—1999 相比主要变化如下:

——增加了丝绒织物应符合国家有关纺织品强制性标准的要求(见 4.4);

——增加了纤维含量偏差的考核项目(见 4.5);

——增加了纰裂程度的考核项目(见 4.5);

——增加了干洗尺寸变化率考核项目(见 4.5);

——增加耐干洗色牢度考核项目(见 4.5);

——提高了耐水、耐汗渍色牢度的指标值(见 4.5,1999 年版的 4.3);

——将幅宽偏差率归入外观质量考核项目,并增加了色差考核项目(见 4.6.1,1999 年版的 4.3);

——修改了外观疵点的分等方法(见 4.6.1,1999 年版的 4.3);

——外观疵点采用"四分制"的评分方法(见 4.6.2)。

本标准由中国纺织工业协会提出。

本标准由全国丝绸标准化技术委员会(SAC/TC 401)归口。

本标准起草单位:杭州市余杭区质量计量监测中心、浙江喜得宝丝绸科技有限公司、浙江丝绸科技有限公司。

本标准主要起草人:陈安德、樊启平、许亚新、伍冬平、周颖。

本标准所代替标准的历次版本发布情况为:

——GB/T 9073—1988;

——FZ/T 43013—1999。

丝 绒 织 物

1 范围

本标准规定了丝绒织物的术语和定义、要求、试验方法、检验规则、包装和标志。

本标准适用于评定双层组织分割而成的练白、染色、印花、提花和色织机织丝绒织物的品质。

2 规范性引用文件

下列文件对于本文件的应用是必不可少的。凡是注日期的引用文件,仅注日期的版本适用于本文件。凡是不注日期的引用文件,其最新版本(包括所有的修改单)适用于本文件。

GB/T 250 纺织品 色牢度试验 评定变色用灰色样卡

GB/T 4841.1 染料染色标准深度色卡 1/1

GB 5296.4 消费品使用说明 纺织品和服装使用说明

GB/T 8170 数值修约规则与极限数值的表示和判定

GB/T 13772.2 纺织品 机织物接缝处纱线抗滑移的测定 第 2 部分:定负荷法

GB/T 15552—2007 丝织物试验方法和检验规则

FZ/T 01053 纺织品 纤维含量的标识

3 术语和定义

下列术语和定义适用于本文件。

3.1

经向疵点 warp directional defects

沿经向延伸的长形疵点。其中:柳状疵点为纤维外表轻度受伤、条干不匀、组织排列不正、纤维吸色深浅等,绒面或底面(暴露)呈色有深浅或灰暗细柳;线状疵点为绒面或底面(暴露)呈缺绒经、缺底经或稀路。

3.2

纬向疵点 weft directional defects

沿纬向延伸的长形疵点。其中:线状疵点为绒面或底面(暴露)呈稀密路,其经向宽度在 0.3 cm 以下;条状疵点为绒面或底面(暴露)呈色深浅、组织稀密及毛丝档,其经向宽度在 0.3 cm 以上。

3.3

绒皱印 crease mark of velvet

绒面上呈不规则的绒毛倾斜或弯曲,有直条状、斜条状、块状、碎玻璃状等。

4 要求

4.1 丝绒织物的要求包括内在质量和外观质量。内在质量包括密度偏差率、织物厚度偏差、质量偏差率、纤维含量偏差、断裂强力、撕破强力、纰裂程度、水洗尺寸变化率、干洗尺寸变化率、绒毛耐压恢复率、色牢度等11项,外观质量包括色差(与标样对比)、幅宽偏差率、外观疵点等3项。

4.2 丝绒织物的评等以匹为单位。质量偏差率、纤维含量偏差、断裂强力、撕破强力、纰裂程度、水洗尺寸变化率、干洗尺寸变化率、绒毛耐压恢复率、色牢度等按批评等。密度偏差率、织物厚度偏差、外观质量等按匹评等。

4.3 丝绒织物的品质由内在质量、外观质量中的最低等级项目评定,分为优等品、一等品、二等品、三等品,低于三等品的为等外品。

4.4 丝绒织物应符合国家有关纺织品强制性标准的要求。

4.5 丝绒织物的内在质量分等规定见表1。

表 1 内在质量分等规定

项 目			指　标			
			优等品	一等品	二等品	三等品
密度偏差率/%		经向	±2.0	±3.0	±4.0	
		纬向				
质量偏差率/%			±3.0	±4.0	±5.0	
纤维含量偏差(绝对百分比)/%			按 FZ/T 01053 执行			
织物厚度偏差/mm			+0.15～−0.10		+0.20～−0.20	
断裂强力/N	≥		200			
撕破强力/N	≥		11.0	10.0	9.0	8.0
纰裂程度[a](定负荷67N)/mm	≤		6			
水洗尺寸变化率/%	A	经向	+1.5～−5.0	+1.5～−8.0	+1.5～−10.0	
		纬向	+1.5～−3.0	+1.5～−6.0	+1.5～−8.0	
	B	经向	+1.5～−3.0	+1.5～−5.0	+1.5～−7.0	
		纬向				
干洗尺寸变化率/%	A	经向	+1.0～−3.0	+1.0～−4.0	+1.0～−5.0	
		纬向	+1.0～−2.0	+1.0～−3.0	+1.0～−4.0	
	B	经向	+1.0～−2.0	+1.0～−3.0	+1.0～−4.0	
		纬向				
绒毛耐压恢复率/% ≥	A		76	72	70	
	B		66	62	60	
色牢度/级 ≥	耐洗	变色	4	3-4,3(深色[b])	3,2-3(深色[b])	
		沾色	3-4	3,2-3(深色[b])	2-3,2(深色[b])	
	耐干洗	变色	4	3-4	3	
	耐水	变色	4	3-4	3	
		沾色	3	3	3	
	耐汗渍	变色	4	3-4	3	
		沾色	3	3	3	
	耐干摩擦	沾色	4	3-4	3	
	耐湿摩擦	沾色	3-4	3,2-3(深色[b])	2-3,2(深色[b])	
	耐光		4	3		

注1:织物厚度只对绒毛直立的丝绒织物进行考核。
注2:烂花、提花或经过其他特殊处理的丝绒织物的质量偏差率、断裂强力、撕破强力按合同或协议进行考核。
注3:水洗尺寸变化率、干洗尺寸变化率项目中,"A"为对地经或纬线的捻度在12捻/cm及以上的绉线丝绒和未经树脂整理的丝绒。"B"为对地经或纬线的捻度在12捻/cm以下或经过树脂整理的丝绒。
注4:耐洗色牢度和水洗尺寸变化率考核可水洗产品,耐干洗色牢度和干洗尺寸变化率考核可干洗产品。
注5:绒毛耐压恢复率只适用对经树脂整理绒毛直立的丝绒织物(包括轧花、提花、嵌金属丝线的丝绒)的考核。"A"为对以乔其立绒为代表的品种考核指标,"B"为对以利亚绒为代表的品种考核指标。其他品种可参照执行。

[a] 测量部位选用面料的反面,烂花产品不考核。
[b] 大于 GB/T 4841.1 中 1/1 标准深度为深色。

4.6 丝绒织物外观质量的评定

4.6.1 丝绒织物外观质量分等规定见表 2。

表 2 外观质量分等规定

项 目		优等品	一等品	二等品	三等品
色差(与标样对比)/级	≥	4	3-4		3
幅宽偏差率/%		±2.0	±3.0	±4.0	
外观疵点评分限度/(分/100 m²)	≤	10	20	40	80

4.6.2 丝绒织物的外观疵点评分见表 3。

表 3 外观疵点评分表

序号	疵 点	分 数			
		1	2	3	4
1	经向疵点	8 cm 及以下	8 cm 以上~16 cm	16 cm 以上~24 cm	24 cm 以上~100 cm
2	纬向疵点	8 cm 及以下	8 cm 以上~半幅		半幅以上
	纬档ª	—	普通		明显
3	印花疵	8 cm 及以下	8 cm 以上~16 cm	16 cm 以上~24 cm	24 cm 以上~100 cm
4	绒皱印	20 cm 及以下	—	20 cm 以上	—
5	油渍、污渍、破损性疵点		2.0 cm 及以下		2.0 cm 以上
6	边疵ᵇ	经间每 100 cm 及以下			—
7	纬斜、花斜、幅不齐	—		—	3%

注：序号 1、2、3、4、5、6、7 中的外观疵点的归类参照附录 A 执行。

ª 纬档以经向 10 cm 及以内为一档。

ᵇ 针板眼深入内幅 1.5 cm 及以内不计。

4.6.3 丝绒织物外观疵点评分说明

4.6.3.1 外观疵点采用有限度的累计评分。

4.6.3.2 外观疵点长度以经向或纬向最大方向量计。

4.6.3.3 同匹色差(色泽不匀)低于 GB/T 250 中 4 级及以下,1 m 及以内评 4 分。

4.6.3.4 经向 1 m 内累计评分最多 4 分,超过 4 分按 4 分计。

4.6.3.5 "经柳"普通,定等限度为二等品,"经柳"明显,定等限度为三等品。其他全匹性连续疵点,定等限度三等品。

4.6.3.6 严重连续性疵点每米扣 4 分,超过 4 m 降为等外品。

4.6.3.7 优等品、一等品内不允许有破洞、轧梭档、拆烊档、错纬档、开河档等严重疵点。

4.6.4 每匹丝绒织物允许分数由式(1)计算得出,计算结果按 GB/T 8170 修约至整数。

$$q = \frac{c}{100} \times l \times w \qquad\qquad \cdots\cdots\cdots\cdots\cdots\cdots(1)$$

式中：

q ——每匹最高允许分数,单位为分;

c ——外观疵点评分限度,单位为分每百平方米(分/100 m²);

l ——匹长,单位为米(m);

w ——幅宽,单位为米(m)。

4.7 开剪拼匹或标疵放尺的规定

4.7.1 除优等品外,丝绒织物允许开剪拼匹或标疵放尺,两者只能采用一种。

4.7.2 开剪拼匹各段的等级、幅宽、色泽、花型应一致。

4.7.3 绒匹平均每10 m及以下允许标疵一次。标疵疵点经向长度在10 cm及以下允许标疵一次,超过10 cm的连续疵点可以连标。每一标疵放尺10 cm。局部性疵点的标疵间距或标疵疵点与绒匹匹端的距离不得少于4 m。

4.7.4 开剪拼匹或标疵放尺后的丝绒织物应符合一等品要求。

5 试验方法

5.1 丝绒织物的试验方法按GB/T 15552—2007第3章执行。

5.2 纰裂程度的试验方法按GB/T 13772.2执行,试样宽度尺寸采用75 mm。

6 检验规则

丝绒织物的检验规则按GB/T 15552—2007中第4章执行。

7 包装和标志

7.1 包装

7.1.1 丝绒织物的包装应保证产品品质不受损伤、变质,便于运输。

7.1.2 绒毛直立的丝绒织物,采用钩架盒装,不宜折叠久压,包装后宜平放。

7.1.3 绒毛倒伏的丝绒织物,采用纸管卷装,外层附有商标和对称腰封,外套塑料薄膜袋。

7.2 标志

7.2.1 丝绒织物的标志应明确、清晰、耐久、便于识别。

7.2.2 每匹丝绒的两端背面,加盖检验员代号。如系拼匹,应在剪口两端加盖梢印,挂小吊牌,注明长度。如有假开剪,须在疵点一侧边端,加盖标疵印记,并吊红线注明。

7.2.3 每匹丝绒织物挂吊牌一张,内容按GB 5296.4规定,包括企业名称、地址、品名、幅宽、纤维含量、洗涤方法、执行标准、等级、长度(若有假开剪,还要写明放尺后的净长度)等。

7.2.4 盒装丝绒盒外须注明:企业名称、地址、品名、品号、幅宽、花色号、纤维含量、等级、长度等。

7.2.5 丝绒织物以固定匹数成件(箱),每箱内应附有装箱单,箱外应有如下标志:企业名称、地址、合同号、箱号、品名、品号、花色号、匹数、长度、毛重、净重、体积、出厂日期、防潮标志等。

8 其他

对丝绒织物的品质、试验方法、包装和标志另有要求,可按合同或协议执行。

附 录 A
（资料性附录）
丝绒织物外观疵点归类表

丝绒织物外观疵点归类见表 A.1。

表 A.1　丝绒织物外观疵点归类表

序号	疵点类别	说　　明
1	经向疵点	经柳、剪柳、筘路、双经、错经、梭打白、单片头、宽急经、倒头织进、缺底经、错经（露底丝绒）、缺绒经、直剪印、异纤维织入、多少捻、断巴吊、断小柱、夹起、懒针等
2	纬向疵点	带纬、横折印、叠纬、多少捻、多少起、错纹板、抛纸板、缺底纬、缺绒纬、拉绒纬等
	纬档	拆档、色档、浆档、风档、烘档、错纬档、断纬档、纬色档、松紧档、接头档、停车档、宽急纬档、长短绒档、轧梭档、接头档、拆烊档、割印、刀路、毛刀、跳刀印、钝刀印、撬档、细横条等
3	印花疵	塞煞、叠版印、框子印、刮刀印、糊开、化开、粗细茎、双茎、拖版、色皱印、回浆印、套歪、渗进、白毛、烂脱、花杂绒毛（烂不脱）、搭脱等
4	绒皱印	鸡脚印、弹簧印、钩印、斜皱印、乱皱印、直皱印等
5	油渍、污渍	色渍、油污渍、水渍、洗渍、灰渍、灰伤等
	破损性疵点	蛛网、披裂、拔伤、空隙、破洞等
6	边疵	宽急边、木耳边、粗细边、狭边、破边、卷边、边糙、吐边、边修剪不净、针板眼、边少起、拨边、凸铗、脱铗等
7	纬斜、花斜、幅不齐	

注 1：对经、纬向共有的疵点，以严重方向评分。

注 2：外观疵点归类表中没有归入的疵点按类似疵点评分。

ICS 59.080.30
W 43

中华人民共和国纺织行业标准

FZ/T 43014—2008
代替 FZ/T 43014—2001

丝绸围巾

Silk and filament yarn scarves

2008-03-12 发布

2008-09-01 实施

中华人民共和国国家发展和改革委员会   发 布

前 言

本标准代替 FZ/T 43014—2001《丝绸围巾》。

本标准与 FZ/T 43014—2001 相比主要变化如下：

——增加了丝绸围巾基本安全性能按 GB 18401 执行的规定(见本版的 3.3)；

——将定等指标设置最低值改为优等品、一等品、合格品(2001 版的 3.3；本版的 3.4)；

——增加了耐湿摩擦色牢度、耐干洗色牢度和干洗尺寸变化率指标项目(见本版的 3.4.1 和 3.4.2)；

——提高了色牢度的指标水平(2001 版的 3.3；本版的 3.4.1 和 3.4.2)；

——修改了外观质量缺陷判定依据内容(2001 版的 5.1.2；本版的 5.1.2)；

——修改了抽样数量的规定(2001 版的 5.3.3；本版的 5.4.2.1)。

本标准由中国纺织工业协会提出。

本标准由全国纺织品标准化技术委员会丝绸分会归口。

本标准起草单位:浙江华泰丝绸有限公司、浙江丝绸科技有限公司(浙江丝绸科学研究院)、万事利集团有限公司、杭州市质量技术监督检测院、杭州金富春丝绸化纤有限公司。

本标准主要起草人:周颖、郭文登、李建华、张祖琴、顾红烽、盛建祥。

本标准所代替标准的历次版本发布情况为:

——FZ/T 43014—2001。

丝 绸 围 巾

1 范围

本标准规定了丝绸围巾的要求、试验方法、检验规则、标志、包装、运输、贮存等。

本标准适用于丝绸围巾、披肩类产品。

2 规范性引用文件

下列文件中的条款通过本标准的引用而成为本标准的条款。凡是注日期的引用文件,其随后所有的修改单(不包括勘误的内容)或修订版均不适用于本标准,然而,鼓励根据本标准达成协议的各方研究是否可使用这些文件的最新版本。凡是不注日期的引用文件,其最新版本适用于本标准。

GB 250 评定变色用灰色样卡(GB 250—1995,idt ISO 105-A02:1993)

GB/T 2910 纺织品 二组分纤维混纺产品定量化学分析方法(GB/T 2910—1997,eqv ISO 1833:1977)

GB/T 2911 纺织品 三组分纤维混纺产品定量化学分析方法(GB/T 2911—1997,eqv ISO 5088:1976)

GB/T 3920 纺织品 色牢度试验 耐摩擦色牢度(GB/T 3920—1997,eqv ISO 105-X12:1993)

GB/T 3921.1 纺织品 色牢度试验 耐洗色牢度:试验1(GB/T 3921.1—1997,eqv ISO 105-C01:1989)

GB/T 3921.3 纺织品 色牢度试验 耐洗色牢度:试验3(GB/T 3921.3—1997,eqv ISO 105-C03:1989)

GB/T 3922 纺织品 耐汗渍色牢度试验方法(GB/T 3922—1995,eqv ISO 105-E04:1994)

GB/T 4841.1 1/1染料染色标准深度色卡

GB 5296.4 消费品使用说明 纺织品和服装使用说明

GB/T 5711 纺织品 色牢度试验 耐干洗色牢度(GB/T 5711—1997,eqv ISO 105-D01:1993)

GB/T 5713 纺织品 色牢度试验 耐水色牢度(GB/T 5713—1997,eqv ISO 105-E01:1994)

GB/T 8170 数值修约规则

GB/T 8427—1998 纺织品 色牢度试验 耐人造光色牢度:氙弧(eqv ISO 105-B02:1994)

GB/T 8628 纺织品 测定尺寸变化的试验中织物试样和服装的准备、标记及测量(GB/T 8628—2001,eqv ISO 3759:1994)

GB/T 8629—2001 纺织品 试验用家庭洗涤和干燥程序(eqv ISO 6330:2000)

GB/T 8630 纺织品 洗涤和干燥后尺寸变化的测定(GB/T 8630—2002,ISO 5077:1984,MOD)

GB/T 14801 机织物和针织物纬斜和弓纬试验方法

GB 18401 国家纺织产品基本安全技术规范

GB/T 19981.2—2005 纺织品 织物和服装的专业维护、干洗和湿洗 第2部分:使用四氯乙烯干洗和整烫时性能试验的程序

FZ/T 01026 纺织品 四组分纤维混纺产品定量化学分析方法

FZ/T 01048 蚕丝/羊绒混纺产品混纺比的测定

FZ/T 01053 纺织品 纤维含量的标识

FZ/T 01057(所有部分) 纺织纤维鉴别试验方法

FZ/T 01095 纺织品 氨纶产品纤维含量的试验方法

FZ/T 80002　服装标志、包装、运输和贮存

FZ/T 80004　服装成品出厂检验规则

3　要求

3.1　使用说明

丝绸围巾的使用说明按 GB 5296.4 和 GB 18401 的规定执行。

3.2　规格标示

丝绸围巾的成品规格可用围巾的几何尺寸标示,以厘米为单位。例如:长方形围巾可标注长×宽,三角围巾和披肩可标注底边长×高。

3.3　基本安全性能

丝绸围巾的基本安全性能按 GB 18401 规定执行。

3.4　内在质量要求

3.4.1　蚕丝、再生纤维素丝围巾内在质量的分等规定见表 1。

表 1　蚕丝、再生纤维素丝围巾内在质量的分等规定

项　目			指　标		
			优等品	一等品	合格品
纤维含量偏差/%			按 FZ/T 01053 执行		
水洗尺寸变化率ᵃ/%			−1.5～+1.5	−3.0～+3.0	−5.0～+3.0
干洗尺寸变化率ᵇ/%			−1.0～+1.0	−2.0～+2.0	−4.0～+2.0
色牢度/级 ≥	耐水 耐汗渍	变色	4	3—4	
		沾色	3—4	3	
	耐洗ᵃ	变色	4	3—4	3
		沾色	3—4	3	2—3
	耐干洗ᵇ	变色	4	3—4	3
		沾色	3—4	3	
	耐干摩擦	沾色	4	3—4	3
	耐湿摩擦	沾色	3—4	3,2—3(深色ᶜ)	2—3,2(深色ᶜ)
	耐光	变色	3—4	3	

ᵃ　使用说明上标注不可水洗的产品不考核,易变形产品(如顺纤绉、斜裁产品)不考核,纱、绡类等特殊产品可按合同或协议考核。

ᵇ　仅考核在使用说明上标注可干洗的产品,易变形产品(如顺纤绉、斜裁产品)不考核。

ᶜ　大于 GB/T 4841.1 中 1/1 标准深度为深色。

3.4.2　合成纤维丝围巾内在质量分等规定见表 2。

表 2　合成纤维丝围巾内在质量分等规定

项　目	指　标		
	优等品	一等品	合格品
纤维含量偏差/%	按 FZ/T 01053 执行		
水洗尺寸变化率ᵃ/%	−1.5～+1.5	−2.0～+2.0	−3.0～+3.0
干洗尺寸变化率ᵇ/%	−1.5～+1.5	−3.0～+2.0	−4.0～+2.0

表 2（续）

项　目			指　标		
			优等品	一等品	合格品
色牢度/级 ≥	耐水； 耐汗渍； 耐洗[a]	变色	4—5	4	3—4
		沾色	4	3—4	3
	耐干洗[b]	变色	4	3—4	3
		沾色	3—4	3	
	耐干摩擦	沾色	4	3—4	3
	耐湿摩擦	沾色	4	3—4	3
	耐光	变色	4	3—4	3

　　[a]　使用说明上标注不可水洗的产品不考核，易变形产品（如顺纡绉、斜裁产品）不考核，纱、绡类等特殊产品可按合同或协议考核。

　　[b]　仅考核在使用说明上标注可干洗的产品，易变形产品（如顺纡绉、斜裁产品）不考核。

3.5　丝绸围巾的规格偏差

见表 3。

表 3　丝绸围巾规格偏差的规定　　　　　　　　　　　　单位为厘米

项　目	要　　求	
	标注规格为 55 及以下	标注规格 55 以上
规格偏差	±2.0	±3.0
对称边互差	≤1.5	≤3.0

3.6　外观质量

3.6.1　色差

　　同条产品的色差不低于 GB 250 规定的 4 级，同批产品的色差或与确认样的色差不低于 GB 250 规定的 3—4 级。

3.6.2　外观疵点

外观疵点的规定见表 4。

表 4　外观疵点的规定

疵点名称	允许存在程度
经、纬向线状[a]	2 cm 及以内允许 1 处
轻微条、块状[b]	1 cm 及以内允许 1 处
横档	轻微 3 cm 及以内允许 1 处
破损[c]	不允许
污渍、色渍	不允许
纬斜	≤3%

　　[a]　不粗于 2 根丝粗的为线状疵点。

　　[b]　条、块状疵点按其疵点最长处量计。

　　[c]　经、纬纱共断两根及以上的为破损疵点。

3.7 缝制

3.7.1 成品的各部位缝制线迹平直,底、面线松紧适宜,无脱线、线头、跳针、漏针、浮针。

3.7.2 绣花部位平服、不漏印迹、不漏绣,绣花线迹应整齐。

3.7.3 具有装饰作用的装饰物(如珠片等)、耐久性标签应固定牢固,不易脱落。

3.7.4 针距密度为狭边三角针,平缝针每 3 cm 不少于 9 针,包缝针每 3 cm 不少于 12 针,手工卷边每 4 cm 不少于 4 针,装饰缝线针迹密度除外。

3.7.5 成品各边应平直,无毛边、散边、松边、卷边。

3.7.6 成品的各角应无散角、毛角、卷角。

3.7.7 整幅图案不得整体偏位。

3.7.8 边穗整齐,颜色应与主要面料相适宜,色牢度达到表1、表2的规定。

3.8 熨烫

熨烫应平挺、无极光、无死皱印。

4 试验方法

4.1 内在质量检验的试验方法

4.1.1 纤维含量的测定:纤维定性分析按 FZ/T 01057 进行,定量分析按 GB/T 2910、GB/T 2911、FZ/T 01026、FZ/T 01048、FZ/T 01095 等规定进行,结果按结合公定回潮率含量计算。

4.1.2 水洗尺寸变化率的测定按 GB/T 8628、GB/T 8629—2001、GB/T 8630 进行。产品洗涤方法,纯合成纤维产品采用 4A 程序;手洗产品采用仿手洗程序,其余产品采用 7A 程序;干燥方法采用 A 法。试样数量一般为 2 条。复验时取 4 条试样,分 2 次洗涤,并取所有测试数据的平均值,试验结果按 GB/T 8170 修约至一位小数。

4.1.3 干洗尺寸变化率的测定按 GB/T 19981.2—2005 执行,采用 GB/T 19981.2—2005 表 1 中正常材料的干洗程序。其中蚕丝产品干洗程序中的干洗机加载量降低至正常材料的 66%,不使用水添加剂,洗涤时间降至 5 min,冲洗时间降至 3 min,其余干洗参数与正常材料相同。整烫使用熨斗。

4.1.4 耐水色牢度的测定按 GB/T 5713 进行。

4.1.5 耐汗渍色牢度的测定按 GB/T 3922 进行。

4.1.6 耐洗色牢度的测定:

    a) 纯合成纤维丝织物(锦纶除外)耐洗色牢度按 GB/T 3921.3 进行。

    b) 其他丝织物耐洗色牢度按 GB/T 3921.1 进行。

4.1.7 耐干洗色牢度的测定按 GB/T 5711 进行。

4.1.8 耐摩擦色牢度的测定按 GB/T 3920 进行。

4.1.9 耐光色牢度的测定按 GB/T 8427—1998 中的方法 3 进行。

4.2 外观质量检验的试验方法

4.2.1 检验工具

    a) 钢尺(最小分度值为 1 mm);

    b) 评定变色用灰色样卡(GB 250)。

4.2.2 检验条件

应在正常的北向自然光线或灯光下进行。如采用灯光检验时,需用日光荧光灯,光源与检验面距离约 60 cm,其照度不低于 600 lx。

4.2.3 成品规格及对称边互差的测定

    a) 成品规格的测定:将样品平摊在检验台上,用分度值为 1 mm 的钢尺测量。方巾、长巾测量位置在有效边长的四分之一和四分之三处,长、宽向测量结果分别取平均值。其他形状的产品测量各有效边长并标注测量部位的实际尺寸。精确至一位小数。

b) 对称边互差的测定:将成品对称部位重叠,测量多余部分的最大值,精确到 0.1 cm。

4.2.4 纬斜的测定

纬斜的测定按 GB/T 14801 进行。

4.2.5 针距的测定

狭边三角针、平缝针产品在样品上任取 3 cm 进行测量,手工卷边产品在样品上任取 4 cm 进行测量。

4.2.6 外观疵点检验

将抽取的样品平铺在黑色工作台上,用目光逐条进行外观疵点的检验。

4.2.7 色差的测定

成品测定色差程度时,被测部位应纱向一致,采用北空光照射,或用照度约 600 lx 及以上有效光源。入射光源与样品表面约成 45°角,检验员的视线大致垂直于样品表面,距离约 60 cm 目测,并按表 5 中序号 3 的规定与 GB 250 样卡对比后判定。

表 5 外观质量缺陷判定依据

项目	序号	轻缺陷	重缺陷	严重缺陷
使用说明	1	内标签不端正,不平服,明显歪斜;钉商标线与商标底色的色泽不相适宜	使用说明内容不准确	使用说明内容缺项
规格偏差	2	超过本标准规定 50%以内	超过本标准规定 50%及以上	超过本标准规定 100%
色差	3	同条内色差低于标准规定的半级及以内	同条内色差低于标准规定 1 级	同条内色差低于标准规定的 1 级以上
缝制质量	4	边角不平整,有轻微毛角、散角、卷角,直角不方正	严重毛角、散角、卷角	
	5	有一处轻微毛边、散边、卷边	有一处严重毛边、散边、卷边	
	6		一条边内有两处单跳针	连续跳针或一条边内有两处以上单跳针
	7		起落针处回针不牢	
	8			断线、脱缝、毛漏
	9		缝制线迹不平直	
	10	面、底线轻度松紧不适宜		面、底线严重松紧不适宜,影响缝制牢度
	11		绣花针迹明显不整齐,绣面花型起绉;明显漏印迹	花形明显不完整、漏绣
	12	熨烫不平整,有极光	轻微烫变色,有死绉印	变质、残破
	13		图案整体偏位,不超过 2 cm,且不明显影响外观	图案整体偏位,明显影响外观
	14	脱线、跳针、漏针、浮针每处不超过 1 cm(包括 1 cm)	脱线、跳针、漏针、浮针每处超过 1 cm 以上(包括 2 cm)	脱线、跳针、漏针、浮针每处超过 2 cm 以上
	15		有长于 1.5 cm 的死线头两根及以上	
	16		装饰穗等饰物不整齐,明显影响外观	

表 5（续）

项目	序号	轻缺陷	重缺陷	严重缺陷
针迹密度	17	手工卷边低于本标准规定1针;其余低于本标准规定2针及以内	手工卷边低于本标准规定1针以上;其余低于本标准规定2针以上	
外观疵点	18	表面有轻度污渍、色渍;线状疵点超过本标准规定	条、块状疵点、纬斜、轻微横档、污渍、色渍超过本标准规定	有明显横档、污渍、色渍
	19	烂花部位稍有残留	烂花部位有残留,烂花部位轻微泛黄	烂花底部泛黄,烂花不完整

注1：以上各缺陷按序号逐项累计计算。

注2：本表未涉及到的缺陷可根据标准规定,参照相似缺陷酌情判定。

注3：凡属丢工、少序、错序均为重缺陷,缺件为严重缺陷。

5 检验规则

5.1 等级划分规则

5.1.1 成品等级确定以缺陷是否存在及其轻重程度为依据;抽样样本中单条产品以缺陷的数量及其轻重程度确定等级;批等级以抽样样本中单条产品的品等数量结合内在质量确定等级。

5.1.2 缺陷:单条产品不符合本标准所规定的技术要求,即构成缺陷。

按照产品不符合标准和对产品的使用性能、外观的影响程度,缺陷分为三类:

a) 严重缺陷:严重影响产品使用性能和外观的缺陷。

b) 重缺陷:不严重影响产品的使用性能和外观,但较严重不符合标准规定的缺陷。

c) 轻缺陷:不符合标准的规定,但对产品的使用性能和外观影响较小的缺陷。

5.1.3 丝绸围巾外观质量缺陷判定依据见表5。

5.2 检验分类

成品检验分为出厂检验和型式检验。

5.3 检验项目

出厂检验的检验项目按第3章的规定执行。但3.3、3.4除外。

型式检验的检验项目为本标准要求中的全部项目。

5.4 检验规则

5.4.1 出厂检验的检验规则

按 FZ/T 80004 执行。

5.4.2 型式检验的检验规则

5.4.2.1 抽样规定

5.4.2.1.1 外观质量检验抽样数量

——500 条及以下抽验 10 条;

——500 条以上至 1 000 条抽验 20 条;

——1 000 条以上抽验 30 条。

5.4.2.1.2 内在质量检测抽样数量

根据试验需要,每批不少于 3 条。

5.4.2.2 检验结果的判定

5.4.2.2.1 单条(样本)等级的确定

优等品： 轻缺陷≤1 重缺陷＝0 严重缺陷＝0

一等品： 轻缺陷≤2 重缺陷＝0 严重缺陷＝0

合格品： 轻缺陷≤3 重缺陷＝0 严重缺陷＝0 或

轻缺陷≤2 重缺陷≤1 严重缺陷＝0

5.4.2.2.2 批量判定

优等品批:外观质量检验样本中的优等品数≥90％,一等品和合格品数≤10％,同批产品的色差或与确认样的色差符合3.6.1要求。各项内在质量指标测试均达到优等品要求。

一等品批:外观质量检验样本中的一等品以上的产品数≥90％,合格品数≤10％(不含不合格品),同批产品的色差或与确认样的色差符合3.6.1要求。各项内在质量指标测试均达到一等品要求。

合格品批:外观质量检验样本中的合格品以上的产品数≥90％,不合格品数≤10％(不含严重缺陷不合格品),同批产品的色差或与确认样的色差符合3.6.1要求。各项内在质量指标测试均达到合格品要求。

当外观缝制质量判定与各项内在质量判定不一致时,执行低等级判定。

5.4.3 复验

如果交收双方对首次检验结果判定有异议时,可进行1次复验。复验抽样数量为5.4.2.1规定数的2倍,复验结果按5.4.2.2.2规定判定。以1次复验结果为最终判定结果。

6 标志、包装、运输、贮存

产品的标志、包装、运输和贮存按FZ/T 80002执行。

7 其他

特殊品种或用户有特定工艺要求的,供需双方可按合同或协议执行。

ICS 61.020
W 63

中华人民共和国纺织行业标准

FZ/T 43015—2011
代替 FZ/T 43015—2001

桑 蚕 丝 针 织 服 装

Silk knitting garments

2011-12-20 发布
2012-07-01 实施

中华人民共和国工业和信息化部　发布

前　言

本标准按照 GB/T 1.1—2009 给出的规则起草。

本标准代替 FZ/T 43015—2001《桑蚕丝针织服装》。

本标准与 FZ/T 43015—2001 相比主要变化如下：

——增加了规格号型可按 GB/T 6411 执行的规定；

——取消了每平方米干燥质量公差考核项目；

——修改了顶破强力指标值及试验方法；

——修改了色牢度指标值；

——增加了可分解致癌芳香胺染料、异味考核项目；

——修改了检验规则；

——修改了标志、包装要求；

——增加了运输和储存要求。

本标准由中国纺织工业协会提出。

本标准由全国丝绸标准化技术委员会(SAC/TC 401)归口。

本标准起草单位:杭州美标实业有限公司、杭州市质量技术监督检测院、浙江丝绸科技有限公司、鑫缘茧丝绸集团股份有限公司、达利丝绸(浙江)有限公司、浙江湖州梅月针织有限公司、浙江米赛丝绸有限公司。

本标准主要起草人:顾红烽、林声伟、周颖、顾虎、梅德祥、石继钧、俞丹、俞永达。

本标准所代替标准的历次版本发布情况为:

——FZ/T 43015—2001。

桑蚕丝针织服装

1 范围

本标准规定了桑蚕丝针织服装的规格号型、要求、试验方法、检验规则、标志、包装、运输和储存。

本标准适用于评定桑蚕丝针织服装的品质，桑蚕丝与其他纤维混纺、交织的针织服装可参照执行。

本标准不适用于桑蚕䌷丝针织服装。

2 规范性引用文件

下列文件对于本文件的应用是必不可少的。凡是注日期的引用文件，仅注日期的版本适用于本文件。凡是不注日期的引用文件，其最新版本（包括所有的修改单）适用于本文件。

GB/T 250 纺织品 色牢度试验 评定变色用灰色样卡

GB/T 1335（所有部分） 服装号型

GB/T 2828.1—2003 计数抽样检验程序 第1部分：按接收质量限（AQL）检索的逐批检验抽样计划

GB/T 2910（所有部分） 纺织品 定量化学分析

GB/T 2912.1 纺织品 甲醛的测定 第1部分：游离和水解的甲醛（水萃取法）

GB/T 3920 纺织品 色牢度试验 耐摩擦色牢度

GB/T 3921—2008 纺织品 色牢度试验 耐皂洗色牢度

GB/T 3922 纺织品耐汗渍色牢度试验方法

GB 5296.4 消费品使用说明 纺织品和服装使用说明

GB/T 5713 纺织品 色牢度试验 耐水色牢度

GB/T 6411 针织内衣规格尺寸系列

GB/T 7573 纺织品 水萃取液pH值的测定

GB/T 8427—2009 纺织品 色牢度试验 耐人造光色牢度：氙弧

GB/T 8630 纺织品 洗涤和干燥后尺寸变化的测定

GB/T 14801 机织物与针织物纬斜和弓纬试验方法

GB/T 17592 纺织品 禁用偶氮染料的测定

GB 18401—2003 国家纺织产品基本安全技术规范

GB/T 19976 纺织品 顶破强力的测定 钢球法

FZ/T 01053 纺织品 纤维含量的标识

FZ/T 01057（所有部分） 纺织纤维鉴别试验方法

3 规格号型

桑蚕丝针织服装规格号型按GB/T 1335或GB/T 6411规定执行，规格尺寸按合同要求或由生产厂自行设计。

4 要求

4.1 项目分类

要求分为内在质量和外观质量两类。内在质量项目包括纤维含量、顶破强力、水洗尺寸变化率、耐洗色牢度、耐水色牢度、耐汗渍色牢度、耐摩擦色牢度、耐光色牢度、甲醛含量、pH 值、可分解芳香胺染料、异味,外观质量包括表面疵点、规格尺寸偏差、本身尺寸差异、缝制质量。

4.2 分等规定

4.2.1 桑蚕丝针织服装的质量等级分为优等品、一等品、合格品。

4.2.2 桑蚕丝针织服装的质量评等以件为单位,内在质量按批评等,外观质量按件评等,最终等级按内在质量和外观质量中最低评定等级定等。

4.3 内在质量要求

内在质量要求见表1。

表 1 内在质量要求

项 目			等 级		
			优等品	一等品	合格品
纤维含量允差/%			按 FZ/T 01053 规定执行		
顶破强力ᵃ/N ≥		纯桑蚕长丝织物	380		
		其他	200		
水洗尺寸变化率ᵇ/%		直向	+1.0～−5.0	+2.0～−7.0	+3.0～−9.0
		横向	+1.0～−4.0	+2.0～−6.0	+3.0～−8.0
色牢度/级 ≥	耐洗 耐水 耐汗渍	变色	4	3-4	3
		沾色	3	3	3
	耐摩擦	干摩	3-4	3	3
		湿摩	3	2-3	2
	耐光		3-4	3	2-3
甲醛含量/(mg/kg) ≤			按 GB 18401 规定执行		
pH 值					
可分解致癌芳香胺染料/(mg/kg)					
异味					

ᵃ 抽条、烂花、镂空提花类织物及含氨纶织物不考核。

ᵇ 弹性产品和罗纹织物横向不考核;三角短裤不考核。

4.4 外观质量要求

4.4.1 一件产品上出现不同评等的外观疵点,按最低等级评定。在同一件产品上只允许有两个同等级的面料疵点,超过者应降一个等级。

4.4.2 表面疵点要求见表2。

表 2 表面疵点要求

疵点名称			优等品	一等品	合格品
面料疵点	破洞、漏针		不允许		
	粗丝、细丝、油丝、色丝		主要部位不允许,次要部位普通允许一处	主要部位普通 0.5 cm允许一处,次要部位普通1 cm 允许两处	累计允许 5.0 cm
	稀路针		不允许	主要部位不允许,次要部位普通允许	主要部位不允许,次要部位明显允许
	直条、横路		不允许	普通允许	明显允许
	花针		不允许	主要部位不允许,次要部位普通允许	主要部位普通允许,次要部位明显允许
	渍	浅	主要部位不允许,次要部位允许两处累计0.5 cm	主要部位允许两处累计 0.5 cm,次要部位允许三处累计 1.0 cm	主要部位允许两处累计 2.0 cm,次要部位允许三处累计 4.0 cm
		深	主要部位不允许,次要部位允许两处累计0.3 cm	主要部位允许两处累计 0.3 cm,次要部位允许累计 0.6 cm	主要部位允许两处累计 1.0 cm,次要部位允许三处累计 3.0 cm
	色差		主料间不低于4级,主辅料间不低于3-4级		主料间不低于 3-4级,主辅料间不低于3 级
	色不匀、灰伤		不允许		普通允许
	勾丝、擦伤		不允许	主要部位不允许,次要部位轻微允许累计2.0 cm	主要部位不允许,次要部位轻微允许累计5.0 cm
	印花疵		不允许	主要部位不允许,次要部位普通允许	主要部位普通允许,次要部位明显允许
	极光印、轧印		不允许	主要部位不允许,次要部位普通允许	主要部位不允许,次要部位明显允许
	纹路歪斜/%≤	直向	3.0	4.0	5.0
		横向	5.0	6.0	7.0

表 2（续）

疵点名称		优等品	一等品	合格品
缝纫整烫疵点	针洞	不允许		分散并修补好允许两处
	针眼	不允许	普通允许	明显允许
	底面明针	骑缝处允许 0.3 cm，其余小于 0.2 cm 允许		骑缝处允许 0.4 cm，其余小于 0.3 cm 允许
	底面脱针	骑缝处允许两针，其余不允许	骑缝处允许三针，其余每面允许一针两处	骑缝处允许五针，其余每面允许一针两处
	明线曲折高低	≤0.2 cm	≤0.3 cm	≤0.4 cm
	锁眼、钉扣不良	不允许		轻微允许
	重针	不允许	次要部位允许 3 cm 一处	次要部位允许 5 cm 两处
	烫黄	不允许		次要部位轻微允许
	烫印	不允许	次要部位允许	轻微允许

注 1：普通、轻微指目测不易发觉，明显指目测易发觉但不影响外观。
注 2：纹路歪斜要求计算值小于 1 cm 时，允许 1 cm。
注 3：本表中未列明的其他外观疵点可参照相似疵点评等。

4.4.3 产品次要部位规定见图 1，其余部位为主要部位。

上衣：大身边缝和袖底缝左右各六分之一。

裤（裙）：腰下裤（裙）长的五分之一和内侧裤缝左右六分之一。

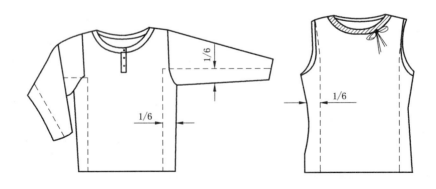

图 1 次要部位规定

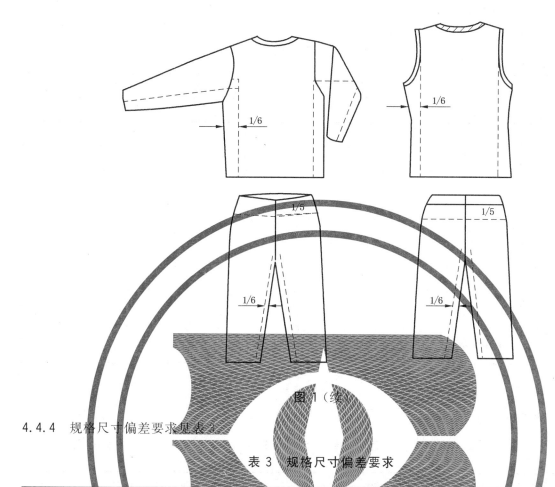

图 1（续）

4.4.4 规格尺寸偏差要求见表3。

表 3　规格尺寸偏差要求

单位为厘米

项　　目		等级		
		优等品	一等品	合格品
衣长		±1.0	±1.5	±2.0
上衣胸、腰、下摆宽		±1.0	±1.5	±2.0
挂肩		±0.8	±1.0	±1.5
袖长	长袖	±1.0	±1.5	±2.0
	短袖	±0.5	±1.0	±1.5
袖口宽	长袖	±0.5	±0.8	±1.0
	短袖	±0.5	±1.0	±1.5
领宽		±0.5	±1.0	±1.5
前领深		±0.5	±1.0	±1.5
后领深		±0.3	±0.6	±1.0
单肩宽		±0.3	±0.5	±1.0
吊带宽		±0.1	±0.3	±0.5
裤长	长裤	±1.0	±2.0	±2.5
	短裤	±1.0	±1.5	±2.0
直裆、横裆		±1.0	±1.5	±2.0
裤口宽	长裤	±0.5	±1.0	±1.5
	短裤	±1.0	±1.5	±2.0
三角裤底裆		±0.5	±1.0	±1.5
裤腰宽		±1.0	±1.5	±2.0

4.4.5 本身尺寸差异见表 4。

表 4　本身尺寸差异　　　　　　　　　　　　　　　　　　　　　单位为厘米

项　目			等级		
			优等品	一等品	合格品
衣长不一	门襟	≤	0.3	0.5	0.8
	前后身及左右侧缝	≤	0.5	1.0	1.5
挂肩不一		≤	0.3	0.8	1.2
袖长不一	长袖	≤	1.0	1.0	1.5
	短袖	≤	0.5	0.8	1.2
袖口宽不一		≤	0.3	0.5	0.8
吊带长不一		≤	0.3	0.5	0.8
裤长不一	长裤	≤	0.5	0.8	1.2
	短裤	≤	0.3	0.5	1.0
裤口宽不一		≤	0.5	0.8	1.2

4.4.6　缝制质量要求

4.4.6.1　针迹密度规定见表 5。

表 5　针迹密度规定　　　　　　　　　　　　　　　　　　　　单位为针迹数每二厘米

机种	平缝	包缝	绷缝	平双针	滚边	包缝卷边	宽紧带	双针
针迹密度	10～12	10～12	10～12	10～12	10～12	8～9	8～10	10～12

注 1：测量针迹密度以一个缝纫过程的中间处计量。

注 2：特殊设计除外。

4.4.6.2　应采用与面料同色（或近似色）缝纫线缝制，特殊设计除外。

4.4.6.3　平缝机的针迹缝到边口处，以及用夹边滚领、袖边、腰边的合缝处，应打回针。

4.4.6.4　各缝纫工序不允许漏缝、开缝、脱线和断线。

5　试验方法

5.1　内在质量试验方法

5.1.1　纤维含量允差试验方法按 FZ/T 01057、GB/T 2910 执行。

5.1.2　顶破强力试验方法按 GB/T 19976 执行，试验条件采用调湿，钢球直径 (38 ± 0.02) mm。

5.1.3　水洗尺寸变化率试验方法按 GB/T 8630 执行，洗涤程序采用"仿手洗"，干燥程序采用 A 法，试样取三件。以三件试样的算术平均值作为试验结果，若同时存在收缩与倒涨试样时，以收缩（或倒涨）的两件试样的算术平均值作为试验结果。

5.1.4　耐洗色牢度试验方法按 GB/T 3921—2008 执行，采用试验条件 A(1)。

5.1.5　耐水色牢度试验方法按 GB/T 5713 执行。

5.1.6 耐汗渍色牢度试验方法按 GB/T 3922 执行。

5.1.7 耐摩擦色牢度试验方法按 GB/T 3920 执行。

5.1.8 耐光色牢度试验方法按 GB/T 8427—2009 方法 3 执行。

5.1.9 甲醛含量试验方法按 GB/T 2912.1 执行。

5.1.10 pH 值试验方法按 GB/T 7573 执行。

5.1.11 异味试验方法按 GB 18401—2003 的 5.3 执行。

5.1.12 可分解致癌芳香胺染料试验方法按 GB/T 17592 执行。

5.2 外观质量检验方法

5.2.1 检验工具:分度值为 1 mm 的钢尺,评定变色用灰色样卡(GB/T 250)。

5.2.2 检验条件:一般采用灯光检验,用 40 W 青光或白光日光灯一支,上面加灯罩,灯罩与检验台面中心距离垂直距离为(80±5)cm,或在 D65 光源下。如在室内利用自然光,光源射入方向为北向左(或右)上角,不能使阳光直射产品。检验时应将产品平摊在检验台上,台面铺一层白布,检验人员的视线应正视产品的表面,目视距离为 35 cm 以上。

5.2.3 色差测定:样品被测部位应纹路方向一致,采用北空光照射,或用 600 lx 及以上等效光源。入射光与样品表面约成 45°角,检验人员的视线大致垂直于样品表面,距离约 60 cm 目测,与 GB/T 250 标准样卡对比评定色差等级。

5.2.4 纹路歪斜测定:按 GB/T 14801 执行。

5.2.5 规格尺寸测量:将样品平摊在检验台上,不受外力影响,各部位测量方法见表 6。

表 6 各部位测量方法

部位	测量方法
衣长	由肩最高处量到底边,吊带衫从带子最高处量到底边
胸宽	由袖底十字缝向下 2.5 cm 处横量
挂肩	平袖式由上挂肩缝量到袖底缝,插肩式由袖上端向袖底缝垂直量
袖长	由袖子最高点量到袖口边
袖口宽	沿袖口边横量
领宽	前后肩缝最高点横量
前(后)领深	由领宽中间点量到前(后)领最低点
单肩宽	沿合肩缝横量
吊带宽	边到边横量
裤长	由后腰宽的四分之一处向下垂直量到裤脚边
直裆	裤身相对折,由腰边口向下斜量到裆角处;三角裤对折,由最高处向下直量到底
横裆	裤身相对折,由裆角处横量
裤口宽	沿裤口边横量
三角裤底裆	两裤口最底点横量
裤腰宽	沿腰口边处横量

6 检验规则

6.1 检验分类

检验分为型式检验和出厂检验(交收检验)。型式检验时机根据生产厂实际情况或合同协议规定,一般在转产、停产后复产、原料或工艺有重大改变时进行。出厂检验在产品生产完毕交货前进行。

6.2 检验项目

型式检验项目为第4章中的所有要求项目。出厂检验项目为第4章中除顶破强力、耐光色牢度和可分解致癌芳香胺染料外的其他项目。

6.3 组批规则

型式检验以同一品种、花色为同一检验批。出厂检验以同一合同或生产批号为同一检验批,当同一检验批数量很大,需分期、分批交货时,可以适当再分批,分别检验。

6.4 抽样方案

样品应从经工厂检验的合格批产品中随机抽取,抽样数量按 GB/T 2828.1—2003 中一般检验水平Ⅱ规定,采用正常检验一次抽样方案。内在质量检验用试样在样品中随机抽取各1份,但色牢度试样应按花色各抽取1份。每份试样的尺寸和取样部位根据方法标准的规定。

当批量较大、生产正常、质量稳定情况下,抽样数量可按 GB/T 2828.1—2003 中一般检验水平Ⅱ规定,采用放宽检验一次抽样方案。

6.5 检验结果的判定

外观质量按件评定等级,内在质量按批评定等级,以所有试验结果中最低评等评定样品的最终等级。

试样内在质量检验结果所有项目符合标准要求时判定该试样所代表的检验批内在质量合格。批外观质量的判定按 GB/T 2828.1—2003 中一般检验水平Ⅱ规定进行,接收质量限 AQL 为 2.5 不合格品百分数。批内在质量和外观质量均合格时判定为合格批。否则判定为不合格批。

6.6 复验

如交收双方对检验结果有异议时,可进行一次复验。复验按首次检验的规定进行,以复验结果为准。

7 标志、包装、运输和储存

7.1 产品使用说明应符合 GB 5296.4 和 GB 18401 的要求。

7.2 每件(套)产品应有包装。包装材料应保证产品在贮藏和运输中不散落、不破损、不沾污、不受潮。用户有特殊要求的,供需双方协商确定。

7.3 产品运输应防潮、防火、防污染。

7.4 产品应放在阴凉、通风、干燥、清洁处,库房应采取适当的防火、防潮措施。

8 其他

如供需双方对产品另有要求,可按合同或协议执行。

附　录　A
（资料性附录）
检验抽样方案

A.1　根据 GB/T 2828.1—2003，采用一般检验水平Ⅱ，AQL 为 2.5 的正常检验一次抽样方案，如表 A.1 所示。

表 A.1　AQL 为 2.5 的正常检验一次抽样方案

批量 N	样本量字码	样本量 n	接收数 Ac	拒收数 Re
2～8	A	2	0	1
9～15	B	3	0	1
16～25	C	5	0	1
26～50	D	8	0	1
51～90	E	13	1	2
91～150	F	20	1	2
151～280	G	32	2	3
281～500	H	50	3	4
501～1 200	J	80	5	6
1 201～3 200	K	125	7	8
3 201～10 000	L	200	10	11

A.2　根据 GB/T 2828.1—2003，采用一般检验水平Ⅱ，AQL 为 2.5 的放宽检验一次抽样方案，如表 A.2 所示。

表 A.2　AQL 为 2.5 的放宽检验一次抽样方案

批量 N	样本量字码	样本量 n	接收数 Ac	拒收数 Re
2～8	A	2	0	1
9～15	B	2	0	1
16～25	C	2	0	1
26～50	D	3	0	1
51～90	E	5	1	2
91～150	F	8	1	2
151～280	G	13	1	2
281～500	H	20	2	3
501～1 200	J	32	3	4
1 201～3 200	K	50	5	6
3 201～10 000	L	80	6	7

ICS 59.080.30
W 43

中华人民共和国纺织行业标准

FZ/T 43017—2011
代替 FZ/T 43017—2003

桑蚕丝/氨纶弹力丝织物

Mulberry silk/spandex elastic fabrics

2011-05-18 发布　　　　　　　　　　　　　2011-08-01 实施

中华人民共和国工业和信息化部　　发布

前　言

本标准按照 GB/T 1.1—2009 给出的规则起草。

本标准是对 FZ/T 43017—2003《桑蚕丝/氨纶弹力丝织物》的修订。本标准代替 FZ/T 43017—2003。

本标准与 FZ/T 43017—2003 相比,主要变化如下:

——增加了桑蚕丝/氨纶弹力丝织物应符合国家有关纺织品强制性标准的要求的规定(见 5.4);

——提高了质量偏差率的指标值(见 5.5,2003 年版的 5.4);

——增加了纤维含量偏差、纰裂程度的考核项目(见 5.5);

——水洗尺寸变化率指标值增设下限值(见 5.5,2003 年版的 5.4);

——提高了耐洗、耐水、耐汗渍、耐干摩擦指标值(见 5.5,2003 年版的 5.4);

——增加了耐湿摩擦色牢度考核项目(见 5.5);

——提高了伸长率指标值(见 5.5,2003 年版的 5.4);

——调整了拉伸弹性试验方法中参数值和变形率指标值(见 5.5,2003 年版的 5.4);

——外观疵点采用"四分制"的评分方法(见 5.6.2,2003 版的 5.5.4);

——修改了外观疵点的分等方法(见 5.6.1,2003 版的 5.4)。

本标准由中国纺织工业协会提出。

本标准由全国丝绸标准化技术委员会(SAC/TC 401)归口。

本标准起草单位:金富春集团有限公司、达利丝绸(浙江)有限公司、浙江丝绸科技有限公司。

本标准主要起草人:盛建祥、林平、周颖、叶生华、俞丹。

本标准所代替标准的历次版本发布情况为:

——FZ/T 43017—2003。

桑蚕丝/氨纶弹力丝织物

1 范围

本标准规定了桑蚕丝/氨纶弹力丝织物的分类、术语和定义、要求、试验方法、检验规则、包装和标志。

本标准适用于评定各类服用的练白、染色(色织)印花桑蚕丝/氨纶弹力丝织物(桑蚕丝含量在50％及以上)的品质。

2 规范性引用文件

下列文件对于本文件的应用是必不可少的。凡是注日期的引用文件,仅注日期的版本适用于本文件。凡是不注日期的引用文件,其最新版本(包括所有的修改单)适用于本文件。

GB/T 250 纺织品 色牢度试验 评定变色用灰色样卡

GB/T 4841.1 染料染色标准深度色卡 1/1

GB/T 8170 数值修约规则与极限数值的表示和判定

GB/T 13772.2 纺织品 机织物接缝处纱线抗滑移的测定 第2部分:定负荷法

GB/T 15551—2007 桑蚕丝织物

GB/T 15552—2007 丝织物试验方法和检验规则

FZ/T 01053 纺织品 纤维含量的标识

3 术语和定义

下列术语和定义适用于本文件。

3.1

双向弹力丝织物 warp and weft directional elastic silk fabric

织物的经向和纬向均具有弹性的丝织物。

3.2

经向弹力丝织物 warp directional elastic silk fabric

织物的经向具有弹性的丝织物。

3.3

纬向弹力丝织物 weft directional elastic silk fabric

织物的纬向具有弹性的丝织物。

4 分类

4.1 桑蚕丝/氨纶弹力丝织物分为双向弹力丝织物和单向弹力丝织物。

4.2 单向弹力丝织物分为经向弹力丝织物和纬向弹力丝织物。

5 要求

5.1 桑蚕丝/氨纶弹力丝织物的要求包括密度偏差率、质量偏差率、断裂强力、纤维含量偏差、纰裂程度、水洗尺寸变率化率、色牢度等内在质量和色差(与标样对比)、幅宽偏差率、外观疵点等外观质量。

5.2 桑蚕丝/氨纶弹力丝织物的评等以匹为单位。质量、断裂强力、纤维含量偏差、纰裂程度、水洗尺寸变化率、色牢度等六项按批评等。密度、外观质量等两项按匹评等。

5.3 桑蚕丝/氨纶弹力丝织物的品质由内在质量、外观质量中的最低等级项目评定。其等级分为优等品、一等品、二等品、三等品。低于三等品的为等外品。

5.4 桑蚕丝/氨纶弹力丝织物应符合国家有关纺织品强制性标准的要求。

5.5 桑蚕丝/氨纶弹力丝织物的内在质量分等规定见表1。

表 1　内在质量分等规定

项　目				指　标			
				优等品	一等品	二等品	三等品
质量偏差率/%				±3.0	±4.0	±5.0	±6.0
密度偏差率/%				±3.0	±4.0	±5.0	±6.0
断裂强力[a]/N ≥				200			
纤维含量偏差(绝对百分比)/%				按 FZ/T 01053 执行			
纰裂程度[b](定负荷)/mm ≤	52 g/m² 以上,67 N			6			
	52 g/m² 及以下织物或 67 g/m² 以上的缎类织物,45 N						
水洗尺寸变化率[c]/%	纬向弹力丝织物	练白	经向	+2.0～−6.0	+2.0～−8.0		+2.0～−10.0
			纬向	+2.0～−3.0	+2.0～−5.0		+2.0～−7.0
		印花、染色	经向	+2.0～−5.0	+2.0～−6.0		+2.0～−8.0
			纬向	+2.0～−2.0	+2.0～−3.0		+2.0～−5.0
色牢度/级 ≥	耐水耐汗渍		变色	4	3-4		
			沾色	3-4	3		
	耐洗		变色	4	3-4	3	
			沾色	3-4	3	2-3	
	耐干摩擦			4	3-4	3	
	耐湿摩擦			3-4	3,2-3(深色[d])	2-3,2(深色[d])	
	耐光			3-4	3		
伸长率[e]/% ≥	纬向			35	25	20	
塑性变形率[e]/% ≤	纬向			5	8	12	

[a] 纱、绢类织物不考核。桑蚕丝与醋酸丝的交织物,经过特殊后整理工艺的桑蚕丝弹力丝织物或纤度(den)与密度(根/10cm)之乘积≤2×10⁴ 时,其断裂强力可按协议执行。

[b] 纱、绢类织物和 67 g/m² 及以下的缎类织物,经特殊工艺处理的产品不考核。

[c] 纱、绢类织物不考核。纺类织物中成品质量大于 60 g/m² 者,绉类、绫类织物中成品质量大于 80 g/m² 者,经、纬均加强捻的织物,可按协议考核。1 000 捻/m 以上的织物按绉类织物考核。经弹、双弹丝织物可按协议或合同考核。

[d] 大于 GB/T 4841.1 中 1/1 标准深度为深色。

[e] 经弹、双弹丝织物的伸长率、塑性变形率可按协议或合同考核。

5.6 桑蚕丝/氨纶弹力丝织物外观质量评定

5.6.1 桑蚕丝/氨纶弹力丝织物外观质量分等规定见表2。

表 2 外观质量分等规定

项目		优等品	一等品	二等品	三等品
色差(与标样对比)/级	≥	4	3-4		3
幅宽偏差率/%		±1.5	±2.5	±3.5	±4.5
外观疵点评分限度/(分/100 m²)	≤	15	30	50	100

5.6.2 桑蚕丝/氨纶弹力丝织物外观疵点评分见表3。

表 3 外观疵点评分表

cm

序号	疵点	分 数			
		1	2	3	4
1	经向疵点	8 cm 及以下	8 cm 以上~16 cm	16 cm 以上~24 cm	24 cm 以上~100 cm
2	纬向疵点	8 cm 及以下	8 cm 以上~半幅	—	半幅以上
	纬档ᵃ	—	普通	—	明显
3	印花疵	8 cm 及以下	8 cm 以上~16 cm	16 cm 以上~24 cm	24 cm 以上~100 cm
4	污渍、油渍、破损性疵点	—	2.0 cm 及以下	—	2.0 cm 以上
5	边疵ᵇ、松板印、撬小	经向每100 cm及以下	—	—	—
6	纬斜、花斜、幅不齐	—	—	—	大于3%
注：序号1、2、3、4、5、6中的外观疵点的归类参照附录A执行。					
ᵃ 纬档以经向10 cm及以内为一档。					
ᵇ 针板眼进入内幅1.5 cm及以内不计。					

5.6.3 桑蚕丝/氨纶弹力丝织物外观疵点评分说明

5.6.3.1 外观疵点的评分采用有限度的累计评分。

5.6.3.2 外观疵点长度以经向或纬向最大方向量计。

5.6.3.3 同匹色差(色泽不匀)达GB/T 250中4级及以下，1 m及以内评4分。

5.6.3.4 经向1 m内累计评分最多4分，超过4分按4分计。

5.6.3.5 "经柳"普通，定等限度二等品，"经柳"明显，定等限度三等品。其他全匹性连续疵点，定等限度为三等品。

5.6.3.6 严重的连续性病疵每米评4分，超过4 m降为等外品。

5.6.3.7 优等品、一等品内不允许有轧梭档、拆烊档、开河档等严重疵点。

5.6.4 每匹桑蚕丝/氨纶弹力丝织物最高允许分数由式(1)计算得出，计算结果按GB/T 8170修约至整数。

$$q = \frac{c}{100} \times l \times w \qquad \cdots\cdots\cdots\cdots\cdots\cdots (1)$$

式中：

q——每匹最高允许分数，单位为分；

c——外观疵点最高分数，单位为分每百平方米（分/100 m²）；

l——匹长，单位为米（m）；

w——幅宽，单位为米（m）。

5.7 开剪拼匹和标疵放尺的规定

5.7.1 桑蚕丝/氨纶弹力丝织物允许开剪拼匹或标疵放尺，两者只能采用一种。

5.7.2 开剪拼匹各段的等级、幅宽、色泽、花型应一致。

5.7.3 绸匹平均每 10 m 及以内允许标疵一次。每 3 分和 4 分的疵点允许标疵，每处标疵放尺 10 cm。标疵后的疵点不再计分。局部性疵点的标疵间距或标疵疵点与绸匹端的距离不得少于 4 m。

6 试验方法

6.1 桑蚕丝/氨纶弹力丝织物的试验方法按 GB/T 15552—2007 中第 3 章执行。

6.2 纰裂程度的试验方法按 GB/T 13772.2 执行，试样宽度尺寸采用 75 mm。

6.3 伸长率、变形率试验方法按 GB/T 15552—2007 中附录 C 执行。施加 15 N 负荷，试样宽度尺寸采用 75 mm。

7 检验规则

桑蚕丝/氨纶弹力丝织物的检验规则按 GB/T 15552—2007 第 4 章执行。

8 包装和标志

桑蚕丝/氨纶弹力丝织物的包装和标志按 GB/T 1555—2007 中第 6 章、第 7 章执行。

9 其他

对桑蚕丝/氨纶弹力丝织物的品质、包装和标志另有特殊要求者，供需双方可另订协议或合同，并按其执行。

附　录　A

（资料性附录）

外观疵点归类表

外观疵点归类见表 A.1。

表 A.1　外观疵点归类表

序号	疵点名称	说　明
1	经向疵点	缺氨纶、断氨纶、宽急经柳、粗细柳、稀柳、色柳、筘路、多少捻、缺经、断通丝、错经、碎糙、夹糙、夹断头、断小柱、又绞、分经路、小轴松、水渍急经、宽急经、错通丝、综穿错、筘穿错、单只头、双经、粗细经、夹起、懒针、煞星、渍经、灰伤、皱印等
2	纬向疵点	破纸板、多少起、抛纸板、错花、跳梭、煞星、柱渍、轧梭痕、筘锈渍、带纬、断纬、叠纬、坍纬、糙纬、灰伤、皱印、杂物织入、渍纬等
2	纬档	松紧档、撬档、撬小档、顺纤档、多少捻档、粗细纬档、缩纬档、急纬档、断花档、通绞档、毛纬档、拆毛档、停车档、渍纬档、错纬档、糙纬档、色纬档、拆烊档等
3	印花疵	氨纶露底、搭脱、渗进、漏浆、塞煞、色点、眼圈、套歪、露白、砂眼、双茎、拖版、搭色、反丝、叠版印、框子印、刮刀印、色皱印、回浆印、刷浆印、化开、糊开、花痕、野花、粗细茎、跳版深浅、接版深浅、雕色不清、涂料脱落、涂料颜色不清等
4	污渍、油渍	色渍、锈渍、油污渍、洗渍、皂渍、霉渍、蜡渍、白雾、字渍、水渍等
4	破损性疵点	蛛网、披裂、拔伤、空隙、破洞等
5	边疵、松板印、撬小	宽急边、木耳边、粗细边、卷边、边糙、吐边、边修剪不净、针板眼、边少起、破边、凸铗、脱铗等
6	纬斜、花斜、幅不齐	纬斜、幅不齐、门幅收缩不齐等

注 1：对经、纬向共有的疵点，以严重方向评分。

注 2：外观疵点归类表中没有归入的疵点按类似疵点评分。

ICS 59.080.30
W 43

中华人民共和国纺织行业标准

FZ/T 43018—2007

蚕 丝 绒 毯

Silk velvet blankets

2007-05-29 发布　　　　　　　　　　　　2007-11-01 实施

中华人民共和国国家发展和改革委员会　　发 布

前　言

本标准的附录 A 为资料性附录。

本标准由中国纺织工业协会提出。

本标准由全国纺织品标准化技术委员会丝绸分会归口。

本标准主要起草单位：杭州市质量技术监督检测院、浙江丝绸科技有限公司（浙江丝绸科学研究院）、嘉兴华帛绒毯有限公司、嘉兴市产品质量监督检验所、杭州金富春丝绸化纤有限公司。

本标准主要起草人：顾红烽、周颖、濮雪华、朱晓明、李莉、盛建祥。

本标准首次发布。

蚕 丝 绒 毯

1 范围

本标准规定了蚕丝绒毯的要求、试验方法、检验规则、标志、包装及贮存等。

本标准适用于面纱(或起绒纱)为纯蚕丝或蚕丝含量在50%及以上的机织绒毯。

2 规范性引用文件

下列文件中的条款通过本标准的引用而成为本标准的条款。凡是注日期的引用文件,其随后所有的修改单(不包括勘误的内容)或修订版均不适用于本标准,然而,鼓励根据本标准达成协议的各方研究是否可使用这些文件的最新版本。凡是不注日期的引用文件,其最新版本适用于本标准。

GB 250 评定变色用灰色样卡(GB 250—1995,idt ISO 105-A02:1993)

GB/T 2828.1—2003 计数抽样检验程序 第1部分:按接收质量限(AQL)检索的逐批检验抽样计划

GB/T 2910 纺织品 二组分纤维混纺产品定量化学分析方法(GB/T 2910—1997,eqv ISO 1833:1997)

GB/T 2911 纺织品 三组分纤维混纺产品定量化学分析方法(GB/T 2911—1997,eqv ISO 5088:1976)

GB/T 2912.1 纺织品 甲醛的测定 第1部分:游离水解的甲醛(水萃取法)(GB/T 2912.2—1998,eqv ISO/FDIS 14184.1:1997)

GB/T 3920 纺织品 色牢度试验 耐摩擦色牢度(GB/T 3920—1997,eqv ISO 105-X12:1993)

GB/T 3921.1 纺织品 色牢度试验 耐洗色牢度:试验1(GB/T 3921.1—1997,eqv ISO 105-C01:1989)

GB/T 3922 纺织品 耐汗渍色牢度试验方法(GB/T 3922—1995,eqv ISO 105-E04:1994)

GB/T 3923.1 纺织品 织物拉伸性能 第1部分:断裂强力和断裂伸长率的测定 条样法

GB 4841.3—2006 染料染色标准深度色卡 2/1、1/3、1/6、1/12、1/25

GB 5296.4 消费品使用说明 纺织品和服装使用说明

GB/T 5711 纺织品 色牢度试验 耐干洗色牢度(GB/T 5711—1997,eqv ISO 105-D01:1993)

GB/T 5713 纺织品 色牢度试验 耐水色牢度(GB/T 5713—1997,eqv ISO 105-E01:1994)

GB/T 7573 纺织品 水萃取液 pH 值的测定(GB/T 7573—2002,ISO 3071:1980,MOD)

GB/T 8170 数值修约规则

GB/T 8427—1998 纺织品 色牢度试验 耐人造光色牢度:氙弧(eqv ISO 105-B02:1994)

GB/T 8628 测定织物尺寸变化时试样的准备、标记和测量(GB/T 8628—2001,eqv ISO 3759:1994)

GB/T 8629—2001 纺织品 试验用家庭洗涤和干燥程序(eqv ISO 6330:2000)

GB/T 8630 纺织品在洗涤和干燥时尺寸变化的测定(GB/T 8630—2002,ISO 5077:1984,MOD)

GB 9994 纺织材料公定回潮率

GB/T 9995 纺织材料含水率和回潮率的测定 烘箱干燥法

GB/T 14801 机织物与针织物纬斜和弓纬试验方法

GB/T 17592 纺织品 禁用偶氮染料的测定

GB 18401—2003 国家纺织产品基本安全技术规范

FZ/T 01026 纺织品 四组分纤维混纺产品定量化学分析方法

FZ/T 01053 纺织品 纤维含量的标识

FZ/T 01057(所有部分) 纺织纤维鉴别试验方法

FZ/T 60029 毛毯脱毛测试方法

3 术语和定义

下列术语和定义适用于本标准。

3.1

面纱 apparent yarn

呈现在机织物表面的纱线,经抓毛工序后,部分纤维在绒毯表面形成绒毛,一般是纬纱。

3.2

起绒纱 pile yarn

绒组织机织物中起毛圈的纱线,经割绒工序后,部分纤维在绒毯表面形成绒毛。

4 要求

4.1 蚕丝绒毯的要求分为内在质量、外观质量和实物质量三个方面。

4.2 蚕丝绒毯的质量等级分为优等品、一等品和合格品三个等级,低于合格品的为等外品。

4.3 蚕丝绒毯内在质量要求按表1规定。

表 1 内在质量要求

项目				分等要求		
				优等品	一等品	合格品
甲醛含量/(mg/kg)			≤	75		
pH 值				4.0～7.5		
异味				无		
可分解芳香胺染料				禁用		
纤维含量偏差[a]/%				符合 FZ/T 01053 要求,上偏差＋5.0		
单条质量偏差率/%				−4.0～＋4.0	−4.0～＋10.0	−8.0～＋10.0
断裂强力/N			≥	200	150	120
水洗尺寸变化率[b]/%				−5.0～＋5.0	≥−8.0	≥−10.0
脱绒量/(mg/100 cm²)			≤	10.0	20.0	—
色牢度/级 ≥	耐光[c]	深色		4	3—4	3
		浅色		3—4	3	3
	耐洗[d]	变色		4	3—4	3
		沾色		4	3	2—3
	耐干洗[e]	变色		4	3—4	3
		沾色		4	3—4	3
	耐汗渍	变色		4	3—4	3
		沾色		3—4	3	3
	耐水	变色		4	3—4	3
		沾色		3—4	3	3
	耐摩擦	干摩擦		4	3—4	3
		湿摩擦		3—4	3	2—3

表 1(续)

项目	分等要求		
	优等品	一等品	合格品
a 交织蚕丝绒毯的纤维含量指面纱(或起绒纱)纤维含量。当一种纤维含量明示值不超过10%时,其实际含量应不低于产品标识标注值的70%。			
b 产品标识标注不可水洗产品不考核。			
c 大于GB/T 4841.3—2006中1/12标准深度为深色,小于GB/T 4841.3—2006中1/12标准深度为浅色。			
d 产品标识标注不可水洗产品不考核。			
e 产品标识标注不可干洗产品不考核。			

4.4 蚕丝绒毯外观质量要求按表 2 规定。

表 2 外观质量要求

项目		分等要求		
		优等品	一等品	合格品
尺寸偏差率/%		−2.0～+2.0	−2.0～+3.5	−5.0～+8.0
长宽不齐	1 m 及以上/%	≤2.0		≤3.0
	1 m 以下/cm	≤2.0		≤3.0
纬斜、花斜/%		≤2.0	≤4.0	≤6.0
色花、色档/级		≥4	≥3—4	≥3—4
条状疵点/(处/条)		轻微≤1	轻微≤3	轻微≤4,明显≤1
块状疵点/(处/条)		轻微≤1	轻微≤2	轻微≤4,明显≤1
散布性疵点		不允许	轻微允许	轻微允许
污渍、色渍		不允许	轻微允许 1 处	轻微允许 3 处
破洞、缺纱		不允许		
缝制质量		包边缝道平直,缝针不良每处单针,累计不超过3处	包边缝道基本平直,缝针不良每处不超过3针,累计不超过4处	缝针不良每处不超过3针,累计不超过6处

注:轻微疵点指目测不易看出的疵点,污渍、色渍达 GB 250 色卡 4 级及以上为轻微疵点。明显疵点指目测易看出,但不严重影响外观的疵点。

4.5 蚕丝绒毯的实物质量指织物组织、毯面外观风格、手感及色泽与标样的差异,按表 3 规定。

表 3 实物质量要求

项目	分等要求		
	优等品	一等品	合格品
织物组织	与标样相同		
外观风格、手感	符合标样	基本符合标样	
色差/级	≥4—5	≥4	≥3—4

4.6 蚕丝绒毯产品的最终质量等级以其各项要求中最低等级评定,低于合格品的为等外品,等外品仍应达到国家有关强制性标准要求。

5 试验方法

5.1 内在质量

5.1.1 甲醛含量的测定按 GB/T 2912.1 进行。

5.1.2 pH 值的测定按 GB/T 7573 进行。

5.1.3 异味的测定按 GB 18401—2003 中 6.7 进行。

5.1.4 可分解芳香胺染料测定按 GB/T 17592 进行。

5.1.5 纤维含量的测定按 GB/T 2910、GB/T 2911、FZ/T 01026、FZ/T 01057 等进行,取试样中面纱(或起绒纱)进行试验,结果按结合公定回潮率含量计算,含有我国标准尚未规定公定回潮率的纤维的产品,按结合标准回潮率含量计算。

5.1.6 单条质量偏差率的测定,用分度值不大于 2 g 的秤称取单条质量 m,在样品距边 10 cm 以上部位取小样 20 cm×20 cm 两块,其中一块按 GB/T 9995 测定其实际回潮率 R,另一块在温度 20℃±2℃、相对湿度 65%±2% 的标准大气中吸湿平衡后,按 GB/T 9995 测定其标准回潮率 R_b,按式(1)计算蚕丝绒毯单条标准质量 m_b,按式(2)计算蚕丝绒毯单条质量偏差率 P,计算结果按 GB/T 8170 修约至小数点后 1 位。

$$m_b = \frac{m \times (1 + R_b)}{(1 + R)} \times 100 \qquad \cdots\cdots\cdots\cdots\cdots\cdots (1)$$

$$P = \frac{m_b - m_s}{m_s} \times 100 \qquad \cdots\cdots\cdots\cdots\cdots\cdots (2)$$

式中:

m_b——蚕丝绒毯单条标准质量,单位为克(g);

m——蚕丝绒毯单条质量实测值,单位为克(g);

R_b——蚕丝绒毯标准回潮率,%;

R——蚕丝绒毯实际回潮率,%;

P——蚕丝绒毯单条质量偏差率,%;

m_s——蚕丝绒毯单条质量设计规格值,单位为克(g)。

5.1.7 断裂强力的测定,按 GB/T 3923.1 进行。

5.1.8 水洗尺寸变化率的测定按 GB/T 8628、GB/T 8629—2001、GB/T 8630 进行。洗涤程序采用7A,干燥方法采用 A 法。

5.1.9 脱绒量的测定按 FZ/T 60029 进行。

5.1.10 耐光色牢度的测定按 GB/T 8427—1998 方法 3 进行。其中要求值为 3—4 级产品的试样可只与蓝色羊毛标准 4 和蓝色羊毛标准 3 两块一起曝晒,报告色牢度级数表示为"好于 4 级"或"差于 3 级"或实测级数。

5.1.11 耐洗色牢度的测定按 GB/T 3921.1 进行。

5.1.12 耐干洗色牢度的测定按 GB/T 5711 进行

5.1.13 耐汗渍色牢度的测定按 GB/T 3922 进行。

5.1.14 耐水色牢度的测定按 GB/T 5713 进行。

5.1.15 耐摩擦色牢度的测定按 GB/T 3920 进行。

5.2 外观质量

5.2.1 尺寸偏差率的测定,将蚕丝绒毯抖松呈自然伸缩状态,平摊在检验台上,用分度值为 1 mm 的钢卷尺测量,测量位置在有效边长的四分之一和四分之三处,长、宽向测量结果分别取平均值,按式(3)计算偏差率,结果按 GB/T 8170 修约至小数点后 1 位。

$$S = \frac{L_1 - L_0}{L_0} \times 100 \qquad \cdots\cdots\cdots\cdots\cdots\cdots\cdots (3)$$

式中：

S——尺寸偏差率，%；

L_1——尺寸实测值，单位为厘米(cm)；

L_0——尺寸规格值，单位为厘米(cm)。

5.2.2 长宽不齐的测定，将蚕丝绒毯沿经或纬纱对折，测量其垂直于边的多余部分最大值(精确至0.1 cm)。规格值 1 m 及以上的，以多余部分最大值占规格值的百分比计算，结果按 GB/T 8170 修约至小数点后 1 位。

5.2.3 色差的测定，采用 D$_{65}$ 标准光源或北向自然光，照度不低于 600 lx，试样被测部位应经纬向一致，入射光与试样表面约成 45°角，检验人员的视线大致垂直于试样表面，距离约 60 cm 目测，与 GB 250 标准样卡对比评级。

5.2.4 纬斜、花斜的测定按 GB/T 14801 进行。

5.2.5 疵点及缝制质量的测定，在自然北光或白色日光灯下进行，保持检验桌台面照度不低于 600 lx且均匀，桌面平整光滑。块状疵点以疵点最大方向量计。

5.3 实物质量

实物质量检验在自然北光或白色日光灯下进行，保持检验桌台面照度不低于 600 lx 且均匀，桌面平整光滑。外观风格测定采用手感、目测与标样对比。实物与标样色差的测定按 5.2.3 进行。

6 检验规则

6.1 检验分类

检验分为型式检验和出厂检验(交收检验)。型式检验时机根据生产厂实际情况或合同协议规定，一般在转产、停产后复产、原料或工艺有重大改变时进行。出厂检验在产品生产完毕交货前进行。

6.2 检验项目

型式检验项目为第 4 章中的所有要求项目。出厂检验项目为 pH 值、异味、单条质量偏差率、水洗尺寸变化率、色牢度(耐光除外)、外观质量、实物质量。

6.3 组批

型式检验以同一品种、花色为同一检验批。出厂检验以同一合同或生产批号为同一检验批，当同一检验批数量很大，需分期、分批交货时，可以适当再分批，分别检验。

6.4 抽样

样品应从经工厂检验的合格批产品中随机抽取，抽样数量按 GB/T 2828.1—2003 中一般检验水平Ⅱ规定，采用正常检验一次抽样方案。内在质量检验用试样在样品中随机抽取各 1 份，但甲醛含量、pH值、可分解芳香胺染料、色牢度试样应按花色各抽取 1 份。每份试样的尺寸和取样部位根据方法标准的规定，一般取试样量为 1 条。

当批量较大、生产正常、质量稳定情况下，抽样数量可按 GB/T 2828.1—2003 中一般检验水平Ⅱ规定，采用放宽检验一次抽样方案。

6.5 检验结果的判定

外观质量和实物质量逐条检验，按条评定等级。内在质量项目按批检验评定等级，以所有试验结果中最低评等评定样品的最终等级。

试样内在质量检验结果所有项目符合标准要求时判定该试样所代表的检验批内在质量合格。批外观质量和实物质量的判定按 GB/T 2828.1—2003 中一般检验水平Ⅱ规定进行，接收质量限 AQL 为2.5。批内在质量、外观质量和实物质量均合格时判定为合格批。否则判定为不合格批。

6.6 复验

如交收双方对检验结果有异议时，可进行复验。复验按首次检验的规定进行，以复验结果为准。复验只进行一次。

7 标志

7.1 蚕丝绒毯的标志应符合 GB 5296.4 和 GB 18401 规定,内容包括制造者名称和地址、产品名称、规格、纤维含量、洗涤方法和保养贮存方法、产品标准编号、产品质量等级、产品检验合格证明、安全技术要求类别。如有需要,还可包括其他内容。

7.2 产品规格标注内容应包括长度、宽度、单条质量。

7.3 纤维含量标注方法应符合 FZ/T 01053 规定,必须标明蚕丝种类(如桑蚕丝、柞蚕丝等),交织产品分别标注产品面纱(或起绒纱)的纤维含量和底纱纤维种类。

8 包装与贮存

8.1 蚕丝绒毯应每条用包装袋或盒独立包装,并附有第 7 章规定的标志。包装应完整,注意防潮、防污损。若还需采用成批包装,则外包装应标明制造者名称和地址、产品名称、产品数量、规格、质量等级。

8.2 蚕丝绒毯贮存时应防潮、防霉、防光照。

9 其他

如供需双方对蚕丝绒毯产品另有要求,可按合同或协议执行。

附　录　A

（资料性附录）

检验抽样方案

A.1　根据 GB/T 2828.1—2003,采用一般检验水平Ⅱ,AQL 为 2.5 的正常检验一次抽样方案如表 A.1 所示。

表 A.1　AQL 为 2.5 的正常检验一次抽样方案

批量 N	样本量字码	样本量 n	接收数 Ac	拒收数 Re
2～8	A	2	0	1
9～15	B	3	0	1
16～25	C	5	0	1
26～50	D	8	0	1
51～90	E	13	1	2
91～150	F	20	1	2
151～280	G	32	2	3
281～500	H	50	3	4
501～1 200	J	80	5	6
1 201～3 200	K	125	7	8
3 201～10 000	L	200	10	11

A.2　根据 GB/T 2828.1—2003,采用一般检验水平Ⅱ,AQL 为 2.5 的放宽检验一次抽样方案如表 A.2 所示。

表 A.2　AQL 为 2.5 的放宽检验一次抽样方案

批量 N	样本量字码	样本量 n	接收数 Ac	拒收数 Re
2～8	A	2	0	1
9～15	B	2	0	1
16～25	C	2	0	1
26～50	D	3	0	1
51～90	E	5	1	2
91～150	F	8	1	2
151～280	G	13	1	2
281～500	H	20	2	3
501～1 200	J	32	3	4
1 201～3 200	K	50	5	6
3 201～10 000	L	80	6	7

ICS 59.080.30
W 43

中华人民共和国纺织行业标准

FZ/T 43019—2014
代替 FZ/T 43019—2007

蚕丝装饰织物

Silk fabrics for home textiles

2014-12-24 发布

2015-06-01 实施

中华人民共和国工业和信息化部　发布

前　言

本标准按照 GB/T 1.1—2009 给出的规则起草。

本标准是对 FZ/T 43019—2007《蚕丝装饰织物》的修订。本标准代替 FZ/T 43019—2007。

本标准与 FZ/T 43019—2007 相比,主要变化如下:

——修改了外观疵点定等的计算式;

——调整了水洗尺寸变化率的指标水平;

——起毛起球的试验方法由圆轨迹法改为采用改型马丁代尔法。

本标准由中国纺织工业联合会提出。

本标准由全国丝绸标准化技术委员会(SAC/TC 401)归口。

本标准起草单位:达利丝绸(浙江)有限公司、浙江丝绸科技有限公司、湖州永昌丝绸有限公司、浙江巴贝领带有限公司、金富春集团有限公司、达利(中国)有限公司、万事利集团有限公司、杭州市质量技术监督检测院、辽宁柞蚕丝绸科学研究院有限责任公司、浙江巴贝纺织有限公司。

本标准主要起草人:何苗苗、寇勇琦、陈进星、王维杨、盛建祥、吴岚、姚丹丹、顾红烽、赵美月、俞丹、赵兴海、马爽、宋瑛。

本标准所代替的标准的历次版本发布情况为:

—— FZ/T 43019—2007。

蚕 丝 装 饰 织 物

1 范围

本标准规定了蚕丝装饰织物的分类、要求、试验方法、检验规则、包装和标志。

本标准适用于评定家具覆盖类、寝具用品类、悬挂类的纯蚕丝及交织(蚕丝含量在30%及以上)的蚕丝装饰织物的品质。

注：附录A给出了产品分类的示例。

2 规范性引用文件

下列文件对于本文件的应用是必不可少的。凡是注日期的引用文件,仅注日期的版本适用于本文件。凡是不注日期的引用文件,其最新版本(包括所有的修改单)适用于本文件。

GB/T 250 纺织品 色牢度试验 评定变色用灰色样卡

GB/T 2910(所有部分) 纺织品 定量化学分析

GB/T 3917.2 纺织品 织物撕破性能 第2部分:裤形试样(单缝)撕破强力的测定

GB/T 3920 纺织品 色牢度试验 耐摩擦色牢度

GB/T 3921—2008 纺织品 色牢度试验 耐皂洗色牢度

GB/T 3922 纺织品 色牢度试验 耐汗渍色牢度试验方法

GB/T 3923.1 纺织品 织物拉伸性能 第1部分:断裂强力和断裂伸长率的测定(条样法)

GB/T 4666 纺织品 织物长度和幅宽的测定

GB/T 4668 机织物密度的测定

GB/T 4669—2008 纺织品 机织物 单位长度质量和单位面积质量的测定

GB/T 4802.2—2008 纺织品 织物起毛起球性能的测定 第2部分:改型马丁代尔法

GB/T 4841.3 染料染色标准深度色卡 2/1、1/3、1/6、1/12、1/25

GB/T 5711 纺织品 色牢度试验 耐干洗色牢度

GB/T 5713 纺织品 色牢度试验 耐水色牢度

GB/T 8170 数值修约规则与极限数值的表示和判定

GB/T 8427—2008 纺织品 色牢度试验 耐人造光色牢度:氙弧

GB/T 8628 纺织品 测定尺寸变化的试验中织物试样和服装的准备、标记及测量

GB/T 8629—2001 纺织品 试验用家庭洗涤和干燥程序

GB/T 8630 纺织品 洗涤和干燥后尺寸变化的测定

GB/T 13772.2—2008 纺织品 机织物接缝处纱线抗滑移的测定 第2部分:定负荷法

GB/T 14801 机织物和针织物纬斜和弓纬试验方法

GB/T 15552 丝织物试验方法和检验规则

GB/T 17591 阻燃织物

GB 18401 国家纺织产品基本安全技术规范

GB/T 19981.1 纺织品 织物和服装的专业维护、干洗和湿洗 第1部分:干洗和整烫后性能的

评价

　　GB/T 19981.2　纺织品　织物和服装的专业维护、干洗和湿洗　第 2 部分:使用四氯乙烯干洗和整烫时性能试验的程序

　　GB/T 21196.2—2007　纺织品　马丁代尔法织物耐磨性的测定　第 2 部分:试样破损的测定

　　GB/T 29862　纺织品　纤维含量的标识

　　FZ/T 01026　纺织品　定量化学分析　四组分纤维混合物

　　FZ/T 01057(所有部分)　纺织纤维鉴别试验方法

　　FZ/T 40007　丝织物包装和标志

3　产品分类

　　蚕丝装饰织物按用途分为以下 3 类:

　　——家具覆盖类:包覆在沙发和软椅上的织物、覆盖在家具上表面的织物;

　　——寝具用品类:床上用品用织物;

　　——悬挂类:悬挂制品用织物。

4　要求

4.1　要求内容

　　蚕丝装饰织物的要求包括内在质量、外观质量、基本安全性能。

4.2　考核项目

　　蚕丝装饰织物的内在质量考核项目包括质量偏差率、密度偏差率、纤维含量允差、纰裂程度、断裂强力、撕破强力、耐磨性、起球性能、水洗尺寸变化率、干洗尺寸变化率、色牢度十一项。外观质量包括色差(与标样对比)、幅宽偏差率、外观疵点三项。

4.3　分等

4.3.1　蚕丝装饰织物质量偏差率、密度偏差率、纤维含量允差、纰裂程度、断裂强力、撕破强力、耐磨性、起球性能、水洗尺寸变化率、干洗尺寸变化率、色牢度按批评等。纬密偏差率、外观质量按匹评等。

4.3.2　蚕丝装饰织物的品质按内在质量、外观质量中的最低等级项目评定。其等级分为优等品、一等品、二等品,低于二等品的为等外品。

4.4　基本安全性能

　　蚕丝装饰织物基本安全性能应符合 GB 18401 的有关要求。

4.5　内在质量分等规定

4.5.1　家具覆盖类蚕丝装饰织物内在质量分等规定见表 1。

表 1 家具覆盖类蚕丝装饰织物内在质量分等规定

项　　目		优等品	一等品	二等品
质量偏差率/%		±3.0	±4.0	±5.0
密度偏差率/%		±3.0	±4.0	±5.0
纤维含量允差/%		按 GB/T 29862 规定		
断裂强力/N　　≥	包覆在沙发和软椅外表面的织物	350		
	覆盖在家具表面的织物	200		
撕破强力/N　　≥	包覆在沙发和软椅外表面的织物	15		
	覆盖在家具表面的织物	10		
纰裂程度(定负荷)/mm ≤	包覆在沙发和软椅外表面的织物（120 N）	6.0		
	覆盖在家具表面的织物(67 N)			
耐磨性[a]/r　　　≥		5 000	3 000	
起毛起球[b]/级　　≥		4	3.5	3
水洗尺寸变化率[c]/%		−3.0～+2.0	−4.0～+2.0	−5.0～+2.0
干洗尺寸变化率[d]/%		−2.0～+2.0	−2.5～+2.0	−3.0～+2.0
色牢度/级　　　≥	耐洗 变色	4	3-4	3
	耐洗 沾色	3-4	3	2-3
	耐干洗[d] 变色	4	4	3-4
	耐干洗[d] 沾色	4	3-4	3
	耐水 变色	4	3-4	3-4
	耐水 沾色	3-4	3	3
	耐汗渍 变色	4	3-4	3-4
	耐汗渍 沾色	3-4	3	3
	耐摩擦 干摩	4	3-4	3
	耐摩擦 湿摩	3-4	3	2-3,2(深色[e])
	耐光	4	3	

[a] 仅考核包覆在沙发和软椅外表面的织物。

[b] 仅考核包覆在沙发和软椅外表面的织物。

[c] 不可水洗产品不考核。

[d] 不可干洗产品不考核。

[e] 大于 GB/T 4841.3 中 1/12 标准深度为深色。

4.5.2 寝具用品类蚕丝装饰织物内在质量分等规定见表 2。

表 2 寝具用品类蚕丝装饰织物内在质量分等规定

项 目			优等品	一等品	二等品
质量偏差率/%			±3.0	±4.0	±5.0
密度偏差率/%			±3.0	±4.0	±5.0
纤维含量允差/%			按 GB/T 29862 规定		
断裂强力/N		≥	200		
撕破强力/N		≥	15		
纰裂程度(定负荷)/mm ≤	80 N		6.0		
	缎类织物 45 N				
起毛起球/级		≥	4	3.5	3
水洗尺寸变化率[a]/%			−3.0～+2.0	−4.5～+2.0	−5.5～+2.0
干洗尺寸变化率[b]/%			−2.0～+2.0	−2.5～+2.0	−3.0～+2.0
色牢度/级 ≥	耐洗[b]	变色	4	4	4
		沾色	3-4	3-4	3
	耐干洗[c]	变色	4	4	3-4
		沾色	4	3-4	3
	耐水 耐汗渍	变色	4	3-4	3-4
		沾色	3-4	3-4	3
	耐摩擦	干摩	4	3-4	3-4
		湿摩	3-4	3,2-3(深色[c])	2-3,2(深色[c])
	耐光		3-4	3	

[a] 不可水洗产品不考核。
[b] 不可干洗产品不考核。
[c] 大于 GB/T 4841.3 中 1/12 标准深度为深色。

4.5.3 悬挂类蚕丝装饰织物内在质量分等规定见表 3。

表 3 悬挂类蚕丝装饰织物内在质量分等规定

项 目		优等品	一等品	二等品
质量偏差率/%		±3.0	±4.0	±5.0
密度偏差率/%		±3.0	±4.0	±5.0
纤维含量允差/%		按 GB/T 29862 规定		
断裂强力[a]/N	≥	200		
水洗尺寸变化率[b]/%		−3.0～+2.0	−4.0～+2.0	−5.0～+2.0
干洗尺寸变化率[c]/%		−2.0～+2.0	−2.5～+2.0	−3.0～+2.0

表 3（续）

项目		优等品	一等品	二等品
色牢度/级 ≥	耐洗[b] 变色	4	4	4
	耐洗[b] 沾色	3-4	3-4	3
	耐干洗[c] 变色	4-5	4	4
	耐干洗[c] 沾色	4	3-4	3
	耐水 变色	4	3-4	3-4
	耐水 沾色	3-4	3	3
	耐摩擦 干摩	4	3-4	3-4
	耐摩擦 湿摩	3-4	3,2-3(深色[d])	2-3,2(深色[d])
	耐光	4		3

[a] 轻薄、透明的纱、绡类薄织物不考核。
[b] 不可水洗产品不考核。
[c] 不可干洗产品不考核。
[d] 大于 GB/T 4841.3 中 1/12 标准深度为深色。

4.5.4 若有阻燃整理要求的蚕丝装饰织物的燃烧性能可按 GB/T 17591 的规定执行。

4.5.5 公共场所用的蚕丝装饰织物的燃烧性能应按国家有关标准规定执行。

4.6 外观质量的评定

4.6.1 蚕丝装饰织物外观质量分等规定见表 4。

表 4 外观质量分等规定

项目		优等品	一等品	二等品
色差(与标样对比)/级 ≥		4	3-4	
幅宽偏差率/%		±1.5	±2.5	±3.5
外观疵点评分限度/(分/100 m²)		10.0	30.0	60.0

4.6.2 蚕丝装饰织物外观疵点评分见表 5。

表 5 蚕丝装饰织物外观疵点评分表

序号	疵点	分 数			
		1	2	3	4
1	经向疵点	8 cm 及以下	8 cm 以上～16 cm	16 cm 以上～24 cm	24 cm 以上～100 cm
2	纬向疵点	8 cm 及以下	8 cm 以上～半幅	—	半幅以上
	纬档疵点[a]	—	普通	—	明显
3	印花疵	8 cm 及以下	8 cm 以上～16 cm	16 cm 以上～24 cm	24 cm 以上～100 cm

表 5（续）

序号	疵点	分数			
		1	2	3	4
4	污渍、油渍、破损性疵点	—	2.0 cm 及以下	—	2.0 cm 以上
5	边疵	经向每 100 cm 及以下	—	—	—
6	纬斜、花斜、格斜、幅不齐	—	—	—	100 cm 及以下大于 3%
^a 纬档以经向 10 cm 及以下为一档。					

4.6.3　蚕丝装饰织物外观疵点评分和定等说明：

　　a)　外观疵点采用有限度的累计评分。

　　b)　外观疵点长度以经向或纬向最大方向量计。

　　c)　同匹色差(色泽不匀)不低于 GB/T 250 中 4 级，低于 4 级，1 m 及以内评 4 分。

　　d)　经向 1 m 内累计评分最多 4 分，超过 4 分按 4 分计。

　　e)　"经柳"明显、其他全匹性连续疵点，定等限度为二等品。

　　f)　严重的连续性疵点每米扣 4 分，超过 4 m 降为等外品。

　　g)　优等品、一等品内不允许有破洞、轧梭档、拆烊档、错纬档、开河档等严重疵点。

　　h)　每匹织物外观疵点定等分数由式(1)计算得出，计算结果按 GB/T 8170 修约至小数点后一位。

$$c = \frac{q}{l \times w} \times 100 \qquad\qquad\cdots\cdots\cdots\cdots\cdots\cdots\cdots\cdots (1)$$

式中：

c ——每匹织物外观疵点定等分数，单位为分每百平方米（分/100 m²）；

q ——每匹织物外观疵点实测分数，单位为分；

l ——受检匹长，单位为米(m)；

w ——幅宽，单位为米(m)。

5　试验方法

5.1　幅宽试验方法

　　按 GB/T 4666 执行。

5.2　密度试验方法

　　按 GB/T 4668 执行。

5.3　质量试验方法

　　按 GB/T 4669—2008 中方法 5 执行。仲裁检验按 GB/T 4669—2008 中方法 3 执行。

5.4　纤维含量试验方法

　　纤维定性分析按 FZ/T 01057 执行，定量分析按 GB/T 2910、FZ/T 01026 执行。

5.5 断裂强力试验方法

按 GB/T 3923.1 执行。

5.6 撕破强力试验方法

按 GB/T 3917.2 执行。

5.7 纰裂程度试验方法

按 GB/T 13772.2 执行。其中试样宽度尺寸采用 75 mm。

5.8 耐磨性能试验方法

按 GB/T 21196.2 执行,摩擦负荷参数为(595±7)g,名义压力为 9 kPa。

5.9 起球试验方法

按 GB/T 4802.2 执行,试验分类采用 2 类,织物本身磨料,摩擦转数 2 000 r。

5.10 水洗尺寸变化率试验方法

按 GB/T 8628、GB/T 8629—2001、GB/T 8630 执行。洗涤程序采用 7A。干燥方法采用 A 法。

5.11 干洗尺寸变化率试验方法

按 GB/T 19981.1 和 GB/T 19981.2 执行。干洗程序按敏感材料选择。整烫使用熨斗。

5.12 色牢度试验方法

5.12.1 耐水色牢度试验方法按 GB/T 5713 执行。

5.12.2 耐汗渍色牢度试验方法按 GB/T 3922 执行。

5.12.3 耐洗色牢度试验方法按 GB/T 3921—2008 执行,采用表 2 中试验方法 A(1)。

5.12.4 耐干洗色牢度试验方法按 GB/T 5711 执行。

5.12.5 耐摩擦色牢度试验方法按 GB/T 3920 执行。

5.12.6 耐光色牢度试验方法按 GB/T 8427—2008 中的方法 3 执行。

5.13 色差试验方法

采用 D65 标准光源或北向自然光,照度不低于 600 lx,试样被测部位应经纬向一致,入射光与试样表面约成 45°角,检验人员的视线大致垂直于试样表面,距离约 60 cm 目测,与 GB/T 250 标准样卡对比评级。

5.14 纬斜、花斜试验方法

按 GB/T 14801 执行。

5.15 外观质量检验方法

5.15.1 可采用经向检验机或纬向台板检验。仲裁检验采用经向检验机检验。

5.15.2 光源采用日光荧光灯时,台面平均照度 600 lx~700 lx,环境光源控制在 150 lx 以下。纬向检验可采用自然北向光,平均照度在 320 lx~600 lx。

5.15.3 采用经向检验机检验时,检验速度为(15±5)m/min。纬向台板检验速度为 15 页/min。

5.15.4 检验员眼睛距绸面中心 60 cm～80 cm。

5.15.5 外观疵点检验以织物正面为准,反面疵点影响正面时也应评分。

6 检验规则

蚕丝装饰织物的检验规则按 GB/T 15552 执行。

7 包装和标志

蚕丝装饰织物的包装和标志按 FZ/T 40007 执行。

8 其他要求

对蚕丝装饰织物的品质、试验方法、包装和标志另有要求,供需双方可另订协议或合同,并按其执行。

附　录　A

（资料性附录）

蚕丝装饰织物的分类示例

表 A.1 给出了产品分类的示例。表 A.1 中没有列出的产品应参照产品的最终用途确定类别。

表 A.1

类　别	示　例
家具覆盖类	沙发套、椅套、桌布、沙发巾、墙面包装、商品包装等织物
寝具用品类	床罩、床围(笠)、床单、被套、枕套、靠垫等织物
悬挂类	窗帘、帷幔等织物

ICS 59.080.30
W 43

中华人民共和国纺织行业标准

FZ/T 43020—2011

色织大提花桑蚕丝织物

Yarn-dyed jacquard mulberry silk fabrics

2011-12-20 发布
2012-07-01 实施

中华人民共和国工业和信息化部　　发 布

前　言

本标准按照 GB/T 1.1—2009 给出的规则起草。

本标准由中国纺织工业协会提出。

本标准由全国丝绸标准化技术委员会(SAC/TC 401)归口。

本标准起草单位:浙江巴贝纺织有限公司、达利丝绸(浙江)有限公司、丝绸之路控股集团有限公司、浙江丝绸科技有限公司。

本标准主要起草人:王维扬、周颖、朱忠强、俞丹、赵美月。

色织大提花桑蚕丝织物

1 范围

本标准规定了色织大提花桑蚕丝织物的术语和定义、要求、试验方法、检验规则、包装和标志。

本标准适用于评定纯桑蚕丝、桑蚕丝与其他纱线交织色织大提花织物的品质。

2 规范性引用文件

下列文件对于本文件的应用是必不可少的。凡是注日期的引用文件,仅注日期的版本适用于本文件。凡是不注日期的引用文件,其最新版本(包括所有的修改单)适用于本文件。

GB/T 250 纺织品 色牢度试验 评定变色用灰色样卡

GB/T 4802.2 纺织品 织物起毛起球性能的测定 第2部分:改型马丁代尔法

GB/T 4841.1 染料染色标准深度色卡 1/1

GB/T 8170 数值修约规则与极限数值的表示和判定

GB/T 13772.2 纺织品 机织物接缝处纱线抗滑移的测定 第2部分:定负荷法

GB/T 15551 桑蚕丝织物

GB/T 15552 丝织物试验方法和检验规则

GB 18401 国家纺织产品基本安全技术规范

GB/T 21196.2 纺织品 马丁代尔法织物耐磨性的测定 第2部分:试样破损的测定

FZ/T 01053 纺织品 纤维含量的标识

3 术语和定义

下列术语和定义适用于本文件。

3.1

色织大提花桑蚕丝织物 yarn-dyed jacquard mulberry silk fabrics

以桑蚕色丝为主要原料,采用大提花龙头织造,绸面呈现明显大花纹的丝织物。

4 要求

4.1 色织大提花桑蚕丝织物的要求包括密度偏差率、质量偏差率、断裂强力、纤维含量允差、纰裂程度、起球性能、色牢度、尺寸变化率等内在质量和色差(与标样对比)、幅宽偏差率、外观疵点等外观质量。

4.2 色织大提花桑蚕丝织物的评等以匹为单位。质量、纤维含量、断裂强力、纰裂程度、起球性能、尺寸变化率、色牢度等七项按批评等。密度、外观质量等两项按匹评等。

4.3 色织大提花桑蚕丝织物的品质由内在质量、外观质量中的最低等级项目评定。其等级分为优等品、一等品、二等品、三等品。低于三等品的为等外品。

4.4 色织大提花桑蚕丝织物基本安全性能应根据最终用途符合 GB 18401 的要求。

4.5 色织大提花桑蚕丝织物的内在质量分等规定见表1。

表 1 内在质量分等规定

项　　目			优等品	一等品	二等品	三等品
质量偏差率/%			±2.0	±3.0	±4.0	
密度偏差率/%			±2.0	±3.0	±4.0	
纤维含量允差/%			按 FZ/T 01053 规定			
断裂强力/N ≥		服用	200			
		配套床上用品、悬挂类	250			
		包覆类	350			
纰裂程度[a] (定负荷)/mm ≤		服用,67 N	6			
		配套床上用品,80 N				
		包覆类,120 N				
起球性能/级 ≥			3.5	3	—	
水洗尺寸变化率[b]/%		经向	+2.0～−5.0	+2.0～−7.0	+2.0～−9.0	
		纬向	+2.0～−3.0	+2.0～−5.0	+2.0～−7.0	
干洗尺寸变化率[c]/%		经向	+2.0～−2.0	+2.0～−3.0	+2.0～−4.0	
		纬向	+2.0～−2.0	+2.0～−3.0	+2.0～−4.0	
色牢度/级 ≥	耐洗[b]	变色	4	3-4	3	
		沾色	3-4	3-4	3	
	耐干洗[c]	变色	4	4	3-4	
	耐水 耐汗渍	变色	4	3-4	3	
		沾色	3-4	3	3	
	耐干摩擦	沾色	4	3-4	3	
	耐湿摩擦	沾色	3-4	3,2-3(深色)[d]	2-3,2(深色)[d]	
	耐光	变色	4	3,2-3(浅色)[e]		

　[a] 地部组织为缎类的织物为定负荷,为 45 N,悬挂类不考核。

　[b] 根据合同或协议,考核可水洗产品。

　[c] 根据合同或协议,考核可干洗产品。

　[d] 大于或等于 GB/T 4841.1 中 1/1 标准深度为深色。

　[e] 小于 GB/T 4841.1 中 1/1 标准深度为浅色。

4.6 耐磨性能为选择检验项目,当用户有需求时,可将检测结果提供给用户。

4.7 色织大提花桑蚕丝织物的外观质量的评定

4.7.1 色织大提花桑蚕丝织物的外观质量分等规定见表2。

表 2 外观质量分等规定

项　目		优等品	一等品	二等品	三等品
色差(与标样对比)/级	≥	4	3-4		3
幅宽偏差率/%		±1.5	±2.5	±3.5	
外观疵点评分限度/(分/100 m²)	≤	15	30	60	120

4.7.2　色织大提花桑蚕丝织物外观疵点评分见表3。

表 3　外观疵点评分表

序号	疵点	分　数			
		1	2	3	4
1	经向疵点	8 cm 及以下	8 cm 以上～16 cm	16 cm 以上～24 cm	24 cm 以上～100 cm
2	纬向疵点	8 cm 及以下	8 cm 以上～半幅	—	全幅
	纬档ª		普通	—	明显
3	污渍、油渍破损性疵点		1.0 cm 及以下		1.0 cm 以上
4	边疵ᵇ	经向每100 cm 及以下	—		—
5	纬斜、花斜、幅不齐	—			大于 3%
注:外观疵点的归类参照附录A。					
ª 纬档以经向 10 cm 及以下为一档。					
ᵇ 针板眼进入内幅 1.5 cm 及以内不计。					

4.7.3　色织大提花桑蚕丝织物外观疵点评分说明:

　　a) 外观疵点的评分采用有限度的累计评分。

　　b) 外观疵点长度以经向或纬向最大方向量计。

　　c) 同匹色差(色泽不匀)达 GB/T 250 中 4 级及以下,1 m 及以内评 4 分。

　　d) 经向 1 m 内累计评分最多 4 分,超过 4 分按 4 分计。

　　e) 严重的连续性病疵每米评 4 分,超过 4 m 降为等外品。

　　f) "经柳"普通,定等限度二等品;"经柳"明显,定等限度三等品。其他全匹性连续疵点,定等限度
　　　为三等品。

　　g) 优等品、一等品内不允许有轧梭档、拆烊档、开河档等严重疵点。

4.7.4　每匹色织大提花桑蚕丝织物最高允许分数由式(1)计算得出,计算结果按 GB/T 8170 修约至
整数。

$$q = \frac{c}{100} \times l \times w \qquad \cdots\cdots\cdots\cdots\cdots\cdots\cdots (1)$$

式中:

　　q ——每匹最高允许分数,单位为分;

　　c ——外观疵点最高分数,单位为分每百平方米(分/100 m²);

　　l ——匹长,单位为米(m);

　　w ——幅宽,单位为米(m)。

4.8　开剪拼匹和标疵放尺的规定

4.8.1 色织大提花桑蚕丝织物允许开剪拼匹或标疵放尺,两者只能采用一种。

4.8.2 开剪拼匹各段的等级、幅宽、色泽、花型必须一致。

4.8.3 绸匹平均每10 m及以内允许标疵一次。每3分和4分的疵点允许标疵,每处标疵放尺10 cm。标疵后的疵点不再计分。局部性疵点的标疵间距或标疵疵点与绸匹端的距离不得少于4 m。

5 试验方法

5.1 纰裂程度的测定试验方法按GB/T 13772.2执行,试样宽度为75 mm。

5.2 起球性能的测定试验方法按GB/T 4802.2执行,试验分类采用2类,织物本身磨料。

5.3 耐磨性能的测定试验方法按GB/T 21196.2执行,摩擦负荷参数为(595±7)g(名义压力为9 kPa)。

5.4 其他各项内在质量和外观质量的测定试验方法按GB/T 15552执行。

6 检验规则

色织大提花桑蚕丝织物的检验规则按GB/T 15552执行。

7 包装和标志

色织大提花桑蚕丝织物的包装和标志按GB/T 15551执行。

8 其他

对色织大提花桑蚕丝织物的品质、包装和标志另有特殊要求者,供需双方可另订协议或合同,并按其执行。

附　录　A

（资料性附录）

外观疵点归类表

表 A.1　外观疵点归类表

序号	疵点名称	说　明
1	经向疵点	宽急经柳、粗细柳、筘柳、色柳、筘路、多少捻、缺经、断通丝、错经、碎糙、夹糙、夹断头、断小柱、叉绞、分经路、小轴松、水渍急经、宽急经、错通丝、综穿错、筘穿错、单斤头、双经、粗细经、夹起、懒针、煞星、渍经、皱印等
2	纬向疵点	破纸板、多少起、抛纸板、错花、跳梭、煞星、柱渍、轧梭痕、筘锈渍、带纬、断纬、叠纬、坍纬、糙纬、灰伤、皱印、杂物织入、渍纬等
2	纬档	松紧档、撬档、撬小档、顺纤档、多少捻档、粗细纬档、缩纬档、急纬档、断花档、通绞档、毛纬档、拆毛档、停车档、渍纬档、错纬档、糙纬档、色纬档、拆烊档
3	污渍、油渍	色渍、锈渍、油污渍、洗渍、皂渍、霉渍、蜡渍、字渍、水渍等
3	破损性疵点	蛛网、披裂、拔伤、空隙、破洞等
4	边疵	宽急边、木耳边、粗细边、卷边、边糙、吐边、边修剪不净、针板眼、边少起、破边、凸铗、脱铗等
5	纬斜、花斜幅不齐	

注1：对经、纬向共有的疵点，以严重方向评分。

注2：外观疵点归类表中没有归入的疵点按类似疵点评分。

ICS 59.080.30
W 43

中华人民共和国纺织行业标准

FZ/T 43021—2011

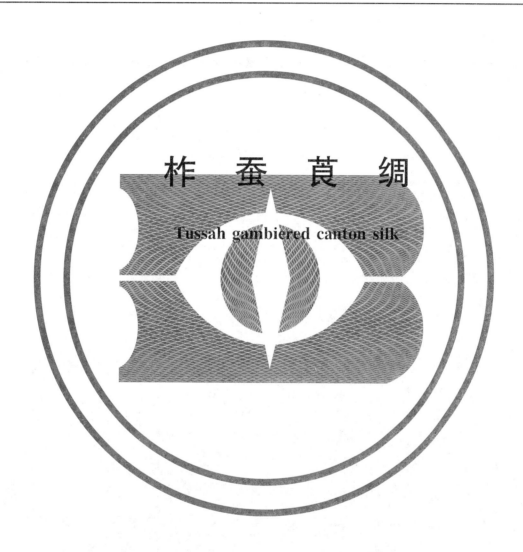

柞 蚕 莨 绸

Tussah gambiered canton silk

2011-12-20 发布　　　　　　　　　　　　　　2012-07-01 实施

中华人民共和国工业和信息化部　　发 布

前　言

本标准按照 GB/T 1.1—2009 给出的规则起草。

本标准由中国纺织工业协会提出。

本标准由全国丝绸标准化技术委员会(SAC/TC 401)归口。

本标准起草单位:佛山市顺德区伦教顺熹晒莨厂、中华人民共和国广东出入境检验检疫局、浙江丝绸科技有限公司。

本标准主要起草人:李淳、周晓刚、周颖、吴苑丛、李慧、柳映青、张晓利、龙洁群、梁灌、曾细梅。

柞 蚕 莨 绸

1 范围

本标准规定了柞蚕莨绸的术语和定义、要求、试验方法、检验规则、包装和标志。

本标准适用于评定以纯柞蚕丝织物为原料加工而成的原色或彩色柞蚕莨绸。

本标准不适用于评定以特种柞蚕丝织物加工的柞蚕绸。

2 规范性引用文件

下列文件对于本文件的应用是必不可少的。凡是注日期的引用文件,仅注日期的版本适用于本文件。凡是不注日期的引用文件,其最新版本(包括所有的修改单)适用于本文件。

GB/T 250 纺织品 色牢度试验 评定变色用灰色样卡

GB 5296.4 消费品使用说明 纺织品和服装使用说明

GB/T 8170 数值修约规则与极限数值的表示和判定

GB/T 9127 柞蚕丝织物

GB/T 13772.2 纺织品 机织物接缝处纱线抗滑移的测定 第2部分:定负荷法

GB/T 15552 丝织物试验方法和检验规则

FZ/T 01053 纺织品 纤维含量的标识

3 术语和定义

下列术语和定义适用于本文件。

3.1

特种柞蚕丝织物 special tussah silk fabrica

由特种工艺柞蚕丝为原料加工而成的柞蚕丝织物。

3.2

原色柞蚕莨绸 original color tussah gambiered canton silk

以纯柞蚕丝织物为原料经薯莨汁浸泡多次后,经过河泥、晾晒等传统手工艺加工而成的表面呈黑色发亮、底面呈深咖啡色正反异色的织物。

3.3

彩色柞蚕莨绸 multicolour tussah gambiered canton silk

在原色柞蚕莨绸的基础上,经印染加工而成的织物;或先印染再经传统手工艺加工而成的织物。

3.4

反面莨斑 gambiered speckle on the reverse side

柞蚕莨绸在浸泡、晒制过程中薯莨液积聚过多的部位,或莨绸在晒制过程中因绸边未理平其反转过来的部位受阳光直接照射时间过长,在莨绸反面及两边形成的深咖啡色色差。

3.5

正面莨斑 gambiered speckle on the face

柞蚕莨绸在浸泡、晒制过程中薯莨液积聚过多的部位,经过泥后在正面形成的发亮的深黑色色差。

3.6

泥斑 mud speckle

正常生产的原色柞蚕莨绸为正反异色：正面为黑色，反面为咖啡色。但在柞蚕莨绸过河泥工艺中，其反面的咖啡色会意外沾上河泥而形成黑色的疵点，此黑色疵点经水洗、纱洗、印染等后整理工序都无法消除。

4 要求

4.1 柞蚕莨绸的要求包括断裂强力、纤维含量允差、纰裂程度、水洗尺寸变化率、色牢度等内在质量和色差（与标样对比）、幅宽偏差率、外观疵点等外观质量。

4.2 柞蚕莨绸的评等以匹为单位。内在质量按批评等，外观质量按匹评等。

4.3 柞蚕莨绸的品质由内在质量、外观质量中的最低等级评定，分为优等品、一等品、二等品，低于二等品的为等外品。

4.4 柞蚕莨绸应符合国家有关纺织品强制性标准的要求。

4.5 柞蚕莨绸的原料坯绸其密度偏差率、质量偏差率指标和外观疵点评定应符合 GB/T 9127 规定的三等品及以上要求。

4.6 柞蚕莨绸的内在质量分等规定见表1。

表 1 柞蚕莨绸内在质量分等规定

项 目			指 标		
			优等品	一等品	二等品
断裂强力/N		≥	200		
纤维含量允差/%			FZ/T 01053		
纰裂程度(定负荷,67 N)/mm		≤	6		
水洗尺寸变化率/%	经向		+2.0～-3.0	+2.0～-4.0	+2.0～-5.0
	纬向		+2.0～-2.0	+2.0～-3.0	+2.0～-4.0
色牢度/级[a] ≥	耐水、耐洗 耐汗渍	变色	3-4	3	
		沾色	3-4	3	
	耐干摩擦		3		
	耐 光		4	3	
[a] 未经适时存放或未经后整理处理的原色和彩色柞蚕莨绸坯绸不考核色牢度。					

4.7 柞蚕莨绸的外观质量评定

4.7.1 柞蚕莨绸的外观质量分等规定见表2。

表 2 柞蚕莨绸外观质量分等规定

项 目		优等品	一等品	二等品
色差(与标样对比)/级	≥	4	3-4	3
幅宽偏差率/%		±2.0	±3.0	±4.0
外观疵点评分限度/(分/100 m²)	≤	15	30	50

4.7.2 柞蚕莨绸外观疵点评分见表3。

表3 柞蚕莨绸外观疵点评分表

序号	疵点		分数			
			1	2	3	4
1	正、反面莨斑	条状[a]	20 cm 及以下	20 cm 以上～40 cm	40 cm 以上～60 cm	60 cm 以上～80 cm
		块状[b]	10 cm 及以下	10 cm 以上～20 cm	20 cm 以上～40 cm	40 cm 以上～60 cm
2	泥斑	条状[a]	5 cm 以上～20 cm	20 cm 以上～40 cm	40 cm 以上～60 cm	60 cm 以上～80 cm
		块状[b]	2 cm 以上～10 cm	10 cm 以上～20 cm	20 cm 以上～40 cm	40 cm 以上～60 cm
3	印染疵[c]		8 cm 及以下	8 cm 以上～16 cm	16 cm 以上～24 cm	24 cm 以上～100 cm
[a] 宽度在 2 cm 及以内的长条形疵点。						
[b] 宽度在 2 cm 以上的长块形疵点。						
[c] 指原色柞蚕莨绸经印染加工后造成的疵点,疵点类别参见附录 A。						

4.7.3 柞蚕莨绸外观疵点评分说明:

a) 外观疵点的评分采用有限度的累计评分。

b) 达不到 2 cm 以上评分起点的点状泥斑,1 m 内达 3 个合计评 1 分,密集性点状泥斑则视面积大小按块状泥斑评分。

c) 在柞蚕莨绸过河泥工序中,抓捏布边时手指造成的泥斑及布边上的正反面莨斑,离两边宽度在 4 cm 以内的不评分。

d) 检验时,以合同约定的一面检验,合同未约定的以正面(传统黑色面)检验。

e) 原色柞蚕莨绸如通匹存在不明显的莨斑,且对后整理之后的绸面有不良影响的,则该批莨绸最高只能评为二等品。如该批莨绸还存在其他疵点,则视其他疵点的最后评分限度,综合确定该批莨绸的最低等级。

f) 经向 1 m 内累计评分最多 4 分,超过 4 分按 4 分计。

g) 严重的连续性病疵每米评 4 分,超过 3 m 降为等外品。

h) 同匹色差(色泽不匀)达 GB/T 250 中 4 级及以下,1 m 及以内评 4 分。

4.7.4 每匹柞蚕莨绸最高允许分数由式(1)计算得出,计算结果按 GB/T 8170 修约至整数。

$$q = \frac{c}{100} \times l \times w \qquad\qquad\qquad (1)$$

式中:

q ——每匹最高分数,单位为分;

c ——外观疵点最高分数,单位为分每百平方米(分/100 m²);

l ——匹长,单位为米(m);

w ——幅宽,单位为米(m)。

5 试验方法

5.1 纰裂程度的测定试验方法按 GB/T 13772.2 执行。

5.2 其他项目的测定试验方法按 GB/T 15552 执行。

6 检验规则

柞蚕莨绸的检验规则按 GB/T 15552 执行。

7 包装

7.1 包装分类

柞蚕莨绸包装根据用户要求分为卷筒、卷板两类。

7.2 包装材料

7.2.1 卷筒纸管规格：螺旋斜开机制管，内径 3.0 cm～3.5 cm，外径 4 cm，长度按纸箱长减去 2 cm。纸管要圆整、挺直。

7.2.2 卷板用双瓦楞纸板。卷板的宽度为 15 cm，长度根据柞蚕莨绸的幅宽或对折后的宽度决定。

7.2.3 包装用纸箱采用高强度牛皮纸制成的双瓦楞叠盖式纸箱。要求坚韧、牢固、整洁并涂防潮剂。

7.3 包装要求

7.3.1 同件（箱）内，优等品匹与匹之间色差不低于 GB/T 250 中 4 级。

7.3.2 卷筒、卷板包装的内外层边的相对位移不大于 2 cm。

7.3.3 绸匹外包装采用纸箱时，纸箱内应加衬塑料内衬袋或拖蜡防潮纸，用胶带封口。纸箱外用塑料打包带和铁皮轧扣箍紧打箱。

7.3.4 包装应牢固、防潮，便于仓贮及运输。

7.3.5 绸匹成包时，应保存在通风、温湿度适当的仓储条件下，每匹实测回潮率不低于 8.0%，避免布料脆裂。

8 标志

8.1 标志应明确、清晰、耐久、便于识别。

8.2 每匹或每段柞蚕莨绸两端距绸边 3 cm 以内、幅边 10 cm 以内盖一检验章及等级标记。每匹或每段柞蚕莨绸应吊标签一张，内容按 GB 5296.4 规定，包括品名、品号、原料名称及成分、幅宽、色别、长度、等级、执行标准编号、企业名称、产品检验合格证。

8.3 每箱（件）应附装箱单。

8.4 纸箱（布包）刷唛要正确、整齐、清晰。纸箱唛头内容包括合同号、箱号、品名、品号、花色号、幅宽、等级、匹数、毛重、净重及运输标志、企业名称、地址。

8.5 每批产品出厂应附品质检验结果单。

9 其他

柞蚕莨绸的品质、包装和标志另有特殊要求者，供需双方可另订协议或合同，并按其执行。

附　录　A

（资料性附录）

柞蚕莨绸印花疵归类表

表 A.1　柞蚕莨绸印花疵归类表

疵 点 名 称	说　　明
印、染疵	色差、边中差、色柳、色档、搭脱、渗进、漏浆、塞煞、色点、眼圈、套歪、露白、砂眼、双茎、拖版、搭色、反丝、叠版印、框子印、刮刀印、色皱印、回浆印、刷浆印、化开、糊开、花痕、野花、粗细茎、跳版深浅、接版深浅、雕色不清、涂料脱落、涂料颜色不清等
注：对经、纬向共有的疵点，以严重方向评分。	

ICS 59.080
Y 88

中华人民共和国纺织行业标准

FZ/T 43022—2011

莨绸工艺饰品

Gambiered canton silk crafts

2011-12-20 发布
2012-07-01 实施

中华人民共和国工业和信息化部　发布

前　言

本标准按照 GB/T 1.1—2009 给出的规则起草。

本标准由中国纺织工业协会提出。

本标准由全国丝绸标准化技术委员会(SAC/TC 401)归口。

本标准起草单位:深圳市梁子时装实业有限公司、浙江丝绸科技有限公司。

本标准主要起草人:黄志华、周颖、周红英。

莨 绸 工 艺 饰 品

1 范围

本标准规定了莨绸工艺饰品的术语和定义、要求、试验方法、检验规则、标识和包装。

本标准适用于以莨绸为主要面料制作的工艺饰品。

2 规范性引用文件

下列文件对于本文件的应用是必不可少的。凡是注日期的引用文件,仅注日期的版本适用于本文件。凡是不注日期的引用文件,其最新版本(包括所有的修改单)适用于本文件。

GB/T 2828.1—2003 计数抽样检验程序 第 1 部分:按接收质量限(AQL)检索的逐批检验抽样计划

GB/T 2910(所有部分) 纺织品 定量化学分析

GB/T 3920 纺织品 色牢度试验 耐摩擦色牢度

GB/T 3921—2008 纺织品 色牢度试验 耐皂洗色牢度

GB/T 3922 纺织品 耐汗渍色牢度试验方法

GB/T 3923.1 纺织品 织物拉伸性能 第 1 部分:断裂强力和断裂伸长率的测定 条样法

GB 5296.4 消费品使用说明 纺织品和服装使用说明

GB/T 5713 纺织品 色牢度试验 耐水色牢度

GB/T 8427—2008 纺织品 色牢度试验 耐人造光色牢度:氙弧

GB/T 8628 纺织品 测定尺寸变化的试验中织物试样和服装的准备、标记及测量

GB/T 8629—2001 纺织品 试验用家庭洗涤和干燥程序

GB/T 8630 纺织品 洗涤和干燥后尺寸变化的测定

GB 18401 国家纺织产品基本安全技术规范

GB/T 22856 莨绸

FZ/T 01053 纺织品 纤维含量的标识

FZ/T 01057(所有部分) 纺织纤维鉴别试验方法

3 术语与定义

下列术语和定义适用于本文件。

3.1

莨绸工艺饰品 gambiered canton silk crafts

主要部分采用莨绸为主要面料制成的,具有装饰、实用功能的工艺制品。分为餐用类、床上配套类、工艺服饰类、工艺品类、室内装饰类等 5 类。具体品种归类参见附录 A。

4 要求

4.1 原材料

4.1.1 面料

以莨绸为主要面料,质量应符合 GB/T 22856 要求。

4.1.2 辅料

衬布、装饰花边:采用与所用面料的尺寸变化率、性能、色泽相适宜的衬布和装饰花边,其质量应符合相应产品标准的合格品要求。

4.2 规格

根据合同或协议执行。

4.3 分等

莨绸工艺饰品的品质由基本安全性能、内在质量、外观质量中的最低等级项目评定。其等级分为优等品、一等品、合格品。

4.4 基本安全性能

莨绸工艺饰品的基本安全性能根据产品的最终用途确定。必须符合 GB 18401 的要求。

4.5 内在质量要求

莨绸工艺饰品的内在质量为纤维含量允差、断裂强力、水洗尺寸变化率、色牢度。见表1。

表 1 内在质量分等规定

项 目			优等品	一等品	合格品
纤维含量允差/%			按 FZ/T 01053 执行		
断裂强力/N		≥	200		
水洗尺寸变化率[a]/%			+1.0～−2.0	+1.0～−3.0	+1.0～−4.0
干洗尺寸变化率[b]/%			+1.0～−1.0	+1.0～−2.0	+1.0～−3.0
色牢度/级 ≥	耐洗[a]	变色	3-4	3	
		沾色	3-4	3	
	耐水[a]	变色	3-4	3	
		沾色	3-4	3	
	耐汗渍[c]	变色	3-4	3	
		沾色	3-4	3	
	耐干摩擦	沾色	3-4	3	
	耐光	变色	4	3	
注:规格尺寸小于 20 cm 的产品除纤维含量外,其他项目不考核。					
[a] 适用于可水洗产品。					
[b] 适用于可干洗产品。					
[c] 适用于工艺服饰类产品。					

4.6 外观质量要求

4.6.1 莨绸工艺饰品外观质量要求为规格尺寸偏差、外观疵点、缝制质量。见表2。

表 2　外观质量分等规定

序号	项 目		优 等 品	一 等 品	合 格 品
1	规格尺寸偏差ª/cm		+1.0～−1.0	+2.0～−2.0	+3.0～−3.0
2	外观疵点	条块状疵点	不允许	允许 1 处	允许 2 处
		色、污渍	严重不允许		
		破损	不允许		
3	缝制质量	缝针质量	针迹平服,无毛、脱漏,无跳针、浮针、漏针	针迹平服,无毛、脱漏、跳针、浮针、漏针每处不超过 1 针,每件不超过 1 处	针迹平服,无毛、脱漏、跳针、浮针、漏针每处不超过 1 针,每件不超过 3 处
		针迹密度	平缝针≥8 针/3 cm;包缝针≥9 针/3 cm;锁边三角针≥8/3 cm;包梗针≥23 针/3 cm;装饰缝线针迹密度除外		
		绣花质量	绣花针迹应整齐,轻度漏印	绣花针迹 1 处不整齐,轻度漏印 1 处,花形轻微变形	—
4	工艺质量	图案质量	图案与确认样一致;整体不偏位,花形清晰	图案与确认样基本一致,整体轻微偏位,不影响外观	图案与确认样相似,整体轻微偏位,不影响外观

注 1:条块状疵点指宽度超过 0.2 cm 的疵点,不包括色、污渍和破损。
注 2:破损指相邻的丝线断 2 根及以上的破洞,或 0.3 cm 及以上的蛛网。

ª 规格尺寸大于 50 cm 的产品,每增加 50 cm 及以内,尺寸偏差允许增加±2 cm,规格尺寸小于 20 cm 的产品不考核。

4.6.2　钮扣、附件

钮扣、饰品等各类附件无锈、无毛刺、镀层均匀、无划痕、安装牢固、端正。

4.6.3　拉链

无错位、掉牙,缝合平直,边距一致,拉合滑顺。

5　试验方法

5.1　纤维含量的定性分析测定试验方法按 FZ/T 01057 进行,定量测定按 GB/T 2910 进行。

5.2　断裂强力的测定试验方法按 GB/T 3923.1 进行。

5.3　水洗尺寸变化率的测定试验方法按 GB/T 8628、GB/T 8629—2001、GB/T 8630 进行。洗涤程序采用 7A,干燥方法采用 A 法。

5.4　耐光色牢度的测定试验方法按 GB/T 8427—2008 中的方法 3 进行。

5.5　耐洗色牢度的测定试验方法按 GB/T 3921—2008 进行。

5.6　耐水色牢度的测定试验方法按 GB/T 5713 进行。

5.7　耐汗渍色牢度的测定试验方法按 GB/T 3922 进行。

5.8　耐摩擦色牢度的测定试验方法按 GB/T 3920 进行。

5.9　规格尺寸偏差的测定试验方法:使用钢尺,矩形产品在整个产品长、宽方向的四分之一和四分之三处测量两处,圆形产品测量直径尺寸,多边形产品测量最大外形尺寸。测量精确至 0.1 cm,分别计算测量值与规格值的差值,结果取算术平均值,精确至 1 位小数。

5.10　外观疵点以产品平摊正面为准。检验时产品表面照度不低于 600 lx,检验员眼部距产品 60 cm～

80 cm,检验员以目测、手感进行检验。

6 检验规则

6.1 检验分类

检验分为型式检验和出厂检验(交收检验)。型式检验时机根据生产厂实际情况或合同协议规定,一般在转产、停产后复产、原料或工艺有重大改变时进行。出厂检验在产品生产完毕交货前进行。

6.2 检验项目

出厂检验项目为除耐光色牢度外的全部项目。型式检验项目为第 4 章中的所有项目。

6.3 组批规则

型式检验以同一品种、花色为同一检验批。出厂检验以同一合同或生产批号为同一检验批,当同一检验批数量很大,需分期、分批交货时,可以适当再分批,分别检验。

6.4 抽样方案

样品应从经工厂检验的合格批产品中随机抽取,抽样数量按附录 B 中表 B.1 中的一般检验水平 Ⅱ 规定,采用正常检验一次抽样方案。内在质量检验用试样在样品中随机抽取各 1 份,但色牢度试样应按颜色各抽取 1 份。每份试样的尺寸和取样部位根据方法标准的规定。

当批量较大、生产正常、质量稳定情况下,抽样数量可按附录 B 中表 B.2 中的一般检验水平 Ⅱ 规定,采用放宽检验一次抽样方案。

6.5 检验结果的判定

外观质量按件(套)评定等级,其他项目按批评定等级,以所有试验结果中最低评等评定样品的最终等级。

试样内在质量检验结果所有项目符合标准要求时判定该试样所代表的检验批内在质量合格。批外观质量判定按附录 B 中表 B.1 中的一般检验水平 Ⅱ 规定进行,接收质量限 AQL 为 2.5。批内在质量、外观质量均合格时判定为合格批。否则判定为不合格批。

7 标志和包装

7.1 产品标志应符合 GB 5296.4 的要求。规格尺寸以厘米为单位标注,标明(长度×宽度或直径),不规则图形产品可标注外形最大尺寸。

7.2 每件产品应有包装。包装材料应保证产品在贮藏和运输中不散落、不破损、不沾污、不受潮。

8 其他

如供需双方对莨绸工艺饰品质量、包装另有要求的,可按合同或协议执行。

附　录　A

（资料性附录）

莨绸工艺饰品归类表

表 A.1　莨绸工艺饰品归类表

序号	分　类	内　容
1	餐用类	筷子装饰套、餐具存放袋、茶托、防烫锅垫、纸巾盒、桌旗、桌布/裙等
2	床上配套类	抱枕、床旗、靠垫
3	工艺服饰、饰品类	腰带、帽子、披肩、耳环、头饰、手镯、手套、项链等
4	工艺品类	各种袋、包、钥匙扣、香囊、扇子等
5	室内装饰类	莨绸刺绣画、莨绸数码印花画、摆设等
注：表中没有列入的产品参照表中相类似的分类执行。		

附　录　B
（规范性附录）
检验抽样方案

B.1 根据 GB/T 2828.1—2003,采用一般检验水平Ⅱ,AQL 为 2.5 的正常检验一次抽样方案,如表 B.1
所示。

表 B.1　AQL 为 2.5 的正常检验一次抽样方案

批量 N	样本量字码	样本量 n	接收数 Ac	拒收数 Re
2～8	A	2	0	1
9～15	B	3	0	1
16～25	C	5	0	1
26～50	D	8	0	1
51～90	E	13	1	2
91～150	F	20	1	2
151～280	G	32	2	3
281～500	H	50	3	4
501～1 200	J	80	5	6

B.2 根据 GB/T 2828.1—2003,采用一般检验水平Ⅱ,AQL 为 2.5 的放宽检验一次抽样方案,如
表 B.2 所示。

表 B.2　AQL 为 2.5 的放宽检验一次抽样方案

批量 N	样本量字码	样本量 n	接收数 Ac	拒收数 Re
2～8	A	2	0	1
9～15	B	2	0	1
16～25	C	2	0	1
26～50	D	3	0	1
51～90	E	5	1	2
91～150	F	8	1	2
151～280	G	13	1	2
281～500	H	20	2	3
501～1 200	J	32	3	4

ICS 59.090.30
W 43

中华人民共和国纺织行业标准

FZ/T 43023—2013

牛 津 丝 织 物

Oxford filament yarn fabrics

2013-07-22 发布

2013-12-01 实施

中华人民共和国工业和信息化部　发布

前　言

本标准按照 GB/T 1.1—2009 给出的规则起草。

本标准由中国纺织工业联合会提出。

本标准由全国丝绸标准化技术委员会(SAC/TC 401)归口。

本标准起草单位:国家丝绸及服装产品质量监督检验中心、吴江市文教牛津布厂、岜山集团有限公司、浙江丝绸科技有限公司、浙江舒美特纺织有限公司、吴江市桃源海润印染有限公司、江苏新民纺织科技股份有限公司。

本标准主要起草人:蔡为、周颖、孙正、张克成、杭志伟、伍冬平、赵民钢、王荣根、沈忠安、任军。

牛 津 丝 织 物

1 范围

本标准规定了牛津丝织物的术语和定义、要求、试验方法、检验规则、包装和标志。

本标准适用于评定采用涤纶长丝、锦纶长丝纯织或与其他纤维交织的各类牛津丝织物的品质。

2 规范性引用文件

下列文件对于本文件的应用是必不可少的。凡是注日期的引用文件,仅注日期的版本适用于本文件。凡是不注日期的引用文件,其最新版本(包括所有的修改单)适用于本文件。

GB/T 250 纺织品 色牢度试验 评定变色用灰色样卡

GB/T 2910 (所有部分)纺织品 定量化学分析方法

GB/T 3917.3 纺织品 织物撕破性能 第3部分:梯形试样撕破强力的测定

GB/T 3920 纺织品 色牢度试验 耐摩擦色牢度

GB/T 3921—2008 纺织品 色牢度试验 耐皂洗色牢度

GB/T 3923.1 纺织品 织物拉伸性能 第1部分:断裂强力和断裂伸长率的测定 条样法

GB/T 4666 纺织品 织物长度和幅宽的测定

GB/T 4668 机织物密度的测定

GB/T 4669—2008 纺织品 机织物 单位长度质量和单位面积质量的测定

GB/T 4744 纺织织物 抗渗水性测定 静水压试验

GB/T 4841.1 染料染色标准深度色卡 1/1

GB 5296.4 消费品使用说明 纺织品和服装使用说明

GB/T 8170 数值修约规则与极限数值的表示和判定

GB/T 8427—2008 纺织品 色牢度试验 耐人造光色牢度:氙弧

GB/T 13772.2 纺织品 机织物接缝处纱线抗滑移的测定 第2部分:定负荷法

GB/T 14801 机织物和针织物纬斜和弓纬试验方法

GB/T 15552 丝织物试验方法和检验规则

GB 18401 国家纺织产品基本安全技术规范

FZ/T 01053 纺织品 纤维含量的标识

FZ/T 01057(所有部分) 纺织纤维鉴别试验方法

3 术语和定义

下列术语和定义适用于本文件。

3.1

牛津丝织物 oxford filament yarn fabrics

以涤纶、锦纶长丝纯织或与其他纤维交织,采用平纹或平纹变化组织织造,结构紧密、质地坚固的一类织物。

4 要求

4.1 牛津丝织物的要求包括密度偏差率、质量偏差率、纤维含量允差、断裂强力、撕破强力、纰裂程度、色牢度、抗渗水性等内在质量和色差(与标样对比)、幅宽偏差率、外观疵点等外观质量。

4.2 牛津丝织物的评等以匹为单位。质量偏差率、纤维含量允差、断裂强力、撕破强力、纰裂程度、色牢度、抗渗水性等按批评等。密度偏差率、幅宽偏差率、外观疵点、色差(与标样对比)按匹评等。

4.3 牛津丝织物的品质由内在质量、外观质量中的最低等级项目评定。其等级分为优等品、一等品、二等品、三等品。低于三等品的为等外品。

4.4 服装服饰用牛津丝织物的安全技术性能应符合 GB 18401 的规定。

4.5 牛津丝织物的内在质量分等规定见表1。

表 1 内在质量分等规定

项　　目		指标			
		优等品	一等品	二等品	三等品
密度偏差率/%		±2.0	±3.0	±4.0	
质量偏差率/%		±3.0	±4.0	±5.0	
纤维含量允差/%		按照 FZ/T 01053 执行			
断裂强力/N ≥	150 g/m² 及以下	500			
	150 g/m² 以上	800			
撕破强力/N ≥	150 g/m² 及以下	30.0		25.0	
	150 g/m² 以上	100.0		80.0	
纰裂程度 (定负荷)/mm ≤	150 g/m² 及以下，100 N	5		6	
	150 g/m² 以上，120 N				
色牢度/级 ≥	耐洗 变色	4		3-4	
	耐洗 沾色	3-4,3(深色ª)	3,2-3(深色ª)	3,2-3(深色ª)	
	耐干摩擦	4		3	
	耐湿摩擦	3-4		2-3	
	耐光	5ᵇ,3(浅色ᵇ)	5ᵇ,3(浅色ᵇ)	4ᶜ,3(浅色ᵇ)	
抗渗水性ᶜ/kPa ≥		16	14	10	

　ª 大于或等于 GB/T 4841.1 中 1/1 标准深度为深色。

　ᵇ 小于 GB/T 4841.1 中 1/1 标准深度为浅色。

　ᶜ 仅考核涂层牛津丝织物。

4.6 牛津丝织物的外观质量的评定

4.6.1 牛津丝织物的外观质量分等规定见表2。

表 2 外观质量分等规定

项　　目		优等品	一等品	二等品	三等品
色差(与标样对比)/级	≥	4	3-4		3
幅宽偏差率/%		−1.0～+2.0	−2.0～+2.0		
外观疵点评分限度/(分/100 m²)		10.0	25.0	40.0	80.0

4.6.2 牛津丝织物外观疵点评分见表3。

表 3 外观疵点评分表

序号	疵点	分数			
		1	2	3	4
1	经向疵点	8 cm 及以下	8 cm 以上～16 cm	16 cm 以上～24 cm	24 cm 以上～100 cm
2	纬向疵点	8 cm 及以下	8 cm 以上～半幅	—	半幅及以上
	纬档ᵃ		普通		明显
3	印花疵	8 cm 及以下	8 cm 以上～16 cm	16 cm 以上～24 cm	24 cm 以上～100 cm
4	污渍、油渍、破损性疵点		2.0 cm 及以下		2.0 cm 以上
5	边疵(荷叶边、针眼边ᶜ、明显深浅边)	经间每 100 cm 及以下	—	—	—
6	纬斜、花斜、格斜、幅不齐				100 cm 及以下大于3%

注:外观疵点归类参见附录A。

　ᵃ 纬档以经向 10 cm 及以下为一档。

　ᵇ 纬档达 GB/T 250 中 4 级为普通,4 级以下为明显。

　ᶜ 针板眼进入内幅 1.5 cm 及以下不计。

4.6.3 牛津丝织物外观疵点评分说明:

　　a) 牛津丝织物外观疵点的评分采用有限度的累计评分;

　　b) 牛津丝织物的外观疵点长度以经向或纬向最大方向量计;

　　c) 难以数清,不易量计的分散性疵点,根据其分散的最大长度和轻重程度,参照经向或纬向的疵点分别量计、累计评分;

　　d) 同一批中,匹与匹之间色差不低于 GB/T 250 中 3-4 级。同匹色差(色泽不匀)不低于 GB/T 250 中 4 级;

　　e) 经向 1 m 内累计评分最多 4 分,超过 4 分按 4 分计;

　　f) 程度为明显"经柳"和其他全匹性连续疵点,定等限度为三等品,程度为严重的"经柳"和其他全匹性连续疵点,定等限度为等外品;

　　g) 严重的连续性疵点每米扣 4 分,超过 4 m 降为等外品;

　　h) 优等品、一等品内不允许有破洞等严重疵点;

　　i) 每匹牛津丝织物最高分数由式(1)计算得出,计算结果按 GB/T 8170 修约至小数点后一位。

FZ/T 43023—2013

$$c = \frac{q}{l \times w} \times 100 \qquad\qquad\cdots\cdots\cdots(1)$$

式中：

c ——每匹织物外观疵点定等分数，单位为分每百平方米（分/100 m²）；

q ——每匹织物外观疵点实测分数，单位为分；

l ——匹长，单位为米（m）；

w ——幅宽，单位为米（m）。

4.7 开剪拼匹和标疵放尺的规定

4.7.1 牛津丝织物允许开剪拼匹或标疵放尺，两者只能采用一种。

4.7.2 开剪拼匹各段的等级、幅宽、色泽、花型应一致。

4.7.3 绸匹平均每 20 m 及以内允许标疵一次。每 3 分和 4 分的疵点允许标疵，超过 10 cm 的连续疵点可连标。每处标疵放尺 10 cm。已标疵后的疵点不再计分。局部性疵点的标疵间距或标疵疵点与绸匹端的距离不得少于 4 m。

5 试验方法

5.1 幅宽试验方法

按 GB/T 4666 执行。

5.2 密度试验方法

按 GB/T 4668 执行。

5.3 质量试验方法

按 GB/T 4669—2008 中第 6 章 6.7 方法 5 执行。

5.4 断裂强力试验方法

按 GB/T 3923.1 执行。

5.5 撕破强力试验方法

按 GB/T 3917.3 执行，采用梯形试样。

5.6 色牢度试验方法

5.6.1 耐洗色牢度试验方法按 GB/T 3921—2008 执行，采用表 2 中试验条件中试验方法 C（3）。

5.6.2 耐摩擦色牢度试验方法按 GB/T 3920 执行。

5.6.3 耐光色牢度试验方法按 GB/T 8427—2008 中的方法 3 执行。

5.7 抗渗水性试验方法

按 GB/T 4744 执行。水温采用 20 ℃±2 ℃，水压上升速率采用 6.0 kPa/min±0.3 kPa/min，试验织物正面。

5.8 纰裂程度试验方法

按 GB/T 13772.2 执行。试样宽度尺寸采用 75 mm。

5.9 纤维含量的试验方法

按 GB/T 2910、FZ/T 01057 等规定执行。

5.10 色差试验方法

采用 D65 标准光源或北向自然光,照度不低于 600 lx,试样被测部位应经纬向一致,入射光与试样表面约成 45°角,检验人员的视线大致垂直于试样表面,距离约 60 cm 目测,与 GB/T 250 标准样卡对比评级。

5.11 纬斜、花斜试验方法

按 GB/T 14801 执行。

5.12 外观质量检验方法

5.12.1 检验条件

5.12.1.1 可采用经向检验机或纬向台板检验。仲裁检验采用经向检验机检验。

5.12.1.2 光源采用日光荧光灯时,台面平均照度 600 lx~700 lx,环境光源控制在 150 lx 以下,纬向检验可采用自然北光,平均照度 320 lx~600 lx。

5.12.1.3 外观检验采用经向检验机时,检验机速度为 15 m/min±5 m/min。纬向检验速度为 15 页/min。

5.12.2 检验要求

5.12.2.1 检验员眼睛距织物正面中心约 60 cm~80 cm。

5.12.2.2 外观疵点以织物正面为准,反面疵点影响正面时也应评分。疵点大小按经向或纬向的最大值量计。

6 检验规则

牛津丝织物的检验规则按 GB/T 15552 执行。

7 包装

7.1 包装形式

牛津丝织物包装采用卷装。

7.2 包装材料

卷筒纸管规格:螺旋斜开机制管,内径 3.0 cm~3.5 cm,外径 4 cm,长度根据产品幅宽应满足卷取和包装要求。纸管要圆整挺直。

7.3 包装要求

7.3.1 同件(箱)内优等品、一等品,匹与匹之间色差不低于 GB/T 250 中 4 级。

7.3.2 卷筒包装的内外层边的相对位移不大于 2 cm。

7.3.3 卷筒外包装采用塑料袋包装。

7.3.4 包装应牢固、防潮且便于仓贮及运输。

8 标志

8.1 标志应明确、清晰、耐久、便于识别。

8.2 每匹或每段丝织物两端距绸边 3 cm 以内、幅边 10 cm 以内盖一检验章及等级标记。每匹或每段丝织物应吊标签一张,内容按 GB 5296.4 规定,包括品名、货号、成分及含量、幅宽、色别、长度、等级、执行标准编号、企业名称。

8.3 每批产品应附装箱单。

8.4 采用纸箱包装时刷唛要正确、整齐、清晰。纸箱唛头内容包括合同号、箱号、品名、货号、花色号、幅宽、等级、匹数、毛重、净重及运输标志、企业名称、地址。

8.5 每批产品出厂应附品质检验结果单。

9 其他

特殊品种及用户对产品另有特殊要求,可按合同或协议执行。

附　录　A
（资料性附录）
外观疵点归类表

表 A.1　外观疵点归类表

序号	疵点名称	说　明
1	经向疵点	经柳、宽急经、色柳、筘路、缺经、错经、双经、开纤不良、磨毛条、磨毛不匀、擦亮条、皱印等
2	纬向疵点	错纹板、带纬、断纬、叠纬、纬斜、皱印、开纤不良、磨毛不匀等
3	纬档	松紧档、稀档、急纬档、停车档、色纬档等
4	印染疵	色花、搭脱、渗进、漏浆、塞煞、色点、套歪、露白、砂眼、双茎、拖版、叠版印、框子印、刮刀印、色皱印、回浆印、化开、糊开、粗细茎、接版深浅、雕色不清等
5	污渍、油渍	色渍、污渍、油渍、洗渍、浆渍、水渍等
	破损性疵点	披裂、破洞等
6	边疵	宽急边、定型脱针、荷叶边、针板印等

注1：对经、纬向共有的疵点，以严重方向评分。
注2：外观疵点归类表中没有归入的疵点按类似疵点评分。

ICS 59.080.30
W 43

中华人民共和国纺织行业标准

FZ/T 43024—2013
部分代替 FZ/T 43012—1999

伞 用 织 物

Fabrics for umbrella

2013-07-22 发布

2013-12-01 实施

中华人民共和国工业和信息化部　　发 布

前　言

本标准按照 GB/T 1.1—2009 给出的规则起草。

本标准是对 FZ/T 43012—1999《防水锦纶丝织物》中"伞绸"部分内容的修订,本标准部分代替 FZ/T 43012—1999,与 FZ/T 43012—1999 相比,主要变化如下:

——修改了密度、质量、水洗尺寸变化率指标水平;

——增加了纰裂程度、纤维含量允差考核项目;

——调整了撕破强力指标水平;

——提高了耐水、耐洗、耐摩擦、耐光各等级的指标值;

——调整了抗渗透水性、抗湿性各等级的指标值;

——增加了紫外线防护系数、透射比等抗紫外线性能考核项目;

——将外观质量评分改为"四分制"。

本标准由中国纺织工业联合会提出。

本标准由全国丝绸标准化技术委员会(SAC/TC 401)归口。

本标准起草单位:国家丝绸及服装产品质量监督检验中心、江苏新民纺织科技股份有限公司、吴江市品信纺织科技有限公司、岜山集团有限公司、浙江丝绸科技有限公司、绍兴兴惠纺织有限公司、吴江德伊时装面料有限公司。

本标准主要起草人:杭志伟、刘文全、任军、沈建国、孙正、方挺进、赵民钢、蔡为、任伟荣、伍冬平、周强。

本标准所代替标准的历次版本发布情况为:

——GB/T 9071—1988;

——FZ/T 43012—1999。

伞 用 织 物

1 范围

本标准规定了伞用织物的术语和定义、要求、试验方法、检验规则、包装和标志。

本标准适用于评定各类伞用的染色(色织)、印花织物的品质。

2 规范性引用文件

下列文件对于本文件的应用是必不可少的。凡是注日期的引用文件,仅注日期的版本适用于本文件。凡是不注日期的引用文件,其最新版本(包括所有的修改单)适用于本文件。

GB/T 250 纺织品 色牢度试验 评定变色用灰色样卡

GB/T 2910(所有部分) 纺织品 定量化学分析方法

GB/T 3917.2 纺织品 织物撕破性能 第2部分:裤形试样(单缝)撕破强力的测定

GB/T 3920 纺织品 色牢度试验 耐摩擦色牢度

GB/T 3921—2008 纺织品 色牢度试验 耐皂洗色牢度

GB/T 3923.1 纺织品 织物拉伸性能 第1部分:断裂强力和断裂伸长率的测定 条样法

GB/T 4666 纺织品 织物长度和幅宽的测定

GB/T 4668 机织物密度的测定

GB/T 4669—2008 纺织品 机织物 单位长度质量和单位面积质量的测定

GB/T 4744 纺织织物 抗渗水性测定 静水压试验

GB/T 4745 纺织织物 表面抗湿性测定 沾水试验

GB 5296.4 消费品使用说明 纺织品和服装使用说明

GB/T 5713 纺织品 色牢度试验 耐水色牢度

GB/T 8170 数值修约规则与极限值的表示和判定

GB/T 8427—2008 纺织品 色牢度试验 耐人造光色牢度:氙弧

GB/T 8628 纺织品 测定尺寸变化的试验中织物试样和服装的准备、标记及测量

GB/T 8629—2001 纺织品 试验用家庭洗涤和干燥程序

GB/T 8630 纺织品 洗涤和干燥后尺寸变化的测定

GB/T 13772.2 纺织品 机织物接缝处纱线抗滑移的测定 第2部分:定负荷法

GB/T 14801 机织物和针织物纬斜和弓纬试验方法

GB/T 15552 丝织物试验方法和检验规则

GB/T 18830 纺织品 防紫外线性能评定

FZ/T 01053 纺织品 纤维含量的标识

FZ/T 01057(所有部分) 纺织纤维鉴别试验方法

3 术语和定义

下列术语和定义适用于本文件。

3.1

伞用织物 fabrics for umbrella

由纺织纤维经织造、染色(色织)、印花加工而成,用于制作各类伞面的织物。

4 要求

4.1 伞用织物的要求包括纤维含量允差、密度偏差率、质量偏差率、断裂强力、撕破强力、纰裂程度、水洗尺寸变率化、色牢度、抗湿性、抗渗水性、紫外线防护系数、透射比等内在质量和色差(与标样对比)、幅宽偏差率、外观疵点等外观质量。

4.2 伞用织物的评等以匹为单位。纤维含量允差、质量偏差率、断裂强力、撕破强力、纰裂程度、水洗尺寸变化率、色牢度、抗湿性、抗渗水性、紫外线防护系数、透射比等按批评等。密度偏差率、幅宽偏差率、外观疵点、色差按匹评等。

4.3 伞用织物的品质由内在质量、外观质量中的最低等级项目评定。其等级分为优等品、一等品、二等品、三等品。低于三等品的为等外品。

4.4 伞用织物的内在质量分等规定见表1。

表 1 内在质量分等规定

项　　　目			指　　　标			
			优等品	一等品	二等品	三等品
纤维含量允差/%			按 FZ/T 01053 执行			
密度偏差率/%			±2.0	±3.0	±4.0	
质量偏差率/%			±3.0	±4.0	±5.0	
断裂强力/N　　　　　　≥			200			
撕破强力/N　　　　　　≥			10.0			
纰裂程度(定负荷 67 N)/mm			5		6	
水洗尺寸变化率/%			−2.0～+2.0		−3.0～+3.0	
色牢度/级　　　　≥	耐洗	变色	4		3-4	
		沾色	3-4	3	3	
	耐水	变色	4	3-4	3	
		沾色	4	3-4	3	
	耐摩擦	干摩	4		3-4	
		湿摩	4		3	
	耐光		5		4	
抗湿性ᵃ/级　　　　　　≥			4		3	
抗渗水性ᵃ/kPa　　　　　≥			4		3	
紫外线防护系数ᵇ/UPF 值　≥			50		40	
透射比ᵇ T(UVA)ₐᵥ/%　　<			5			
注:特殊用途、装饰用伞按合同或协议考核。						
ᵃ 仅考核防雨伞织物。						
ᵇ 仅考核遮阳伞织物。						

4.5 伞用织物的外观质量的评定

4.5.1 伞用织物的外观质量分等规定见表2。

表 2 外观质量分等规定

项 目		优等品	一等品	二等品	三等品
色差(与标样对比)/级 ≥		4	3-4	3	
幅宽偏差率/%		−1.0～+2.0	−2.0～+2.0		
外观疵点评分限度/(分/100 m²)		10.0	25.0	40.0	80.0

4.5.2 伞用织物外观疵点评分见表3。

表 3 外观疵点评分表

序号	疵点	分数			
		1	2	3	4
1	经向疵点	8 cm 及以下	8 cm 以上～16 cm	16 cm 以上～24 cm	24 cm 以上～100 cm
2	纬向疵点	8 cm 及以下	8 cm 以上～半幅	—	半幅及以上
	纬档ᵃ	—	普通	—	明显
3	印花疵	8 cm 及以下	8 cm 以上～16 cm	16 cm 以上～24 cm	24 cm 以上～100 cm
4	污渍、油渍、破损性疵点	—	2.0 cm 及以下	—	2.0 cm 以上
5	边疵(荷叶边、针眼边ᶜ、明显深浅边)	经向每 100 cm 及以下	—	—	—
6	纬斜、花斜、格斜、幅不齐	—	—	—	100 cm 及以下大于 3%

注：外观疵点归类参见附录A。

ᵃ 纬档以经向 10 cm 及以下为一档。

ᵇ 纬档达 GB/T 250 中 4 级为普通,4 级以下为明显。

ᶜ 针板眼进入内幅 1.5 cm 及以下不计。

4.5.3 伞用织物外观疵点评分说明：

a) 伞用织物外观疵点的评分采用有限度的累计评分。

b) 伞用织物的外观疵点长度以经向或纬向最大方向量计。经向疵点长度超过 100 cm 时,其超过部分应另行量计、累计评分。

c) 难以数清,不易量计的分散性疵点,根据其分散的最大长度和轻重程度,参照经向或纬向的疵点分别量计、累计评分,每米最多评 4 分。

d) 同一批中,匹与匹之间色差不低 GB/T 250 中 4 级。同匹色差(色泽不匀)不低于 GB/T 250 中 4 级。

e) 经向 1 m 内累计评分最多 4 分,超过 4 分按 4 分计。

f) 程度为明显"经柳"和其他全匹性连续疵点,定等限度为三等品,程度为严重的"经柳"和其他全匹性连续疵点,定等限度为等外品。

g) 严重的连续性病疵每米扣 4 分,超过 4 m 降为等外品。

h) 优等品、一等品和二等品内不允许有破洞等严重疵点。

i) 每匹织物外观疵点定等分数由式(1)计算得出,计算结果按 GB/T 8170 修约至小数点后一位。

$$c = \frac{q}{l \times w} \times 100 \qquad \cdots\cdots\cdots\cdots\cdots\cdots\cdots\cdots\cdots\cdots (1)$$

式中：

c——每匹织物外观疵点定等分数，单位为分每百平方米（分/100 m^2）；

q——每匹织物外观疵点实测分数，单位为分；

l——匹长，单位为米（m）；

w——幅宽，单位为米（m）。

4.6 开剪拼匹和标疵放尺的规定

4.6.1 伞用织物允许开剪拼匹或标疵放尺，两者只能采用一种。

4.6.2 开剪拼匹各段的等级、幅宽、色泽、花型应一致。

4.6.3 织物平均每 20 m 及以内允许标疵一次。每 3 分和 4 分的疵点允许标疵，超过 10 cm 的连续疵点可连标。每处标疵放尺 10 cm。已标疵后的疵点不再计分。局部性疵点的标疵间距或标疵疵点与织物匹两端的距离不得少于 4 m。

5 试验方法

5.1 内在质量试验方法

5.1.1 密度试验方法按 GB/T 4668 规定执行。

5.1.2 质量试验方法按 GB/T 4669—2008 中 6.7 的方法 5 执行。

5.1.3 纤维含量试验方法按 GB/T 2910、FZ/T 01057 等规定执行。

5.1.4 断裂强力试验方法按 GB/T 3923.1 规定执行。

5.1.5 撕破强力试验方法按 GB/T 3917.2 规定执行。

5.1.6 纰裂程度试验方法按 GB/T 13772.2 执行，试样宽度尺寸采用 75 mm。

5.1.7 水洗尺寸变化率试验方法按 GB/T 8628、GB/T 8629—2001、GB/T 8630 规定执行。采用 7A 程序，干燥方式：悬挂晾干。

5.1.8 耐洗色牢度试验方法按 GB/T 3921—2008 试验 A(1)规定执行。

5.1.9 耐摩擦色牢度试验方法按 GB/T 3920 规定执行。

5.1.10 耐水色牢度试验方法按 GB/T 5713 规定执行。

5.1.11 耐光色牢度试验方法按 GB/T 8427—2008 方法 3 规定执行。

5.1.12 抗渗水性试验方法 GB/T 4744 执行，水温采用 20 ℃±2 ℃，水压上升速率采用 6.0 kPa/min±0.3 kPa/min，试验织物的正面。

5.1.13 抗湿性试验方法按 GB/T 4745 执行，水温采用 20 ℃±2 ℃。

5.1.14 紫外线防护系数、透射比试验方法按 GB/T 18830 规定执行。

5.2 外观质量试验方法

5.2.1 色差试验方法

采用 D65 标准光源或北向自然光，照度不低于 600 lx，试样被测部位应经纬向一致，入射光与试样表面约成 45°角，检验人员的视线大致垂直于试样表面，距离约 60 cm 目测，与 GB/T 250 标准样卡对比评级。

5.2.2 幅宽试验方法

按 GB/T 4666 规定执行。

5.2.3 纬斜、花斜试验方法

按 GB/T 14801 规定执行。

5.2.4 外观疵点检验方法

5.2.4.1 可采用经向检验机或纬向台板检验。仲裁检验采用经向检验机检验。

5.2.4.2 光源采用日光荧光灯时,台面平均照度 600 lx～700 lx,环境光源控制在 150 lx 以下,纬向检验可采用自然北光,平均照度 320 lx～600 lx。

5.2.4.3 外观检验采用经向检验机时,检验机速度为 15 m/min±5 m/min。纬向检验速度为 15 页/min。

5.2.4.4 检验员眼睛距织物正面中心约 60 cm～80 cm。

5.2.4.5 外观疵点以织物正面为准,反面疵点影响正面时也应评分。疵点大小按经向或纬向的最大值量计。

6 检验规则

伞用织物的检验规则按 GB/T 15552 执行。

7 包装

7.1 包装形式

伞用织物包装采用卷装。

7.2 包装材料

卷筒纸管规格:螺旋斜开机制管,内径 3.0 cm～3.5 cm,外径 4 cm,长度根据产品幅宽应满足卷取和包装要求。纸管要圆整挺直。

7.3 包装要求

7.3.1 同件(箱)内优等品、一等品,匹与匹之间色差不低于 GB/T 250 中 4 级。

7.3.2 卷筒包装的内外层边的相对位移不大于 2 cm。

7.3.3 卷筒外包装采用塑料袋包装。

7.3.4 包装应牢固、防潮。便于仓贮及运输。

8 标志

8.1 标志应明确、清晰、耐久、便于识别。

8.2 每匹或每段织物两端距绸边 3 cm 以内、幅边 10 cm 以内盖一检验章及等级标记。每匹或每段织物应吊标签一张,内容按 GB 5296.4 规定,包括品名、货号、成分及含量、幅宽、色别、长度、等级、执行标准编号、企业名称。

8.3 每批产品应附装箱单。

8.4 采用纸箱包装时刷唛要正确、整齐、清晰。纸箱唛头内容包括合同号、箱号、品名、货号、花色号、幅宽、等级、匹数、毛重、净重及运输标志、企业名称、地址。

8.5 每批产品出厂应附品质检验结果单。

9 其他

特殊品种及用户对产品另有特殊要求,可按合同或协议执行。

附　录　A
（资料性附录）
外观疵点归类表

表 A.1　外观疵点归类表

序号	疵点名称	说　明
1	经向疵点	经柳、宽急经、色柳、筘路、缺经、错经、双经、开纤不良、磨毛条、磨毛不匀、擦亮条、皱印等
2	纬向疵点	错纹板、带纬、断纬、叠纬、纬斜、皱印、开纤不良、磨毛不匀等
3	纬档	松紧档、撬档、急纬档、停车档、色纬档等
4	印染疵	色花、搭脱、渗进、漏浆、塞煞、色点、套歪、露白、砂眼、双茎、拖版、叠版印、框子印、刮刀印、色皱印、回浆印、化开、糊开、粗细茎、接版深浅、雕色不清等
5	污渍、油渍	色渍、污渍、油渍、洗渍、浆渍、水渍等
	破损性疵点	披裂、破洞等
6	边疵	宽急边、定型脱针、荷叶边、针板印等

注 1：对经、纬向共有的疵点，以严重方向评分。
注 2：本表中没有归入的疵点按类似疵点评分。

ICS 59.080.30
W 43

中华人民共和国纺织行业标准

FZ/T 43025—2013

蚕 丝 立 绒 织 物

Silk velvet fabrics

2013-07-22 发布　　　　　　　　　　　　　　　　2013-12-01 实施

中华人民共和国工业和信息化部　　发 布

前　言

本标准按照 GB/T 1.1—2009 给出的规则起草。

本标准由中国纺织工业联合会提出。

本标准由全国丝绸标准化技术委员会(SAC/TC 401)归口。

本标准起草单位：嘉兴市天时纺业有限公司、深圳市同源南岭文化创意园有限公司、万事利集团有限公司、嘉兴市姜宁丝绸有限公司、浙江丝绸科技有限公司、安徽天彩丝绸有限公司。

本标准主要起草人：姜莉、朱永祥、刘文全、周颖、刘佳林、张祖琴、张颖。

蚕 丝 立 绒 织 物

1 范围

本标准规定了蚕丝立绒织物的术语和定义、要求、试验方法、检验规则、包装和标志。

本标准适用于评定绒面蚕丝含量在 30% 以上的练白、染色、印花、色织机织蚕丝立绒织物的品质。

2 规范性引用文件

下列文件对于本文件的应用是必不可少的。凡是注日期的引用文件,仅注日期的版本适用于本文件。凡是不注日期的引用文件,其最新版本(包括所有的修改单)适用于本文件。

GB/T 250 纺织品 色牢度试验 评定变色用灰色样卡

GB/T 2910(所有部分) 纺织品 定量化学分析方法

GB/T 3920 纺织品 色牢度试验 耐摩擦色牢度

GB/T 3921—2008 纺织品 色牢度试验 耐皂洗色牢度

GB/T 3922 纺织品耐汗渍色牢度试验方法

GB/T 3923.1 纺织品 织物拉伸性能 第1部分:断裂强力和断裂伸长率的测定 条样法

GB/T 4666 纺织品 织物长度和幅宽的测定

GB/T 4668 机织物密度的测定

GB/T 4669—2008 纺织品 机织物单位长度质量和单位面积质量的测定

GB 5296.4 消费品使用说明 纺织品和服装的使用说明

GB/T 5711 纺织品 色牢度试验 耐干洗色牢度

GB/T 5713 纺织品 色牢度试验 耐水色牢度

GB/T 8170 数值修约规则与极限数值的表示和判定

GB/T 8427—2008 纺织品 色牢度试验 耐人造光色牢度:氙弧

GB/T 8628 纺织品 测定尺寸变化的试验中织物试样和服装的准备、标记及测量

GB/T 8629—2001 纺织品 试验用家庭洗涤和干燥程序

GB/T 8630 纺织品 洗涤和干燥后尺寸变化的测定

GB/T 14801 机织物和针织物纬斜和弓纬试验方法

GB/T 19981.2 纺织品 织物和服装的专业维护、干洗和湿洗 第2部分:使用四氯乙烯干洗和整烫时性能试验的程序

GB/T 15552 丝织物试验方法和检验规则

GB 18401 国家纺织产品基本安全技术规范

FZ/T 01026 纺织品 定量化学分析 四组分纤维混合物

FZ/T 01048 蚕丝/羊绒混纺产品混纺比的测定

FZ/T 01053 纺织品 纤维含量的标识

FZ/T 01057(所有部分) 纺织纤维鉴别试验方法

FZ/T 60029 毛毯脱毛测定方法

3 术语和定义

下列术语和定义适用于本文件。

3.1

蚕丝立绒织物 silk velvet fabrics

采用双重组织和割绒工艺,使织物两面或一面呈现蚕丝立绒(绒面蚕丝含量在30%以上)的机织物。

3.2

绒毛倒向不齐 uneven pressed pile

织物经水洗后出现绒毛倒向不一致,在织物表面呈现无规则斑块。

3.3

绒绉印 crease mark of velvet

绒面上呈不规则的绒毛倾斜或弯曲,有直条状、斜条状、块状、碎玻璃状等。

4 要求

4.1 蚕丝立绒织物的要求包括内在质量和外观质量。内在质量包括密度偏差率、质量偏差率、纤维含量允差、断裂强力、水洗尺寸变化率、干洗尺寸变化率、脱绒量、色牢度等八项。外观质量包括色差(与标样对比)、幅宽偏差率、外观疵点等三项。

4.2 蚕丝立绒织物的评等以匹为单位。质量偏差率、纤维含量允差、断裂强力、水洗尺寸变化率、干洗尺寸变化率、脱绒量、色牢度等按批评等。幅宽偏差率、密度偏差率、色差(与标样对比)、外观疵点等按匹评等。

4.3 蚕丝立绒织物的品质由内在质量和外观质量中的最低等级项目评定。其等级分为优等品、一等品、二等品,低于二等品的为等外品。

4.4 蚕丝立绒织物的基本安全性能应符合 GB 18401 规定要求。

4.5 蚕丝立绒织物的内在质量分等规定见表1。

表 1 内在质量分等规定

项 目		指 标		
		优等品	一等品	二等品
密度偏差率/%	经向	±2.0		±3.0
	纬向	±4.0		±5.0
质量偏差率/%		±5.0		
纤维含量允差/%		按 FZ/T 01053 执行		
断裂强力/N ≥		400		
水洗尺寸变化率a/%	经向	−3.0~+2.0	−4.0~+2.0	−5.0~+2.0
	纬向	−3.0~+2.0	−4.0~+2.0	−5.0~+2.0
干洗尺寸偏差率b/%	经向	−1.0~+1.0	−2.0~+1.0	−3.0~+1.0
	纬向	−1.0~+1.0	−2.0~+1.0	−3.0~+1.0

表 1（续）

项　目			指　标		
			优等品	一等品	二等品
脱绒量/（mg/100 cm²） ≤			1.0	2.0	
色牢度/级 ≥	耐水、耐汗渍	变色	4	3-4	
		沾色	3-4	3	
	耐洗[a]	变色	4		3
		沾色	3-4	3	2-3
	耐干洗[b]	沾色	4	3-4	3
	耐摩擦	干摩	4	3-4	3
		湿摩	3-4	3	2-3
	耐光		3		
注：烂花、提花或经过其他特殊处理的蚕丝立绒织物的质量偏差率、断裂强力按合同或协议执行。					
[a] 考核可水洗产品。					
[b] 考核可干洗产品。					

4.6　蚕丝立绒织物的外观质量的评定

4.6.1　蚕丝立绒织物的外观质量分等规定见表2。

表 2　外观质量分等规定

项　目		指　标		
		优等品	一等品	二等品
色差（与标样对比）/级 ≥		4	3	
幅宽偏差率/%		±2.0	±3.0	±4.0
外观疵点评分限度/（分/100 m²）		30.0	60.0	80.0

4.6.2　蚕丝立绒织物外观疵点评分见表3。

表 3　外观疵点评分表

序号	疵　点	分　数			
		1	2	3	4
1	经向疵点	0.3 cm～8 cm	8 cm以上～16 cm	16 cm以上～24 cm	24 cm以上～100 cm
2	纬向疵点	0.3 cm～8 cm	8 cm以上～半幅	—	半幅以上
	纬档[a]	—	普通	—	明显
3	染色、印花、整理疵点	0.3 cm～8 cm	8 cm以上～16 cm	16 cm以上～24 cm	24 cm以上～100 cm
4	绒皱印	20 cm	—	20 cm以上	—

表 3（续）

序号	疵点	分 数			
		1	2	3	4
5	渍疵	—	1.0 cm 及以下	—	1.0 cm 以上
	破损性疵点				
6	边部疵点	经向每 100 cm 及以下	—	—	—
7	纬斜、花斜、格斜、幅不齐	—	—	—	100 cm 及以下大于 3%

注：外观疵点归类参见附录 A。

a 纬档以经向 10 cm 及以下为一档。

4.6.3 蚕丝立绒织物外观疵点评分说明：

a) 外观疵点采用有限度的累计评分；

b) 外观疵点长度以经向或纬向最大方向量计；

c) 表 3 中序号 1、2、3、5 中的疵点，色差达 GB/T 250 中 3-4 级按普通评分，3-4 级以下按明显评分；

d) 表 3 中序号 1、6 中的疵点沿边深入绒内 1 cm 以内减半评分；

e) 外观疵点评分以正面为主，但反面有严重疵点而影响正面时，应根据其影响程度执行评分或定等；

f) 不到评分起点的小疵点，但影响外观者，按其程度评分或定等；

g) "经柳"普通，定等限度为二等品，"经柳"明显，定等限度为等外品，其他全匹性连续疵点，定等限度为二等品；

h) 严重的连续性疵点每米评 4 分，超过 4 m 降为等外品；

i) 两面均为绒面织物须进行双面检验，外观疵点按评分较高的一面定等；

j) 优等品内不允许存在边不良和一个评分单位内达 4 分的疵点；

k) 优等品、一等品内不允许有破洞、轧梭档、拆烊档、错纬档、开河档等严重疵点。

4.6.4 每匹织物外观疵点定等分数由式（1）计算得出，计算结果按 GB/T 8170 修约至小数点后一位。

$$c = \frac{q}{l \times w} \times 100 \qquad\qquad\qquad (1)$$

式中：

c ——每匹织物外观疵点定等分数，单位为分每百平方米（分/100 m²）；

q ——每匹织物外观疵点实测分数，单位为分；

l ——受检匹长，单位为米（m）；

w ——幅宽，单位为米（m）。

4.6.5 开剪拼匹或标疵放尺的规定

4.6.5.1 除优等品外，蚕丝立绒织物允许开剪拼匹或标疵放尺，两者只能采用一种。

4.6.5.2 开剪拼匹各段的等级、幅宽、色泽、花型应一致。

4.6.5.3 绒匹平均每 10 m 及以内允许标疵一次。3 分和 4 分的疵点允许标疵，每处标疵放尺 10 cm。已标疵后疵点不再计分。局部性疵点的标疵间距或标疵疵点与绒匹匹端的距离不得少于 4 m。

5 试验方法

5.1 幅宽试验方法

按 GB/T 4666 执行。

5.2 密度试验方法

按 GB/T 4668 执行。

5.3 质量试验方法

按 GB/T 4669—2008 中第 6 章方法 6 执行。

5.4 纤维含量试验方法

按 GB/T 2910、FZ/T 01026、FZ/T 01048、FZ/T 01057 等执行。

5.5 断裂强力试验方法

按 GB/T 3923.1 执行。

5.6 水洗尺寸变化率试验方法

按 GB/T 8628、GB/T 8629—2001、GB/T 8630 执行，洗涤程序采用 7A，干燥方法采用 A 法。

5.7 干洗尺寸变化率试验方法

按 GB/T 19981.2 执行。

5.8 脱绒量试验方法

按 FZ/T 60029 执行。

5.9 色牢度试验方法

5.9.1 耐水色牢度试验方法按 GB/T 5713 执行。

5.9.2 耐汗渍色牢度试验方法按 GB/T 3922 执行。

5.9.3 耐洗色牢度试验方法按 GB/T 3921—2008 执行，采用表 2 中试验方法 A(1)。

5.9.4 耐干洗色牢度试验方法按 GB/T 5711 执行。

5.9.5 耐摩擦色牢度试验方法按 GB/T 3920 执行。

5.9.6 耐光色牢度试验方法按 GB/T 8427—2008 中的方法 3 执行。

5.10 色差试验方法

采用 D65 标准光源或北向自然光，照度不低于 600 lx，试样被测部位应经纬向一致，入射光与试样表面约成 45°角，检验人员的视线大致垂直于试样表面，距离约 60 cm 目测，与 GB/T 250 标准样卡对比评级。

5.11 纬斜、花斜试验方法

按 GB/T 14801 执行。

5.12 外观质量检验方法

5.12.1 采用纬向台板检验。光源采用日光荧光灯时,台面平均照度 600 lx～700 lx,环境光源控制在 150 lx 以下。纬向检验可采用自然北向光,平均照度在 320 lx～600 lx。

5.12.2 检验员眼睛距绸面中心约 60 cm～80 cm。

6 检验规则

蚕丝立绒织物的检验规则按 GB/T 15552 执行。

7 包装和标志

7.1 包装

7.1.1 蚕丝立绒织物的包装应保证产品品质不受损伤、不变质,便于运输。

7.1.2 绒毛直立的蚕丝立绒织物,采用钩架盒装,不宜折叠久压,包装后宜平放。

7.1.3 绒毛倒伏的蚕丝立绒织物,采用纸管卷装,外层附有商标和对称腰封,外套塑料薄膜袋。

7.2 标志

7.2.1 产品的标志应按 GB 5296.4 的规定执行。明确、清晰、耐久、便于识别。

7.2.2 产品两端背面,加盖检验员代号。如系拼匹,应在剪口两端加盖梢印,挂小吊牌,注明长度。如有假开剪,须在疵点一侧边端,加盖标疵印记,并吊红线注明。

7.2.3 每匹产品挂吊牌一张,其内容包括生产厂名、厂址、注册商标、品名、品号、执行标准、纤维含量、花色号、长度(若有假开剪,还要写明放尺后的净长度)、幅宽、等级、检验印章。

7.2.4 纤维含量的标注方法应符合 FZ/T 01053 规定。

7.2.5 蚕丝立绒织物以固定匹数成件(箱),每箱内应附有装箱单,箱外应有如下标志:生产厂名、厂址、合同号、箱号、品名、品号、花色号、匹数、长度、毛重、净重、体积、出厂日期、防潮标志等。

8 其他

对蚕丝立绒织物的品质、试验方法、包装和标志另有要求,供需双方可在协议或合同中另行约定,并按其执行。

附 录 A

（资料性附录）

外观疵点归类表

表 A.1 外观疵点归类表

序号	疵点类别	说　明
1	经向疵点	缺绒、鳖绒、双经绒、粗绒经、绒经混批、缺底经、双底经、错筘
2	纬向疵点	错纹板、跳纬、柱渍、筘锈渍、带纬、断纬、叠纬、杂物织入、渍纬、缺绒、缺纬等
	纬档	高低绒、松紧档、粗细纬档、缩纬档、断花档、停车档、渍纬档、错纬档、糙纬档、色纬档、开河档、刀印等
3	染色、印花、整理疵点	色点、搭色、反丝、框子印、回浆印、刷浆印、花痕、野花、粗细茎、跳版深浅、接版深浅、雕色不清、涂料脱落、涂料颜色不清等
4	绒皱印	鸡脚印、斜皱印、乱皱印、直皱印等
5	渍疵	色渍、锈渍、油污渍、洗渍、皂渍、霉渍、蜡渍、字渍、水渍等
	破损性疵点	蛛网、披裂、空隙、破洞等
6	边部疵点	宽急边、木耳边、粗细边、卷边、边修剪不净、脱铗等

注 1：对经、纬向共有的疵点，以严重方向评分。
注 2：本表中没有归入的疵点按类似疵点评分。

ICS 59.080.30
W 43

中华人民共和国纺织行业标准

FZ/T 43026—2013

高密超细旦涤纶丝织物

High density super fiber polyester filament yarn fabric

2013-07-22 发布　　　　　　　　　　　　2013-12-01 实施

中华人民共和国工业和信息化部　　发 布

前　言

本标准按照 GB/T 1.1—2009 给出的规则起草。

本标准由中国纺织工业联合会提出。

本标准由全国丝绸标准化技术委员会(SAC/TC 401)归口。

本标准起草单位:苏州志向纺织科研股份有限公司、浙江三志纺织有限公司、苏州龙英织染有限公司、芑山集团有限公司、浙江丝绸科技有限公司、浙江越隆控股集团有限公司。

本标准主要起草人:黄志向、周颖、吕迎智、濮礼旭、张声诚、曹国兰、王荣根。

高密超细旦涤纶丝织物

1 范围

本标准规定了高密超细旦涤纶丝织物的术语和定义、要求、试验方法、检验规则、包装和标志。

本标准适用于评定采用超细旦涤纶长丝纯织、涤纶长丝与其他纤维交织的染色、印花丝织物的品质。

2 规范性引用文件

下列文件对于本文件的应用是必不可少的。凡是注日期的引用文件,仅注日期的版本适用于本文件。凡是不注日期的引用文件,其最新版本(包括所有的修改单)适用于本文件。

GB/T 250 纺织品 色牢度试验 评定变色用灰色样卡

GB/T 3917.2 纺织品 织物撕破性能 第2部分:裤形试样(单缝)撕破强力的测定

GB/T 3920 纺织品 色牢度试验 耐摩擦色牢度

GB/T 3921—2008 纺织品 色牢度试验 耐皂洗色牢度

GB/T 3922 纺织品耐汗渍色牢度试验方法

GB/T 3923.1 纺织品 织物拉伸性能 第1部分:断裂强力和断裂伸长率的测定 条样法

GB/T 4666 纺织品 织物长度和幅宽的测定

GB/T 4668 机织物密度的测定

GB/T 4669—2008 纺织品 机织物 单位长度质量和单位面积质量的测定

GB/T 4744 纺织织物 抗渗水性测定 静水压试验

GB/T 4745 纺织织物 表面抗湿性测定 沾水试验

GB 5296.4 消费品使用说明 纺织品和服装使用说明

GB/T 5713 纺织品 色牢度试验 耐水色牢度

GB/T 8170 数值修约规则与极限数值的表示和判定

GB/T 8427—2008 纺织品 色牢度试验 耐人造光色牢度:氙弧

GB/T 8628 纺织品 测定尺寸变化的试验中织物试样和服装的准备、标记及测量

GB/T 8629—2001 纺织品 试验用家庭洗涤和干燥程序

GB/T 8630 纺织品 洗涤和干燥后尺寸变化的测定

GB/T 12704.1 纺织品 织物透湿性试验方法 第1部分:吸湿法

GB/T 12705.1 纺织品织物防钻绒性试验方法

GB/T 13772.2 纺织品 机织物接缝处纱线抗滑移的测定 第2部分:定负荷法

GB/T 14801 机织物和针织物纬斜和弓纬试验方法

GB/T 15552 丝织物试验方法和检验规则

GB 18401 国家纺织产品基本安全技术规范

3 术语和定义

下列术语和定义适用于本文件。

3.1

高密超细旦涤纶丝织物 high density super fiber polyester filament yarn fabric

采用超细旦涤纶长丝纯织或涤纶长丝与其他纤维交织的染色、印花丝织物,其采用的涤纶丝长丝纤度在 55 dtex 以下,其单丝纤度在 0.4 dtex 以下,且织物经纬密度总和在 160 根/cm 以上。

4 要求

4.1 高密超细旦涤纶丝织物的要求包括内在质量和外观质量。内在质量要求包括密度偏差率、质量偏差率、撕破强力、断裂强力、纰裂程度、水洗尺寸变化率、抗渗水性、抗湿性、透湿性、防钻绒性、色牢度等十一项。外观质量要求包括色差(与标样对比)、幅宽偏差率、外观疵点等三项。

4.2 高密超细旦涤纶丝织物的评等以匹为单位。质量偏差率、撕破强力、断裂强力、纰裂程度、水洗尺寸变化率、抗渗水性、抗湿性、透湿性、防钻绒性、色牢度、色差(与标样对比)等按批评等。幅宽偏差率、密度偏差率、外观疵点等按匹评等。

4.3 高密超细旦涤纶丝织物的品质由内在质量、外观质量中的最低等级项目评定。其等级分为优等品、一等品、二等品、三等品。

4.4 高密超细旦涤纶丝织物基本安全性能应符合 GB 18401 要求。

4.5 高密超细旦涤纶丝织物的内在质量分等规定见表1。

表 1 内在质量分等规定

项　　　目			指　　标			
			优等品	一等品	二等品	三等品
密度偏差率/%			±2.0	±3.0	±4.0	
质量偏差率/%			±3.0	±4.0	±5.0	
撕破强力/N　≥		经向	9.0			
		纬向	7.0			
断裂强力/N　　　　　≥			200			
纰裂程度(定负荷 100 N)/mm　≤			4			
水洗尺寸变化率/%			−1.0～+1.0		−2.0～+2.0	
抗渗水性[a]/kPa　　　　≥			4			
抗湿性[b]/级　　　　　　≥			4			
透湿性[c]/[g/(m² · d)]　　　≥			3 000			
防钻绒性[d]/根			5 以下	6～15	16～50	
色牢度/级　≥	耐洗	变色	4	3-4	2-3	
		沾色	3	2-3	2	
	耐水耐汗渍	变色	4	3-4	3	
		沾色	3-4	3	3	
	耐干摩擦		4	3		
	耐湿摩擦		3-4	2-3		
	耐光		4	3		

表 1（续）

项　　目	指　　标			
	优等品	一等品	二等品	三等品
注：45 g/m² 以下的织物撕破强力、断裂强力、纰裂程度可按合同或协议考核。				
ᵃ 仅考核具有防水要求的织物。				
ᵇ 仅考核具有防水要求的织物。				
ᶜ 仅考核有透湿性要求的涂层织物。				
ᵈ 仅考核具有防钻绒要求的织物。				

4.6　高密超细旦涤纶丝织物的外观质量的评定

4.6.1　高密超细旦涤纶丝织物的外观质量分等规定见表 2。

表 2　外观质量分等规定

项　　目	指　　标			
	优等品	一等品	二等品	三等品
色差（与标样对比）/级　　>	4	3-4		3
幅宽偏差率/%	-2.0~+2.0		-2.0~+2.0	
外观疵点评分限度/（分/100 m²）	10.0	20.0	40.0	80.0

4.6.2　高密超细旦涤纶丝织物外观疵点评分见表 3。

表 3　外观疵点评分表

序号	疵　点	分　　数			
		1	2	3	4
1	经向疵点	8 cm 及以下	8 cm 以上~16 cm	16 cm 以上~24 cm	24 cm 以上~100 cm
2	纬向疵点	8 cm 及以下	8 cm 以上~半幅	—	半幅以上
	纬档疵点ᵃ	—	普通	—	明显
3	染色、印花、整理疵点	8 cm 及以下	8 cm 以上~16 cm	16 cm 以上~24 cm	24 cm 以上~100 cm
4	渍疵	—	2.0 cm 及以下	—	2.0 cm 以上
	破损性疵点				
5	边部疵点ᵇ	经向每 100 cm 及以下	—	—	—
6	纬斜、花斜、格斜、幅不齐	—	—	—	100 cm 及以下大于 3%
注：序号 1、2、3、4、5、6 中的外观疵点归类参见附录 A。					
ᵃ 纬档以经向 10 cm 及以下为一档。					
ᵇ 针板眼进入内幅 1.5 cm 及以内不计。					

4.6.3　高密超细旦涤纶丝织物外观疵点评分说明：

　　a)　外观疵点的评分采用有限度的累计评分；

　　b)　外观疵点长度以经向或纬向最大方向量计；

c) 同匹色差(色泽不匀)不低于 GB/T 250 中 4 级及以下,1 m 及以内评 4 分;

d) 经向 1 m 内累计评分最多 4 分,超过 4 分按 4 分计;

e) "经柳"普通,定等限度为二等品,"经柳"明显,定等限度为等外品,其他全匹性连续疵点,定等限度为三等品;

f) 严重的连续性疵点每米扣 4 分,超过 4 m 降为等外品;

g) 优等品、一等品内不允许有轧梭档、拆烊档、开河档等严重疵点。

4.7 每匹织物外观疵点定等分数由式(1)计算得出,计算结果按 GB/T 8170 修约至小数点后一位。

$$c = \frac{q}{l \times w} \times 100 \qquad \cdots\cdots\cdots\cdots\cdots\cdots\cdots\cdots\cdots (1)$$

式中:

c ——每匹织物外观疵点定等分数,单位为分每百平方米(分/100 m²);

q ——每匹织物外观疵点实测分数,单位为分;

l ——受检匹长,单位为米(m);

w ——幅宽,单位为米(m)。

4.8 开剪拼匹和标疵放尺的规定

4.8.1 高密超细旦涤纶丝织物允许开剪拼匹或标疵放尺,两者只能采用一种。

4.8.2 优等品不允许开剪拼匹或标疵放尺。

4.8.3 开剪拼匹各段的等级、幅宽、色泽、花型应一致。

4.8.4 织物平均每 20 m 及以内允许标疵一次。每处 3 分和 4 分的疵点和 2 分的破洞、蛛网、渍允许标疵,超过 10 cm 的连续疵点可连标。每处标疵放尺 10 cm。已标疵后的疵点不再计分。局部性疵点的标疵间距或标疵疵点与绸匹端的距离不得少于 4 m。

5 试验方法

5.1 幅宽试验方法

按 GB/T 4666 执行。

5.2 密度试验方法

按 GB/T 4668 执行。

5.3 质量试验方法

按 GB/T 4669—2008 中 6.7 方法 5 执行。

5.4 断裂强力试验方法

按 GB/T 3923.1 执行。

5.5 撕破强力试验方法

按 GB/T 3917.2 执行。

5.6 纰裂程度试验方法

按 GB/T 13772.2 执行,试样宽度尺寸采用 75 mm,定负荷 100 N。

5.7 水洗尺寸变化率试验方法

按 GB/T 8628、GB/T 8629—2001、GB/T 8630 进行,洗涤程序采用 4A。干燥方法采用 A 法。

5.8 抗渗水性试验方法

按 GB/T 4744 执行,水温采用 20 ℃±2 ℃,水压上升速率采用 6.0 kPa/min±0.3 kPa/min,试验织物的正面。

5.9 抗湿性试验方法

按 GB/T 4745 执行,水温采用 20 ℃±2 ℃。

5.10 透湿性试验方法

按 GB/T 12704.1 执行,采用 a)组试验条件。

5.11 防钻绒性试验方法

按 GB/T 12705.1 执行。

5.12 色牢度试验方法

5.12.1 耐洗色牢度试验方法按 GB/T 3921—2008 执行,采用表 2 中试验条件的试验方法 A(1)。

5.12.2 耐汗渍色牢度试验方法按 GB/T 3922 执行。

5.12.3 耐水色牢度试验按 GB/T 5713 执行。

5.12.4 耐摩擦色牢度试验方法按 GB/T 3920 执行。

5.12.5 耐光色牢度试验方法按 GB/T 8427—2008 方法 3 执行。

5.13 色差试验方法

采用 D65 标准光源或北向自然光,照度不低于 600 lx,试样被测部位应经纬向一致,入射光与试样表面约成 45°角,检验人员的视线大致垂直于试样表面,距离约 60 cm 目测,与 GB/T 250 标准样卡对比评级。

5.14 纬斜、花斜试验方法

按 GB/T 14801 执行。

5.15 外观质量检验方法

5.15.1 可采用经向检验机或纬向台板检验。仲裁检验采用经向检验机检验。

5.15.2 光源采用日光荧光灯时,台面平均照度 600 lx～700 lx,环境光源控制在 150 lx 以下。纬向检验可采用自然北向光,平均照度在 320 lx～600 lx。

5.15.3 采用经向检验机检验时,验绸速度为 15 m/min±5 m/min,纬向检验速度为 15 页/min。

5.15.4 检验员眼睛距绸面中心约 60 cm～80 cm。

5.15.5 外观疵点以绸面平摊正面为准,反面疵点影响正面时也应评分。疵点大小按经向或纬向的最大值量计。

6 检验规则

高密超细旦涤纶丝织物检验规则按 GB/T 15552 执行。

7 包装

7.1 高密超细旦涤纶丝织物的包装根据用户要求分为卷筒、折叠两种形式。

7.2 同件(箱)内优等品、一等品匹与匹之间色差,不低于 GB/T 250 中 4 级。

7.3 卷筒包装的内外层边的相对位移不大于 2 cm。

7.4 织物外包装采用纸箱时,纸箱内应加衬塑料内衬袋或拖蜡防潮纸,胶带封口。纸箱外用塑料打包带和铁皮轧扣箍紧打箱。

7.5 包装应牢固、防潮,便于仓贮及运输。

8 标志

8.1 标志要求明确、清晰、耐久,便于识别。

8.2 每匹或每段应有商标标志,每匹或每段应吊票签一张,内容按 GB 5296.4 规定,包括品名、品号、原料名称及成分、幅宽、色别、长度、等级、执行标准编号、企业名称。有标疵者,应写明标疵次数。

8.3 每匹或每段的两端距绸边 5 cm 以内和幅边 10 cm 以内,加盖代号梢印。如系拼匹在剪刀口处加盖骑缝梢印。标疵时须在疵点幅侧加盖"△"印记,并用标记标明。

8.4 每件(箱)内应附有装箱单。内容包括:品名、品号、等级、匹段数、总长度。

8.5 纸箱(布包)刷唛要正确、整齐、清晰。纸箱唛头内容包括企业名称、地址、合同号、箱号、品名、品号、花色号、幅宽、等级、匹数、毛重、净重、长度、出厂日期及运输标志等。

8.6 每批产品出厂应附品质检验结果单。

9 其他

对高密超细旦涤纶丝织物的品质、试验方法、包装和标志另有要求,供需双方可另订协议或合同,并按其执行。

附 录 A

（资料性附录）

外观疵点归类表

表 A.1 外观疵点归类表

序号	疵点名称	说 明
1	经向疵点	宽急经柳、粗细柳、筘柳、色柳、筘路、导钩痕、辅喷痕、多少捻、缺经、断通丝、错经、碎糙、夹糙、夹断头、断小柱、叉绞、分绞路、小轴松、水渍急经、宽急经、错通丝、综穿错、筘穿错、单片头、双经、粗细经、夹起、懒针、煞星、渍经、灰伤、皱印等
2	纬向疵点	破纸板、综框梁子多少起、抛纸板、错纹板、错花、跳梭、煞星、柱渍、轧梭痕、筘锈渍、带纬、断纬、缩纬、叠纬、坍纬、糙纬、渍纬、灰伤、纬斜、皱印、杂物织入、百脚等
3	纬档	紧档、撬档、撬小档、顺纤档、多少捻档、粗细纬档、缩纬档、急纬档、断花档、通绞档、毛纬档、拆毛档、停车档、渍纬档、错纬档、糙纬档、色纬档、拆样档、开河档
4	印花疵	搭脱、渗进、漏浆、塞煞、色点、眼圈、套歪、露白、砂眼、双茎、拖版、搭色、反丝、叠版印、框子印、刮刀印、色皱印、回浆印、刷浆印、化开、糊厚、花痕、野花、粗细茎、跳版深浅、接版深浅、雕色不清、涂料脱落、涂料颜色不清等
5	渍	色渍、锈渍、油污渍、冼渍、皂渍、霉渍、白雾、字渍、水渍等
5	破损性疵点	蛛网、披裂、拔伤、空隙、破洞等
6	边疵、松板印、撬小	宽急边、木耳边、粗细边、卷边、边糙、吐边、边修剪不齐、针板眼、边少起、破边、凸铁、脱铁等

注1：对经、纬向共有的疵点，以严重方向评分。
注2：本表中没有归入的疵点按类似疵点评分。

ICS 59.080.30
W 43

中华人民共和国纺织行业标准

FZ/T 43027—2013

蚕 丝 壁 绸

Silk fabric for decorating wall

2013-10-17 发布

2014-03-01 实施

中华人民共和国工业和信息化部　　发 布

前　言

本标准按照 GB/T 1.1—2009 给出的规则起草。

本标准由中国纺织工业联合会提出。

本标准由全国丝绸标准化技术委员会(SAC/TC 401)归口。

本标准起草单位:杭州万事利丝绸文化股份有限公司、杭州万事利丝绸科技有限公司、万事利集团有限公司、浙江理工大学、浙江丝绸科技有限公司、达利丝绸(浙江)有限公司。

本标准主要起草人:陈伟栋、马廷方、张祖琴、张梅飞、余唯杰、沈雪美、莫杨、姚丹丹、许鼎龙、许红燕、周颖、俞丹。

蚕 丝 壁 绸

1 范围

本标准规定了蚕丝壁绸的术语和定义、要求、试验方法、检验规则、标志、包装、运输与贮存。

本标准适用于评定蚕丝壁绸的品质。

2 规范性引用文件

下列文件对于本文件的应用是必不可少的。凡是注日期的引用文件,仅注日期的版本适用于本文件。凡是不注日期的引用文件,其最新版本(包括所有的修改单)适用于本文件。

GB/T 191—2008 包装储运图示标志

GB/T 250 纺织品 色牢度试验 评定变色用灰色样卡

GB/T 2828.1 计数抽样检验程序 第1部分:按接收质量限(AQL)检索的逐批检验抽样计划

GB/T 2910(所有部分) 纺织品 定量化学分析

GB/T 3917.2 纺织品 织物撕破性能 第2部分:裤形试样(单缝)撕破强力的测定

GB/T 3920 纺织品 色牢度试验 耐摩擦色牢度

GB/T 3923.1 纺织品 织物拉伸性能 第1部分:断裂强力和断裂伸长率的测定 条样法

GB/T 4666 纺织品 织物长度和幅宽的测定

GB/T 4744 纺织织物 抗渗水性测定 静水压试验

GB/T 4745 纺织品 防水性能的检测和评价 沾水法

GB/T 8170 数值修约规则与极限数值的表示和判定

GB/T 8427—2008 纺织品 色牢度试验 耐人造光色牢度:氙弧

GB 8624—2012 建筑材料及制品燃烧性能分级

GB/T 14801 机织物与针织物纬斜和弓纬试验方法

GB/T 17592 纺织品 禁用偶氮染料的测定

GB 18585—2001 室内装饰装修材料 壁纸中有害物质限量

FZ/T 01053 纺织品 纤维含量的标识

FZ/T 01057(所有部分) 纺织纤维鉴别试验方法

3 术语和定义

下列术语和定义适用于本文件。

3.1

蚕丝壁绸 silk fabric for decorating wall

以纸、布或其他材料为基材,以蚕丝织物为面层,利用粘合材料复合而成用于装饰墙面的材料。

3.2

常规品种的蚕丝壁绸 general silk fabric for decorating wall

采用台板或机印等普通的印花方式,将染料或颜料印在素色、提花桑蚕丝织物的面层,形成花纹图案的蚕丝壁绸。

3.3

喷印蚕丝壁绸 ink jet printing silk fabric for decorating wall

印花墨水直接喷印在丝绸面料的面层,形成花纹图案的蚕丝壁绸。

3.4

手绘蚕丝壁绸 hand-painted silk fabric for decorating wall

用手工将颜料或染料绘或泼在丝绸面料的面层,形成花纹图案的蚕丝壁绸。

4 规格尺寸

4.1 蚕丝壁绸的幅宽主要为 70 cm、106 cm 和 130 cm 三种。

4.2 蚕丝壁绸每卷定长为 10 m,允许有拼卷。

5 要求

5.1 蚕丝壁绸的要求包括纤维含量允差、断裂强力、撕破强力、抗渗水性、沾水性能、色牢度等六项内在质量和幅宽偏差率、长度偏差率、同批色差、外观疵点等四项外观质量。

5.2 蚕丝壁绸的品质评等以卷为单位。纤维含量允差、断裂强力、撕破强力、抗渗水性、沾水性能、色牢度等内在质量按批评等。幅宽偏差率、长度偏差率、同批色差、外观疵点等外观质量按卷评等。

5.3 蚕丝壁绸由内在质量、外观质量中的最低等级项目评定。其等级分为优等品、一等品、合格品,低于合格品为等外品。

5.4 蚕丝壁绸有害物质限量应符合表 1 规定。

表 1 蚕丝壁绸有害物质限量

单位为毫克每千克

有害物质名称		限量值
重金属(或其他)元素	钡	≤1 000
	镉	≤25
	铬	≤60
	铅	≤90
	砷	≤8
	汞	≤20
	硒	≤165
	锑	≤20
氯乙烯单体		≤1.0
甲醛		≤120
可分解致癌芳香胺染料		禁用

5.5 蚕丝壁绸内在质量应符合表 2 的规定。

表 2　蚕丝壁绸内在质量要求

项　　目				等　级		
				优等品	一等品	合格品
面层织物纤维含量允差/%				按照 FZ/T 01053 规定执行		
断裂强力/N　≥			湿态	200		
			干态	300		
撕破强力/N　　　　　　　　≥				3		
抗渗水性ᵃ/kPa　　　　　　　≥				7.0		5.0
沾水性能ᵃ/级　　　　　　　≥				4		3
色牢度/级 ≥	摩擦	耐干摩擦	常规品种	4	3	2-3
			手绘、喷印	3	2-3	2
		耐湿摩擦	常规品种	4	3	2-3
			手绘、喷印	3	2-3	2
	耐光			4	3	
ᵃ 特殊产品如手绘产品不考核。						

5.6　如客户有阻燃处理的要求,经阻燃处理后的成品燃烧性能应符合 GB 8624 的规定。

5.7　蚕丝壁绸外观质量要求应符合表 3 的规定。

表 3　蚕丝壁绸外观质量要求

项目		等级		
		优等品	一等品	合格品
同批色差/级		4－5	4	
长度偏差率/%		－1.5～1.5		
幅宽偏差率/%		－1～1	－2～2	－3～3
纬斜率/% ≤		1.5		3
每卷允许段数/段		1	2	3
允许最小段长/m		10	3	3
外观疵点评分限度/(分/100 m²)		10.0	20.0	40.0

5.8　蚕丝壁绸外观疵点评分

5.8.1　蚕丝壁绸外观疵点评分规定见表 4。

表 4　蚕丝壁绸外观疵点评分表

序号	疵点	分数			
		1	2	3	4
1	经向疵点	8 cm 及以下	8 cm 以上～16 cm	16 cm 以上～24 cm	24 cm 以上～100 cm
2	纬向疵点	8 cm 及以下	8 cm 以上～半幅	—	半幅以上
	纬档[a]	—	普通	—	明显
3	印花疵	8 cm 及以下	8 cm 以上～16 cm	16 cm 以上～24 cm	24 cm 以上～100 cm
4	污渍、油渍、气泡、破损性疵点	0.1 cm 及以下	0.2 cm 及以下	0.3 cm 及以下	0.3 cm 以上
注：外观疵点归类参见附录 A。					
[a] 纬档以经向 10 cm 及以下为一档。					

5.8.2　蚕丝壁绸外观疵点评分说明：

　　a)　外观疵点的评分采用有限度的累计评分；

　　b)　外观疵点长度以经向或纬向最大方向量计；

　　c)　经向 1 m 内累计评分最多 4 分，超过 4 分按 4 分计；

　　d)　"经柳"普通定等限度优等品，"经柳"明显定等限度一等品；

　　e)　优等品、一等品、合格品均不允许有轧梭档、拆烊档、开河档等严重疵点。

5.8.3　每匹织物外观疵点定等分数由式(1)计算得出，计算结果按 GB/T 8170 修约至小数点后一位。

$$c = \frac{q}{l \times w} \times 100 \qquad\cdots\cdots\cdots\cdots\cdots\cdots\cdots\cdots\cdots\cdots\cdots\cdots\cdots(1)$$

　　式中：

　　c ——每匹绸外观疵点定等分数，单位为分每百平方米(分/100 m^2)；

　　q ——每匹绸外观疵点实测分数，单位为分；

　　l ——受检匹长，单位为米(m)；

　　w ——幅宽，单位为米(m)。

6　试验方法

6.1　内在质量试验方法

6.1.1　长度和幅宽的试验方法按照 GB/T 4666 执行。

6.1.2　纤维含量试验方法按照 GB/T 2910、FZ/T 01057 执行。

6.1.3　断裂强力试验方法按照 GB/T 3923.1 执行。

6.1.4　撕破强力试验方法按照 GB/T 3917.2 执行。

6.1.5　抗渗水性试验方法按 GB/T 4744 执行。水温采用 20 ℃±2 ℃，水压上升速率采用 6.0 kPa/min±0.3 kPa/min，试验织物的正面。

6.1.6　沾水性能试验方法按 GB/T 4745 执行。水温采用 20 ℃±2 ℃。

6.1.7　耐摩擦色牢度试验方法按 GB/T 3920 执行。

6.1.8 耐光色牢度试验方法按照 GB/T 8427—2008 方法 3 执行。

6.1.9 有害物质限量试验方法按照 GB 18585—2001 中第 6 章和 GB/T 17592 执行。

6.1.10 燃烧性能试验方法按照 GB 8624—2012 中第 8 章执行，燃烧性能分级判定按照第 10 章执行。

6.2 外观质量检验方法

6.2.1 色差试验方法

采用 D65 标准光源或北向自然光，照度不低于 600lx，试样被测部位应经纬向一致，入射光与试样表面约成 45°角，检验人员的视线大致垂直于试样表面，距离约 60 cm 目测，与 GB/T 250 标准样卡对比评级。

6.2.2 纬斜率试验方法

按 GB/T 14801 执行。

6.2.3 外观疵点检验方法

6.2.3.1 可采用经向检验机或纬向台板检验。仲裁检验采用经向检验机检验。

6.2.3.2 光源采用日光荧光灯时，台面平均照度 600 lx～700 lx，环境光源控制在 150 lx 以下。纬向检验可采用自然北向光，平均照度在 320 lx～600 lx。

6.2.3.3 采用经向检验机检验时，检验速度为 15 m/min±5 m/min。纬向台板检验速度为 15 页/min。

6.2.3.4 检验员眼睛距绸面中心约 60 cm～80 cm。

6.2.3.5 外观疵点检验以绸面正面为准，反面疵点影响正面时也应评分。

6.2.3.6 疵点大小按经向或纬向的最大质量计。

7 检验规则

7.1 检验分类

蚕丝壁绸的检验分为型式检验和出厂检验（交收检验）。型式检验时根据生产厂实际情况或合同协议规定，一般在转产、停产后复产、原料或工艺有重大改变时进行。出厂检验在产品生产完毕交货前进行。

7.2 检验项目

型式检验项目为产品标准的全项。出厂检验项目为产品标准要求中的规格尺寸、外观质量、外观疵点、色牢度项目。

7.3 组批

型式检验以同一品种、花色为同一检验批。出厂检验以同一合同或生产批号为同一检验批，当同一检验批数量很大，需分期、分批交货时，可以适当再分批，分别检验。

7.4 抽样

规格尺寸、外观质量、外观疵点项目逐卷检验，其他项目按批抽样检验。

样品应从经工厂检验的合格批产品中随机抽取，抽样数量按 GB/T 2828.1 中一般检验水平 II 规定，采用正常检验一次抽样方案（参见附录 B）。内在质量检验用试样在样品中随机抽取各 1 份，但色牢度应按花色各抽取 1 份。每份试样的尺寸和取样部位根据方法标准的规定,一般取试样量为 2 m。

当批量较大、生产正常、质量稳定情况下,抽样数量可按 GB/T 2828.1 中一般检验水平 Ⅱ 规定,采用放宽检验一次抽样方案(参见附录 B)。

7.5 检验结果的判定

外观质量和外观疵点按卷评定等级,其他项目按批评定等级,以所有试验结果中最低评等评定样品的最终等级。

试样内在质量检验结果所有项目符合标准要求时判定该试样所代表的检验批内在质量合格。批外观质量和外观疵点的判定按 GB/T 2828.1 中一般检验水平 Ⅱ 规定进行,接收质量限 AQL 为 2.5。批内在质量、外观质量和外观疵点均合格时判定为合格批,否则判定为不合格批。

7.6 复验

如交收双方对检验结果有异议时,可进行一次复验。复验按首次检验的规定进行,以复验结果为准。

8 标志、包装、运输与贮存

8.1 标志

8.1.1 每卷产品标签应包括:
    a) 企业名称、地址;
    b) 产品名称、产品代号;
    c) 执行本标准号;
    d) 检验合格标记;
    e) 生产日期或批号;
    f) 规格(幅宽和长度)。

8.1.2 每箱包装外表面上应标明:
    a) 企业名称、地址;
    b) 产品名称、产品代号;
    c) 卷数;
    d) 执行本标准号;
    e) 生产日期或批号;
    f) 按 GB/T 191—2008 表 1 中规定的"怕雨"、"怕晒"图示;
    g) 规格(幅宽和长度)。

8.2 包装

每卷壁绸应卷绕紧密整齐,位移不大于 2 cm,两端面用硬质护板防护,聚酯薄膜热塑包装。竖放在整洁、干燥的包装箱内,避免撞击碰伤。

特殊包装由供需双方商定。

8.3 运输

应采用干燥有遮篷的运输工具运输。运输装卸过程中禁止抛扔。

8.4 贮存

壁绸应放置在自然干燥、通风的室内贮存。

9 其他

对蚕丝壁绸的品种、品质、尺寸规格、试验方法、包装和标志另有特殊要求者,供需双方可另订协议或合同,并按其执行。

附　录　A

（资料性附录）

外观疵点归类表

表 A.1　外观疵点归类表

序号	疵点类别	说　明
1	经向疵点	宽急经柳、粗细柳、箱柳、色柳、筘路、多少捻、缺经、断通丝、错经、碎糙、夹糙、夹断头、断小柱、叉绞、分经路、小轴松、水渍急经、宽急经、错通丝、综穿错、箱穿错、单只头、双经、粗细经、夹起、懒针、煞星、渍经、灰伤、皱印等
2	纬向疵点	破纸板、综框梁子多少起、抛纸板、错纹板、错花、跳梭、煞星、柱渍、轧梭痕、箱锈渍、带纬、断纬、叠纬、坍纬、糙纬、灰伤、皱印、杂物织入、渍纬等
	纬档	松紧档、撬档、撬小档、顺纤档、多少捻档、粗细纬档、缩纬档、急纬档、断花档、通绞档、毛纬档、拆毛档、停车档、渍纬档、错纬档、糙纬档、色纬档、拆烊档
3	印花疵	搭脱、渗进、漏浆、塞煞、色点、眼圈、套歪、露白、砂眼、双茎、拖版、搭色、反丝、叠版印、框子印、刮刀印、色皱印、回浆印、刷浆印、化开、糊开、花痕、野花、粗细茎、跳版深浅、接版深浅、雕色不清、涂料脱落、涂料颜色不清等
4	污渍、油渍	色渍、锈渍、油污渍、洗渍、皂渍、霉渍、蜡渍、白雾、字渍、水渍等
	破损性疵点	蛛网、披裂、拔伤、空隙、破洞等
5	边疵、松版印、撬小	宽急边、木耳边、粗细边、卷边、边糙、吐边、边修剪不净、针板眼、边少起、破边、凸铗、脱铗等

注1：对经、纬向共有的疵点，以严重方向评分。

注2：外观疵点归类表中没有归入的疵点按类似疵点评分。

附　录　B

（资料性附录）

检验抽样方案

根据 GB/T 2828.1,采用一般检验水平Ⅱ,AQL 为 2.5 的正常检验一次抽样方案如表 B.1 所示。

表 B.1　AQL 为 2.5 的正常检验一次抽样方案

批量 N 卷	样本量字码	样本量 n 卷	接收数 Ac 卷	拒收数 Re 卷
2～8	A	2	0	1
9～15	B	3	0	1
16～25	C	5	0	1
26～50	D	8	0	1
51～90	E	13	1	2
91～150	F	20	1	2
151～280	G	32	2	3
281～500	H	50	3	4
501～1 200	I	80	5	6

根据 GB/T 2828.1,采用一般检验水平Ⅱ,AQL 为 2.5 的放宽检验一次抽样方案如表 B.2 所示。

表 B.2　AQL 为 2.5 的放宽检验一次抽样方案

批量 N 卷	样本量字码	样本量 n 卷	接收数 Ac 卷	拒收数 Re 卷
2～8	A	2	0	1
9～15	B	2	0	1
16～25	C	2	0	1
26～50	D	3	0	1
51～90	E	5	1	2
91～150	F	8	1	2
151～280	G	13	1	2
281～500	H	20	2	3
501～1 200	J	32	3	4

ICS 59.080.30
W 43

中华人民共和国纺织行业标准

FZ/T 43028—2014

涤纶、锦纶窗纱丝织物

Polyester、polyamide window sheer fabric

2014-05-06 发布
2014-10-01 实施

中华人民共和国工业和信息化部　　发 布

前　言

本标准按照 GB/T 1.1—2009 给出的规则起草。

本标准由中国纺织工业联合会提出。

本标准由全国丝绸标准化技术委员会(SAC/TC 401)归口。

本标准起草单位:浙江金蝉布艺股份有限公司、浙江三志纺织有限公司、浙江闻翔家纺服饰有限公司、岜山集团有限公司、浙江丝绸科技有限公司、浙江越隆控股集团有限公司。

本标准主要起草人:杨伟、周颖、韩耀军、孙正、桑烈俊、李建法、吕迎智、王荣根。

涤纶、锦纶窗纱丝织物

1 范围

本标准规定了涤纶、锦纶窗纱丝织物的术语和定义、要求、试验方法、检验规则、包装和标志。

本标准适用评定以涤纶、锦纶长丝作经纯织、交织，经漂白、印花、染色加工的窗纱丝织物的品质。

2 规范性引用文件

下列文件对于本文件的应用是必不可少的。凡是注日期的引用文件，仅注日期的版本适用于本文件。凡是不注日期的引用文件，其最新版本（包括所有的修改单）适用于本文件。

GB/T 250 纺织品 色牢度试验 评定变色用灰色样卡

GB/T 2910（所有部分） 纺织品 定量化学分析

GB/T 3917.2 纺织品 织物撕破性能 第2部分：裤形试样（单缝）撕破强力的测定

GB/T 3920 纺织品 色牢度试验 耐摩擦色牢度

GB/T 3921—2008 纺织品 色牢度试验 耐皂洗色牢度

GB/T 3923.1 纺织品 织物拉伸性能 第1部分：断裂强力和断裂伸长率的测定 条样法

GB/T 4666 纺织品 织物长度和幅宽的测定

GB/T 4668 机织物密度的测定

GB/T 4669—2008 纺织品 机织物单位长度质量和单位面积质量的测定

GB/T 5711 纺织品 色牢度试验 耐干洗色牢度

GB/T 5713 纺织品 色牢度试验 耐水色牢度

GB/T 8170 数值修约规则与极限数值的表示和判定

GB/T 8427—2008 纺织品 色牢度试验 耐人造光色牢度：氙弧

GB/T 8628 纺织品 测定尺寸变化的试验中织物试样和服装的准备、标记及测量

GB/T 8629—2001 纺织品 试验用家庭洗涤和干燥程序

GB/T 8630 纺织品洗涤和干燥后尺寸变化的测定

GB/T 13772.2 纺织品 机织物接缝处纱线抗滑移的测定 第2部分：定负荷法

GB/T 14801 机织物与针织物纬斜和弓纬试验方法

GB/T 19981.2 纺织品 织物和服装的专业维护、干洗和湿洗 第2部分：使用四氯乙烯干洗和整烫时性能试验的程序

GB/T 15552 丝织物试验方法和检验规则

GB 18401 国家纺织产品基本安全技术规范

FZ/T 01026 纺织品 定量化学分析 四组分纤维混合物

FZ/T 01053 纺织品 纤维含量的标识

FZ/T 01057（所有部分） 纺织纤维鉴别试验方法

3 术语和定义

下列术语和定义适用于本文件。

3.1

涤纶、锦纶窗纱丝织物 polyester、polyamide window sheer fabric

采用涤纶、锦纶长丝作为经纯织或与其他纤维交织,经精练、漂白、印花、染色后整理加工,具有较好悬垂性、透光性、阻隔作用和装饰效果的薄型窗帘用丝织物。

4 要求

4.1 考核项目

涤纶、锦纶窗纱丝织物的要求包括内在质量、外观质量。内在质量要求包括密度偏差率、质量偏差率、纤维含量允差、断裂强力、撕破强力、纰裂程度、水洗尺寸变化率、干洗尺寸变化率、色牢度九项。外观质量要求包括色差(与标样对比)、幅宽偏差率、外观疵点三项。

4.2 分等

4.2.1 涤纶、锦纶窗纱丝织物的品质由内在质量、外观质量中最低等级项目评定。其等级分为优等品、一等品、二等品,低于二等品的为等外品。

4.2.2 质量偏差率、纤维含量允差、断裂强力、撕破强力、纰裂程度、水洗尺寸变化率、干洗尺寸变化率、色牢度等按批评等。色差(与标样对比)、密度偏差率、幅宽偏差率、外观疵点按匹评等。

4.3 基本安全性能

涤纶、锦纶窗纱丝织物的基本安全性能应符合 GB 18401 中 C 类的要求。

4.4 内在质量分等规定

涤纶、锦纶窗纱丝织物内在质量分等规定见表 1。

表 1 内在质量分等规定

项　　目			指　　标		
			优等品	一等品	二等品
密度偏差率/%			±2.0	±3.0	±4.0
质量偏差率/%			±3.0	±4.0	±5.0
纤维含量允差/%			按 FZ/T 01053 执行		
断裂强力/N　≥	30 g/m² 以上		200		
	30 g/m² 及以下		160		
撕破强力/N　　　　　　　　≥			5		
纰裂程度(定负荷 30 N)/mm　　　≤			6		
水洗尺寸变化率ᵃ/%			−2.0～+2.0	−3.0～+2.0	−4.0～+2.0
干洗尺寸变化率ᵇ/%			−2.0～+2.0	−3.0～+2.0	−4.0～+2.0
色牢度/级　≥	耐洗	变色	4		3-4
		沾色	3-4		3
	耐水ᵃ	变色	4		3-4
		沾色	3-4		3

表 1（续）

项　目		指　标		
		优等品	一等品	二等品
色牢度/级　≥	耐干洗[b]　　变色	4		3-4
	耐干摩擦	4	3-4	3-4
	耐湿摩擦	3-4	3	2-3
	耐光	4	4	3

注：30 g/m² 及以下织物和烂花、镂空、绣花等特殊加工产品撕破强力、纰裂程度不考核。

　a　仅考核可水洗织物。

　b　仅考核可干洗织物。

4.5　外观质量的评定

4.5.1　涤纶、锦纶窗纱丝织物的外观质量分等规定见表2。

表 2　外观质量分等规定

项　目	指　标		
	优等品	一等品	二等品
色差（与标样对比）/级　　　≥	4	3-4	
幅宽偏差率/%	−1.0～+2.0	−2.0～+2.0	
外观疵点评分限度/（分/100 m²）	10.0	20.0	40.0

4.5.2　涤纶、锦纶窗纱丝织物外观疵点评分见表3。

表 3　外观疵点评分表

序号	疵　点	分　数			
		1	2	3	4
1	经向疵点	8 cm 及以下	8 cm 以上～16 cm	16 cm 以上～24 cm	24 cm 以上～100 cm
2	纬向疵点	8 cm 及以下	8 cm 以上～半幅	—	半幅以上
	纬档疵点[a]	—	普通	—	明显
3	染色、印花、整理疵点	8 cm 及以下	8 cm 以上～16 cm	16 cm 以上～24 cm	24 cm 以上～100 cm
4	渍疵	—	1.0 cm 及以下	—	1.0 cm 以上
	破损性疵点				
5	边部疵点[b]	经向每 100 cm 及以下	—	—	—
6	纬斜、花斜、格斜、幅不齐	—	—	—	100 cm 及以下大于 3%

注：外观疵点归类参见附录A。

　a　纬档以经向10 cm 及以下为一档。

　b　针板眼进入内幅1.5 cm 及以下不计。

4.5.3 涤纶、锦纶窗纱丝织物外观疵点评分说明：

 a) 外观疵点的评分采用有限度的累计评分；

 b) 外观疵点长度以经向或纬向最大方向量计；

 c) 同匹色差(色泽不匀)不低于 GB/T 250 中 4 级,1 m 及以内评 4 分；

 d) 经向 1 m 内累计评分最多 4 分,超过 4 分按 4 分计；

 e) "经柳"普通,定等限度为二等品,"经柳"明显、其他全匹性连续疵点,定为等外品；

 f) 严重的连续性疵点每米扣 4 分,超过 4 m 降为等外品；

 g) 优等品、一等品、二等品内不允许有轧梭档、拆烊档、开河档等严重疵点；

 h) 每匹织物外观疵点定等分数由式(1)计算得出,计算结果按 GB/T 8170 修约至整数。

$$c = \frac{q}{l \times w} \times 100 \qquad\qquad \cdots\cdots\cdots\cdots\cdots\cdots\cdots\cdots\cdots\cdots\cdots\cdots\cdots (1)$$

式中：

 c ——每匹织物外观疵点定等分数,单位为分每百平方米(分/100 m²)；

 q ——每匹织物外观疵点实测分数,单位为分；

 l ——受检匹长,单位为米(m)；

 w ——幅宽,单位为米(m)。

4.6 开剪拼匹和标疵放尺的规定

4.6.1 涤纶、锦纶窗纱丝织物允许开剪拼匹或标疵放尺,两者只能采用一种。

4.6.2 优等品不允许开剪拼匹或标疵放尺。

4.6.3 开剪拼匹各段的等级、幅宽、色泽、花型应一致。

4.6.4 织物平均每 20 m 及以内允许标疵一次。每处 3 分和 4 分的疵点和 2 分的破洞、蛛网、渍允许标疵。超过 10 cm 的连续疵点可连标。每处标疵放尺 10 cm。已标疵后的疵点不再计分。局部性疵点的标疵间距或标疵疵点与绸匹端的距离不得少于 4 m。

5 试验方法

5.1 幅宽试验方法按 GB/T 4666 执行。

5.2 密度试验方法按 GB/T 4668 执行。

5.3 质量试验方法按 GB/T 4669—2008 中 6.7 方法 5 执行。

5.4 纤维含量试验方法按 GB/T 2910、FZ/T 01026、FZ/T 01057 执行。

5.5 撕破强力试验方法按 GB/T 3917.2 执行。

5.6 断裂强力试验方法按 GB/T 3923.1 执行。

5.7 纰裂程度试验方法按 GB/T 13772.2 执行,定负荷 30 N,试样宽度 7.5 cm。

5.8 水洗尺寸变化率试验方法按 GB/T 8628、GB/T 8629—2001、GB/T 8630 执行。洗涤程序采用 5A。干燥方法采用 A 法。

5.9 干洗尺寸变化率试验方法按 GB/T 19981.2 执行。

5.10 色牢度试验方法

5.10.1 耐洗色牢度试验方法按 GB/T 3921—2008 执行,采用表 2 试验条件中试验方法 A(1)。

5.10.2 耐水色牢度试验方法按 GB/T 5713 执行。

5.10.3 耐干洗色牢度试验方法按 GB/T 5711 执行。

5.10.4 耐摩擦色牢度试验方法按 GB/T 3920 执行。

5.10.5 耐光色牢度试验方法按 GB/T 8427—2008 中的方法 3 执行。

5.11 色差试验方法

采用 D65 标准光源或北向自然光,照度不低于 600 lx,试样被测部位应经纬向一致,入射光与试样表面约成 45°角,检验人员的视线大致垂直于试样表面,距离约 60 cm 目测,与 GB/T 250 标准样卡对比评级。

5.12 纬斜、格斜、花斜试验方法按 GB/T 14801 执行。

5.13 外观质量检验方法

5.13.1 可采用经向检验机或纬向台板检验。仲裁检验采用经向检验机检验。

5.13.2 光源采用日光荧光灯时,台面平均照度 600 lx～700 lx,环境光源控制在 150 lx 以下。纬向检验可采用自然北向光,平均照度在 320 lx～600 lx。

5.13.3 采用经向检验机检验时,检验机速度为(15±5)m/min。纬向检验速度为 15 页/min。

5.13.4 检验员眼睛距绸面中心约 60 cm～80 cm。

5.13.5 外观疵点检验以织物正面为准,反面疵点影响正面时也应评分。

6 检验规则

涤纶、锦纶窗纱丝织物的检验规则按 GB/T 15552 执行。

7 包装

7.1 涤纶、锦纶窗纱丝织物的包装根据用户要求分为卷筒、折叠两种形式。

7.2 同件(箱)内,优等品、一等品匹与匹之间色差,不低于 GB/T 250 中 4 级。

7.3 卷筒包装的内外层边的相对位移不大于 2 cm。

7.4 织物外包装采用纸箱时,纸箱内应加衬塑料内衬袋或拖蜡防潮纸,胶带封口。纸箱外用塑料打包带箍紧打箱。

7.5 包装应牢固、防潮,便于仓贮及运输。

8 标志

8.1 标志要求明确、清晰、耐久、便于识别。

8.2 每匹或每段涤纶、锦纶窗纱丝织物应吊标签一张,内容包括品名、原料名称及成分、幅宽、长度、等级、执行标准编号、企业名称。

8.3 每匹或每段的两端距绸边 5 cm 以内和幅边 10 cm 以内,加盖检验章。

8.4 每箱(件)应附装箱单。内容包括品名、等级、匹段数、总长度。

8.5 纸箱(布包)刷唛要正确、整齐、清晰。纸箱唛头内容包括企业名称、地址、箱号、品名、花色号、幅宽、等级、匹数、长度、运输标志等。

8.6 每批产品出厂应附品质检验结果单。

9 其他

对涤纶、锦纶窗纱丝织物的品质、包装和标志另有特殊要求者,供需双方可另订协议或合同,并按其执行。

附　录　A

（资料性附录）

外观疵点归类表

外观疵点归类表见表 A.1。

表 A.1　外观疵点归类表

序号	疵点分类	说　　明
1	经向疵点	宽急经柳、粗细柳、筘柳、色柳、筘路、导钩痕、辅喷痕、多少捻、缺经、断通丝、错经、碎糙、夹糙、夹断头、断小柱、叉绞、分经路、小轴松、水渍急经、宽急经、错通丝、综穿错、筘穿错、单只头、双经、粗细经、夹起、懒针、煞星、渍经、灰伤、皱印等
2	纬向疵点	破纸板、综框梁子多少起、抛纸板、错纹板、错花、跳梭、煞星、柱渍、轧梭痕、筘锈渍、带纬、断纬、缩纬、叠纬、坍纬、糙纬、渍纬、纬斜、杂物织入、百脚等
2	纬档疵点	紧档、撬档、撬小档、顺纹档、多少捻档、粗细纬档、缩纬档、急纬档、断花档、通绞档、毛纬档、拆毛档、停车档、渍纬档、错纬档、糙纬档、色纬档、拆烊档、开河档
3	染色、印花、绣花、烂花、整理疵点	搭脱、渗进、漏浆、塞煞、色点、眼圈、套歪、露白、砂眼、双茎、拖版、搭色、反丝、叠版印、框子印、刮刀印、色皱印、回浆印、刷浆印、化开、糊开、花痕、野花、粗细茎、跳版深浅、接版深浅、雕色不清、涂料脱落、涂料颜色不清、漏绣、接版错位等
4	渍疵	色渍、锈渍、油污渍、洗渍、皂渍、霉渍、蜡渍、白雾、字渍、水渍等
4	破损性疵点	蛛网、披裂、拔伤、空隙、破洞等
5	边部疵点	宽急边、木耳边、粗细边、卷边、边糙、吐边、边修剪不净、针板眼、边少起、破边、凸铗、脱铗等

注 1：对经、纬向共有的疵点，以严重方向评分。

注 2：外观疵点归类表中没有归入的疵点按类似疵点评分。

ICS 59.080.30
W 43

中华人民共和国纺织行业标准

FZ/T 43029—2014

高弹桑蚕丝针织绸

Highly flexible silk knitted fabric

2014-05-06 发布
2014-10-01 实施

中华人民共和国工业和信息化部 发 布

前　言

本标准按照 GB/T 1.1—2009 给出的规则起草。

本标准由中国纺织工业联合会提出。

本标准由全国丝绸标准化技术委员会(SAC/TC 401)归口。

本标准起草单位:浙江嘉欣金三塔丝针织有限公司、浙江丝绸科技有限公司、达利丝绸(浙江)有限公司、浙江丝绸科技有限公司德清服饰分公司。

本标准主要起草人:孙巨、周颖、沈红卫、俞丹、陈有江。

高弹桑蚕丝针织绸

1 范围

本标准规定了高弹桑蚕丝针织绸的术语与定义、规格、要求、试验方法、检验规则、包装和标志。

本标准适用于评定练白、染色、色织的高弹桑蚕丝(桑蚕丝含量在30%及以上)针织绸的品质。

2 规范性引用文件

下列文件对于本文件的应用是必不可少的。凡是注日期的引用文件,仅注日期的版本适用于本文件。凡是不注日期的引用文件,其最新版本(包括所有的修改单)适用于本文件。

GB/T 250 纺织品 色牢度试验 评定变色用灰色样卡

GB/T 2828.1—2012 计数抽样检验程序 第1部分:按接收质量限(AQL)检索的逐批检验抽样计划

GB/T 2910(所有部分) 纺织品 定量化学分析

GB/T 3920 纺织品 色牢度试验 耐摩擦色牢度

GB/T 3921—2008 纺织品 色牢度试验 耐皂洗色牢度

GB/T 3922 纺织品耐汗渍色牢度试验方法

GB/T 4666 纺织品 织物长度和幅宽的测定

GB 5296.4 消费品使用说明 第4部分:纺织品和服装

GB/T 5713 纺织品 色牢度试验 耐水色牢度

GB/T 6529 纺织品 调湿和试验用标准大气

GB/T 8427—2008 纺织品 色牢度试验 耐人造光色牢度:氙弧

GB/T 8628—2001 纺织品 测定尺寸变化的试验中织物试样和服装的准备、标记及测量

GB/T 8629—2001 纺织品 试验用家庭洗涤和干燥程序

GB/T 8630 纺织品 洗涤和干燥后尺寸变化的测定

GB 18401 国家纺织产品基本安全技术规范

GB/T 19976 纺织品 顶破强力的测定 钢球法

FZ/T 01026 纺织品 定量化学分析 四组分纤维混合物

FZ/T 01048 蚕丝/羊绒混纺产品混纺比的测定

FZ/T 01053 纺织品 纤维含量的标识

FZ/T 01057(所有部分) 纺织纤维鉴别试验方法

FZ/T 70006 针织物拉伸弹性回复率试验

3 术语和定义

下列术语和定义适用于本文件。

3.1

高弹桑蚕丝针织绸 highly flexible silk knitted fabric

以纯桑蚕丝或桑蚕丝含量30%及以上的纱线为原料,在不织入氨纶等弹性纤维的情况下,采用罗纹组织和(或)特殊工艺织造而成的弹性较高的针织物。

4 规格

4.1 高弹桑蚕丝针织绸的规格标示为:组织循环数/幅宽/质量。

注1:组织循环指全幅中包含的织物组织循环个数。

注2:幅宽指针织绸对折宽度,单位为 cm。

注3:质量指针织绸在公定回潮率条件下的每米重量克数,单位为 g/m。

4.2 高弹桑蚕丝针织绸主要产品规格参见附录 A。

5 要求

5.1 要求内容

高弹桑蚕丝针织绸的要求分为内在质量和外观质量。

5.2 考核项目

高弹桑蚕丝针织绸内在质量考核项目包括纤维含量允差、质量偏差率、弹子顶破强力、色牢度、水洗尺寸变化率、定力伸长率、弹性回复率七项,外观质量考核项目包括幅宽偏差、色差、外观疵点三项。

5.3 分等规定

5.3.1 高弹桑蚕丝针织绸以匹为单位,其等级按各项考核项目的最低等级评定。分为优等品、一等品、二等品,低于二等品的为等外品。

5.3.2 高弹桑蚕丝针织绸的内在质量、同批色差按批评等,外观质量按匹评等。

5.4 基本安全性能

高弹桑蚕丝针织绸基本安全性能应符合 GB 18401 的要求。

5.5 内在质量分等规定

高弹桑蚕丝针织绸内在质量分等规定见表1。

表 1 内在质量分等规定

项　　目			等　　级		
			优等品	一等品	二等品
纤维含量允差/%			按 FZ/T 01053 执行		
质量偏差率/%			±5	±7	
弹子顶破强力/N　≥	纯桑蚕长丝织物		380		
	其他		200		
色牢度/级　≥	耐洗、耐水、耐汗渍	变色	4	3-4	3
		沾色	3		
	耐摩擦	干摩擦	3-4	3	
		湿摩擦	3	2-3	2
	耐光		3		

表1（续）

项　目		等　级		
		优等品	一等品	二等品
水洗尺寸变化率/%	直向	−3.0～+2.0	−5.0～+2.0	
定力伸长率/% ≥	横向	150	120	
弹性回复率/% ≥	横向	50	40	

5.6 外观质量要求

5.6.1 高弹桑蚕丝针织绸的外观质量分等规定见表2。

表2　外观质量分等规定

项　目		等　级		
		优等品	一等品	二等品
幅宽偏差/cm		−2.0～+2.0		
色差/级 ≥	与标样	4	3-4	
	同匹	4-5	4	3-4
	同批	4	3-4	
外观疵点/(分/5 m) ≤		1.0	1.5	2.0

5.6.2 根据产品的不同规格，其外观疵点每5 m允许评分数为表2中所列数值乘以折算系数之积（精确至小数点后一位），折算系数见表3。

表3　折算系数表

质量/(g/m)	80 及以下	80～120	120 及以上
折算系数	1.2	1.0	0.8

5.6.3 高弹桑蚕丝针织绸的外观疵点见表4。

表4　外观疵点评分

序号	疵　点	疵点程度	疵点评分分
1	漏针、花针、坏针、毛针	50 cm 及以内	1
2	横路、单丝、缺丝、丝拉紧	50 cm 及以内	1
3	错花	50 cm 及以内	1
4	豁子、脱套	10 cm 及以内	0.5
5	粗丝、油丝、接头、色丝、勾丝、污渍	10 cm 及以内	0.5
6	破洞	0.2 cm～2 cm 以内	0.5
7	皱印、灰伤、色不匀、轧印、色花、生块、色差、色柳	50 cm 及以内	1
8	稀路针、直条	100 cm 及以内	1

5.6.4 高弹桑蚕丝针织绸的外观疵点采用累计评分的方法评定,纵向 10 cm 以内同时出现数只疵点时以评分最多的 1 只评定。全匹连续性疵点,轻微程度限度一等品,普通程度限度二等品,明显程度限度等外品。

5.6.5 距匹端 20 cm 以内的疵点不计。

5.7 拼匹的规定

5.7.1 拼匹的各段等级、色泽、质量应一致。

5.7.2 一匹中允许 2 段拼匹,每段不得短于 5 m。优等品不允许开剪拼匹。

6 试验方法

6.1 试样的准备和试验条件

6.1.1 试样的准备

从同一批产品中取样,距匹端至少 1.5 m 以上,所取样应不存在影响试验效果的疵点。试样的预处理按相应方法标准规定进行。

6.1.2 试样条件

试验前需将试样放在常温下平放 24 h,然后在符合 GB/T 6529 要求的条件下,调湿平衡 24 h 后进行试验。

6.2 内在质量试验

6.2.1 纤维含量试验

纤维含量试验方法按 GB/T 2910、FZ/T 01026、FZ/T 01048、FZ/T 01057 等执行。

6.2.2 质量试验方法

6.2.2.1 设备和工具:
   a) 烘箱(105 ℃±3 ℃);
   b) 钢尺(最小分度值 1 mm);
   c) 剪刀;
   d) 天平(量程 1 000 g,最小分度值 0.01 g)。

6.2.2.2 剪取全幅 50 cm 长试样 3 块,放入烘箱烘至恒重,分别称量其干燥质量。若无箱内称重条件时,应将试样从烘箱中取出,置于干燥器内冷却 30 min 以上再称重。

6.2.2.3 按式(1)计算试样的质量偏差率,计算结果精确至小数点后一位。

$$\sigma = \frac{m_0 - 2m_1(1+R)}{m_0} \times 100\% \qquad \cdots\cdots\cdots (1)$$

式中:
σ ——质量偏差率,%;
m_0 ——规格质量,单位为米每克(g/m);
m_1 ——试样干燥质量,单位为克(g);
R ——公定回潮率,%。

6.2.2.4 取 3 块试样试验结果的平均值作为最终结果。

6.2.3 弹子顶破强力试验

弹子顶破强力试验方法按 GB/T 19976 执行,试验条件采用调湿,钢球直径(38±0.02)mm。

6.2.4 色牢度试验

6.2.4.1 耐洗色牢度试验方法按 GB/T 3921—2008 执行,采用试验条件 A(1)。

6.2.4.2 耐汗渍色牢度试验方法按 GB/T 3922 执行。

6.2.4.3 耐摩擦色牢度试验方法按 GB/T 3920 执行。

6.2.4.4 耐水洗色牢度试验方法按 GB/T 5713 执行。

6.2.4.5 耐光色牢度试验方法按 GB/T 8427—2008 执行,采用方法 3。

6.2.5 水洗尺寸变化率试验

水洗尺寸变化率试验方法按 GB/T 8628、GB/T 8629—2001、GB/T 8630 执行。其中试样为筒状织物,标记方法按 GB/T 8628—2001 附录 A 执行。洗涤程序采用"仿手洗",干燥程序采用 A 法(悬挂晾干),取 3 块试样,以 3 块试样的算术平均值作为试验结果。当 3 块试样的结果正负号不同时取 2 块正负号相同的数据的平均值作为试验结果。

6.2.6 定力伸长率和弹性回复率的试验

定力伸长率和弹性回复率的试验方法按 FZ/T 70006 执行。试验条件为 5 N,拉伸 3 次。

6.3 外观质量检验

6.3.1 外观质量检验条件

6.3.1.1 检验台以乳白色磨砂玻璃为台面,台面下装日光灯,台面平均照度 1 200 lx。

6.3.1.2 检验台面与水平面夹角为 55°~75°。

6.3.1.3 正面光源采用日光灯或自然北光,平均光照度为 550 lx~650 lx。

6.3.2 幅宽试验方法

幅宽试验方法按 GB/T 4666 执行。

6.3.3 色差试验方法

采用 D65 标准光源或北向自然光,照度不低于 600 lx,试样被测部位应经纬向一致,入射光与试样表面约成 45°角,检验人员的视线大致垂直于试样表面,距离约 60 cm 目测,与 GB/T 250 标准样卡对比评级。

6.3.4 外观疵点检验方法

6.3.4.1 检验速度为(15±2)m/min,检验员眼睛距绸面 60 cm~80 cm。

6.3.4.2 外观疵点的检验要求正面圆周检验,反面疵点影响正面时应双手撑开正面 1 倍以上(以看清反面线圈为准),疵点大小按直向或横向的最大长度方向量计。

7 检验规则

7.1 检验分类

高弹桑蚕丝针织绸的品质检验分为出厂检验和型式检验。

7.2 检验项目

型式检验项目为本标准第 5 章中的全部检验项目。出厂检验项目为本标准第 5 章中的内在质量（除弹子顶破强力、耐光色牢度外）、基本安全性能、外观质量。

7.3 组批

型式检验以同一品种、花色为同一检验批。出厂检验以同一合同或生产批号为同一检验批。

7.4 抽样

7.4.1 出厂检验抽样应从经工厂检验的合格批产品中随机抽取，外观质量抽样数量按 GB/T 2828.1—2012 一次抽样方案，一般检验水平 Ⅱ 规定。内在质量检验抽样数量按 GB/T 2828.1—2012 一次抽样方案，特殊检查水平 S-2 规定。批量较大，生产正常可以采用检验一次方案，放宽检查水平的规定。

7.4.2 内在质量检验用试样在样品中随机抽取各 1 份，但色牢度试样应按花色各抽取 1 份。每份试样的尺寸和取样部位根据方法标准的规定，一般取试样量为 2 m。

7.5 检验结果的判定

试样内在质量检验结果所有项目符合标准要求时判定该试样所代表的检验批内在质量合格。批外观质量的判定按 GB/T 2828.1—2012 中一般检验水平 Ⅱ 规定进行，接收质量限 AQL 为 4.0 不合格品百分数。批内在质量和外观质量均合格时判定为合格批。否则判定为不合格批。

7.6 复验

如交收双方对检验结果有异议时，可进行一次复验。复验按首次检验的规定进行，以复验结果为准。按 GB/T 2828.1—2012 一次抽样方案，一般检验水平 Ⅱ、一次抽样方案，放宽检验水平、一次抽样方案，加严检查水平 S-2 参见附录 B。

8 包装与标志

8.1 包装

8.1.1 高弹桑蚕丝针织绸的包装应保证成品品质不受损伤、便于储运。

8.1.2 同一箱内产品应同等级、同品号、同花色，在特殊情况下需混装时，应在包装箱外及装箱单上注明。

8.2 标志

8.2.1 标志要求明确、清晰、耐久，便于识别。

8.2.2 成品标志内容应按 GB 5296.4 的规定执行。

8.2.3 每匹或每段产品两端需加盖检验章，并有明显的数量标志。

8.2.4 每件（箱）内应附装箱单，纸箱刷唛要正确、整齐、清晰，内容为生产厂名、品名、等级、幅宽等。

8.2.5 每批产品出厂应附品质检验结果单。

9 其他

用户对高弹桑蚕丝针织绸的特殊品种及品质、试验方法、包装和标志另有要求，供需双方可另订协议或合同，并按其执行。

附　录　A

（资料性附录）

部分高弹桑蚕丝针织绸规格

部分高弹桑蚕丝针织绸规格见表 A.1。

表 A.1　部分高弹桑蚕丝针织绸规格

序号	分类	原料	参数	组织循环数					原料备注
				180	196	208	218	228	
1	长丝类	桑蚕丝	幅宽/cm	12.7	14.0	15.2	16.5	17.8	20/22.0den×2×3
			质量/(g/m)	65	75	83	88	95	
2		桑蚕丝	幅宽/cm	14.0	15.2	16.5	17.8	19.1	20/22.0den×3×3
			质量/(g/m)	100	110	118	125	135	
3		桑蚕丝	幅宽/cm	14.0	15.2	16.5	17.8	19.1	20/22.0den×4×3
			质量/(g/m)	145	155	165	175	185	
4		桑蚕丝 AB纱	幅宽/cm	14.0	15.2	16.5	17.8	19.1	20/22.0den×4×2
			质量/(g/m)	90	100	105	113	118	
5		桑蚕丝/锦纶 70/30	幅宽/cm	16.5	17.8	19.1	20.3	21.6	40/44.0den×2+ 30.0den/12f
			质量/(g/m)	63	68	73	78	83	
6	短纤及交织类	绢丝	幅宽/cm	14.0	15.2	16.5	17.8	19.1	210.0Nm/2 绢丝 生坯染色
			质量/(g/m)	52	57	60	63	66	
7		绢丝、绢棉类 70/30 和 55/45	幅宽/cm	14.0	15.2	16.5	17.8	19.1	120.0Nm/2
			质量/(g/m)	95	105	113	118	125	
8		绢丝/金银丝	幅宽/cm	16.5	17.8	19.1	20.3	21.6	80.0Nm/2+108.0den
			质量/(g/m)	108	123	128	130	136	
注：AB纱指不同颜色的单纱加捻形成的股线。									

附　录　B
（资料性附录）
检验抽样方案

B.1 根据 GB/T 2828.1—2012,采用一般检验水平Ⅱ,AQL 为 4.0 的正常检验一次抽样方案,如表 B.1
所示。

表 B.1　AQL 为 4.0 的正常检验一次抽样方案

批量 N	样本量字码	样本量 n	接收数 Ac	拒收数 Re
2～8	A	2	0	1
9～15	B	3	0	1
16～25	C	5	0	1
26～50	D	8	1	2
51～90	E	13	1	2
91～150	F	20	2	3
151～280	G	32	3	4
281～500	H	50	5	6
501～1 200	J	80	7	8
1 201～3 200	K	125	10	11
3 201～10 000	L	200	14	15

B.2 根据 GB/T 2828.1—2012,采用放宽检验水平,AQL 为 4.0 的放宽检验一次抽样方案,如表 B.2
所示。

表 B.2　AQL 为 4.0 的放宽检验一次抽样方案

批量 N	样本量字码	样本量 n	接收数 Ac	拒收数 Re
2～8	A	2	0	1
9～15	B	2	0	1
16～25	C	2	0	1
26～50	D	3	1	2
51～90	E	5	1	2
91～150	F	8	1	2
151～280	G	13	2	3
281～500	H	20	3	4
501～1 200	J	32	5	6
1 201～3 200	K	50	6	7
3 201～10 000	L	80	8	9

B.3 根据 GB/T 2828.1—2012,采用加严检验水平 S-2,AQL 为 4.0 的加严检验一次抽样方案,如表 B.3 所示。

表 B.3　AQL 为 4.0 的加严检验一次抽样方案

批量 N	样本量字码	样本量 n	接收数 Ac	拒收数 Re
2~8	A	2	0	1
9~15	A	2	0	1
16~25	A	2	0	1
26~50	B	3	0	1
51~90	B	3	0	1
91~150	B	3	0	1
151~280	C	5	0	1
281~500	C	5	0	1
501~1 200	C	5	0	1
1 201~3 200	D	8	1	2
3 201~10 000	D	8	1	2

ICS 59.080.30
W 43

中华人民共和国纺织行业标准

FZ/T 43030—2014

桑蚕丝经编针织绸

Mulberry silk warp knitted fabrics

2014-12-24 发布

2015-06-01 实施

中华人民共和国工业和信息化部　　发　布

前　言

本标准按照 GB/T 1.1—2009 给出的规则起草。

本标准由中国纺织工业联合会提出。

本标准由全国丝绸标准化技术委员会(SAC/TC 401)归口。

本标准起草单位:杭州富强丝绸有限公司、浙江丝绸科技有限公司、江苏华佳丝绸有限公司、南通那芙尔服饰有限公司、广东出入境检验检疫局、浙江中天纺检测有限公司、海宁科源经编有限公司、江苏出入境检验检疫局纺织工业产品检测中心。

本标准主要起草人:陈张仁、何苗苗、俞金键、周颖、石继均、李淳、沈国康、谈龙、董激文。

桑蚕丝经编针织绸

1 范围

本标准规定了桑蚕丝经编针织绸的要求、试验方法、检验规则、包装和标志。

本标准适用于评定染色、印花和色织的桑蚕丝经编针织绸的品质。桑蚕丝与其他纤维混纺、交织（桑蚕丝含量在30%以上）经编针织绸可参照执行。

2 规范性引用文件

下列文件对于本文件的应用是必不可少的。凡是注日期的引用文件，仅注日期的版本适用于本文件。凡是不注日期的引用文件，其最新版本（包括所有的修改单）适用于本文件。

GB/T 250 纺织品 色牢度试验 评定变色用灰色样卡

GB/T 2910（所有部分） 纺织品 定量化学分析

GB/T 3920 纺织品 色牢度试验 耐摩擦色牢度

GB/T 3921—2008 纺织品 色牢度试验 耐皂洗色牢度

GB/T 3922 纺织品 色牢度试验 耐汗渍色牢度

GB/T 4666 纺织品 织物长度和幅宽的测定

GB/T 4669—2008 纺织品 机织物 单位长度质量和单位面积质量的测定

GB/T 4841.3 染料染色标准深度色卡 2/1、1/3、1/6、1/12、1/25

GB/T 5713 纺织品 色牢度试验 耐水色牢度

GB/T 8170 数值修约规则与极限数值的表示和判定

GB/T 8427—2008 纺织品 色牢度试验 耐人造光色牢度：氙弧

GB/T 8628 纺织品 测定尺寸变化的试验中织物试样和服装的准备、标记及测量

GB/T 8629—2001 纺织品 试验用家庭洗涤和干燥程序

GB/T 8630 纺织品 洗涤和干燥后尺寸变化的测定

GB/T 14801 机织物与针织物纬斜和弓纬的试验方法

GB/T 15552 丝织物试验方法和检验规则

GB 18401 国家纺织产品基本安全技术规范

GB/T 19976 纺织品 顶破强力的测定 钢球法

GB/T 29862 纺织品 纤维含量的标识

FZ/T 01057（所有部分） 纺织纤维鉴别试验方法

FZ/T 01095 纺织品 氨纶产品纤维含量的试验方法

FZ/T 40007 丝织物包装和标志

3 要求

3.1 要求内容

桑蚕丝经编针织绸的要求包括内在质量、外观质量、基本安全性能。

3.2 考核项目

桑蚕丝经编针织绸的内在质量考核项目包括纤维含量允差、质量偏差率、弹子顶破强力、水洗尺寸变化率、色牢度五项。外观质量考核项目包括幅宽偏差率、色差、外观疵点三项。

3.3 分等

3.3.1 桑蚕丝经编针织绸的品质按内在质量、外观质量中的最低等级项目评定。其等级分为优等品、一等品、二等品、三等品，低于三等品的为等外品。

3.3.2 桑蚕丝经编针织绸的内在质量、同批色差按批评等，外观质量按匹评等。

3.4 基本安全性能

桑蚕丝经编针织绸的基本安全性能应符合 GB 18401 的要求。

3.5 内在质量分等规定

桑蚕丝经编针织绸的内在质量分等规定见表1。

表 1 内在质量分等规定

项　　目			优等品	一等品	二等品	三等品
纤维含量允差/%			按 GB/T 29862 执行			
质量偏差率/%			−5.0～+3.0	−6.0～+4.0	−7.0～+4.0	−7.0～+4.0
弹子顶破强力ᵃ/N　≥	平纹		500			
	网眼ᵇ		200			
水洗尺寸变化率/%	平纹	直向	−3.0～+2.0	−5.0～+2.0	−7.0～+3.0	−7.0～+3.0
		横向	−5.0～+2.0	−7.0～+2.0	−9.0～+3.0	−9.0～+3.0
	网眼	直向	−5.0～+2.0	−7.0～+2.0	−9.0～+3.0	−9.0～+3.0
		横向	−4.0～+2.0	−6.0～+2.0	−8.0～+3.0	−8.0～+3.0
色牢度/级　　≥	耐水	变色	4	3-4		
		沾色	3-4	3		
	耐汗渍	变色	4	3-4		
		沾色	3-4	3		
	耐洗	变色	4	3-4	3	
		沾色	3-4	3	2-3	
	耐干摩擦		4	3-4	3	
	耐湿摩擦		3-4	3,2-3(深色ᶜ)	2-3,2(深色ᶜ)	
ᵃ　弹性织物、绉类织物不考核。 ᵇ　网眼织物测试时发生滑脱不考核。 ᶜ　大于 GB/T 4841.3 中 1/12 标准深度为深色。						

3.6 外观质量的评定

3.6.1 桑蚕丝经编针织绸的外观质量分等规定见表2。

表 2 外观质量分等规定

项　　目		优等品	一等品	二等品	三等品
幅宽偏差率/%		±2.0	±3.0	±4.0	±5.0
色差/级　≥	与标样	4		3-4	
	同匹	4-5		4	
	同批	4		3-4	
外观疵点评分限度/(分/100 m²)		10.0	15.0	25.0	30.0

3.6.2　桑蚕丝经编针织绸的外观疵点评分规定见表 3。

表 3 外观疵点评分规定

序号	疵点名称		局部性疵点程度或范围	疵点评分	散布性疵点降等规定			说明
					二等品	三等品	等外品	
1	单丝、毛丝、糙丝、粗节丝、结头、吊丝		直向 25 cm 及以内	1	轻微	明显	严重	
2	直条、横路		直向 50 cm 及以内	1				
3	漏针、断头（缺丝）、换针		直向 25 cm 及以内	1		不允许		漏针宽度在 2.5 cm 以内作一条计算
4	破洞		4 cm 以内	1		不允许		① 4 cm 以上开剪。 ② 4 cm 以内若干小洞存在作一处计算。 ③ 破洞引起的懒针、坏针在 10 cm 长度内不计超过者作漏针计
5	渍	普通	4 cm 以内	1	轻微	明显	严重	GB/T 250 中 3-4 级及以上
		明显	50 cm 及以内	2				GB/T 250 中 3-4 级以下
		线状渍	25 cm 及以内	1				
6	错花纹		直向 50 cm 及以内	2	明显	严重		
7	色花、色不匀		直向 25 cm 及以内	1				
8	横档		直向 25 cm 及以内	2				
9	勾丝		直向 25 cm 及以内	1	轻微	明显	严重	
10	定型色档（风档）		直向 50 cm 及以内	1				
11	纹路绉印	纵向	100 cm 及以内,超过 2%	1				100 cm 及以内为一处
		横向	100 cm 及以内,超过 3%	1				100 cm 及以内为一处
12	印花疵		25 cm～100 cm 及以内	1				
13	纬斜		直向 100 cm 及以内	1	4%～7%	7%～10%	10% 以上	

注 1：凡遇有表 3 中未规定的外观疵点时,按疵点程度参照相似疵点评分。

注 2：外观疵点归类参见附录 A。

3.6.3 桑蚕丝经编针织绸的外观疵点评分和定等说明：

    a) 外观疵点采用有限度的累计评分，直向 10 cm 及以内同时出现数只疵点时，以评分最多的 1 只评定。

    b) 测量外观疵点长度，除横路外，以疵点的最大长度计量。

    c) 距布边 1 cm 以内的边针刺网等边疵，不予计疵。

    d) 同匹色差（色泽不匀）不得低于 GB/T 250 中 4 级，低于 4 级 1 m 及以内评 4 分。

    e) 每匹织物外观疵点定等分数由式(1)计算得出，计算结果按 GB/T 8170 修约至小数点后一位。

$$c = \frac{q}{l \times w} \times 100 \quad\quad\quad\quad\quad\quad\quad\quad (1)$$

式中：

c ——每匹织物外观疵点定等分数，单位为分每百平方米（分/100 m²）；

q ——每匹织物外观疵点实测分数，单位为分；

l ——受检匹长，单位为米（m）；

w ——有效幅宽，单位为米（m）。

3.7 开剪拼匹和标疵放尺的规定

3.7.1 允许开剪拼匹或标疵放尺，两者只能采用一种。

3.7.2 开剪拼匹各段的等级、幅宽、色泽、花型应一致。

3.7.3 绸匹平均每 10m 及以内允许标疵一次。每 3 分和 4 分的疵点允许标疵，每处标疵放尺 10 cm。标疵后的疵点不再计分。局部性疵点的标疵间距或标疵疵点与绸匹端的距离不得少于 4 m。

4 试验方法

4.1 幅宽试验方法

    按 GB/T 4666 执行。

4.2 纤维含量试验方法

    按 GB/T 2910、FZ/T 01057、FZ/T 01095 执行。

4.3 质量试验方法

    按 GB/T 4669—2008 中方法 5 执行。仲裁检验按 GB/T 4669—2008 中方法 3 执行。

4.4 弹子顶破强力试验方法

    按 GB/T 19976 执行，钢球直径(38±0.02)mm。并按 GB/T 8170 修约至整数。

4.5 水洗尺寸变化率试验方法

    按 GB/T 8628、GB/T 8629—2001、GB/T 8630 执行。洗涤程序采用"仿手洗"，干燥程序采用 A 法（悬挂晾干）。

4.6 色牢度试验方法

4.6.1 耐水色牢度试验方法按 GB/T 5713 执行。

4.6.2 耐汗渍色牢度试验方法按 GB/T 3922 执行。

4.6.3 耐洗色牢度试验方法按 GB/T 3921—2008 执行，采用 GB/T 3921—2008 表 2 中试验方法 A(1)。

4.6.4 耐摩擦色牢度试验方法按 GB/T 3920 执行。

4.6.5 耐光色牢度试验方法按 GB/T 8427—2008 中的方法 3 执行。

4.7 色差试验方法

采用 D65 标准光源或北向自然光,照度不低于 600 lx,试样被测部位应经纬向一致,入射光与试样表面约成 45°角,检验人员的视线大致垂直于试样表面,距离约 60 cm 目测,与 GB/T 250 标准样卡对比评级。

4.8 纬斜、花斜试验方法

按 GB/T 14801 执行。

4.9 外观质量检验方法

4.9.1 检验台以乳白色磨砂玻璃为台面,台面下装日光灯,台面平均光照度为 1 200 lx±100 lx。

4.9.2 检验台面与水平面夹角为 55°~75°。

4.9.3 正面光源采用日光灯或自然北光,平均光照度为 550 lx~650 lx。

4.9.4 检验速度为(15±2)m/min,检验员眼睛距绸面 60 cm~80 cm。

4.9.5 外观疵点的检验以正面为主,反面主要检验绸面擦伤、勾丝,疵点大小按直向或横向的最大长度方向量计。

5 检验规则

桑蚕丝经编针织绸的检验规则按 GB/T 15552 执行。

6 包装和标志

桑蚕丝经编针织绸的包装和标志按 FZ/T 40007 执行,或按合同协议。

7 其他

用户对桑蚕丝经编针织绸的特殊品种及品质、试验方法、包装和标志另有要求,供需双方可另订协议或合同,并按其执行。

附　录　A

（资料性附录）

外观疵点归类表

表 A.1　外观疵点归类表

序　号	疵点类别	疵　点　名　称
1	粗细丝	糙丝、细丝、色丝、油丝、结、吊丝
2	直条、横路	丝拉紧、影横路、直条、色泽条
3	漏针	单丝、断头
4	破洞	坏针、断头
5	渍	色渍、油渍、锈渍、水渍、污渍、土污渍、油丝
6	花针	编织小漏针、错花纹
7	色不匀	色柳、色花、生块、色差
8	横档	横路
9	勾丝	松丝
10	定型色档	色不匀
11	皱印	轧印、极光、色皱印
12	印花疵	缺花、露白、沙痕、搭色、套歪、重版、渗色
注：未列入的疵点按类似疵点归类。		

ICS 59.080.30
W 43

中华人民共和国纺织行业标准

FZ/T 43031—2014

涤纶长丝塔夫绸

Polyester taffeta

2014-12-24 发布

2015-06-01 实施

中华人民共和国工业和信息化部　　发 布

前　言

本标准按照 GB/T 1.1—2009 给出的规则起草。

本标准由中国纺织工业联合会提出。

本标准由全国丝绸标准化技术委员会(SAC/TC 401)归口。

本标准起草单位:邑山集团有限公司、浙江丝绸科技有限公司、浙江三志纺织有限公司、浙江盛发纺织印染有限公司、江苏出入境检验检疫局纺织工业产品检测中心。

本标准主要起草人:孙正、何苗苗、张声诚、吕迎智、韩耀军、顾浩、董激文。

涤纶长丝塔夫绸

1 范围

本标准规定了涤纶长丝塔夫绸的术语和定义、要求、试验方法、检验规则、包装和标志。

本标准适用于各类服用的染色(色织)、印花涤纶长丝塔夫绸。

2 规范性引用文件

下列文件对于本文件的应用是必不可少的。凡是注日期的引用文件,仅注日期的版本适用于本文件。凡是不注日期的引用文件,其最新版本(包括所有的修改单)适用于本文件。

GB/T 250　纺织品　色牢度试验　评定变色用灰色样卡

GB/T 3917.2　纺织品　织物撕破性能　第2部分:裤形试样(单缝)撕破强力的测定

GB/T 3920　纺织品　色牢度试验　耐摩擦色牢度

GB/T 3921—2008　纺织品　色牢度试验　耐皂洗色牢度

GB/T 3922　纺织品　色牢度试验　耐汗渍色牢度

GB/T 3923.1　纺织品　织物拉伸性能　第1部分:断裂强力和断裂伸长率的测定　(条样法)

GB/T 4666　纺织品　织物长度和幅宽的测定

GB/T 4668　机织物密度的测定

GB/T 4669—2008　纺织品　机织物　单位长度质量和单位面积质量的测定

GB/T 5713　纺织品　色牢度试验　耐水色牢度

GB/T 8170　数值修约规则与极限数值的表示和判定

GB/T 8427—2008　纺织品　色牢度试验　耐人造光色牢度:氙弧

GB/T 8628　纺织品　测定尺寸变化的试验中织物试样和服装的准备、标记及测量

GB/T 8629—2001　纺织品　试验用家庭洗涤和干燥程序

GB/T 8630　纺织品　洗涤和干燥后尺寸变化的测定

GB/T 13772.2　纺织品　机织物接缝处纱线抗滑移的测定　第2部分:定负荷法

GB/T 14801　机织物与针织物纬斜和弓纬试验方法

GB/T 15552　丝织物试验方法和检验规则

GB 18401　国家纺织产品基本安全技术规范

FZ/T 40007　丝织物包装和标志

3 术语和定义

下列术语和定义适用于本文件。

3.1

涤纶长丝塔夫绸　polyester taffeta

采用无捻涤纶全牵伸丝(FDY)织成的结构紧密、质地轻薄的平纹织物。

4 要求

4.1 要求内容

涤纶长丝塔夫绸的要求包括内在质量、外观质量、基本安全性能。

4.2 考核项目

涤纶长丝塔夫绸的内在质量考核项目包括密度偏差率、质量偏差率、断裂强力、撕破强力、纰裂程度、水洗尺寸变化率、色牢度七项。外观质量考核项目包括色差(与标样对比)、幅宽偏差率、外观疵点三项。

4.3 分等

4.3.1 质量偏差率、纤维含量允差、断裂强力、撕破强力、纰裂程度、水洗尺寸变化率、色牢度等按批评等。密度偏差率、色差(与标样对比)、幅宽偏差率、外观疵点等按匹评等。

4.3.2 涤纶长丝塔夫绸的品质由内在质量和外观质量中的最低等级项目评定。其等级分为优等品、一等品、二等品和三等品,低于三等品的为等外品。

4.4 基本安全性能

涤纶长丝塔夫绸的基本安全性能应符合 GB 18401 规定要求。

4.5 内在质量分等规定

涤纶长丝塔夫绸的内在质量分等规定见表 1。

表 1 内在质量分等规定

项 目			指 标			
			优等品	一等品	二等品	三等品
密度偏差率/%			±2.0	±3.0	±4.0	
质量偏差率/%			±3.0	±4.0	±5.0	
断裂强力/N ≥			200			
撕破强力/N ≥	经向		9.0			
	纬向		7.0			
纰裂程度/mm ≤	羽绒服用织物(定负荷 100 N)		4			
	30 g/m² ~ 100 g/m² 织物(定负荷 67 N)		6			
	100 g/m² 及以上织物(定负荷 100 N)		6			
水洗尺寸变化率/%			−2.0 ~ +2.0		−3.0 ~ +3.0	
色牢度/级 ≥	耐水	变色	4		3-4	
		沾色	4	3-4	3	
	耐汗渍	变色	4		3-4	
		沾色	4	3-4	3	

表 1（续）

项　　目			指　　标			
			优等品	一等品	二等品	三等品
色牢度/级　≥	耐洗	变色	4	3-4	3	
		沾色	3-4			3
	耐摩擦	干摩	4	3-4	3	
		湿摩	3-4		3	
	耐光		4		3	
注：30 g/m² 以下的织物或经过其他特殊工艺处理的织物断裂强力、撕破强力、纰裂程度可按合同或协议考核。						

4.6 外观质量的评定

4.6.1 涤纶长丝塔夫绸的外观质量分等规定见表 2。

表 2　外观质量分等规定

项　　目		指　　标			
		优等品	一等品	二等品	三等品
色差(与标样对比)/级　≥		4		3-4	
幅宽偏差率/%		±1.0		±2.0	
外观疵点评分限度/(分/100 m)		10.0	15.0	20.0	40.0

4.6.2 涤纶长丝塔夫绸的外观疵点评分见表 3。

表 3　外观疵点评分表

序号	疵　点	分　　数			
		1	2	3	4
1	经向疵点	8 cm 及以下	8 cm 以上～16 cm	16 cm 以上～24 cm	24 cm 以上～100 cm
2	纬向疵点	8 cm 及以下	8 cm 以上～半幅	—	半幅以上
	纬档疵点[a]	—	普通	—	明显
3	染色、印花、整理疵点	8 cm 及以下	8 cm 以上～16 cm	16 cm 以上～24 cm	24 cm 以上～100 cm
4	渍疵、破损性疵点	—	2.0 cm 及以下		2.0 cm 以上
5	边部疵点[b]	经向每 100 cm 及以下	—	—	—
6	纬斜、花斜、格斜、幅不齐	—	—	—	100 cm 及以下 不大于 3%
注：外观疵点归类参见附录 A。					
[a] 纬档以经向 10 cm 及以下为一档。					
[b] 针板眼进入内幅 1.5 cm 及以下不计。					

4.6.3 涤纶长丝塔夫绸的外观疵点评分和定等说明：

    a)   外观疵点采用有限度的累计评分。

    b)   外观疵点长度以经向或纬向最大方向量计。

    c)   同匹色差(色泽不匀)不低于 GB/T 250 中 4 级,低于 4 级,1 m 及以内评 4 分。

    d)   经向 1 m 内累计评分最多 4 分,超过 4 分按 4 分计。

    e)   "经柳"普通,定等限度为二等品,"经柳"明显、其他全匹性连续疵点,定等限度为三等品。

    f)   严重的连续性疵点每米评 4 分,超过 4 m 降为等外品。

    g)   优等品、一等品内不允许有破洞、轧梭档、拆烊档、错纬档、开河档等严重疵点。

    h)   每匹织物外观疵点定等分数由式(1)计算得出,计算结果按 GB/T 8170 修约至小数点后一位。

$$c = \frac{q}{l \times w} \times 100 \qquad\qquad\qquad\cdots\cdots\cdots\cdots\cdots\cdots (1)$$

式中:

c ——每匹织物外观疵点定等分数,单位为分每百平方米(分/100m²);

q ——每匹织物外观疵点实测分数,单位为分;

l ——受检匹长,单位为米(m);

w ——有效幅宽,单位为米(m)。

4.7 开剪拼匹或标疵放尺的规定

4.7.1 允许开剪拼匹或标疵放尺,两者只能采用一种。

4.7.2 优等品不允许开剪拼匹或标疵放尺。

4.7.3 开剪拼匹各段的等级、幅宽、色泽、花型应一致。

4.7.4 绸平均每 10 m 及以内允许标疵一次。每处 3 分和 4 分的疵点和 2 分的破洞、蛛网、渍允许标疵。每处标疵放尺 10 cm。已标疵后疵点不再计分。局部性疵点的标疵间距或标疵疵点与绸匹端的距离不得少于 4 m。

5 试验方法

5.1 幅宽试验方法

    按 GB/T 4666 执行。

5.2 密度试验方法

    按 GB/T 4668 执行。

5.3 质量试验方法

    按 GB/T 4669—2008 中方法 5 执行。仲裁检验按 GB/T 4669—2008 中方法 3 执行。

5.4 断裂强力试验方法

    按 GB/T 3923.1 执行。

5.5 撕破强力试验方法

    按 GB/T 3917.2 执行。

5.6 纰裂程度试验方法

    按 GB/T 13772.2 执行,试样宽度采用 75 mm,定负荷值参照表 1。

5.7 水洗尺寸变化率试验方法

按 GB/T 8628、GB/T 8629—2001、GB/T 8630 执行。洗涤程序采用 4A。干燥方法采用 A 法。

5.8 色牢度试验方法

5.8.1 耐水色牢度试验方法按 GB/T 5713 执行。

5.8.2 耐汗渍色牢度试验方法按 GB/T 3922 执行。

5.8.3 耐洗色牢度试验方法按 GB/T 3921—2008 执行,采用表 2 中试验方法 C(3)。

5.8.4 耐摩擦色牢度试验方法按 GB/T 3920 执行。

5.8.5 耐光色牢度试验方法按 GB/T 8427—2008 中的方法 3 执行。

5.9 色差试验方法

采用 D65 标准光源或北向自然光,照度不低于 600 lx,试样被测部位应经纬向一致,入射光与试样表面约成 45°角,检验人员的视线大致垂直于试样表面,距离约 60 cm 目测,与 GB/T 250 标准样卡对比评级。

5.10 纬斜、花斜试验方法

按 GB/T 14801 执行。

5.11 外观质量检验方法

5.11.1 可采用经向检验机或纬向台板检验。仲裁检验采用经向检验机检验。

5.11.2 光源采用日光荧光灯时,台面平均照度 600 lx～700 lx,环境光源控制在 150 lx 以下。纬向检验可采用自然北向光,平均照度在 320 lx～600 lx。

5.11.3 采用经向检验机检验时,检验速度为(15±5)m/min。纬向台板检验速度为 15 页/min。

5.11.4 检验员眼睛距绸面中心约 60 cm～80 cm。

5.11.5 外观疵点检验以绸面正面为准,反面疵点影响正面时也应评分。

6 检验规则

涤纶长丝塔夫绸的检验规则按 GB/T 15552 执行。

7 包装和标志

涤纶长丝塔夫绸的包装和标志按 FZ/T 40007 执行,或按合同协议。

8 其他

对涤纶长丝塔夫绸的品质、试验方法、包装和标志另有要求,供需双方可在协议或合同中另行约定,并按其执行。

附　录　A
（资料性附录）
外观疵点归类表

表 A.1　外观疵点归类表

序号	疵点类别	说　　明
1	经向疵点	宽急经柳、粗细柳、筘柳、色柳、筘路、缺经、错经、碎糙、夹糙、分经路、水渍急经、宽急经、综穿错、筘穿错、双经、粗细经、渍经、皱印等
2	纬向疵点	错纹板、筘锈渍、带纬、断纬、缩纬、叠纬、坍纬、糙纬、渍纬、纬斜、皱印、杂物织入等
2	纬档疵点	紧档、撬档、撬小档、粗细纬档、缩纬档、急纬档、通绞档、毛纬档、停车档、渍纬档、错纬档、糙纬档、开河档
3	染色、印花、整理疵点	搭脱、渗进、漏浆、塞煞、色点、眼圈、套歪、露白、砂眼、双茎、拖版、搭色、反丝、叠版印、框子印、刮刀印、色皱印、回浆印、刷浆印、化开、糊开、花痕、野花、粗细茎、跳版深浅、接版深浅、雕色不清、涂料脱落、涂料颜色不清等
4	渍疵	色渍、锈渍、油污渍、洗渍、皂渍、霉渍、蜡渍、字渍、水渍等
4	破损性疵点	蛛网、披裂、空隙、破洞等
5	边部疵点	宽急边、木耳边、粗细边、卷边、边糙、吐边、边修剪不净、针板眼、边少起、破边等

注 1：对经、纬向共有的疵点，以严重方向评分。
注 2：外观疵点归类表中没有归入的疵点按类似疵点评分。

ICS 59.080.30
W 43

中华人民共和国纺织行业标准

FZ/T 43032—2014

化纤长丝织造遮光织物

Light blocking woven fabric made of chemical filaments

2014-12-24 发布
2015-06-01 实施

中华人民共和国工业和信息化部　发布

前　言

本标准按照 GB/T 1.1—2009 给出的规则起草。

本标准由中国纺织工业联合会提出。

本标准由全国丝绸标准化技术委员会(SAC/TC 401)归口。

本标准起草单位:浙江三志纺织有限公司、岜山集团有限公司、浙江丝绸科技有限公司、海宁市金佰利纺织有限公司、海宁市玉龙布艺有限公司、海宁金永和家纺织造有限公司、浙江中天纺检测有限公司、浙江盛发纺织印染有限公司。

本标准主要起草人:张声诚、丁水法、孙正、何苗苗、丁云法、鲁金州、凌新玉、姚惠标、汤辉、杨俊。

化纤长丝织造遮光织物

1 范围

本标准规定了化纤长丝织造遮光织物的术语和定义、要求、试验方法、检验规则、包装和标志。

本标准适用于通过织入黑色长丝达到遮光效果的化纤长丝机织物。本标准不适用于通过植绒、涂层、复合、印染等后加工达到遮光效果的织物。

2 规范性引用文件

下列文件对于本文件的应用是必不可少的。凡是注日期的引用文件,仅注日期的版本适用于本文件。凡是不注日期的引用文件,其最新版本(包括所有的修改单)适用于本文件。

GB/T 250 纺织品 色牢度试验 评定变色用灰色样卡

GB/T 2910(所有部分) 纺织品 定量化学分析

GB/T 3917.2 纺织品 织物撕破性能 第2部分:裤形试样(单缝)撕破强力的测定

GB/T 3920 纺织品 色牢度试验 耐摩擦色牢度

GB/T 3921—2008 纺织品 色牢度试验 耐皂洗色牢度

GB/T 3923.1 纺织品 织物拉伸性能 第1部分:断裂强力和断裂伸长率的测定(条样法)

GB/T 4666 纺织品 织物长度和幅宽的测定

GB/T 4668 机织物密度的测定

GB/T 4669—2008 纺织品 机织物 单位长度质量和单位面积质量的测定

GB/T 5713 纺织品 色牢度试验 耐水色牢度

GB/T 8170 数值修约规则与极限数值的表示和判定

GB/T 8427—2008 纺织品 色牢度试验 耐人造光色牢度:氙弧

GB/T 8628 纺织品 测定尺寸变化的试验中织物试样和服装的准备、标记及测量

GB/T 8629—2001 纺织品 试验用家庭洗涤和干燥程序

GB/T 8630 纺织品 洗涤和干燥后尺寸变化的测定

GB/T 14801 机织物与针织物纬斜和弓纬试验方法

GB/T 15552 丝织物试验方法和检验规则

GB 18401 国家纺织产品基本安全技术规范

GB/T 23329—2009 纺织品 织物悬垂性的测定

GB/T 29862 纺织品 纤维含量的标识

FZ/T 01009 纺织品 织物透光性的测定

FZ/T 01026 纺织品 定量化学分析 四组分纤维混合物

FZ/T 01057(所有部分) 纺织纤维鉴别试验方法

FZ/T 40007 丝织物包装和标志

3 术语和定义

下列术语和定义适用于本文件。

3.1

黑色长丝　black filaments

通过在纺丝液中加入色母粒或染色方式加工而成的黑色化纤长丝。

3.2

化纤长丝织造遮光织物　light blocking woven fabric made of chemical filaments

通过织入黑色长丝达到遮光效果的化纤长丝机织物。

3.3

遮光性能　light blocking performance

织物阻挡光线透过的性能。

4　要求

4.1　要求内容

化纤长丝织造遮光织物的要求包括内在质量、外观质量、基本安全性能。

4.2　考核项目

化纤长丝织造遮光织物的内在质量考核项目包括密度偏差率、质量偏差率、纤维含量允差、撕破强力、断裂强力、水洗尺寸变化率、悬垂系数、遮光率、色牢度九项。外观质量考核项目包括色差(与标样对比)、幅宽偏差率、外观疵点三项。

4.3　分等

4.3.1　质量偏差率、纤维含量允差、撕破强力、断裂强力、水洗尺寸变化率、悬垂系数、遮光率、色牢度按批评等。密度偏差率、色差(与标样对比)、幅宽偏差率、外观疵点按匹评等。

4.3.2　化纤长丝织造遮光织物的品质由内在质量和外观质量中的最低等级项目评定。其等级分为优等品、一等品、二等品和三等品,低于三等品的为等外品。

4.4　基本安全性能

化纤长丝织造遮光织物的基本安全性能应符合 GB 18401 要求。

4.5　内在质量分等规定

化纤长丝织造遮光织物的内在质量分等规定见表1。

表 1　内在质量分等规定

项　　目		指　　标			
		优等品	一等品	二等品	三等品
密度偏差率/%		±2.0	±3.0	±4.0	
质量偏差率/%		±3.0	±4.0	±5.0	
纤维含量允差/%		按 GB/T 29862 执行			
撕破强力/N	≥	25		20	
断裂强力/N	≥	700		500	
水洗尺寸变化率/%		−2.0～+1.5	−3.0～+1.5	−5.0～+1.5	

表 1（续）

项 目			指 标			
			优等品	一等品	二等品	三等品
悬垂系数ᵃ/%		≤	45	50	55	
遮光率/%		≥	99	98	97	
色牢度/级	耐洗	变色	4	3-4	3	
		沾色	4	3	3	
	耐水	变色	4	3-4	3	
		沾色	3-4	3	3	
	耐摩擦	干摩	4	4	3	
		湿摩	4	3-4	3	
	耐光		5	4-5	4	

ᵃ 悬垂系数，根据合同或协议进行考核。

4.6 外观质量的评定

4.6.1 化纤长丝织造遮光织物的外观质量分等规定见表2。

表 2 外观质量分等规定

项 目		指 标			
		优等品	一等品	二等品	三等品
色差（与标样对比）/级	≥	4		3-4	3
幅宽偏差率/%		±1.0	±1.5	±2.0	
外观疵点评分限度/（分/100 m²）		10.0	20.0	40.0	80.0

4.6.2 化纤长丝织造遮光织物的外观疵点评分见表3。

表 3 外观疵点评分表

序号	疵点	分 数			
		1	2	3	4
1	经向疵点	8 cm 及以下	8 cm 以上～16 cm	16 cm 以上～24 cm	24 cm 以上～100 cm
2	纬向疵点	8 cm 及以下	8 cm 以上～半幅	—	半幅以上
	纬档疵点ᵃ	—	普通	—	明显
3	染色、印花、整理疵点	8 cm 及以下	8 cm 以上～16 cm	16 cm 以上～24 cm	24 cm 以上～100 cm
4	渍疵、破损性疵点	—	2.0 cm 及以下	—	2.0 cm 以上
5	边部疵点ᵇ	经向每 100 cm 及以下	—	—	—

表 3（续）

序号	疵点	分　数			
		1	2	3	4
6	纬斜、花斜、格斜、幅不齐	—	—	—	100 cm 及以下大于 3%

注：外观疵点归类参见附录 A。

a　纬档以经向 10 cm 及以下为一档。

b　针板眼进入内幅 1.5 cm 及以下不计。

4.6.3　外观疵点评分和定等说明：

　　a)　外观疵点的评分采用有限度的累计评分。

　　b)　外观疵点长度以经向或纬向最大方向量计。

　　c)　同匹色差（色泽不匀）不低于 GB/T 250 中 4 级，低于 4 级，1 m 及以内评 4 分。

　　d)　经向 1 m 内累计评分最多 4 分，超过 4 分按 4 分计。

　　e)　"经柳"普通，定等限度为二等品，"经柳"明显、其他全匹性连续疵点，定等限度为三等品。

　　f)　严重的连续性疵点每米扣 4 分，超过 4 m 降为等外品。

　　g)　优等品、一等品内不允许有破洞、轧梭档、拆烊档、错纬档、开河档等严重疵点。

　　h)　每匹织物外观疵点定等分数由式(1)计算得出，计算结果按 GB/T 8170 修约至小数点后一位。

$$c = \frac{q}{l \times w} \times 100 \qquad\qquad\qquad\cdots\cdots\cdots\cdots\cdots\cdots(1)$$

式中：

c ——每匹织物外观疵点定等分数，单位为分每百平方米（分/100 m²），正反面累加计算；

q ——每匹织物外观疵点实测分数，单位为分；

l ——受检匹长，单位为米(m)；

w——有效幅宽，单位为米(m)。

4.7　开剪拼匹和标疵放尺的规定

4.7.1　允许开剪拼匹或标疵放尺，两者只能采用一种。

4.7.2　优等品不允许开剪拼匹或标疵放尺。

4.7.3　开剪拼匹各段的等级、幅宽、色泽、花型应一致。

4.7.4　织物平均每 10 m 及以内允许标疵一次。每处 3 分和 4 分的疵点和 2 分的破洞、蛛网、渍允许标疵，超过 10 cm 的连续疵点可连标。每处标疵放尺 10 cm。已标疵后的疵点不再计分。局部性疵点的标疵间距或标疵疵点与织物端的距离不得少于 4 m。

5　试验方法

5.1　幅宽试验方法

　　按 GB/T 4666 执行。

5.2　密度试验方法

　　按 GB/T 4668 执行。

5.3 质量试验方法

按 GB/T 4669—2008 中方法 5 执行。仲裁检验按方法 3 执行。

5.4 纤维含量试验方法

按 GB/T 2910、FZ/T 01026、FZ/T 01057 执行。

5.5 断裂强力试验方法

按 GB/T 3923.1 执行。

5.6 撕破强力试验方法

按 GB/T 3917.2 执行。

5.7 水洗尺寸变化率试验方法

按 GB/T 8628、GB/T 8629—2001、GB/T 8630 执行。洗涤程序采用 4A。干燥方法采用 A 法。

5.8 悬垂系数试验方法

按 GB/T 23329—2009 中的方法 B 执行。

5.9 遮光率试验方法

按 FZ/T 01009 执行。遮光率为 100%减去总光通量透射比百分值的数值。

5.10 色牢度试验方法

5.10.1 耐水色牢度试验方法按 GB/T 5713 执行。

5.10.2 耐洗色牢度试验方法按 GB/T 3921—2008 执行，采用表 2 中试验方法 A(1)。

5.10.3 耐摩擦色牢度试验方法按 GB/T 3920 执行。

5.10.4 耐光色牢度试验方法按 GB/T 8427—2008 中的方法 3 执行。

5.11 色差试验方法

采用 D65 标准光源或北向自然光，照度不低于 600 lx，试样被测部位应经纬向一致，入射光与试样表面约成 45°角，检验人员的视线大致垂直于试样表面，距离约 60 cm 目测，与 GB/T 250 标准样卡对比评级。

5.12 纬斜、花斜试验方法

按 GB/T 14801 执行。

5.13 外观质量检验方法

5.13.1 可采用经向检验机或纬向台板检验。仲裁检验采用经向检验机检验。

5.13.2 光源采用日光荧光灯时，台面平均照度 600 lx～700 lx，环境光源控制在 150 lx 以下。纬向检验可采用自然北向光，平均照度在 320 lx～600 lx。

5.13.3 采用经向检验机检验时，检验速度为(15±5)m/min。纬向台板检验速度为 15 页/min。

5.13.4 检验员眼睛距织物中心约 60 cm～80 cm。

5.13.5 外观疵点检验采用织物正、反两面检验。

6 检验规则

检验规则按 GB/T 15552 执行。

7 包装和标志

包装和标志按 FZ/T 40007 执行。

8 其他

对化纤长丝织造遮光织物的品质、试验方法、包装和标志另有要求,供需双方可另订协议或合同,并按其执行。

附　录　A

（资料性附录）

外观疵点归类表

表 A.1　外观疵点归类表

序号	疵点名称	说　明
1	经向疵点	宽急经柳、粗细柳、筘柳、色柳、筘路、辅喷痕、多少捻、缺经、断通丝、错经、分经路、小轴松、水渍急经、宽急经、错通丝、综穿错、筘穿错、双经、粗细经、渍经、灰伤、皱印等
2	纬向疵点	破纸板、综框梁子多少起、抛纸板、错纹板、错花、跳梭、断纬、缩纬、叠纬、坍纬、糙纬、渍纬、灰伤、纬斜、皱印、杂物织入等
3	纬档	松紧档、顺纹档、多少捻档、粗细纬档、缩纬档、急纬档、断花档、通绞档、毛纬档、拆毛档、停车档、渍纬档、错纬档、糙纬档、色纬档、拆烊档、开河档等
4	印花疵	搭脱、渗进、漏浆、塞煞、色点、眼圈、套歪、露白、砂眼、双茎、拖版、搭色、反丝、叠版印、框子印、刮刀印、色皱印、回浆印、刷浆印、化开、糊开、花痕、野花、粗细茎、跳版深浅、接版深浅、雕色不清、涂料脱落、涂料颜色不清等
5	渍	色渍、锈渍、油污渍、洗渍、皂渍、霉渍、白雾、字渍、水渍等
	破损性疵点	蛛网、披裂、拔伤、空隙、破洞等
6	边疵、松板印、撬小	宽急边、木耳边、粗细边、卷边、边糙、吐边、边修剪不净、针板眼、边少起、破边、凸铗、脱铗等

注 1：对经、纬向共有的疵点，以严重方向评分。

注 2：外观疵点归类表中没有归入的疵点按类似疵点评分。

ICS 59.080
W 75

中华人民共和国纺织行业标准

FZ/T 43033—2014

丝 绸 眼 罩

Silk eyeshade

2014-12-24 发布　　　　　　　　　　　2015-06-01 实施

中华人民共和国工业和信息化部　　发 布

前　言

本标准按照 GB/T 1.1—2009 给出的规则起草。

本标准由中国纺织工业联合会提出。

本标准由全国丝绸标准化技术委员会(SAC/TC 401)归口。

本标准起草单位:国家丝绸及服装产品质量监督检验中心、江苏华佳丝绸有限公司、苏州慈云蚕丝制品有限公司、万事利集团有限公司、达利丝绸(浙江)有限公司、安徽源牌实业(集团)有限责任公司、浙江丝绸科技有限公司。

本标准主要起草人:杭志伟、王春花、汤知源、周佳园、李双忠、寇勇琦、刘念、俞金键、汪海涛、莫杨、陆坤泉。

丝 绸 眼 罩

1 范围

本标准规定了丝绸眼罩的术语和定义、要求、试验方法、检验规则以及包装、标识、运输和贮存。

本标准适用于以丝绸为主要原料制成的眼罩。

2 规范性引用文件

下列文件对于本文件的应用是必不可少的。凡是注日期的引用文件,仅注日期的版本适用于本文件。凡是不注日期的引用文件,其最新版本(包括所有的修改单)适用于本文件。

GB/T 250　纺织品　色牢度试验　评定变色用灰色样卡

GB/T 2828.1—2012　计数抽样检验程序　第 1 部分:按接收质量限(AQL)检索的逐批检验抽样计划

GB/T 2910(所有部分)　纺织品　定量化学分析

GB/T 3920　纺织品　色牢度试验　耐摩擦色牢度

GB/T 3921—2008　纺织品　色牢度试验　耐皂洗色牢度

GB/T 3922　纺织品　色牢度试验　耐汗渍色牢度

GB 5296.4　消费品使用说明　第 4 部分:纺织品和服装

GB/T 5713　纺织品　色牢度试验　耐水色牢度

GB/T 8427—2008　纺织品　色牢度试验　耐人造光色牢度:氙弧

GB 18383　絮用纤维制品通用技术要求

GB 18401　国家纺织产品基本安全技术规范

GB/T 29862　纺织品　纤维含量的标识

FZ/T 01009　纺织品　织物透光性的测定

FZ/T 01026　纺织品　定量化学分析　四组分纤维混合物

FZ/T 01057(所有部分)　纺织纤维鉴别试验方法

FZ/T 01101　纺织品　纤维含量的测定　物理法

3 术语和定义

下列术语和定义适用于本文件。

3.1

丝绸眼罩　silk eyeshade

采用丝绸为主要面料制成的用于眼部遮挡光线的护眼用具。

3.2

遮光性能　light blocking performance

织物阻挡光线透过的性能。

4 要求

4.1 要求内容

丝绸眼罩要求为内在质量、外在质量、基本安全性能。

4.2 考核项目

丝绸眼罩的内在质量考核项目为纤维含量允差、色牢度和遮光性。外观质量考核项目为色差、规格偏差、外观疵点、缝制工艺。

4.3 分等

丝绸眼罩的质量等级分为优等品、一等品、合格品三个等级,低于合格品的为等外品。

4.4 基本安全性能

丝绸眼罩的基本安全性能应符合 GB 18401 的规定。

4.5 内在质量要求

丝绸眼罩内在质量分等规定见表1。填充物应符合 GB 18383 的规定。

表 1 内在质量分等规定

项　　目			指　　标		
			优等品	一等品	合格品
纤维含量允差/%			按 GB/T 29862 规定执行		
色牢度/级 ≥	耐水	变色	4	3-4	
		沾色	3-4	3	
	耐洗[a]	变色	4	3-4	
		沾色	3-4	3	
	耐汗渍	变色	4	3-4	3
		沾色	3-4		3
	耐摩擦[b]	干摩	4-5	4	3-4
		湿摩	3-4		3
	耐光	变色	3		
遮光率/% ≥			95		
[a] 若标签标注不可洗的不考核。					
[b] 深色产品降低半级。					

4.6 外观质量要求

丝绸眼罩的外观质量分等规定见表2。

表 2　外观质量的分等规定

项　目		指　标		
		优等品	一等品	合格品
色差(与确认样对比)/级　≥		3-4		
规格偏差/cm ≤	长度	0.5	1.0	
	宽度	0.2	0.5	
外观疵点	经、纬向线状ᵃ	不允许	正面不允许,反面 0.5 cm 及以内 1 处	正面不允许,反面 1.0 cm 及以内 1 处
	条、块状ᵇ	不允许	正面不允许,反面 0.5 cm 及以内 1 处	正面不允许,反面 1.0 cm 及以内 1 处
	横档	不允许	正面不允许,反面 0.5 cm 及以内 1 处	正面不允许,反面 1.0 cm 及以内 1 处
	破损	不允许		
	油、污渍、锈、色渍	不允许	不允许	正面不允许,反面 0.5 cm² 及以内 1 处
缝制工艺	缝针	针迹平服,无露毛、脱漏、跳针、浮针、漏针	针迹平服,无露毛、脱漏、跳针、浮针、漏针每处不超过 3 针,每件不超过 1 处	针迹平服,无露毛、脱漏、跳针、浮针、漏针每处不超过 1 针,每件不超过 3 处
	针距密度	平缝机针距每 3 cm 不少于 12 针		

ᵃ 不粗于 2 根丝粗的为线状疵点。
ᵇ 条、块状疵点按其疵点最长处量计。
ᶜ 经、纬纱共断两根及以上的为破损疵点。

5　试验方法

5.1　内在质量试验方法

5.1.1　纤维含量的试验方法

纤维定性分析按 FZ/T 01057 执行,定量分析按 GB/T 2910、FZ/T 01026、FZ/T 01101 执行。

5.1.2　色牢度的试验方法

5.1.2.1　耐水色牢度的试验方法按 GB/T 5713 执行。
5.1.2.2　耐洗色牢度的试验方法按 GB/T 3921—2008 方法 A(1)执行。
5.1.2.3　耐汗渍色牢度的试验方法按 GB/T 3922 执行。
5.1.2.4　耐摩擦色牢度的试验方法按 GB/T 3920 执行。
5.1.2.5　耐光色牢度的试验方法按 GB/T 8427—2008 执行,采用方法 3。

5.1.3　遮光率试验方法

按 FZ/T 01009 执行。遮光率为 100%减去总光通量透射比百分值的数值。

5.2 外观质量检验的试验方法

5.2.1 设备与工具

5.2.1.1 钢尺:最小分度值为 1 mm。

5.2.1.2 GB/T 250 评定变色用灰色样卡。

5.2.2 检验条件

应在北向自然光照射下进行。如采用灯光检验时,需用日光荧光灯,检验员眼部距产品约 60 cm,其产品表面照度不低于 600 lx。

5.2.3 成品规格的测定

将丝绸眼罩平摊在检验台上,用钢尺在长、宽向测量尺寸最大值,结果精确到 1 mm。

5.2.4 针距的测定

在成品上任取 3 cm 进行测量。

5.2.5 外观疵点、缝针质量检验

将抽取的样品平铺在黑色工作台上,检验员用目光逐件进行外观疵点、缝针质量的检验。

5.2.6 色差的测定

采用北向自然光照射,或采用 600 lx 及以上等效光源,入射光与试样表面约成 45°角,检验员的视线大致垂直于试样表面,距离约 60 cm 目测,并按表 2 中的规定与 GB/T 250 样卡进行对比。

6 检验规则

6.1 检验分类

成品检验分为型式检验和出厂检验。型式检验时机根据生产企业实际情况或合同协议规定,一般在转产、停产后复产、原料或工艺有重大改变时进行。出厂检验在产品生产完毕交货前进行。

6.2 检验项目

型式检验的检验项目为第 4 章的全部检验项目。出厂检验项目为 4.6 的外观质量项目。

6.3 组批规则

型式检验以同一品种为同一检验批。出厂检验以同一合同或生产批号为同一检验批。同一检验批数量很大,需分期、分批交货时,可以适当再分批、分别检验。

6.4 抽样方案

样品应从经工厂检验的合格批产品中随机抽取,抽样数量按附录 A 的表 A.1 中的一般检验水平Ⅱ规定,采用正常检验一次抽样方案。内在质量检验用试样在样品中随机抽取各 1 份,但色牢度试样应按花色各抽取 1 份。取样根据方法标准的规定进行。

当批量较大、生产正常、质量稳定情况下,抽样数量可按附录 A 的表 A.2 中的一般检验水平Ⅱ规定,采用放宽检验一次抽样方案。

6.5　检验结果的判定

外观质量按件评定等级,其他项目按批评定等级,以所有试验结果中最低品等评定样品的最终等级。

试样内在质量检验结果所有项目符合标准要求时判定该试样所代表的检验批内在质量合格。批外观质量的判定按附录 A 中一般检验水平 Ⅱ 规定进行,接收质量限 AQL 为 2.5 不合格品百分数。批内在质量、外观质量均合格时判定为合格批,否则判定为不合格批。

6.6　复验

如交收双方对检验结果有异议时,可进行复验。复验按 6.4 抽样方案确定抽样数量,复验结果按6.5 规定判定。以一次复验结果为最终判定结果。

7　包装、标识、运输和贮存

7.1　产品的规格以长(cm)×宽(cm)标示,或按协议或合同执行。

7.2　产品使用说明应符合 GB 5296.4 的要求,可不使用耐久性标签。

7.3　每件产品应有包装,包装材料应保证产品在贮存和运输中不散落、不破损、不沾污、不受潮。用户有特殊要求的,供需双方协商确定。

附　录　A
（资料性附录）
抽样检验方案

　　根据 GB/T 2828.1—2012,采用一般检验水平 Ⅱ,AQL 为 2.5 的正常检验一次抽样方案如表 A.1 所示。放宽检验一次抽样方案如表 A.2 所示。

表 A.1　AQL 为 2.5 的正常检验一次抽样方案

批量 N	样本量字码	样本量 n	接收数 Ac	拒收数 Re
2～8	A	2	0	1
9～15	B	3	0	1
16～25	C	5	0	1
26～50	D	8	0	1
51～90	E	13	1	2
91～150	F	20	1	2
151～280	G	32	2	3
281～500	H	50	3	4
501～1 200	J	80	5	6
1 201～3 200	K	125	7	8
3 201～10 000	L	200	10	11

表 A.2　AQL 为 2.5 的放宽检验一次抽样方案

批量 N	样本量字码	样本量 n	接收数 Ac	拒收数 Re
2～8	A	2	0	1
9～15	B	2	0	1
16～25	C	2	0	1
26～50	D	3	0	1
51～90	E	5	1	2
91～150	F	8	1	2
151～280	G	13	1	2
281～500	H	20	2	3
501～1 200	J	32	3	4
1 201～3 200	K	50	5	6
3 201～10 000	L	80	6	7

WENSLI® 万事利集团 WENSLI Profile
简介

万事利是中国企业界同时参加APEC会议、北京奥运会、上海世博会和广州亚运会四大盛会的企业，被各大媒体称为"世界级盛会上的万事利现象"。

万事利集团有限公司创办于1975年，经过40年的发展，现已成为一家以丝绸文化创意为主业的现代化企业集团。

万事利为中国丝绸行业驰名商标，中国名牌产品。2012年，万事利被评为"大企业集团竞争力500强"企业，连续3年荣获"全国服装行业百强"企业称号，并连续十一年蝉联"中国民营企业500强"。

集团2011年被国家发改委授予"国家企业技术中心"，拥有科研技术队伍专职工作人员200人，设计开发团队现有设计师150人。

2012年，万事利两代领导人成功实现交接班，从产品创造到文化创造的成功转型升级成为行业典范，而万事利在丝绸文化的拓展上初见成效，《字说丝绸》《话说丝绸》《千丝成锦》等柔软的力量系列丛书发布；打造了中国首档丝绸文化节目《字说丝绸》系列和专题纪录片《丝行天下》系列，万事利重拾丝绸生命的热潮，将中华丝绸带向文明的高峰。

万事利集团将一如既往继续致力于中国丝绸文化的传承、弘扬与发展；致力于中国民族产业的转型与升级；致力于挖掘丝绸文化价值的同时提升传统丝绸的经济价值。

联系我们>>>
CONTACT US

地址：浙江省杭州市江干区天城路68号
　　　万事利大厦
邮编：310011
电话：400-6868-981
传真：0571-85140886
网址：http://www.wensli.com

北京市毛麻丝织品质量监督检验站

法律地位

本站始建于1980年，是经北京市机构编制委员会批准成立的具有独立法人地位的事业单位，是独立于产品开发、生产、销售的第三方公正检验机构，通过了CNAS认可和北京市质量技术监督局的计量认证和审查认可。

检测项目

生态安全性能检测

甲醛、pH、异味、有害染料（致敏、致癌、可分解芳香胺等）、重金属、有机氯载体、邻苯二甲酸质、有机锡化合物、多溴联苯、苯酚化合物、农药残留量、阻燃剂、APEO、PFOS、PFOA、微生物等对人体健康和环境破坏的生态安全性痕量检测。

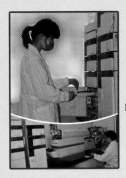

岛津/AB API3200液相色谱-质谱联用仪用于禁用偶氮燃料、致敏、致癌染料、APEO、PFOS、PFOA等有害物质的痕量检测

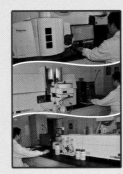

美国热电6300MFC型ICP，AFS-930原子荧光光度计，AA700原子吸收光谱仪用于纺织品、饰品、皮革重金属检测

安捷伦7890A/5975C气相色谱-质谱联用仪用于禁用偶氮燃料、增塑剂等有害物质的痕量检测

服用功能性检测

易去污、防水、拒油、抗紫外、远红外、透气、保温、燃烧性能、抗静电、吸湿速干性、静水压等服用功能性检测。

安捷伦CARY 50型紫外可见分光光度计用于抗紫外性能检测

SDL M021A型透气性测试仪YG(B)812G-20数字式渗水性能测试仪用于纺织品透气性、防水性能检测

常规理化性检测

使用说明、外观缝制；原料成分及含量、材质鉴定；强力、耐磨性、起球等物理机械性能；水洗/干洗尺寸变化、洗后外观等服用性能；残脂率、染色牢度等化学性能；羽绒蓬松度、耗氧量等绒质检测。

PROGRESS30型干洗机用于干洗尺寸性能测定

INSTRON3365/4301型英斯特朗万能强力机用于缝口纰裂、断裂、撕破等强力测定

日本MPC00074型扫描电子显微镜用于特种动物纤维的精准鉴定

联系方式

总部地址：北京市海淀区清河小营西路16号毛纺城内　电话：010-62936757　010-62842853　010-62919658
传真：010-62936757　邮编：100085　网址：www.bwjs.com.cn

鑫缘丝绸 ◇ 卓越品质

—— 高品质生活元素 ——

鑫缘纯桑蚕丝被

精选100%天然优质桑蚕丝为原料
采用国家发明专利技术
[高弹性膨化丝绵被的生产方法]
无异味，弹性高，蓬松性好
舒适透气，轻柔保暖，生态环保
润而不湿，温而不燥，助您提高睡眠质量
给您无微不至的贴身关怀

鑫缘高档真丝家纺套件

选用真丝色织面料，缎面亮丽高贵
纹理柔和细密，工艺精致考究
手感柔滑细腻，舒适贴身
环保印染，天然健康，色牢度好
不易褪色，色彩鲜艳
洋溢着华贵典雅的气韵
彰显出高品质家居生活的奢华格调

鑫缘丝棉&丝羊绒衬衫

面料精选"纤维皇后"桑蚕丝与"棉中极品"
新疆长绒棉或"软黄金"羊绒混纺精制而成
选用德国高级内衬和coats高档缝纫线
引入进口织机和后整理设备，创新整理工艺
可机洗、水洗、易于打理，抗皱不变形，透气舒服
3D立体修身裁剪，贴体舒适，款型丰富
环保活性印染，色彩明丽，不易褪色

图片仅供参考，以实物为准。更多商品请登录鑫缘丝绸网站了解。

中央代表团遴选鑫缘桑蚕丝被为
西藏和平解放六十周年庆典礼品

全国茧丝绸服装家纺产
业知名品牌创建示范区

蚕丝被、桑蚕丝针织服装
国标主要制定单位

中国国际丝博会金奖产品
中国国际博览组委会

高档丝绸标志产品
中国丝绸协会

鑫缘丝绸官网
WWW.XINYUANSILK.COM

鑫缘集团·南通那芙尔服饰有限公司
XINYUAN GROUP·NANTONG LOVER APPAREL CO.,LTD.

地址：江苏省海安开发区鑫缘茧丝绸工业园
网址：Http://www.xinyuansilk.com

鑫缘丝绸全国服务热线
400-110-3908/400-110-3918

全国丝绸标准化技术委员会
（SAC/TC 401）

全国丝绸标准化技术委员会是由国家标准化管理委员会批准成立的丝绸行业标准化技术机构，秘书处设置在浙江丝绸科技有限公司（浙江丝绸科学研究院），主要开展如下工作：

1. 负责全国丝绸行业标准化技术、信息和组织归口管理工作。负责组织制定丝绸行业标准体系，提出我国丝绸行业国家、行业标准的制、修订规划和年度计划并组织实施制、修订的任务。

2. 组织全国丝绸行业对国家、行业标准的审查、复审及标准的报批工作。

3. 组织全国丝绸行业国家、行业标准的宣贯及对标准条文的解释工作。

4. 为行业提供标准化服务，帮助企业制定、审定企业标准，向企业及检验机构提供国内、外有关丝绸方面最新标准信息、咨询服务及纺织、丝绸标准文本。

5. 承担国际标准化组织纺织品技术委员会（ISO/TC 38）对口的丝绸标准化技术业务工作，包括对国际标准文件的表态，审查我国提案和国际标准的中文译稿，以及参加对外标准化技术交流等活动。

联系我们>>>
CONTACT US

地址：浙江省杭州市莫干山路741号
邮编：310011
电话：0571-88050339/88083272
传真：0571-88083272
E-mail：silk401@126.com
网址：http://www.tc401.com

国家丝绸及服装产品质量监督检验中心
China National Silk and Garments Quality Supervision Testing Center

国家丝绸及服装产品质量监督检验中心成立于1988年4月，是经国家质量监督检验检疫总局批准并授权的国家质量监督检验中心。中心配备国内外先进检测设备，拥有纺织、服装、染整、化学等专业技术人才，技术力量雄厚，检测经验丰富。承担国家、省、市监督抽查、提供纺织纤维、织物、纱线、服装、羽绒制品、箱包、鞋类等产品的检测服务，开展丝绸产品新检测技术和方法的研究与开发和国家、行业标准的制修订及验证工作。

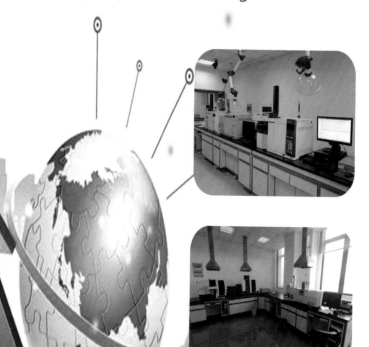

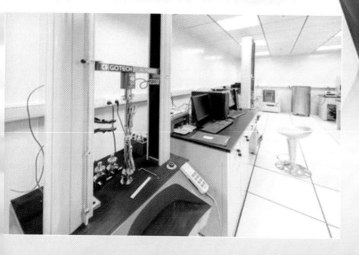

Founded in April 1988,the China National Silk and Garments Quality Supervision Testing Center is one of the first batch of national quality supervision and inspection centers approved by the General Administration of Quality Supervision, Inspection and Quarantine of PRC.National Silk and Garments Quality Supervision Testing Center equipped with domestic and international advanced inspection equipments.It has kind of high quality technician personnel majored in textile,garment,dyeing and finishing,analytical chemistry and etc.With strong technical force and extensive testing experience.The center is mainly responsible for the supervision and inspection on the quality of silk and textile products designated by the state,provincial or municipal. It engages in testing of fiber,fabrics,yarn,garments,feather products,bags & luggage,footwears and etc.Also responsible for R&D of new silk product detection techniques,compile and revision of national and industry standards and verification of relevant standards.

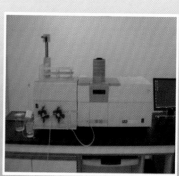

SZSGT

地址：江苏省苏州市文曲路69号
电话：0512-65252207 0512-65685038(传真)
网址：http://www.szxjs.cn

Address: 69 Wenqu Road Suzhou China
Tel: 0512-65252207 FaX:0512-65685038
Web:http://www.szxjs.cn

浙江生态纺织品禁用染化料检测中心有限公司
Zhejiang Testing Centre for Ecological Textiles, Dyestuffs and Chemicals Co.,Ltd

公司简介>>>
BRIEF INTRODUCTION

　　浙江生态纺织品禁用染化料检测中心有限公司成立于2000年，前身为浙江丝绸科学研究院的检测实验室，专业从事生态纺织品的检测、鉴定、科研开发及技术咨询服务。作为专业性的检验检测机构，公司通过了CNAS国家实验室认可和省CMA质监局计量认证，可按照国家标准和国际标准进行检测，提供具有科学性、公正性和权威性的中、英文检测报告。

　　公司技术实力雄厚，检测设备齐全，拥有气相色谱-质谱联用仪、原子吸收分光光度计、高效液相色谱仪、氨基酸自动分析仪、耐洗色牢度试验仪、日晒气候色牢度仪等一批精密检测设备。公司本着"从严、优质、求实"的精神，力争为客户提供高效、优质、便捷的服务，最大限度地满足客户的需求，对所有客户提供全方位的服务。

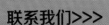

联系我们>>>
CONTACT US

电话（Tel）：0571-88807649、88084450、88088415
传真（Fax）：0571-88807649
邮箱（E-mail）：fzptest@sohu.com
工作QQ：1092939374
地址（Add）：浙江省杭州市莫干山路741号
　　　　　　　No.741 Moganshan Road, Hangzhou, China